지속가능 낙농 길잡이

목장유가공론

FARMSTEAD MILK PROCESSING

梅岸 배 인 휴 지음

yh 도서출판 유한문화사

머리말

"외국에 새로운 태권도장이 생길 때 마다 대한민국 영토가 확장되는 것입니다."

-재미 태권도 사범 **이현곤**-

전라북도 고창군 출신 재미교포인 태권도 사범 이현곤 씨(69세)가 최근 어느 언론사 인터뷰 때 했던 말입니다. 그는 29세 때 맨주먹으로 미국에 건너가 태권도 사범과 편의점 점원 일을 하며 우리의 태권도 보급에 앞장 서 왔습니다. 지금은 그의 형제 4명과 함께 세계 각국에서 70여 개의 태권도장을 운영하며 계속 그 세력을 넓혀 가고 있습니다. 그의 지론(至論)은 그와 그의 형제들이 외국의 어느 도시에 태권도장 하나를 개원하고 거기에 태극기를 현양(顯陽)한 뒤 한국어로 구령을 붙이면서 외국인들을 훈련시키면 그 곳은 어느새 한국의 영토가 된다는 것입니다. 그에게 있어서 태권도를 통한 조국의 영토 확장, 그것이 평생 품은 그의 꿈의 실현이었으며 그의 생을 이끌어 준 원동력이 되어 주었다고 합니다.

요즘 들어 한국 낙농업계에 새로운 목장유가공장들이 매년 늘어나고 있습니다. 어느 마을에「목장치즈공장」하나가 지어지고 운영이 개시되는 것이 내포하는 의미는 무엇이겠습니까? 사람들은 단순히 그 목장 경영방식의 변화라고 치부할 것입니다. 제가 볼 때 그것은 결코 그렇지 않습니다. 이를테면 어느 지역에 목장유가공장 하나가 들어서면 우리의 식량 공급기지가 하나가 확장되는 것입니다. 나아가 우리 낙농업의 지속발전 가능성을 받쳐 주는 견고한 보루(堡壘)가 그만큼 늘어나는 것입니다.

우리 국민 1인당 쌀 소비량은 1984년에 130kg, 2006년, 78.8kg이던 것이 2016년에는 61.6kg으로 1984년의 절반에도 미치지 못하였습니다. 반면에 우유・유제품 소비량은 76.4kg으로 그동안 우리가 주식으로 여겨왔던 쌀은 꺾이고 우유・유제품이 어느새 주식의 반열을 차지하게 된 것입니다. 그런데 문제는 그 우유・유제품 소비량의 절반 가까이가 수입제품이거나 수입원료 가공품으로 충당되어 왔다는 데 있습니다. 즉, 2016년의 우유 총 소비량은 391만 3,515톤이었는데 그 중 수입 유제품이 228만5893톤을 차지해 총 소비량의 58.4%를 점유했기 때문입니다. 그 만큼 우리의 우유식량 자립도는 낮아지고 외국 의존도는 높아지는 것입니다.

저는 통계 숫자를 가지고 이야기 하는 것을 별로 좋아하지 않지만 하나만 더 들어

두어야겠습니다. 1991년의 우리나라 낙농가 수는 3만호였던 것이 2001년에는 1만 2천 농가가 되고, 2010년에는 그의 반 토막인 6천여 농가가 됩니다. 불과 20년 만에 우리 낙농가 수는 1991년의 20%만 남게 되었고, 80%의 낙농가가 사라진 것입니다. 이러한 낙농가 감소 속도가 그대로 진행된다면 미래 10년 후에는 과연 남아 있는 낙농가를 찾아볼 수 있을지가 의문입니다.

이러한 현상에 급제동을 걸고 낙농업 본연의 국민 식량 공급기지로 존립하게 하는 일은 곧 목장유가공장들의 활동이라고 봅니다. 우리의 치즈 소비 신장도는 한국 식량 소비사(消費史)에서 신기원을 이루며 급격한 증가세를 보입니다. 2009년의 국민 1인당 연간 치즈 소비량이 1.48kg이었는데 2011년 2.05kg, 2014년 2.36kg, 그리고 2015년에 2.58kg이었으며, 2016년에는 2,68kg입니다. 이는 이미 일본(2.31kg)을 능가하고 멕시코(3.11kg)와 브라질(3.74kg)의 치즈 소비량에 바짝 뒤쫓아 가는 상황입니다. 원래 치즈라는 식품의 발견은 인류 식량 생산과 소비사에 큰 획을 긋는 사건이었는데, 이는 가장 쉽게 변질되는 유 생산 동물의 젖을 모든 식량소재보다 가장 오래 보존하는 방식으로 채용되었기 때문입니다.

이제 우리의 미래 식량문제(생산, 소비, 보존)의 결정적인 해결책으로 부상하는 것은 우리 낙농분야에서의 목장유가공의 발전입니다. 그 중에서도 미래 식량자원으로서 가장 장구한 보존성을 갖는 좋은 경질 치즈입니다. 세계 유제품 시장은 EU, 미국, 대양주가 지배하고 있는데 천재지변이나 교역시장의 교란으로 공급이 제한적이 되고 무기화가 될 때 우리의 「목장치즈공장」들이 국민식량을 안전하게 공급해 주는 최후의 보루가 될 것이기 때문입니다. 목장에서 당일 착유한 신선원유를 당일 경질치즈로 가공하여 저장하면 100년을 내다보는 식량소재로 바뀌는 대반전(大反轉)이 일어나는 것입니다. 미래 국민 식량문제 해결책이 바로 목장유가공장, 목장치즈라는 사실을 일찍이 깨달아 실천하는 이들이 전국 방방곡곡에 어느새 150여 명이 생겼고, 지금도 계속 생겨나고 있습니다!

한국에 목장유가공장 하나가 생겨나면 우리의 미래 식량영토가 그 만큼 확장되는 것입니다. 참으로 경이로운 일이 아니겠습니까? 저는 1990년에 스위스에서 1년을 보내고 1995년과 1996년에 일본 북해도 목장과 마을 유가공장들을 둘러 볼 기회를 가졌습니다. 그리고 1997년 1년간 당시의 축협중앙회 기관지였던 월간 『축산진흥』지에 북해도 목장 유가공장 시찰 자료들을 연재를 했습니다. 독자들의 요청에 따라 1998년에 그동안의 연재자료들을 묶고 자료들을 보강하여 - IMF극복, 낙농경영지침서 - 『농가형 유가공장 운영론 - 북해도 지역의 운영사례를 중심으로 -』이라는 소책자를 당시 축산신문 부설 출판사인 「도서출판 필 방」에서 자비출판(自費出版) 한 바 있습니다. 지금은 그 책이 절판이 되었는데 그 책 발간 후에 저자가 20여 년간 목장 유가공 교육을 수행하고 각종 치즈연수를 하면서 얻어진 기록들을 정리하여 책자 발행을 시도하기에 이른 것이 바로 이 책입니다.

한국에서 목장유가공운동을 제창하고 교육과 연구 그리고 수많은 논문, 전문지 기고문과 특허등록의 소산물이 오늘날 이 나라 방방곡곡의 목장 유가공장들이며, 한국 낙농의 지속발전 방안으로 자리 잡아가고 있음에 저는 이 일을 제 일생의 보람이며 큰 상급으로 알고 살아가고 있습니다.

이제 저는 매일 언론을 통해 「목장유가공장」 개업 소식을 들으며, 그로 인하여 지속적인 발전의 길로 매진하는 낙농산업을 바라보면서 행복한 노후를 보내게 되었습니다. 이 책의 발행을 위하여 특별히 그동안 저자가 『월간 낙농육우』지에 기고했던 글의 편집본을 모아 보내주신 한국낙농육우협회 이용일 차장님과 『월간 축산』지의 이나영 기자님께 깊은 감사를 표합니다. 아울러 저자와의 유가공학 관련 도서 출판으로 맺어진 인연으로 흔쾌히 본서 출판을 맡아 주신 유한문화사 천승배 사장님께 깊은 감사를 표합니다.

2017년 11월

梅岸 배 인 휴 識

차 례

제 1 장 목장유가공 운영론 / 13

-목장유가공 관련 기고문-

제 2 장 해외 목장유가공 운영론 / 127

제 3 장 목장유가공을 향한 광야의 외침 / 319

부 록 / 485

제 1 장

목장유가공 운영론

- 목장유가공 관련 기고문 -

PROCEEDINGS

목장형 유가공사업 국제심포지엄

International Symposium on Farm Scale Milk Processing

— 본 내용은 지난 7월 3일부터 6일까지 개최된 2003한국국제축산박람회의 부대행사로 개최된 목장형 유가공사업 심포지엄의 내용이며 신우목장과 임실유가공연구소의 내용은 지면관계상 게재치 못했사오니 많은 양해바랍니다. 위 내용은 우리 협회 홈페이지(www.naknong.or.kr) 자료실에 보다 자세히 게재되어 있으며 신우목장의 경우 월간 낙농육우 6월호에 게재된바 있으니 많은 참조바랍니다. -편집자 주-

국내 목장형 유가공사업의 가능성과 발전방안

배 인 휴(순천대학교 동물자원과학과 교수)

Ⅰ. 서론

작년부터 문제가 심각하게 전개된 잉여 원유 사태는 오래 전부터 예고되어 온 문제였다. 그러니까 일시적으로 지나가는 문제가 아니다. 구조적인 문제로서 그 구조를 바꾸지 않는 한 계속 일어날 수 있는 문제이다.

우리의 유제품 시장이 시유 위주에서 다양한 유제품 위주로 바꾸어져야 해결의 실마리가 풀리는 구조적 문제라는 것이다. 원유 소비가 안 되면 관계 당국자들은 국민 정서에 호소하고자 정례적으로 어깨 띠 두르고 〔시유 마시기 캠페인〕을 실시하면서 열심히 "우유 마시기 운동"을 전개해도 사실 이 문제는 근본적인 한계를 안고 있는 탓에 풀리지 않게 되어 있었다. 한국인의 시유 소비 능력에는 한계가 있다는 것을 알아야 했다. 같은 미곡과 콩 단백질을 주식으로 삼는 일본은 1994년에 국민 1인 당 우유 소비량이 41.6kg로 꺾여서 그 한계를 드러낸 후 2001년에는 38.1kg로 감소하였다. 일본과 거의 같은 식문화를 갖고 있는 우리 역시 국민 1인 당 우유 소비량이 1997년에 37.1kg 이던 것이 2002년에는 34.9kg로 감소하여 나타났다.

이제 시유 소비에 의존하고 국민정서에 호소하면서 아무리 우유의 〔완전 식품론〕을 외쳐봐야 소비자들을 설득시키거나 등 돌리고 가는 길을 되돌릴 수는 없다는 것을 낙농산업 종사자들은 냉철히 인식해야 한다. 결국 원유의 소비 방향을 시유 위주에서 유가공품 위주로 우리가 방향 전환하여 소비자에게 접근할 방도 외에 다른 길이 없다는 것이다.

이제 와서 우리의 낙농 역사 70년을 뒤돌아보니 유가공의 첫 단추가 잘못 끼워진 것이었다. 유가공이 시유 가공부터 시작 한 것은 잘못 끼워진 첫 단추였다. 그 당시에는 시유도 없어서 못 먹던 상황이었고 우리에게 전해주고 가르쳐준 사람들이 잘못 안내해 준 탓이라고 떠넘기기에는 궁색한 일이다. 지난 30년간에 걸쳐 우리에게는 여러 사건 사고를 통해 "시유위주의 유가공"에는 문제가 많다는 적신호가 보내졌었다. 우리의 유가공이 방향 전환할 수 있는 기회가 여러 차례 손짓을 하며 우리 곁을 지나갔어도 모르쇠로 일관했던 우리가 아닌가? 이미 돌이키기에는 때가 늦은 것일까? 아니면 이제라도 늦었다고 생각할 때가 빠른 때일까? 연간 1조 5천억원 규모의 낙농업과 유가공 산업 규모, 연 15만 명의 일자리와 부양가족을 거느리는 소중한 이 산업, 선진국들은 중요한 식량 산업으로 일관되게 지켜나가고 보호하는 이 산업을 우리라고 내 버릴 수는 없지 않는가? 위기는 언제나 기회를 동반하고 찾아온다. 무서운 맹수인 사자, 호랑이도 길들이면 우리편이 된다. 우리는 금년에 우리 낙농업계에서 벌어진 미증유의 사태를 차라리 낙농 중흥의 기회로 삼아 잘못 끼워진 단추를 다시 추스리고 위기에 처한 낙농과 유가공 산업의 진행 방향을 바로잡아 일으켜 우리의 강고한 식량산업으로 자리 매김하여 후손에게 길이 물려주어야겠다. 그러면 누가 그 일을 할 것인가?

예로부터 우리 속담에 목마른 사람이 샘을 파고 아쉬운 사람이 길 낸다고 하였다.

이번 원유사태에서 그리고 앞으로 이런 유사사태에서도 가장 목마르고 아쉬운 사람은 누구였던가? 정부당국자도 유가공 업자들도 농민 운동가도 아니다. 그렇다고 소비자는 더 더욱 아니다. 바로 신 새벽부터 일어나 밤 늦도록 착유하고 젖소 돌보며 온갖 낙농분야의 애환을 당해내는 우리 낙농가들뿐이다.

이제 낙농가들이 들고 일어나 자신의 목장에서 이 나라의 새로운 유가공 문화, 그야말로 한국적 유가공 시대를 스스로 열어가는 길밖에 없다.

어쩌면 오늘의 논의가 지극히 초보적인 수준에서의 이야기일지 모르나 우리는 이제부터라도 목장들이 일어나 이 나라 낙농을 쇄신하고 역사를 다시 써 나가는 작업에 착수해야 한다고 믿는다.

그래서 오늘 한국 목장형 유가공 사업의 가능성과 발전 방향을 부족하나마 함께 고민하고 중지를 모아 그 발전 방향을 모색해 나가고자 한다.

Ⅱ. 한국 유가공 산업의 회고와 반성

근대 한국의 낙농 역사는 최경석(崔景錫)이 1884년에 미국의 보빙사로 다녀와 고종에게 농무목축시험장 설치를 허가받아 1885년 미국산 저지종 암소 2두와 수소 1두를 사육한데서 시작한다. 그 뒤로 일본인들에 의한 착유업, 프랑스인 쇼트(Short)의 신촌 목장이 착유한 우유를 판매한 것으로 우리의 유가공업은 출발하고 있다. 1911년 총독부령으로 제정된 우유 영업취체규칙에 따르면 "우유라 함은 판매를 목적으로 하는 전유 또는 탈지유를 가르키고 유제품이라 함은 판매를 목적으로 하는 우락(牛酪, 버터), 연유, 탈지연유, 분유 또는 탈지분유를 말한다."라고 되어 있어 우리의 유가공업의 첫 단추가 [시유]로부터 꿰어진 것임을 알 수 있다. 그리고 해방, 6.25와 보릿고개를 넘어 60년대 경제 개발 5개년 계획의 서너 차례 실시로 경제사정이 나아지면서 우리의 우유소비량도 함께 증가하였다. 젖소도입도 늘어나고 원유생산량이 1975년 16만 3천 톤, 1981년 51만 7천 톤, 그리고 1985년에 115만 9천 톤을 기점으로 증가 일로를 거쳐 1996년에 203만톤을 기록한다.

잉여원유문제, 분유체화는 시유 소비량이 전년보다 5% 감소된 1995년부터 본격화되어도 업계나 낙농가가 다급한 기색을 보이지 않는다. 1인당 원유소비량은 1975년에 4.6kg이던 것이 1980년 10kg, '84년 20kg, '87년 34kg, '90년 42kg로 늘어나 96년 54kg 대를 넘어 2002년에 63.9kg를 기록하고 있다. 우유 전체 소비량이 그렇지만 그 중 대부분이 음용유 소비에 의존하는 것이었다.

〈표 1〉에서 보는 바와 같이 우리의 원유 사용 실적의 내부를 들여다보면 첫 단추부터 계속 2002년에 이르기까지 유가공=시유 라는 등식으로 일관하고 있는 구조적인 한계를 안고 있음을 알 수 있다.

소비자는 이미 1995년부터 시유로부터 서서히 등을 돌리고 있는데 우리는 200만톤('96), 230만톤('01), 250만톤('02)의 원유의 대부분을 백색 시유 위주로 가공하여 소비자의 정서와 감성주의에 기대어 소비시켜 보겠다고 부질없는 노력을 했던 역사가 되어있는 것이다.

상품 속성상 소비자들에게 제품 흡수력의 한계가 드러난 시유, 원유는 매년 5~8%씩 증가하는데 시유는 거꾸로 매년 5%씩 감소하는 현상 앞에서 〔그래도, 시유!〕라고 하는 것이 우리 유가공업의 현실이었다. 고정관념의 틀을 깨고 발상의 전환을 해야 하는데 〔그래도

표 1. 한국의 연도별 원유 사용 실적

(단위:톤(%))

년도	납유량	시유	가공용
1963	3,190	2,228(69.8)	962(30.2)
1965	8,851	6,425(72.5)	2,426(27.5)
1969	32,430	13,032(40.7)	19,407(59.3)
1973	101,819	55,671(54.7)	46,168(45.3)
1975	160,338	116,813(72.9)	43,525(27.1)
1980	452,327	258,587(57.2)	193,740(42.8)
1985	1,005,812	714,370(71.0)	291,441(29.0)
1990	1,751,758	1,305,825(74.5)	445,933(25.5)
1995	1,998,220	1,490,873(74.6)	507,347(25.4)
2000	2,252,804	1,696,848(75.3)	555.956(24.7)
2001	2,338,874	1,729,331(73.9)	609.543(26.1)
2002	2,536,648	1,664,329(65.6)	872.319(34.4)
(평 균)		(66.9)	(33.1)

표 2. 한국의 연도별 치즈생산, 소비, 수입 추이

(단위:톤)

항목 / 연도	생산		소비		수입
	자연	가공	자연	가공	
1987	1,314	978	1,124	963	-
1989	2,351	2,417	2,466	2,318	131
1991	3,724	4,812	3,713	4,790	121
1993	8,295	3,862	8,049	3,889	266
1995	6,716	5,340	7,100	5,317	11,073
1997	17,156	8,175	16,999	8,079	19,198
1999	5,194	8,824	18,745	15,303	21,285
2001	8,235	11,825	28,119	24,973	34,457
2002	9,508	11,198	29,978	22,378	31,942

자료:농림부. 낙농편람 2002.

이 나라 유가공의 오늘이 있게 한 효자상품 시유를 버릴 수는 없다]고 했다.

물론 시유 가공을 그만 두고 그 시장을 버리자는 것이 아니다. 시유의 소비 한계를 인정하고 일정선을 유지하면서 시유로 소비되지 못하고 남는 원유에 대한 대책을 전향적으로 강구해보자는 것이다. 이제 우리는 [마시는 우유] 시대를 [씹어먹는 우유] 시대로 유가공 패턴을 업그레이드 하지않으면 안 되는 시대상황에 진입해 있다는 이야기이다. 갓난아이가 태어나면 치아가 없어 마시고 빨아먹는 음식 위주로 생활하다가 치아가 나와서 발달하게 되면 씹는 음식쪽으로 옮겨가는 단계이전이 있는 것과 같은 이치이다. 지난 30여년의 우리 유가공이 유아기였다고 회고하고 거기에만 머물러 있겠다고 안주해 온점은 반성해야 한다. 소비자는 이미 방향을 바꾸어 다른 쪽으로 가고 있는데 가는 소비자더러 예전의 그 길로 되돌아오라며 "우유 마시기 캠페인"하는 일은 그만 두자는 이야기이다.

그러면 정말로 소비자들이 이미 방향전환을 한 것이가를 유제품의 대표주자인 치즈와 발효유의 소비쪽을 한 번 살펴봄으로 확인해보자.〈표 2〉와 〈그림 1, 2〉에서 보는 바와 같이 우리의 치즈 생산과 소비는 1980년대 중반 이후부터 매년 증가하고 있고〈그림 3〉에서 나타난 바와 같이 2001년을 고비로 약간 수그러들긴 했어도 여전히 수직에 가까운 증가세를 나타내고 있음을 알 수 있다.

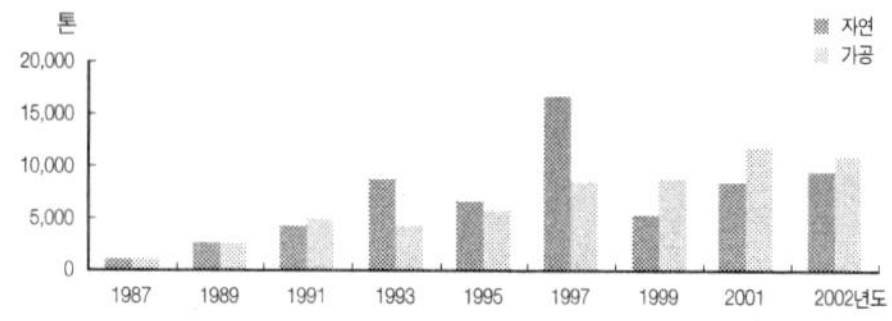

〈그림 1〉한국의 연도별 치즈 생산추이

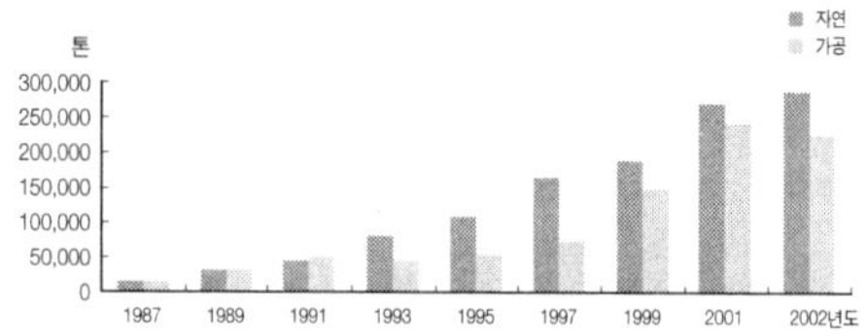

〈그림 2〉한국의 연도별 치즈 소비추이

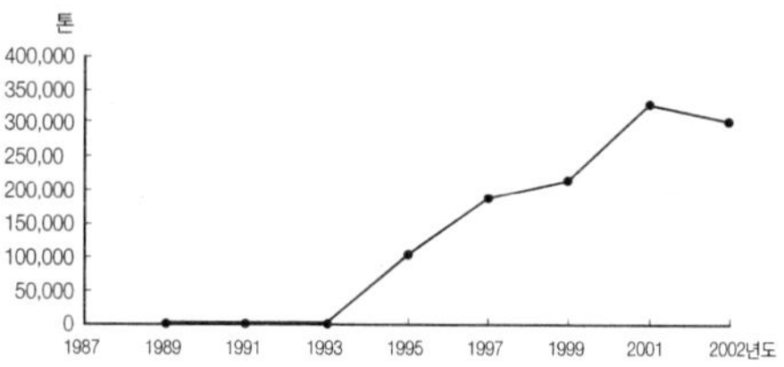

〈그림 3〉연도별 한국의 치즈 수입추이

표 3. 연도별 발효유 (액상발효유, 호상발효유)생산, 소비 추이

(단위:톤)

항 목 / 연 도	생 산		소 비	
	액상발효유	호상발효유	액상발효유	호상발효유
1994	432,145	91,924	432,145	91,924
1995	469,867	114,906	469,754	114,677
1996	416,914	131,282	416.929	131,226
1997	465,077	190,007	465.102	189,624
1998	387,829	106,795	385,960	107,405
1999	454,373	100,973	451,943	100,983
2000	405,267	124,336	402,112	123,997
2001	381,753	156,015	377,965	156,020
2002	378,280	161,903	373,449	161,958

자료:농림부. 낙농편람 2002.

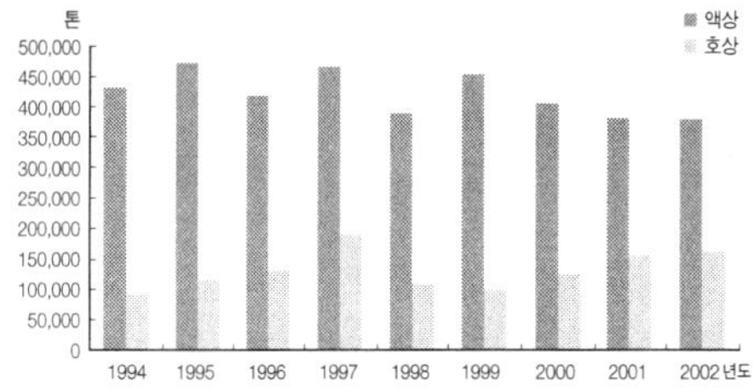

〈그림 4〉년도별 발효유 생산추이

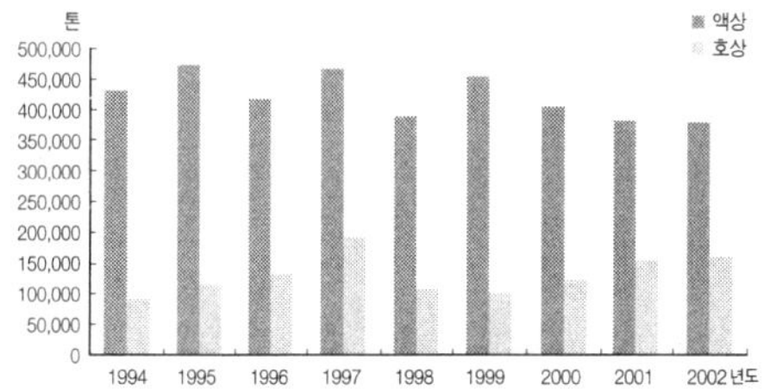

〈그림 5〉년도별 발효유 생산추이

이제 발효유 쪽으로 가보자

발효유 역시〈표 3〉,〈그림 4, 5〉에서 보는 바와 같이 생산과 소비가 계속 증가해 있음을 알 수 있다. 흥미로운 점은 1998년 그토록 혹독한 IMF 체제하에서도 치즈와 발효유의 소비는 큰 동요없이 증대기조를 유지 했더라는 사실이다.

이제 우리의 유가공 산업에서 효자 상품은 시유가 아니다. 치즈와 발효유 쪽으로 옮겨가고 있다. 이제 한국인의 유당불내증과 맛의 승부에서 밀려나는 〔우유 마시기 캠페인〕 보다는 유당불내증과 상관이 없고 건강증진효과가 확실히 증명 된 바 있는 치즈요리 개발과 〔발효유 마시기 캠페인〕으로 바꾸어 나가야 하는 시대에 와 있다.

우리의 유가공 산업은 원유가공을 시유쪽으로 치우치면서 남는 원유는 수급조절과 가공율 유지를 위한 분유 가공으로 방향을 잡았던 점을 조속히 바로 잡아 나가야 한다.

자체 상품이나 기술 개발보다 손쉽고 편하게 외국 기술 도입이나 모방하기에 능숙했던 게으른 R&D를 강화하고 원유생산 농가들을 홀대하여 이번에도 결국은 낙농가들의 눈물 흘리게 한 점도 깊이 반성해야 한다. 시대적 변화, 소비자의 요구나 경향을 내다 보지 못한 점은 두고두고 반성하고 시정해 나가는 자세가 요구된다.

이 나라에는 장인정신 (匠人精神)을 가진 유업체가 희소할 뿐더러, 식량산업의 보루인 낙농업을 살갑게 대해주지 않는 분위기가 감도는 것을 안타까워 해야한다.

Ⅲ. 목장형 유가공의 가능성

왜 이 시점에서 "목장형 유가공"이 낙농산업의 새로운 화두로 등장하는가?

이 나라 국민의 속성과 유가공의 특성을 두고 보면 참으로 두려운 일이다.

목장형 유가공사업이 잘되면 모르되 잘 안되었을 때 이번에는 지금의 낙농가 폐업과 혹독한 감산조치 상황보다 훨씬 크고 무거운 아픔으로 목장형 유가공사업 농민들을 압박해 올 것이기에 두려운 것이다.

자연스러운 것, 순수한 것은 있는 그대로일 때, 원형유지가 되고 있을 때 아름다움 그 자체가 된다. 거기에 뭔가 보태고 술수가 끼이면 그것은 비정상적인 모습으로 나타나기 때문이다. 목장들이 자발적으로 소규모 유가공장을 차려서 나름대로 독특한 유제품을 개발하여 자기 지역에서 활동하는 것에 대하여 당국은 함부로, 섣불리 손대지 말아야 한다. 그것은 순수한 농심에서 우러난 "목장형 유가공 정신(The spirit of Farmstead milk Processing)"을 훼손하는 것이 되고 한편으로는 부정한 유혹을 불러 올 수 있기 때문이다. 그냥 농민들이 자연스럽게 잘 해 나가도록 지켜 봐주고 어쩌다 작은 도움을 요청해 오면 뿌리치지 말고 도와주고 격려해 주면 된다.

왜 목장형 유가공인가? 라고 다시 묻는다. 우선 낙농가가 스스로 그것이 좋아서 한다. 자기 집의

질 좋은 원유를 애꿎은 시유용 원료로 그냥 파는 것보다 조금만 가공해서 팔면 고 부가가치(Value-added) 효과도 있고 자기 지역 주민에게 봉사하는 것도 되면서 소득안정까지 부차적으로 얻게 된다.

요즘은 낙농 기계설비들이 잘 나와서 목장 일이 예전보다 수월해진 틈을 이용한 "목장형 취미생활"이요, 명품개발을 꿈꾸는 장인정신(匠人精神)의 출발인 것이다.

결국 그들은 우리의 소비자들이 식문화의 조류가 시유보다 치즈와 요구르트를 찾는 쪽으로 흐를 것을 미리 내다보고 그에 부응하기 위해 일어난 운동이 "목장형 유가공"이다. 이것이 진정한 의미의 "목장형 유가공" 출발이요 티 묻지 않은 순수한 모습 그대로이다. 여기에 뭔가 보태려하고 정부가 무슨 시설자금이며 보조금, 융자금 등의 지원금을 퍼부어서 마치 잘 자라는 작물에 금비 퍼 붓듯이 해서 망칠 생각은 정말로 해서는 안 된다.

제발 "목장형 유가공"이야말로 정부가 주도해서 마구 권장하고 장려해서도 안되고 농민들이 무슨 돈 되는 사업인양 무분별하게 아무나 달려들어서도 결코 안 되는 영역의 천연사업이다.

우리나라의 낙농 유가공 산업의 환경이 급속도로 변했다. 우리의 우유, 유제품 소비자들이 친환경적이고 식품위생과 안전이 보장되는 유제품을 찾기 시작했다. 무엇보다도 기호성과 입맛이 변한 소비자들이 시유 이외의 색다른 유제품들을 목마르게 찾고 있다. 그래서 우리나라에서 목장형 유가공이 가능 한 일이라고 본다.

본 연구자는 다음과 같은 배경 하에서 천연산업으로 출발하는 우리의 목장형유가공 사업은 성공 가능하다고 본다.

(1) 신토불이 정신 - 최근 소비자들이 전통식품 우리 농산물을 선호하는데 목장에서 생산된 우리 원유 가공품도 그런 의미로 소비자에게 쉽게 다가갈 수 있다.

(2) 원유의 고부가가치화(Value-added) - 원유를 조금만 가공하면 고부가가치화가 가능하여 원유를 원료 그대로 넘긴 것보다는 훨씬 높은 가격으로 팔 수 있어 농가 소득안정에 기여한다.

(3) 제품개발, 출시의 유연성 - 소규모 유가공 생산체제 하에서 농가의 취향과 필요에 따라 제품의 량, 종류, 디자인을 손쉽게 조절할 수 있다. 대규모 회사처럼 복잡한 결재 라인 없이도 신제품 출시가 신속하고 매우 유연하다.

(4) 소량 다 품목 생산 - 신선유제품과 다양한 기호성을 갖춘 유제품의 생산이 가능하다. 목장형 유가공은 소량의 주문량만큼만 생산하여 판매에 자유로운 "원칙"을 고수한다. 그래서 시장 수요 변동에도 쉽게 대응할 수 있는 "여유경영"이 가능하다.

(5) 입소문 판매전략(구전(口傳) 마켓팅, Word of mouth marketing) - 목장의 신선한 고급원유를 사용하고 목장 특유의 정성과 개성을 담은 유제품의 소박한 제품성이 소비자들에 의한 입소문을 통해 전해져서 소비자들로부터 그 제품력을 인정받으면 비교적 단기간에 많은 단골(固定顧客, steady customer) 확보가 가능하다.

(6) 유기 낙농품(Organic Dairy Products) 생산 - 21세기 농업, 농산품의 화두는 유기농법이다. 유기 낙농법에 의한 원유 생산으로 유기농 유가공품의 브랜드화를 시도해 볼 수 있다. 이때는 목장원유를 전량 가공하면서 소품목, 소량생산, 주문판매 방식을 도입하는 것이 오히려 유리하다.

(7) 녹색관광, 체험관광(Green Tourism) 연계 - 농촌 체험관광마을 조성 시 목장형 유가공장을 도입하여 몇 가지 유제품 제조 체험 과정을 설치하면 실속 관광 코스가 되면서 판로도 자연히 확보된다.

(8) 독자 상표(Private Label)의 위력시대 - 이제는 목장고유의 특성과 장점을 반영한 독자상표가 위력을 발휘하는 시대이다. 미국, 유럽의 슈퍼마켓 거래용 낙농제품의 35%가 독자적인 상표를 가진 제품들이다. "생산-가공-판매체제"를 갖추면 독자적인 목장 브랜드화가 가능하다.

Ⅳ. 목장형 유가공사업의 국내외 동향

선진국의 낙농을 생각해 보면 왜 그들이 선진 낙농국을 구가하는지를 깨닫게 하는 면이 있다. 그것은 그들이 이른바 개미군단이라 할 수 있는 수 많은 소규모 유가공장, 그것도 장인정신(匠人精神))을 가지고 대를 물려가며 지키고 보존해 오는 전통적인 명품(名品) 유제품 생산공장들의 존재에서 찾아 볼 수 있다는 것이다. 어쩌면 우리는 그 동안 낙농산업을 진행과정에서 그 부분을 일찍이 무시했거나 아예 간과해 버렸다고 봐야 한다. 이제 우리는 정신을 가다듬고 낙농 선진국들이 강점으로 삼고 있는 목장형 유가공체제에서 장점들을 본받아 이를 신속히 소화하여 "한국적 목장형 유가공사업"의 모본으로 삼아 나가야 할 때이다.

1. 외국의 몇 가지 사례

1) 일본

일찌기 일본은 1970년대에 원유의 체화가 일정주기를 두고 반복되는 상황에서 농촌지도기관의 직원들을 스위스나 프랑스에 기술 연수를 보내어 현장 전문가들을 양성해 왔다. 또한 각 목장들은 장기적인 안목에서 목장에 소규모 유처리 설비를 갖추고 스스로 농가에서 유제품을 제조하여 판매하는 자구책을 강구하기 시작했다. 1982~1983년에는 생유가 남아돌게 되자 생유(生乳) 계획생산체제를 도입하였고 계획생산제 실시 이후 농가 스스로 계약원유와 농가가공 원유량을 조절해 나감으로써 우리와 같은 전대미문의 사태를 미연에 방지 할 수 있었다. 최근 들어 북해도의 경우 〔一村一品〕 운동이 일어나 농가나 마을단위 생산 유제품 경진대회(콩쿠르)가 열리고「손으로 만든 치즈, 手つくりチ-ズ」의 붐이 일고 있다.

또한 그들은 1975년에부터는 원유체화의 심각함을 인식하고 지역농협별로 유제품공장 설비사업을 장려하여 활성화하고 농촌지역형(일본어: 地場型) 유가공장 운영을 정착시키는 노력을 해 왔다. 북해도의 낙농지대의 市 · 町단위 지자체들이 중앙과 도의 지원을 받아 농민훈련을 위한 축산물가공처리 센터를 설립운영하고 있다(十勝地域, 中標津町, 黑松內町, 別海町 등).

최근 일본은 국민의 소득증대와 평균수명 연장에 따른 식품분야에서의 안전식품, 건강식품의 이미지를 갖는 식품제조 붐이 일어났고 우유 · 유제품에도 이러한 붐이 불어 농가에서 신선원유를 사용하여 농가에서 직접 〔손으로 제조한 유제품〕들이 인기를 끌게 되어 북해도 지역에서는 〔농가형 유제품〕들이 관광사업과 연결된 특화사업으로 자리잡게 되었다.

일본 북해도 지역에서의 농가형 유가공장들은 주로 〈마시는 요구르트〉와 지역 특산물을 넣어 제조한 아이스크림 및 저온살균 시유를 가공 판매하며 더러는 〈손으로 만든 버터〉와 〈손으로 만든 자연치즈〉를 제조하여 백화점, 공항 명품코너 등의 식품판매대를 통해 지역 특산품으로 활발히 판매되고 있다.

일본에는 70여 개의 소규모 및 목장형 유가공장들이 운영중에 있고 북해도에만 25개의 목장형 유가공장이 가동중에 있다.

2) 스위스, 네델란드

스위스의 낙농은 알프스 특유의 지형을 이용하여 발달하고 있기 때문에 소규모 농가들에 의해 이루어지고 있다. 53,000여 낙농가가 80만 5천두를 사육하고 있는데 1,500여 개의 소규모 마을단위 치즈공장이 전국에 산재하고 있다. 마치 우리나라 농촌의 마을 단위 도정공장을 연상하면 될 것이다. 지역마다 약간 차이가 나지만 6월~9월까지 해발 1,500~2,000m의 알프스 목초지에서 방목하여 갓 짜낸 원유를 사용하여 제조한 치즈는 풍미가 좋아서 소비자의 선호도가 높다는 이유로 살균유로 만든 치즈(일반 유가공장제품) 보다 15~20% 더 높은 가격이 유지된다. 국제적으로도 스위스의 소규모 목장형 치즈들은 [알프스의 싱싱한 초지방목으로 생산한 우유로 만든 최고급 치즈]라 하여 고가로 호텔과 레스토랑에 계약 판매한다. 이들 목장형 생유 치즈생산기술은 그들의 전통적인 식습관에 의해 다양한 종류로 발달하여 오늘날까지 전통 명품치즈로 자리잡게 되었다.

목장이나 마을단위 공장에서 만든 치즈는 1~2개월 숙성했다가 지역의 치즈 조합(Union)에 납품하면 4개월 이상 종류에 따라서는 3년까지 숙성시켜 조합이 판매를 맡아 준다. 스위스 수도 베른에 연방 낙농연구소가 있고 그 산하에 지역단위의 15개 연구소가 있는데 1연구소가 100~150여 개의 치즈공장과 생산농가를 담당하여 생유 생산에서부터 검사, 젖소사양관리, 착유위생을 지도하며 치즈의 스타터 공급, 치즈의 품질 관리 등을 담당한다. 따라서 스위스 치즈의 품질 균일화에는 이들 연구소가 결정적인 역할을 해주고 있다.

근대 산업화과정과 과학기술의 발달에 힘입어 보다 위생적이고 안전한 치즈 생산이 이루어지게 됐으며 치이즈 생산기술지도에 의해 공장자동화를 통한 노동절감과 생산비 절감 기술의 평준화를 통한 치이즈 품질의 균일화와 향상이 이루어진다.

스위스 치즈 생산량 전체의 약 80%가 이러한 소규모 공장들이 생산 한 것이다.

생유로 만든 치즈에는 녹색라벨을 살균유로 만든 치즈는 붉은 라벨을 붙여 철저히 구분하고 있는데 이로써 목장형 치즈를 쉽게 식별 할 수 있다. 목장들에서 만드는 치즈는 스위스 치즈 수출량의 88.3%를 점유하여 이들이 스위스 수출용 치즈 생산 기지라 해도 과언이 아니다.

네덜란드의 국토 33,000평방Km 중 초지가 35.4%를 차지하는 낙농산업은 연간 600만톤의 원유를 사용하여 59만톤의 치즈를 생산한다. 이 치즈의 대부분이 수출용으로 생산되며 전통적인 목장 유가공장(de Zaanse Schans farm)과 Alkmaar 지방의 치즈 시장의 전통적인 치즈 운반과정과 목장에서의 치즈 생산과정 코스는 훌륭한 관광자원으로 활용되고 있다. 네덜란드 역시 목장형 치즈는 낙농지도사(Expert of Product Quality)의 감독하에 천연 그대로의 생유를 전지우유로 하여 만들며 그래도 위생적으로 안전하다는 정부 보증의 인증표지를 낱낱의 치즈에 부착하도록 하고 있다.

3) 미국

미국에도 수 천개의 소규모 유가공장들에서 명품치즈(Artisan Cheese)와 요구르트 및 저온살균 유기농 우유(Organic Milk- 캘리포니아주는 유기농산물관련 인증법규〈THE CALIFORNIA ORGANIC FOODS ACT OF 1990/ CALIFORNIA FOOD AND AGRICULTURE CODE〉가 있다)와 버터생산이 이루어지고 있다. 관련 인터넷 사이트도 수 없이 많다. 미국의 대표적인 소규모 농가형 유가공 안내 사이트는 다음과 같다.

The Hometown Creamery Revival Project- 뉴햄프셔 주가 농가인 Vicki Dunaway 씨에게 소규모 유가공장 부흥 프로젝트를 주어 세미나, 문서보급, 정보교류, 농가지도 등을 맡기고 그 프로젝트에서 운영하는 홈페이지(http://www. smalldairy.com)는 매우 우리의 목장형 유가공사업자들에게 매우 유익한 정보, 자료들을 제공해 줄 것이다.

아울러 Washington Post나 New York Times, Yahoo-USA 등의 검색란에 Small- scale cheese나 Farmstead Cheese를 검색하면 최소한 3,000여 개 이상의 홈페이지가 뜬다. 특히 유명한 "Cheese and Fermented Milk Foods"의 저자인 F. Kosikowski가 창설멤버였던 미국 치즈 협회(American Cheese Society, ACS, http:// www.cheesesociety.org/)에는 수 천명의 소규모 목장형 유가공업자들과 관련자들이 가입, 활동하고 있다.

유수의 농과대학들이 목장형 유가공업자들을 위한 유가공 단기과정(Processing courses-Short Course)을 개방대학(Open University) 프로그램의 하나로 매 학기 또는 분기별로 운영하고 있다.

Hometown Creamery Revival 홈페이지 (http://www.smalldairy.com)에는 미국과 카나다의 다양한 목장형 유가공 단기과정을 소개해 두고 있다.

4) 이스라엘

이스라엘은 세계 최고의 젖소 단위당 산유량을 보유한 나라이다. 그러나 그들의 낙농조건은 최악에 가깝다. 이스라엘은 전국에 260여 개의 기브츠가 있는데 그들 중 70여 개 기브츠는 자체 소규모 유가공장이 있다. 기브츠 공급용 유제품을 자체 생산하고 이웃 기브츠에 판매하기도 한다. 그래서 이스라엘은 자연스럽게 소규모 유가공업이 일어났고 관련 설비, 기계공업도 선진국 수준이다. 최근 기브츠들이 농업에서 기대하는 소득이 안오르자 공업 쪽으로 전환하면서 소규모 유가공장용 기계들을 생산하고 있으며 러시아와 동유럽지역 및 아프리카 등지에 플랜트 수출을 한다.(Pladot mini Dairy : http://www.pladot.co.il).

2. 한국에서의 동향

우리나라 소규모 유가공장들이 지금까지 불과 몇 개소(임실 치즈신협, 이시돌우유, 강성원유업, 신우유업, 국민유업, 숲골 유가공연구소, 숲속의 목장 유가공연구소, 문경유업 등)가 운영되어 왔으나 경기도의 강성원 우유를 제외하고는 그 규모나 정체성이 아직은 미비한 실정이다. 따라서 우리나라에는 이렇다 할 목장형 유가공장 운영이나 적합한 유제품 제조기술이 정립된 예가 지극히 빈약하다.

목장 규모에서 운영 할 수 있는 소형 유가공장 건설형 설비업체도 많지 않고 소규모로 제조할 수 있는 유제품 제조 기술은 유가공학 교재에서 조차 소개되지 않고 있을 뿐만 아니라 농촌지도 기관에서 발간하는 낙농가 지도자료에서도 실제 농가에서 활용할 만한 유제품제조 표준화 공정자료들은 거의 찾아보기 힘든 실정이다.

식생활 패턴의 서구화로 국민들의 유제품 소비량은 계속 증대 할 것이 예상되나 업계에서는 이에 대한 현실적인 대안이 없다. 차제에 목장들이 다양한 목장형 유제품 제조기술로 이 시기를 극복하여 오늘의 낙농현실을 자연스럽게 해소 해 나가야 할 것이다.

우리의 경우 농촌지도기관은 물론이고 대학에서 조차 낙농가를 대상으로 한 목장형 유가공 기술 보급은 전무 하다시피 했고(순천대학 유가공연구실이 1998년부터 소규모 워크샵을 실시해 옴) 목장형 유가공사업을 희망하는 낙농가를 위한 〔유가공 기술 과정〕이나 〔유가공 기술훈련센터〕 하나 변변하게 운영된 바가 없었다.

Ⅴ. 목장형 유가공이 성공하기 위한 몇 가지 전제

우리나라에는 농민을 위한 농촌기술지도 기관들이 많지만 막상 농민들이 가서 "목장형 유가공"을 위한 유가공 기술분야의 교육 훈련을 받을만한 마땅한 교육기관도, 교육 프로그램도 매우 빈약한 실정이다. 그러나 유가공 기술에 대한 교육 훈련도 받지 않은 채로 목장들이 "목장형 유가공"에 뛰어드는 것은 마치 스카이 다이버가 결코 펴지지 않을 낙하산을 메고 1만 2천 피트 상공에서 뛰어 내리는 것과 같다. 정말 무모하고도 위험 천만의 일이라는 말이다.

판로문제도 결코 만만한 일이 아니다. 어떤 이들은 목장형 유가공 규모를 100평정도의 공장에서 일일, 원유 1톤~5톤 정도 가공하는 것으로 생각하는데 정말 이건 위험 천만의 발상이 아닐 수 없다. 목장형 유가공사업이 성공하려면 목장이나 정부에서의 다음 몇 가지 전제가 필요하고 그 것들이 해결 되면서 그 성공의 가능성이 전개 될 것이라고 본다.

1. 목장

1) 교육훈련

목장형 유가공장은 대형 유업체와는 달라서 그 기계 설비가 간단하고 단순하지만 나름대로 그것들을 잘 다루는 기술이 필요하다. "목장형 유가공"을 시도하려고 하는 사람은 먼저 그에 필요한 교육훈련을 받지 않으면 안된다.

농가 유가공 운영 농민은 최소한 다음과 같은 정도의 교육 훈련과정을 거쳐야 한다.

① 원유와 우유, 유제품에 관한 기본지식
② 각 유제품별 가공기계, 설비 조작기술
③ 공장 부속시설운영 기술(냉장, 냉동설비, 보일러, 포장기, 냉각수, 원유탱크관리, 폐수처리시설 운영 등)
④ 유가공에 있어서 필요한 미생물학의 지식과 현장실기
⑤ 유가공장, 유제품 처리 보존, 유통에 있어서 식품위생, HACCP 부분
⑥ 경영기법(고객관리, 광고홍보, 판매, 상표개발, 등록, 인력운용, 자금관리, 인터넷 쇼핑몰 운영, 각종 원자재구매 요령, 원가계산요령, 보험이용 등)
⑦ 기타 공장 운영과 소비자, 근로자에 대한 제반 법규, 인·허가 사항 등.

2) 마켓팅

판로 확보를 위한 나름대로의 경험, 전략이 필요하다. 다행히 우리는 대규모 유업체들이 시유가공에 매달려 있는 동안 거의 손도 대지 않은 처녀림 같은 유제품 제조 판매분야가 광활한 벌판처럼 남겨져 있어 수 많은 틈새 시장을 찾아 낼 수 있다. 그렇다고 일단 제품생산부터 하자, 판매는 생산 뒤에 해 나가면 된다는 생각은 위험하다. 유기농산물 판매망이나 아파트 주부단체, 각종 소비조합, 생협, 중소규모의 마트계열 망을 판매처로 얻으면 그는 절반은 성공한 셈이다.

3) 공장설비 구입, 설치요령

각종기계, 설비 업체들의 소형 유가공장용 에너지 절약형·환경 친화적 기자재, 설비 개발과 저렴한 공급이 필요하다. 인터넷 상에 검색해보면 외국의 소형 유가공 기계 회사들이 많으나 자칫하면 낭패를 볼 수 있으니 믿을 만한 국내 전문 업체를 확보하는 것이 안전하다. 사후 관리와 기술자문 측면에서도 가급적 국내업체를 상대로 하는 것이 안전하다.(국내 대리점체제가 확고한 외국업체는 무방하다).

4) 원유 검사, 제품의 품질검사

농가가 생산한 원유는 지역 집유 조합에 의해 농가 원유 검사를 대행토록 해서 원유 검사를 통과하게 하고 제품 검사는 지역별 축산기술연구소나 지역 대학들의 식품품질검사소에서 맡을 수 있도록 연계가 되어야 한다. 원유검사문제와 제품검사 문제가 목장형 유가공사업에 알맞은 환경으로 규제완화가 되지 않는다면 이 사업은 처음부터 커다란 난관에 봉착할 것이다.

5) 각종 보험가입

목장형 유가공장 제품에 대한 보상보험, 공장운영에 따른 각종 재해보험, 산재보험, 고용인력에 대한 고용보험 등에 대한 조치가 필요하다.

6) 특허, 의장등록, 상표등록 등

목장형 유가공장의 독특한 제품성과 운영정책, 친 환경, 유기농 유제품 등을 담아내는 목장 브랜드의 디자인, 상표개발과 포장개발의 독립적이고 고유한 지적 재산권의 소유와 허가취득, 유제품 제조기술의 특허등록과 관리가 필요하다.

7) 장인정신(匠人精神)

지역특산품과 연계시켜 명품 유제품을 개발하겠다는 의지와 개척 정신이 무엇보다 중요하다. 목장형 유가공사업의 출발이 이를 통해 큰 돈을 벌고 싶어서가 아니라 어렵고 힘들더라도 자신의 명예

와 농심정신이 담긴 자신의 목장 명품 유제품을 소박하게 자기 가족과 이웃에게 널리 공급하고자 하는 불굴의 정신과 투지가 필요하다. 명품(名品) 유제품의 반열에 오른 뒤에는 애당초 생각지 않던 재물도 덤으로 얻어 질 것이다.

처음부터 돈을 벌어 보겠다고 달려드는 무모함은 적어도 목장형 유가공에서는 통하지 않는다.

2. 정부 당국

1) 목장원유와 생산제품 검사제도의 규제완화

목장에서 원유검사는 매우 첨예한 문제이다. 지금까지 이 나라에는 목장형 소규모 유가공사업 자체가 없었으므로 담당 공무원들이 현장에서 일어나는 문제에 익숙하지 않은 것이 사실이다.

그렇지만 공무원들과 목장형 유가공 업자들 간에는 서로가 감싸주고 배우며 이해하여 돕고자하는 따뜻한 배려와 개척정신이 필요하다. 목장형 유가공의 현장과 실제 상황에 가장 접근된 원유 검사방식과 제품 검사제도를 마련하여 목장 유가공 사업이 발전할 수 있는 기반을 제공해야 한다.

가령 원유검사는 과학기술 발달로 각종 원유검사 장비가 간편, 신속, 정확 그리고 기록유지가 되도록 제조되어 시판되고 있으므로 이 장비를 국가 지원으로 보급 설치하게 하면서 (이들 장비가 목장에 따라 초기에는 지나치게 고가장비일 수 있음) 매일 국가 검사기관에 기록 보고와 제품제조 사전 승인 제도를 실시하면 가능한 일이다. 생산제품 검사는 각 시 · 도 축산기술연구소나 지역 대학내 식품검사 대행기관에 의뢰하도록 하면 무난할 것이다.

2) 목장 유가공 창업지원

창업에 필요한 각종 인 · 허가 절차의 완화, 철폐, 간소화로 원할한 창업을 지원 해야 한다. 목장형 유가공을 시작하는 이들이 담당 공무원들의 친절한 안내와 도움을 받아 무난히 창업하는 일이 늘어 날수록 이 나라 낙농은 탄탄대로로 지향 할 것이다.

3) 교육, 정보 및 기술 지원체제 구축

시 · 도 농업기술원과 시 · 군 단위 농업기술상담센터에 목장형 유가공 기술 훈련 시설을 마련하고 유가공에 필요한 교육과정을 운영하고 지도 인력으로 하여금 관련 기술 · 정보를 지원하는 체제가 필요하다.

일본의 어느 현에서는 농촌지도 기관내에 소형 유가공장 시설을 갖추어 놓고 영업허가까지 얻은 상태에서 목장 유가공 기술 훈련용과 그 교육을 마친 목장이 자기 원유를 그 공장에서 지도사의 지도 감독하에 제조한 가공품을 판매 할 수 있도록 돕고 있었다.

4) 목장형 유가공업 면허제 실시

목장 유가공 사업의 생산물이 고도의 위생 안전을 요구하는 유제품인 점을 감안하여 향후 목장 유가공 사업을 하고자 하는 사람은 국가기관이나 소정의 교육과정을 이수하고 국가에서 시행하는 적정시험을 실시하여 자격증을 취득하도록 하는 제도의 도입이 필요하다. 미국 위스콘신주의 경우 주 농무성과 위스콘신 주립대학 유가공 단기과정 센터와 협약을 맺고 과정 이수자에 대한 주 농무성 출제시험을 통과하면 자격증을 부여하고 있다.

국가당국이나 본인 그리고 소비자를 위해 반드시 이런 제도의 도입은 필요한 전제가 될 것이다.

5) 목장형 유가공장의 HACCP 도입 지원

지금 대부분의 유가공 회사들이 HACCP 인증을 얻어서 이를 상품화 시 고지하여 소비자의 위생 안정에 대한 신뢰를 얻고 있다. 목장 유제품에도 그런 효과를 위해 제조공장의 HACCP 인증 지원 제도를 갖추어야 할 것이다.

Ⅵ. 목장형 유가공 사업의 실천과제와 발전 방향

우리나라 목장형 유가공 사업은 거의 원시림에

가까운 상황이다. 지금 이 사업에 뛰어든 사람들은 분명히 그 분야의 선각자이면서 개척자로서의 온갖 고초와 쓰라린 경험들을 겪어내고 있다. 이제 이 사업에 뛰어드는 사람들은 적어도 그 동안 그 분들이 닦아 놓은 길을 따라 비교적 편하게 가는 셈이 될 터이다. 그러나 모두가 다 닦아진 길이 아니어서 나름대로의 고생은 각오해야 한다.

1. 목장의 실천과제

1) 본인의 흥미, 의욕 그리고 사업에 대한 성취욕
2) 확실한 시장 조사 결과, 제조하고자 하는 제품의 판로가 형성되어 있어야 한다.
3) 유가공에 대한 교육을 이수하였으며 자신있는 기술력을 갖추어야 한다.
   언제든지 유가공의 기술 자문을 받을 수 있는 전문가와 연계되어 있어야 한다.
4) 정부지원 없이 자력에 의한 공장 건축, 설비, 기계 등을 갖출 수 있어야 한다.
   ☞ 처리량(200 l , 500 l , 1000 l /일) 별 유가공 기계 설비 견적서 참조
5) 원유 검사, 제품 검사 문제는 원만히 조정되어야 한다.
6) 가장 작은 규모의 유가공 시설을 갖추고 제품력이 생기기까지 한 두 제품을 두고 충분히 배우고 실습한다. 자기가 만든 제품이 주변에 입소문으로 입증되어 주문이 들어오면 당국에 각종 인·허가 절차를 밟는다.
7) 제품생산은 철저히 주문량에 의거하여 생산한다.
8) 공장 설비, 기계 구입시 유가공장 시공 경력이 많고 사계에 신뢰가 있는 것으로 인정된 업체에 일체형 시스템으로 발주한다.
9) 독자적인 상표디자인, 포장 용기, 홍보 문안 등을 마련하여 목장 고유 브랜드화해 나간다.
10) 철저한 원가 개념에서 제품을 생산하고 관리한다.
11) 초기투자를 최소화하고 고용 인력사용을 억제하며 불가피한 경우 시간제 인력이나 정년퇴임한 분들을 활용한다.
12) 정기적인 목장 유가공 관계 사업가, 학자, 공무원들과의 교류와 정보 입수에 주의한다.
13) 인터넷 쇼핑몰 구축에 관심을 갖는다.
14) 목장형 유가공 사업을 시도하려는 목장주의 기본적인 실천의지
   - 기우선 자신이 목장형 소규모 유가공 사업에 흥미가 있고 의욕이 있으며 어떠한 난관을 헤치고라도 뜻을 이루고자 하는 투지가 있는가?
   - 주변과 지역사회에서 소규모 유가공 사업을 추진했을 때 어느 정도 판로가 확보될 수 있는지의 시장조사는 되어 있는가?
   - 유가공에 관한 기술이 쉬운 것이 아니기에 그에 대한 교육 훈련을 받을 수 있고 기술지도를 받을 수 있는 관련 교육기관과의 협력관계가 맺어져 있는가? 그래서 자신이 목표하는 유제품의 제품화에 이르는 기술 전수가 가능한가? 계속적인 기술 자문을 받을 수 있는 인적 연결고리가 형성되어 있는가?
   - 사업 초기 단계에 큰 규모는 아예 생각하지 않고 자신의 형편에 맞게 소규모로 자력에 의해 건물, 기계, 설비들을 즐거이 갖추어 낼 수 있는가? 아니면 정부의 시설비 지원을 바라보고 시도하고 있는가?
   - 목장형 유가공 사업은 종합적인 사업이고(생산, 가공, 판매, 고객관리, 홍보, 재정관리… 등) 오랜 기간 많은 시간과 재정이 소요되면서 쉽게 돈이 벌리는 사업이 아닌데 그래도 기꺼이 투자하고 견디며 소규모 유가공 자체에 만족하고 즐기며 운영 할 수 있는가?
15) 목장형 유가공 사업은 손쉬운 시유로부터 시작하지 말고 (시유는 제품의 량에 있어서 가장 무겁고, 유통기한이 가장 짧으며 이윤이 가장 박한 제품이다) 요구르트를 먼저 만들어 기술과 경험, 소비자를 확보한 후 자연

치즈 생산으로 넘어가고 앞의 제품이 좋아서 소비자가 시유를 찾으면 수요자 주문량에 따라 유기농 원유를 사용한 고가품의 시유생산 판매를 시도하는 것이 목장형 유가공이 가는 순서일 것이다.

2.정부

1) 농림부가 과거에 표준 축사 설계도를 보급하였듯이 이제는 목장형 유가공장의 1일 처리 용량별 표준 설계도와 표준 시설장비 견적을 보급한다.
2) 목장형 유가공사업 희망자를 위한 교육과정을 마련하여 자격, 면허제도를 연계 육성한다. 미국 위스콘신주 처럼 교육기관과 연계하여 자격증, 면허시험제도 도입을 고려할 것.
3) 우리 실정으로는 도발적이고 파격적인 목장형 유가공장 실정을 고려한 원유검사, 제품검사 제도를 마련하여 지원 육성한다.
4) 목장형 유가공 사업자를 대상으로 하는 제품별 소형 유가공 기기 일체형 시스템(Small-scale minicompact)을 시 · 군별로 구입하여 교육 실습용으로 배치한다. 가령 IEC Engineering 사의 소형 유가공 시설은 우유처리량이 시간당 500 l 로서 일체형 시스템으로 구성되어 있는데 기본 구성 시설도는 살균기 - 발효탱크 - 콘트롤박스 - 보일러 - 크림분리기 - 에어콤푸레셔 - 치즈 압착기 - 치즈 성형틀 - 요구르트 트롤리 - 배양기 등으로 되어있고 버터천, 요구르트 충전기 등은 별도로 갖추어야 한다. 이 설비로 제조 가능한 유제품은 치즈, 요구르트, 생크림, 시유 등이다. 목장들이 이런 시설을 활용한 실습과정을 능숙해질 때 까지, 제품력을 인정 받을 수 있을 때까지 반복케 함으로써 쉽게 창업을 할 수 있고 비용 절감과 시행착오를 사전 방지해주는 효과가 있을 것이다. 미국의 뉴 햄프셔주의 경우 유제품별 필요 설비를 희망 목장에 임대해 주는 지원 시스템을 운영하고 있다.
5) 목장형 유가공 지원시스템 구축 - 목장형 유가공 사업의 발전은 우리의 낙농산업을 선진국형 수준으로 끌어 올리고 항구적인 식량자원 공급기지로 정착시키는 중대과업으로 인식하고 농림부 내에 관련 업무분장과 지원시스템을 가동시킨다.
6) 목장형 유가공 사업에 맞추어 각 제품별 표준 제조공정, 공정별 HACCP 적용기준, 위생안전 기준 등을 마련하여 지원한다.
7) 목장형 유가공 사업에 대한 시설 지원은 현재 영업허가를 받아서 운영하고 있는 사업장 위주로 시설 개선 또는 리모델링 차원에서 실시하고 초기 지원은 철저한 자격 검증절차를 거쳐 지원하되 과다, 중복, 불필요 자원을 지양해야 한다.(유가공 무경력자는 배제 할 것)
8) 목장형 유가공 사업자의 유제품 품질관리, 위생안전에 대한 사전 계도후 철저한 관리감독 실시 - 일반 유업체 수준에 도달한 후 엄격 적용

① 목장형 유가공장들의 육성기에 해당하는 창업초기의 각종 법적, 제도적 규제와 경직된 조항들의 완화와 철폐 및 융통성의 부여 (특히 인 · 허가 사항)
② 일정 규모이내, 창업 후 일정 기간내의 세제혜택 부여
③ 목장형 유가공장의 위생 안전 지도와 규격제시 (HACCP〈위해요소 중점관리 기준〉의 인증 지원)
④ 농가 유제품의 상표 디자인, 포장지 개발 지원, 브랜드화 지원
⑤ 농가 유제품의 인터넷 쇼핑몰 구축과 그 운용기술 지원
⑥ 농가 유가공 기계, 설비업체의 파악과 기계설비 기준규격 마련과 품질 인증제도 도입, 적정가격기준 공고, 거래질서 확립

⑦ 농가 유가공 농민에 대한 신지식인, 신기술인, 벤처 창업지원 대상 포함
⑧ 시 · 도 농업기술원을 통한 소규모 유가공기술 교육 · 훈련시설, 교육훈련 강사 양성, 교육훈련실시 및 시 · 군 농업기술상담센터의 유가공 기술 지도인력 활용 강화 등.

Ⅶ. 결 론

낙농 선진국들의 낙농이 탄탄한 것은 물론 국가가 주요 식량 공급기지로 인식하고 음, 양으로 보호해온 탓도 있지만 그들에게는 대를 이어 진행해온 명품생산 목장형 유가공장들이 있었기 때문이다. 그들에게는 개미군단이 있었고 우리에게는 그러한 개미군단 자체가 없어서 치즈로 환산하면 연각 4~5만톤 가공 분량의 원유 때문에 홍역을 치르고 있는 셈이다. 작금의 우리 낙농산업은 새로운 차원으로 올라가 발전하느냐 사라지느냐의 기로에 있다고 본다.

여기서 등장한 화두가 다행히 〔목장형 유가공 사업〕이다. 그러니까 "유아기"를 벗어나지 못하는 우리의 낙농산업이 이번 원유사태를 계기로 〔목장형 유가공 사업〕이라는 다리를 건너 "성년기"로 뛰어오르고자 하는 전기를 맞고 있는 셈이다.

그렇다고 〔목장형 유가공 사업〕의 앞길이 밝고 순탄한 길만은 아닌 것이 확실하다.

정부와 목장형 유가공 사업 희망자들이 머리를 맞대고 현안마다 같이 고민하며 협력하여 타개해 나가야만 할 것이다.

모두에 언급했듯이 위기는 기회를 동반하고 찾아오며 사자나 호랑이도 길들이면 우군이 되듯이 오늘의 낙농현실을 〔목장형 유가공 사업〕으로 추스리고 다스려 나갈 때 우리의 낙농은 국민에게 사랑받고 후손에게 자랑스런 국가 식량 공급기지로 남겨질 수 있을 것이다.

마지막으로 정부당국과 목장형 유가공사업 희망자 분들에게 유념해 둘 사항을 언급해 두고자 한다.

1. 한국의 목장형 유가공사업은 우리의 사회, 경제 및 문화적 수준에서 볼 때 성공가능한 분야이다. 오히려 늦게 출발한 것이 문제이다.
2. 목장형 유가공사업의 성공적 전개에는 반드시 목장이나 정부차원에서 충족시켜야 할 전제 요건들이 있다. 이러한 전제 요건의 충족 여부와 상관없이 지원하고 추진한다면 우리의 낙농산업 자체가 엄청난 나락으로 추락될 것임을 유념해야 한다.
3. 유가공 기술이 그렇게 쉽고 간단한 것이 아니다. 식혜나 고추장, 된장 담그고 두부 만드는 식으로 인식하면 안된다. 서구의 유가공 기술이 여타 산업기술을 이끌어 왔던 선진분야였음을 유념하고 쉽게 생각하지 말고 충분한 교육과 기술검증을 거쳐서 사업에 임해야 한다. 정부는 이 점에 맞추어 검증, 자격인증, 면허, 감독관리 제도를 신속히 마련해야 한다.
4. 목장형 유가공의 시설 장비는 반드시 전문업체에게 맡겨야 하다. 초기 설비투자를 최소화하고 주문량에 따른 생산원칙을 고수하면서 목장 고유 브랜드 육성에 심혈을 기울여야 한다.
5. 정부는 원유검사, 제품검사에 대한 규제 완화와 법 테두리 내에서의 편의 제공으로 이제 막 싹이 트고 돋아나는 목장형 유가공 사업을 보호 육성해야 한다. 우리 역사상 처음 있는 이 사업을 대규모 유업체처럼 규제하고 강력 제재하는 것은 사업자체를 고사시키는 결과를 가져올 것이다.
6. 유기농 낙농, 친환경 유가공은 "목장형 유가공 사업"의 깃발이 되어야 한다. 소박하고 정성이 담긴 목장형 유제품이 유기농 우유로 친환경적 공장에서 제조 되었을 때 어느 대기업도 범접지 못할 영역을 확보하는 셈이 될터이다.
7. 목장형 유가공 사업자는 절반은 거기에 빠져서 심취한 사람이 되어야 한다. 적당히 하다보면 중도에 그만 두게 될 것이니 철저히 무장된 정신자세가 요구된다.

부가가치 높이는 소규모 축산가공

목장형유가공은 우리 낙농산업의 '기회'

2010년 1월 현재 전국에 10여개의 목장형유가공장이 가동되고 있다. 이제 막 걸음마 단계에 놓여 있는 우리의 목장형유가공의 현황과 발전 방향 그리고 과제를 살펴봤다. 유가공은 낙농업계의 새로운 돌파구가 될 가능성이 있어서다. 글 배인휴(순천대학교 교수)

우리의 낙농산업은 전통적으로 마시는 우유인 백색 시유에만 치중해왔다. 그 결과 '먹는 유제품' 개발에 소홀해 수요가 다양하지 않은 문제점을 노출하고 있다. 유가공의 첫 단추가 잘못 끼워진 탓이다. 낙농가는 주기적인 원유 소비 정체로 고통받고 유업체마다 시유 소비 감소로 재정적 압박을 받는 이유가 여기에 있다. 문제는 지금도 유업계가 원유의 70% 이상을 '마시는 우유' 가공으로 일관하고 있다는 점이다. 〈표1〉에서 우리나라 원유 사용 실적을 보자.

표1. 한국의 연도별 원유 사용 실적 (단위: t(%)

연도	납유량A	시유B(A/B%)	가공용
1995	1,998,220	1,490,873(74.6)	507,347(25.4)
2000	2,252,804	1,696,848(75.3)	555,956(24.7)
2005	2,228,821	1,543,835(69.3)	684,986(30.7)
2006	2,176,339	1,555,448(71.5)	831,679(28.5)
2008	2,138,802	1,584,487(74.1)	606,082(25.9)

자료 : 농림수산식품부. 낙농통계연감 2008

납유량 대비 시유 사용량은 평균 73%를 차지한다. 그런데 연간 국민 1인당 시유 소비량은 1997년 37.1kg을 정점으로 매년 감소하는 추세다. 그동안 많은 광고비를 쏟아가며 전력투구했던 '마시는 우유' 광고 작전은 큰 효과를 보지 못한 셈이다.

이에 우리 낙농업계 일각에서는 전혀 다른 세계에 대한 가능성을 주시하기 시작했다. 백색시유시장 외에 발효유와 치즈라는 또 다른 잠재적 시장이 있음을 깨달은 것이다. 1983년 이전까지는 발효유라고는 액상발효유뿐이었다. 그러다가 1980년대 초반에 삼양유업과 빙그레가 호상발효유를 출시해 인기를 끌자 다른 유업체들도 이에 관심을 갖기 시작, 생산과 소비가 증대일로에 있다.

만일 국내에서 과잉된 원유의 상당 부분을 호상발

표2. 한국의 연도별 발효유 생산과 소비실적 (단위: t)

항목	생산		소비	
연도	액상발효유	호상발효유	액상발효유	호상발효유
2001	381,753	156,015	377,965	156,020
2002	378,280	161,903	373,449	161,958
2003	393,000	162,000	386,000	162,000
2005	326,755	155,683	320,777	155,756
2008	289,226	165,704	284,204	165,643

자료 : 농림수산식품부, 낙농통계연감 2008

표3. 연도별 한국의 치즈생산, 소비, 수입 추이 (단위: t)

항목	생산		소비		수입
연도	자연	가공	자연	가공	
1987	1,314	978	1,124	963	-
1993	8,295	3,862	8,049	3,889	266
1995	6,716	5,340	7,100	5,317	11,073
2002	9,508	11,198	29,978	22,378	31,984
2005	11,692	12,032	41,382	26,908	44,032
2008	9,702	15,314	53,080	18,983	47,387

자료 : 농림수산식품부, 낙농통계연감 2008

효유 생산에 사용하게 된다면 낙농업 발전에 희망을 가질 수 있겠다. 하지만 당장의 이윤이 아쉬워 수입 혼합분유를 국산 원유보다 많이 사용하는 호상발효유는 우리 낙농업에 별다른 도움을 주지 못한다.

또한 필자는 치즈를 원유 먹는 하마와 같다고 표현한다. 자연치즈 1kg을 생산하는 데 원유 10kg이 소요된다. 따라서 백색시유 10kg을 소비시키려고 애쓰기보다 다양한 방법으로 치즈 1.0kg을 소비하게 하는 편이 훨씬 더 쉬울 것이다. 우리나라의 제대로 된 치즈시장은 1987년부터 본격적으로 열린다. 1987년도에 한국인이 소비한 치즈 총량은 2,087 t 에 지나지 않았다. 그야말로 미미한 수준이다. 그로부터 10년 후인 1997년에 2만5,078 t 이 소비돼 무려 12배나 증가했다. 1998~2000년에 이르는 혹독한 IMF 체제하에서도 각각 2만4,904 t , 3만4,105 t , 3만4,105 t , 4만4,897 t 이 소비되는 상승일로를 걸어왔다〈표3〉.

국내 치즈 소비량 증대가 국산 원유와 연계돼 진행됐더라면 우리의 낙농산업은 제2의 중흥기를 구가했을 것이다. 그러나 현실은 그리 호락호락하지 않았다. 2002년부터 크게 증대된 치즈 소비량이 연간 5만 t 을 넘어서면서 수입량도 늘어나기 시작했다. 이 기조는 2008년까지 이어져 전체 소비량 7만 2,063t 중 수입치즈가 47,387t을 점유해 총 소비량의 65.7%에 이르게 된다. 그러나 장기적인 안목으로 보면 치즈 소비 증대 현상은 반갑고 환영할만 한 현상임은 틀림없다.

치즈 소비 증대가 우리 낙농의 활로를 열어 줄 것을 기대하기엔 시간이 매우 촉박하다. 마치 자동차의 리어뷰 미러에 "보이는 사물이 실제보다 가까이 있습니다" 라는 문구와 같이 치즈 제조 선진국들과의 FTA 타결이 임박했기 때문이다.

이에 대처하기 위해 필자는 이미 10여 년 전부터 순천대학교에 치즈와 발효유 제조법을 중심으로 하는 교육과정을 마련하고 1996년에는 농가형유가공을, 2003년부터는 목장형유가공을 제창해 낙농가들과 호흡하며 교육사업을 펼쳐 왔다. 2009년까지 교육을 받은 수강생은 610명에 이르고 유제품가공사 자격취득자는 117명에 달한다.

한편 2003~2009년 천안 연암대학과 여주농업고등학교, 국립축산과학원에서도 연간 15~20명씩을 선발해 나름대로 교육과정을 갖추고 목장형유가공 교육을 실시해 수료생 수도 200여명에 육박할 것으로 본다. 이로써 국내 목장형유가공 관련 교육 수료생 800여명 중 소수가 유가공장을 갖추고 고유의 영역을 만들어 활동을 전개해 나가고 있다.

목장형유가공의 의의와 중요성

목장형유가공은 '농심과 정성'의 순수정신에서 출발한다. 누가 시키고 장려해서, 돈 벌려고 하는 일이 아니다. 고생해 얻은 귀한 원유가 어쩌다 시장에서 백색시유가 되어 천덕꾸러기 취급당하는 것을 마냥 바라볼 수 없어서 일어난 자발적인 혁신운동이라고 볼 수 있다.

목장형유가공에서 중요시하는 순서는 발효유-치즈-아이스크림-버터-시유 순이다. 마시는 유제품 위주의 유가공을 먹는 유제품과 균형을 맞추고자 하는 운동이 목장형유가공인 것이다.

우리 낙농업계에서 목장형유가공이란 어떤 의미를 가지고 있는지 그 의의를 정리해 보았다.

첫째, 목장주의 취미생활이다.

이는 곧 목장주의 즐거운 체험활동이다. 요즘은 목장 자동화가 급진적으로 진행돼 로봇착유기, 로봇송아지포유기, 자동사료급이기 등 사람의 손작업이 줄어드는 추세다. 새벽 4시에 일어나 밤 11시가 넘도록 일하던 시절은 지나가고 있다. 자동화설비의 이용으로 생긴 여유시간을 쓰는 취미 · 체험 활동으로 목장형유가공은 출발한다. 일본의 49개 목장형유가공장 운영자 중 돈 벌기 위해 시작했다는 사례는 거의 없었다는 보고가 있다. 자신이 생산한 원료를 자신이 가공해 새로운 음식문화를 만들고 싶은 욕망이 컸다는 이야기다.

둘째, 지속가능한 낙농 발전을 추구한다.

최근 선진국을 중심으로 웰빙, 로하스, 그리고 슬로푸드(Slow food) 운동이 번지면서 소비자들은 모든 식품에서 맛이나 영양가보다 안전성과 품질을 우선시하고 있다. 낙농가는 목장에서 갓 짜낸 원유를 사용해 고품질의 유제품을 생산해 공급할 수 있다.

수년 전부터 전개돼 온 '깨끗한 목장 가꾸기'와 '낙농체험목장' 운동이 목장형유가공과 연계될 수도 있다. 이러면 1차 산업에서 벗어나 지속가능하고 소비자와 함께 하는 낙농업으로의 변신이 가능해진다. 여기에 목장주의 유가공기술과 소규모 유가공 시설은 단단히 한 몫을 할 수 있다. 목장형유가공이야말로 낙농업으로 하여금 2차 가공, 3차 서비스, 4차 체험교육과 여가, 쉼터의 역할로까지 이어지는 변신을 가능케 한다.

셋째, 유기낙농 시대의 선구자이다.

목장형유가공을 추구하는 목장주는 대부분 친환경을 덕목으로 삼는다. 독일의 유기농단체들인 죌(Soel), 비오란트(Bioland), 더메터(Dermeter), 나투르란트(Naturland)에 속하는 낙농가들은 전적으로 유기낙농의 규범을 따라 코텍스(Codex)의 유기농유제품 가공규칙에 따라 가공하고 유기농매장에 판매한다. 나아가 목장을 후손에게 유기농 교육장으로 개방해 운영하고 있다.

우리나라에서도 목장형유가공목장은 친환경낙농에서 깨끗한 목장 그리고 유기낙농으로 진화하고 있으며 소비자들에게 목장의 유제품은 곧 유기농제품이라는 인식을 심어 나갈 것이다.

넷째, 목장유가공 목장주들은 개미군단이다

어느 날 도시의 대형 할인매장의 우유 매대에 들른 한 낙농가의 이야기다. 피땀 흘려 생산한 내 원유가 시유가 돼 찬밥 취급을 받는 것을 도저히 용납하기

어려웠다는 것이다. 그 목장주는 그 길로 목장형유가공을 배우고 시유

가 아닌 발효유와 치즈, 아이스크림, 버터를 손수 제조하게 됐다. 필자는 이런 목장주들을 한국의 낙농업을 바꾸어 놓을 '개미군단'이라 부른다. 대기업 유업체들이 시유를 중단 없이 생산해 줄 때 우리 개미군단은 정성을 담은 '먹는 유제품'을 만들어 공급하는 황금분할을 이루자는 뜻이다. 이 개미군단이 많아지면 이 나라 낙농은 비로소 제 위치를 찾게 될 것이다.

다섯째, 소규모 가족 경영의 장점과 유연성을 갖는다.
필자는 목장형유가공을 희망하는 낙농가들에게 당부하고 강조하는 점들이 있다.

① 목장형유가공을 한다는 핑계로 낙농업을 접지는 말라.
② 대규모를 지향하지 말고 소규모를 고집하라.
③ 인력을 고용하지 말고 가족경영을 고수하라.
④ 장인급이 되기 전까지 취미생활로 진행하라.
⑤ 소비자를 가족같이 모셔라.
⑥ 주문량에 따라 생산하고 영업활동 하지 마라.
⑦ 전국구가 되지 말고 지역주의, 향토주의를 추구하라.

목장형유가공도 어느 수준에 이르면 소비자의 부름에 응답하고 요청에 대응해야 하는 때가 올 것이다. 그때의 목장형유가공에선 다소간의 유연성을 발휘해 볼 수 있다.

① 주문량에 따라 다품목을 소량 생산한다.
② 영업활동보다 목장 방문객, 체험객들을 가족같이 섬겨서 입소문 전략을 추구한다. 그들에게 신뢰를 얻으면 단기간에 충성고객을 확보할 수 있을 것이다.
③ 지역 특산품과 연계한 유제품을 개발해 상품화하면 자연스럽게 지역 명품으로 인정받을 수 있다.
④ 목장, 목장주, 경영방침, 지역, 명산물 등을 이미지화해 독자 상표를 개발하면 브랜드화가 쉽다. 목장형 유제품을 브랜드화하면 목장은 물론 지역이 살아난다.

필자는 한국 낙농에서 목장형유가공은 마지막으로 주어진 기회라 생각한다.

지난 2005년부터 낙농가 수는 급격히 감소하기 시작했다. 거기에는 두 가지 이유가 있다. 첫째는 소득이 이전만 못하기 때문이다. 젖소 마리당 사육비가 2003년에 391만원이던 것이 2005년 420만원, 2007년 454만원, 2008년에 이르면 520만원으로 계속 올랐다. 반면 마리당 수익은 2005년에 171만원이던 것이 2006년 178만원, 2007년 172만원으로 정체되다가 2008년들어 151만원으로 곤두박질쳤기 때문이다.

둘째, 우리의 낙농은 여전히 힘들고 위험하며 매일 작업이 똑같은 3D업종에 머물러 별다른 희망이 보이지 않는다는 것이다. 이에 2005년 이후 낙농가 수가 매년 평균 600여가구씩 감소해 2009년 1월 현재 6,380여가구가 남게 됐다.

필자는 누군가가 남아 있는 낙농가를 설득해 낙농을 지속적으로 종사하게 할 특단의 대책이 필요하다고 본다. 정부는 신속히 이들을 위한 지원책을 마련하고 단시일 내에 효력이 발생하도록 해주기 바란다.

물론 낙농인들의 자구책 마련도 중요하다. 목장형유가공의 활성화를 위한 노력도 그 대책의 하나로 여기기 때문이다. 목장형유가공이 서구 각국의 경우처럼 성장해 유제품시장의 판도를 바꿔준다면 우리의 낙농산업에서 희망을 볼 수 있을 것으로 생각한다.

치즈 한번, 인생 한번

배 인 휴
순천대학교 교수

1. 치즈 한번, 인생 한번

옛날 저의 군대시절에 저에게 속 깊은 이야기를 들려주곤 했던 부하 한사람이 있었습니다. 그가 한번은 저에게 "술 한 잔에 인생 한잔입니다." 하는 것입니다. 그게 무슨 소리냐고 물으니까 "한국 사람들의 음주 습관에 문제가 많습니다. 술을 음미하며 즐기기보다 빨리 취하기 위해 관주(灌酒, 논에 물대듯이 술을 몸에 물대듯이 마셔 댐)를 하는 식입니다. 우리는 이제 주선(酒仙)이 되자는 것입니다. 술 한 잔에 인생을 가득 부어 인생을 이야기하고 음미하며 천천히 마시자는 것입니다"라고 하였습니다.

제가 1992년에 뉴욕 브로드웨이에 잠시 들른 적이 있었는데 그 때 일행과 함께 24시 편의점에 들어가니 마침 한국분이 운영하고 있었습니다.

그 때 그분이 그랬습니다. "미국 사람들 정말 질기더군요. 맥주 한 병 시켜서 저 쪽 자리에 앉으면 평균 네 시간은 이야기를 하다 갑니다." 그들의 음주 습관이 한국식 편의점에는 안 어울렸던 모양입니다.

저는 치즈를 한번 만들고 나면 배우는 것이 한두 가지가 아닙니다. 치즈 한번 만들면 한 인생을 사는 것과 같은 느낌입니다. 아침에 제가 하천변에 운동을 나가면 하루살이가 떼 지어 놀아댑니다. 매우 활발히 움직이는데 그들에게는 1초가 우리네 인생의 하루일지도 모릅니다. 1초를 매우 바쁘고 보람 있게 보내고 있다는 생각입니다. 치즈를 만들면 하루가 꼬박 지나가게 되어 있습니다. 치즈 만드는 것만도 하루살이인 셈이지요. 치즈를 만드는 과정에서 저는 많은 것을 배우고 또 배우며 느낍니다. 그래서 유럽 사람들이 치즈를 만드는 기술이 원숙단계에 이른 사람을 마이스터 혹은 마스터(Meister, Master)라고 불러 주는 모양입니다. 그들에게 치즈 기술 외에 인생의 원숙미가 함께 담겨 있기 때문이지요. 치즈를 많이, 자주 만들다 보면 누구든 도(道)를 깨치도록 되어 있습니다. 그리고 겸손 이상의 고매한 품격이 배어 날 것입니다.

인생에서 배우고 깨우치며 깨달아 체득해야하는 것이 많은데 치즈를 만들다 보면 그것이 자기도 모르게 다가와 그 사람 속 깊숙이 박히고 침잠하는 것입니다. 치즈 한번 만들면 숙성이 끝나기까지 얼마나 조심스럽고 마음이 안 놓이며 긴장을 하는지 꼭 한 인생의 고비를 넘기는 것 같습니다. 치즈 한번, 인생 한번입니다. 제게는.

2. 치즈(Cheese) – 자연이 날라다 준 선물

지금까지 전 세계에서 만들어지고 이용되고 있는 치즈의 종류는 1,400여 종류가 넘습니다. 아마 지금도 계속 다른 종류의 치즈들이 새로이 만들어지고 있을 것입니다. 치즈는 인간이 발명한 것이 아니라 자연이 날라다 준 선물입니다. 지금도 사실은 자연이 계속 새로운 종류의 치즈들을 만들어 가고 있는 것이기 때문입니다. 치즈가 자연의 선물일 수밖에 없는 것은 그 시원(始原)이 분명하지 않고 인류가 언제부터 이렇게 정교한 식품을 일상식품으로 먹기 시작했는지가 정확히 알려져 있지 않기 때문입니다. 치즈의 기원을 논한 문헌이나 "설"들은 단연코 인간이 지어 낸 근거 없는 이야기 일 뿐입니다.

지난 2005년 여름에 필자는 스웨덴의 세계 최대 야외박물관인 "SCANSEN"을 방문하였는데 그 때 알게 된 놀라운 사실은 스웨덴 인들이 이미 1만 년 전부터 정교한 방법으로 치즈를 만들어 먹었다면서 그 기술을 복원한 당시의 귀틀집 원시가옥에서 아주머니들이 그대로 재현하고 있었던 점이었습니다. 그러니 치즈의 역사자체가 아련하고 아득한 이야기이고 맙니다.

세계적인 명품 치즈들은 누가 만드는지 아는가?

혹자는 기술자가 만들고 치즈 장인(匠人,Meister)이 만든다고 할런지도 모릅니다. 아닙니다. 단연코 아닙니다. 치즈는 철저히 자연이 만듭니다. 아니 자연과 완벽하게 동화된 사람, 즉 자연의 일부인 순수한 사람이 만든다고 봐야 할 것입니다.

치즈의 원료는 크게 세 가지입니다. 포유류의 젖, 유산균, 그리고 렌넷 등입니다. 이 모두가 철저히 신비한 존재요, 자연의 소산입니다. 가끔씩 바람에 붙잡혀 온 곰팡이들이 치즈의 숙성을 돕기도 합니다. 치즈가 제조 되고나서 3개월~100년에 이르는(필자는 2005년에 스위스의 알파인계 치즈 숙성관리소를 방문했을 때 100년이 넘은 치즈들을 직접 보았습니다) 숙성기간을 거쳐 치즈완제품이 되기까지의 전 과정은 철저히 자연이 주관하고 있습니다. 치즈제조단계에서부터 숙성이 끝나기까지 주도권을 쥐고 있는 유산균이 바로 그 주인공입니다. 유산균이 없으면 숙성자체가 불가능하여 치즈는 아예 만들어지지도 않습니다.

필자는 우리대학의 치즈 숙성실에 들어서면 치즈들의 대화들을 상상하곤 합니다. 그리고 슬며시 장난기가 들면 그들의 대화에 끼어들고 싶어집니다. 치즈의 대화를 이끌어 가는 주인공은 바로 유산균입니다. 그런데 도대체 유산균들이 사람의 대화를 알아들을 수 있는 것일까요? 필자는 그렇다고 대답합니다. 그래서 필자는 숙성실에 가서 두고 쓰는 말이 "칭찬하기"입니다. 치즈 숙성실에서 익어가는 치즈들을 칭찬 해 준다는 말입니다.

"아- 오늘 여러 치즈님들이 참 옷을 곱게 입었네?"

"어이 체다 군, 오늘 기분 어때? 참 잘 익어가고 있네? 그 옆의 아펜젤러 양, 오늘 화장이 은은하고 예쁜데? 좋은 일 있어? 어쩌고 저쩌고…." 하는 것입니다. 그들에게 칭찬을 하되 진실로 마음에서 우러난 말로 해야 합니다. 그들에게 진심아닌 립 서비스는 절대 금물입니다. 유산균은 내 몸의 물과 반응합니다. 우리의 말은 우리 몸의 물을 움직이는데 유산균은 자기 몸(균체)의 물로서 반응하고 즉각 우리 몸의 물의 흐름을 알아차리기 때문입니다. 필자는 어느 날 우리대학 치즈 숙성고에 정교한 스피커가 장착된 음향장치를 해두고 다양한 장르의 음악을 들려 줄 요량입니다.

치즈는 제조단계와 숙성단계로 나뉘는데 둘 다 매우 중요한 무게를 지닌 과정입니다. 이태리의 유명한 치즈 상표명 하나가 생각이 납니다.

"ORO PEL TEMPO"인데 이 말은 곧 "시간이 만들어낸 금"이라는 뜻입니다. 이태리 치즈장인들에게 있어서 치즈는 이른바 "시간이 만드는 황금"이라는 것입니다. 이태리 치즈업계에서는 "Cimbro"라는 말도 쓰는데 시간이 흐르면 뭔가 된다는 뜻입니다. 그러니까 우리말의 "시나브로"와 의미가 통하는 셈입니다. 이태리에서는 치즈를 잘 만들어서 숙성실에 두고서 치즈를 찾으러 오는 사람이 올 때 까지 마냥 느긋이 기다리기만 하면 된다는 것입니다.

이태리에서는 치즈 못 팔아 굶어 죽을 일이 없는 사람들이 치즈를 만든다고 합니다. 이를테면 마음이 넉넉하고 살림살이도 넉넉한 사람들이 만드는 것이 이태리 치즈인 셈입니다. 그래서 그들은 치즈를 만들어서 거의 자연풍에 의해 숙성조건이 조절되는 널찍한 숙성고에 십 수 미터 높이의 수많은 선반을 질러 놓고 엄청나게 많은 치즈를 넣어 숙성하고 있었습니다(창고 하나에 40만개의 치즈들이 20

미터 높이의 선반에 놓여서 숙성되고 있었습니다).

그리고 시간이 지나갈수록 치즈는 계속 맛있게 익어 가는 것입니다. 그것이 곧 비싼 가격으로 팔릴 수 있는 소중한 치즈로 '시나브로' 익어가고 있는 것입니다. 마침내 그것들이 언젠가는 금 쪽 같이 비싸지는 날이 올 수밖에 없는 것이 아니겠습니까? 그리고 보면 잘 익은 치즈와 황금은 모두 노란 색입니다.

프랑스는 생산되는 치즈종류가 400종이 넘는 나라입니다. 프랑스에는 "치즈가 없는 식탁은 한 쪽 눈이 없는 미인과 같다"라는 속담도 있습니다. 와인의 나라 프랑스는 와인의 동반자 치즈의 나라이기도 한데 치즈 없는 와인파티는 아예 상상을 하지 않습니다. 자연을 사랑하는 나라 프랑스는 세계 유명치즈 생산의 보고입니다. 카망베르, 로끄포르, 르블로소숑, 뮝스테르, 브리 드 모, 생 넥테르, 블뢰 데 코스, 콩테 등등 어느새 우리 귀에 익숙한 이름들이 프랑스산 치즈입니다. 자연을 사랑하는 사람들은 모든 것이 넉넉합니다. 넉넉한 자연 속에서 철저히 자연에 동화된 사람들에 의해 세계적인 명품치즈들이 제조되는 것입니다.

우리의 치즈 환경은 자연적인가요. 날로 황폐해 가고 오염이 번져 가는 우리의 자연과 국민들을 생각해 보면 우리나라에서 세계적인 명품치즈의 출현은 아득한 이야기이고 마는가 하는 우려가 깊어집니다.

특별기고

치즈 한번, 인생 한번 (2)

배인휴
순천대학교 교수

1. 산소 같은 식품-치즈

산소는 생물의 생명유지에 필수 물질입니다. 예전에 "산소 같은 여자"라는 모상품 광고 카피가 있었지요. 치즈는 유럽 사람들 , 특히 프랑스, 독일 , 이태리, 스위스 등의 유럽 여러 나라의 식생활에서 치즈는 필수 식품이자 식재료입니다. 이른바 그들의 먹거리 세계에서는 산소 같은 위치와 역할을 하는 것이지요.

그러면 우리의 식생활과 대조해 보면 치즈에 상응하는 것은 무엇입니까? 간장, 김치, 된장, 마늘과 같은 것들이 아니겠습니까? 그런데 이런 식품들은 곧 쌀밥과 깊고도 깊게 연관되어 있습니다. 사람들이 밥을 먹지 않는다면 그만큼 김치나 장류의 소비는 자연히 감소될 것이 분명합니다. 오늘날에 있어서 우리에게 쌀의 의미는 무엇입니까? 쌀은 아직도 우리의 식탁과 입맛을 사로잡는 주식입니까? 유감스럽게도 쌀은 다른 먹거리들에 의해 주식의 위치로부터 밀려 난지 오래입니다. 쌀이 주식이 아니라면 도대체 그 자리는 무엇이 차지하였습니까? 밀가루, 유 · 육제품, 과일과 채소가 그들입니다.

이제 우리의 식문화에서 산소 같은 식품이 달라집니다. 우리 식문화의 산소가 곧 치즈로 바뀔 날이 멀지 않았다는 전망이 되는데 이 생각이 너무 성급합니까? 우리나라 치즈 소비 증대 속도를 보면 누구나 수긍이 갈 것입니다.

88올림픽 바로 이전인 1987년의 치즈생산 2,292톤, 소비 2,087톤이었던 것이 10년 후인 1997년에 생산 44,530톤(약 22배 증가), 소비 25,174톤(약 15배 증가) WTO와 IMF체제라는 혹독한 시련을 거친 2000년에도 여전히 생산 45,515톤, 소비 44,896톤으로 지속세를 보였습니다. 이어서 2004, 2006년으로 이어지는 최근에도 생산 65,647톤, 소비 63,889톤으로 생산/소비의 신장세가 꺾이지 않고 계속 이어지고 있습니다. 물론 우리치즈의 생산/소비의 내면을 들여 다 보면 구조적인 문제가 있기는 해도 일단 치즈가 식량의 반열로 올라서는 데 필요한 기반과 터를 넓혀주는 과정이라고 보면 도리어 매우 긍정적인 현상이라 할 수 있습니다.

우리의 치즈생산과 소비의 고공행진 모습을 바라보면서 우리나라도 치즈가 국민 식생활의 산소가 될 날이 그리 멀지만은 않았다는 생각이 드는 것입니다. 이제 그것을 앞당기는 일은 각 지역의 여러 목장에서 세계적인 수준의 고유질 신선 원유를 사용하여 한국고유의 맛을 지닌 치즈들을 생산 공급하는데 있다고 봅니다.

2. 내가 진정 만나 보고 싶은 사람들

지난 해 12월 초에 일본의 가와구찌 씨로부터 북해도 치즈 안내 책자(국산 내츄럴치즈 도감 - 생산지역별 내츄럴치즈가이드 - 2005년 11월판)를 보며 왠지 저는 북해도에 꼭 한번 더 가보고 싶은 마음에 방랑객이 되고 싶어집니다. 그 책자에서 만나는 일본의 치즈 마니아들은 착실하고 어쩌면 성스럽기까지 합니다. 그들은 굳이 여러 종류의 치즈를 만들지 않습니다. 많아야 두어 종류의 치즈를 맛깔나게 만들어냅니다. 한 두가지 종류 치즈로 자기만의 노하우를 쌓아서 자기고유의 치즈를 명품화 해내는 것입니다. 그래서 무슨 치즈 이름을 대면 "그 치즈는 그 집에서만 만든다"라든지 "그 치즈는 그 공방의 것이 최고"라는 브랜드파워를 갖기에 이르는 것입니다. 브랜드 파워란 "제일 먼저 마음에 떠오르는" 브랜드(Top of Mind)라는 의미입니다.

일본 북해도에서 만난 치즈 만드는 분들은 매우 소박합니다. 그들의 출발이 애시당초 소박하였으니 사필귀정이지요. 그들은 자기 분수껏 치즈를 만듭니다. 대량생산은 그들에겐 독약입니다. 적게 만들어서 애지중지 숙성하고 나아가 그것을 아무에게나 팔지 않습니다. 자기 치즈의 진가를 알고 찾아 주는 진정한 고객(어떤 이들은 충성고객이라더군요)들에게만 공급합니다. 그러면서 그들은 서로 유대를 쌓고 교감을 나눕니다. 아, 그들은 정부의 지원을 죽기보다 싫어합니다. 정부도 그들의 지원할 계획 따위가 아예 없습니다.

북해도의 겨울은 상상을 우리의 초월하는 맹추위입니다. 겨울에는 숙성치즈 대신 비숙성치즈를 만듭니다. 그리고 그것은 팔지 않고 이웃 친지들에게 나누어 주거나 따끈한 차나 데운 와인 안주를 삼아 이웃 사람들과 정담을 나누는 것입니다. 마음이 넉넉한 사람들... 치즈 만드는 일이 결코 생계문제와 결탁되지 않은 여유가 넘치고 마음자체가 비어있어 한가한 사람들... 저는 그러한 사람들을 한국에서도 만나 보기를 꿈꾸어 왔습니다. 그 동안 저와 함께 공부해오던 사람들 중에서 그런 사람들이 나타나기를 애타게 기다립니다. 그런데 참으로 비참하게도 그러한 사람들을 아직까지는 만나보지 못하고 있습니다. 그런 사람은 아쉽게도 유럽이나, 일본에만 더러 있는 모양입니다. 언젠가는 그들을 찾아 다시 유럽으로, 일본으로 방랑의 길을 떠나야 할까 봅니다.

특별기고

치즈 한번, 인생 한번 (3)

배 인 휴
순천대학교 교수

1. 목장형 치즈는 희소성을 추구해야 합니다

목장에서의 만들어진 치즈는 희소성을 추구해야 합니다. 모든 목장이 같거나 유사한 치즈들을 생산한다면 시장에서의 문제가 발생하게 됩니다. 물론 자기 지역만을 상대로 하면 큰 문제는 없으나 인터넷 쇼핑몰 운영시 어느새 전국을 상대로 하는 시장이고 맙니다.

그래서 같은 신선치즈라도 뭔가 지역 특산품을 첨가한 기능성 보강으로 고부가가치성을 띤 신선치즈를 제조하는 것이 중요합니다. 따라서 다른 목장과의 다소간 가격차이가 발생해도 이를 적절히 대응하여 극복 할 수 있게 될 것입니다.

저는 무엇보다도 목장들이 숙성형 치즈에 매력을 살려 나가시라고 권합니다. 유기농 우유로 만든 자연치즈 말입니다. 자연 치즈의 종류는 1400여 종이므로 자기만의 독특한 치즈를 개발하여 목장 브랜드로 출시하는 것입니다.

물론 많은 실패가 있는 연습이 필요하겠지요. 고급 치즈로 가는 길은 오로지 실패를 통해서만 교정할 수 있는 외통수 길이기 때문입니다.

치즈도 지역 특산물과 연계하면 지역 명품 치즈가 나올 수 있을 터입니다. 치즈의 숙성기간이 길어지면 맛도 좋고 부가가치도 높일 수 있습니다. 우리나라에서 치즈를 찾는 사람들이 의외로 많음에 주목하십시오. 그리고 본란에서 이미 말해 왔듯이 FTA체결 이후 일본과 중국 시장이 열린다는 것을 잊지 않고 그에 대비할 필요가 있습니다. 그곳들에는 한국 고유 특산물을 이용한 우리 치즈의 시장이 되도록 선점해야 합니다.

지금부터 자기 목장에서 가장 수월하게 만들 수 있는 치즈 하나를 선정해서 열심히 만들어 주변 이웃과 친지 그리고 유력인사(여론 메이커)들에게 선사하십시오. 어느 날 그 치즈 좀 구입하자는 말이 들리면 비로소 영업허가를 받고 사업자등록을 필한 후 지정기관의 성분검사를 거쳐 품목허가를 취득하게 된다면 여러분만의 고급치즈 판매도 불가능한 일이 아닙니다.

이제 우리의 목장 유가공에서 희소성이란 말의 다른 말은 차별화입니다. 차별화는 곧 자기 목장 고유 브랜드화를 의미합니다. 목장 유가공은 자기만의 독창성 있는 희소한 치즈를 가지고 승부를 걸어야지 남들이 다 하고 있는 것을 하면 안 된다는 것을 거듭 강조합니다.

2. 치즈 만드는 사람들 이야기(1)

"이제 치즈 만드는 것에 눈이 열립니다!!!"

전남의 순천대학교 유가공실습장에서 열린 치즈전문기술워크샵 참가한 경남 양산의 한 낙농가가 탄성을 지르며 하신 말씀입니다.

"그 동안 이기 긴가 민가하고 도대체 알듯 모르듯 하더이만, 이제 치즈 만드는거 길이 확 뚫려 보이뿌립니더" 이 말을 듣는 순간, 저는 속으로 얼마나 가슴이 벅차올랐는지 모릅니다. 아, 이렇게 해서 경남의 양산 땅에 치즈 쟁이(匠人) 한분이 드디어 탄생하시는구나 싶었지요.

제가 바라는 바는 전국 각처에 숙성치즈에 대한 신념과 꿈을 가진 낙농가가 있는 곳에 자기 목장의 일등급보다 더 좋은 신선유로 고장의 특산품을 활용한 명품 치즈브랜드들이 있는 목장들이 출현하여 이 나라 낙농의 신기원을 열어 가는 것입니다.

1997년부터 저는 낙농가들과 치즈 만들기로 어울리고 부대끼며 동행이 되어 이 길을 걸어오고 있는데 그렇게 탄성을 지르며 눈이 번뜩 열렸다는 분은 수년 만에 비로소 처음 만나 본 것입니다.

그분은 우리 실습장에 3년여를 줄기차게 다녔고 평생교육원 목장형 유가공교육도 1년 과정을 마치시고 치즈 집중교육 또한 두 번을 내리 참석하신 열성파로, 독일, 이태리, 스위스등 목장형 치즈현장 연수를 연거푸 두 차례 다녀오신 골수파입니다.

이번 워크샵 때에 스트링치즈를 뽑아내는데 술~술~ 매끄럽고 예쁘게 뽑아내는 걸 보고 아, 이 분이 비로소 치즈제조에 득도하셨구나 싶었습니다.

우리가 영어가 그리 안 되고, 일본어가 안 되다가 어느 순간 귀가 열리고 영어가 술술 되고 일본어가 줄줄 나오게 되듯이, 골프의 티샷 볼이 그토록 땅바닥만 기어 다니다가 어느 순간 공이 지상으로부터 떠서 긴 포물선을 그리며 날아가는 모습을 볼 때 골프의 세계에 발을 내딛듯이, 그 분이 치즈의 세계에 당당히 들어 선 것입니다. 그 분은 그 동안 고생고생 해가며 양산에서 먼 길 마다않고 와서 우

리 실습공장에서 만들고 씨름했던 여러 치즈들을 차근차근 만들어 가겠다고 하십니다.

이제 두 번에 걸쳐 이루어진 집중코스의 각종 치즈 만들기 지도책도 가졌으니 잘 해 나가실 것으로 믿습니다. 그래도 그 분은 또 치즈 집중코스가 열린다면 양산에서 쉬이 오실 분입니다.

저는 계속 우리 교육생들에게 강조한 바가 있었습니다. "치즈의 세계는 신비하고 무궁무진한 세계입니다. 배워도 배워도 끝이 없는 세계이지요. 저는 배울수록 두렵고 떨립니다. 치즈는 아무나 만들 수 있다는 말을 들으면 저는 그 분이 부럽습니다. 치즈의 세계는 한없는 겸손과 배움의 엄위가 요구되는 곳입니다." 라고요.

3. 치즈 만드는 사람들 이야기(2)

1996년이면 어느덧 11년의 세월 지났는데 그 때는 제가 일본과학재단과 안도교수의 초청으로 1개월간 북해도 낙농학원대학에 체류하면서 북해도의 목장유가공장들의 운영 실태를 조사하는 과정에서 가와구찌 선생(이하 「가」선생)안내를 받으며 나가시벳츠 정(中標津町)주변의 소규모 유가공장들을 둘러 볼 때였습니다. 그 때 우리가 둘러보는 유가공장들이 너무 세련되고 갖출 것이 다 있는 곳들로 제가 바라던 것과는 각도가 틀려서 「가」선생에게 느닷없이 일정에도 일체 없었던 부탁을 하나 했습니다. 이 동네에서 정말 어설프고 서투르며 취미삼아 농가에서 치즈 만드는 사람을 알고 있으면 그 집에 좀 가보자고 한 것입니다. 「가」선생은 저보다 한살 위지만 참 자상합니다. 저의 느닷없는 제안에 대하여 전혀 당황하지 않고 "오케이, 다이조부 데스(문제없습니다)."라며 흔쾌히 들어 주었습니다.

실제로 그런 목장이 하나 있다는 겁니다. 그 지역 농협 조합장의 목장으로 치즈 만드는 이는 그의 부인인데 치즈에 푹 빠져서 주변 여인네들을 모아서 "농가형 치즈 만들기 모임"도 만들어 함께 치즈 제조를 즐기는 분이랍니다. 그 때 보기로는 그녀는 40대 후반의 중년부인으로 미또모 유미꼬(三友由美子)여사라는 분이었습니다. 그녀는 꼭 서양 여인같이 세련(?)되고 국제적인 품격이 엿보이는 분이었습니다. 「가」선생이 연락을 하자 방문을 환영을 하고 우리의 자랑인 정경화씨 음반도 미리 준비 했다가 들려주며 자기의 소담스런 이야기를 합니다. 그녀는 애초에 「가」선생의 농민학생이었습니다. 「가」선생이 7년여의 외국 유학에서 다녀와 제대로 된 직장(잠시 놀다가)을 잡은 것이 나가시벳츠정 축산물가공연수센터 주임자리입니다. 거기서 낙농가들을 모아서 미생물학부터 치즈제조 , 요구르트, 버터, 소세지 햄 제조법에 이르는 각종 축산가공 강습회를 열어 왔는데 그 분은 치즈반 학생이었던 거지요.

그런데 그녀의 특징은 치즈제조 연수를 받고 돌아오면 집의 냄비, 아이스박스, 주걱, 플라스틱 바켓, 송판 등을 총동원하여 치즈를 배운 대로 만들기 시작한 것입니다. 실패도 많이 했겠지요. 그런데 그 분이 가우다치즈를 열 번 정도 만들다 보니 치즈제조에 눈이 열리더랍니다. 그래서 연수받은 동료들을 중심으로 렌넷, 스타터 공동구매 희망자를 모아 보니 열 명이 넘어서기에 아예 그 모임을 주축으로 "농가형 치즈 만들기 모임"을 조직하여 자문역으로 「가」 선생을 모시고 연구 활동을 개시한 것입니다.

정기 워크샵을 열어 「가」선생의 열성어린 지도를 받고 회원들이 돌아가며 자기가 제조한 치즈를 가져오도록 하여 자체 품평회도 갖고 여러 용품도 공동구매하여 쓰고 아예 치즈전문가와 용품판매사 직원초청 강연회도 열고 치즈 콩쿠르에 참가도 하면서 두루 알려지자 북해도청에서 이를 알고 1997년에는 "북해도(北海道) 원기(元氣)만들기 사업"으로 지정하여 치즈공방을 마련해 주었습니다. 제가 재작년(2005년 2월)에 다시 미또모목장(三友牧場)을 찾아 그 공방을 둘러보았는데 이제는 다소 확장되었지만 "농가치즈를 만드는 회의 치즈관(農家チーズを造り會のチズ館)"이라는 간판과 아담한 공방의 옛 모습이 남아 있었습니다.

그냥 치즈 만드는 것이 좋아서 만들고 또 만들다가 주변사람들에게 맛보라고 주어서 그들이 어느날, "당신 치즈 맛있네요. 좀 팔 수 없나요"라고 하면 조금씩 주문대로 만들어 팔다가 고정 고객(steady customer) 층이 형성되면 상업화하는 것이 목장 유가공의 진행 방향인데 미또모 여사가 바로 그 것을 실천한 것입니다. 미또모 여사는 백문이 불여일견이 아니라 백문이불여일행(百見以不如一行)의 실천자요, 자기가 좋아서 하는 일에서 보람과 행복을 찾아 인생을 즐기며 사는 분입니다.

한국 목장들에서도 이런 분들이 많이 나타나기를 기대해 봅니다. 그들은 치즈에 미친 사람들이 아니고 진정한 치즈 쟁이(장인,匠人)들이며 한국 치즈 문화를 열어 가는 선구자들일 것입니다.

※ **참고** : 미또모 여사는 2006년 11월에 「가」선생과 함께 순천대학교에 초청되어 자기의 치즈경험담과 10년 동안 남 몰래 갈고 닦은 야마노치즈(山のチズ) 제조 비법을 전수해 주고 갔습니다. 금년부터 순천대 실습생을 자기 공방에 초청하여 1개월씩 훈련시켜 주고 계시지요. 미또모 유미꼬 여사의 치즈공방은 石田美惠 씨가 쓴 "북해도 내츄랄치즈 기행" 이라는 책의 108-109쪽에 잘 나와 있고 북해도 농협중앙회에서 발간한 Hokkaido Natural Cheese Book" 이라는 책 22~25 쪽에 자세히 그 근황이 소개되어 있어 미또모 여사는 어느 덧 북해도 치즈 계에서는 유명인사가 되어 있습니다).

한국 숙성치즈 분야의 발전 잠재성

배인휴
순천대학교 교수

■ 한국에서 숙성치즈는 가능성이 있는가?

영국의 유명한 위스키 「올드 파」술병에 그려진 모자를 쓰고 지팡이를 옆에 끼고 있는 초상화의 주인공인 토마스 파((Thomas Parr)는 1483년에 태어나 1635년에 죽은 것으로 기록되어 152세를 산 셈이다. 그가 무려 152세까지 살았다는 기록에 의문점이 없는 것은 아니나 적어도 그가 그 토록 오래 산 데는 장수 비결이 있었던 것은 분명하다. 그의 장수 비결은 무엇이었을까? 그는 130세 까지도 농사일을 계속했고 거친 빵, 홍차, 손수 만든 치즈를 일상의 소박한 식품으로 섭취한 점이 주목되고 있다.[1] 필자는 그의 장수비결에서 그가 「손수 만든 치즈」를 섭취했다는 점에 더욱 주목하고자 한다. 사람들은 치즈가 장수식품반열에 들어 있다는 점을 거의 알지 못하기 때문이다. 한국에서는 치즈가 이른바 황색언론의 주목을 받지 못해 숨겨져 있는 장수식품으로 남아있는 셈이다.

한국에 치즈가 소개되고 젊은 층 사이에서 선호도가 확산되면서 신선치즈와 가공치즈 위주의 치즈가 새로운 일상식품의 반열에 진입되어 있는 것이 사실이다. 그러나 정작 치즈의 본령이요 오리지널인 "숙성치즈"는 아직 주목받고 있지도 않고 선호도 면에서 보편화되지 못하고 있다. 왜 숙성치즈가 한국인에게 선호되지 못하면서 숨겨져 있는 것일까? 그런다고 숙성치즈가 주목받기에는 전혀 희망이 없는 것인가? 본인은 꼭 그렇지만은 않다고 본다.

우선 외래식품이 한국인에게 소개되어 정착되기까지는 어떤 단계와 흐름을 거치는 것임을 여러 식품 소비사례에서 찾아볼 수 있다. 일본이 원산지인 라면이라는 「기름에 조리한 국수」를 한번 살펴보자. 라면은 우리에게 애당초 상상조차 못한 밀가루 음식이었다. 그러나 라면이 소비자들에게 접근할 당시 기름에 튀기다시피한 볶은 면발은 우리가 지방섭취량이 매우 부족했던 상황에서 일시에 소비자들의 입맛을 사로잡을 수 있었다. 이어서 각종 한국적인 김치, 된장, 매운 맛 등이 가미된 「한국형」 라면 개발이 진행되면서 폭발적인 소비가 일어나 오늘날 젊은이들은 라면을 마치 한국고유 음식

1) 권용옥. 2007년 월 4월호 부록
"늘 푸른 젊음, 20세 몸으로 100세까지"에서 인용

인줄로 착각하고 여전히 선호하고 있지 아니한가?

요구르트도 좋은 사례가 될 수 있다. 한국인에게 요구르트의 원조는 일본에서 개발해 소개한 「야쿠르트」였다. 전통적인 농후 요구르트를 일본화한 희석식 요구르트인 셈인데 야쿠르트역시 한국인에게 생소하면서도 독특한 개념의 건강식품으로 받아들여지고 소비가 확산되어 오늘날의 본격적인 농후요구르트의 소비로 이어주는 가교 역할을 톡톡히 해냈다.

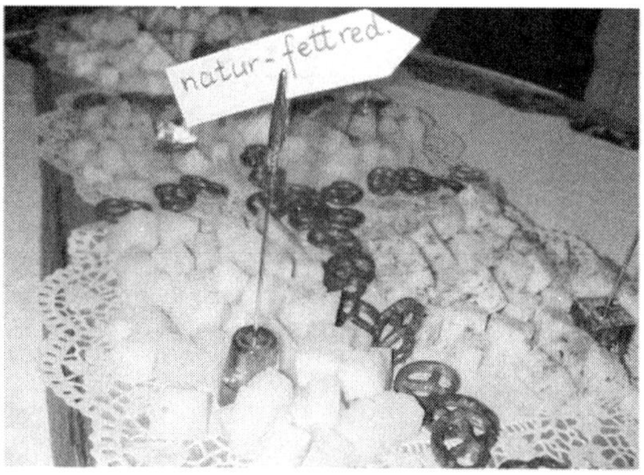

오늘날 농후요구르트의 소비증대 밑바탕은 희석식 요구르트인 야쿠르트의 공이 있었기에 가능한 일이라고 봐야한다. 하나만 더 생각해보자 피자요리가 폭발적인 소비증대로 이어지는데 이는 장차 숙성치즈 소비로 가는 가교(架橋)가 될 것이라고 본다. 피자에 들어가는 모짜렐라 치즈가 비록 숙성치즈는 아니지만 숙성을 제외한 전 공정이 숙성치즈와 크게 다르지 않은 자연 치즈이기 때문이다. 그러니까 지금의 피자소비증대는 본격적인 숙성치즈 소비를 위한 준비운동 단계요, 과도기적 "워밍업"이라고 볼 수 있는 셈이다.

우유, 유제품 소비에 생소한 어떤 나라가 우유 유제품을 소비해 나가는 단계와 패턴을 보면 대개 다음과 같은 진행방향을 갖는다. 먼저는 가공과 소비에 편의성을 갖는 백색시유로 시작하여 요구르트, 피자로 이어져서 숙성치즈로 가는 것이다. 모두 그런 것은 아니지만 어느 단계까지 진행하다가 정체하여 수십 년간을 다음단계로 이어지지 못하는 경우가 있는데 바로 우리가 시유를 거쳐 요구르트와 피자까지 와서 정체되어 있는 상황이다.

우리대학에서 필자가 낙농가들에게 목장형 유가공기술을 교육하면서 유난히 숙성치즈위주 교육을 하는데 혹자는 아직 소비조차 안 되는 숙성치즈를 뭐하려고 교육하느냐고 묻는다. 그런 의문은 역사적 안목이나 식품소비의 단계적 진행 유형을 모르는 사람에게는 매우 당연한 것이다. 그러나 필자의 생각은 다르다. 오늘날 소비 전성기를 맞는 모짜렐라나 스트링, 카망베르 치즈 같은 신선치즈, 연질치즈들은 숙성치즈로 가기위한 워밍업치즈 그러니까 「현재의 치즈」라면 숙성치즈는 아직은 무경험의 영역에 속하지만 소비가 약속되는 「미래의 치즈」라고 봐야 한다는 것이다.

숙성치즈가 왜 미래의 치즈인가는 한국인 식문화가 숙성치즈를 받아들일 기본이 되는 숙성식품들을 너무도 잘 갖추고 있다는데서 근거를 찾아볼 수 있다. 이런 근거가 되는 한국의 전통 숙성식품은 된장, 청국장, 고추장이 그러하고 수를 헤아릴 수 없이 다양한 김치와 각종 젓갈류가 바로 치즈처럼 잘 숙성된 식품이라는 점이다. 숙성치즈의 소비량이 아직 미미하다고 해서 준비마저 포기하라는 것은 맞지 않는 논리이다. 10년 전부터 우리 낙농가들 중에서는 미래의 한국치즈소비의 주류가 숙성치즈로 자리매김 될 것을 내다보고 치즈제조기술 익히기에 자진하여 필자를 찾아 온 이들이 있었다. 그들은 한국에서 숙성치즈의 앞날이 매우 밝다고 보는 안목을 지닌 사람들이었다. 이러한 치즈 선각자들이 우리의 숙성치즈세계에 있다는 것은 얼마나 다행스러운 일인지 모르겠다.

■ 숙성치즈분야 발전을 위한 전제

우리의 김치가 세계적인 고유 식품으로 자리 잡기까지 수천 년이 흘렀듯이 숙성치즈가 우리의 식탁에 오르고 치즈소비의 주류가 되기까지는 많은 세월의 부침(浮沈)이 필요할 것이다. 이제 겨우 시발점에 놓인 한국의 숙성치즈가 발전하는데는 여러 가지 여건 성숙과 선결 과제들이 있을 것이다.

1. 농후발효유 / 신선치즈(자연치즈)소비의 확대

우리나라의 농후 발효유와 신선치즈류의 소비저변 확대는 숙성치즈 소비를 펼쳐 나갈 기반이 된다. 지난 5년간의 한국 농후발효유와 신선치즈 소비증대 속도는 다른 식품소비 증대 속도에 비하면 괄목할만한 수준이다. 그러나 그 속내를 들여다보면 이 정도에서 만족하고 안일하게 있을 상황은 아니다.

표 1. 한국의 발효유와 치즈 소비추이

(단위 : 톤)

구분	2005년	2004년	2003년	2002년	2001년
발효유	476,533	517,549	548,003	535,407	533,985
치즈	68,290	63,596	57,934	52,356	53,092

〈자료 : 식품산업종합통계, 농림부, 2006〉

발효유의 경우 2003년 이후 감소되었고 소비세를 갖추어 점차 2003년 당시로 회복추세를 띄는 증대경향을 나타낸다. 국민1인당 소비량도 여전히 액상이 농후 발효유보다 많은 경향을 보이고 있다. 치즈는 그 소비경향이 가공 치즈보다 자연치즈(신선)의 소비량이 증대하는 희망적인 경향이 있다.

표 2. 한국의 국민 1인당 발효유와 치즈 소비추이

(단위 : kg)

구분		2006년	2005년	2004년	2003년	2002년
발효유	액상	6.7	6.6	7.4	8.1	7.8
	호상	3.6	3.2	3.4	3.4	3.4
치즈	자연	0.8	0.7	0.6	0.5	0.4
		0.6	0.5	0.5	0.5	0.4

〈자료 : 농림부, 낙농진흥회〉

그러나 그 소비량은 여전히 선진국들과의 비교(유럽, 미주지역 연 20kg)가 이루어지지 않는 수준이다. 따라서 숙성치즈의 소비확산을 위한 농후발효유와 신선/가공 치즈의 소비증대는 더욱 확대될 필요가 있다.

2. 유기낙농의 신속진입

제조와 동시에 소비가 가능한 신선/가공 치즈와는 달리 숙성치즈는 최소 15일에서 최대 2~3년간의 숙성기간을 요하는 식품이다. 고품질의 숙성치즈는 반드시 최고급 원유로 생산될 필요가 여기에 있다. 최고급 유질의 원유 생산은 고급 숙성치즈의 전제요, 참살이, 로하스(LOHAS) 경향에 부응하는 치즈 제조자의 책무이다.

우리는 지금의 1등급 A원유로 고품질 숙성치즈를 생산할 수 있다고 만족하지 말아야 한다. 숙성치즈가 본격적으로 소비되는 시대의 소비자는 1등급 A원유를 뛰어넘는 유기농 원유로 제조된 최고

급 숙성치즈를 찾을 것이라는 데에 주목해야 한다. 이는 향후 다자간 FTA를 통해 수입될 저품질, 저가의 공장형 대량생산 숙성치즈에 대한 경쟁력 선점방안으로서도 필요하며 나아가 외국에 대한 유기농 숙성치즈 수출을 위한 차별화 전략으로도 요구되는 전제이다.

3. 한국치즈로서의 독자성 차별성의 확보

세계에서 생산되고 있는 치즈의 종류는 문헌마다 약간의 차이가 있지만 1,300~1,400여종에 이른다. 이들 치즈는 저마다 고유성, 오리지널리티가 있다. 그런데 한국에는 아직 한국적인 오리지널리티나 기존 외국치즈와의 차별성이 있는 치즈가 상품화 되지 못하고 있다. 차별성은 곧 독자성의 다른 말이다. 한국에서만 생산되는 독특한 치즈가 생산되는 것은 한국 숙성치즈기술의 숙제이다. 그러려면 무엇보다도 전문치즈기술 보유 인재가 필요하고 독자적인 기술력이 요구된다.

지난날 어느 농업 전문지가 "토종치즈 경쟁력 높이자"는 제하의 보도를 하였다. 과연 우리에게 "토종치즈"가 있는가라고 반문한다. 늦게나마 한국의 유용천연물(인삼, 더덕, 들깻잎, 녹차, 뽕잎, 오디즙 등)을 이용한 자연치즈 제조기술이 선을 보이고 있으나 이를 상품화한 인력도 업체도 아직은 없기 때문이다.

앞으로 숙성치즈를 생산하는 업체들은 저마다 독특한 치즈를 생산해야 한다. 어느 업체가 선보인 치즈가 잘 팔린다고 너나없이 그 치즈에만 몰리다 보면 동반 추락이 분명할 것이다. 열개의 업체가 2종씩의 한국적인 자기 브랜드의 고유 치즈를 생산한다면 어느새 20종의 독특한 한국형 숙성치즈가 출시되는 효과가 있을 것이다.

4. 철저한 치즈의 품질관리

아직 치즈제조 규격도 없다시피 하고 한국인의 치즈 기호도에 근거하여 수립한 치즈관능 검사법도 없는 상태이다. 숙성치즈는 숙성이 끝났을 때의 향미, 외관, 조직성, 맛에 의해 그 품질이 결정되는데 그 품질을 규정지어 줄 관능검사 체계가 없으니 어떤 치즈를 들고 소비자에게 "이것이 좋은 향미의 고급치즈"라며 다가갈 수 있을 것인가? 우리는 이를 위해 전문 관능검사 요원을 양성해야 하고 전문 품질검사 요원을 양성할 필요가 있다. 업체마다 숙성치즈를 만들면 이를 검사하고 품질인증을 해주는 국가 공인 기관이 필요하다는 것이다. 이 일은 식약청이 맡을 수도 있고, 한국식품연구원이나 축산과학원이 담당할 수 있을 터이나 아직 이에 대한 당국의 대비는 초보적인 단계에 있다(최근 한국식품연구원이 용역을 얻어 치즈규격을 준비하고 있음).

표 3. 한국의 숙성치즈업체 현황과 전망

지역	업체명	대표	대표브랜드	연 생산량(톤)	비고
전북	(주)상하	김예릭 운규	상하카망베르 상하 브리	1,440	2004년 시
전북	(주)숲골유	김상철	진(JIN)치즈	2.0	2003년 시
전북	(영)이플	송기봉		-	생산예정
전북	치즈밸리	임실군수	20종	-	생산예정
	실 목장	한 경		-	생산예정
전남	TPK숲속의목장	송계충		-	생산예정
전남	장녕영농법인	이복만	아펜젤러형	-	생산예정
전남	산양사랑	장영진		-	생산예정

■ 숙성치즈분야의 현장 점검

우리나라의 숙성치즈계의 현황은 어떠한가? 필자는 적어도 한국에서의 이 분야는 처녀림이며, 무인지경의 원시림(原始林)이라고 본다.

2004년에 숙성 치즈 중 연질치즈인 카망베르와 브리를 생산 시판 개시한 매일유업 산하의(주)상하가 우리나라 숙성치즈계의 가능성을 열어준 업체로 간주된다. 그 뒤를 잇는 기업은 2003년부터 「숲골자연치즈」라는 상표로 테데트모앙치즈를 개조하여 만든 숙성치즈를 진공포장 하여 판매한 (주)숲골유가공이 있다. 이 회사는 금년부터 네덜란드의 가우다 치즈를 개조한 브랜드인 "진(JIN)치즈"를 시장에 선보이고 있다.

(주)상하와 (주)숲골유가공을 제외한 업체들은 지금까지는 목장형 발효유생산에 주력해 왔으나 장차 숙성치즈생산을 염두에 두고 준비하는 자세로 공장을 운영하고 있는 상태이다. 한 가지 주목할 만한 상황은 전북 임실군이 지난 2005년부터 행자부지원을 받아 지역혁신 사업의 일환으로 "치즈밸리육성사업"을 추진하면서 사업의 주요 아이템을 숙성치즈 개발 보급에 두고 있다는 점이다. 임실군은 이미 한 영농법인(이플)을 지원하여 목장형 유가공장을 설립하고 본격적인 숙성치즈 제조판매에 나서도록 채비를 갖추고 있으며 금년 4월에 순천대학교와 관학협력협약을 체결하고 치즈, 유가공 고급유가공기술 교육과정을 개설, 관내 낙농가 등 12명을 선발하여 특별교육 중에 있다. 이들 낙농가들이 목장에 소규모 숙성형 치즈 공방을 마련하고 독자적인 목장브랜드의 숙성치즈를 제조하여 치즈벨리 산하 치즈피아에 전시, 판매 할 날이 머지않았다.

한편, 지난 2004년부터 순천대학을 비롯한 몇몇 교육기관(천안 연암대학, 축산과학원, 여주농고)들이 숙성치즈제조기술 교육과정을 운영하여 200여명에 가까운 교육생(주로 목장형 유가공을 추구하는 낙농가들)들을 배출한 바 있지만 아직 여건이 성숙되지 못하여 대기 중에 있다는 사실이다. 향후 이러한 인력들이 숙성치즈 제조에 저마다 독특한 브랜드의 숙성치즈를 만들 수 있는 상황전개가 조속히 이루어지기를 바란다.

■ 제언과 마무리

지난 40년간의 본격적인 낙농업 개척과 발달 기를 거쳐 오늘에 이른 한국 유업 수준은 어김없이 숙성치즈 시대가 열리는 여명기를 맞이하고 있다.

지난 3년 동안 액상유 소비는 전혀 증대기미 없이 감소경향을 띠었지만 장차 숙성치즈의 소비기반이 되는 발효유와 치즈의 소비는 증가추세로 진행되어 왔기 때문이다. 이렇게 숙성치즈 소비시대는 다가오고 있는데 우리 낙농업계의 준비나 대응 전략은 거의 전무에 가깝다면 무리한 표현일까?

수입개방을 앞둔 요즘 선진 낙농국들로부터 밀려들 저가치즈에 잔뜩 겁먹은 표정만 보인다. 위기는 곧 기회의 산실이요 모태다. 한국이 숙성치즈를 받아들일 것이라면 그 전제요건들을 해결하고 자체적인 기술과 실력으로 대응해 나갈 채비를 신속히 갖추어야 한다. 우리의 쇠고기 수입전략이 고급육 생산·공급이듯이 외국의 저가 수입치즈 대응전략은 한국적 풍미의 고유치즈 생산·공급에 있다. 참으로 우리는 이러한 고민을 하고 있는가.

지금으로서는 우리가 숙성치즈 시대를 앞두고 헤쳐 나가야 할 국산 숙성치즈 생산 전반에 놓여있는 난제들을 중대한 문제로 받아들이고 그 해소방안을 고려하고 있는가가 가장 중요한 숙성치즈 발전의 시발점이 될 것이다.

– 우리의 사회, 경제 및 문화적 수준과 시대적 상황을 볼 때 숙성치즈생산과 상품화는 한번 해볼 만한 분야이다. 오히려 늦게 출발했다. 이제 한국형 숙성치즈 상품화의 성공적 전개에는 반드시 충족되어야할 전제 요건들이 있다. 아직 전제 요건 해결과 준비는 없는데 정부가 이는 해볼 만한 사업이라고 기술력도 없는 사람들을 지원하기 시작한다면 우리의 숙성치즈 분야는 펴 보지도 못하고 시들 수밖에 없는 초보적인 단계에 있음을 유의해야 한다.

○ 숙성치즈 생산 분야가 만만히 볼 정도로 쉽고 간단한 것이 아니다. 선진국들에서의 숙성치즈분야는 거의 비의에 가까운 기술로서 철저한 도제교육과 반복교육을 통해 명품치즈를 생산하는 체제를 갖추고 있다. 우리도 이 점을 유념하고 충분한 기술교육과 기술검증을 거쳐서 숙성치즈사업에 임하게 해야 한다. 당국은 이점에 맞추어 교육내용검증, 자격인증, 치즈제조허가 면허, 품질검사, 감독관리 제도 그리고 치즈 관능검사 체제를 신속히 마련해야 한다.

○ 숙성치즈 시대가 열리는 상황에서 그 동안 지방률 위주의 원유구입을 단백질, 지방, 유당을 모두 기준으로 설정한 원유 구입방식으로 개정하고, 치즈제품에 대한 각종 검사, 감독 관련 법, 규제를 개선하는 방향으로 정비해야 한다.

○ 숙성치즈 시대의 시발점에 이른 한국 낙농업계는 유기농 원유 생산으로 유기농치즈(Organic cheese)가 한국형 숙성치즈의 깃발이 되어야 한다. 소박하고 정성이 담긴 한국형 숙성치즈가 유기농 우유로 제조되었을 때 세계 어느 치즈기업도 범접치 못할 고유영역을 확보하는 셈이 될 터이다.

특별기고

한국낙농의 새 길을 찾아서

배 인 휴
순천대학교 동물자원학과 교수

들어가는 글

유럽연합(EU)이 2015년경에는 원유생산 쿼터제를 철폐할 예정이라고 한다. 그 지역의 원유 쿼터제는 우리의 쿼터제와는 다른 차원에서 출발했고 성격도 다르기 때문에 우리 쿼터제를 염두에 두고 생각하지 말아야한다. 우리는 그야말로 낙농가의 원유생산을 제한하고 낙농가 도태를 유도하자고 만든 제도이고 유럽은 낙농가들을 보호하고 지원하고자 만든 제도였기 때문이다.

어쨌든 쿼터제도는 이 나라 낙농에 예기치 못한 제도였기 때문에 낙농산업의 위축과 폐업을 유도하여 이제는 낙농산업이 존폐기로에 놓인 위기에 처해 있다. 원유생산쿼터제 실시 2~3년 전만 해도 낙농가들은 생산 유량의 제한을 받지 않고 증산의욕을 키워 가며 낙농을 평생지기 생업으로 삼고 있었다. 그러다가 갑자기 들이닥친 원유생산 제한쿼터제였기에 낙농가들은 일시적인 공황에 빠지고 만 것이었다. 수많은 낙농가들이 낙농을 접고 한우 사육으로 돌아섰다. 4만여호에 가까웠던 낙농가 수가 1~2년 사이 2만여호로 줄더니, 해가 갈수록 감소하여 이젠 2009년 12월 현재 6,767호가 남았는데 이대로 간다면 그 중 어느 정도가 남아서 이 나라 낙농업을 생업으로 지속해 줄지는 도무지 기약이 없다.

특별기고

이제 정부와 낙농산업분야는 이 나라 낙농업을 "이대로 방치하여 좌절시키고 외국으로부터 유제품을 전면 수입하여 충당할 것인지 아니면 낙농분야를 새롭게 개편하여 항구적인 산업으로 후손에게 물려줄 지"를 결정해야 할 시점에 이르렀다. 이 문제는 실로 전 국가적으로 판단하고 전 국민적인 합의에 따라 결정해야할 중차대한 일이다. 우리는 지난 날 낙농진흥법을 13여년의 개정활동 끝에 고쳐내고 「낙농진흥회」를 엮어냈던 그 시점을 뒤 돌아 볼 필요가 있다. 당시 낙농진흥법의 개정 정신에는 크게 세 가지 원칙이 담겨 있었다. 첫째, 원유집유 일원화 / 둘째, 원유 검사 공영화 / 셋째, 원유의 안정적인 공정거래의 확립이었다. 그러나 현실은 그 원칙을 따라 주지 않았고 정부로서도 전혀 예기치 못한 문제 발생과 걷잡을 수 없는 현장반응을 제대로 흡수 소화해 내지 못하고 말았다.

13년에 걸친 선배들의 법 개정 정신은 많이 희석되고 개정이전의 온갖 모순을 거의 그대로 끌어안고 지내 온 낙농업은 그 일의 뒤틀림으로 인하여 결국 오늘날의 쇠락 길로 접어들고 만 것이다. 이 시점에서 낙농의 선택은 선배들이 애써 개정한 낙농진흥법의 근본정신을 기반으로 새로운 시

작을 시도하는 것이다. 낙농업의『새로운 시작』은 그리 어려운 일이 아니다. 이를테면 집유일원화는 법 개정 당시보다 상황이 훨씬 개선되었으며 검사공영화는 이미 정착하였고 거래의 공정화는 시대 상황에 걸맞게 조정해 나갈 여지가 많아졌다. 가장 큰 문제는 유업체들과 낙농가들에게 이를 설득하고 납득시켜 협력을 이끌어 낼 중재자가 없다는 것이다.

이 나라 낙농업계는 대체로 전문 연구자나 학계와의 관계가 원만하지 못하다. 일본의 경우 정부가 아예 학계 전문가들로 구성된 낙농의 현안 문제해결을 위한 포럼을 운영한다. 매 분기별로 거기서 나오는 해결 방안들을 현장 정책에 즉각 반영해 나가고 있다. 낙농업계는 이제『새 길 찾기』를 위하여 좀 넓게 보고 길게 내다보는 안목과 인식의 전환이 필요하다. 쇠락의 길에 놓인 우리 낙농업계의『새 길 찾기』에는 역발상과 고정관념의 파괴가 절실히 요구된다. 낙농가나 유업체들에게 모두 만족을 주는 완벽한 방책은 없을 것이나 국민에게 만족을 주고 소비자를 섬기는 새 길은 분명히 있을 터이다. 정작 국민과 소비자가 없는 낙농업이란 있을 수가 없기 때문이다. 이제 우리는 심각하게 우리 낙농의 미래를 지속가능한 차원에서 열어가는 "새 길" 찾기를 고민해야한다.

우리나라 공군에서 조종사 1명을 육성해 내는데 최소한 61억 원 이상(최대 123억 원)이 소요되는 것으로 알려져 있다. 과연 정부나 낙농업계는 낙농가 1명을 육성하는데 돈을 얼마나 투입했을까? 거의 대부분의 낙농가들이 낙농이 좋아서 스스로 배우고 익힌 사람들이라고 봐야 한다. 그런데 이제는 사정이 달라졌다. 우리나라에서 막상 50두 착유 규모의 신규 목장 1개소를 개설하는데 최소한 5~10억 원 이상이 소요된다는 것이며 유능한 신규 낙농인 1명을 육성 투입하는데 최소한 3년 이상의 시간을 들여야 하고 수천만 원의 인재 육성비가 들어간다는 것이 낙농업계의 추산이다. 이제 정부와 낙농업계는 낙농가들이 모두 사라진 이 땅에 10억 몇 천만 원씩을 들여 신규 낙농가를 육성해야할지 아니면 그나마 지금껏 버텨 준 기존의 낙농가들을 보호하고 육성해야할지를 선택해야한다. 지난 2006년 이래 우리나라 낙농가 수는 8,200 여 농가에서 2009년 12월 현재 6,767호로 연간 600~800여 농가가 감소하는 상태에서 그 감소 추세가 도무지 멈출 줄을 모른다.

오히려 그 양상이 도를 더해 갈 뿐이다. 가히 "낙농 엑서더스(탈출하기) 현상"이라 부를만 하다. 이 추세대로라면 10년 뒤에는 이 나라에서는 낙

특별기고

농가를 찾아 볼 수 없게 되는 일이 빚어질 런지도 모른다. 그러니 알고 보면 우리나라 낙농업계는 생각보다 심각한 위기에 놓여 있다고 봐야 한다. 자동차의 리어 뷰 미러(rear view mirror)에 쓰여 있는「보이는 사물이 실제보다 가까이 있습니다!」라는 문구와 같이 세계 낙농선진국들과의 경쟁이 줄지어 대기하고 있기 때문이다. 낙농산업의 위기가 우리가 느끼는 것보다 훨씬 심각하게 가까이 와 있다는 것이다. 이를 극복하기 위해서는 우리 낙농업계 모두가 지혜를 모아야 진실로 "새 길"을 찾아야할 때이다.

고착화 된 원유활용 점유비의 균형 잡기

어차피 우리가 냉정하게 따지고 보면 그 동안 우리 낙농업계는 국민과 소비자에게 너무 도도했고 일방적인 자세로 일관해 왔지 않았던가 싶다. 소비자가 원하는 것은 원유를 단순 가공한 마시는 유제품뿐만 아니라 제품 고유의 개성과 깊이 있는 맛을 보유한 '먹는 유제품' 도 요청하고 있었지만 낙농업계는 모르쇠처럼 원유의 70~80%를 '마시는 유제품' 으로만 생산 공급 했다. 낙농업계의 소비자들에 대한 태도는 그냥 한마디로 "묻지 마" 식이었다고나 할까? 그러다가 20세기 말에 접어들면서 소비자들의 반란이 시작된 것이다. 급기야 21세기에 접어들면서 소비자들이 『마시는 유제품』 소비로부터 등을 돌려 제법 개성을 갖추어 나타난 각종 음료수 쪽으로 향하기 시작한 것이다. 이른바 W식품의 "가을 대추" 음료 출현으로부터 비롯된 각종 맛있는 음료가 우후죽순으로 나타나 마시는 유제품 소비자들을 데려 가버린 하나의 예이다.

이 때 이 나라 낙농업계가 취한 대응방식은 무엇이었던가? 필자는 정말로 기억에도 아주 생생하다. 소비자는 [마시는 우유] 이외의 다양한 먹는 유제품들을 요청하는데 유업체들은 여전히 [마시는 우유]에다 [검은 콩, 검은 깨, 현미, DHA, CLA]를 연결시켜 대응했을 때 소비자들의 반응은 처참하게도 냉담했던 것으로 기억한다. 그래도 안 되니까 이제는 우유 감아 팔기, 덤 주기(1+1) 판촉 작전과 함께 기발한 광고 카피를 동원하는가 하면 한참, 뜨는 스포츠 스타들을 동원한 "[마시는 우유]소비" 광고까지의 집중 포화를 쏟아 부었지만, 당시의 반짝 효과 외에는 장기적인 원유소비 향상으로 이어 주지는 못하였다. 결국 융단폭격 같은 [마시는 우유] 소비광고에도 불구하고 [마시는 우유] 소비는 여전히 감소 상태이거나 정체상태가 고작이었다. 이는 철저히 소비자들의 본질적인 요청을 읽어내지 못한 낙농업계의 처참한 참패라고 봐야한다.

그런데 참기 어려운 한심함은 이 시각까지도 낙농업계가 그 참패 사실을 전혀 인식하지 못하고 있다는 점이다. TV에서는 여전히 우유 많이 마시자는 광고, 유제품 판매장 매대 대부분을 점령하고 소비자의 관심과 요청에 부응하는 신제품은 거의 없다는 것이다. 이 정도에 이르면 이 나라 낙농업계는 소비자들 앞에 참 뻔뻔하고 염치도 없다는 생각이 든다. 이렇게 가다가는 한참의 세월이 흐른 뒤 소비자들로 하여금 유제품이란 [마시는 우유]만 있는 것으로 인식이 고착되고 난 다음에 이르면 이 나라 낙농은 더 이상 희망이 없다고 보는 필자의 판단이 너무 급진적인가? 왜냐하면 마시는

특별기고

우유는 이제 한국인에게 일상의 식품으로 자리 잡고 있어서 그 소비를 계속 증대시킬 수가 없기 때문이다. 그러니까 국민 1인당 연간 34kg를 마셔 주는 것이라도 지속시켜 나가는데 만족할 수밖에 없다는 것이다.

결국은 낙농업의 『새 길 찾기』는 유제품류를 보다 다양하게 하면서 새롭게 하자는 것이고 그것도 소비자가 갖고 있는 현재의 부당한 인식의 고착화 이전에 신속히 접어 들어가야 만하는 일이고 만다. 그러나 『새 길 찾기』의 근본정신은 이제부터라도 소비자와 국민을 섬기려는 정신에서 출발해야 한다는 것이다. 그래서 본고는 기존의 제도나 틀을 가지고는 더 이상 항구적인 낙농발전 방안 도출이 어렵기 때문에 낙농의 『새 길 찾기』를 통해 후손에 길이 물려 줄 기본적인 방안을 제안하고자 작성된 것이다.

"혁명이나 개벽은 스스로 거대한 모순을 키워 왔기 때문에 일어났다"

이 말은 필자가 어느 책에서 읽은 말이다. 혁명은 역사를 새롭게 하는 매듭이요 마디이다. 인류역사는 혁명의 연속선상에서 진행되어 왔다. 어느 날 고속도로를 지나다가 발견한 인터체인지 톨게이트의 우리말식 간판인 [나들 목]을 발견하고 필자는 작은 딸아이에게 물었다.

["나들 목"이란 말이 무슨 뜻이지? / 아, 그것은 차들이 나가고 들어오는 길목이라는 뜻이 아닐까요?] 그렇다. 고속도로에서 차들이 나가고 들어오는 길목이 [나들 목]이라면 혁명은 바로 역사의 [나들 목]이다. 역사의 [나들 목]에서는 고정관념에 사로잡힌 구시대, 옛 것은 가고 새 것과 새 시대가 햇빛처럼 서서히 다가오는 것이다. 결국 혁명과 개벽은 한 시대와 역사를 마무리 짓고 새 시대와 역사를 열어가는 [나들 목]과 같은 것이다. 모택동은 혁명을 이렇게 표현했다고 한다. "작은 불씨 하나가 온 들판에 들불이 번지게 한다. 는 것이었다.

그는 "한 개인의 올바른 주관이 많은 사람들이 가진 잘못된 객관을 지배한다."고도 했다. 이른바 그의 들불 론이요 주관/객관론이다. 혁명은 그렇게 시작된다고 그는 믿었을 터이다.

이 나라 낙농업계에 [나들 목] 같은 혁명은 있을 것인가? 개벽이 있을 것 같은가? 필자는 〈그렇다〉라고 답한다. 혁명과 개벽은 그 내부에 모순이 농축되고 충만해서 폭발직전까지 가야만 일어나는 것이라는 점에서 그러하다. 거대한 폭발력의 힘이 토네이도의 중심에 있는 것처럼 거대한 모순은 곧 혁명의 잉태력으로 작용하게 된다. 역사에서 모순이 없는 혁명이나 개벽은 없었다는 것이다. 우리 낙농산업의 핵심문제인 원유활용부분에는 엄청난 모순이 내재되어 있다. 그 모순은 바로 낙농업계가 [마시는 우유] 중심의 원유소비 구조 속에 안일함과 엉거주춤이 반복하는데 있다. 우리나라 낙농업계의 많은 문제가 바로 원유활용의 극심한 편향 문제에서 잉태되고 야기되어 왔으며 그것을 바로잡지 못하고 있다는 점이 곧 거대한 모순인 것이다. 쓴물이 나는 우물에서 그 근원을 제거하지 않고서야 쓴물은 계속 나올 수밖에 없다. 거대한 모순을 가진 우리 낙농업계는 스스로 혁명과 개벽이 일어나도록 방치하고 있다는 정황이 읽혀진다. 그런 와중에 혁명과 개벽이 잉태되어 그 싹은 부지런히 자라게 되는 것이다. 혁명과 개벽은 바로 근원에서부터 일어난다.

필자는 지금 이 나라 낙농분야의 혁명과 개벽을 열어젖히는 전선이 형성되어 달려오는 모습을 바라보고 있다. 대표적인 전선은 이미 국가 간 FTA타결로부터 견고하게 형성되어 진행될 것임이 분명하다. 한・EU와의 FTA로 인한 피해의 상당부분이 낙농부분에 연관되어 나타날 것이고 다른 낙농선진국과의 FTA도 그럴 것이라고 진단되어 있다. 시간이 그리 많이 기다려 주지 않을 것이다.

청보리 대단위 재배

청보리 사일리지 저장

조사료의 자급화 갖추기

우리 낙농분야에서의 사료의 자급도 확보는 아무리 강조해도 부족한 일이고 만다. 필자는 2~3년 전 필자의 모교 동창회보에 "간척지는 천혜의 유기농 토양"이라는 제목의 글을 기고했다. 낙농가도 별로 많이 배출해 내지 못한 모교의 총동창회보에 그런 글을 실은 것이 이상하긴 하지만, 필자의 글이 목적하는 바는 간척지들을 활용하여 대규모 유기농 조사료 재배단지를 운영하자고 한 것이었다. 우리는 "친환경"을 들먹이지만 세계적으로 "친환경"이라는 용어는 자주 사용하지 않는다. 세계는 유기낙농을 이야기 하지만, 우리 사정에 유기낙농으로 바로가기

특별기고

힘드니까, 친환경낙농하자고 하는 건데, 그렇더라도 친환경 조사료마저 구하기 힘드니까, 수천 년, 만년 농약, 제초제, 화학비료 한번 안 쓰고 바다 밑에 고이 간직되어온 간척지를 활용하여 대단위 조사료 단지를 만들자고 한 것이다.

우리의 낙농환경을 모르는 사람들은 "풀까지 수입 해다가 낙농 하는 나라가 세상에 어디 있느냐" 고 놀란다. 지난 2008~9년의 세계 금융위기 때는 사료가격이 일 년에 4~5회 인상을 해대는데 낙농가들은 도저히 더 이상 낙농업을 못하겠다고 아우성이었다. 차제에 사료 자급도 해결 없이는 낙농발전도 없다는 생각을 갖고 낙농가들은 고정관념과 의식을 전환해 나가야 할 것이다. 한 걸음 더 나아가 정부는 수입 사료에 대한 관세의 일부를 낙농가들의 자급사료생산 기반 확보율 인센티브로 지원하여 항구적인 낙농사료 자급화를 앞당겨 나가는 것도 좋을 것이다.

낙농의 『새 길 찾기』핵심은 조사료문제의 자급자족 능력의 확보에 있음을 깊이 인식한 조사료문제 해결에 특단의 조치를 시행하는데서 비롯한다. 지금 우리는 농업상황의 변화는 휴경 답이 증가하고 버려진 땅(放棄地), 놀려 둔 간척지들이 생각보다 많으며 2005년 이후 시행 중인 농지은행에 맡겨지는 땅도 매년 증대하고 있는데 이들을 과감히 축산용지로 풀어서 각종 조사료 생산기지로 이용해 나가야 한다. 이런 맥락에서 보면 최근 정부가 간척지에 낙농단지를 조성하고 조사료 생산단지를 운영해 나간다는 방안도 바람직한 일이다.

전문가들의 진단에 따르면 국내 연간 조사료 수요량 420만 톤 가운데 약 15%인 65만 톤이 수입에 의존되고 있으며 국내생산량 335톤 가운데 200만 톤은 영양수준이 저질인 조악한 볏짚으로 충당되는데, 양질의 조사료 목 · 건초류는 135만 톤 수준에 불과하다는 것이다. 여기서 우리 낙농경영의 근본문제 중의 하나는 바로 조악한 저질 사료인 볏짚에 기대고 있다는 점에 유의해야 한다.

조사료의 자급이 없으면 거기서부터 온갖 문제들이 배태되고 산출되어 낙농전반을 뒤흔들어 버린다. 원유의 생산원가가 세계 1위이고 착유우의 번식장애 빈발로 경제 수명이 짧아진 결과가 바로 조사료 문제에서 빚어진다는 점에 주목해야한다. 우리나라 벼 재배면적은 2001년의 1,083천 ha를 정점으로 내리 감소하여 2009년에 92만4천471ha에 그쳤다. 매년 평균 9,000~10,000ha 범위로 줄어들었던 셈이다(연합뉴스 2009.8.17일자 보도). 2001년부터 연 평균 1만여ha이상의 벼농사 재배면적이 사라지면서 15만 9천ha의 휴경 답이 생겨났는데 그 감소폭이 더욱 가파르게 전개된다면 다음 10년 이내에 다시 20만ha의 휴경 답이 늘어나 볏짚 생산량은 그만큼 대폭 감소할 터이다.

여기서 극단적인 이야기를 하나 더 보태자. 이렇게 휴경답 증가로 벼농사 면적이 사라져 가면 어느 날 우리에게는 그나마 기대어 왔던 볏짚마저 사라지는 날이 올 것이 아닌가? 그러니 언제까지 우리는 볏짚에 기대며 낙농을 할 수 있다고 생각해야 하는가? 차라리 이제부터라도 볏짚의존도를 감축해 나가는 조사료 대책, 장기적으로 볏짚을 포기하고 대체 조사료 자원을 확보하는 대책마련을 서둘러야 하지 않겠는가? 그런 의미에서 휴경답에 벼를 심겠다고 각 지자체가 수선 떠는 일을 접고 아예 휴경답들을 모아 볏짚 대체 조사료 생산기지로 전환해 나가는 것이 바람직한 일이다.

그것이 한때 언론에 보도 되었던 휴경답의 골프장 개발로 비용이 저렴한 골프공간으로 활용하겠다는 발상보다 훨씬 더 건전하지 않은가? 왜냐

휴경답을 활용한 유기자원 조사료 이용

특별기고

하면 논을 골프장으로 개발하면 언제든지 갈아엎기만 하면 논으로 복구시킬 수 있다는 생각에서 나온 발상이기는 하지만, 골프장에 사용하는 상당량의 농약과 제초제의 토양 축적을 무시할 수가 없기 때문이다. 차라리 논을 초지나 사료작물 재배단지로 활용하면 해양투기 금지된 양돈 분뇨와 양축가의 분뇨를 유기질 비료화해서 유용하게 활용할 수 있게 되고 토양의 비옥도, 작물생산성 향상을 얼마든지 기대할 수 있지 않겠는가? 나아가 초지나 사료작물재배 논은 필요시 그야말로 바로 갈아엎고 물대기만 하면 금방 비옥한 논으로 전환될 수 있기 때문이다. 다각적인 우리 낙농의 조사료 자급화 확립 방안들이 강구되어 지속가능한 낙농기반을 마련해야 한다. 가령 유럽의 나라들이 그러는 것처럼 우리도 조사료 확보 쿼터를 갖추지 못한 낙농가에게 어떤 제재를 가하는 방식을 취하더라도 미래 낙농의 새 길 찾기에서는 반드시 낙농의 기본 요건으로 강제해야 할 일이라고 본다.

목장형 유가공의 육성

지난 1997년부터 필자는 국립 순천대학교 유가공학연구실에서 미래의 낙농상황을 염려하고 대비하는 낙농가들이 뜻을 같이하며 목장에서의 유가공기술개발을 위해 격주 간격으로 모여 유가공기술 워크숍을 실시해 왔다. 그 때는 원유 문제는 없었지만 이미 [마시는 우유] 소비가 감소 국면에 접어들고 국가적으로 IMF의 절박한 상황에 들어가는 예측불허의 낙농장래 때문에 낙농가들로서는 무언가 장래를 대비하고 싶은 절박감에서 많이들 모여주어 실험실 공간이 좁은 때도 있었다. 그러다가 1999년이 되니 원유 값도 안정되고 IMF의 간섭도 걷혀가는 기색이 돌자 낙농가들은 원유 증산에 열심이었으니, 그 워크숍도 시들해 지고 말았다.

2001년에 진실로 목장에서 유가공을 반드시 하고 싶다는 낙농가 5~6명이 다시 찾아와서 예전의 격주간의 [목장유가공기술 워크숍]을 복구시킬 수 있었다. 이 때 우리가 만든 모임이 "목장형수가공유제품연구회"였다. 2003년 가을 학기에는 순천대학교 평생교육원에 "목장형유가공과정"을 교육원의 정규과정으로 설치하여 학기당 30명씩을 모집하여 교육하기 시작하게 된다. 이전의 격주간

워크숍을 정규 과정화 하고 2개 학기 교육 수료자들에게는 소정의 이론과 실기 시험을 거쳐 "유제품가공사" 자격증도 수여하고 있다. 물론 민간자격(사단법인한국국공립대학평생교육원협의회 주관)이기는 해도 유가공에 대해 전혀 접해 본 일이 없는 분들에게 2개 학기 교육 이수는 매우 뜻 깊은 교육성과이기에 나름대로 가치가 있다고 보았다. 2004년부터 농림부가 이 교육과정의 미래적 가치를 인식하고 2006년까지 3년간 교육비 지원을 해 주기도 하였다.

어느덧 이 교육과정을 이수한 낙농가들이 영농법인을 결성하고 목장형 소규모 유가공사업을 창업하여 활동 중에 있다. 그 분들이 1일 가공에 사용하는 목장의 원유량은 미미하여 아직은 30톤/일 미만이지만 그들이 가공하는 유제품은 [마시는 우유]가 아닌 발효유제품 위주여서 원유소비에 기여하고 앞으로 이런 업체들이 증가하면 할수록 원유소비촉진에 더욱 기여할 수 있을 것이라 기대한다.

스위스를 비롯한 네덜란드, 이태리, 프랑스, 독일, 스위스 그리고 오스트리아 등 유럽의 낙농 선진국들은 이러한 소규모 유가공장 운영이 보편화되었으며(스위스 수출용 치즈의 87%는 목장형 유가공장 생산 치즈들이다) 낙농업 안정의 근간을 이루고 있다. 그리고 그들에게는 역할 분담이 확실하다. 즉 [마시는 우유]가공은 대기업형 유업체에게, 치즈와 발효유, 버터는 소규모 유가공장들의 몫으로 [황금 분할]을 이룬다.

유럽의 낙농 선진국들의 원유 사용 비율은 [마시는 우유] 30~40 : 유제품 60~ 70%라는 황금분할이 오랜 세월 유지되어 온다. 2009년 현재 이스라엘과 영국의 경우를 보자. 이스라엘은 원유활용에서 [마시는 우유] 31.5%, 경질치즈 22.5%, 연질치즈 32%, 버터 0.8%, 요구르트 13.2%로써 [마시는 우유] 대비 유제품 비는 68.5 : 31.5이다. 영국의 경우 [마시는 우유] 51%, 치즈 27%, 분유 9.0%, 요구르트 2.0%, 버터 2.0%, 크림 2.0%, 기타 2.0%, 폐기 1.0% 로 [마시는 우유] 대비 유제품 비는 51: 49이다. 다른 선진국들의 예도 이에서 크게 벗어나지 않는다. 우리 낙농의 본보기였던 나라 일본도 [마시는 우유] 대비 유제품비 구조를 50: 50으로 균형을 잡아 보고자 1980년대부터 『국산자연치즈진흥정책』을 다각도로 펼쳐오고 있고 그 효과가 점차 윤곽을 드러내고 있다. 원유의 [마시는 우유] 대비 유제품 점유비의 균형 유지에 관한 강조는 아무리 강조해도 부족함이 없다. 사실 알고 보면 우리의 낙농문제, 유가공품 소비감소 문제

특별기고

의 근원은 원유사용의 역조현상 ([마시는 우유] : 유제품 = 70 : 30)에서 비롯되고 있음은 주지의 사실이다.

필자는 그 동안 기회 닿는 대로 우리낙농의 문제점 극복을 위한 해결방안의 하나로 목장형유가공 분야를 육성하여 [마시는 우유] 이외의 유제품 생산역할을 맡겨 나가자는 것을 역설해 왔다. 지금 당장은 효과 유발속도가 나타나지 않겠지만 10년이 지나고 20년이 지나면 반드시 안정적인 낙농발전의 보장기반을 확보함과 동시에 우리 낙농업이 미래 동물성 단백질 위주 식단을 지지해 줄 국민식량 공급기지로서의 든든한 보루가 될 것이라 보기 때문이다. 지난 10년 전과 지금의 치즈 소비량과 발효유 소비량을 비교해 보면 이러한 기대와 전망이 전혀 근거 없는 것이 아님을 알 수 있을 것이다.

10년 전 국민 1인당 치즈 소비량은 불과 100여그램에 지나지 않았지만 지금은 무려 1.5kg에 육박한다. 발효유 역시 액상요구르트 대신 농후 발효유의 소비가 꾸준히 증대하여 일본의 소비량에 근접하고 있다. 금년 초입에 정부가 발표한 낙농발전대책도 낙농업계와의 원유 수급대책안 마련에서 원만하게 진행되지 못하고 있는데 필자는 아예 발상 전환을 해보자는 제안을 한다. 즉 현재의 원유 수급제도를 일부 수정하고 보완하되 큰 틀은 유지하면서 쿼터 초과원유나 목장의 자발적인 증산에 의한 물량에 대해서는 목장 유가공을 자율화 하자는 것이다. 원유쿼터제의 큰 틀은 유지하되 목장에서 발생되는 [초과원유]의 가공과 마시는 우유 이외 유제품에 대한 용도별 차등가격제 지지방안을 시도하면 장기적인 차원에서 원유문제는 자연스럽게 해소 될 수 있을 것이다. 그렇게 되면 우리나라에는 두 개의 원유활용 공간이 보유 되는 것으로 대기업의 마시는 우유 가공과 목장 형이나 소규모 유가공장의 유제품 위주의 유가공으로 역할 분담된 안정적 낙농발전이 이뤄질 수 있을 것으로 기대 한다.

필자의 이러한 소견은 지금 당장은 이해되지 않고 가당치 않은 이론이겠지만 신중히 고려하고 보완하고 다른 전문가들의 식견 있는 의견을 보완하면 반드시 이상적인 선진국형 낙농 발전 대책이 도출 될 수 있을 것이라 생각한다. 이를테면 정부는 지난 40년간 고착되어 온 원유의 [마시는 우유] 대비 유제품 비 70~80 : 20~30의 구조를 50: 50이 되기까지의 목표 연도를 산정해 두고 원유 활용 부문을 아예 할당하고 조정해 나가자는 것이다. 그러다 보면 마시는 우유 소비가 어느 저점에서 정체가 되고 유제품 소비는 촉진되면서 원유소비가 활발해짐에 따라 낙농가들의 생산 의욕을 살리는 자율적인 쿼터제가 가능해질 것이다. 또한 우리 낙농가들은 목장에서의 유가공 기술을 수준 높게 진행하여 국내 소비는 물론 수출까지도 가능하도록 육성해 나가야 한다는 것이다.

유기낙농의 전개

최근 언론보도들에 따르면 전반적인 친환경농산물 생산도 증가세에 있으며[1] 우리나라 소비자들은 가격이 비싸더라도 친환경 농산물과 유기농산물 구입을 선호한다고 응답하고 있고,[2][3] 미래 소비자들의 경향은 이미 유기낙농제품 시장에 도달해 있다. 한국 낙농이 낙농 선진국들과의 유제품 경쟁에서 살아남아 경쟁이 가능한 영역은 유기 낙농제품 분야이다. 왜냐하면 그들은 자국의 유기 낙농제품은 자국 내 공급에서도 부족해 질 것이기 때문에 우리나라에까지 공급할 여력은 미치지 못할 것이다. 이제 우리 낙농업의 새 길은 관행 낙농을 줄여가고 유기낙농을 늘려가는 데 있다. 정부도 2015년까지 매년 유기농특구 10개씩을 조성하고 해외에도 대규모 유기농단지를 조성한다. 우선 2012년~2015년 동안에 10개, 그 이후 1003개 친환경농업지구 평가를 통해 매년 10개씩을 조성한다는 계획이다. 2020년까지 가용 간척지 3만 199ha에 농업회사를 유치, 1, 2, 3차 농업이 통합된 대규모 유기농 복합단지를 조성한다는 것이다[4].

이를테면 이렇게 조성되는 휴경 답과 간척지의 조사료단지의 경우 아예 조성 초기단계부터 유기 조사료 생산기준을 적용하는 것을 검토해야 한다. 이는 국산 유기 조사료 자급이 없는 유기낙농은 비효율적인 요소가 너무 많기 때문이다. 향후 낙농체험도 유기 낙농목장 위주로 전개될 것이 분명하다. 체험낙농 참여자의 대부분이 도시 소비자들로 이루어질 분야인데다, 그 소비자들이 선호하는 유제품 역시 유기낙농제품이다. 이러한 체험 낙농목장에서 유기낙농제품이 판매되는 것은 너무도 당연한 구조이다. 독일의 유기농단체들인 죌(SÖL), 비오란트(Bioland), 데메터

1) 최상구 2010. 친환경농산물 생산 증가세. 농민신문 4월 16일자 기사.
2) 조강욱.2009. 올해 유기농. 친환경 먹을거리 인기 급상승. 아시아경제 12월 27일자 기사.
3) 장진원 2010. 건강한 삶을 위한 새로운 화두, 유기농. 한국경제매거진 1월 28일자 기사.
4) 우상규. 2010.유기농 특구 10곳 조성. 세계일보 4월 14일자 기사

특별기고

(Demeter), 나투르란트(Naturland)에 속하는 유기 낙농가들은 전적으로 유기 낙농의 전범(典範)을 따른다. 독일의 체험낙농 프로그램은 이들 목장에서 우선적으로 운영되어 왔다. 우리 낙농의 유기낙농 전개는 우선 가장 조건이 잘 갖추어지고, 가장 빨리 착수할 수 있으며, 자력으로 가능한 목장들부터 유기낙농 목장으로 점진적인 전환을 진행해 나가야 할 것이다.

향후 유기낙농 추구 목장들은 자연스럽게 목장형 유가공장을 갖추고 자가 유가공을 통해 정성들여 만든 목장 유기농 유제품으로서의 차별화와 소비자 신뢰확보에 유리한 고지를 선점하게 될 것이 분명하다. 이러한 일은 우리 낙농가 수가 현재보다 절반 이하로 줄어들기 전에 정예 낙농가 육성 차원에서 조속히 착수해 나가야 할 일이다. 적어도 우리 낙농의 새 길 찾기를 구상하고 추진해 나가려 함에 있어서 그 방향은 미래 지향적인 해결책으로 접근해야 한다고 보면 우리의 고답적인 관행 낙농에서 점진적으로 유기낙농 전환과 육성 쪽으로 나아 가야함이 필수요소라 할 수 있다.

낙농의 선진화 추구

이제 세상이 많이 바뀌었다. 아날로그 TV가 디지털로, 디지털에서 HD, LCD-TV로 변신을 거듭하더니 순식간에 3D-TV시대가 와 버린 것이다. 우리 낙농에서도 그렇게 순식간의 변화는 아니지만 서서히 변화의 조짐이 보인다. 낙농업이 이제 원유 납유를 통해 소득원을 갖추고 납유량을 효율적으로 높여가며 경영을 잘해보려던 시대가 서서히 물러가고 있다. 낙농업이 더 이상 1차 산업의 영역에 머물러 있지 않겠단다. 낙농업이 1, 2, 3차 복합 경영의 다각화가 추진되고 있는 것이다. 21세기 들어 낙농업은 종합산업으로 탈바꿈하고 변신을 거듭하고 있지만 낙농가들은 여전히 접근 자세는 매우 황소걸음이다. 로하스, 슬로우 푸드, 웰빙 시대를 맞이하여 낙농업은 이러한 소비자의 경향과 요청에 부응하여 유기낙농제품 생산과 쉼터(Shelter)역할과 낙농체험을 통한 경영의 확장을 추진해서 1차산업적 종래의 낙농을 2차 가공, 3차 서비스와 관광 4차 교육영역에까지 발전시키는 경영영역을 넓혀 나가야 한다.

이런 맥락에서 정부나 생산자 조합은 낙농가들에 대한 획기적인 교육과정 운영을 시행해야 할 것이다. 나아가 우리도 이제부터 선진국처럼 낙농분야를 특수 농업으로 지정하여 보호 육성하도록 국민을 설득해 나가야 한다. 2009년 현재 국민 1인당 쌀 소비는 74kg이지만 우유, 유제품 소비량은 어느새 65kg에 육박하고 있다. 어느새 우유가 엄연한 식량의 반열에 올라 있는 것이다. 우리는 이제 국민의 식량안보 차원에서 낙농가들을 일정 수 이상을 유지할 수 있도록 기존 낙농가 인센티브(직불제) 지원과 본격적인 후계자 양성기관을 설립 운영해야 한다.

이런 점에서 수년전(2005년)에 필자가 시찰하고 돌아 온 일본 북해도 나가시벳츠 정 소재 낙농후계자 연수기관은 좋은 본보기이다. 그 곳에서는 장차 낙농업 종사를 희망하는 30대 이후의 젊은이 중에서 반드시 남녀 한 팀으로 모집(부부나 결혼 전제 연인)하여 3개년 간 엄격한 후계 낙농인 전문교육을 시키고 있었다. 새벽 4시부터 시작되는 일과는 저녁 9시경에 끝나는데 교육생들은 외출 외박이 쉽지 않고 오히려 부모가 면회를 와야 하는 정도로 엄격한 교육제도를 갖고 있었다. 물론 훈련기간에는 일정액의 훈련수당을 지급하여 장차 낙농 경영에 보탬이 되게 저축도 장려하였다. 정부는 그 힘든 과정이 끝난 부부에게 폐업 낙농가를 미리 리모델링하여 준비해 둔 목장을 저렴한 임대료와 장기 저리의 운영자금으로 지원하여 경영하도록 하는 신규 낙농가를 양성하고 있었다.

이들 교육생들 중에는 도시인들이 많았는데 유명한 탤런트, 변호사, 의사, 회사원, 언론인들도 답답한 도시 생활을 접고 목가적 농촌생활을 동경하여 이 기관에 입소하여 소정의 훈련을 마치고 목장운영을 잘 하고 있다고 한다. 최근 도시민의 귀농인구가 증가하는 추세에 있는데[5] 그런 교육기관이 이들 귀농인 중에서 40대 이하 연령의 희망자들을 흡수하여 신규 낙농가로 육성하는 것을 검토해야 한다. 이 일은 조속한 시일 내에 전문적인 낙농 후계자 양성학교를 설립하여 폐업하거나 버려져 방치된 수많은 목장과 낙농자원(축사, 창고, 초지, 사료포, 분뇨처리장 등)을 리모델링 하여 재활용하고 낙농후계 세대를 육성해 나가는 제도적 장치(쿼터은행 운영 병행)를 마련해 나가야 할 것이다.

이제는 첨단 문명이 거의 대부분의 산업구조에 파고들었다. 자동화, 고급화가 보편화되었다. 요즘은 사람의 손을 빌어 뭔가를 생산하면 그 제품

---

5) 정성호. 2010. 작년 귀농가구 80%증가. 4천 가구 넘겨. 연합뉴스 2월 25일자 기사.

특별기고

이 공장 제품보다 오히려 대접 받는 시대이다. 낙농산업에도 첨단화는 이미 찾아와 있다. 로봇 착유기, 로봇 송아지 포유기, 자동 사료급여기, 유기질 비료 발효제조기 등 사람의 손작업이 줄어드는 시대가 도래 한 것이다. 얼마 후면 목장의 가축관리 조차도 USN[6]을 채용한 원격조정관리가 가능해질 전망이다. 해외 출장을 가서도 인터넷과 연결된 USN을 통해 목장의 가축상황이며 경영 전반을 조정할 수 있게 되었다. 지난 날 새벽 4시에 일어나 밤 11시가 넘도록 일하던 시절은 지나가고 시간이 많이 남는 수월하고 즐거운 낙농의 시대가 온 것이다.

낙농업계와 정부는 이러한 시대적 대세를 받아들여야할 때다. 낙농의 정예화와 제도 개선과 더불어 구시대적 낙농을 점차 정리하고 첨단 과학의 각종 기자재를 활용하면서 발전 낙농을 추구하는 새 길 찾기를 구체화해 나가야 한다. 낙농이 더 이상 3D업종이 아님을 알려야 한다. 나아가 정부와 생산자 단체는 과감하고 획기적인 정책대안을 가지고 낙농을 개시하려는 후대세대들에게 이렇게 첨단화로 잘 갖추어진 목장들을 제시하면서 그들을 받아들일 채비를 갖추어야 할 것이다. 이 나라 역대 정권들이 지난 날 자동차, 전자, 조선, 철강 등의 공업에 투자하던 국력을 이제 낙농업에도 돌려 주어야할 때가 도래한 것이다. 이제 제 1차 산업에 정체되어 있던 농업과 낙농업을 2.3.4차 산업의 영역으로 끌어 올리는 공격적 농정, 첨단시대에 발맞추어 전진하는 첨단농정을 실천해 나갈 때이다[7].

글을 맺으며

인류에게나 산업에서나 위기는 기회이지만 자칫 잘못하면 소멸의 시점이 되기도 한다. 지난 역사에서 수많은 나라들과 민족들이 숱한 위기 앞에서 쓰러져 갔다. 위기에 대응하지 못한 공룡은 그 큰 덩치에도 불구하고 갑자기 사라 졌지만 위기 대응을 잘한 돌고래들은 살아남아서 오늘날 심해를 노닐고 있다. 위기를 만나 이를 잘 대응하고 극복하면 몇 단계 상승

---

6) USN(Ubiquitous Sensor Network) : 전자 태그가 부착된 사물이 네트워크에 연결 되어 실시간 관리함으로써 그 사물의 정보 및 환경정보까지 감지할 수 있는 첨단 IT시스템, 향후 가축에게 전자태그인 RFID(Radio Frequency Identification)를 부착시킨 USN 체제 도입이 목장의 가축관리를 하는 것이 가능해 질 것이다.

7) 농업을 색다른 시각으로 본 보고회에 관한 내용은 정진건 2010. "농업을 반도체 능가하는 첨단산업으로 육성" 매일경제 4월 6일자 기사, 특별취재팀. 2010. 서해안 첨단 농산업 벨트 조성 제안- 매경신문 창간 44주년 ,MBN개국 15주년, 비전코리아 제 17차 국민보고대회 열려- Agrigento Korea 첨단농업 富國의 길/ 3월 25일자 기사 와 박재현 등. 2010. 한국농업, 소농서 벗어나 기업가적 사고가 필요하다-첨단 농업 현장을 가다/ 전문가좌담. 매일경제 4월 14일자 기사를 참조할 것.

하여 지속가능해 지고 강해질 수 있다. 위기 대응의 첫 번째 과정은 원인을 꿰뚫어 보는 혜안 갖추기이다. 필자는 일찍이 1980년대 초에 우리의 낙농위기를 밝히 보는 운명을 만났다. 그것은 한국의 마시는 우유위주 낙농의 결말이었다. 그래서 열심히 자연 치즈를 공부하고 그렇게 배운 바를 낙농가들에게 교육했다. 사람이 병든 원인을 알았는데도 대처를 하지 않고 세월을 보내다가는 "호미로 막을 일을 삽으로 막는다"는 격을 낳는다.

필자는 이 글을 다급한 마음으로 쓰고 있다. 위기대처에 필요한 시간이 너무 촉박하기 때문이다. 이제 우리 낙농은 구시대적이고 고답적이며 왜곡되어 있는 모순을 가지고 앞에 있는 격랑이며 위기를 효과적으로 대응해 나갈 수 없다는데 우리 낙농업계나 정부가 인식을 같이해야만 한다. 즉 필자가 낙농업의 시대적인 격랑을 극복하기위한 방안으로 새 길을 찾자고 제시한 [고착화 된 원유활용 점유비 균형 잡기]와 [조사료의 자급화 갖추기], [목장형 유가공의 육성], [유기낙농의 전개], 그리고 [낙농의 선진화 추구]는 정부만의 일도 아니요, 낙농가만의 영역은 더더욱 아니다. 우리 모두가 힘을 합쳐 낙농의 새 길 찾아 나서고 달려들어서 이 위기와 난국을 슬기롭게 헤쳐 나가야 할 것이다. 때로는 집이란 고쳐 쓰는 구조변경보다 모두 쓸어버리고 다시 짓는 것이 경제적이고 효율적일 수가 있다. 우리 낙농이 갖고 있는 현상이 그러하다. 차제에 정부나 낙농업계는 우리 "학·연(學·硏)" 부문의 어떤 고언이라도 듣겠다는 자세로 임해 그런 자리를 많이 만들어 주기를 제안한다. 낙농의 『새 길 찾기』는 이렇게 산·학·관·연 모두가 힘을 합쳐 고민하고 일단 방안이 서면 신속히 대응해 나아가야 성공할 수 있을 것이다.

우리 낙농은 1993년 착유두수 34만두를 최고점으로 그 후 감축되기 시작하여 2009년 9월 이후 착유우 20만 8천두를 기록하여 쇠락의 길에 접어들었다. 한 산업이 산업적 위상을 갖고 작동하기까지는 50년의 세월이 소요된다고 한다. 우리 낙농이 40여년의 세월을 갖고 자리를 잡아 발전과 도약을 앞 둔 마당에 위기가 덮쳐 오고 있다. 40년간 힘써 키워 온 우리 낙농산업을 이대로 날려 보낼 수는 없는 것이 아닌가? 이제 조금만 참고 견디며 지나 온 길의 과오나 모순을 정리하고 국민에게 사랑받고 후손에 길이 전해 줄 "새 낙농산업"으로 탈바꿈 시킬 새 길을 찾아야 한다. 언젠가는 우리도 남북이 통일 될 것이고 신세대의 소비 진작기류에 힘입은 유제품 소비는 더욱 증가할 텐데 날로 위축되어만 가는 낙농산업을 바라보며 낙농의 『새 길 찾기』가 다급해 지는 것은 필자만의 우려가 아닐 것이다.

특집

바람직한 한국 목장형 유가공의 진행방향

-목장에서 [본(本) 치즈(Real Cheese)]를 만드는 사람들을 위하여-

배 인 휴
순천대학교 동물자원학과 교수

I. 목장에서 만드는[본(本)치즈(Real cheese)]를 위하여

본고의 부제목으로 -목장에서 [본(本) 치즈(Real Cheese)]를 만드는 사람들을 위하여-라고 뽑았다. 이러한 의도에는 "우리도 이제 목장에서 본래의 치즈(Real cheese)를 만들고 소비자들에게도 이 개념을 홍보하자"는 의미가 담겨 있다. 사실 누구든 이러한 필자의 제창을 접하면 "세상에 본(本) 치즈도 있고 그렇지 않은 치즈도 있단 말인가?"라고 의아하게 생각 할 것이다.

그런데 알고 보면 세상에는 수많은 치즈가 있는데 그것들은 모두가 태생(胎生)이 다른 치즈들이다. 무슨 존재든지간에 그 태생(胎生)이 다르면 그 근본적인 특성이 당연히 달라지기 때문에 서로 간에 그 태생(胎生)이 다른 치즈를 구분하는 말로 필자는 진정한 치즈, 인류가 고대로부터 만들어 먹었던 본래의 치즈라는 의미로 [본(本) 치즈(Real cheese)]라는 용어를 널리 사용하고자 하는데 의도를 두고 있다. 그 내력은 이렇다.

1971년 영국에서 [진정한 에일 만들기(Real Ale[1])운동]이 벌어 졌을 때 영국에서 오랫동안 치즈상사를 운영 해오던 패트릭 랑스(Patrick Rance)라는 사람이 이 캠페인에서 아이디어를

1) 진정한 에일(Real Ale) 보호운동은 산업적인 Ale에 대비한 소규모 전통적인 공장에서 전통식으로 발효시킨 맥주를 칭하는 말로서 1971년에 전통적인 발효, 비교적 고온에서 빨리 발효시키는 기법으로 전해 오던 진정한 전통식 Ale 살리기 영국 캠페인이 시작 된데서 나온 말이다. 에일(Ale)은 원래 lager beer 보다 독하나 porter beer보다 약한 맥주의 일종으로 시골 축제에서 에일을 마신 전통이 있다고 한다.

바람직한 한국 목장형 유가공의 진행방향

얻어서 1973년부터 '진정한 치즈 만들기(Real cheese)운동'을 제창하고 전개했는데 이때 비로소 'Real cheese'라는 말이 등장한다[2][3]. 이 사람이 주창한 [진정한 치즈, Real cheese]의 개념은 바로 낙농업계에 산업화 바람이 본격적으로 불어 닥치기 전인 1930년대 이전 시대에 목장 가족이 하나가 되어 목장에서 당일 착유한 생유로 당일 제조한 후 전통적인 방식으로 숙성하여 판매하던 치즈로 장인(치즈 마이스터, Meister 혹은 치즈 마스터, Master, 치즈마에 스트로 Maestro)들이 정성들여 제조했던 장인급 치즈(영어에서는 이를 Artisan cheese라고 칭한다)를 의미한다.

[본(本)치즈]라고 하는 장인형 치즈 (匠人, Artisanal cheese)란?

여기서 필자는 [본(本) 치즈(Real Cheese)]라는 말을 정의하는데 있어서 '전통적으로 만들어 파는 치즈'라는 개념을 뛰어 넘는 용어라고 규정하고 싶다. 즉, 이 말은 여러 목장의 원유를 집유, 혼합한 후 현대의 첨단 기술로 무장한 완전 자동화 치즈제조설비에 의해 [산업적]으로 찍어내듯 양산하는 일률적이고 밋밋한 [산업형 치즈]에 대비한 말로써 치즈다운 치즈, 본래의 치즈, 즉 [단일 목장의 원유를 착유한 당일에 치즈장인 급의 전문가가 정교함과 천연 그대로를 담아 제조해 내는 '자연치즈']로 정의한다. 이 용어에는 자연히 '전통적, 고풍스러움, 산업화 이전의 소규모 생산 방식에 따라 제조된 것'이라는 의미와 이미지가 담겨 있다. 그렇다고 소규모 목장의 유가공공장에서 치즈를 생산했다는 것만으로 그 것이 반드시 장인형 치즈라고 보장 할 수 없는 것이며 대규모 치즈공장에서 생산한 치즈라고 해서 '본(本) 치즈' 즉, 장인형 치즈 반열에서 배제 시킬 수도 없다는 것도 고려해야 한다. 그러니까 목장에서 만든 치즈가 대기업에서 마음먹고 단일 목장 원유로 생산한 치즈보다 항상 품질이 낫다고 단정 지어 말할 수는 없다는 것이다.

다만 [본(本) 치즈(Real cheese)] 또는 장인형 치즈는 [천연원료]만 사용하고 원료에 따라 치즈제조 공정을 알맞게 조정하여 작업하는 반면 산업적 치즈는 여러 목장의 원유를 혼합하여 사용하고 자동화된 기계에 의해 고정된 공정을 사용할 뿐만 아니라 사계절 같은 품질을 보장하기 위해 [천연원료]를 가공처리하고 첨가제들을 사용한다는 차이가 있다.

결국 산업적 치즈 제조자들은 항상 정해 놓은 품질을 예측하면서 각종 가공처리를 하고 똑같은 품질 균일성(연중 계절의 변화나 그 어떤 변화와는 상관없이)을 완벽하게 재현하는 것이 회사의 목표가 된다는 것이다. '장인형 치즈'란 용어의 매우 중요한 공통분모는 '목장형'이란 것이다. 결국 '목장형'이란 말에는 원유생산과 치즈제조가 "한 목장 안에서 모두 이루어진다"는 의미가 내포되어 있고 그 목장

---

2) McCalman, M. and D. Gibbons . 2009. Mastring CHEESE. Clarkson Potter/ Publishers N. Y. p. 44.

3) 이 운동은 영국의 전통적 치즈 공장들이 사라져가고 영국의 자존심 같던 체이셔(Cheshire) 치즈의 경우 1939년에 405개 목장형 공장이 1948년에 44개로, 랭카셔 (Lancashire) 치즈는 같은 기간에 202개에서 29개로 감소하였으며 웬스데일(Wensleydale) 치즈의 경우 176개에서 9개만 남은 것에 충격을 받은 Patrick Rance가 '본(本)치즈' 캠페인을 벌인 것 이다. 랭스 씨는 영국관광위원회로부터 전통적인 '영국치즈'를 소개하는 책을 쓰도록 허가를 받고 1982년에 "영국의 치즈(The Great British Cheese Book)"라는 책을 발행하였다. 그는 그 시점을 기해 전통적으로 생유(Raw milk)를 사용하여 만드는 치즈 보호운동을 강력히 추진했고 그 운동의 여파가 오늘까지 남아있다.(주석 7)번 참조)

특집

의 가족 또는 같은 그룹의 직원들이 경영에까지 참여하고 모든 책임을 함께 담당한다는 것을 의미한다.

여기서 저는 McCalman 씨가 제시하는 [본(本) 치즈], 곧 장인급 치즈의 기준[4]을 정리해 두겠다.

- ㅇ 친환경 또는 유기낙농의 가축사육인증을 받고 무항생제 사육, 치료용 항생제사용의 최소화(특히 치즈 원유는 무항생제 일 것)하여 생산한 원유일 것
- ㅇ 맑고 깨끗한 물 공급지, 친환경적으로 재배한 사료공급에 따른 생물 다양성이 있는 곳, 지역적인 특수성이 있고 타 지역과 차별성이 있는 곳이 것
- ㅇ 장인급 치즈제조에 유리한 가축의 품종과 계절적, 지역적 조건을 갖출 것
- ㅇ 목장 자체에서 생산했든 지역 낙농가가 생산했든 간에 '단일 목장 원유'를 사용할 것
- ㅇ 예비 숙성, 본 숙성, 기타 관리 등에서 매우 미세한 부분까지 사람이 정성들여 관리하고, 기계를 사용치 말아야 하며 인위적 기교는 삼가하고 자연에 순응하는 방법에 따라 관리할 것. 각종 원료는 유기가공, 비합성 천연물을 사용하는 것을 준수할 것

II. [본(本)치즈(Real cheese)]를 위한 치즈 기본 지식

1. 치즈의 종류

치즈는 크게 자연 치즈와 가공 치즈로 나누어진다. 유럽에서는 간단히 치즈라고 말하는 경우는 전자인 자연 치즈를 말하고, 가공 치즈는 여러 종의 자연 치즈를 분쇄해서 가열 용융, 유화시켜서 보존성을 높인 것이기 때문에 아예 별개로 간주한다. 다시 자연 치즈는 경도(硬度)에 따라 신선 · 연질 · 반경질 · 경질 · 초경질 등 5종류로 분류한다. 더욱이 연질 · 반경질 치즈그룹은 곰팡이 숙성과 세균숙성으로 만들어진 것이다. 경질 치즈 그룹은 기호품으로서의 요소가 강하고, 숙성이 진행되어 수분감량에 따른 경도에 따라 보존형 치즈라 한다. 결국 이런 치즈들이 치즈 전통적인 원래의 모습에 가깝기 때문에 [본(本) 치즈〈Real Cheese〉] 라고 말해 둔 것이다.

1) 신선 치즈(Fresh cheese)

부드럽고 크림 같은, 입안에서 살짝 녹는 순한 맛……. 가장 부드러운 타입의 신선치즈는, 전부 치즈 제조공정의 최초 단계에 만들어지는 치즈다. 일반적으로 숙성시키지 않고 제조 직후 또는 부분 처리 후 바로 이용한다. 한편으로는 요구르트와 닮은 점도 있지만, 신선치즈는 이것으로부터 많은 수분(유청)을 배출시킨다. 신선치즈는 프랑스에서 '프로마조 브랑(흰 치즈)', 독일에서 '크박', 이탈리아에 '마스카르포-네' 라고 불려지는데, 유럽에서는 일상 식자재로 사용된다. IDF는 과거에도 소비 증가가 있었을 뿐 아니라 향후 10년 이내에 가장 소비증대가 높을 치즈로 보았다.[5] 굳기나 유지방분 함유량의 차이에 따라 여러 종류가 있지

4) 「McCalman, M. and Giddons, D. 2009. Mastering cheese. Crown publishing Group, N.Y. pp. 16-17」
5) 배인휴 2007. 국내치즈시장 형성을 위한 방안. 낙농육우협회 용역 보고서 pp.26-32.

만, 모든 종류에 시원한 풍미와 신맛이 있다는 게 특징이다. 어떤 미각에도 잘 어울리기 때문에 한국에서는 숙성 치즈 즉, '본 치즈'로 가는 교량 역할을 잘 해 줄 것이고 모든 치즈 중에서 유통기한이 가장 짧기 때문에 한국에서는 수입치즈와 경쟁성이 가장 높은 치즈 류이다.

▣ 크림치즈, 카티지 치즈, 모차렐라, 리코타, 크박, 마스카르포-네 등이 있다.

① 뉘사텔
② 모짜렐라
③ 크박 치즈
④ 리코타
⑤ 마스카르포네 치즈

2) 연질 치즈

표피가 흰곰팡이로 뒤덮여 있는 흰곰팡이 타입 치즈나, 외피를 물 또는 그 고장의 전통와인이나 허브액 등으로 씻은 린디드(rinded, 껍질이 있는) 치즈, 그리고 산양유로부터 만드는 각종 치즈 등이 이 타입에 포함된다. 어느 것이나 숙성시키는 치즈 중에는(특히 단기숙성으로) 수분함량이 많고, 풍미가 담백한 것부터 개성이 강한 것까지 다양성이 있는 치즈 군을 이룬다. 카망베르로 대표되는 흰곰팡이 백화피 타입은 곰팡이 증식에 따라 숙성시키는 치즈다. 한편, 뮌스터, 림버거 등의 표면 세척(wash)타입 치즈는 점질성 세균(Brevibacterium linence, 라이넨스 균)에 의해 숙성되는 것이기 때문에, 세균이 표면에 번식하는 과정에서 생기는 점질 물을 없애기 위해 숙성 도중에 외피를 수 없이 문질러 씻는다.

▣ 카망베르, 브리 드 모(Brie de Meaux), 뮌스터(Münster) 림버거 등이 있다.

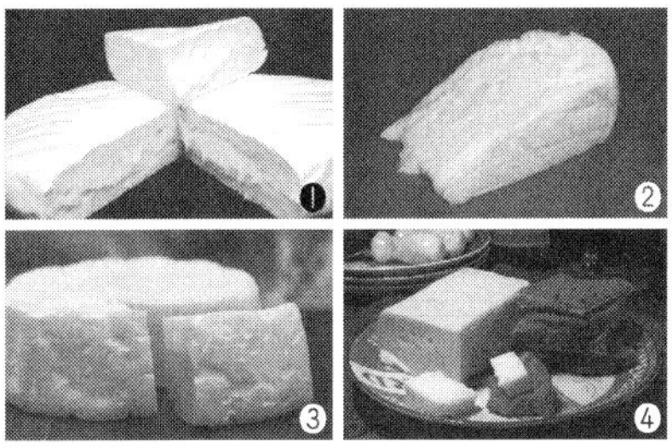

① 카망베르 ② 뮌스터 ③ 브리(Brie) ④ 림버거 치즈

3) 반 경질 치즈

신선형 · 경질 타입은 '싱싱한 것'의 범주에 들어가지만, 이 반경질 타입과 다음의 경질 · 초경질 타입은, 자연치즈 중에서도 '보존형' 치즈의 성격이 강하다. 이 치즈 그룹도 크게 곰팡이 숙성과 세균 숙성으로 나누어진다. 수분은 거의 없지만, 몸체(Body)는 촉촉하며 부드럽다. 이 그룹에서의 곰팡이 숙성은 푸른곰팡이를 이용해서 숙성시키는 블루(Blue)계열의 치즈이다. 로퀴포르(Roquifort), 고르곤졸라(Gorgonzola), 스틸톤(Stilton) 치즈 등으로 알려진 역사가 오래된 치즈이고, 푸른곰팡이를 증식해 내부는 짙은 청록색 줄기가 대리석

특집

모양과 같이 분포되어 아름답다. 또한 가우다, 마리보, 삼소 등의 세균숙성 치즈는 응유커드를 만드는 과정에서 가열 교반하여 수분을 많이 빼낼 뿐 아니라 프레스에서 가압시키기 때문에, 블루 치즈보다는 좀 더 단단한 편이다. 유럽에서는 숙성도별로 3단계로 나누어 판매되고, 각각 생식용, 요리용 등 용도에 맞추어 사용되고 있다.

▣ 로뀌포르(Roquifort), 가우다(Gouda), 스틸톤(Stilton), 라클렛테(Racllete), 마리보, 고르곤졸라, 단보-, 테데 드 모앙 등이 있다.

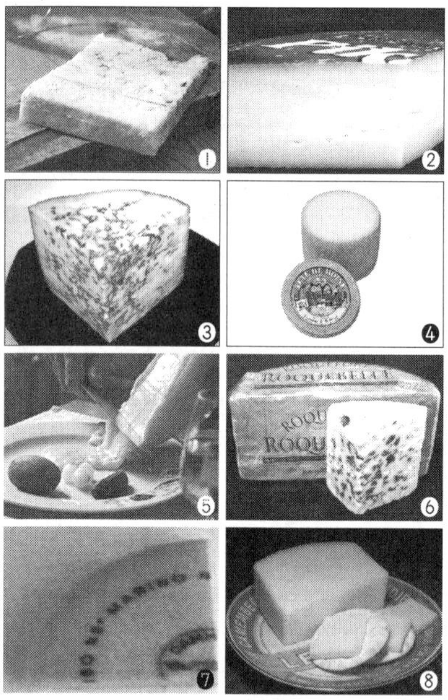

① 고르곤졸라 ② 가우다 치즈 ③ 스틸톤 치즈
④ 테데 드 모앙 치즈 ⑤ 라클렛테 치즈
⑥ 로뀌포르 치즈 ⑦ 마리보 ⑧ 단보 치즈

4) 경질 치즈

에멘탈 치즈로 대표되는 경질 치즈는, 소프트한 감촉은 없는 것, 그윽하고 깊은 맛과 감칠맛, 그리고 탄력 있고 포만감을 주는 입맛이 앞서 소개한 치즈들과는 맛이 다른 매력을 자아내는 치즈들이다. 커드 크기를 쌀알 크기로 작게 하며 고온을 가하여 유청의 배출을 많이 시키고, 압력을 가하여 조직을 단단하게 하는 것이 특징이다. 숙성은 세균에 의하지만, 프로피온산균을 스타터로 접종하여 유산과 구연산을 발효시키고 CO_2가스를 발생해 치즈 눈(cheese eye)이라고 불리는 가스구멍을 형성시키는 것이 많다. 치즈 눈이 있는 것은 에멘탈 외에, 그뤼에르, 미모렛토 등에도 있다. 또한, 치즈 눈이 없는 것은 체다 치즈, 에담 등이 유명하다.

스위스나 덴마크, 스코틀랜드 같이 겨울철이 긴 지역, 오랫동안 눈으로 폐쇄되는 산악지대에서, 이러한 치즈가 지역민들에게는 중요한 단백질원 식량이기도 하다. 이러한 환경이 품질보존이 오래되는 보존형 경질 치즈를 만들어 내게 한 것이다. 비교적 담백하고 산뜻해서 그 풍미는 생식용이나 요리용 등으로 이용도가 높다.

▣ 에멘탈, 그뤼에르(Gryuer), 삽사고(Sabsago), 체다(Cheddar), 에담, 미모렛, 보포르, 체이셔, 콤테, 프로볼롱, 하바티, 피오라 등이 있다.

① 보포르 치즈 ② 미몰렛 치즈

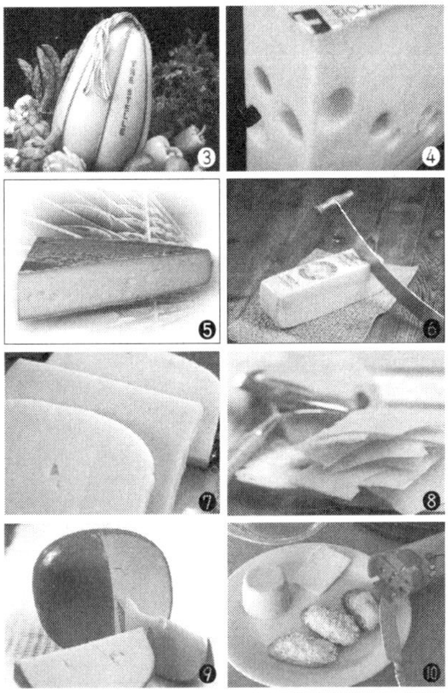

③ 프로볼롱 ④ 에멘탈 치즈 ⑤ 콤테 ⑥ 그뤼에르 치즈
⑦ 하바티 ⑧ 체다 치즈 ⑨ 에담 치즈 ⑩ 삽사고 치즈

5) 초경질 치즈

치즈 중의 '거인족' 이라고도 불리며, 당당히 중량과 크기를 자랑하는 초경질 치즈이다. 치즈 프레스에서 상당히 강하게 압착을 하여 수분을 빼고 장기간 숙성시킨 후 외피를 표피 닦는 솔을 사용해서 표면 처리액에 씻거나 발라 문질러주며 관리한다. 1년 이상, 혹은 치즈 종류에 따라서는 2년 이상 숙성시켜 가장 오래 숙성하는 타입의 치즈이고, 장기간 숙성시킨 것이니 만큼 맛도 좋고, 가격도 비싸다. 초경질 치즈의 원조라고 할 수 있는 것은 이탈리아 파르메지아노 레지아노이다. 특별한 숙성실에서 최저 24개월에서 36개월정도 숙성시키는데 이 파루메지아노를 서두로 하여 대부분의 초경질 타입 치즈는 경질 타입과 같이 그윽한 깊은 맛과 호두 맛, 볶은 콩 가루맛과 같이 감칠맛이 풍부하고, 생식용 외에 요리의 재료로 해서 사용된다. 또한, 분말 치즈로 가는 것이 많고, 이것을 총칭해서 그라나 치즈(Grana cheese)라고 부르기도 한다.

▣ 스브린츠(Sbrinz), 파르메지아노 레지아노, 페코리노 · 로마노, 그라나 · 파다노, 아시아고, 페코리노 토스카노 등이 있다.

① 파르미지아노-레지아노 ② 페코리노 로마노 치즈
③ 아시아고 프레샤토 치즈 ④ 그라나 파다노 치즈
⑤ 스브린츠 치즈 ⑥ 페코리노 토스카노

2. 치즈제조의 주요 단계별 특징과 요점

치즈 제조 기술을 간략히 말한다면 다음 8단계로 나눌 수 있다. 여기서는 [본(本) 치즈] 제조 정신을 중심으로 일반적인 경질 치즈 제조공정을 따라서 설명해 둔다.

□ 제1단계 : 원유의 처리와 정치
(Setting-Acidification and coagulation)

○ 치즈제조에 사용할 원유는 가능하면 단일 목장의 원유이거나 믿을 만한 낙농가들의 원유로 사용한다. [본(本) 치즈] 제조는 기본적으로 단일 목장에서 당일 착유한 원유를 즉시 신선한 상태로 치즈 제조에 사용하는 것이 가장 이상적이다. 원료유를 표준화하고 병원균과 유해 미생물에 대한 최소한의 살균, 즉 63℃에서 30분간 유지하는 저온 살균을 실시한다. 좋은 원료유는 좋은 토양에서 얻어진다고 볼 수 있다. 왜냐하면 좋은 토양에서 자란 목초류를 방목하여 얻은 원유가 좋은 치즈를 내는 근원이 되기 때문이다. 결국 이 목장 저 목장 원유를 혼합하여 제조하는 산업형 치즈보다 단일 목장에서 당일 착유한 신선 원유로 제조하는 [본(本) 치즈]야말로 우리 목장 유가공이 추구할 진정한 가치를 갖는 치즈란 점이 여실히 드러난다.

○ 각 치즈의 스타터 생육에 맞는 온도로 냉각한 뒤 스타터를 첨가한다. 스타터균주, 배양온도, 첨가량, 첨가 후의 온도는 치즈의 종류에 따라 다르게 사용된다. 이때 천연색소(안나토 색소)를 첨가하기도 한다.

○ 적당한 산도변화가 일어나면(스타터 첨가 후 60분 후) 응유효소인 렌넷을 첨가한다. 살균 처리한 원유는 반드시 렌넷 첨가 전에 염화칼슘을 원유의 0.01~0.02% 정도(원유 100kg에 10~20g를 물에 녹여) 첨가하는 것을 잊지 말아야 한다.

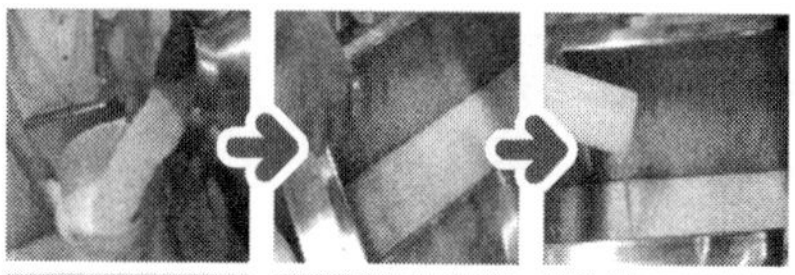

원유 처리 | 염화칼슘 첨가 | 스타터 접종

□ 제2단계 : 응고물(커드)의 절단(Cutting)

○ 적당한 굳기로 우유가 응고되면(렌넷첨가 30분 후) 응고물(커드, curd)을 적당한 크기로 절단(연질치즈는 호두알 크기, 경질 치즈일수록 쌀알 크기, 녹두 크기로 절단)해 주고 3~4분 정도 정치시켜 커드 치유 과정을 거친다.

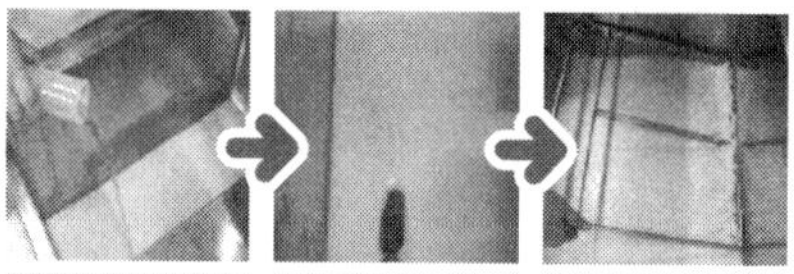

렌넷 첨가와 정치 | 커드 굳기 검사 | 커드 절단

□ 제3단계 가온, 교반 (Cooking) 그리고 정치

○ 절단 후 3~4분간 정치한 후 곧바로 서서히 교반하면서 가온한다. 어떤 치즈는 렌넷 첨가시의 온도(32℃~ 37℃)를 유지하면서 교반한다. 가온 정도는 사용한 스타터 미생물의 생육온도에 따라 달리해야 한다. 교반시 커드끼리 엉기지 않게 주의하고 커드가 부서지지 않도록 서서히 교반해준다. 교반 중에 어떤 치즈는 유청의 10~30%정도 양에 해당하는 열수(60~73℃)를 넣어 주면서 신속히 교반해 주는데, 이렇게 하면 유청 내 유당함량을 감량시킴으로써 스타터 미생물의 산 생성력을 억제시켜 치즈 특유의 온화한 향미를 얻

을 수 있게 된다. 이 과정을 가수(加水) 또는 수세(水洗, wash)라고도 한다.

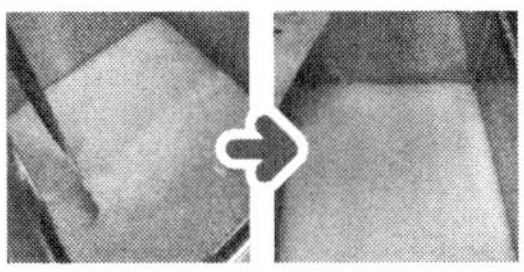
커드 가온과 교반 커드 정치

□ 제4단계 유청의 배제
(Dipping and Draining)

○ 교반 중에 단계별로 유청을 제거하고 커드를 모은다. 또는 교반이 끝난 후 천을 치즈배트에 넣어 커드를 모아 건져내서 유청으로부터 커드를 분리한다. 교반은 커드가 쪼글쪼글하면서 탄력이 있고 손으로 쥐었을 때 서로 결착되면 정지한다.

○ 대개 교반 종료 후 유청 제거가 이루어지는데, 커드를 미생물 오염으로부터 보호하던 유청이 제거되는 것이므로 이 유청 배제 단계는 치즈 제조상 매우 중요한 공정이라 할 수 있다.

○ 체다치즈의 경우 유청을 뺀 후 3분간씩 2~3회의 추가 유청을 제거하고 체다링을 한다.

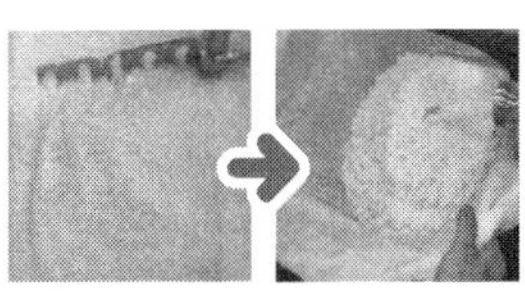
유청 배제

□ 제 5단계 조직형성
(Knitting〈Curd fusion〉)

○ 유청배제(whey drainage) 후 커드를 적당한 상태로 모으고 치즈 성형틀(mould)에 넣은 뒤 예비 압착, 본 압착을 거쳐 성형한다.

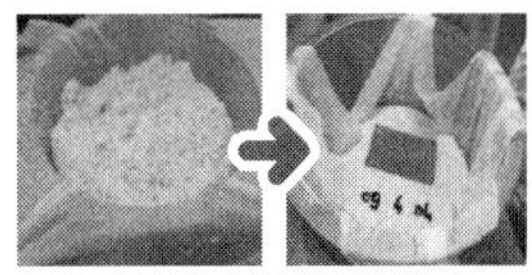
예비압착과 조직형성

□ 제6단계 가압 성형
(Pressing and moulding)

○ 추가적인 유청 배출과 치즈의 전통적인 모양을 만들기 위해 가압한다. 가압시 압력 조절을 서서히 하면서 온도 유지를 하는 것이 매우 중요하다. 가압 온도가 높아지면 치즈 내 유산발효가 일어나 치즈의 산화로 인해 좋은 품질의 치즈를 놓칠 수 있기 때문이다. 그래서 치즈 가압실의 온도는 사시사철 26℃이하 유지를 고수하도록 권장한다. 어떤 치즈는 30℃부근을 유지하는 것도 있지만 대개는 낮은 온도가 좋다.

가 압

□ 제 7단계 가염(Salting)

○ 가염은 치즈마다 다른데 가압 전후에 실시하고, 이렇게 얻어진 치즈는 파라핀 액에 담가 도포하거나 수지(Bio-plastic)로

특집

전체를 피복해둔다. 치즈의 표면 관리상 껍질을 형성하는 치즈(rinded cheese)와 껍질을 형성하지 않는 치즈(rindless cheese)로 나누는데, 최근에는 비닐로 진공 포장하는 rindless 치즈가 산업적으로 생산되고 있다. 그러나 전통적인 [본(本) 치즈]들은 숙성 전에 표피를 형성시켜 숙성과정에 껍질을 만드는 것을 권장한다.

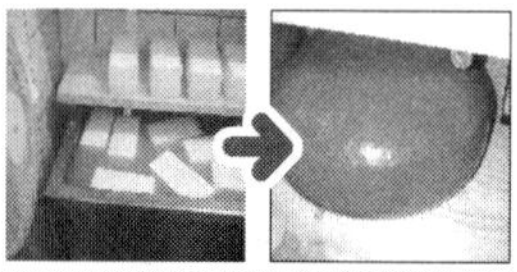

가염 처리와 표면 관리

□ 제 8단계 특별 처리(숙성)

○ 치즈마다 숙성실의 온도 · 습도 · 숙성기간 및 뒤집어주는 방식과 표면 닦는 액이 각각 달라진다. 특히 온도(15℃이하)와 상대습도(Rh 90% 이상)는 숙성에 미치는 영향이 크므로 이들의 변화가 없도록 유의해야 한다.

○ 숙성실의 치즈는 꼭 주기적으로 뒤집어 주어야 한다. 이 작업이 치즈제조에 투입되는 노동력의 상당부분을 차지한다. 숙성초기에 치즈를 뒤집어 주지 않으면 수분이 아래로 쏠려 치즈 하부가 물에 잠기는 현상이 벌어져 치즈를 손상시키게 된다. 또한, 표면을 닦아 주지 않으면 표면형성이 불균일해져서 이 역시 좋은 치즈를 놓치는 요인이 된다. 일단 기술적 배분으로 볼 때, 숙성 이전 기술과 관리 비율이 40%라면 숙성 관리가 60%이상을 차지 할 만큼 중요하다는 사실을 잊지 않길 바란다.

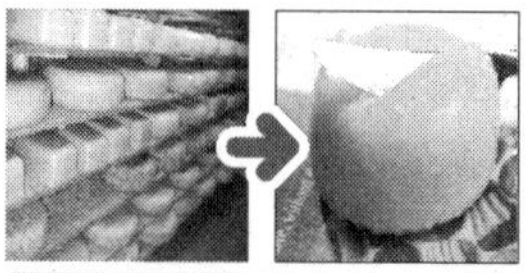

숙성과 특수 관리

3. 목장의 소규모 치즈공방에서 필요한 도구들

목장이나 가정에 작은 공방 또는 부엌에서 치즈를 제조하는 데는 특별히 도구가 많이 필요하지 않다. 이를테면 치즈 가압기(press), 경질치즈용 가압장치, 연질치즈에 필요한 특수 성형틀(mould)을 제외하고는 집 부엌에서 일상으로 사용하는 기본적인 주방용품이면 충분하다. 어쨌든 나름의 노력만 수반된다면 자기 집에 있는 부엌용품들을 동원해서 바로 치즈를 제조해 낼 수 있다.

▣ 원유 수유와 보관 설비

- 스테인리스 원유 통이나 플라스틱 통(뚜껑이 좋은 것), 바켓류.
- 냉수통 시장에 가면 스테인리스 강철로 만든 것이나 식품용 등급의 플라스틱으로 제조한 원유통을 구할 수 있다. 손 착유에 의한 젖, 소규모 두수로부터 착유된 젖을 여과시켜 주는 여과막이 원유통에 붙어 있는 것을 구해야 한다. 원유를 운반하여 냉각 통에 부을 때 착유되자마자 여과하는 것이 미생물 오염을 줄이는 방법이 된다. 치즈제조에 쓰이는 원유의 여과는 아무리 강조해도 부족하다. 이는 1차적으로 가축에서 옮겨온 분(糞)가루, 털, 티끌, 흙먼지 같은 이물질 제거와 오염물 제거에 효과가 있기 때문이다. 원유는 바로 냉각탱크에 넣거나 찬물에 냉각시켜 보관해야 한다. 식품용 급의 플라스

바람직한 한국 목장형 유가공의 진행방향

틱 운반통은 인근도시의 제과·제빵 용품점이나 주방기구 백화점 또는 식품재료 취급점에 가면 식품재료 운반용 통을 쓰고 버리는 경우가 많아서 쉽게 구할 수 있다. 원유 운반 통은 15~20ℓ 정도의 용량이면 적당하다. 운반해 온 원유는 즉시 냉장조건하에 보관해야 하는데 원유 바켓이 들어 갈 수 있는 중고 쇼케이스나 냉장고가 있어야 하고 그것이 없다면 커다란 아이스박스에 찬물을 채워서 원유 통을 담가 두면 된다. 항상 명심할 것은 신선한 원유가 좋은 치즈제품 산출의 첫 번째 조건이라는 점이다.

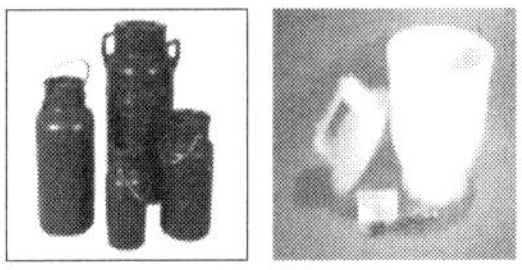

▣ 치즈 뱃 그리고 원유의 가온과 보온 도구

- 20~35ℓ 들이 스테인레스강 제품의 원형 통(스테인리스 바켓)
- 검은 에나멜 항아리, 보통 사용하는 단단한 뚜껑 달린 항아리와 그것을 받쳐주는 랙(rack) 즉, 고정 장치

치즈를 부엌에서 제조한다고 가정하면 일단 원유를 가온해야 하는데 넓은 통을 가스 불 위에 올려 적당한 높이의 물을 채운 뒤 원유가 든 항아리를 잠기게 하고 가온, 보온을 해야 하기 때문에 이 두 가지 기구가 필요하다. 목장에서의 치즈 벳은 보온용 아이스박스에 온수를 넣고 아이스박스보다 작은 사각형 플라스틱 통을 사용하면 60kg의 원유로 6~7kg의 치즈를 넉넉히 생산할 수 있다. 이 때 플라스틱 통은 식품규격에 맞는 것으로 구입하고 보온도구에 의해 온수를 항상 사용할 수 있게 하여 온도 조절에 사용한다.

▣ 각종 측정도구

- 온도계로써 20~25℃ 범위의 정교한 눈금이 있는 것(단, 수은 온도계는 피하는 것이 좋다) 요즘은 스테인리스 처리된 디지털 온도계가 나와 있어서 편리하다.
- 액상 재료의 부피측정을 위한 눈금 있는 비커, 메스플라스크, 컵, 통이 필요하다. 최근 식품용 등급의 반투명의 플라스틱 제품이 널리 판매되고 있다.
- 측정용 스푼 : $\frac{1}{8}$~1 티스푼 범위
- 전자저울 : 가정용 저울이 비교적 정교하게 제조 판매되고 있다.
- pH측정용 종이제품(pH 페이퍼)을 유가공 용품점에서 구한다.
- 적정산도 분석기 : 대학이 있는 도시나 대도시에 있는 실험실습 기자재를 취급하는 과학상사에서 판매한다.(유가공 용품점에서 취급)

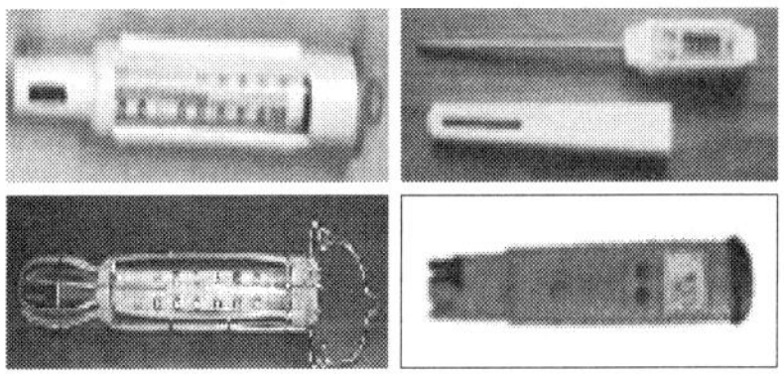

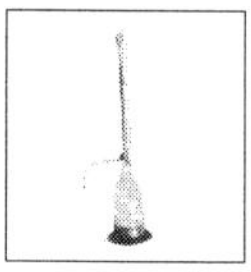

▣ 커드절단, 교반용품

- 스테인리스강 국자, 소형 바가지(손잡이가 긴 것)
- 스테인리스강 큰 스푼
- 스테인리스강 거품기, 혼합기
- 치즈 뱃용 원유통 맨 바닥까지 닿는 폭이 넓은 칼

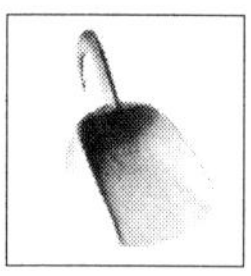

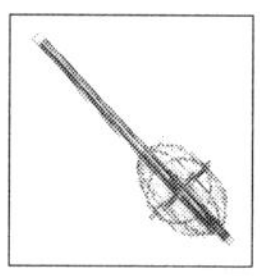

▣ 유청제거 용품

- 커다란 스테인리스강 거름망
- 마(麻)나 삼베 같은 치즈 천, 혹은 앞 재료로 만든 유청 제거용 자루. 기존의 거즈 스타일의 천은 부적당하다. 망의 틈이 너무 크지 않아야 한다. 유가공 용품점에서 구할 수 있는(인터넷 상에서 찾을 수 있음) 치즈 천이면 좋다.

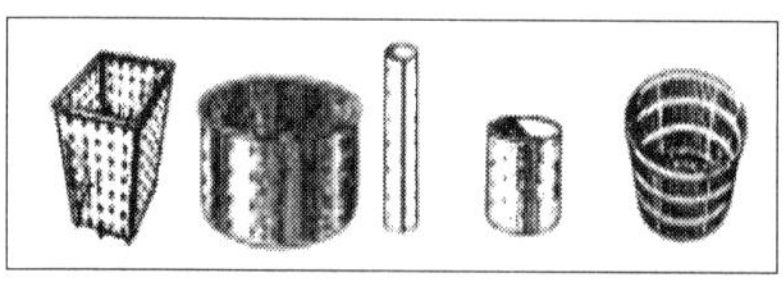

▣ 치즈 커드 절단용 나이프

- 생선구이용 석쇠(큰 것) 가로형, 세로형이나 길이가 긴 폭 넓은 칼(제대로 된 커드 나이프는 유가공 용품점에서 취급함)

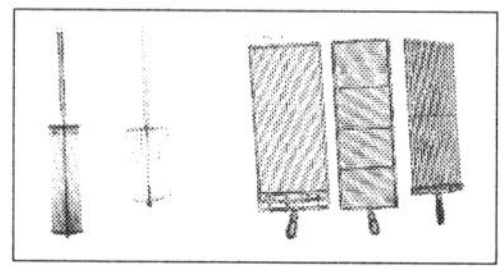

▣ 치즈 프레스

- 치즈를 감싸는 밴딩용품으로 치즈의 표면이 매끈하게 나오도록 단단히 감싸서 묶을 수 있는 것
- 치즈 위에 2~3개의 치즈를 올리거나 경질치즈의 경우 다른 무거운 치즈 몰드 사용. 네덜란드식 레버형 치즈 프레스, 무게가 표지된 경운기 대우 쇠뭉치, 아령의 링

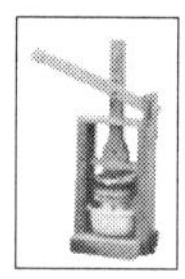

▣ 가염용기

- 소금물통은 식품용 급이 양동이, 스테인리스강의 크고 깊은 대야

▣ 숙성고

- 대형 아이스박스를 이용하거나 중고 전자제품가게에서 중고 쇼케이스 구입

특별기고

FTA시대 낙농산업의 개척분야 –자연치즈 생산

-목장에서 [본(本) 치즈(Real Cheese)]를 만드는 사람들을 위하여-

배 인 휴
순천대학교 동물자원학과 교수

1. 들머리

한국 낙농업의 본격적인 전개는 1962년부터 시작된 제3공화국의 '제1차 경제개발5개년 계획' 추진[1] 시절부터였다. 지난 40년에 걸친 한국 낙농인들의 치열한 고군분투 결과, 한국 낙농은 세계의 주목을 받는 반열에 진입하기에 이르렀다. 우선 원유품질(乳質) 면에서 보면 2010년 8월말 기준 원유 세균 수 평균 20,000cfu/*ml*, 1등급 A원유 급(세균 수 30,000cfu/*ml*이하) 납유농가가 97.3% (2008년 4월 기준 88.4%)에 달하였다. 2008년 12월 기준 검정우 두당 평균 산유량이 9,598kg(성년형 환산 9,952kg)에 달하였다.

이제 한국 낙농업의 유질은 세계 최고의 반열에, 유량은 세계 4위의 위치를 점하게 된 것이다.[2]

'09년 우리의 연간 유제품 소비량은 원유로 환산하면 311만 톤이며 이중 211만 톤이 국산이고 100만 톤은 수입산 유제품으로 충당되고 있다. 국산 원유 211만 톤 중 74.7%에 해당하는 157만 톤이 [마시는 우유(음용유)]로 소비되었고 나머지 30%는 분유, 치즈, 발효유, 아이스크림 등 유가공품 원료로 소비된 것이다. 어쩌다가 우리는 유제품 중 가장 불리한 제품인 「마시는 우유」로 원유의 75% 가까이를 소비하는 현상을 지난 40년간 고수해 온 것일까? 우선 일본인들이 1935년 경성유업동업조합을 만들고 유가공업을 시작할 때 「마시는 우유」로부터 시작하는 유가공의 첫 단추를 끼웠고 해방 이후 우리 선배들도 줄기차게 그 길을 따라 온 탓이다. 경제여건이 좋지 못했던 시절에는 저가의 음용유가 소비자들의 주머니 사정과도 그런대로 맞았기에 가능한 일이었기도 하다.

그러나 1997년 경부터 각종 대체음료들이 쏟아져 나온 이후로 사정이 좀 달라졌다. 소비자들이 「마시는 우유」로부터 서서히 등을 돌리기 시작하더니 저출산, 고령화에 따라 음용유소비 연령대가 사라지면서 상승세를 유지해오던 음용유 소비는 감소 행진이 이어져 오고 있다.

특별기고

그런데 어떤 전문가들은 한 · EU FTA나 한 · 미 FTA시대를 맞으면서 낙농업이 1차적으로 타격을 받겠지만 그나마 경쟁력이 있는 유제품으로 [백색시유]라도 있는 것이 다행이라고 가슴을 쓸어내린다. 하지만 필자는 이 생각에 전혀 동의하지 않는다. 그것은 장기적인 차원에서 볼 때 우리의 음용유의 소비수명이 그리 오래갈 정도로 강단지지도 않을 뿐만 아니라 선진국들이 우리 백색시유 유통기한 자율화를 확인하고 자국의 값싼 음용유까지도 우리 앞에 들이댈 것이 분명하기 때문이다[3].

이제부터라도 우리 낙농업계는 시유 위주로 고착된 유제품 생산편중 현상을 점진적으로 개선하여 제품균형을 잡아야한다. 나아가 소비자의 다양한 유제품 소비욕구에 대응해 나갈 방도로서 부단한 신제품 출시에 총력을 기울여 나가야 할 때이다. 필자는 모두(冒頭)에 언급한 대로 우리의 원유 품질이 신선도를 제일 중시하는 「마시는 우유」에 매우 걸맞는 품질 수준에 도달한 것이라면 또한 이 정도의 유질수준에서 도전해 볼만한 좋은 유제품으로서 단연 “자연치즈”의 제조라고 제안한다. EU · 미국, 호주와 뉴질랜드, 캐나다 등 5대 낙농선진국들과의 FTA가 시리즈로 대기 중에 있고 정부는 나름대로 대응책을 마련해 놓았다고는 하지만, 여전히 피부에 살갑게 다가오지는 않는 것은 왜일까? 정부 FTA대책의 재원규모가 제법 큰 것처럼 보여도 안심할 수 없는 것은 언 발에 오줌 누기식은 아

닌가하는 의구심에서다. 정부 대응방안의 내용이 낙농업계에 낙농업의 지속 가능한 발전을 담보하고 미래에 기여할 수 있다는 확신을 심어주지 못하고 있기 때문이다. 낙농업계가 FTA체결에 강하게 반발하니까 우선은 우는 아기 달래놓고 보자는 식의 접근이라면 정말 곤란하다.

이 때 정부나 낙농업계가 냉정한 입장에서 슬기를 모아 효율적이고 합리 타당한 FTA대책마련에 나서야할 때이다. 이에 필자는 우리 앞에 놓인 FTA체제의 낙농분야 대응책으로 [자연치즈 생산]을 제시하고자 한다. 이는 참으로 꿈같은 이야기이고 실현가능성이 매우 낮은 이야기로 들릴 수 있다. 그런데 알고 보면 세상 모든 일이 이렇게 시작하여 부단한 노력과 투쟁을 통해 소정의 성과를 얻어냈다는 사실을 깊이 되뇌어 봐야한다. 가령 어떤 사람들이 마땅히 대응책도 없고 제시된 대응 방안은 시도해 보지도 않고 좌절부터 하는 것은 온당한 처사가 아니기 때문이다.

---

1) 제3공화국 시절이던 1962년부터 5개년 단위로 실시한 국가 경제개발계획이다. 1962년에 제1차 경제개발5개년계획(1962~66)을 정식으로 출범시켰고 그 후로 6차례의 5개년계획을 끝내고, 1992년에 시작되었던 제7차 5개년계획은 1996년에 완료되었다.(다음 백과사전: http://enc.daum.net/dic100

2) 낙농통계연감 2009. 2008 낙농통계연감 과 낙농진흥회 2010. 3/4분기 낙농산업동향(11권) 참조

3) 정부는 2000년 7월에 제조물 책임법(PL 법, Product Liability)을 제정공포하면서 제조물의 유통기한 자율화를 선포해 둔 터이다. 이법은 미국('62), EU('88-'94), 필리핀('92), 중국('93), 일본('95.7) 등 세계 30여 개국에서 이미 시행되고 있는 제도로서 소비자 피해구제의 원활화와 제품안전 향상을 통해 소비자권익을 강화하기 위하여 추미애 의원 등 105명에 의해 의원입법 추진으로 1999년 11월 5일 국회에 제출한 “결함제조물 책임법안”이 1999년 12월 16일 국회 통과하여 “제조물 책임법(법률 제6,109호)”으로 확정되었고 2000년 1월 12일 공포되어 2002년 7월 1일부터 시행되었다. 이에 농산물인 경우 가공한 경우에만 적용되는 이 법은 원유를 가공하는 유가공업 분야에 당연히 적용되어 각종 유제품의 유통기한을 회사가 지정하고 있기도 하다. [출처] http://blog.naver.com/zizic80/Redirect=Log&logNo=60006065872/
- 우유 유통기한, 왜 회사마다 다를까? “유통기한 설정에 명확한 근거 없어…” 소비자심리 이용하나? 프라임경제(http://www.newsprime.co.kr)도 참조할 것

필자가 제시하는 FTA체제의 낙농분야 대응책인 [자연치즈 생산]의 개념은 좀 남다르다. 그것은 그 동안 우리가 알고 있던 치즈가 아니라 매우 고급화된 치즈, 세계적 수준의 반열에 오른 고품질 원유로 제조한 세계적 수준의 명품 자연 치즈를 만들자는 것이다. 명품 자연 치즈는 제조하는 사람이 예술의 경지에서 제조해야 제대로 된 맛과 품격을 얻어 낼 수 있다.

그래서 치즈의 명장(名匠)들이 만들어 내는 명품치즈를 영어로 아티잔 치즈(Artisan cheese)라 하지 않는가? 알고 보면 한국은 어느새 세계적 지휘자, 작곡가, 피아니스트, 그리고 바이올리니스트와 같은 명인들을 배출한 예술의 나라가 아닌가? 필자는 여기서 예술적 감성이 풍부한 한국인을 만난 자연 치즈들이 비로소 한국인의 손맛을 타고 천년의 맛을 재현해 낼 수 있을 것이라고 믿는 것이다.

그리고 우리가 자동차, 선박, IT제품이 탄생한 본고장에 수출해대듯이 어느 날 우리 손으로 만든 치즈들이 치즈의 본고장으로 수출되지 못한다는 법이란 없다는 전제를 두고 하는 말이다. 이 글은 낙농대국인 EU, 미국, 호주, 뉴질랜드와 캐나다 등과의 FTA체제 진입으로 존립의 위기를 극복하기 위한 대응책으로 그 동안의 우리 낙농업의 음용유 시대를 자연치즈 시대로 전환하자는 제안을 담고 있다.

2. 자연치즈 생산을 위한 좋은 태반(胎盤)의 조성

금년 초에 농식품부에서는 [낙농산업 발전 종합대책]을 발표하고 기존 유가공업체와 더불어 소규모 [목장형 유가공]이라는 용어의 정의를 공표해주는 한편 [목장형 유가공] 업체들이 활동할 공간을 제공하는 지원 대책을 발표하였다.[4] 나아가 낙농진흥회에서도 이에 부응하는 법 개정과 제정을 하여[5] 전에는 낙농진흥회 가입 회원 낙농가가 목장형 유가공장을 운영하고자하는 경우 자신이 보유한 기준원유량을 전량 인도하고 폐업(계약해지) 후에 가능했으나, 최근 이뤄진 개선으로 낙농진흥회에 계속 납유를 하면서도 [목장형 유가공]을 경영할 수 있게 된 것이다.

그러나 세계 최고수준의 비싼 국산 원료유를 사용하여 기업이나 목장에서 치즈와 같은 유제품을 생산하여 경쟁하려면 낙농선진국의 원유가격 수준으로 값싼 원유를 공급받을 수 있도록 하는 특별조치가 필요하다. 그래서 이참에 정부는 연간 20만 톤의 범위 내에서 치즈제조 전용 가공원료유를 국제가격 수준으로 유업체에 공급하고 목장형 유가공을 운영하는 낙농가에게는 가공쿼터를 부여하여 생산비 수준까지 가격을 보조하는 방안을 구상하고 있는 것으로 알려져 있다[6]. 또한 정부는 일종의 가공원료유 할당제를 실시하여 매년 유업계의 소요신청을 받아 그 할당량을 확정하여 지원하고 가공품 생산 가능 낙농가에게는 가공쿼터를 부여하는 방식으로 지원한다는 것이다.

여기서 지원되는 가공원료유는 [마시는 우유] 가공에는 결단코 사용할 수 없도록 그 용도를

4) 이성주 2010 FTA 시대에 우리 낙농산업이 나아갈 길 – 낙농산업발전 종합대책을 중심으로 –낙농진흥회 '10. 2/4분기 낙농산업동향 낙농핫이슈

5) 농민신문 2010년 07월 02 일자 보도와 아래 사이트를 참조하라.
http://www.dairy.or.kr/jsp/layout/LayoutControlCtrl.jsp?ACT_CD=MAIN&INDEX_UPPERMENU_CODE=info&INDEX_MENU_CODE=info_domestic_bbs&INDEX_MENU_DEPTH=2 신설된 '목장형 유가공' 규정의 용어 정의에 따르면 '기준원유량은 정상 원유 대를 지급하는 원유' '직판 원유량은 낙농가가 직접 유가공품을 제조 · 판매할 경우 사용하는 원유의 양' '목장형 유가공은 낙농가 스스로 생산한 원료로 시유 · 치즈 · 버터 · 유산균발효유 등 유가공 품을 생산해 판매하는 유가공 형태'로 명시했다.

6) 정부는 2011년도 낙농업 지원 부문 예산 반영에서 가공유 지원 항목으로 애초의 예산이었던 225억 원 규모에서 100억 원 규모가 되는 자금을 확보하였다.

제한하는데 이는 일본과 같이 국산 치즈제조 원료유에 한정하여 실시될 것으로 보인다. 막상 이러한 날이 다가오면서 이제야말로 제대로 된 [목장형 유가공]의 방향이 정해지고 그 동안의 부작용이나 미비한 점들이 바로잡아져야만 한다고 보았다.

그래서 그 동안 10여년에 걸쳐 이루어진 한국 목장형 유가공의 흐름을 분석하고 신 개념의 제도 하에서 목장 유가공이 올바른 방향으로 나아갈 방안을 제안해 둔다. 필자가 [목장형 유가공] 교육을 시작하던 1997년부터 지금까지 일관되게 주장해 온 것은 [친환경, 유기낙농 추구]와 [목장형 자연 치즈- 숙성형 (Aged cheese)치즈]였다. 그러므로 향후 [목장형 유가공]이 가야 하는 길은 당연히 치즈제조에 있으며, 대기업들과의 차별성 부여와 역할 분담은 [마시는 우유] vs [자연치즈] 영역 분할로 가닥을 잡는 것이 옳다고 보았다.

그러나 정부가 [가공원료유 지원대책]에서 대기업 유업체들에게도 원유를 할당하여 치즈제조를 지원한다 할 때, 여기서 목장형 치즈가 추구해 나갈 치즈는 그러한 산업형 치즈(Industrial cheese)와는 품질의 차원이나 그 태생적(胎生的) 근원이 다른 치즈를 생산해야 한다는 것으로 정리해 두고 싶다. 그래서 필자는 목장에서 생산하는 치즈를 진정한 치즈가 본래의 치즈라는 의미에서 [본(本) 치즈(Real Cheese)]라는 개념으로 제창해 둔바 있다[7].

3. 수출을 겨냥한 [한국형 치즈]의 생산 방향

차제에 이 나라의 척박한 낙농현실을 변혁시키고자 [목장형 유가공]을 창안하고 보급 했던 필자는 이제부터 우리의 [본(本) 치즈]라 할 수

있는 목장형 치즈생산이 나아가야 할 올바른 방향을 제안해 두고자 한다.

여기서 필자는 지난 13년여 동안 진행되어 온 [목장형 유가공]의 형태를 제1기라 규정하고 지금부터 시작되는 [목장형 유가공]을 제2기라고 구분해 두고자 한다. 제1기 [목장형 유가공]은 「마시는 우유」와 [목장형 요구르트] 생산 위주로 전개 되어왔다고 본다. 우선 소비자들의 요구와 시장 바탕이 그러했기에 그에 부응할 수밖에 없었다. 그런 가운데서도 더러는 유기낙농을 시도하여 유기농 유제품을 세상에 선보였는가 하면 목장의 신선 원유로 자연 치즈를 생산하여 시판에 도전한 사례들도 있었다. 그러나 그것이 대세를 이루지는 못하였다. 이제 제2기 [목장 치즈] 시대가 열린다.

이제 정부의 전향적인 조치와 FTA대비책 그리고 체험목장과 교육목장 운동이 두루 맞물려 [목장형 유가공] 진행에 한결 유리한 환경으로 조성되고 있다는 점에서 지금부터 출범하는 제2기 [목장형 유가공]은 이전과 다른 방향으로 전개 되어야 할 것으로 본다. 그 동안 필자가 지향해 온 연구의 초점이 [한국형 자연치즈] 개발에 있었고 치즈가 한민족의 자손만대를 지속시켜줄 주력 식량이 될 것이라고 판단했다는 점에서 제2기 [목장형 유가공]은 오랜 세월 인류를 먹여

7) 배인휴 2010. 바람직한 한국 목장형 유가공의 진행방향- 목장에서 본(本)치즈 Real Cheese를 만드는 사람들을 위하여- 월간 낙농육우 8월호 : 78-104. 여기서 필자는 [본(本)치즈 Real Cheese]란 단일 목장에서 당일 착유 원유를 사용하여 당일 제조 후 숙성 관리한 치즈를 의미하는 것으로 정리한 바 있다.

온 [본(本) 치즈]에 초점을 두어야 한다고 제안한다. 이제부터 제2기 목장형 유가공에 진입하는 사람들이야말로 [본(本) 치즈, Real cheese]를 생산하는 사람들이 되어야 할 것이다.

그러므로 제2기 목장유가공 사업 창업자들, 이들은 전혀 새로운 환경 속에서 적응하고 도전해야 하는 책무와 선구자적 의지로 무장되어야만 한다. 알고 보면 오늘의 한국 유가공 시장의 기상도는 그리 맑지가 않다. 「마시는 우유」 소비는 매년 평균 0.2%씩 감소상황에서 고전하고 있고 요구르트 시장은 포화 상태에서 액상에서 호상요구르트로의 소비경향 이행(移行) 중인 과도기여서 소비량이 정체된 상태이며 치즈 시장은 여전히 신선치즈, 가공 치즈가 제왕적 자리를 고수하고 있다.

이런 상황인데 새로 진입하는 제2기 [목장형 유가공] 창업자가 「마시는 우유」나 요구르트 시장에 뛰어 든다는 것은 섶을 지고 불로 뛰어드는 격이며 유혈이 낭자한 레드 오션(Red Ocean)을 향하여 달려가는 격이 되고 말 것이다. 그나마 틈새가 열리고 무한한 소비 잠재력을 갖고 부상하는 시장이 자연치즈, 그것도 [숙성형 치즈(Aged Cheese)] 시장이라는 것이다. 그러니 제2기 [목장형 유가공]업자들이 가야하는 길은 희망차고도 분명하게 보이는 [치즈시장]임이 명확해 진다. 정부도 치즈제조를 하겠다는 메이저 유업체들과 목장유가공업체의 치즈원료유 지원 대책을 수립하고 있으니 얼마나 시의 적절한 방향인가?

정부가 2011년도 축산부문 예산 · 기금운용에 관한 편성방향을 밝힌 자료에 따르면 내년도 예산에 FTA대책 신규 사업으로 맨 처음에 "가공원료유 지원" 예산을 편성했는데 무려 100억 원이다[8]. 그러나 낙농가들은 조속히 [본(本) 치즈, Real cheese]를 생산할 수 있는 역량과 전문성을 갖추어 이 지원예산의 대부분이 [본(本) 치즈, Real cheese] 제조를 위한 지원금으로 원활하게 활용되기를 바란다. 더러는 지난 날 잉여원유 차등가격 지원시절, 일정규모 이상의 유업체들에게 지원되었던 사례를 되뇌며 이 지원금이 이번에도 메이저 유업체들에게만 지원되고 마는 것을 우려하는 낙농전문가들이 많다.

일본 북해도의 경우 이 제도는 철저히 [원유생산자경영안정대책사업]의 일환으로 시행되는 정책일 뿐만 아니라 낙농가 중 목장형 유가공장에서 자연 치즈 생산을 위한 원유사용량 [50kg/일] 부터 [가공원료유지원대상]으로 지정하여 국제원유가에 맞춘 치즈 원료유가격지원을 하고 있음을 참고삼아 주기 바란다.

아울러 제1기 [목장형 유가공]사업 진행자들도 그 동안 발효유 위주, 신선치즈 위주로 제품생산에 매진해 왔는데 이제는 신속히 방향을 전환하여 [본(本) 치즈]제조에 합류해야 할 것으로 본다.

한편, 목장에서 제조하는 자연 치즈에는 친환경 인증을 얻은 원유를 사용하는 것을 간곡히 권장한다. 그래야 '산업형 치즈(Industrial cheese)'와는 확연히 구분되는 태생적 차별성, 특장점이 강화되는 것이 아니겠는가? 나아가 낙농 5대국과의 FTA체결을 계기로 치즈시장 관세빗장이 열렸다고 저가공세로 마구 들이닥칠 치즈 선진국들의 '산업형 치즈'들과도 차별성을 갖고 당당히 맞서 싸울 수 있을 것이며 모처럼 [국산치즈진흥]에 강력한 응원의지를 갖고 '가공원료유 지원대책'을 시행하는 정부당국도 보람과 성과를 거양할 것이다.

8) 김영란 2010. 녹색성장 인프라 구축 · 총체적 비용절감… 차별화된 시장 확보 집중 내년도 축산부문 예산 · 기금 어떻게 운용 되나. 축산신문 2010.6.30 보도

4. 세계적 경쟁력을 갖춘 치즈 산업의 육성 방향

1) 치즈기금의 설치운영[9)]

한국의 치즈 산업의 수준을 단시간에 그리고 확실히 끌어 올리는 방안은 치즈기금 설립을 통한 든든한 재정적 지원을 담보로 할 때 효율적인 진행이 가능해 질 것으로 본다. 2011년부터 100억 원의 예산을 확보하여 가공원료유 지원 대책을 시행하게 된 정부가 세계적 경쟁력을 갖춘 한국치즈산업의 지속적인 발전과 선진화를 목표로 한다면 다음과 같은 당위와 절차, 방안에 따라 치즈기금을 설립운영 해야 할 것으로 본다.

가) 낙농산업보호와 효율적인 원유활용도 제고

선진국들은 낙농업을 국민식량 공급기지로서 적극 보호 육성하는 경향을 가지고 있다. 사실상 국제교역 중인 유제품들의 수출국들은 매우 한정적이고 대부분의 국가가 자립화에 많은 노력을 기울이고 있다.

선진국들의 경우 치즈는 낙농산업을 지탱하는 기둥으로 보호된다. 치즈 1kg을 생산하는데 원유 10kg이상이 소요된다. 부피는 감소하고 부가가치는 올라가며 저장성 또한 좋기 때문에 낙농업의 안정화에 기여한다. 시유 10kg을 판매하는데 10의 힘과 노력이 필요하다면 치즈 1kg의 판매는 의외로 쉽게 시유판매의 1이나 2 정도의 힘과 노력만으로 가능해진다. 그래서 치즈는 좋은 수출 가능 품목이 된다. 치즈생산은 낙농의 효율성을 높이는 견인차이다.

나) 낙농 5대 선진국들과의 FTA 대비 [치즈기금]의 효용성

한국의 낙농산업은 결국 중대한 위기 국면에 놓이게 되었다. 한 보고서는 이미 한 · EU FTA 타결시 한국의 낙농생산액은 연간최고 1,028억 원이 감소하고 이미 타결된 미국과의 FTA가 함께 발효되면 연간 최고 1,150~ 1,449억 원 범위로 감소하는데 이는 국내낙농생산액 1조5,580억 원 (2006년 기준)의 6.6~9.3%에 달하는 액수라고 예측해 둔바 있다.[10)]

단순한 낙농 생산량, 생산액 감소만이 아닌 부대적인 낙농관련 산업의 생산액 감소까지 감안한다면 그야말로 우리낙농산업은 회복하기 어려운 타격을 받을 수밖에 없다. 일찍이 정부는 한-칠레 FTA 비준 후(2004.02.16)「자유무역협정체결에 따른 농어업인등의 지원에 관한 특별법」(2004.03.22, 법률제7207) (이하「FTA 기금」)을 제정하고 동 제13조와 동법 시행령 제13조 규정에 의하여「FTA 기금」의 운용-관리에 관한 사무를 [농수산물 유통공사]에 위탁한 바 있다.

그러나 이 기금의 용도는 주로 과수산업의 폐업지원금 소득보전직불금지급, 과수전문단지시

9) 이 부분은 필자의 용역보고서 〈배인휴. 2007. 한국 치즈시장 형성방안에 관한 연구. 한구낙농육우협회〉의 제 7장 "치즈기금의 설립" 부분을 요약, 보완한 것이다.

10) 김민경 (2007. 한.EU FTA에 따른 낙농산업 영향분석 및 대응방안, 한국낙농육우협회) 은 국내피해 감소대책으로 전국단위 단일 쿼터제와 집유일원화 가공원유한도설정 그리고 소득보전직불제 등의 정책대안이 필요하다고 하였다. 나아가 그는 소비촉진 방안으로 학교, 군급식의 제도화와 유업체의 자조금 참여 유질, 유제품기준, 규격개편 그리고 TRQ 불량 제공시 국내산 사용의무화 등을 전제로 한 운용 방안이 필요하다고 하였다.(농민신문 2007.12.17)

설 생산출하기반정비 등에 사용하도록 국한되어있다.[11]

한-칠레 FTA체제 발효 이후 가장 피해가 극심할 것으로 예상된 과수농가, 관련 산업체 지원을 위해 설립된 「FTA 기금」은 그동안 과수산업의 유지와 경쟁력 보전에 상당부분 기여한 것으로 보인다. [치즈기금]도 이러한 관점에서 막대한 손실과 타격이 예상되는 낙농 산업의 유지와 경쟁력 확보를 위해 설치하는 것이 마땅하다. 앞서 서술을 통해 무수히 강조하였듯이 낙농산업에서의 치즈 분야는 낙농경쟁력, 지속적인 낙농발전 기반확보 측면에서 최후의 보루라고 봐야한다.[12]

한 · 칠레 FTA 발효시 설치된 「FTA 기금」처럼 낙농에 불리한 5대 낙농 선진국 그룹과의 FTA 발효를 앞둔 낙농산업의 사활을 결정짓는 「치즈기금」은 절실한 버팀목이 아닐 수 없다. 이를테면 「치즈기금」이 설립되면 일정한 기준가격미만으로 하락하는 원유가격의 낙농가 소득보전 직불금과 일본에서 2011년부터 시행이 예상되는 낙농가생활보장을 위한 [소득보상제도][13]에 의한 보상금을 지급하여 더 이상의 낙농가 이탈을 막아 낙농 생산기반을 든든히 보유할 수 있을 것이다.

나아가 내년부터 시행하는 [가공원료유 지원금]을 이 기금에 흡수하여 향후 원유의 음용유 소비부진으로 발생할 초과 원유량과 계절적 수급편차에 따른 초과 원유를 치즈 원료유 국제가격 차액 지원금으로 활용하면 국산치즈가 수입치즈를 대체할 수 있게 되면서 그 동안 우리 낙농의 초과 원유문제 해소와 국제 경쟁력 확보효과를 동시에 거양할 수 있게 될 것이다.

필자는 이에 한 걸음 더 나아가 이 기금의 운용이 제대로 이루어진다면 한국형 치즈 양산과 부대 가공품 개발로 인해 원유부족 사태가 일어나 낙농가들에 대한 원유 쿼터를 증가시켜야 하는 시대가 도래할 것으로 전망한다.[14]

다) 경제, 사회, 문화적 상황변화와 치즈산업의 위상

치즈는 어느새 우리의 새로운 식문화로 자리잡고 있다. 피자점은 웬만한 도시의 거리에 빼곡하고 백화점 할인매장 그리고 슈퍼마켓에는 가공 치즈와 필라델피아 크림치즈, 카망베르와 브리 치즈가 유제품 코너 한 부분을 차지하고 있다. 지금은 조금 시들해졌지만 와인 마니아들은 당연히 숙성치즈를 안주로 즐기는 경향이 자리잡고 이의 소비량도 증가하는 추세이다. 이젠 치즈가 경제적 매체가 되었다.

우리의 치즈 시장이 아직은 일본의 연간 치즈 시장 규모 4조 5천억 원에 비해 규모는 작지만(5천억 원, 2009) 한국형 기호의 고기능성 치즈 공급이 가능하다면 수년 내 1조원시장도 내다 볼 수 있고 2조 5천억 원 규모의 시유시장을 능가할 날이 멀지 않았다고 본다.[15]

치즈산업은 우리의 경제, 사회, 문화의 저변으로 깊게 파고드는 한편, 국민의 서구화, 세계화의 물결과 함께 잔잔하고 은밀한 파동처럼 한 시대의 삶 속으로 깊숙이 파고들며 번져가고 있다.

11) http://www.at.or.kr/support/fta/sc020200/sc020201/sc020201.jsp aT, 농수산물유통공사

12) 조석진 (농민신문, 2006. 국내 치즈시장을 사수하라, 06.11.20)은 치즈가 계절적인 원유수급불균형 해소를 위해 유일한 희망의 제품이므로 각국 간 FTA치즈에 대한 추가적 관세 인하 요구를 거부하라고 했다.

13) 일본 정부는 지금까지의 낙농가 부족불보급금 지원제도, 가공원료유보급금제도가 낙농가폐업을 막는데 역부족임을 인식하고 2011년부터는 낙농가 [소득보상제도]의 도입을 고려하고 있다.[全酪新報 2010.8.20일자 기사와 2010년 9월 10일자 기사]

14) EU가 2015년부터 원유 쿼터 제도를 폐지함에 있어서 영국과 EU 내 일부 낙농 선진국들이 이를 환영하고 있는데 이는 자국의 낙농가들이 경쟁력을 갖고 원유생산을 증가시킬 수 있다고 판단하였기 때문이다.

15) 배수강, 2010. 우유〉〉너도 나도 A급 마케팅 치열해乳! 주간동아 2010.10.4

라) 식량안보와 치즈산업 육성

최근 우리의 주목을 끄는 기사가 반복하여 보도 되고 있는데 그것은 “러시아 밀 수출 금지령 선포” “세계 곡물가격의 폭등” “식량 부족” “식량위기”와 같은 것들이다.[16)]

곡물가격만 상승하는 것이 아니라, 유제품가격도 일제히 급등세로 나타내고 있다. 지난 2000년 이후 우리나라 치즈 소비량은 매년 꾸준한 증가세를 유지해왔다. 자연치즈와 가공치즈는 각각 연평균 16.3%와 2.9%의 증대율을 보이고 있다.

어느새 치즈는 우리의 중요한 식량자원의 하나로 자리 잡아가고 있는 셈이다. 2009년 기준 국민 1인당 1.5kg의 치즈를 소비하며 치즈를 사용한 각종 제과, 요리, 식품첨가 부분까지 합친다면 소비량은 이보다 늘어날 것이다. 시장규모도 분유시장 축소로 2006년부터 치즈시장이 분유시장을 추월하였다[(분유시장 2,900억 원(유제품 시장의 7.8%), 치즈시장 5,000억 원(유제품 시장의 9.9%)].[17)] 그러나 치즈시장의 61% 이상을 수입치즈가 점유하고 있는데 치즈의 국제시세 앙등시 한참 소비증대와 국민 식량으로 자리 잡아가고 있는 치즈 산업의 위축은 신속히 진행될 것이다.

반면 한국치즈산업이 신속하고도 효율적인 육성이 이뤄진 원유의 고부가가치성을 부여하면서 낙농산업의 소득 안정 기반이 되어 국제 식량무기화에 대비할 단백식품 공급기지로 기여하게 될 것이다. 현재 수입치즈에 대한 관세는 36~40%로 낮은 수준인데 장차 5대 낙농선진국들과의 FTA체제 발효 후 최소 20년 정도 경과시 무관세 수입치즈가 15,820M/T 정도 들어오게 되고 호주, 뉴질랜드, 캐나다 치즈가 이 정도를 차지하게 된다면 이들 무관세 수입치즈가 우리의 치즈 시장을 고스란히 접수하는 상황이 예상된다.[18)]

한국은 향후 20년 이내에 국산 자연치즈산업을 육성하고 경쟁력을 확보해 두지 않으면 안 될 긴박한 상황에 놓여 있음을 깊이 인식해야할 것이다.

마) 치즈기금 설치의 효과

필자가 제안하는 치즈기금은 종래의 어떤 농업관련 기금과는 그 성격이나 의미가 다르다. 낙농업이 일방적으로 불리한 5대 낙농 선진국들과의 FTA 발효를 앞둔 오늘의 시점에서는 더욱 그러하다. 낙농산업의 존폐, 사활이 걸린 시점이 코앞에 도래했기 때문이다.

지난 날 WTO체제 가동을 앞두고 쌀값 하락에 따른 농업인의 소득안정을 도모하기 위해 설치한 “쌀소득보전변동직불기금”이 쌀값 하락에 따른 벼 재배농가의 소득지원을 해주고 있는 동일선상의 인식을 갖고 국민의 미래 식량인 치즈산업 육성보호를 위한 「치즈기금」의 설립을 검토해야 한다는 것이다.

이 기금의 운용을 통해 쌀과 마찬가지로 일정 수준의 낙농가 소득보전직불금을 지급함으로써 항구적인 낙농 생산기반을 쌀과 더불어 식량안정공급기지로 보유할 수 있는 효과를 거양하게 될 것이다. 무엇보다도 국민의 형평성 측면에서도 쌀을 보호하기 위해 낙농분야를 열어주고 양보함으로써 받게 되는 낙농가들의 심리적, 경제적 보상 대책이나 안전장치가 없는 현시점에서 [치즈기금] 설치는 반드시 필요한 것이다.

16) 러시아가 곡물 수출금지, 러시아에 타격일까?, 조선비즈아이(2010.09.06), 에그플레이션 다시 오나, 식품음료신문 (2010.10.18)

17) 안희경 2010. 〈집중기획〉대한민국, 치~즈 하세요-1. 치즈, 대한민국의 현재를 말하다. 농수축산신문 2010.4.19 기사./ 농식품부, 낙농진흥회, 2010. 2009 낙농통계연감

18) 김성인 2010.목요칼럼- '국산 유제품 시장이 사라진다면'.한국낙농신문 363호, 2010.10.07일자

19) 문인수의 상게서에서 '4장, 공공기금의 문제점과 개선책을 보라' pp. 313-314

바) 치즈기금의 설치방안

(1) 기금설치의 절차

① 기금설치 근거 및 목적

낙농업이 축산업의 한 분야로서 공공 기금의 문제점의 하나로 지적된 유사기금의 중복설치 측면이 없는 것은 아니다.[19]

그러나 기존의 축산발전기금의 용도가 이미 제한되어 있는데다가 한 · 미, 한 · EU FTA 시대를 앞둔 2006년에 이미 600억 원이 감축되었었다. 2011년의 축발기금 운용규모는 금년 7천2백23억 원보다 16.5%가 감소한 6천32억 원으로 무려 1천1백 91억 원이나 감축되었다.[20][21]

이는 축산발전기금 재원의 96%를 출연하는 마사회 이익금 출연이 매년 감소하고 있기 때문이다. 또한 농식품부가 11월 중에 내놓게 될 FTA 대응 투융자 사업의 축산분야 지원내역을 보면 축사개축과 유통시설 등을 지원하는 방안을 추진 중이며 거시적 안목에서의 [치즈산업 진흥]을 집중하는 계획은 미미한 것으로 보인다.[22][23]

따라서 [치즈기금]은 과거 「FTA 기금」이나 축발기금과는 별도의 계정으로 설립되어 낙농산업위기 돌파와 항구적 산업기반 확보용으로 설치되어야 할 것이다. [치즈기금]의 설치근거는 2004년에 제정된 「자유무역협정체결에 따른 농.어민 등의 지원에 관한 특별법」을 준용한 (가칭) 「자유무역협정체결에 따른 낙농인 등의 지원에 관한 특별법」을 농식품부가 별도로 제정하여 기금 설치의 법적 근거를 마련할 수 있을 것이다.

동 특별법에 의한 기금의 목적은 치즈산업육성을 통해 낙농 산업의 다자간 FTA 발효 이전과 동일 수준의 소득 보전을 직접 지불하도록 함에 있다. 즉, 치즈 산업의 발전을 통한 낙농업 안정화에 필요한 재원의 확보가 본 기금의 목적이라 할 수 있다.

② 조성재원

치즈기금 조성 재원의 확보가 매우 어려울 것이라는 것은 치즈에 대한 중요성, 장래 식량자원개념이 없는 우리나라에서는 당연한 사실이다. 정부의 낙농산업의 보호와 실질적인 FTA 지원정책의 하나로 치즈기금조성을 위한 적극적인 재원확보가 요청된다. 또한 치즈기금 조성을 위한 재원확보 노력이 정부만의 일이 아니라는 점도 인식해야 한다. 여기서 지난 1974년부터 2004년까지 이루어진 축산발전기금 조성내역을 살펴보면 치즈기금조성에 시사점을 제공 받을 수 있을 것이다. 당 기간 동안의 기금 총 조성액은 5조 4,722억 7백만 원이었으며 사용액은 3조 981억 13백만 원, 잔액은 2조 3,740억 94백만 원이었다.

기금조성의 주요 재원은 ① 축산물수입 이익금 2조 5,115억 21백만 원(45.9%) ② 기금운용수익금 1조 5,611억 34백만 원(28.5%) ③한국마사회 납입금 9,029억 60백만 원(16.5%) 순으로 나타났다. 또한 과수분야 지원에 치중하고 있는 2004년의 「FTA 기금」과 같은 낙농분야 지원에 중점을 둔 치즈기금의 조성에 관한 재원확보 당위성을 감안한 정부의 정책적 배려도 절실히 요청된다.[24]

앞서 축산발전기금 조성재원 출연의 가장 큰 부분을 차지하는 "축산물수입 이익금"처럼 FTA 발효 이후 낙농분야에 가장 큰 타격을 주는 "유제품수입 이익금"을 기금재원 확보의 주 소스로 고려해 볼 필요가 있다.[25]

또한 유제품 수출입업자들로부터 이익에 대한

20) 김영란, 2006. '한 · 미 FTA 피해 우려에도 축발기금 6백억 원 되레 줄어', 축산 신문, 06.6.9

21) 한국낙농신문 2010년 10월 7일자 보도

22) 농림부, 2007. 한 · 미 FTA 농업부문 국내 보완 대책 추진 위해 10년간 ('08-'17) 20.4조원 투융자 지원, 보도자료 07.11.6

23) 한국낙농신문 2010. FTA축산피해대책 11월 중 발표. 2010년 10월 21일(제365호) 보도기사.

일정 요율의 할당세를 거출하는 것도 구상해 볼 필요가 있다. 위에서 제시한 바를 참고하여 치즈기금조성 재원확보 방안을 제시하면 다음과 같다.

첫째, 유제품(특히 치즈) 수출입업자를 대상으로 한 이익금에 대해 일정 할당세 부여로 재원확보, 둘째, 외국으로부터 낙농용 조사료수입업자들을 대상으로 한 일정 할당세 부여로 재원확보, 셋째, 유제품수입업자에 대한 관세부담을 줄여주는 대신 그 감세액을 기금재원으로 흡수시키는 방안, 넷째, 과수분야와 같이 FTA대응 농업·농촌 종합대책예산 119조원에서 출연하도록 하는 기금 출연 정책을 시행하는 방안, 마지막으로 향후 FTA 체결국간 치즈의 관세할당물량(TRQ)에 대한 공매납입금이나 수입 이익금 확보 및 기금운용수익금 등으로 재원을 확보하는 것을 고려한다.

③ [치즈기금]의 사용용도

기존의 축산발전기금이나 「FTA 기금」의 용도를 살펴보면 일단 가시적인 성과와 단기사업에 투입하고 있다는 경향을 읽어낼 수 있다. 물론 용도가 법(축산법, 특별법)에 명시된 범주를 벗어날 수 없는 한계가 있지만 [치즈기금]의 경우에는 처음부터 진정한 한국치즈산업 진흥발전을 위한 용도가 법적으로 제시되고 시행될 수 있도록 법제정에 철저히 반영해야 할 것이다. 향후 치즈기금의 용도에 포함할 내용 범위를 요약 제시하면 다음과 같다.

- 한국형 고품질 [본(本)치즈]생산으로 수입치즈와 경쟁 가능한 인력양성
- 치즈시장 확보(마케팅, 유통)와 개선사업 지원

• 치즈홍보업무 담당
• 치즈 소비촉진 지원팀
• 치즈시장 형성 촉진 이벤트 지원팀 운영
• 치즈 중앙 박물관 설치 운영
• 치즈 캠페인
• 국산치즈 생산업체(유업체, 목장형 유가공장) 시설현대화 지원
• 치즈원유 차등가격제(국제 원유시세 기준 상회액, 부대비용 고려) 지원
• 국산치즈 생산업체(유업체, 목장형) ISO 22000 인증유지와 품질관리분야 지원
• 국산치즈 수출 또는 외국치즈베이스를 임가공한 가공 치즈의 역수출 지원[26]
• 치즈시장 관측, 통계, 무역시장 개척, 정보수집 지원
• 치즈 연구 기금지원 등이다.

2) 국립치즈학교(National Cheese Academy)의 운영

가) 개요와 필요성

우리 낙농업에 불리한 5대 FTA (한·미, 한·EU, 한·호주, 한·뉴, 한·캐나다) 등 본격적인 FTA시대를 맞이하여 이를 극복하고 항구적인 낙농발전의 도약대 마련을 위한 『국립 치즈학교(National Cheese Academy)』 설립을 우리 낙농산업계와 정부 당국에 제안한다. 정부는 지난 2004년

24) 농림부 보도자료, 2006.3.29, 2006.6.15, 2006.9.13을 참고할 것. 모두 FTA기금 지원내용평가, 신규과실지원 사업선정, 거점 APC 준공에 관한 기사이다.

25) 허덕, 허신행(1989. 상게서)은 유제품의 수입 창구를 일원화 할 수 있는 낙농위원회를 구상하고 수급조절과 수출입 관리기능을 부여하는 것을 제기하였다. p.19

26) 외국산 저가 치즈베이스, 치즈 아날로그, 케이신 등을 이용한 한국형 기능성 가공 치즈의 수출을 통한 중국, 동남아시장 공략을 염두에 둔 것임

27) 이에 관한 자료는 〈배인휴 2010. 한국의 친환경적 목장형 유가공의 현황과 발전과제. 한국유기농업학회지 18(2): 155-176〉를 참조할 것

부터 "목장형 유가공교육"을 지원해 왔다.[27]

지금까지 이 교육 과정을 수료한 낙농가와 시민의 수는 2010년 10월 현재 전국에 걸쳐 연 1천여 명에 이르며 [(사단법인) 국공립대학평생교육원협의회] 주관 "유제품 가공사" 자격증을 취득한 사람이 117명이고 그 중에서 실제로 목장형 유가공장을 창업하여 영업에 임하고 있는 낙농가 수는 20개소가 넘는다.[28]

이 교육과정을 마치고 '유제품가공사' 자격을 취득한 상당수의 낙농가들이 목장 유가공장을 체험낙농과 연계시켜 창업을 준비 중에 있다. 정부와 지자체들이 지역특화사업과 체험학습 목장 장려책의 하나로 [목장형 유가공장] 사업 지원을 점차 늘려가고 있는 추세이고 낙농진흥회에서도 금년 8월 1일부터 [직판쿼터제, Direct Sale Quota] 도입으로 회원 농가들의 목장 유가공목장 원유사용을 허용하고 있다.[29]

이제는 목장형 유가공 기술이 우리나라 원유 소비의 한 영역으로 자리 잡아가면서 체험목장과도 연계되어 원유소비, 우유 알리기 확산효과가 있다는 것을 당국이 받아들인 셈이다. 나아가 정부는 내년부터 계절성을 띠고 발생하는 초과원유를 [국산치즈]제조에 사용할 수 있도록 하는"가공원유 지원 대책"을 마련하고 지원함으로써 수입치즈 대체효과와 FTA를 효과적으로 극복할 수 있는 대안을 강구하고 있는 것이 시의에 맞아 떨어지고 있다.

이에 필자는 그러한 치즈생산 지원 대책에 발맞춘 고급 치즈제조기술 인력을 양성함으로써 장차는 치즈 원산지인 유럽을 비롯한 중국, 동남아, 인도와 북아프리카 지역을 대상으로 하는 수출용 치즈를 생산하기 위한 장기적 포석으로

『국립치즈학교(National Cheese Academy)』 설립을 제안하는 것이다.

나) 국립치즈학교 교육범위와 체제

자세한 논의는 별도의 심도 깊은 국립치즈학교 운영에 관한 연구조사를 통해 치즈 선진국인 스위스, 덴마크, 프랑스, 독일 그리고 미국의 위스콘신주립대학 치즈 코스와 버몬트 주립대학 치즈과정 등 전통적이고 세계적 수준의 여러 치즈학교들을 벤치마킹하여 완성해야한다는 과제로 미루어 두고 우선 필자는 여기서 국립치즈학교 교육체제의 얼개만을 제시해 두고자 한다.

28) 이 부분의 자료는 각주 27)번 논문을 참조 할 것.

29) 낙농진흥회는 목장형유가공 겸영 관련 제도개선으로 2010년 8월 1일부터 진흥회에 계속해 납유하면서도 목장형 유가공을 경영할 수 있게 하였다. 우선 목장형유가공장을 경영하려면 해당 지자체 등에 유가공장 운영과 관련된 허가를 득하여야 하며, 낙농가가 보유하고 있는 기준원유량 중에서 목장형 유가공에 사용할 원유량을 직판원유량으로 전환해야한다. 직판원유량 전환은 보유하고 있는 기준원유량 범위 내에서 10ℓ 단위로 10ℓ 씩 추가 신청이 가능하며, 사용기간은 승인일로부터 1년간이다(1년씩 연장 가능). 직판원유량으로의 전환신청은 해당 집유조합에 비치된 신청양식을 통해 가능하다.

우리의 치즈학교에서는 기본 생화학, 유기화학을 비롯한 유가공학 일반, 미생물학, 치즈제조 기술과학 그리고 치즈공장 경영론 등을 배우게 하고 이의 단계를 높여가면서 그 수준을 달리하면 좋을 것이다. 그리고 이 치즈학교에는 다음 네 가지 단계의 교육과정을 갖추어 운영할 것을 제안한다.

◈ 기초 치즈과정(Basic cheesemaking) : 이 과정은 치즈의 기초를 공부하는 초보자 과정으로 교육 일정은 6개월간의 과정으로 6시간×15 회 = 90시간 정도이다.

◈ 치즈제조 본과 과정(Regular cheesemaking) : 이 과정은 기초과정을 마친 사람들을 중급 이상의 과정으로 교육하고 교육 목표는 목장 치즈공방을 창업하여 상품화하는 수준을 갖추어 주는 교육수준이다. 교육일정은 1년간이며 6시간×30 회 = 180시간 정도이다.

◈ 전문 과정(Advanced course, Artisan Course) : 이 과정은 역시 상기 과정을 마친 사람들에게 실시하는 것으로 교육 목표는 치즈의 최신 기술보급과 복습과정을 거쳐 특정한 치즈를 자신 있게 제조할 수 있는 능력을 갖추어 목장치즈의 상품화와 창업을 할 수 있게 하는 수준이다. 교육일정은 1년간이며 6시간×30회 = 180시간 정도이다.

◈ 특별과정(Master Cheesemaker's Course) : 이 과정은 이미 자기 목장에 치즈공방을 갖추고 치즈를 상품화하여 연 5천만 원 이상의 매출을 올리는 수준의 치즈 제조와 상품화 경력을 지닌 사람들을 선발한 특별 교육과정이다. 그러므로 이 과정의 교육 일정은 적어도 6시간×60 회 = 360시간 정도가 요구된다. 이 과정은 2년여의 기간이 소요된다. 이 과정에는 국내외 치즈 전문가들로 강사진을 구성하여 전문기술을 집중 교육하며 유럽, 미국, 일본 등 선진국의 치즈 마이스터들이 운영하는 선별된 치즈공장들의 현지시찰도 포함되어야 한다. 이 과정을 수료한 목장제조 본(本)치즈에는 우리 정부가 인증하는 "치즈장인 마크 (Master's Mark)[30]를 붙이도록 하는 "정부 품질 인증제"를 운영한다. 이제 이 정도 수준에 이른 치즈공방에게는 일종의 중후한 문장(紋章)을 사용하도록 승인한다. 그러다 보면 그 목장에서 치즈 제조가 가업이 되어 대를 이어갈 것이고 그 문장이 그 가문의 문장(紋章)이 되면 결국 그 집은 『치즈일가(一家)』를 이루게 될 것이다.

다) 치즈학교 설립에 대한 제언

이제 우리 한국의 낙농환경은 긍정과 부정의 양면성을 지닌 변화와 개혁의 현장에 놓이게 되었다. 긍정적인 면은 낙농을 할 만한 규모와 역량을 가진 사람들로 낙농현장이 정예화되고 자연스럽게 구조 조정되는 측면이 있는가 하면 고급 낙농인력의 손실과 낙농산업의 위축이라는 부정적인 면을 가진 소용돌이 같기도 하고 쓰나미 같은 현상이다. 이런 와중에 정부가 중심을 잡고 학계와 함께 방향을 설정하여 낙농현장을 단단히 붙잡아 주는 역할을 잘 해주어야 한다. 우리 낙농가들은 치즈 교육을 매우 긍정적이며 희망적으로 받아들이면서 그 열정이 대단하다.

30) 미국 위스콘신대학 메디슨 캠퍼스에 소재하는 Wisconsin Center For Dairy Research(CDR)에서는 이 연구소가 운영하는 치즈 코스를 마치고 창업하여 치즈제조업을 하는 낙농가들을 선발한[Wisconsin Master Cheesemaker® Program]을 운영하고 이 과정을 모두 마친 사람에게 위스콘신낙농위원회(Wisconsin Milk Marketing Board, WMMB)가 상표등록을 해둔 [위스콘신 주 치즈 마스터 마크, Master's Mark/ Wisconsin]를 부여하고 있다.(http://www.cdr.wisc.edu/programs/ masters/mastermark.html) 이 과정은 위스콘신 대학 CDR, 대학의 농민지도 센터(Extension Center) 그리고, 위스콘신 낙농위원회가 지원한다.

한국 낙농도 이제 어느 정도 규모가 갖추어진 목장은 날로 자동화가 되고 각종 낙농작업(착유 로봇, 자동 사료 급여기, 송아지 로봇 포유기, 유기질 퇴비 자동 발효장치 등)의 자동화시대 도래로 낙농가들의 치즈교육 여건들이 유리하게 조성되어 있다.

이제 이런 현대적이고 국제 규격에 상응하는 체제의 치즈학교가 설립운영 된다면 우리나라 치즈산업은 융성하게 될 것이고 초과원유는 모두 치즈로 제조 이용이 가능하다. 지금 까지 목장 유가공 교육을 받은 낙농가들의 대부분이 자기의 신선한 원유로 치즈를 만들고 싶어 한다. 그렇지만 그들의 대부분이 그 동안 배운 치즈 교육만으로는 솔직히 자신이 없어 하는 것이 오늘의 실상이기도 하다. 목장형 유가공 교육을 이수한 상당수의 낙농가가 본격적인 치즈 제조에 뛰어 들기 위해 보다 체계적인 교육을 받고자 한다.

FTA시대의 격랑 속에서 붙잡을 곳 하나 없는 우리 낙농가들은 목장치즈 제조와 낙농체험분야에 희망을 걸고 있다. 정부와 생산자 단체는 이러한 낙농가들의 염원을 외면하지 말아야 한다.

3) 치즈 수출사업단 운영

정부는 과거 정권하에서의 농림부를 농림수산식품부로 명칭을 바꾸었다.

이 시대는 그 만큼 식품의 중요성이 대두되고 있다는 뜻이다. 부서명칭 변경 후에 농식품의 수출에 관한 논의가 부쩍 늘어났다. 이런 시점에서 우리도 일본의 공격적 농정을 배워야 할 것이다.[31] 일본은 그 동안 수입농산물에 대한 수세적 자세에서 벗어나 시장개방에 적극대응하면서 농산물, 식품의 확대 정책을 도입한 것이다.[32]

필자는 서두에 우리의 낙농업의 FTA대책으로 [자연치즈]제조를 제안했다. 그것도 그냥 우리가 알고 있던 치즈가 아니라 매우 고급화된 치즈, 세계적 수준의 반열에 오른 고품질 원유로 제조한 세계적 수준의 명품 자연 치즈를 만들자고 했다.

세계적인 명품 자연치즈는 그 것을 제조하는 사람이 예술적 경지에서 제조해낸다는 사실과 그래야 치즈는 제대로 된 맛과 품격이 나온다는 것을 전제로 우리도 그러한 치즈를 만들자는 것이었다. 그러한 기조와 전제하에 한국의 오천년 동안 내려오는 발효식품 기술이 빚어낸 [본(本)치즈] 즉, 한국형 목장형 명품치즈는 분명 세계 수출 시장에 내어 놓아도 손색이 없을 터이다. 세계 치즈시장에도 틈새는 있으며 우리 한국 치즈만이 갖는 특수한 치즈의 블루오션이 분명히 있다는 것이다. 아니 우리 치즈만의 고유 수출시장을 우리가 개척해 낼 수도 있다.

우리의 유용자원들을 활용한 자연 치즈와 이런 자원을 활용한 가공 치즈의 역수출을 유업체들이 시도할 수 있도록 WTO보조금 제한범위내 지원을 앞서 언급한 치즈 기금에서 [치즈 수출사업단]을 꾸려 장려하도록 하는 것이다. 지금 양돈, 양계분야 수출사업단이 꾸려져서 진행중이고 한식세계화 사업단이 활동하고 있는 맥락을 따라 치즈도 그리 하자는 이야기이다.

4) 기타 관련 사업

국산 치즈진흥을 위해 시행할 여타 사업들이 많겠지만 차차 논의를 진행하면서 고려해나가기로 하고 차제에 치즈품질규격위원회와 국산치즈

31) 김태곤 2007 "일본의 농업농정의 동향" 「농업전망2007」 한국농촌경제연구원

32) 공격적 농정이란 말은 2005년 3월의 '식품 · 농업 · 농촌기본계획' 과 2006년의 '21세기 신 농정 2006' 에서 보이고 구체적인 정책으로 확립되어 수행중이며 신정권 진입이후 이 기조는 더욱 강화되어 진행 중임

33) 일본은 우리가 구상하는 중앙낙농기구와 같은 "중앙낙농회"의 산하에 "국산 내츄럴치즈진흥전국협의회"를 두고 각종 치즈진흥관련 사업(예, 국산 내츄럴치즈고부가가치화대책사업단)을 관장한다.

5. 마무리

1) 나는 설거지를 좋아해서 설거지 감이 많아도 즐겁다.( )
2) 나는 일찍 일어나고 종일 일을 하고도 저녁 늦게 자며 잠자고 있지 않은 시간에 계속 일을 할 수 있다. 그것도 앞으로 수년에 걸쳐 변함없이 즐거운 마음으로 ( )
3) 나에게는 나와 같은 생각을 가진 배우자 또는 친구가 있는데 그가 나와 함께 이일을 즐긴다.( )
4) 나는 사업 능력(Business)에 합당한 지적 능력과 영리한 머리를 갖고 있다.( )
5) 나는 호기심이 많고 새로운 일을 좋아할 뿐만 아니라 예술적 감각도 갖고 있다.( )
6) 나는 동물을 좋아하고 동물과 지내는 동안 전혀 지루하지 않다.( )
7) 나는 앞으로 지속적으로 다가올 도전과 각종 문제, 이를테면 가축의 폐사, 각종 장비 고장발생, 자기 제품의 손상 가능성, 법적 문제 대응력, 제품 클레임과 같은 리콜을 능숙히 대응할 수 있다.( )
8) 나는 몇 년(3~4년간)동안 치즈 제조에서 이익이나 인건비 발생이 안 되어도 감당할 수 있는 재정적 여유가 있고 그 동안 발생되는 각종지출에 대해 별도의 독립적인 수입(또는 비축한 예금)으로 대응해 나갈 수 있다.( )

진흥사업단[33]을 설치 · 운영하기를 제안해 둔다.

필자는 정부가 백성을 이끄는 것이 아니라 국민이 정부를 이끄는 것이라고 갈파한 적이 있고 그리 믿는 사람이다. 국민이 올바르면 정부가 올바르고 국민이 목표도 꿈도 없이 좌절한다면 정부 역시 갈피를 잡지 못하게 되는 것이다. 어떤 문제가 있으면 항상 국민이 문제이고 국민이 원인을 제공한 것이지 정부가 그리한 것이라고 보지 않는다. 또한 올바른 국민의 소리를 경청하지 않는 정부는 언젠가는 무너지게 되어 있다.

이제 우리 앞에는 우리 낙농업의 생존권을 위협하는 FTA시대가 다가오고 있다. 이러한 때일수록 낙농가가 먼저 중심을 잡고 대응 논리를 개발하고 위기극복의 대안을 내놓고 정부와 머리를 맞대야 한다. 우리의 적은 항상 외부에 있지 않고 내부에 있었다. 고구려가 망하고, 조선이 맥없이 쓰러진 것도 내부에서 비롯된 것이 크듯, 우리의 무서운 내부의 적은 바로 좌절이요, 비관에 젖어 아무런 대응 한번 시도해 보지 못한 채 스스로 무너지는 것이다.

FTA시대를 앞두고 필자는 극복 대안, 대응방안으로 한국의 본(본) 치즈, 숙성형 치즈(Aged Cheese)를 진흥시키자고 제안했다. 왜냐하면 한국에도 「마시는 우유」 시대는 가고 [먹는 유제품 시대] 즉 치즈의 시대가 다가오고 있기 때문이다. 5대 낙농 선진국들이 우리와 FTA를 맺으면 치고 들어 올 품목이 먹는 유제품이며 치즈이기도 하다. 우리는 FTA시대를 앞두고 지나치게 두려워한다거나 우왕좌왕 하지 말고 확실한 대응방안을 마련한 뒤 차분히 실행해 나가면 되는 것이다. 이미 WTO체제를 나름대로 극복한 축산분야가 아닌가?

자연치즈 산업을 향후 20년에 걸쳐 차근차근 진행해 나가면 우리에게는 FTA가 오히려 기회로 전환의 발판이 되었음을 알게 될 것이다. 참으로 희망적인 상황은 목장에서 본래의 치즈를 제조해 보겠다고 나서려는 낙농가와 치즈 마니아들이 의외로 많다는 사실이다.

문제는 사람이다. 아무리 좋은 시설, 장비, 공방이 있다한들 제대로 된 치즈전문인력이 없다면 그것들은 일개 쇠뭉치나 막대기에 불과한 것이 아닌가? 필자는 지난 13년여 동안 목장형 유가공 과정을 진행해 오면서 강조해 온 말은 "자력에 의해 소규모로 시작하자", "반복해서 연습하고 단련하여 제품력을 갖추자", 그리고 "정부 지원을 무서워하라"와 "치즈를 아는 것보다 실행함이 좋고 그보다 더 좋은 것은 치즈제조를 즐기는 것이다"였다. 필자는 이제 여기서 하나를 더 추가하려고 한다. 목장형 치즈 제조 판매를 시도하려는 사람은 위의 물음에 어느 정도 자신이 있는지를 알아보고 자기가 목장형 치즈 제조에 접근하는 것이 과연 바람직한 지를 가늠해보기 바란다.

위에 제시된 질문 항목은 칼드웰(Caldwell, G)씨의 책 "목장형 유가공장 운영의 조언자(The Farmstead Creamery Advisor, 미국 버몬트 주의 첼시아 그린 출판사, Chelsea Green Publishing 2010년 판)" 속에 나오는 목장형 치즈사업 희망자에게 묻는 질문을 필자가 다소 조정한 것이다.

이 질문에 모두 가능하다는 답이 나오지 않는다면 그 사람은 목장형 본(本)치즈사업에 접근하기에는 바람직하지 않다고 그 책의 저자는 조언하고 있다. FTA대응, 극복에 있어서 한국의 본(本)치즈를 만들 사람, 인재가 중요하다는 이야기이다. 우리나라 치즈세계에 발을 딛는 사람들은 사실 선구자요 개척자들이며 우리 낙농업계의 대표주자들이다. 그들은 남이 가지 않는 길을 가는 외로움과 남이 해본 적이 없는 일을 시도해야하는 두려움과 싸워야한다.

그래서 필자는 여러가지 제안과 방안을 제시하여 국민과 정부 그리고 치즈제조에 나선 이들이 하나가되기를 바랬다. 저마다 역할을 충실히 하자는 것이다. 필자는 1995년에 어느 유가공전문지에 "한국 유가공업의 WTO 극복전략"을 게재한 적이 있다. 그 글에서 필자는 "WTO체제가 한 없이 모든 분야에서 위세를 떨치고 불

가사리처럼 먹어치워 버릴 것"이라는 지레짐작은 금물이다. 우리 스스로가 미리 좌절하고 포기해 버릴 경우 WTO체제의 3무 현상에 의해 모든 분야가 자연스레 붕괴될 것은 분명하지만 우리에게 주어지는 바늘구멍만큼의 가능성이라도 있다면 이를 잘 활용하고 지혜를 모아 극복해 나간다면 오히려 전혀 다른 국면으로 WTO체제극복이 가능해질 수 있다는 사실을 잊어서는 안 될 것이다.[34]"라고 전하고 있다. WTO체제가 아무리 무서운 것일지라도 한번 도전하고 극복해 보자고 강조한 말이었는데 FTA시대 역시 그러하다.

그리고 그 글에서 이런 말도 했다. "호랑이나 사자가 무서운 것이로되 그것을 잡아다 우리 안에 (가두고) 잘 간수하면 구경꾼들이 몰려 와 큰 돈을 벌게 해 주듯이 WTO를 무작정 겁내고 좌절할 일이 아니다"

그렇다. FTA는 겁내거나 미리 좌절할 사안이 결코 아니다. FTA시대가 우리에게는 오히려 기회요, 한국 낙농업의 차원을 업그레이드 할 큰 동력을 얻을 수 있다는 신념으로 도전에 응전하자.

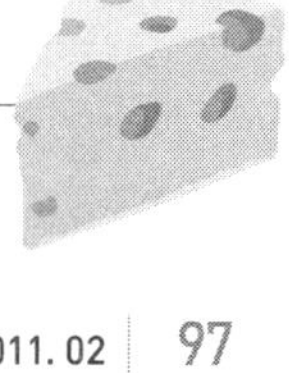

34) 배인휴. 1995 '한국 유가공업의 WTO극복전략' 계간 牛乳(한국유가공협회 발행) 1995년 가을호(통권 62호) : 5-12

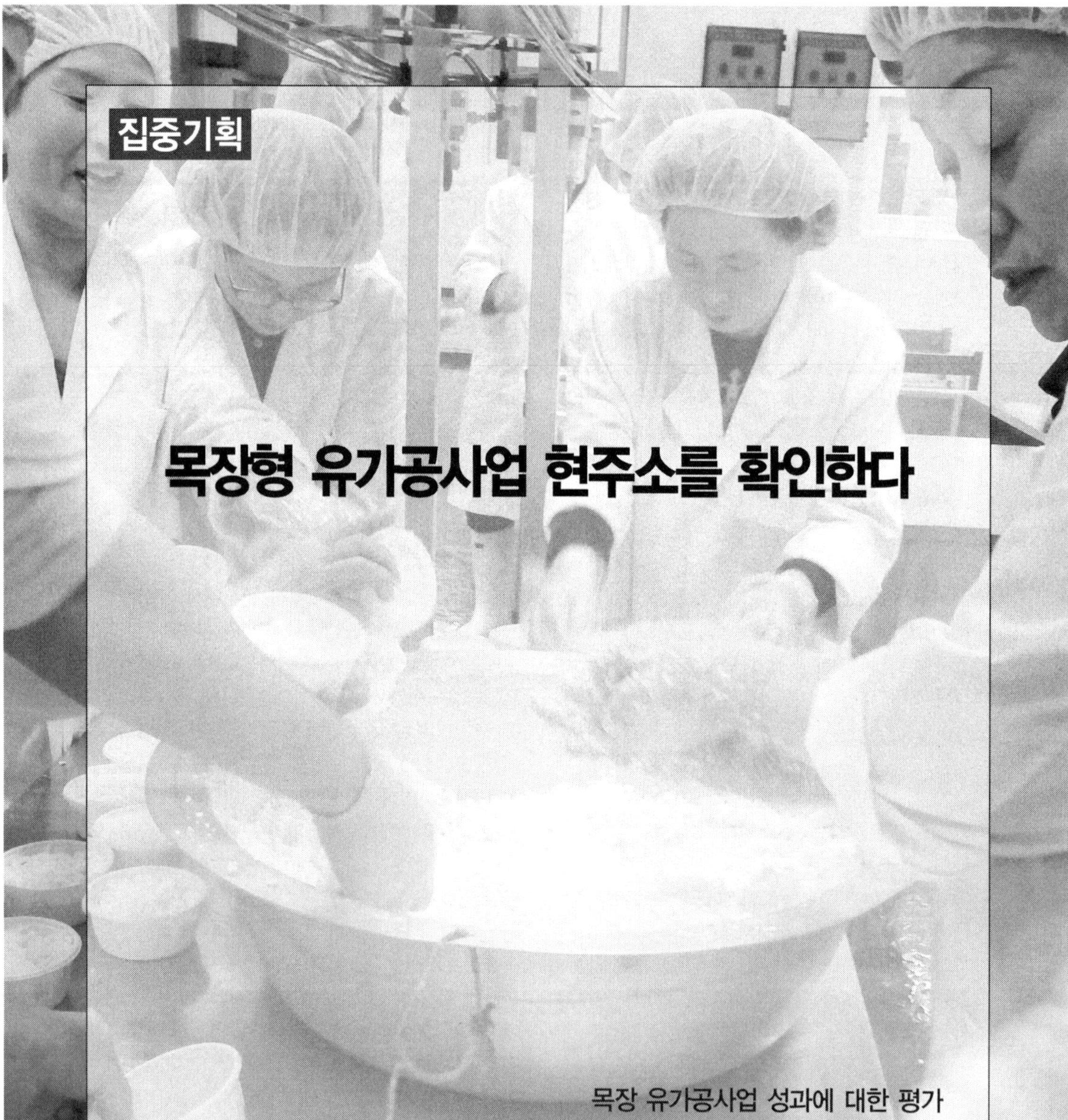

집중기획

목장형 유가공사업 현주소를 확인한다

목장 유가공사업 성과에 대한 평가

배인휴 _ 순천대학교 교수(소규모유가공연구센터 소장)

목장형 유가공사업에 대한 낙농가 인식과 활성화 방안

김홍윤 _ 건국대학교 박사과정

최승철 _ 건국대학교 교수

김현중 _ 건국대학교 박사과정

국내 목장형 유가공장 운영 현황

집중기획

목장 유가공사업 성과에 대한 평가

배 인 휴
순천대학교 교수
(소규모유가공연구센터 소장)

| 들머리

미국치즈협회(American Cheese Society, ACS: http://www.cheesesociety.org)는 1983년 코넬대학 농과대학의 코시코브스키(Frank. V. Kosikowski) 교수 주도하에 치즈 애호가들, 목장과 가정에서 손으로 치즈 만드는 이들을 중심으로 설립되었다. 2013년도 기준 회원은 1,200여명이고 치즈제조업자는 500여명에 달한다. ACS는 목장치즈(Farmstead cheese)를 정의하기를 "목장주가 자기가축(farmer's own animal)으로부터 얻어낸 젖으로 만든 치즈"라고 단정하였다. 이 글의 서두에 ACS가 거론되고 "목장 치즈"를 언급한 것은 "목장형(牧場型) 유가공"이라는 말을 맨 처음 사용한 필자로서는 최근 이 용어사용에 혼선이 빚어지고 있기 때문이다. 목장을 전혀 운영하지 않는 사람이 유가공업 영업허가를 취득한 다음 일반 시유나 원유를 구입하여 자기 공장에서 "목장형"으로 만든 요구르트, 치즈를 상품으로 팔 수도 있다는 것이다.

그러한 용어의 오용, 오해를 불식시키고자 필자는 이번 글에서부터 "목장형"이라는 말을 사용치 않고 "목장"유가공으로 고쳐 사용하고자 한다. 즉 목장유가공의 정의는 "목장주가 자기가 사육한 유생산 동물(젖소, 유산양, 면양)로부터 얻은 젖을 사용하여 유제품을 가공하는 것"이 올바른 것이다. 1998년부터 순천대에서 시작된 목장유가공교육은 2013년 3월 현재 72개의 영업장이 운영 중에 있다(별도 현황표 참조). 이 글은 한국의 낙농업의 지속발전을 위한 낙농가들의 자발적인 자구노력, 16년의 역사를 회고하고 성과를 평가하여 미래를 향한 좌표설정과 발전방안을 모색해 보고자 한다.

| 연혁

역사에는 반드시 원인과 배경이 있기 마련이다. 한국에서의 목장유가공은 농업개발사업 중 유일하게 정부의 하향식 정책이 아닌 자발적 운동으로 탄생 하였다. 허균이 100년을 당겨다 살았듯이 시대를 앞서 살아가는 사람들의 마음에서 나온 것이다. 그 사람들이 1998년에 순천대학의 작은 실험실에 모여서 그동안 아무도 생각지 못한 일에 불을 지피기 시작했다. 격주로 순천대학교에서 열린 농가형유가공연구회 워크숍이 그것이다. 2001년부터는 목장형수가공(手加工)유제품연구회가 결성되어 격주로 모여 활동하다가 2003년부터 순천대학교 평생교육원에 정규과정의 목장형 유가공 교육과정이 개설되었고 정부의 일부지원이 시작되었다. 순천대학교의 유가공실험실이 한국 목장유가공의 산실이자 요람이 되었다. 2

003년부터는 여주농업전문학교, 한경대에 개설되었던 과정이 축산과학원에, 2003년부터 천안연암대에, 2010년부터는 대구경북낙협에, 2010년부터는 충남대와 낙농기술교육원에서 교육하기에 이르렀고 금년부터는 충북낙협에도 개설될 예정이다. 지금은 우유자조금관리위원회의 일부 지원을 받고 있다. 기관별 교육생 수가 매년 40~60명 수준인 것을 감안하면 지난 10년 동안에 목장유가공 교육과정 수료자는 기관통산 연 2천명을 능가할 것이다(표 1. 참조). 그동안 순천대와 축산과학원에는 외국인 치즈전문가들이 많이 초빙되어 한국 목장유가공 사업의 살을 찌웠다. 연관 단체들도 열심히 활동 중이다. 한국목장형유가공연구회, 전남목장형유가공연구회, 경남목장형유가공연구회가 그것이다.

낙농체험목장협회도 목장유가공 교육, 훈련이 없었더라면 상상도 못할 운동이다. 이번 3월에 우리가 조사한 바에 따르면 목장유가공사업장 72개소 중 47개소(62%)가 체험낙농 프로그램을 운영 중이기 때문이다. 한국에 목장 유가공 사업이 전개된 지 16년이 지났지만 정부나 학계, 조합과 관련 단체들의 이해부족과 인식접근성이 부족하여 노력한 것보다 훨씬 낮은 성과를 낸 것으로 보인다. 우리 목장 유

〈표 1〉 순천대학교 목장 유가공 교육생 배출 자료 2014. 3. (단위 : 명)

년 도	교 육 과 정 명							
	목장 유가공	캐나다 전문가 초청	독일치즈 마이스터 초청	일본치즈 전문가 초청[1]	자체 치즈 전문가반	치즈관능 검사 전문가 초청[2]	대한민국 치즈 사관학교	수료생 합계
2003	23							23
2004	60	27						87
2005	63	23	18	18	15			137
2006	64		17	19				100
2007	60	12	18			26		116
2008	70		15	16	23	15		139
2009	78		21					99
2010[3]	-	-	-	-		-	-	-
2011	80						26	80
2012	52						23	52
2013	44						19	44
합계	594	62	89	53	38	41	68	877

가공의 탄생 여건이 척박했고 성장환경 역시 무관심영역에 놓여 있었던 탓이다.

필자는 지금도 녹녹치 않은 운영환경 속에서 몸부림을 치고 있는 한국 낙농의 선각자들을 보며 안타까운 가슴을 쓸어내릴 뿐이다.

| 성과에 대한 평가

목장유가공 교육의 탄생과 진행은 정부정책이 아니라 백성의 마음에서 나온 순수한 국민운동의 소산이다. 필자가 목장유가공 출발점에서 강조한 것은 △자발적인 농심운동(農心運動) △낙농은 주업, 목장유가공은 부업 △주문생산 · 주문판매, 영업활동금지 △정부, 은행, 협동조합 지원과 융자 기대지 않기△현대적 선진낙농가의 아름다운 취미활동으로 하자였다. 그것은 미약한 시작으로부터 창대함에 이르는 성공적 한국 낙농역사의 변혁을 이끌어 내고자하는 염원이 담긴 메시지였다. 이 메시지의 강조는 지금도 흐트러짐 없이 이어진다. 그래야 낙농업이 행복해지고 낙농업의 지형이 바뀔 것이라는 신념이 우리의 가슴을 적신 것이다. 그 동안 진행된 목장 유가공 교육에 따른 동 사업의 성과를 간략히 정리하고 평가해 보자.

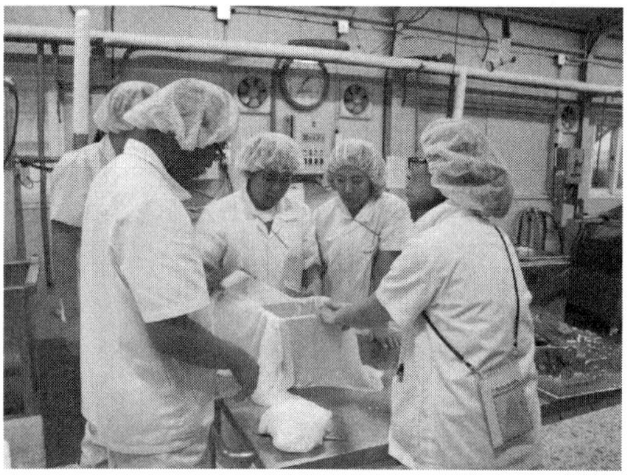

1. 낙농현장에 새로운 희망을 심어 준 교육성과

낙농가 수는 지난 2005년부터 현저한 감소국면에 접어들면서 2006년 말에 8,260호였던 것이 2013년 말에는 5,800여 호가 되었다. 2003년부터 본격적인 목장유가공교육 체제가 진행되어 그 동안 이 교육을 이수한 연 인원이 2천명을 능가한 것으로 보면 전체 농가의 1/3 정도가 목장유가공 교육에 관심을 가졌고 희망을 품은 것이다. 이것은 우리 낙농산업의 지형과 지향점 변경을 주도한 희망적 성과라고 본다.

2. 한국 유가공산업에 던진 신제품개발 촉진 효과

그 동안 미미한 변화 같지만 대기업형 유업체들도 목장유가공의 흐름을 예의주시하고, 알게 모르게 목장 유제품의 특성을 벤치마킹해 갔다. 목장요구르트가 500㎖, 1,000㎖로 공급하자 그들도 가정용이라며 따라 나섰다. 대기업 요구르트는 100~150㎖용량이 대부분이었다. 목장 요구르트가 플레인(plain)을 표방하자 그들도 플레인 요구르트를 출시했다. 목장 치즈들이 자연치즈 위주로 한 스트링, 퀘소블랑코, 가우다, 베르크 치즈 류를 본격 생산하니 그들 또한 따라오기 시작한다. 대기업 치즈는 슬라이스 형태의 가공 치즈가 그들의 주력 품목이었다.

3. 한국 농업 최초의 융복합농업(6차산업화)을 추구한 개척정신 보급

농업현장에서 가장 먼저 체험운동을 도입하고 낙농업의 6차 산업화를 추구한 분야가 목장유가공이었다. 목장유가공을 근간으로 시작한 것이 낙농체험목장 운동이다. 필자 연구소에서 조사한 최근 자료에 따르면 전국 목장유가공, 낙농체험 목장이 72개소에 이른다. 농업분야에서 체험분야가 가장 널리 그리고 많은 호응을 이끌어 낸 분야가 낙농체험이다.

4. 시대정신에 앞서 가는 유가공분야

최근 소비자들은 참살이, 로하스, 힐빙푸드(Heal-being food), 로컬 푸드, 슬로우 푸드, 그린슈머(greensumer)와 같은 자연주의, 건강과 환경, 식품위생안전을 중시하는 경향을 고도로 추구한다. 이제는 이 경향이 새로운 시대정신으로 자리잡아가고 있다. 목장유가공이 이러한 시대정신을 이끌어가는 분야가 되고 있다.

5. 한국 낙농업의 새로운 장르

2014년 3월 현재 전국의 목장유가공장 업체 수는 73개지만 앞으로 일본이나 미국처럼 300~1,000개소가 될 날이 멀지 않았다. 필자는 2015년에 50개소가 될 거라고 예언했으나 이것은 아주 기분 좋게 빗나간 것이다. 그 동안 정부나 조합, 단체의 무관심, 외면 속에서도 이 만큼 성장한 것은 우리 낙농선각자들의 미래를 내다보는 개안과 외로운 몸부림의 소산이다. 이 새로운 희망의 장르를 국가와 조합, 단체가 체계를 갖추어 감싸 안고 육성해 나가야 할 것이다.

6. 한국 유가공산업의 황금분할

목장유가공은 음용유 위주 원유가공으로 초과원유-분유체화라는 악순환의 오랜 굴레를 타파하는 새 이정표를 보여 주었다. 대기업은 음용유 전문가공, 목장유가공은 다양한 유제품 전문 가공으로 황금 분할하여 낙농산업의 새 지평을 열게 한 성과를 간과할 수 없다.

| 전망과 제언

목장유가공은 일시적 바람(trend)이 아니라 한국낙농 산업 현장의 지속발전 가능성을 이끌 중요한 원동력이다. 더구나 낙농업의 융복합(생산. 가공. 유통. 관광 체험교육. 쉼터) 6차산업화의 핵심 분야이다. 여기서 필자는 목장유가공의 활성화와 발전을 위한 제언을 몇 가지 권고해 두고자 한다.

1. 정부 · 조합 · 단체의 자발적 낙농현장 운동의 보호 육성

목장유가공업자의 자립, 자조, 자발성을 훼손하지 않는 선에서 관심을 갖고 보호 육성해야 한다.

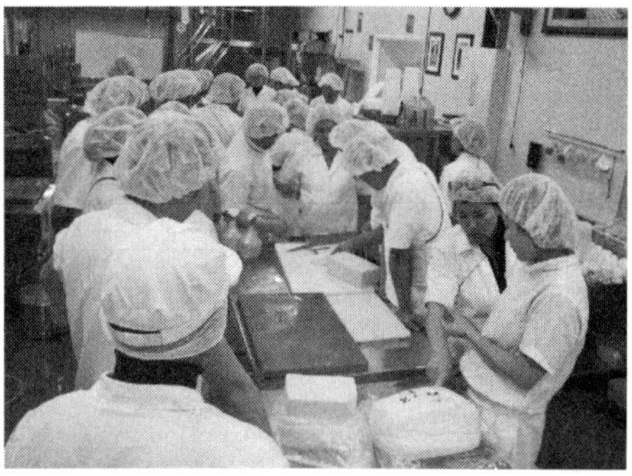

2. 적절한 외부 전문자원을 연계시킨 운영지원시스템 구축

낙농인에게 취약한 마케팅, 체험교육 콘텐츠 보강, 회계, 레크리에이션, HACCP운영 유가공설비 유지보수, 상표디자인, 홍보, 고객관리, 전자통신판매, 원가 계산, 지적재산권 등록, 관리 등에 전문가집단(pool)을 꾸리고 전문 코칭, 컨설팅, 코디네이터 지원체제를 구축하여 전문화시킨다.

3. 6차산업화사업 지원

일본이 취하고 있는 농산어촌 6차산업화 지원정책과 같이 목장유가공분야의 무이자, 보조금 지원을 대폭 시행하여 도시와 농촌 상생의 활력 충전소가 되게 해야 한다.

4. 목장유가공의 원유가 지원

정부가 현재 시행 중인 가공원료유지원사업 대상을 대기업유업체 위주로 시행하고 있는 것을 일정수준의 가공능력을 갖춘 목장형 치즈와 발효유 가공장에도 확대 시행되어야 한다.

5. 목장유가공장의 경영안정지원금제도 시행

목장유가공장의 경영안정을 위한 일정 수준의 생산 확대 장려금제도를 마련하여 안심하고 운영할 수 있는 제도적 보호 장치가 필요하다.

6. 치즈기금의 설치

국산치즈의 발전과 보호를 위해 치즈수입업자들의 수익발생에 따른 일정률의 할당금을 부과하여 기금을 조성하고 국산치즈의 홍보와 기술보급에 활용하도록 해야 한다.

7. 규제완화와 규제개혁

목장유가공에 맞는 HACCP제도 개선, 제품검사비의 부담경감과 중소기업에 해당하는 세제혜택과 규제완화가 필요하다.

한국 목장치즈의 동향과 과제

배 인 휴
순천대학교 동물자원과학과 교수

1. 왜 목장 치즈인가?

목장치즈(Farmstead cheese)란 “치즈 제조자가 자신의 목장에서 자기가 사육한 동물로부터 얻어낸 젖으로 제조한 치즈” 이다. 목장 치즈란 “당일 착유한 원유로 당일 제조한 뒤에 전통적인 방식으로 숙성한 치즈”를 말한다. 전자는 올해로 창립 31주년을 맞이하는 미국치즈협회(American Cheese Society, ACS)가 내린 정의이고 후자는 1973년에 영국의 패트릭 랑스(Patrick Rance)가 제창하여 전개 중인 영국의 [진정한 치즈(Real cheese)제조운동][1]이 내린 정의이다. 이를테면 치즈산업화 이전 목장 가족에 의해 제조된 목장생산 치즈와 산업화 이후 자동화 기계와 대량생산체제로 제조하는 공장치즈, 산업형 치즈(Industrial cheese)와의 태생적 차이를 설명하는 말이기도 하다. 2014년, 한국에서도 이제 비로소 전통적 자연 치즈의 제조방식을 따르는 목장치즈가 진정한 한국치즈 시대의 여명(黎明)을 밝히고 있다. 인류가 산업화과정을 거치면서 대량생산과 대량소비의 홍수 같은 시대를 점차 벗어나 예전 농경사회 문화의 복고주의 시대로 접어들자 새 시대에 맞는 각종 경향들이 봇물처럼 몰려오고 있다.

1) 본 치즈에 관한 자료는 협회 기관지인 [월간 낙농육우]의 2010년 8월호(통권 340호)에 게재된 필자의 특집기고 자료인 [바람직한 목장유가공의 진행방향, 78-104쪽의 내용을 참고하시기 바란다.

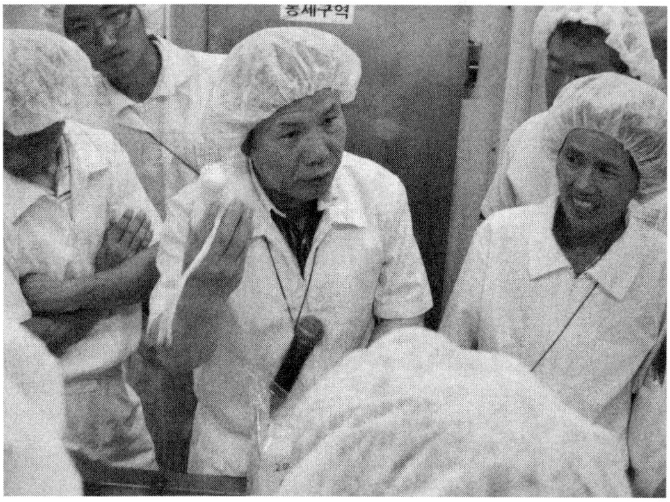

이제 한국에서도 정통 자연 치즈를 즐길 수 있게 되었음에 자부심을 갖자.

2. 동 향

1967년 지정환 신부에 의해 소개된 한국의 자연치즈 분야는 1998년 순천대 농가형 유가공 워크숍이 열리기까지 동면중에 있었다. 그러다가 2003년부터 시작한 목장유가공교육과정을 수료한 이들이 목장에 공방을 만들고 처음에는 요구르트를 제조 판매하는 단계에서 지금은 72개 목장 유가공장들이 활발하게 체험낙농, 치즈제조 판매에 이르는 단계로 발전하고 있다. 2005년 무렵의 초창기에는 소비자가 선호하는 스트링, 모짜렐라, 퀘소블랑코 류의 신선치즈 제조가 주류를 이루다가 최근에는 소비자들이 찾기 시작

참살이(Well-being), 로하스(LOHAS), 그린슈머(Greensumer), 슬로우 시티와 푸드(Slow city & Food), 로칼 푸드(local food) 푸드 마일리지(Food Mileage)가 그러하다. 모두 하나같이 옛 농경문화로 회귀하는 것을 의미하는 말들인데 이 경향이 오늘날 진정한 치즈문화와 접목되어 있다.

〈표 1〉 한국 목장 치즈제조 동향

〈자료〉 순천대학교 부속 소규모유가공연구센터

제조목장 수	치즈 종류	월간 평균생산량	주요판매처
40/72 (55.5%)	가우다, 베르크, 모짜렐라, 스트링 틸지터, 아펜젤러	약 9,850kg (평균 246.25kg)	로컬 푸드, SNS, 생협, 농협, 백화점

본고에서 제시한 목장 치즈제조 동향 표는 우리나라 유업통계 중 최초로 제공되는 것이다. 우리 연구소 연구원들이 현재의 72개 목장 유가공장들에 일일이 전화 문의하여 얻어낸 자료이기 때문이다.

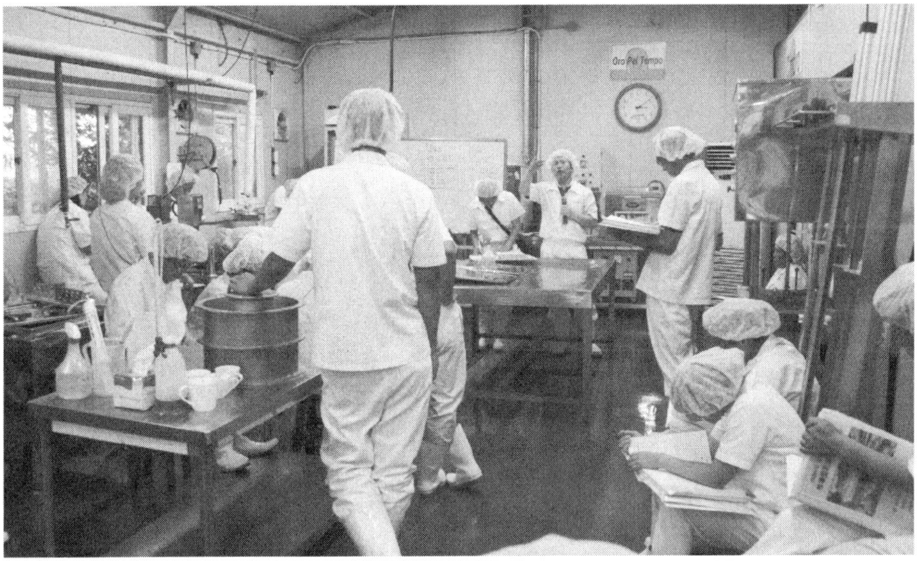

한 숙성 치즈 쪽으로 점차 제품군이 옮겨가고 있는 중이다.

3. 과 제

우리 목장 치즈는 멍석이 필요하다. 목장 치즈 생산자 입장은 맨 땅에 헤딩하는 무모함의 대가를 치를 여유가 없기 때문이다. 지금 목장 유가공장을 갖춘 분들은 치즈제조 기술과 의욕이 있지만 그들로 하여금 치즈를 만들게 할 희망과 확실한 동인(動因)이 주어져야 한다. 그 동인은 정부와 지자체 그리고 생산자 조합이 제공해야 하는데 그 당국자들의 눈이 열리고 의식과 인식의 전환이 되어야 한다.

첫째는 치즈에 대한 인식전환이다. 치즈는 쌀을 대체할 수 있는 식량자원이다. 모든 식품 소비재 중에 치즈만이 소비증가도가 연 평균 13%증가로 제일 높다. 둘째, 치즈는 신세대로부터 노년층에 이르기까지 가장 선호하는 식품이요 외식 자재이다. 그만큼 시장 잠재력이 높다. 셋째, 세계 연간 치즈 생산량은 2천만 톤인데 그 중 교역량은 2백만 톤, 즉 10%에 지나지 않아서 얼마든지 품귀, 가격앙등, 무기화가 될 소재이다. 외화를 갖고도 구매를 못할 수 있다. 반대로 우리가 수출할 시장 하나가 열려 있

기획특집

다. 넷째, 치즈만큼 저장성이 좋은 식품소재는 없다. 100년 이상 저장이 가능하다. 그래서 우리 식량안보의 보루가 될 수 있고 통일대비 식량자원이 될 수 있다. 이러한 존재인 치즈를 크게 두 분야에서 생산 보급, 그리고 식량으로 보유해 나가기 바란다.

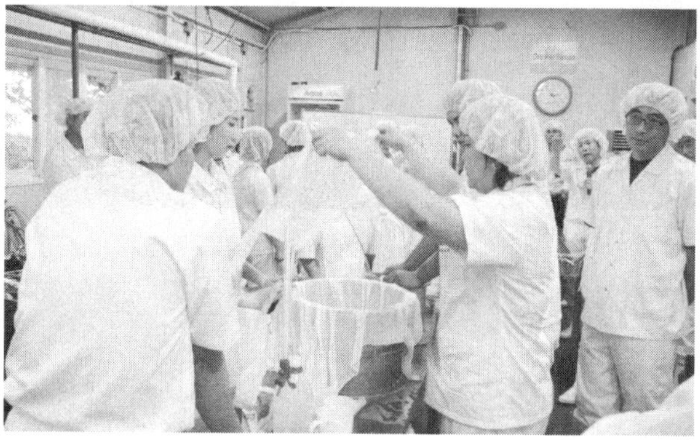

첫째, 유업 체들에게 치즈를 생산할 시설과 재정적 지원을 해서 치즈 대량생산을 견인하게 한다. 둘째, 목장들이 치즈를 생산할 수 있는 제도와 지원을 해야 한다. 왜냐하면 낙농가의 잉여 원유문제, 계절초과 원유문제를 일거에 해소하면서 식량자원으로 보유할 적재이기 때문이다. 그러려면 먼저 원유가의 국제가격대 지원이 필요하고 당국의 수매제도가 필요하다. 국가당국은 통일기금이나 축산발전기금, 치즈기금으로 이를 수매하여 1) 통일대비 식량으로 비축 2) 급식과 외식 산업체에 보급 3) 수출품으로 육성하는 것이 필요하다. 국제원유시세로 만든 우리치즈가 당연히 국제경쟁력이 있다. 알고 보면 치즈는 우리 낙농업의 지속발전 가능한 대책이다. 치즈는 우리의 새로운 영토이며 식량보급원이다. 우리 정부나 조합들은 이를 결코 외면하지 말아야 한다. 지난 5천 년간 쌀이 우리민족을 보존했다면 미래 5천년은 치즈가 먹여 살릴 것이기 때문이다!

기획특집

소비자에게 다가서는 목장유가공

한국에서의 목장유가공은 무엇일까?

현대적인 정의에 따른 낙농업은 "유생산동물을 사육하여 얻은 젖을 판매하는 농업"이다. 그런데 전통적 낙농업은 이와 다르다. **"유생산동물을 사육하여 젖을 생산, 가공 판매하는 농업"**이다. 산업혁명 이전의 낙농업은 젖을 생산할 뿐 아니라, 이를 직접 가공, 판매하는 것을 포함하였다. 목장유가공이란 바로 전통적 낙농업으로 되돌아가는 형태이다.

배 인 휴 교수
순천대학교
동물자원과학과

암담한 낙농업의 미래를 꿰뚫어 본 사람들이 돌파구와 확신에 찬 대안을 찾아 완성해 나가는 노력이 있어왔다. 과거 유업체에만 기대어 왔던 낙농을 이제 목장주가 스스로 꾸려 나가자는 각성(覺醒)이 일어난 것이다. 1998년부터 일부 소수의 낙농가들이 순천대학교 유가공학 실험실에 모여서 격주로 실시했던 [농가형유가공워크숍]과 2003년부터 현재까지 진행 중인[목장형유가공교육]이 그것이다. 이 목장유가공의 원조 격(元祖 格), 발원지 같은 순천에서의 사건은 자구책을 찾아 미래의 낙농을 위해 낙농가들이 나선 일이고 이론과 실습을 겸한 목장유가공 기술의 공부를 통해 실천에 옮긴 뜻 깊은 운동이었다. 이제 한국 목장 유가공은 대한민국 낙농산업의 발전을 이끌 또다른 열쇠요, 생산자 자강운동으로 인식되고 있다. 본고에서는 현재 성장 중인 목장유가공 사업이 소비자와 함께하는 길에 대해 정리하여 새롭게 꿈을 꾸는 목장주들에게 다소나마 도움을 주고자 한다.

동향

1998년에 처음 시작된 한국 목장유가공 교육은 2014년 말 추계로는 1,500여명 이상의 낙농가들이 이수한 것으로 보인다. 지역별 목장 유가공장은 경기도와 전라북도에 많고 어떤 지역은 희소하기까지 하다.

이는 목장유가공교육과정을 수료한 이들이 많은 지역에 많고 낙농업에 대한 지방정부의 육성지원상황과도 관련이 있다. 자기 목장에 공방을 만들고 유제품 생산과 판매에 나선 곳은 103

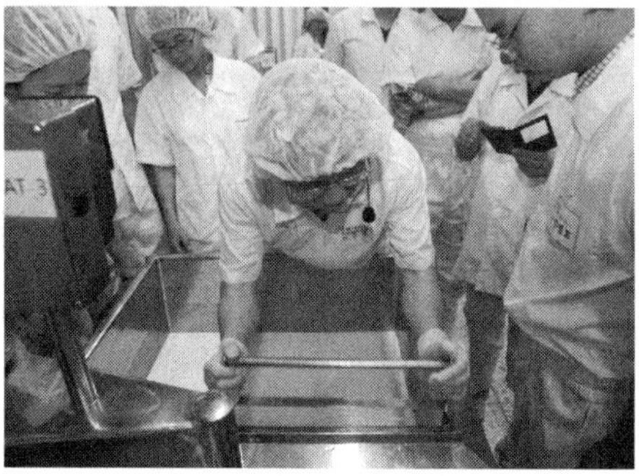

개소이고 준비 중에 있는 곳도 46개소에 이른다. 필자의 예상으로는 2020년까지 300여 개소가 활동할 것으로 본다.

소비자가 함께하는 목장 유가공 체험목장 사업의 길

| 소비자가 목장을 찾게 된 이유를 알자!

착유 위주의 낙농 시절, 과거에는 낙농가와 소비자 간의 만남 소재가 없었다. 목장주가 소비자를 만난다는 것은 상상할 수 없는 일이었다. 그러다가 목장 유가공장이 설립되고 목장유제품이 생산 판매되면서 소비자들은 의구심 반 호기심 반으로 목장을 찾아오겠다고 손짓 했다. 목장 유가공장은 낙농가와 소비자 간의 소통공간으로 거듭났고, 마침내 낙농체험의 발단과 효시가 되었다. 낙농체험목장(체험목장)이 바로 소통의 현장이 되었다.

체험목장 수는 2004년부터 낙농진흥회가 육성지원한 보람이 있어서 2015년 6월 현재 예비인증목장까지 합하면 인증된 낙농체험목장은 총 30곳에 이른다. 좀 더 깊이 들여다봐야겠지만 대부분의 목장 유가공장들이 체험목장을 한다. 소통이 영글어 가면서 낙농가와 소비자 간에 견고한 공감대가 형성되기에 이르렀다. 공감대는 곧 신선하고 안전한 유제품을 이웃과 자식, 손자들에게 공급하고자 하는 마음의 융합이었다. 목장유가공을 통해 낙농가와 소비자가 하나로 융합되는 낙농혁신이 벌어진 것이다.

❙ 소비자의 니즈(Needs)를 읽어내고 변신을 거듭하자!

수시로 변하는 소비자들의 니즈를 알아내어 변하지 않으면 소비자들은 목장에 오지 않는다. 타성에 젖어 관습과 관행을 숭상하는 체험목장에는 소비자가 찾지 않는다는 냉엄한 현실을 망각해서는 안 된다.

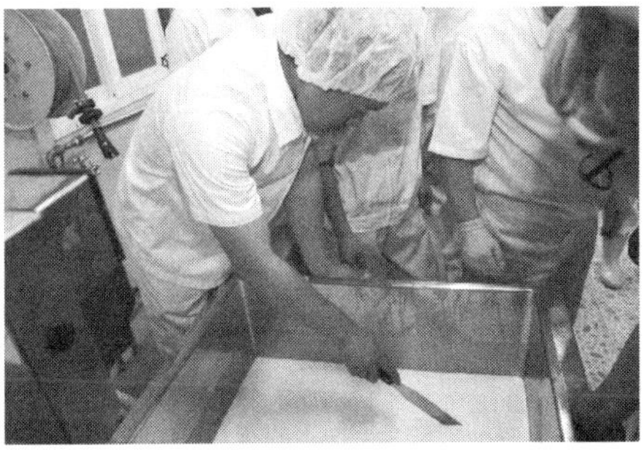

❙ 영업활동은 하지 말자!

소비자들이 목장주의 자신에 대한 태도를 알아차리는 눈치단수가 거의 신의 영역에 가깝다. 목장주가 영업적이고 직업적이며 어느덧 사무적인 태도가 나오면 소비자는 바로 등을 돌린다. 도시적 삶에 지친 소비자는 상업적, 직업적, 사무적인 사람들을 만나러 목장에 오지 않았다. 이런 자세나 태도가 전혀 배제된 가족의 체취가 물씬 풍기는 목장만을 찾아 간다는 사실을 결단코 잊지 말자. 문제는 마음의 기본적인 자세이지 목장시설이나 규모가 아니다.

❙ 따뜻한 가슴, 마음을 찾아 헤매는 소비자를 이해하고 껴안자!

삭막한 환경에서 시달린 도시민들의 가슴은 상처투성이다. 이런 이들에게는 마음의 상처를 싸매고 치유할 곳을 찾아 목장으로 온다. 이들의 사연을 들어주고 공감하며 고개를 끄덕여 주는 것만으로 그들은 치유가 되고 재충전이 된다.

❙ 감동을 한 아름 안겨 보내고 다시 찾는 그리움으로 남자!

목장을 찾은 소비자에게 어떻게 하면 감동을 듬뿍 심어주고 다시 찾게 만드는 목장이 될 것인지 고민하고 자신의 마음부터 비우자. 고객에 대한 개별 관리차원에서 사전안내와 사후관리를

하여 든든한 유대를 맺고 다시 찾고 싶어지는 그리운 목장으로 각인시키자. 사람의 인연은 부지런히 가꾸어야 유지되는 것이지 그냥 버려두어도 이어지는 것이 아니다. 결국 의미 있는 만남이 지속적으로 이루어 져야 인연이기 때문이다.

| 목장유가공의 특별 시장, 충성고객은 바로 가족이 된 소비자이다.

도시민들은 풍경이나 시골 경치를 구경하려고 목장을 찾는 것이 아니다. 목장을 보러 왔고 가족 같은 목장 사람들을 만나려고 찾아오는 것이다. 그들을 가족처럼 대하고 손님이나 영업고객으로 대하지 말아야 한다.

이렇게 목장의 가족 일원이 되고자 찾아오는 소비자를 가족으로 맞이하면 그들은 스스럼없이 어느새 그 목장의 충성 고객이 되어 있다!

| 유기농으로 차별화해야 생존한다.

소비자가 바라는 최종 목표는 목장의 유기농 유제품과 유기낙농체험이다. 단언컨대 앞으로의 목장유가공은 유기낙농으로 차별화된 목장유가공장과 일반목장유가공장으로 크게 나뉠 것이다.

| 배움과 느낌을 강하게 심어 줄 인문학 인성교육 테마를 확보하자.

인성 교육, 인문학 강좌가 주목을 받고 있다. 목장을 찾는 소비자들에게 자기 지역과 연관된 인문학 강좌를 넣고 인성교육과정을 넣어 보라. 부모들이 가르칠 수 없는 영역을 목장이 맡아 준다면 그 목장에 자녀들을 보내지 않을 부모는 없을 것이다.

결론, 그리고 제언

목장유가공은 한국낙농의 혁신을 기약하고 지속가능성을 담보하는 새로운 지평(地平)임에 틀림없다. 그러나 소비자가 등을 돌리면 이일은 물거품처럼 쇠잔에 빠질 위험한 일이기도하다. 목장유가공/체험낙농의 3대 근본은 1)사람(목장 주와 소비자) 2) 가족주의(농심 정신) 3) 소규모(공장과 방문객)에 있다. 이러한 근본을 떠나는 순간 목장유가공의 찬란한 의미도 사라질 것이다. 그러니 이에 자신이 없고 적성이나 성품에 안 맞으면 아무나 나서지 말아야 한다.

먼저 목장 유가공이 소비자들에게 주목 받는 이유를 알면 답이 보인다. 첫째는 목장유가공 제품이 식품 안전성에 대한 신뢰를 갖고 있다고 보는 것이다. 둘째, 피로하고 지친 도시민, 삭막한 경쟁교육에 시달린 청소년의 쉼터(shelter)요, 재충전이 가능한 곳, 셋째, 새로운 경험과 배움터로서의 공간에 대한 기대감이다. 그러면

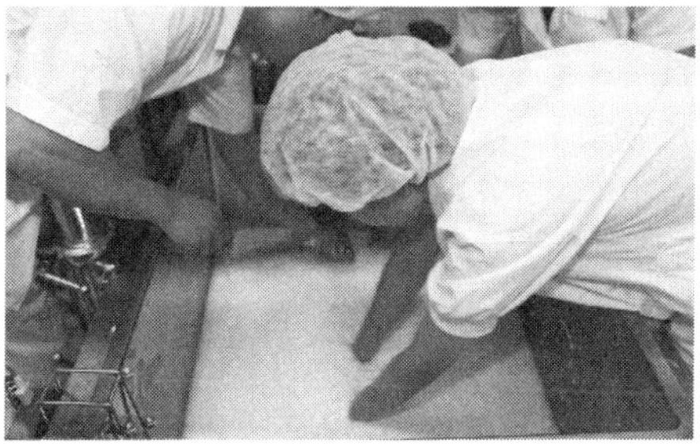

이 시점쯤에서 우리의 목장유가공/체험낙농이 이에 대한 충족과 답을 주었는지의 심각한 검토가 필요하다. 필자는 목장들이 생소한 일을 서툴게나마 잘 이어 왔고 소비자들도 너그러이 견뎌왔지만 소비자들의 매서운 눈초리와 예민한 감각은 거두지 않았다. 그나마 이제껏 이어 온 목장유가공/체험낙농의 경험들을 기반으로 차원을 달리하고 단순성에서 다양성을 부여하는 특단의 조치를 조속히 취해가야 할 것이다.

일회성 체험행사들은 지양하고 속 깊은 테마와 프로그램들의 개발이 중요하다. 우선 치즈 늘여 트리기 같이 뻔한 프로그램은 당장 그만두는 것이 좋겠다. 차라리 송아지 젖 먹이기, 조사료 주기, 착유하기 같은 단순체험은 견학으로 대체할 것을 권한다. 유제품 하나를 가지고도 손수 제조과정을 경험하게 해야 한다. 버터, 아이스크림, 요구르트, 신선/ 숙성치즈와 같은 유제품 제조체험, 숙성치즈 제조와 숙성 후 찾아가기, 각종 치즈요리 같은 알찬 프로그램들로 바꾸어야 한다. 엄중한 소비자대상 목장유가공/체험낙농은 이제 기로에 서 있다. 소비자로부터 지속적인 사랑을 받느냐, 아니면 차디찬 외면을 당하느냐이다. 이 문제의 답은 전적으로 목장유가공/체험낙농을 설립 운영하는 낙농가의 마음자세, 마음 고쳐먹기에 달려있다. 목장유가공/체험낙농 운영 낙농가들의 건투를 빈다!

목장유가공을 통한 낙농업의 6차산업화, 이래야 된다.

배인휴 교수
국립순천대학교 동물자원과학과

한국 낙농업의 새로운 지평 목장유가공

한국에서 최초로 1994년에 [강성원우유]라는 "목장유가공장"이 시원(始原)을 이룬 뒤 1998년부터 순천대학교에서 개시된 [목장유가공교육]의 전개에 힘입어 2015년 12월말에는 100개소가 운영되기에 이르렀다. 참살이, 로하스, 슬로 푸드, 로컬 푸드 그리고 실버와 싱글족 시대 같은 용어는 식품에서 소량생산과 다양성, 안전성과 기능성, 그리고 인도주의적 정신과 배려를 담은 21세기형 식품을 의미한다. 유가공분야에서는 이런 용어의 진정한 의미를 담은 유제품으로 목장유제품들이 주목을 받는다. "자신이 사육한 가축으로부터 당일 착유한 원유로 당일 가공하여 제품화한 유제품" 이것은 미국 치즈협회(ACS)가 주창하는 [목장유제품]의 정의이고 영국에서 1970년대에 출발한 'Real milk'운동과 맞닿아 있는 개념이다. 그동안 한국의 소비자들은 이렇게 목장에서 신선한 원유로 직접 손수 제조한 유제품이 있을 거라는 상상을 해 본적이 없었다. 그런데 이 나라에는 100개가 넘는 목장유가공장들이 가동 중에 있고 이 기세대로라면 10년 뒤에는 2천개가 넘는 목장유가공장들이 낙농업이 진행되는 지역마다 자리잡을 것으로 전망된다. 이미 유업체들도 이런 목장유제품 유형의 유제품을 벤치마킹하여 신제품인양 소비자들을 자극했고 대형 매장들과 백화점들이 목장유가공업체들을 초청한 소비자대상 즉석가공, 판매코너를 제공하자 소비자들의 반응이 의외로 긍정적인데 주목하고 있다. 이것이 우리 곁에서 일어나고 있는 낙농산업의 변화의 증거이다. 목장유가공은 소비자들의 왕성한 호응에 힘입어 자라고 있다.

낙농업의 6차산업화 길목에서

한국의 1차산업 농업분야에서 '융복합적 경영영역' 확장, 즉 6차산업화에 가장 먼저 나서 준 분야는 낙농업일 터이다. 그런데 막상 이렇게 선구적으로 뛰어든 낙농가들이 6차산업화의 기본 틀을 갖추어 가며 거의 창조적인 일들을 꾸려 나가는 일이 결단코 쉬운 일도 즐거운 일도 아니라는 사실이 드러나기 시작하였다. 대담하고 즐겁게 나선 길목에서 이들을 가로막는 뜻밖의 복병들이 숨겨져 있다는 것이 발견되면서이다. 낙농 6차산업화의 동력공급원이자 견인차격인 목장유가공의 진로에 의외의 난관들이 돌출한 것이다.

그것은 너무 경직된 규제들의 출현이다. 규제자체가 필요 없는 것이 아니다. 규제개혁을 하되 풀 것은 과감히 풀어서 그 분야가 유지 발전하는데 필요한 기본적인 규제는 반드시 유지해야 한다. 이를테면 주정차에 대한 규제를 없앴을 때의 아수라장이 되어 있는 주차장을 상상하면 된다.

단순 농업이 아닌 복합 농업인 낙농업이 선두에 서서 6차산업화를 하겠다고 나선 데에는 그 배경이 있었다. 낙농가들은 먼저 깨끗한 목장 가꾸기 운동을 벌이고 목장에 도시민들이 와도 되는 아름다운 경관 조성과 어메니티(Amenity)를 조성했다. 그러면서 목장 방문의 날 행사와 낙농 체험목장 운동을 했다. 이윽고 그들 중에 먼저 눈뜬 자들이 목장유가공을 시작했다. 그리고 낙농체험에 목장유가공을 접목시킨 것이다. 낙농체험, 목장체험이 자연스럽게 팜스테이(farm-stay), 체험학습, 치즈 만들기와 우유. 유제품 요리까지로 진화를 한 것이다.

여기까지 오는데 지름길을 거치지 않고 온갖 규제와 법규를 온전히 따랐고 또한 당국에서도 심했으면 심했지 융통성을 보여준 일이 없다. 그리고 진정으로 목장유가공을 하는 분들은 여전히 준법과 규제지킴이에서 소홀함이 없었다. 다만 지나온 길에서 고통스럽고 지금은 더욱 가중되어 억누르는 일이 하나 있으니 대기업에 적용하는 법규와 규정들을 지켜내야 한다는 점, 맞지 않은 옷을 입고 한참을 지나왔던 점이다. 그도 이해하는 것이 이 나라에 목장 유가공이라는 영업단위가 없었고 오직 대기업을 대상으로 제정한 농축산식품부시절의 축산물가공처리법, 요즘은 식약처의 축산물위생관리법만 있었던 탓이다. 그래서 그 영역을 하나 신설해 주고 그 현장상황에 맞게 규정을 개정해주면 목장유가공이든 낙농체험이든 당사자들은 잘 준수할 자세가 되어 있다고

1) 참고 : 食品の製造、販賣、處理業の許可·保健所 – Biglobe www5b.biglobe.ne.jp/~ida-t/0testo10.htm및 http://masdac.co.jp/solution/foodfactory/foodfactory00d.html

특집

본다. 그러니 당국자들은 6차산업화 일선에 뛰어들어 열심히 종사하는 낙농가들을 이상하고 귀찮은 대상으로 바라보지 말기를 당부 드린다. 그들은 농심이 풍부한 애국자요 성실한 생산자들이다.

낙농 6차산업화를 위한 규제개혁과 현장애로해소에 대한 제안

여기서 다시 한 번 주목할 사실은 목장 유가공에 관련된 규제를 개혁한다는 것이 이상하고 생소한 이야기일 수 있다. 왜냐하면 그동안 목장유가공에는 규제가 없었다. 대기업형 유업체를 대상으로 하는 규제나 법규는 잘 되어 있었어도 목장유가공이나 소규모 유가공 사업에 대한 규제, 법규자체가 존재하지 않았기 때문이다. 애당초 목장유가공이란 분야가 우리나라 법제도상 전혀 없었던 사안이다. 문제의 출발은 대기업을 대상으로 하는 규제를 목장유가공과 같은 소규모업체에 그대로 적용하다 보니 목장유가공 당사자들에게 엄청난 고통일 뿐이었다. 규제개혁을 하려 들지 말고 처음부터 영업 분야 항목하나를 '소규모 목장유가공'으로 신설하여 그에 맞는 규정과 규제를 창설해야 딱 들어맞는 이야기이다. 가까운 일본의 경우 아예 대기업체와 소규모 업체에 적용하는 법체제가 다르다고 한다. 필자는 목장유가공의 규제개혁에 관련하여 몇 가지 제안을 해 두고자 한다.

■ 관할기관의 변경

목장 유제품은 농산가공품이므로 식약처 관할에서 벗어나 농축산업 주무관서인 농축산식품부 관할로 되돌려 놓는 것을 고려해 주기 바란다. 농산물인 원유를 축산현장에서 가공하는 목장유가공의 규제를 식약처로 위치 이동시킨 것은 잘못 채워진 단추이며 그만큼 농축산식품부의 업무가 잘못 해석되고 잘못 이관된 것이다.

나아가 목장유가공장도 제2근린사업장으로 건축되어서는 안 되고 축산법에 의한 동물사육장인 목장부지에 건축되는 '축산물가공시설'로 건축되어야 한다.

■ 자연치즈 원료유 차등가격제 적용

우리의 가공원료유 차등가격 지원제도에서 목장 유가공장이 자연 치즈를 제조할 때 대기업에 주는 것과 동일한 차등가격 지원을 받아 국제경쟁력 있는 자연 치즈를 목장에서도 제조 · 판매할 수 있게 해야 한다. 이번에 필자가 파악한 바로는 일본의 경우 자연치즈제조 원유 100㎏/일부터 가공원료유 차등 지원을 하고 있었다.

■ HACCP 인증제도의 철회

HACCP 인증은 목장유가공장 같이 소규모인 경우 면제해 주는 것이 타당한 일이다. 로컬 푸드로 팔리는 목장유제품, 종업원 1~2명인 소규모 업체, 세계 최고의 원유(세균수103/cfu/㎖ 정도)

로 정성껏 만드는 제품에다 선진국들이 대기업체에나 요구하는 HACCP인증을 적용하는 것은 무리한 요구가 아닌가. 그래서 일본에서는 의무조항도 필수조건이 아닌 선택조건이다. 무수한 규정 준수와 주기적인 교육, 문서기록보관을 해야 하는 HACCP인증이 1~2인 기업체에게 너무 가혹하다 해서 일본에서는 인도주의(Humanities)적인 고려와 소규모기업 육성의 배려 차원에서 면제해주고 있다. 미국은 소규모 유가공장 제품인 경우 영양성분표 부착까지도 면제할 정도로 세심하게 배려하고 있다.

앙코르를 위한 목장유가공 낙농가들의 자세, 태도 그리고 초심견지의 결말

이제 낙농가들에게 당부 드린다. 낙농가들은 6차 산업, 나아가 목장유가공을 통한 그 무엇을 이루어 보겠다는 목표가 없어야하고 그러한 시도를 접어야 한다. 목장 유가공 출발의 초심, 농심정신(農心精神)으로 돌아가서 어떤 목적이 아닌 자신이 하고 싶고 그냥 좋아서 하는 일이어야 한다. 자신의 자랑스러운 목장에서 지역의 이웃들과 어울리고 방문자들과 즐길 거리의 하나로, 행복한 삶의 소재로 삼는 자세와 태도의 견지가 가장 중요한 초점이다. 정부가 도와주겠다고 나설 때 덥석 손을 잡지 말고 스스로 잘하겠다는 태도와 자세의 견지가 오히려 긍정적인 결과를 가져올 것임이 분명하다. 다음은 정부에게 말한다. 정부가 이들을 돕겠다고 나서 주지마라. 오히려 생채기만 낼 뿐이다. 간섭을 하지 말며 목장유가공업 농가에게 무리하고 불필요한 규제들을 걷어내 주고 그냥 가만 두기 바란다. 모처럼 도와주겠다는 것이 고맙기는 하지만 진실로 그들을 너무 지나치게 돕지 말고 그들이 시장원리와 자연의 순리 속에서 무럭무럭 자라도록 울타리 역할 정도로 끝내주기 바란다.

생각해 보라. 오늘의 목장유가공의 비약적인 발전과 확산은 목장유가공업 농가들들의 초심을 잃지 않은 농심정신과 자세에서 비롯된 것이다. 이제 낙농업의 아주 작은 한 모퉁이에서 시작된 목장 유가공이 다시 앙코르를 받아 들불처럼 번지고 확장되어 낙농업자들의 새로운 즐길 거리, 행복바이러스처럼 감염되어 전국에 2천개 이상이 활동하게 되는 날이 오면 국산 자연 치즈들이 수출 선박을 타고 오대양 6대주를 누비게 될 것이다.

다양한 국내산 유가공 기반 '국가 식량공급 기지' 조성해야

우리나라의 목장형유가공은 순천대학교 배인휴 교수로부터 시작되었다 해도 과언이 아니다. 배 교수는 특히 1998년 한국 최초 목장형유가공기술 교육을 시작, 현재까지 1,300여 명의 수료생을 배출하고 2011년 대한민국치즈사관학교를 운영해 낙농인 및 식품제조업 종사자들에게 유제품가공사 자격증을 안겨줬기 때문이다. 그러나 '아직 할 일이 많이 남아있다'는 배인휴 교수를 만나 한국 낙농산업과 목장형유가공의 미래에 대해 들어봤다.

순천대학교 동물자원과학과 교수

▲ 순천대 유가공실습장의 모습

친구의 제안에 우연하게 접한 낙농

"낙농업과 관련된 일을 할 거라고 생각지도 못했어요."

배인휴 교수의 계획은 1973년 순천농림고등전문학교를 졸업하고 다른 분야에서 더 공부를 하겠다는 생각에 중앙대 언론학과로 편입할 예정이었다. 당시를 떠올리며 배 교수는 "1972년 늦가을, 한 친구가 낙농학과 원서를 저에게 건네더니 자신은 다른 과를 알아보고 있으니 낙농학과를 가지 않겠느냐고 제안했다"며 "그때는 무슨 결심에 그랬는지 그 원서를 들고 건국대 축산대학 낙농학과에 지원했고, 낙농을 배우기 시작했다"고 말했다.

낙농에 대한 기대를 하며 첫 수업에 참석한 배인휴 교수는 은사인 이재영 교수님을 만났다. 배 교수는 "선생님이 들려주신 말씀이 저를 이 자리로 이끌었다"며 "바로 '미국에서 낙농업은 철강산업 다음으로 큰 산업이다'였다"고 전했다. 그 이후 배 교수는 낙농은 물론 유가공 분야에 관심을 갖게 됐고 본격적으로 공부에 매진하기 시작했다. 하지만 큰 문제는 전공 서적이 영어로 된 원서 밖에 없어 꽤 애를 먹었다는 것.

"그 당시를 떠올려보면 2학기 개강 때 선생님이 한글로 집필한 「유가공학」책을 들고 나타나셨던 것이 가장 크게 기억에 남습니다. 방학동안 쉬지 않고 저희를 위해 손수 한글로만 작성하신 것이었는데요. 그때 저도 나중에 박사학위를 받으면 반드시 우리말로 작성한 논문을 제출하고자 다짐했고, 1989년 한글 논문으로 농학박사 학위를 받을 수 있었습니다."

일본 북해도에서 접한 목장형유가공, 한국에 알리기까지

1996년도 일본 북해도 출장길에 올랐던 배인휴 교수는 놀라운 사실을 알게 됐다. 바로 북해도에만 90개의 목장형유가공장이 운영되고 있다는 것이었다. 출장을 마치고 배 교수는 과거 자료를 찾아봤고 1983년도에 일본 목장형유가공에 관해 시리즈로 작성된 기사를 발견하게 됐다. 바로 1970년대 일본정부가 목장형유가공이 미래를 이끌 산업임을 알고 농촌지도직공무원들을 스위스로 파견, 공부를 할 수 있게 했다는 것. 그리고 유학을 마친 공무원들이 본국에 돌아와 낙농가들에게 목장형유가공 기술들을 전했다는 내용이었다.

순천대학교 동물자원과학과 배인휴 교수

"한국의 성장속도라면 일본을 따라잡을 수 있을 것이라 생각했고, 그해 목장형유가공 기술교육을 위해 농림부에 관련 사업을 신청했습니다. 하지만 당시 담당공무원은 '한국에서 목장형유가공은 말도 안 된다'며 거절했습니다." '뜻이 있으면 길이 열린다'고 했던가. 이듬해 새로 부임한 순천대 사무국장이 배 교수의 계획에 대해 듣더니 3억원 가까이 예산을 확보해서 학교 부속목장에 유가공실습장을 지어줬다. 지금도 실습장에 가보면 배 교수가 그때를 기념하며 현판을 만들어 걸어놨는데, 완공된 시기인 1999년이 가운데 새겨져 있다.

배 교수는 "목장형유가공기술 교육을 시작하게 된 계기는 1995년 '낙농의 미래가 유가공에 있다' 고 말한 강연에서부터였다"며 "강연을 들었던 낙농가 몇 분이 찾아와 목장형유가공기술 교육을 받길 원한다면서 저를 설득했다"고 말했다. 이후 배 교수는 학교를 설득해 평생교육원 교육과정에 목장형유가공기술 교육과정을 개설했고 뜻을 모은 20명의 수료생을 배출했다. 바로 우리나라에 목장형유가공기술이 최초로 전파되는 순간이었다.

"이분들이 바로 지금의 저를 있게 해준 은인입니다."

우리나라 낙농은 아직 태동단계, 출산 위해 노력해야

우리나라에서 낙농의 역사는 50여 년이 되었다. 반세기를 달려왔지만 배 교수는 "아직 우리나라의 낙농은 태동단계라고 생각한다"며 "이제 출산을 위해 노력을 해야 하며 세 가지 단계를 거쳐야 한다"고 말했다. 첫째 단계는 제대로 된 우량젖소를, 최적화된 사양관리로 키우는 것. 현재 낙농가들의 평균 산차를 보면 2~3산에 그치고 있다. 하지만 젖소는 3산 이후 가장 유량이 늘어난다. 따라서 이후 8년에서 최대 12년까지 젖을 생산할 수 있도록 해야 하고, '돈 벌어주는 젖소'를 제대로 키워야 한다는 것이다.

두 번째는 낙농가의 복지를 높이는 것이다. 착유 때문에 아침과 저녁에 쉴 수 없다는 것과 퇴비문제가 낙농가의 큰 애로사항인데, 착유는 로봇착유기가 도입되어 큰 역할을 하고 있지만 퇴비의 경우 환경문제로 인해 목장의 존폐를 좌우할 수 있기 때문에 살아남기 위해서는 꼭 해결해야 하는 과제다. 배 교수는 "다음 성장단계로 넘어가기 위한 일종의 보험인 셈이다"며 "퇴비문제는 일본에 도입되어 있는 자동발효 시스템을 국내환경에 맞게 적용한다면 보다 효과적으로 해결될 것으로 본다"고 전했다.

이달에 만난 사람 ②

마지막 세 번째는 낙농이 주도하는 4차 산업이다. 하지만 이를 위해서는 정부의 지원이 필요하다고 말하는 배 교수는 "그간 정부가 조선업과 중화학공업을 위해 투자한 것처럼 낙농산업에 투자하면 된다"며 "이는 식량안보를 넘어 식량위기를 해결할 수 있는 국가 식량공급 기지를 완성시킬 것"이라고 밝혔다. 이어 그는 "이렇게 발전한다면 비로소 출산단계에 이르렀다고 할 수 있을 것이다"며 "현재 국민식량의 기반이 탄수화물에서 단백질과 지방으로 기울고 있고 이에 맞는 가장 완벽한 식품이 바로 유가공으로 탄생하는 치즈"라고 답했다.

치즈의 경쟁력을 키우려면 한국형 치즈개발을 지속 추진해야

배 교수가 제시한 치즈가 경쟁력을 가지기 위한 방법은 한약재를 사용해 '약치즈'를 만드는 것과 우리나라에서 약주라고 부르는 전통주들을 활용하는 방안이다. 과거 실험한 결과에 대해 배 교수는 "약주의 좋은 성분들이 치즈와 만나 숙성될 때 큰 시너지 효과를 내는 것을 확인했다"고 말했다.

"외국 치즈제조 방식의 한국화도 중요합니다. 과거 경험을 살펴보면 외국 치즈제조 방식을 따라

▲ 치즈관련 원서들

▲ 배인휴 교수가 한약재들에 대해 모은 자료들을 소개하고 있다

하다가 실패를 많이 했습니다. 그 원인이 무엇일까 고민해보니 바로 환경과 재료의 문제였다는 걸 깨닫게 됐어요." 외국에서 사용하는 원유와 자연풍토는 한국과 너무나도 다르다는 것. 배 교수는 이런 부분들에 대해 보다 심도 있는 연구들이 진행된다면 한국산 치즈가 세계시장으로 진출할 기회가 반드시 올 것이라고 전망했다.

한국 낙농 발전을 위해 계속 헌신하겠다

"저를 통해 목장형유가공을 배우고 자기만의 영역을 개척해나가고 있는 분들이 저에겐 큰 상이자 '행복비타민'이라고 생각합니다. 특히 제가 만난 전국 150개 목장형유가공 목장주들이 열정적으로 유제품을 제조 판매하면서 꾸준히 연락해 안부를 묻거나 궁금한 점을 문의해올 때 큰 행복을 누리고 있으니 말이죠."

배인휴 교수가 한국에 전한 목장형유가공을 통해 낙농업이 한단계 도약하는 발판이 마련됐고, 앞으로 또한 어떻게 변화될지 모른다. 이듬해 2월 정년을 앞둔 배 교수. 또 하나의 새로운 길을 향해 나서는 그의 발걸음을 응원해본다.

순천대학교 배인휴 교수는 우리나라 목장 유가공기술 보급의 대부다. 1997년 유가공기술 교육을 시작해 현재까지 1000명이 넘는 제자를 양성했다. 한·뉴질랜드 FTA 체결 이후 낙농업의 위기의식이 커진 지금, 그가 생각하는 낙농업의 미래에 대해 들어봤다. 글 이나영 · 사진 김석호

순천대학교 동물자원과학과 배인휴 교수

“농촌융복합산업화로 낙농업이 국민의 삶 속에 안착하길”

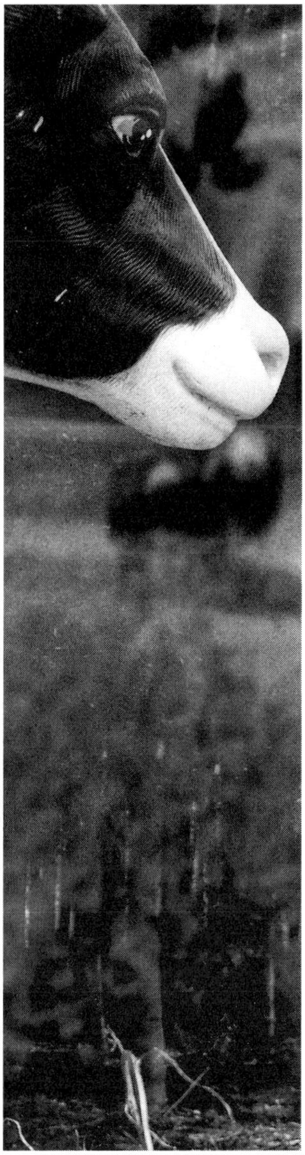

목장 유가공기술 보급의 산실을 열다

1997년 7월 순천대학교 낙농학과 실험실에서 치즈 만들기 실습이 진행됐다. 우유를 데우고 레닛을 첨가하는 작업에 이어 체에 걸러 굳히는 작업이 이어졌다. 실습에 참여한 인원은 모두 15명. 그 가운데는 경기 여주 은아목장 조옥향 대표(전 한국목장유가공연구회장)도 포함됐다.

국민 1인당 치즈 소비량이 0.29kg에 불과했던 당시(2013년 기준 1인당 치즈 소비량은 2.2kg). 이 워크숍은 우리나라 목장 유가공 교육의 작은 태동을 알리는 것이었다.

"1990년 스위스 연방공과대학(ETH) 연구직으로 파견됐을 스위스 치즈 마을을 시찰한 적이 있습니다. 농부가 치즈 장인이 되어 치즈산업을 일궈온 현장을 보면서 깊은 인상을 받았죠. 이후 1995년에 국내 낙농기술자협회 초청 강의에서 스위스 치즈마을 이야기를 전했는데, 나중에 몇몇 낙농가들이 연락을 해왔어요. 우리도 치즈를 만들어보고 싶다는 거였죠."

순천대학교 동물자원과학과 배인휴 교수(63)는 낙농가들의 요청을 받아들여 1997년 워크숍 형태로 유가공 교육을 처음 진행했다. 이듬해에는 학교의 승인을 받아 20㎡(약 6평) 규모의 유가공장을 짓고 교육을 계속했다.

"당시 낙농가들이 유가공에 관심을 가졌던 이유는 지금과 다르지 않아요. 잉여 원유로 고부가가치를 만들어내자, 우유 생산에 머물지 말고 미래를 준비하자는 것이었죠."

배 교수는 2003년 순천대학교 평생교육원장으로 취임하면서 목장 유가공 교육을 평생교육원 과정으로 편성했고, 현재까지 동 과정을 직접 맡아 가르치고 있다. 현재 순천대학교에서는 매년 6~7월에 목장 유가공 교육 과정과 9~10월 치즈사관학교(치즈 전문가 육성반) 과정을 운영하고 있다.

1000명 넘는 제자 양성, "말 잘 듣는 학생 기억에 남아"

지난 18년간 배 교수로부터 유가공 기술을 배운 학생들의 숫자는 공식적으로 988명이다. 하지만 외부 워크숍이나 특별교육을 포함하면 그 숫자는 이미 1000명을 훌쩍 넘는다. 또한 국내에서 목장 유가공을 하고 있는 낙농가(약 100가구 내외 추산)의 99%는 배 교수의 제자라 해도 과언이 아니다. 그렇게 오랜 기간 가르쳐온 수많은 제자들 가운데서 특별히 기억에 남는 제자는 어떤 사람들일까?

"제가 교육하면서 항상 빼놓지 않고 말하고 강조하는 사항이 있어요. 목장 유가공의 목표는 유가공으로 수익을 올리는 데 있지 않다는 것이죠. 목장을 성실하게 경영하는 것이 가장 우선이고 유가공은 목장을 더욱 안정

적으로 운영하기 위한 방법이 돼야 합니다."

배 교수는 학자이자 교육자로서 '말을 잘 듣는' 학생이 가장 기억에 남는다고 말했다. 그에 따르면 전북 군산 백인관광농원 최민호 씨(웃담 요구르트), 전북 남원 안터원목장 황형연 · 이선자 씨(하먼치즈), 남원 희망씨앗농장 정영학 씨 등이 '말 잘 듣는' 학생들이다.

이들은 컨테이너와 창고를 개조하는 방식으로 10~30㎡의 소규모 유가공 시설을 만들고, 목장 경영에 주력하면서 유가공을 접목한 이들이다.

"저는 학생들에게 영업이나 마케팅은 가르치지 않습니다. 우리 목장의 남는 우유로 맛있는 치즈를 만들어서 가족과 이웃과 나눠 먹는 '농심정신' 으로 출발하라고 가르치죠."

따라서 배 교수는 돈을 벌기 위해 유가공을 하지 말라고 강조한다. 좋은 치즈를 만들면 소문이 날 것이고, 소비자들이 주문을 해오면 그에 맞춰서 유제품을 만들어라, 유가공품 판매를 목적으로 물건을 쌓아놓고 파는 것은 잘못된 접근이라는 것이다. 하지만 그의 가르침을 전적으로 따라주는 사례는 그리 많지 않은 것 같다고.

해외 치즈 장인 초청 특강 진행하며 어려움 겪어

한편, 유가공기술 보급을 위해 노력해오는 과정에서 어려움도 겪었다. 특히, 외국의 치즈 장인을 초빙한 국내 특강을 마련할 때마다 번번이 난관을 겪어야 했다.

배 교수는 캐나다 궬프대학 식품과학과 교수인 아트힐 교수와 일본의 치즈 명인 가와구치 오사무, 독일 치즈 마이스터인 정용삼 씨 등을 초청해 여러 차례의 특강을 진행했다. 그런데 수강료 부담 때문에 막상 교육에 참여하는 인원이 많지 않았고, 강좌를 진행할 때마다 막대한 적자가 발생했다.

배 교수는 이런 손실을 메우기 위해 말 못할 고생을 하기도 했다고. 하지만 2004년부터 최근까지 총 14회나 해외 치즈장인 초청 강연을 마련하면서, 국내 낙

1 "유가공은 목장을 더욱 안정적으로 운영하기 위한 보조 수단이어야 한다"고 강조한다. **2** 한지로 싼 숙성 치즈. **3**순천대학교는 1학기 목장 유가공 교육과 2학기 치즈 전문가 교육을 실시한다. **4,5** 1997년 유가공기술 교육을 시작 후 19년간 1000명이 넘는 교육생을 배출했다.

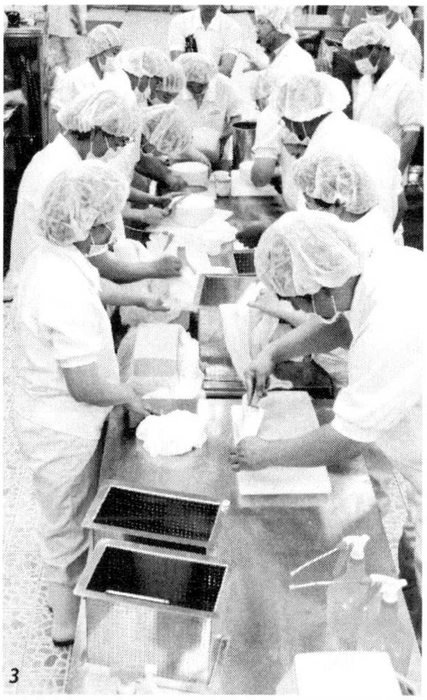
3

농가에 더욱 깊이 있는 교육의 기회를 제공하기 위해 노력해왔다.

"위기의식 떨치고 국민의 삶에 더 가까이 다가가야"

"목장 유가공기술에 관심을 갖는 교육생의 수는 원유값과 상관관계가 있습니다. 원유값이 안정적이면 교육생 숫자가 줄고, 원유값이 불안하면 크게 늘어나죠."

세계 최대의 낙농 강국인 뉴질랜드와의 FTA가 체결되면서 낙농업의 위기의식이 매우 커진 지금은 어떨까?

배 교수는 "2014년 두 번의 교육 과정 모두 정원을 초과해 조기 마감되었다"며, "농가의 불안감이 크다는 반증이겠지만 무조건 두려워할 것은 없다"고 말했다.

"쇠고기 수입 전면개방이 결정됐을 때를 생각해보세요. 그때는 마치 한우산업이 완전히 붕괴될 것처럼 걱정이 태산이었죠. 하지만 지금 한우산업은 여전히 건재합니다. 그런데 그 과정에서 한우산업의 위기 극복을 위한 매우 좋은 아이디어가 하나 나왔는데, 그게 바로 한우정육식당입니다."

4

5

배 교수는 "소비자들이 한우고기를 직접 골라 유통비용 없는 싼 가격에 먹을 수 있도록 하면서 소비가 큰 폭으로 늘었고 지지기반도 넓힐 수 있었다"며, "낙농업에서도 이와 같은 돌파구가 마련돼야 한다"고 말했다. 또한 그 돌파구의 하나로 농촌융복합산업화를 들었다.

"농촌융복합육성지원법이 올해 6월 4일부터 시행됩니다. 1차 생산에 2차 가공과 3차 서비스를 결합하는 것인데 축산업 분야에서는 낙농업이 가장 유망합니다. 목장에서 만든 신선한 유제품을 더 많은 국민들에게 공급하고, 생산현장을 체험 · 교육 · 휴양의 장으로 연계한다면 낙농업이 국민의 삶 속으로 더욱 친숙하게 자리 잡을 수 있을 것입니다."

한편, 3년 후 정년퇴임을 앞두고 있는 배 교수는 퇴임 후 '대한민국 1호 치즈학교'를 만들고 싶다고 말했다. "평생 학생을 가르쳐온 교육자로서 기회가 주어진다면 치즈학교를 운영해보고 싶어요. 보다 체계적이고 깊이 있는 유가공기술을 전수하면서, 국민들에게 '우리 우유(K밀크)로 만든 우리 유제품이 최고'라는 인식을 심어줄 수 있도록 기여하는 것이 제 꿈입니다."

소걸음(牛步) 목장치즈, 그래도 내일은 있다.

배 인 휴
순천대학교 동물자원과학과 교수

최근 몇몇 축산전문지에서 우유자급률이 50%대까지 추락했다고 「심각한」 표정의 보도를 내놨다[1]. 여기서 「우유자급률」이란 말은 틀렸다. 지금부터 우리는 「치즈자급률」을 말해야한다. 「치즈자급률」의 의미는 수입 유제품 중 우리 낙농업에 가장 위협적인 제품이 치즈인데 국산치즈로 수입대체 시 단기간에 우유자급률을 급상승시킬 수 있다는 뜻이다. 가령 2016년 기준 치즈수입량 11만 톤은 원유환산 시 110만 톤인데 우리원유 총생산량 207만 톤의 53%에 이른다. 우리 치즈소비량 13만 톤 중 「치즈자급률」이 50%만 되어도 원유 65만 톤이 사용되어 원유자급률은 자연히 상승한다. 필자는 이미 1998년부터 낙농가를 대상으로 목장유가공 교육에 나섰다. 그동안 연 1,300여명의 낙농가들이 화답을 해 왔고 목장치즈가 우후죽순 생산되기 시작하였다. "목장치즈", 소걸음(牛步)으로 느릿느릿 걷는 것 같지만 착실히 성장하는 분야에 주목하고 육성해 나갈 필요가 있다.

---

1) 김수형. 2017. 우유자급률 '뚝뚝'··· 대책절실. 축산신문 2017년 6월 16일자 보도
2) 박원서. 박범영. 정석근. 함준상. 유자연. 김진형. 조수현. 성필남. 김현욱. 김부민. 김윤석. 2016. 산 따라 길 따라 낙농목장과 함께하는 전국여행. 농촌진흥청 국립축산과학원 축산물이용과.

한국치즈시장 개황

최근 일본의 국민 1인당 치즈 소비량은 2013년 이래 2.2㎏을 벗어나지 못하는 반면 한국의 소비량은 2011년부터 연평균 7.6%의 증가세를 보여 일본을 능가하는 2.68㎏이다. 이것도 프랑스를 비롯한 주요 치즈 선진국들의 소비량 26㎏에 비하면 1/10에 불과하지만 지난 2008년 1.47㎏이던 치즈소비량이 10여년 만에 2.68㎏에 도달한 것을 보면 소비 잠재력이 매우 큰 것이다. 여기서 우리 낙농업이 지향해야 할 이정표가 보인다.

〈표1〉 세계 각국의 연간 1인당 치즈 소비량 TOP 15 (IDF, 2015년 기준)

NO.	국가	소비량(kg)
1	프랑스	26.8
2	핀란드	26.7
3	덴마크	26.2
4	아이슬란드	26.1
5	독일	24.6
6	키프로스	24.2
7	룩셈부르크	22.8
8	스위스	21.8
9	이탈리아	21.5
10	스웨덴	20.7
11	라트비아	20.3
12	노르웨이	19.5
13	리투아니아	18.3
14	네덜란드	18.2
15	이스라엘	16.9
*	대한민국	2.68

〈표2〉 한국의 연간 1인당 유제품 소비량 추이 (2008년~2015년)

			2015	2014	2010	2009	2008
국내 소비량	총량 (M/T)		3,834,096	3,745,685	3,171,341	3,036,455	2,980,812
	1인당 유제품		75.7	72.4	64.2	61.7	60.9
1인당 소비량	음용유		32.6	32.5	33.2	34.6	34.8
	발효유	액상	9.41	9.18	7.44	5.35	5.81
		호상	2.39	2.16	2.62	3.6	3.38
	치즈	자연	2.16	1.88	1.3	1.05	1.08
		가공	0.52	0.48	0.49	0.4	0.39
		계	2.68	2.38	1.79	1.48	1.47

목장치즈의 동향과 판로개척 사례

우리나라 목장형유가공장은 2014년 말 현재 103개소이며 지금은 그보다 훨씬 늘어난 150여개소 이상으로 추정된다.[2] 이 중 숙성치즈를 생산하는 곳은 50여개소 가량 될 것이다. 필자는 본고를 쓰면서 조사한 판로개척 사례에서 목장치즈 시장의 노정을 가늠할 수 있었다.

[사례1] 로컬푸드 마켓 입점, 목장직판, 직거래 : 지역 로컬푸드 매장에 입점하여 대부분을 판매하며 목장내 직판점을 운영한다. 나머지는 지인들과 인근 주민들과의 직거래로 꾸준히 판매량을 늘려가고 있다.

[사례2] 인터넷 쇼핑몰을 통한 전자상거래 : 개업 초기부터 인터넷 홈페이지를 개설하고 쇼핑몰 기능을 강화하여 전자상거래 위주로 진행한다.

[사례3] 중소 유통업체들과 거래 : 처음부터 생활협동조합, 일반 슈퍼마켓, 농협 하나로마트와 같은 중소 유통전문업체를 상대로 판매전략을 구사한다. 그러나 관리자를 상대하게 되면서 오는 피로감, 물건의 직접관리, 주문 불안정에 의한 생산량의 불규칙성 등 많은 애로를 호소하고 있다.

[사례4] 직판매장 운영: 주문이 들어오면 제조하고 없으면 목장을 돌본다. 이 경우는 낙농업이 주업이고 목장치즈는 부업이다. 낙농에 전념하고 부업 겸 취미생활로 목장치즈를 제조하는 것이다.

[사례5] 공동 브랜드매장 운영 : 전북 임실군이 사단법인체로 설립 운영하는 '임실 N치즈 클러스터 사업단'은 임실군의 12개 목장유가공업체를 구성원으로 하여 '임실N치즈'라는 공동브랜드를 붙여서 전국에 공급하고 있다.

[사례6] 밴더(Bander)를 통한 대형매장 진입 : 이 방식의 판매는 목장 유가공제품 출시 초창기에 있었는데 밴더와 업체사이의 효율적인 소통이 없으면 위험성과 문제의 소지가 있어 많은 업체들이 좌절했다.

목장 치즈에 대한 소비자 반응

일찍이 일본 중앙낙농회의는 1995년에 지금의 우리나라 수준 정도였던 일본 자국치즈와 수입치즈간의 소비자 반응을 비교해서 보고[3]한 일이 있다. 당시 일본의 자연치즈 중 가장 많은 소비량을 보인 치즈는 가우다(27,750톤), 모차렐라(7,370톤)였고 일본산 쉬레드, 체다와 가우다 치즈 소비량은 2,100톤 정도여서 수입산 위주 소비를 나타냈다. 자연치즈에 대한 소비자 기호도 조사에서 모차렐라, 크림, 카망베르, 그리고 블루와 초경질치즈의 기호도가 높아 국내산 개발 보급이 시급하다고 강조했다. 그러나 우리나라에서는 아직까지 중립적인 공영단체를 통한 치즈 소비자 반응 조사가 없었다. 다만 필자가 2007년 낙농육우협회 용역사업 수행 시 실시한 소비자기호도 조사 결과[4] 국산치즈에 대한 선호도가 주로 신선치즈 위주로 집중되었고 숙성치즈에 대한 기호도는 매우 낮았었다. 이제 중립적이고 공인된 기관에서 정기적인 국산치즈와 수입치즈간의 소비자 기호도 조사를 실시하여 국산치즈소비 전략과 신제품 개발 자료를 제공해야 한다.

목장 치즈의 한계점과 과제

우리의 목장치즈의 한계점은 크게 다섯 가지이다.

1) 국제시세보다 2~3배 높은 고가의 원유로 치즈를 제조하여 염가의 수입 치즈들과 경쟁해야한다. 2) 여전히 선진국의 기술수준을 능가하기에는 한계가 있다. 치즈 기술은 한두 번 교육 받는 것으로는 부족하고 지속적인 기술연마가 필요하다. 3) 정부나 지자체, 협동조합 그리고 대학과 연구기관들의 컨설팅 전문가들이 희소해서 원활한 지원을 받지 못하고 있다. 4) 목장치즈를 이어갈 기술 후계 세대가 감소일로에 있다. 5) 한국의 식사문화가 아무리 서구화가 되었다고는 하나, 식탁에서 치즈는 여전히 자리 잡고 있지 못하다. 이를 다음과 같이 극복하자.

■ 목장 치즈 육성, 보호 방안

(1) "국산자연치즈진흥5개년계획" 시행

앞으로 5년 뒤인 2022년부터 2025년 어간에 유제품의 대부분이 관세가 철폐된다. 이에 대한 대응논리는 쿼터양도 못 채우는 낙농가를 향한 '낙농 생산기반 축소' 강행으로 알려지고 있다. 그게 가장 쉬운데 잃는 것이 너무 많다. 낙농생산기반에 매달린 15만~20만 명, 낙농업 후방의 유가공, 부품, 사료, 약품업계의 10만 명, 총 30만 여명의 생계가 무너지는 것이 불문가지이다. 차라리 "국산자연치즈진흥5개년계획"을 가지고 전향적

3) 社團法人中央酪農會議 1997.[國産ナチコラルチーズ開發促進事業]: ナチコラルチーズ嗜好實態調査報告書
4) 배인휴. 2007.국내치즈시장 형성을 위한 방안. 한국낙농육우협회. pp. 171-180.

으로 대응할 것을 권한다. 우리는 치즈관련 대응계획 하나 변변히 수립한 적이 없지만 일본은 1970년대 후반부터 '국산자연치즈진흥계획'을 실행해 오고 있다.[5] 정부는 진정 낙농생산기반축소를 전가의 보도라고 믿고 치즈 강대국들에 우리의 치즈시장을 속절없이 내어줄 터인가?

(2) 국산치즈를 적극 홍보하자

지난 40여 년간 음용유는 각광받았고 치즈는 뒷전이었다. 지난 30년간 우리 낙농업계는 음용유 광고에 거금을 투입했다. 그런데 음용유 소비는 감소했고 돌봐주지 않았던 치즈소비는 증대했다. 이제 과감히 방향을 전환할 때다. 영국에는 치아건강재단(British Dental Health Foundation, BDHF)이 지정해서 운영하는 '스마일의 달(Smile Month)'이 있다. 요지는 건강한 치아로 활짝 웃는 달이 되게 하자는 캠페인이다. 식후에 잘 익은 숙성치즈 한 조각(3g)을 먹으면 침 분비가 늘어 식사 중 당류 섭취로 산성화된 입을 중화시켜 충치예방을 한다는 과학적 근거가 있다.[6] 우리도 국산치즈를 애호하고 즐겨먹게 안내하는 '치즈의 달'을 지정하여 대대적인 홍보에 들어가자. 그냥 치즈의 달이 아니라 "국산치즈의 달"이다.

(3) 목장 치즈기금을 조성하자.

FTA이후 우리 낙농업에 가장 큰 피해를 주는 품목은 수입치즈와 분유이다. 치즈와 분유 수입으로 이득이 발생하는 만큼 낙농업의 피해도 발생한다. FTA 무역이득공유 개념인 상생기금[7] 의 일부로 "국산치즈기금"을 설립하자. 기금의 역할은 무엇일까? 먼저는 국산자연치즈 보호 육성이다. 이 기금으로 치즈제조 원가를 국제가격대로 지지해주면서 판로개척, 목장치즈 경영 안정 자금지원으로 지속 제조가 가능하게 치즈업체를 보호하는 시스템을 정립한다. 둘째, 전문인력 양성과 후속 기술보강 교육을 한다. 이미 성공한 목장치즈업체를 전문교육기관으로 지정, 철저한 도제식 교육으로 운영할 수도 있다.[8] 네덜란드 자이트올란트주 볼라이스와이크에 있는 델피(Delphy)와 같이 현장 컨설팅에 의한 스터디그룹 단위의 문제해결식 정교한 교육시스템을 갖추는 것도 고려할 만하다. 마지막으로 "국산치즈진흥5개년계획" 같은 국가의 장기적 치즈진흥계획의 재정을 충당하도록 한다.

(4) 치즈수출을 목표로 목장치즈를 육성하자.

치즈 수출을 하면 유리한 점이 한 두 가지가 아니다. 수출을 하려면 국제 표준 규격에 맞는 치즈생산이 필요하고 그 규격의 치즈가 나오면 이는 치즈분야의 세계적 수준으로 도약(Jumping)하게 된다. 이 능선을 뛰어넘는 순간 우리의 치즈는 세계 최고의 제품으로 변신할 수 있게 된다. 우리의 수출 주력제품들인 전자제품, 자동차, 선박, 화학제품, 정유 기술이 모두 이 과정을 거쳐 세계 선두제품들이 되었지 않은가? 치즈수출은 우리의 고정관념 파괴이다. 치즈수출을 통해 우리가 확보할 수 있는 최대의 수확은 자신감 확보, 소위 치즈분야에서 자신감 '캔두이즘(Candoism)'의 부활이다.

국내의 치즈 소비증가를 마냥 좋아할 수만은 없는 일이다. 국내 원유 활용과는 거의 상관이 없는 수입산 치즈만의 독주시장이 되어버렸기 때문이다. 수입산 치즈 때문에 국내 원유는 남아돌고 분유체화가 늘어났다. 이제 치즈생산 가능 유업체, 목장형유가공장을 총동원하여 국산치즈 수입대체 전략과 대책을 서둘러야 한다. 구체적이고 실현성 높은 "국산치즈진흥 5개년 계획"으로 위기를 국산 치즈의 중흥 기회로 삼자. 이 계획의 재정은 "치즈기금"을 마련하여 충당한다. 국산치즈진흥 5개년 계획의 제1차 목표는 치즈수입대체, 2차 목표는 국산 장인(匠人)치즈(Artisan cheese) 수출에 두고 추진해야 한다. 지난 10여년 이상 목장에서 치즈를 만들어 오는 이들이 있고, 전국적으로는 1천3백명 이상의 목장형 유가공 기술 이수자가 있다. 인적 자원이 충분히 있는데 제대로 된 대응 한번 없이 무관세 수입치즈 앞에 좌절해 버리기에는 너무 억울하지 않은가? 여전히 "목장치즈"가 밝다고 할 수 없지만, 묵묵히 소걸음(牛步)으로 나아가며 마침내 독자적인 소비영역을 열어줄 보배 같은 존재다. 물론 여기에 전폭적인 국가, 사회적 육성보호 제도가 마련되어진다만 하면 소걸음(牛步)은 폭주(暴走)로 변할 수 있다.

5) 일본 [國産ナチコラルチーズ振興協議會http://www.dairy.co.jp/cheese]를 참조하라.
6) Dairy Industry International, 2007. Dentists say for national Smile Month(2007. May) www.dairyindustries.com
7) 상생기금은 FTA무역이득공유개념으로 논의되어 매년 1천억 원씩 10년간 1조 원을 모금하도록 했다.
8) 네덜란드 자이트올란트주 볼라이스와이크에 있는 델피(Delphy)와 같이 현장 컨설팅에 의한 스터디그룹 단위의 문제해결식 정교한 교육시스템을 갖추는 것도 고려할 만하다

제 2 장

해외 목장유가공 운영론

저자는 1990년 2월부터 1991년 2월까지 스위스 연방공과대학(ETH) 낙농식품연구소에서 1년간을, 그리고 1995년과 1996년 두 차례에 걸쳐 일본 북해도를 방문 연구원으로 거주하면서 스위스와 일본의 목장 유가공장 운영 실태를 살펴볼 기회를 가졌다. 그 뒤로 북해도 방문연구 결과를 정리하여 출판한 책이『농가형 유가공장 운영론 -북해도 지역의 운영사례를 중심으로-』이다.

이 책은 당시 IMF체제하에서 고통을 겪는 낙농가들에게는 희망의 등불이었고, 오늘의 목장 유가공운동이라는 들불이 번지게 한 불씨가 되었다. 그 뒤로 저자는 부단하게 해외를 드나들며 우리나라 목장 유가공, 목장 치즈발전에 도움이 될 만한 자료들을 얻어 기록으로 남겼다. 그 기록들을 모두 여기에 담기에는 지면의 한계가 있어서 핵심 부분들만을 모아서「해외 목장 유가공 운영상황 정보」로 정리해 둔다.

1. 스위스의 낙농과 목장 유가공론

1.1 젖과 꿀이 흐르는 땅—스위스

우리는 성경에서 히브리인('강을 건너온 사람들'이란 뜻인데, 이 강은 유프라테스강이었음)들이 이집트의 노예생활에서 430년간 허덕이다가 모세의 영도 하에 해방되어「젖과 꿀」이 흐르는 약속의 땅 "가나안"으로 향했던 이야기를 알고 있을 것이다. 그래서「젖과 꿀」이 흐르는 땅은 곧 지상의 낙원이며, 인간이 땅위에서 누릴 지고지선(至高至善)의 가치가 이루어지는 행복의 나라, 천국과 같은 곳이라는 등식으로 연결지어 생각하곤 한다. 여기서 젖은 무엇이고, 꿀은 무엇인가? 저자는 그동안 [젖] 따로 [꿀] 따로 생각하며 그 개념을 나름대로 해석해 왔다.

그런데 1990년 2월부터 1991년 2월까지 1년간 지상의 낙원이라 일컫는 스위스에서 거주하면서 그 어귀의 뜻을 알아냈다. 그건 베른의 낙농연구소에 가서 세미나도 참석하고, 연구용 치즈도 만들면서 그 낙농연구소 연구 분야가 「젖과 꿀」을 동시에 연구하고 있다는 사실과 낙농가들이 젖소와 함께 「양봉업」도 같이 경영함을 알고 나서였다. 3월부터 9월초까지 차를 타고 스위스 어느 곳을 가든 초지가 펼쳐진 곳엔 각종 야생화가 목초와 함께 뿌옇게 어우러져 피어 있고, 초지의 그늘 목으로 심어둔 양앵두며 사과, 배(오얏) 나무의 과수가 철을 따라 꽃을 피워내니 한 폭의 그림을 보는 거와 같았다.

많은 야생화가 봄부터 가을까지 계절에 맞추어 피어댈 때면 벌이 이걸 놓칠 까닭이 없고, 목장마다 그 꽃들로부터 꿀을 모으기 위해 낙농업의 부업으로 양봉업을 운영하는 지혜를 발휘한다. 그러니 목장의 풀을 먹고 젖소는 젖을 내고 벌들은 그 초지의 야생화와 과수의 꽃으로부터 꿀을 내는 것이어서 알프스계곡 마다가 [젖과 꿀이 흐르는 땅]이 되는 것이다. 해발 2,000m 지점까지도 나무가 없고 바위가 없는 곳이면 어디나 초지가 덮여 있고, 그곳엔 어김없이 야생화가 무리지어 피어 있으니 웬만한 곳이면 모두 목야지요 밀원(蜜源)이 되는 것이다.

1.2 스위스의 낙농 상황(1990년 기준)

1) 스위스의 낙농현황

스위스는 인구 660만 명 정도, 총 국토 면적 41,293km^{2}로서 남한 전체 면적의 42% 정도 되는 나라이다. 알프스 산악지대가 전 국토의 60%인데도 실업률은 1.0% 미만인 이 나라는 우리에겐 시계나 기계, 화학약품 같은 공산품을 주로 생산하는 나라로 인식되어 왔으나, 사실은 유럽에서는 유수한 농업. 낙농국가인 점도 무시할 수 없다. 그 중에서도 낙농 생산량은 괄목할 만한데, 전체 농업소득의 79%가 축산분야 수입이고, 그 중 30%는 낙농소득에 해당된다.

스위스의 연간 산유량은 300만 톤(한국 1990년, 176만 톤)인데, 그 중 50%가 치즈 생산에 쓰인다. 그러니까 1년에 12만5천 톤의 치즈를 생산하는 셈인데 그 중 50%는 해외에 수출하고 있다. 스위스산 주요 치즈는 에멘탈(Emmental) 50%, 그뤼예르(Gruyere) 17%, 반연질과 연질치즈(Semi-hard and soft cheese) 12.5%, 그리고 로얄프 틸지터(Royalp-Tilsiter 또는 그냥 로얄프) 7.0%, 아펜젤러(Appenzeller) 6%, 스브린츠(Sbrinz, 초경질) 4%로 구성되어 있다.

2) 스위스의 목장 유가공장 운영체계

(1) 목장유가공 조정위원회와 연구소

스위스의 정통성을 갖는 각종 치즈 생산기술 체계는 18세기부터 수립되기 시작하여 19세기에 정착되었는데 그 기술체계가 오늘날까지도 거의 변함이 없이 유지되고 있다. 다만 최신 컴퓨터에 의한 자동화(온도, 습도 조절) 시스템 도입은 기존의 기술체계를 손상하지 않는 선에서 유연하게 이루어지고 있다.

반 경질 치즈나 연질치즈는 대규모 공장들이 생산하고 있지만, 다른 대부분의 치즈들은 1,500개에 달하는 목장 치즈공장이나 마을단위 공장에서 전통적인 수작업에 의해 소규모로 만들어진다. 어쩌면 우리나라의 마을마다 세워져 있는 벼 도정공장과도 같은 개념으로 공장 설립 의도를 파악하면 좋을 것 같다. 이런 공장들은 1일 원유처리 양이 1,000~15,000kg 정도 되는 소규모 공장들로서 알프스계곡 마을마다 세워져 있어서 그 마을 주변에서 생산되는 원유를 치즈로 가공하는데, 이들 치즈공장들은 다음과 같은 체계로 움직이고 있다.

① 개별 목장에서는 하루 2회, 우유를 착유 직후 치즈공장으로 운반해 온다.
② 운반된 신선원유를 살균과정 없이 곧바로 치즈제조에 사용한다.
③ 이들 치즈공장들은 대부분 가족경영 체계이거나 마을의 협동조합에서 운영하는 체계이다.

④ 이곳 치즈공장에서 부산물로 나오는 유청(whey)은 대부분 양돈사료용으로 쓰이게 된다. 치즈공장의 규모에 따라 크기가 다른 양돈장이 부설되어 있다.

저자가 연수활동을 했던 경질치즈인 스브린츠(Sbrinz) 치즈 공장은 1일 원유처리 규모가 3톤 정도였는데 300두 규모의 양돈장이 부속되어 있었다. 문제는 생산된 치즈의 품질관리와 판매, 적정가격의 설정에 있었다. 이것은 지역, 개인, 공장 구성에 따라 복잡한 문제들이 얽혀 있어 조정하기가 어려운 것들로서 초미의 쟁점이 되어 왔으나 이것을 「조정위원회, Board」를 만들어 슬기롭게 극복해 왔다고 한다.

즉, ① 주 정부가 이에 개입을 한 것인데, 19세기 중엽 프리부르크(Friburg) 주(Canton) 정부가 치즈공장 감독제를 실시한 것이다. 즉 판매량이 감소하거나 치즈값이 폭락하게 되면 주정부가 판매를 주선(수매)해 주고 폭락된 가격을 보상해 주는 식이었다. ② 1931년에 연방의회(스위스는 26개 주(Canton)로 구성됨)는 낙농 감독 및 지원 법안을 통과시켜 스위스 전역 낙농을 통제 관할하기에 이르고, 이 법안에 따라 아예 치즈, 크림, 버터 생산, 판매를 조정하며 품질을 감독하는 일을 하는 정부조직을 만들었다. ③ 1905년에는 치즈제조에 쓰이는 원유 생산에서 거름과 사료 사용에 대한 17개 항목의 규칙(guideline)이 제정되어 치즈 품질을 대폭 개선시키고자 했는데 이것을 "Gossau Theses"라고 부른다. ④ 1927년에 다시 원유 품질, 치즈 생산 그리고 스타터 배양에 관한 품질 개량을 위하여 몇 가지 권장조항이 다시 추가되었다. Gossau Theses는 오늘날 세계적으로 깨끗한 원유 공급을 가져오게 한 1934년 판 Swiss Milk Supply Regulation의 기초자료가 되었다. ⑤ 오늘날 각 농가에서 생산된 원유나 치즈 품질이 Control 되고, 고도의 품질 유지가 되는 데는 이런 역사적 배경이 있었기에 가능했던 것이다.

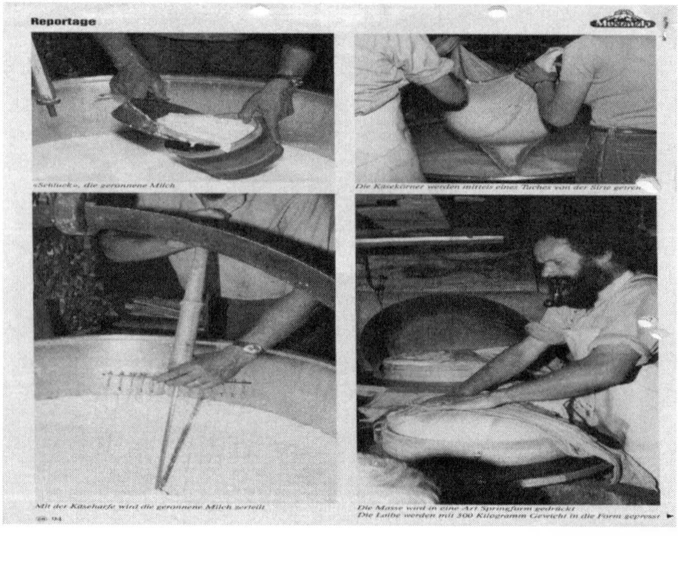

이를 간단히 살펴보면 다음과 같다.

① 초지에 사용되는 가축분뇨의 상태에 대하여
② 사료의 종류와 급여방법
③ 우사와 젖소의 위생 처치
④ 착유와 착유된 젖의 처리
⑤ 착유도구와 착유기 운용에 대하여
⑥ 원유의 품질 보전과 집유
⑦ 우유의 이용 범위(우유를 화장품으로 속이지 못하게 함)
⑧ 유가공장에 손해를 끼쳤을 경우에 농가가 부담해야 하는 범위, 금액 등이다.

전국에 1,500개나 되는 목장과 마을 단위의 치즈공장들을 이 위원회가 일일이 감독하고 협력하는 일을 맡고 있다. 이 위원회 산하에 각 지역별로 15개의 지역 센터가 있다. 이 지역 센터에는 각기 연구실을 갖추고 있고, 한 센터는 120개의 치즈공장을 관할한다. 그리고 이 위원회는 「스위스 연방낙농연구소」의 한 부서로서 연방 낙농위원회(Federal MKBD)의 전문가, 감독관들로부터 지시받고 협조를 받게 되어 있다.

(2) 스위스 치즈원유 관리 체계

치즈제조에서 품질을 좌우하는 근본 조건은 원유의 품질이다. 그런데 스위스의 우유는 깨끗하기로 유명하다. 1973년부터 판매하려고 내놓는 농가 원유는 품질 규격에 따라 검사되어 등급별로 원유대가 지급된다. 그 기준은 대개 ① 총 세균수, ② 체세포(sommatic cell) 수, ③ 항생제 잔류 여부, ④ 냄새, 맛 그리고 외양이다. 한 예로서 원유의 법적 규제가 되는 총 세균수는 80,000cfu 이하/mL인데, 스위스 농가가 판매하려고 내놓는 원유의 94%가 이에 맞추어 납유하고 있다(한국, 1998년 현재 100만 cfu 이하/mL).

유방염의 진단기준이 되기도 하는 체세포수 제한은 350,000개/mL 이하(한국, 1990년 체세포 등급 없음)인데, 역시 92% 농가가 이에 합격하고 있다. 만약 어떤 농가가 양심을 속이고 항생제가 함유된 젖을 판매했다가 검사에 적발되면 벌금을 600~2,000 스위스 프랑(1998년 현재, 한화 581,178원~1,937,260원)을 물어야 하는데 그 농가는 자신이 납유한 원유 때문에 버리게 되는 치즈공장 그날 하루 처리되는 원유 대금(1Vat는 보통 1~3톤의 양이다) 전액을 물어내야 하니까 이렇게 과중해 질 수 밖에 없다.

(3) 스위스 연방낙농연구소의 역할

앞서 말한 스위스 「낙농위원회」가 하는 일 중에는 감독만 하고 벌금만 물게 하는 게 아니라 치즈공장과 농민을 돕는 일도 게을리 하지 않는다. 1,500개 목장과 마을단위 치즈공장들이 어떻게 하면 우수한 품질의 치즈를 생산하고, 원가 절감을 하며, 판매를 잘 할 수 있을 것인가를 구체적이고 쉽게 피부에 와 닿도록 지도하는 것이다.

그러기 위해 전국 요소에 9개의 지정 치즈공장을 그들이 집중적으로 육성하고 표본 공장화 하여 온갖 기술, 경영방법들을 개방하여 공유할 수 있도록 제시해 주고 있다. 그런 9개 공장이 스위스 전역을 9구역으로 나누어 배치해서 지역별로 기술보급이 신속히 이루어지도록 배려하고 있다. 이를 총괄하고 기술적, 학술적 지원을 하는 곳이 베른에 소재하는 「연방 낙농연구소」인데, 여기에는 세계적인 석학들이 몰려 있어서 한국의 과학기술원을 연상시킨다. 여기서 연구된 결과들이 치즈공장 경영자에게 신속히 보급되고, 이를 실용화 할 것인가를 놓고 토의와 협의를 거쳐서 도입된다. 낙농연구소의 다른 기능은 최신 기술이나 기자재들을 미리 실험하고 실용화시켜 본 후 각 공장이 채용여부를 서로 협의케 한다는 점이다. 그러니까 그들을 개인 공장들이 무턱대고 도입한 장비 때문에 당하는 막대한 손실, 실패를 미연에 방지하는 완충장치를 가지게 된 셈이다.

연방낙농연구소는 치즈공장들에게 또 하나의 중요한 도움을 주고 있는데, 이 연구소가 개량한 우수한 능력의 유산균 스타터를 각 공장에 공급한다는 것이다. 각 공장에서 신경을 써가며 만들어 쓰던 치즈 스타터를 연구소가 고도의 기술로 개량한 균주를 완벽하게 배양하여 Bulk 상태 또는 모배양(mother culture) 상태로 각 공장에 공급해 주게 된 것이다. 1975년에 들어서면서 치즈공장들이 스타터 제조를 포기하고 이 연구소의 제조분을 공급받아 쓰는 형태를 취하기 시작했다.

1971년에 2,000리터 정도 공급하던 것이 1980년대 중반이 넘어서면서 2만 리터 이상으로 증가되었다. 이 스타터는 연구소의 미생물연구실이 개량하여 제조 보급하므로 안심하고 사용할 수 있게 된 것이다. 이 연구소가 내세우는 업적의 하나가 치즈의 고품질화로 수출 치즈 값을 고가품 화 했다는 점이다. 치즈품질 통계를 보면 1951~1959년에 Emmental 치즈의 1등 합격률이 전체의 45~70%이던 것이 1980년 이후 90% 이상으로 증가된 것이다.

3) 스위스의 목장 유가공장 배경은 국가 지원제도

젖과 꿀이 흐르는 스위스는 그럭저럭 된 게 아니다. 지금도 그들은 초종연구에 막대한 예산을 쏟고 있고 전통적인 젖소 품종인 Brown Swiss 개량에 많은 연구비를 쓰고 있다. 스위스의 초지는 겨울에도 눈 속의 풀이 파랗게 있어서 신기하기만하다. 그래서 눈이 녹기만 하면 언제든 젖소 방목이 가능하고, 이른 봄에 가축들이 덜 녹은 눈 사이를 후벼서 풀을 뜯는 광경이 신기하다.

그들은 지금도 축산, 농업을 소중히 여기면서 도심에서 조금만 가도 초지가 있고, 매주 어느 요일 하나를 정해 두고 부숙시킨 분뇨 뿌리는 날이 있을 정도이다. 그 날이 되면 어김없이 스위스 목장 초지들에는 분뇨가 살포되는데 공감대가 형성된 국민들은 고약한 냄새가 진동함에도 불구하고 능청스레 코 한번 실룩거리지 않는다. 이것은 스위스 축산이 국민 축산이 되어 있고, 식량 창고로 인식되어 있다는 것을 웅변해주는 한 예이다. 그들은 보수적인 국민성이 대단하다. 이를테면 몇 백 년 전의 석조 건물을 뜯어내지 못하게 하고 내부수리만 허용한다. 그러자니 외부는 수세기 전의 골동품이요 내부는 초현대식 실내 설비가 완벽하여 신기하기만 하다. 옛것을 천시하지 않고 소중히 여기는 정신, 그래서 국민들은 농업이나 축산도 천시하지 않고 보호육성하려 애쓴다.

1.3 초지라는 융단으로 국토를 덮은 사람들

1990년 2월, 저자가 탄 비행기가 스위스 상공에 접어들 때가 아침 08시 20분경이었다. 그때가 2월 말경인데도 아래로 내려다보니 온통 파랗고 군데군데 나무가 있거나 농가로 보이는 집들이 보였다. 숲과 농가가 초원이라는 융단 위에 무늬져 있다는 느낌이 들었다. 비행기에서 내려 도시로 들어섰는데 도시의 공간마다 잔디나 초지로 가꾸어져 있음을 또한 볼 수 있었다. 도시에 잔디는 그렇다 하드라도 조그마한 공터만 있으면 어김없이 울타리를 치고 초지를 조성해 놓은 데에는 아연할 따름이었다.

이곳의 쥬리히 주립대학을 갔는데 대학의 공터마다 초지와 울타리가 있었고, 저 만큼에는 양들이 한가로이 풀을 뜯고 있는 게 보였다. 대학 구내에서 풀 뜯는 양떼를 연상 해보라! 그야말로 목가적이고 운치가 넘치지 않는가? 그 뒤로 이 나라를 구석구석 돌아다보고, 초지는 이 나라 농업의 기간을 이루고 있다는 사실을 알 수 있었다.

도시에서 자동차로 단 5~6분만 벗어나도 벌써 거기엔 초지와 농가가 있게 마련이다. 도시 근교에는 젖소보다는 양을 많이 키우고 있으며, 산악지로 가야 젖소가 보인다. 우리는 벼농사를 농업의 기간으로 삼아 농촌지도의 원칙처럼 집중지원을 해왔고, 이 나라는 초지농업에 중심을 두고 농촌개발을 실시해 왔다는 것에 차이가 있다.

그런데 우리는 그렇게 오랜 세월을 연구하고 집중 지원해오던 벼농사를 없애려고 안달이고, 이들은 결사적으로 지키고 보호하고 있다. 국토의 어디나 초지가 끝없이 펼쳐져 있다면 거짓말 같이 들릴까 두렵다. 숲과 호수와 도로를 제외하면 모두 초지라는 융단으로 덮여 있다. 산비탈 경사가 70° 이상 되는 곳에도 웬만하면 초지가 조성되어 있다. 자, 이곳이 초지가 잘 되어 있으니 우리도 이곳을 본받아 초지를 만들자고 팔 걷어 부치고 달려든다는 건 너무도 황당무계한 이야기가 되고 만다는 것을 몇 가지 근거를 가지고 이야기 해 보자.

첫째, 이 나라는 토지모암이 석회암이다. 그래서 토양의 구조가 사질양토에 pH가 알칼리 쪽이다. 그래서 이곳은 목초가 자라기에 알맞은 석회질, 인산질이 풍부한 토질을 원래부터 갖고 있었다. 아니 그들은 수천 년에 걸쳐서 그러한 기후와 토양의 성질에 맞는 초종(草種)을 개량해왔을 터이다. 그들이 이제 와서 이런 토양에 벼를 가꾸려고 애쓰는 것처럼 우스꽝스런 일은 없을 것이다. 그러니까 우리가 석회질, 알칼리성 토양에서 잘 자라는 풀을 화강암이 모암인 산성토양에 가지고 와서 10년이고 20년이고 잘 자라라고 키워 봤자 헛수고요 남의 웃음거리 밖에 안 된다는 이야기가 된다. 우리는 그들이 개량해 놓은 풀을 우리 토양에 적응시키려 애쓰지 말고 아예 우리 토양에서 자생하고 잘 자라고 있는 우수한 초종들을 선발하여 우리 기후 풍토에 맞게 개량작업을 해야 한다.

둘째는 이곳 기후가 1년 내내 4~5일 간격으로 보슬비 같은 비가 내려준다. 비가 안 오면 안개가 자욱하다. 그래서 목초가 필요로 하는 수분을 주기적으로 그것도 알맞게 공급해 주고 있다. 한 달 전에 태풍이 지나가는 바람에 나무들이 뿌리째 뽑히긴 했어도 우리처럼 한 시간에 수백 미리씩 퍼붓는 폭우가 없다는 점이다. 그러니 토양유실이 있을 수 없고, 수분 공급만 해주는 비 일뿐이다.

셋째는 오랜 세대에 걸쳐 이러한 토양과 기후에 알맞은 초종을 개량해 왔다는 것이다. 수백 년에 걸쳐서 그들은 자기 풍토에 알맞은 초종을 개량해서 오늘날과 같은 초지로 정착시킨 것이지 땅에서 그 목초들이 저절로 자라난 것은 아니다. 그들은 세계에서 가장 오래 전(BC 540년경)에 그들의 알프스 산악지 풍토에 알맞은 젖소 품종을 개량하여 오늘날 Brown Swiss라는 품종으로 정착시켜 세계에 보급하고 있음은 일찍부터 알려진 바이고, 초종의 개량도 어느 나라보다 앞섰을 것 또한 기정의 사실이 되고 있다.

우리의 경우를 보면 우선 벼농사에 농촌지도나 농업기술의 중심에 맞추어져 있다. 초지농업은 단지 기타 항목, 전시 품목에 지나지 않았다. 연구소 하나 없고, 여전히 목표대비 성과를 나타내는 초지조성 성과 통계에 매달리고 있을 뿐이다. 초종 개량은 생각조차 못한다. 그러면서 초지는 매년 조성량의 70~80%가 불량 초지화 되고 있다는 이야기이다. 이 정도의 선에서 지금까지 시행해온 초지 조성은 과감히 중단되거나 방향전환을 해야 한다. 먼저 조성된 초지를 우선 잘 단속하여 유지해 나가는 데 중점 지원하고 우리 풍토에 맞는 초종을 속히 집중적으로 개발, 개량한 다음에 이런 초종을 가지고 초지를 조성해 나가도 결코 늦지 않다고 단정한다.

목표대비 초지조성 달성 면적 얼마라는 전시행정의 틀은 정말로 깨뜨려져야 한다. 이곳은 기후풍토와 인간의 노력이 잘 조화를 이루어 융단 같은 초지가 되었지만, 우리는 그것이 잘 안 된 셈이다. 하루아침에 무언가 이룩해서 나타내 보이려는 성급함은 초지조성에 있어서만은 절대 금물이다.

2. 캐나다의 소규모 유가공장 운영론

2.1 이탈리아 식 치즈공장 「퀄리티 치즈, Quality Cheese 사」

1) 개 요

이탈리아인 Borgo 가문의 유한회사로서 아버지와 그의 아들 여섯 명이 함께 운영하는 치즈공장이다. Almerigo Borgo는 1931년생으로 이탈리아 베네토의 콜골로 생지오(Veneto, Cogollo del Cengio)에서 원래 치즈제조 가문(조부 Lorenzo, 부친 Gugliemo)을 배경으로 양육되었다. 조상의 전통을 따라 고향에서 Asiago 치즈와 연질치즈를 제조해 왔으며, 1950~1951년에 치즈제조 전문가로 확고한 인증을 받았다.

그는 1954년에 캐나다로 이민을 온 2년 후인 1956년부터 캐나다 온타리오 주에서 치즈제조를 시작한 뒤 1957년에 오르곤지 빌(Orgongeville)에서 하루 원유 80kg을 사용하여 이탈리아식 치즈들인 모짜렐라, 리코타, 프로볼로네, 그리고 스카모르자(Scamorza) 치즈 등을 제조했다. 1987년에는 토론토 부근의 Vaughan시에 건평 6,072m^2(1,840평) 규모의 신 공장으로 이설하고, 최신 설비와 자동화 장비를 갖춘 다음 「Quality Cheese Inc.」로 지금의 회사명으로 개칭하였다.

1일 원유 사용량 50,000kg(50톤)에 이르는 중규모 공장이며 파르메산, 아시아고 치즈는 이탈리아 원산지에서 수입하지만 보콘치니(Bocconcini), 보르곤졸라(Borgonzola : 원래 이탈리아의 블루치즈인 Gorgonzola를 자기 가문의 이름인 'Borgo'를 붙여 Borgonzola라는 회사 브랜드(상표화 함), 브리(Brie), 훈제 Cheddar(타 회사 제조체다 치즈를 공급받아 훈제처리 함) 프리우라노(Friulano), 모짜렐라(Mozzarella), 프로볼로네(Provolone), 리코타(Ricotta), 그리고 스카모르짜(Scamorza) 치즈 등 주로 이탈리아 계열의 경질, 반경질, 연질치즈들을 전문적으로 제조하는 공장이다.

2) 시찰 결과

① 이 회사는 별도의 훈연실도 갖고 있어서 훈연 모짜렐라 치즈를 생산한다.

② 다른 훈연 치즈로도 보르가딕 치즈도 있는데, 옆에 있는 소규모 공장에서는 전통적인 방법으로 제조하고 있었다.

③ 캐나다 낙농가는 매년 감소하고 있다. 대신 목장의 규모가 커지고 있다. 전 인구 1.0%에 해당하는 낙농가가 캐나다 소요식량(우유, 곡물)을 생산하고 있으나 그래도 잉여 원유, 곡물이 생기고 있다고 걱정한다. 6남 중 큰 아들 Joe가 맞아주고 시찰 안내는 셋째가 맡는다. 방문객의 위생처리를 확실히 하게 한다.

• 방문자용 위생복을 갈아입고 신발덮개를 씌우도록 함.

• 손 씻기-철저히 요구함 ㉠ 38℃, ㉡ 냉수, ㉢ 소금물 헹굼
• 공장 내 살균제제로 유기과산화 수소액을 살균제로 사용하고 있음

④ 브리 치즈는 커드를 크게 자르지 않음. 길게 절단 / 3,320kg/Vat 작업함
⑤ 370.000kg(370톤) 용량의 silo tank를 보유하고 있다. 수유부에 필터가 달린 펌프는 Cream 탱크 밖에 있다. 크림 분리기(cream separator)로 표준화를 한다.
⑥ 73℃～74℃/ 15s/ HTST—>15～19℃로 냉각한 뒤 저장함
⑦ 원유 응고시키는 시간이 짧다. 렌넷 첨가 20～30분 뒤 커드 절단함
⑧ 치즈제조 후에는 살균 원유 저장했던 Tank에 모든 유청을 저장하고 있다. 85℃ 열탕수로 구연산(Citric acid)액을 pH 2.0 용액으로 제조 보관하고 있다가 10kg / 500kg 정도를 사용하여 이탈리아 전통적 방식으로 Ricotta 치즈를 제조하고 있어서 리코타는 정식 제품화 하고 있었다.
⑨ Brie 치즈와 Camembert 치즈 가염시간 : 1시간 /kg(염도 22～23Bé)
⑩ 숙성실 조건은 상대습도(R/H) 90%, 온도 13～14℃에서 8일간 숙성→1일 건조, 포장 판매한다.
⑪ 훈연치즈 제조 방식 : 훈연실 밖에 발연기 있고 훈연 체다(smoke cheddar)를 제조하는데, 다른 회사의 체다 블럭을 사와서 상품화 크기로 잘라 오직 훈연만 해서 판매한다. Provolone도 훈연한다.
⑫ 유청으로 만든 Ricotta는 적당한 플라스틱 포트에 담아 바로 판매한다.
⑬ Brie 치즈의 자동제조 장비(Automatic System)는 독일에서 들여왔다. 아예 full set로 들여왔다(독일회사 web site - Alpma : http://www.alpma.de). Brie 치즈 성형 라인만은 캐나다에서 만들었다고 하며 싸고 좋다고 했다. 오전 10시 30분인데 두 vat의 Brie 치즈가 성형되고 있었다.
⑭ 프로볼로네, 모짜렐라 치즈 자동 스트렛칭 장치(stretching machine)가 있었다. 83℃ 열탕수(hot water)가 연속 공급되면서 자동 스트렛칭이 된다.
⑮ 연구실 : 적외선 원유 성분 분석장치인 Lacti-check(Milk Analyzer)이 있어 치즈 원유 성분은 자체 검사를 하고 있다. 원유 성분을 정확히 알고 치즈를 제조하려는 것이다. 성분분석은 fat/SNF/Density가 가능하다. 미국의 P&P International Ltd.제품이다

•(질문) 원유검사는 어떻게 하고 원유 사용하고 있는가?
→ 원유검사 기관을 통해 검사 마친 것을 사용한다.

•(질문) 인터넷 쇼핑 몰 운영은 어떻게 하나?
→ 인터넷 쇼핑몰을 미국과 캐나다에 운영한다. 미국에서는 해외시장을 모두 담당한다.

2.2 토론토의 200년 된 농민시장(Farmers Market)

(1) 아트 힐 교수와 함께 캐나다에서 가장 오래 된 농민시장의 하나인 토론토 농민시장의 치즈마켓을 시찰하는데 수많은 치즈의 특성을 일일이 설명해 준다.

(2) 시판 중인 치즈 중에는 체다 치즈 제조 시 기네스(Guinness ; 영국 아일랜드산 전통 흑맥주 : 향이 매우 강함[1])를 가염 전에 커드에 섞어서 흑맥주 색조를 그대로 담은 치즈가 있었음 그 치즈는 기네스 아이리쉬 체다(Gaudiness Irish Cheddar)라는 브랜드로 판매되고 있었다.

(3) 치즈의 숙성 구분법 : Old cheese 3~4년 정도 Extra old cheddar는 5년 이상 숙성했고, 매우 비싸게 팔린다.

(4) 숙성 초장기의 네덜란드 식 가우다도 3년 이상 숙성해서 비싸게 판매 중이다.

(5) 체다 스포츠 와인 블루(Cheddar sport wine blue)/스틸튼 치즈(Stilton cheese) → 모두가 분홍빛을 띠고 있다. 시금치를 넣어서 제조한 세이지 더비 치즈(Sage Derby Cheese)는 녹색이다.

(6) 프렌치 숙성 리블래르 산양유 치즈(French Aged Riblaire goat cheese)는 보릿짚, 밀짚 으로 성형해서 만든 것인데, 숙성 시 온갖 토양유래 짚에서 사는 균들이 특이하게 증식한다. 그래서 맛이 독특하다고 한다.

(7) 쉬롭셔 페타(Shropshire Feta)와 체다(Cheddar) 치즈를 융합한 기술로 제조한 치즈가 있는데 모양은 Blue와 Feta이고, 색깔은 Cheddar 치즈 색갈이다.

(8) 동굴(cave)에서 숙성한 치즈가 일반적인 숙성실에서 숙성시킨 것 보다 더 비싸게 팔린다. 대략 일반 치즈보다 30%는 더 비싸다(프랑스 치즈).

(9) 체다 치즈에 기네스 맥주를 넣은 치즈는 가염 전, 즉 milling 후에 넣는 것이 좋다. 한국의 막걸리 치즈를 그렇게 한번 해 보면 어떨까 싶다. 일본 북해도의 후라노 와인 체다도 그랬다고 이를 개발한 안도선생에게서 들었다. 와인의 경우 당이 많아서 치즈 내에 산 생성이 많을 것이 예상된다.

(10) 목장 유가공을 위한 HACCP 전문가와 면담 결과 :

◉ HACCP은 소규모 유가공장에서는 매우 어렵다.

① 혼자서 이일 저일 다 챙길 수가 없다.

---

1) 기네스(영어: Guinness 기니스['gɪnɨs][*])는 더블린 소재의 St. James's Gate 양조장의 아서 기네스(1725~1803)로부터 유래한 아일랜드 흑맥주이다. 기네스는 세계적으로 가장 성공적인 맥주 브랜드 중 하나이다. 거의 60개국에 양조장이 있으며, 120개국에서 판매되고 있다. 연간 총 판매량은 8억 5천만 리터이다.[위키패디아/ http://www.ko.wikipedia.org]

② 돈이 많이 드는데 소규모 공장은 무리다.
③ 누군가 훈련받은 사람이 전문적으로 CCP를 관리하고 기록을 유지해야 하는데 추가적인 인건비 예산이 필요하다.
④ HACCP은 커다란 프로젝트이다. 큰 회사나 하는 것이다.
⑤ 어떤 회사들은 HACCP보다 ISO22000[2])를 선호한다.
그것은 국제 규격을 만족시킨 것이라서 더 신뢰성이 높기 때문이다.

2.3 쉐퍼드 크리머리(Sheperd Creamery) 면양목장 유가공장

(1) 이번에는 면양유를 이용한 유가공장 쉐퍼드 크리머리 공장의 공장 대표가 직접 안내한다.

(2) 반드시 방명록 기재와 손 세척을 요구한다. 방명록에는 성명, 소속, 방문일시, 공장에 들어온 시간과 나가는 시간을 직접 기록하게 한다.

(3) 원유 5,000L/주 처리하고, 주 5일 가동한다. 제품은 Feta, cream, Yogurt, Yogurt cheese, Rommano 등을 생산함.

(4) 유가공장 원유는 4～5명의 면양 농가들이 납유하는 면양유를 가공함. 그동안 면양유를 우유통으로 운반하다가 최근에는 소형 탱크로리로 바꾸었다.

(5) 원유검사는 적외선 성분 분석기인 Lacti-check로 자체 검사하고, 교차검사(cross check)는 Guelph대학교의 LSD에 보내서 한다. 항생제 잔류량 검사(β-lactam Snap tes)는 여기서도 하고 있다.

(6) 공장건물은 새로 지은 지 얼마 되지 않았다. 공장의 스팀 보일러는 프로판 가스로 돌린다. 원가 절감 차원에서 그리한다고 했지만 여간 불편한 일이 아닐듯 하다. 공장 바닥은 시멘트 위에 특수 코팅을 했다. 바닥 코팅제를 물으니 잘 모른다고 했다.

(7) HTST 작업은 모두가 제품별로 알맞게 프로그래밍 되어 있어 자동으로 이루어진다. 살균기는 APV제이다.

(8) 공장 직원은 총 8명이 근무한다. 유통은 1명, 농가지도와 품질관리는 1명이 맡는다. 인력 운용상 Cream cheese는 자동 포장한다. 키치너, 밴쿠버, 빅토리아, 토론토, 캘리포니아까지 마케팅 한다. 캐나다의 대부분 지역을 마케팅 도전하고 있다. 1월이 판매가 가장 부진하다. 왜냐하면 겨울이라 눈이 많이 와서 영업활동이 쉽지 않다. 제품 포장실은 별도로 있다. 별로 위생환경이 좋지 않다.

---

2) ISO22000은 HACCP와 ISO9001을 합친 규격 제도이다.

3. 일본 북해도 목장유가공장 시찰기

1996년 이후 9년만의 북해도 나가시벳츠 방문이다. 2005년 2월 22일~2월 25일까지 인데 짧지만 보고 느낀 점이 참 많았다. 이 때 한국식품연구원 김기성 박사가 동행해 주었다. 모든 안내를 가와구찌 선생이 주선하고 안내해서 현지 유가공장, 기관들을 방문했다.

3.1 라-레토르(Factory of milk The Lait) 요구르트 공장

▣ 상 호 : La-Laiterie
마시는 요구르트(노무 요구르트, のむヨクルド, Drink Yogurt) 전문공장

1) 운영 개요

① 5시 작업시작 → 15:30 종료
② 원유 사용량 : 200~300kg/회
③ 작업 배분 : 성수기는 매일, 비수기는 하루걸러 실시
④ 제품의 판매상황 : 겨울에 3일 걸려, 여름에 2일 걸려 판매됨.
⑤ 판매방식 : 전화, 팩스주문, 개인, 백화점, 가게납품
⑥ 주요 제품류 : 요구르트(드링크 요구르트, 떠먹는 요구르트), 이탈리아안 젤라포, 아이스크림/치즈 판매
⑦ 현재 판매 중인 치즈는 가와구찌 선생 연구소의 까망베르와 가우다를 공급받아 판매한다. 치즈제조 실황은 품목 다변화를 위해 요구르트만 생산하던 데서 아이스크림과 젤라포 생산으로 넓혔고, 이제는 치즈도 생산하고자 시설을 갖추고 실습 중이다. 까망베르 치즈를 시험 제조하고 있으나 지금도 계속 실패 중이다.
⑧ 치즈공장 증설 - 까망베르, 숙성기간이 긴 가우다 치즈도 제조할 계획이다.
⑨ 사용 원유 : 다른 농가로부터 탱크로리로 운반해 쓴다(3개 농가).
⑩ 원유 검사 : ㉠ 항생제 잔류량 검사 - 농가 현장검사, ㉡ 집유 원유 - 집유소 검사 모든 항생제, ㉢ 소규모 유가공장의 경우 - 월 3회 샘플 채취하여 검사기관에 보내 검사받고 있다. ㉣ 농가에서 항생제 문제 없는 것 확인 후 집유한다. ㉤ 북해도의 유대지급 기준은 생산자 단체(호쿠렌)에서 정한 법이다. 그 검사 결과를 가지고 유대지급 기준을 삼는다. ㉥ 실제 농가는 체세포 30만 이하/mL, 세균수 10만 이하/mL 이다. ㉦ 유지방, 유단백질 기준이 유대 지급근거가 된다. 유단백질을 유대에 반영한(SNF) 지는 10년 전부터 하고 있다. 유지방률+

무지유고형분(SNF)과 체세포수(Somatic cell) 30만 이하, 세균수 10만 이하를 기준 삼아 지급한다.

2) 요구르트의 제품 제조 정보

라 레토리 사장은 두 번째 만남인데 회사의 영업 비밀에 속하는 요구르트 제조비법을 저자가 묻는 대로 모두 그리고 성실하게 답해 주었다.

① 라 레토리의 요구르트 설탕 사용량 : 6.5%

② 최종 출하 제품의 pH : pH 4.1～4.2

③ 요구르트의 유청분리 대책 : 탈지분유를 사용한다(2.3%).

④ 대신 안정제는 사용하지 않음. 안정제 사용 시 컵에 잔류물 없으나 안정제 미사용 시 미세한 분말이 컵 벽에 남는다.

⑤ 유산균은 덴마크의 Christian Hansen 사 B-3, YC370, 350 130를 시험해 보니 그 중 B-3가 가장 좋았다. 산미가 강함.

⑥ 42℃/3시간 30분 동안 배양, 장시간 배양 시(저온 장시간)→ 향이 낮고, 오염 위험이 있다. 그래서 짧은 시간에 배양을 끝내는 것이 중요하다. 역시 요구르트는 고온단시간 배양이 여러모로 유리하다.

3) 요구르트 제조에서 작은 vat와 큰 용량의 Tank에서의 맛이 다른 이유

① 온도조정의 정확성 여부가 매우 중요하다.

② 배양시간 조정

③ 작은 vat는 온도/시간 조정이 쉬우나 큰 Tank는 그것이 어렵기 때문에 맛이 다르다. 큰 Tank의 온도/시간 조정이 공장 전 시스템상 조정이 용이하지 않은 문제가 있으면 균일한 맛의 요구르트 생산은 곤란하다. 특히 배양 Tank 사용 시는 정확한 CIP 시스템 도입을 반드시 해야 한다.

④ 여기서는 덴마크의 Christian Hansen 사의 B-3가 산이 강했으나 한국에서는 YC-370, 350, 180을 섞어서 시험하고, 그 중간 정도인 균주를 선발하여 요구르트를 만들기 바란다.

4) 유가공장 운영의 중요 경험

① 겨울 치즈 공장을 증설했다. 이 공장은 겨울에만 사용한다. 겨울에는 요구르트가 안 팔리고, 여름에는 바쁘기 때문에 겨울에 치즈 만든다. 여름에 요구르트, 아이스크림 제조로 매우 바쁘다.

② 공장 내 숙성실 설치, 습도조절 방식 - 젖은 타올 사용. 히타를 부착하여 온도 조절, SANYO에서 설치함.
③ 치즈벳은 300L짜리였다.
④ 치즈공장의 새 바닥재가 참 특이하였다. 미스비시 화학의 바닥재인 실리카루(Silicaru)로 엠보싱 처리하여 미끄럼 방지장치를 했다.
⑤ 공장의 배수구 폭은 30cm, 깊이 15cm로 했다. 그래야 작업 후 기기세척에 다량의 폐수 발생 시 잘 빠지기 때문이다.
⑥ 제품별 판매가 : 요구르트 ⇒ ￥210/250cc, 603￥/900cc
치즈(까망베르) ⇒ ￥808/115g, 829￥/129g
가우다 ⇒ ￥315/125g, ￥577/250g
⑦ 위생처리 : 물비누로 손 세척 → 건조 → 알코올 스프레이 해준다. 발은 장화 신은채로 소독수 웅덩이를 밟고 간다. 이렇게 철저히 안 하면 소비자에게 외면 받는다. 이 공장은 중간상들도 방문해서 전부 보고 가므로 철저히 식품위생에 신경 쓴다. 식품사고 나면 공장이 매우 어려워진다.

3.2 나가시벳쯔 농협 케피어 공장

이 공장 역시 1996년 이후 두 번째 방문이다. 공장 입구에서 시찰 자들에게 구두를 벗고 장화로 교체하도록 안내하였다. 그러고 나서 소독수 웅덩이를 밟고 공장 안으로 들어가게 철저히 했다. 공장이 바뀐 것은 거의 없다.

1) 이 공장의 케피어 제조공정

① 원 유 → 밖의 탱크에서 들어옴(1일 걸러 1회)
② 당일 사용 Tank 요일별 제품생산 용도 구분
월/수/금 우유, 커피우유 생산 : 화/금 발효유(Drink) 케피어
③ 60℃ 가온 탈지분유(SMP) 1.0% 첨가
④ 균질 150kg/cm²
⑤ 살균 Tank → 85℃ 10분/25℃ 냉각
⑥ 발효 Tank로 이동/케피어 그레인 접종(1.5%) 발효온도는 24℃로 설정되어 있다. 18~20시간 발효
⑦ 접종 다음날 케피어 발효 완료
⑧ 종이 팩(pack) 포장

2) 이 공장의 케피어 제조기술의 특성 소개

① 케피어 배양 시 일정한 온도유지는 발효탱크 자켓(Tank Jacket)에 온수 순환 온도 조절방식을 채용하였다.

② 감미료는 0.05% 아스파탐 제재 사용하는 것이 특징이다. 왜냐하면 케피어에 설탕을 사용하면 효모가 이를 발효하여 높은 알코올과 CO_2를 생성하기 때문에 포장 후 문제가 많으므로 아예 설탕을 사용하지 않고 있다.

③ 케피어 스타터 : 상업용 균주(Comercial Starter) 동결균주를 사용한 액상 벌크 스타터를 1.0% 사용하는데, 공장 보유 균주(Original starter)와 0.5%를 혼합하여 사용한다. 공장이 보유한 스타터는 오래 전에 가와구찌 선생이 어느 대학 교수로부터 분양받은 Kefir grain을 기증해 주어 그것을 보존해 가면서 활용하고 있다고 했다.

④ 시판 스타터는 유산균 보완용으로 쓴다(산 생산성 보강). 오리지날 케피어 균주가 산 생성력이 불안정해서 시판용 유산균을 쓴다.

⑤ 생산량 : 600～1300L/일 생산량이지만 그것이 일정치 않다(1996년에는 300L/2일 정도였음).

⑥ 인공 감미료 넣는 시점은 케피어 발효가 끝난(18～20시간) 뒤에 첨가하고, 그것을 균질해서 서지탱크로 옮긴다. 발효 끝나고 교반하면서 감미료 powder를 직접 첨가하여 균질하고, 냉각은 발효탱크에서 10℃로 냉각한다. 그것을 서지탱크로 이동한다.

⑦ 제품 포장단위 : 1L와 500mL, 포장속도 : 500병/시간
1L～500mL 짜리 병포장/250mL, 500mL, 1L 종이포장으로 구성됨.

⑧ 포장기의 3단계 용량 조절 가능한 것을 채용하고 있음 : 우유 1L + 250mL / 커피우유 1L + 250mL /케피어 1L + 500mL

⑨ 서지탱크 1.0ton/모든 탱크는 1.0ton /커피 /우유 탱크 /케피어 탱크가 따로 있다.

3) 커피 우유와 음용유 제조 공정

① 예열 60℃, ② 균질 150kg/cm^2, ③ 살균 85℃ 10분, 스팀가온 /냉각수 냉각, ④ 냉각 20℃, ⑤ plate로 10℃ 이하 냉각 후 서지탱크로 펌핑 이동

☞ 커피우유의 경우 60℃ 예열

㉠ 커피분말 0.5% 첨가, ㉡ 설탕 2.5% 첨가, ㉢ 손으로 교반/ 이는 커피우유 전용 탱크가 아니라 그런다.

4) 이 공장의 제품 제조상의 여러 특성

① 케피어 제조 시 왜 살균온도를 85℃/10분으로 하고 있는가?

☞ 이 온도/시간 기준은 일본에서만 쓴다. 왜냐하면 75℃/15초가 안 좋았다. 일본의 원유 유질이 나빴기 때문이다. 그러나 지금은 쓰지 않으나 이 공장만 계속 사용하고 있다.

▸ 이 점 : 제품에서 CO_2가 적게 생기고, 알코올도 적게 생겨 종이포장에 유리하다.

② 공장 내 곤충방제 등이 배치되어 있다. 유인 등 ― 진드기 부착/공장 216m²

③ 케피어 그레인이 빨리 되게 하려면 철분을 첨가한다.

- 철분은 첨가하면 좋은데 어느 정도 넣어야 할지 모른다.
- 철분강화 우유를 사용했더니 우연히 그런 좋은 결과가 얻어졌다.
- 철분강화 우유+케피어 스타터를 어느 정도 넣어야 할지는 연구대상이라 한다.

④ 일본의 소규모 공장 원유검사 농협. 생유 검사협회에서 검사 후 사용함. 검사는 3단계 거침.

5) 일본에서의 소규모 유가공장 원유 검사 실상

① 농협, 생유검사협회에서 검사하여 사용한다.

② 원유검사는 다음 3단계를 거친다. 낙농가 → 농협 → 생유검사협회
작은 공장은 독자적인 검사는 하지 않는다.

③ 항생제 잔류량 검사는 20～30분 내에 검사 결과가 나오는 킷트를 사용한다. 유성분, 세균수, 체세포수는 24시간 내 결과 통보가 가능하다. 탱크로리 운전사가 항생제 잔류량을 검사하고 그 결과에 따라 그 목장의 원유 집유 여부를 결정한다. 그 킷트는 보통 15분이 걸린다.

④ 우유 성분검사는 오래 걸린다. 덴마크 FOSS사 제품 Milkoscan, Bactoscan을 사용한다. 목장에서 원유검사 문제는 목장이 검사 kit를 갖고 한다.

6) 나가시벳쯔 유기낙농에 대하여

나가시벳츠 지역은 낙농 외에는 적합한 산업이 없어서 분뇨 사용이 제한을 받는다. 그래서 당국은 목장에게 분뇨처리 의무를 부과하고 있다. 과거에는 2마리/1ha 분뇨처리 방식이었다가 지금은 5～6마리/1ha로 너무 많다.

3.3 미토모 목장(三友牧場)

이 목장 역시 9년 만에 방문하는 미토모 목장이다. 처음 만났던 때엔 중년이던 미

또모 유미꼬(三友美子) 선생은 어느새 할머니가 되었다. 그래서 치즈 브랜드도 있다. 할머니 치즈[그랜마 치즈(Grandma cheese)]이다. 『チ-ズ, その傳統と背景(치즈, 그 전통과 배경)』이라는 책을 소개받았다(泉圭一郎 著, サイエンテイス社(Scientice) http://www.saien-t.com). 미또모 선생은 우리를 치즈 공방 2층으로 안내하여 그간의 지난 날 쌓인 이야기며 치즈공방 운영의 이모저모를 잔잔한 이야기로 풀어낸다.

1) 북해도 정부 지원 치즈공방 건설에 관하여

① 처음에 실습공방만 지어 주었고, 현재는 개인적으로 자금을 들여 증축(2층)하여 사용 중임.

② 프랑스의 르블로숑(Reblochon) 치즈를 나름대로 개조해서 그랜마 치즈(Grandma cheese)로 제조하고, 이를 미또모 목장 브랜드 치즈로 등록하여 판매 중이다.

③ 1997년에 공장을 지었으나(50% 보조) 좁아서 현재의 공간(2층)을 증축하였다. 아래 증축부분은 사무실, 포장실 등으로 사용하고, 2층은 접대 공간으로 하여 작은 부엌, 벽난로를 넣었다(벽난로는 노르웨이 직수입품으로 50만엔짜리이다).

2) 미또모 목장(三友牧場) 치즈공방 운영 이모저모

① 이 목장의 치즈는 주로 직거래 판매를 한다. 판매는 처음 농협에 개인 선전 코너에 진열해서 알려지기 시작하여 잡지에 광고하고, TV에 방송을 타면서 알려졌다. 제일 큰 마케팅은 사람에게 직접 선전하는 것이었다. 사람들에게 선물해서 선물 받은 사람들이 또 주문하게 되었다. 그래서 개별 주문 받아 보내게 되었다.

② 고정 고객은(반복주문) 150명이며, 전부 600명 정도 확보되어 있다. TV에서 방송되고 나면 주문이 많으나 그건 단골이 되기까지 오래 걸린다.

③ 1년에 생산량은 그전에 주문한 고객들에 의해 모두 소비된다. 숙성기간이 길기 때문에 금방 보내지 못하고, 숙성기간을 감안한 제품 도착 소요기간을 소비자에게 알리고 양해를 구한 뒤에 보낸다. 지금(2월) 주문받아도 그 해 크리스마스 때나 보내진다고 한다. 그래서 아예 넉넉한 여유를 갖고 주문받는다. 그랜마 치즈는 4~5주 걸린다. 80% 큰 치즈, 20% 신선형, 연질치즈

④ 숙성실 온도를 12℃ → 8℃로 낮추어 운영하고 있다. 전기요금을 절약하려고 숙성실의 히타 사용을 낮춘 것이다

⑤ 야마노 치즈(山の チ-ズ) → 이 치즈는 스위스 그뤼에르 치즈를 개조한 것이다.

⑥ 북해도 정부가 지원하여 설치한 공방의 면적 : 전체 6평인데 숙성실 3평, 기기실 3평으로 구성되었음.

⑦ 그뤼에르 치즈는 청초 방목기 우유로 만드는 늦봄, 여름, 가을철 치즈라 겨울에는 만들지 않고, 겨울에는 주로 그랜마(Granma) 치즈를 만든다.

⑧ 카시오카발로는 냉장고에 보관하며 숙성한다. 그랜마 치즈 숙성실 내에 있는 냉풍기 앞에 비닐을 쳐서 치즈 건조를 예방함.

⑨ 치즈 Vat = 240kg, 10~11kg × 2개가 생산됨.

- 100L → 8.5kg - 야마노 치즈
- 100L → 11kg - Granma 치즈

⑩ 목장 유제품 공장 모델로 지원했고, 실제 운영은 미또모 선생이 한다.

⑪ 치즈 용품은 스위스의 Bichsel에서 구입하는 것이 편리하다.

⑫ 지역 목장유가공회원 16명 중 7목장이 같은 규모 공장을 지어서 활동 중이다. 기술정보 수집해서 회원에게 배포중이다. 기술지도도 하고 있다. 목장치즈회가 나누어졌다. 취미로 하는 목장, 판매전문 목장 공방 합하여 30개 정도인데, 판매전문 목장 공방은 7개가 활동하다가 그 중 1개는 이사 갔다.

⑬ 미또모 유미꼬 선생에게 어떤 사람이 치즈 주문을 하면 자기에게는 몇 종류가 없기 때문에 자기에게는 없다고 하고, 그 치즈가 있는 회원 목장을 연결해 준다. 그러면 자연히 소비가 이어지고, 다른 회원도 미토모씨를 그렇게 소개해 주므로 서로 돕게 된다. 이것이 하나의 판매 전략이다.

⑭ 미또모 선생는 7개월 숙성시킨 야마노치즈(山のチーズ)로 대접하는데 기가 막히게 맛있다.

⑮ 거기서 우리가 방담 중에 내가 "가와구찌 선생은 치즈와 와인의 짝에 대해 어떻게 생각하느냐?"고 묻자 일본에서 볼 때 치즈와 와인 짝을 강조하는 건 와인회사의 마켓팅 전략이라는 것이다. 그냥 와인을 많이 팔려고 치즈를 띄운 것이요. 일과성 트렌드일 뿐 사실은 식사용으로 치즈가 소비자들에게 얼마나 먹히느냐가 중요하다고 했다. 결국 쉬운 방식으로 와인과 결부시킨 치즈 판매에는 한계가 있다는 것이다. 왜냐하면 치즈가 일상식품이 되어야지 술안주나 과자 소비로는 한계가 있다고 보았다.

⑯ 미또모 유미꼬 선생의 치즈는 다른 치즈에 비해 비싸지만 꾸준히 팔리고 있다. 건강을 생각하는 여성들, 나이 많은 분 중 유럽여행 많이 한 사람들이 고객이고, 고객의 1/3은 항공회사(국제선 기내식용)들이 차지한다. 1등석용 기내식으로 납품되고 있다(ANA, 전일항공 국제선). 치즈 판매량의 1/3을 차지한다. 이것이 안전한 소득원이 되고 있다. 벌써 납품한지 3~4년 되었다.

⑰ 한국에 초정하면 오겠느냐 물으니 초청해 주면 기꺼이 온다고 한다. 3개월 전에 초청 통보하겠다고 했다. 겨울이 좋겠다고 한다. 2～3, 4월이 한가하다고 하였다. 5～11월까지 여름치즈 치즈 만들고, 12월은 판매하기에 바쁘다.

⑱ 밖에는 눈은 날리고, 따끈한 홍차와 7개월 일은 아마노 치즈를 먹으니 그 맛이 너무 좋았다. 손질을 많이 해야 하는 치즈(그랜마)는 대규모 공장에서 만들 수 없어 소규모 공장에서 만들어야 한다. 그런 치즈를 공장도 만들지만 그 풍미가 소규모 공장에 비하면 아주 다르다. 미또모 유미꼬 선생은 홍차 구입도 홍차재료를 재배한 밭이 어딘지 알아보고 구입한다.

⑲ 미또모 유미꼬 선생은 치즈 맛을 보고 값을 달리한다. 약간 쓴 맛나고 맛이 없으면 7개월 숙성 치즈라도 값은 싸게 매기고, 4개월 숙성한 것이라도 맛이 있으면 판매가를 높게 매긴다. 소비자는 맛이 다르면 금방 연락이 온다. 신용이 중요하다. 자기가 판단하여 품질에 따라 가격을 매기기 때문에 자신 있다고 한다. 그랜마 치즈가 여름에 맛이 있고 색깔도 더 아름답다.

⑳ 미또모 유미꼬 선생은 치즈 살균 시 가온온도가 63℃가 되면 바로 신속히 내려 품질의 노하우를 지켜나간다. 미또모 유미꼬 선생은 어느새 치즈 원유 살균을 저온살균법이 아닌 열처리(63℃에서 15초간)법을 자신의 치즈 제조에 자기만의 비법으로 활용하고 있었다.

▷ 밖은 눈이 휘날리는데 우리는 목조건물(통나무집) 2층의 노르웨이산 직수입 벽난로에서 따뜻하게 타는 장작불을 쬐면서 치즈와 홍차를 즐겨 가면서 토론에 열심이다. 주로 가와구찌 선생과 미또모 유미꼬 선생이 주제를 이끌어 간다.

3) 나가시벳쯔 지역의 치즈 페어(Fair)에 대하여

① 이 행사는 나가시벳츠 지역 중심인 일종의 치즈 소개를 위한 이벤트로 서양치즈를 소개하고, 자기네 치즈를 서투르지만 사람들 앞에 선보여서 국산치즈와 유럽치즈를 비교시켜서 자체 품질 업그레이드를 하기 위해 한다.

② 치즈 Fair는 8년 전(1997)에 시작되었다. 처음 3년간은 모든 예산을 나가시벳츠 정에서 지원하였다. 그때는 입장료가 무료였다. 4년째부터는 정부지원이 1/2로 감삭되었다. 그때부터 비로소 입장료(참가비)를 받게 되었다. 5년째부터는 정부의 지원이 1/4로 줄어들었다. 6년째부터는 정부지원이 전혀 없었고, 모든 비용은 참가비로만 운영하게 되었다. 정부지원이 없었으나 참가자들이 증가되어 예산은 문제가 없었다. 왜냐하면 참가자들이 치즈에 대해 흥미가 많아졌고 다양해졌기 때문이다.

③ 참가자는 다음과 같이 분류되었다. 크게 3부류로 된 것이다.

㉠ 목장치즈 회원들이 책임지고 1～2명을 초청했다.

㉡ 신문이(북해도신문의 나가시벳츠 지역판) 홍보지원 하였다. 치즈 페어를 널리 알리고 안내하는데 기여했다. 지역신문도 효과가 있었다. 지역의 농업기술센터도 적극 협력했다.

㉢ 이 이벤트 진행결과 지역민에게 치즈지식 정보를 보급하여 치즈소비가 일어났다. 무엇보다도 지역민들이 자연 치즈에 대한 흥미를 갖게 되었던 것이 큰 수확이었다.

④ 주관 책임자였던 미또모 선생의 치즈 페스티발의 주요 3포인트(points)

㉠ 참가자에 대한 치즈제조 기본을 교육, 훈련한다.
참가자에게 치즈를 쉽게, 편안하게 접근하도록 격려한다.

㉡ 자체 회원들에게는 치즈 제조기술의 최신 정보와 혁신을 추구하였다.

㉢ 전문연사를 초청하여 분위기를 고양시키고, 기술 정보 교환 기회를 제공했다.
치즈기술 전문가 CEO. Marketring 전문가들이 멤버의 결정으로 초청되었다.
때로는 프랑스 치즈 전문가가 초청된 적도 있었다.

- 프랑스에서 공부하고 온 치즈요리 전문가 일본 여성분 - 3년 전에 초청됨.
- 치즈판매 전문가인(동경) 여성
- 유끼지루시 회사의 치즈기술 총 책임자

⑤ 치즈 페스티벌 기타 사항 :

㉠ 치즈 토킹(チーズトクイン) ⇒ Cheese Talking→ 치즈 페어, 치즈 페스티벌이 8년간 진행됨(97년 1회)/1년 1회 열린다.

㉡ 참가용 티켓을 팔아서 참여시킨다. 첫해에 5000원/매에서 시작한 것이 10,000원/매, 15,000원/매, 최근에 20,000/매 까지 올라갔다.

㉢ 참가자도 300명이 넘는다. 전시대에는 수입치즈와 자체 회원이 만든 치즈를 전시한다.

㉣ 같은 종류 치즈끼리 전시하고 치즈 맛을 보게 한다. 치즈 맛을 익히게 해서 언젠가는 사먹도록 유도하는 행사이다. 각종 과일(건포도, 사과, 포도, 키위, 딸기 등)도 제공한다. 다만 와인은 유료로 제공한다.

㉤ 전시된 치즈에 대한 앙케트 조사도 한다.

㉥ 치즈 페스티발은 신문, TV, 잡지에 광고한다.

4) 일본에서의 자연치즈 역사 한 토막

① 30년 전 일본에서 자연 치즈가 처음 시작될 때 붐이 일어났다. 그때 까망베르가 붐의 중심에 있었다. 왜냐하면 그 치즈는 일본인 맛에 맞는 것이 아니었다.

② 그때 당시 일본에는 프랑스를 좋아하는 분위기가 풍미했다. 특히 젊은 여자들이 프랑스 패션을 열광하던 시절이었다. 이와 더불어 프랑스 요리도 인기 있었는데 그 때 치즈가 많이 쓰였다. 그래서 프랑스 치즈인 까망베르 치즈가 인기 끈 것이다. 그 전에는 그다지 인기 있었던 게 아니었다. 결국 까망베르가 프랑스 문화열기 때문에 인기가 올라갔다. 까망베르 확산에는 당시의 여성잡지가 큰 기여를 했다. 이것이 일본에서 일어난 초창기 자연치즈 붐의 근원이었다.

③ 처음 치즈 시식회 때 흰색 치즈는 '치즈가 아니다' 라고 까지 했다. 이것이 30년 전 일이다. 젊은 여성들 때문에 유끼지루시(雪印) 유업이나 메이지(明治) 유업 재벌들에게는 까망베르 치즈 제조기술이 있었으나 일본인들이 흰곰팡이 치즈가 안 팔릴 것이라는 판단 때문에 선뜻 만들지 않았다.

④ 일본에서 치즈를 처음 만든 분은 북해도 니시무라(西村公祐) 씨가 효시였고, 그는 프랑스에서 응용미생물학을 연구한 경험을 살려 1975년에 치즈를 만들기 시작한 사람이었다. 그 때 그가 창립한 회사가 크레이루(Creiru)이다. 그 이후 목장치즈, 소규모 치즈 공장에서 전부 흰곰팡이 치즈만을 만들었다. 그 니시무라 씨 때문에 손으로 만드는 치즈(手造 チーズ, 데쭈꾸리 치즈)가 만들어지기 시작했다. 그 이후 일본에 소규모 치즈 시장이 형성된 것이다. 그러자 대기업 유업공장에서 리스크가 없다 싶어 달려들었다. 그 이후 까망베르 치즈에 대하여 일본인들은 싫증을 내기 시작했다. 나아가 까망베르 소비시장이 급감했다. 따라서 새로운 자연 치즈를 만들 필요가 생겼다. 지금 목장치즈 공방을 새로 시작하는 사람들은 까망베르 외의 전혀 다른 치즈를 기술개발 해야만 한다.

5) 일본의 원유 제품별 차등 가격제 운용 실상

① 일본은 1987년부터 목장원유 처리 규모가 50kg 이상만 되면 모두 제품별 원유 차등 가격제를 실시한다. 원유는 큰 탱크에서 농협에 납유하여 검사 받고, 같은 탱크의 남은 원유를 가지고 치즈를 만들고 있다. 미또모 유미꼬 선생은 자기 목장원유를 전부 납유하는 것으로 문서상에 나와 있으나 실제는 원유의 일부를 가지고 치즈가공을 하고 있다. 농협에 78엔/kg에 파는 것으로 하고, 다시 미또모 유미꼬 선생이 농협에서 50엔/kg에 구입하는 것으로 문서상에 정리해서 원유대를 정산한다. 그리고 실제 원유는 자기 목장 탱크에서 가져다 쓴다는 것이다. 필요량만큼 목장에서 직접 쓴다. 그러니까 1,200kg을 문서상으로 농협에 팔고 치즈용으로 200kg을 쓸 때 문서상으로 1,200kg가 팔리고 사오는 것은 목장에서 200kg을 갖다 쓴다.

② 시유용은 100￥/kg 정도한다. 치즈 원유는 50￥/kg이므로 제품별 차등 가격제

를 쓴다. 이런 제도가 한국에도 채용되어 있으나 3,000kg/1일 사용 공장에만 허가된 제도이다.

③ 일본은 아예 소규모 목장 수준에서 그렇게 해 주고 있는데, 이는 농협을 통해 시행하는 국가적 제도이다. 농협이 우유가격을 정하고 그런 제도를 채용하므로 목장 위주 제도가 되어 있다. 그러니까 50kg 이상을 가지고 시유 외 유가공품을 만든다면 제품별 차등 가격제를 허용하고 있다.

6) 미또모 유미꼬 선생 「농가형 치즈연구회」의 자부담 해외 연수행사

① 작년(2004년) 9월에 회원들이 프랑스 치즈학교에 7명이 가서 공부했다. 국립치즈전문학교인 **마미로르** 치즈전문학교에 가서 프랑스의 전통방식을 모두 배웠다.

② 거기는 프랑스 전통 치즈기술을 가르치므로 외국인은 허락하지 않는다. 일본 국가 차원에서 외교부의 주선으로 방문하는 것으로 해서 방문연수가 허용되었다.

③ '**마미로르**'라는 이름의 치즈가 팔리고 있었다. 그 학교 학생들이 실습으로 만든 것인데 잘 팔린다.

④ 그 학교에서 숙성실 관리 운용, 유산균 스타터 제조, 이스트 제조 등 여러 부분을 배웠다. 그리고 이 학교에서는 여러 제품이 나온다. 까망베르 치즈에는 중온균이 쓰이나 이 학교에서는 고온균을 사용해서 만들고 있었다. 치즈의 보존기간을 길게 하려고 그렇게 하고 있다는 것이었다. 그렇게 해도 치즈 풍미는 관계가 없다고 한다.

7) 미또모(三友) 치즈목장의 숙성실 운용 특징

① 숙성실은 공방 내에 두 개가 있는데 하나는 건조용이고, 다른 하나는 연질치즈 숙성고(12℃)이다.

② 공방 밖에 6평짜리 독립 숙성실이 있다. 겨울이라 날씨 때문에 온도를 높이 올릴 수가 없으므로 전기세 아끼려고 히터를 가동하여 8℃만 유지한다. 야마노치즈(그뤼에르에서 변형)이기 때문에 숙성에 큰 문제가 없다.

③ 공장 내 숙성실 천정에 비닐을 쳐서 막아 놓았길래 왜 그랬느냐고 물으니까 냉방기의 팬(fan)이 너무 심하게 돌아서 치즈가 빨리 건조해져서 치즈에 직접적인 바람을 막느라고 그랬다는 것이다. 이 숙성고는 소형(1평 정도)이므로 가능하다.

④ 숙성고 제조는 화훼상점에 꽃 보관창고 제작 전문 업체에 맡겼더니 치즈 숙성에 알맞게(온도/습도) 제작해 주었다(우리나라는 버섯 재배상이나 꽃 보관고 제

작사를 찾으면 될 것이다).

8) 가와구찌 선생 나가시벳츠 정 축산식품가공 연수센타의 숙성실 특성

① 목재 재료를 사용하지 않음(오염위험)

② 바닥에 얇은 물 층이 흐르게 하고 수분공급은 그것으로 만족이다.

③ 온도 조절은 12℃로 하되 히터(소형)를 켜두었다.

④ 가우다 치즈 제조를 하는데 가우다 치즈는 1주일간 건조시킨 다음 바로 진공포장 한다.

⑤ 숙성 중인 치즈는 매일 뒤집어 준다.

⑥ 약 2개월~4개월 사이에 소포장하여 출하한다. 모든 제품의 시료(sample)는 북해도 농산물 검사소에 보내어 검사 받고 있다. 검사 후 OK 되면 출고한다.

3.4 벳가이정(別海町) 부도마리 제 3 섹타

1) 공장 개요.

북해도 목장의 초지 위에 어느새 하얀 눈이 덮였다. 북해도 나무는 겨울 내내 눈에 덮여 눈을 녹이며 산다. 공장 전신은 벳가이 정영(町營) 낙농공장(酪農工場)이었다. 2002년 3월까지 정영(町營)이었다. 2002년 4월에 제3 섹타가 되었고, 벳가이 정이 6,000만 엔을 지원하고 정내 농협 4개가 4,000만 엔의 자본 참여로 1억 엔을 모아 제3 섹타(地方公社)가 된 이후 치즈를 생산하기 시작하였다.

치즈가 부가가치가 높아 이윤이 높기 때문에 생산을 개시한 것이다. 정영이었을 때 수입 = 지출이면 되었으나 공사 전환 이후 흑자가 안 되면 안 된다. 그래서 치즈생산을 개시한 것이다. 1981년부터 치즈생산은 했으나 판매용이 아니라 단순한 시작용(試作用)이었다. 주로 '別海치즈 / Cottage' 치즈가 주였고, 시험용으로 에멘탈, 가우다를 제조했다. 지금은 카티지만 만들고 있고, 금년부터 스트링과 가우다를 판매용으로 만들기 시작(1월)했다. 1981년부터 개발했을 때는 제품 70~80%가 음용유이었고, 나머지는 요구르트, 아이스크림이었다.

그동안 요구르트에 비중을 두다 보니 치즈에는 신경을 안 썼다. 3년 전에 공장 신축 후 치즈생산(생산시설이 갖추어짐) 숙성 실 6실이 있고, 치즈 Vat는 1.0ton용 1개, 600L용 1개가 있다. 1981년에 신품 치즈 프레스가 들어왔으며 공기압식이다. 숙성실은 독립되어 운용된다. 이곳은 판매용 설비 외에 주민 체험용 학습시설이 있다. 요구르트 버터 치즈를 체험학습을 하게 기회를 제공하고 있다. 이 공장은 치즈(스트링 치즈), 우유 요구르트가 주력품이다. 우리를 다까하시 선생이 안내하였다(공장장).

2) 고메찌찌(현미우유) 생산

① 저자가 방문했던 9년 전에는 고메찌찌(현미우유)가 매우 인상적이었는데, 컵 포장기 능력 3,600개/시간으로 9년 전에는 1/2밖에 안 되었다.

② 원료 혼합, 살균방식이 뱃치형 방식이었으나(25℃) 지금은 달라졌다. 판형 열교환기로 살균한다. 판형 열교환기는 제품의 위생안전을 위해서 바꾸었다.

③ 탱크 뚜껑을 열면 위험하므로 완전 파이프라인 시스템으로 바꾸었다. 공기 접촉이 차단되어 이물질 오염이 예방된다. 큰 공장에서는 안정제를 쓰나 여기서 안 쓴다.

3) 요구르트 제조 특성

① 유청분리 방지는 유산균만으로 발효시키고 발효여부를 잘 살펴본다. 자칫하면 산미가 강해지고 유청분리가 일어난다. 일어나지 않으려면 표준공정을 잘 지켜야 한다. 눈으로 감시하는 것이 중요하다. 맛을 보고 감시한다. 그러니까 기계보다 감으로 만든다. 이 일은 장인정신이 있는 한 사람이 담당한다.

② 지금까지 데이터를 근거해서 맞추어 나가고 있다. 그 외에 대장균 검사, 품미검사, 산도 pH검사를 한다.

③ 유산균 수 1천만 cfu/mL 이상이지만 오히려 1억 cfu/mL 이상이다. 10억 cfu/mL이 넘을 때도 있다. 그 기준에 합격된 것만 포장한다. 유산 발효만 갖고 제품을 만들기 때문에 40℃에서 4~6시간 발효한다. 과거 스토브나 냉장고 개조품을 써서 발효온도 차가 많아 제품의 품질 차이가 많았는데 지금은 표준화 자동시스템이라 균일한 제품이 나온다.

④ 발효온도 일정선 유지는 에어컨 원리를 이용한 온도 유지가 되어 발효가 일정해졌다. 가온·냉각이 한 방에서 이루어진다. 처음에는 온도 조정이 어려웠다. 40℃~75℃ 범위 내 조절이 큰 공장에서는 쉬웠을 것이나 우리는 매우 어렵게 되었다.

⑤ 한 방에서 가온·냉각이 이루어져야 좋다. 발효가 끝나고 이동하면 제품 조절에 안 좋으므로 그 탱크에서 그대로 냉각한다.

⑥ 충전기 능력이 좋아 신속 충전이 가능하다. 제품 품질에 이 점은 매우 중요하다. 85℃/30초 살균 평판형이므로 짧게 탱크에서 30분인데, HTST에서 시간 단축이 된다. 한번에 40℃까지 냉각이 된다. 2층에 탱크가 있는데 거기서는 예비발효를 시킨다. 유산균 스타터 넣고 5~10분간 시킨다. 그런 다음에 본 발효에 들어간다.

⑦ 예비발효란 본 발효시간을 단축하기 위해 발효온도에서 유산균을 적응을 시킨다. 예비발효 목적은 균의 발효조건 친화를 시키기 위함이다. 안정제 넣을 때 이런 과정이 필요 없다. 안정제 사용을 하지 않는 우리는 필요하다. 그 다음에 1층에 있는 본 발효탱크로 옮긴다(파이프라인 이용).

⑧ 충전실로 옮긴다. 셋타입(Set-type) 요구르트여서 컵 포장 후 숙성실로 옮겨 발효시킨다. 4~6시간 동안 발효시킨다. 예비 발효시킨 요구르트가 미각이 좋고 향도 좋다.

⑨ 여기서 생산하는 요구르트는 정치식(Set type)이다. 요구르트 제품의 당도 : 3%이고, 인공감미료는 단가가 높아서 당류는 당도 3%가 되게 하는데, 그래늎 설탕 0.5%, 올리고(oligo) 당류 3.5%를 혼합하여 사용한다. 발효 정도에 따라 당도 조정해야 한다. 눈으로 잘 감시해야 한다.

⑩ **[요구르트 발효 종료 pH 4.5, 최종 제품의 출하 시 pH 4.3]** 자사의 영업비밀인데 말해 주고 있다. 유통기간은 2주일간이고, 출하 전 온도를 2℃로 유지하여 유청분리의 원인이기도 하는 후산발효(後酸醱酵, Post fermentation)를 억제하고 있다.

4) 복지우유 제도(福祉牛乳 制度)

① 저자가 9년 전에 벳가이 정영 시절에 방문했을 때 만나 감동을 주었던 복지우유[3)]도 포장만 바뀌고 그대로 진행되고 있다.

② 복지우유 지원비는 그동안 연간 4,500만 엔에서 3,600만 엔으로 삭감되었다.

③ 주로 학교급식 우유로 많이 이용했다. 1주일에 6회(월~토) 지금은 5회만 준다.

④ 그래도 정에서 복지우유 예산 지원을 하니까 판로가 보장되어 공장 운영이 수월하다.

⑤ 벳가이 정의 원유가 남으니까 초과 원유로 복지우유, 치즈제조를 시도한 것이다. 여기서도 원유가 남으니까 농민들이 물감을 타서 아예 버린 때가 있었다.

⑥ 우리나라도 남는 초과 원유를 복지 차원에서 예산을 확보하여 저소득층 복지 개선용으로 우유나 유제품으로 공급하는 날이 오기를 기대해 본다. 그러면 남는 원유 해소도 되고, 국민 복지증진도 되는 1석 2조의 효과가 거양될 것이다.

⑦ 우유 포장 방식이 비닐포장에서 종이포장으로 바뀐 것은 파열사고가 많아서 그랬다. 종이포장은 Tetra Pak 기술이 아닌 일본 특유 기술제품이다. 7층 팩이 아

---

3) 복지우유(福祉牛乳) 란 벳가이 정의 정민복지 정책의 하나로, 정 예산을 들여 정민 중에서 극빈자 층, 차상위 계층, 독거노인, 임산부, 소년・소녀 가장 등을 선별하여 주 5~6회 무료로 우유를 제공하는 제도이다.

니라 싸게 만든 것이다. 우유포장은 종이 팩으로 200mL, 1000mL, 유리병 1000mL용으로 나뉜다.

5) 치즈제조 특징

① 가우다, 에멘탈 치즈를 만드는데, 에멘탈 치즈는 낙농학원대학교의 안도(安藤功一) 교수의 기술지도를 받고 있다.
② 지금 여기 벳가이 정 목장들이 다양한 치즈 생산에 애쓴다. 그 중 하나가 Blue 치즈이다. 까망베르와 유사한데 Blue 치즈가 새롭게 부상한다.
③ 치즈는 한 종류에 한 사람이 담당해야 한다. 여러 사람이 취급하면 오염이 되기 때문이다. 그래서 다양한 치즈를 한 공장이 생산하기가 어려운 것이다.
④ 여기 공장 직원들이 시유, 요구르트, 치즈, 고메찌찌, 버터, 아이스크림, 소프트 믹스를 생산하는데, 생산만 하는 게 아니라 품질검사까지도 한다. 앞으로는 커피우유를 만들려고 한다.
⑤ 가우다 치즈는 숙성기간이 2개월 4, 6, 8개월짜리가 다르게 있다. 10kg짜리가 있는데 관리가 어려웠다. 낙산균 후기팽화 때문에 오랜 기간 숙성이 어려웠다.
⑥ 단기 숙성치즈는 깊은 맛(후까미)가 나지 않아서 오래 숙성시키는 기술을 연구하고자 한다.
⑦ 똑같은 품질의 치즈를 만들기가 어렵다. 자동화된 유끼지루시 유업이 좋은 품질 치즈를 생산하고 있다.
⑧ 신 사뽀로(新禮幌)에 사토라는 분이 있는데, 그 분이 자기의 치즈제조 기술을 정리해서 유끼지루시에 지도했다. 매뉴얼이 있어도 어렵다. 그의 말을 직접 들어야 좋을 것이다. 지금은 신 사뽀로 유업에 근무 중인데, 원래 그는 유끼지루시 유업 자동화 시설을 운영했다.

6) 위생 안전장치 특징

① 시설의 HACCP과 IS09001 방식은 채용하지 않고 있다.
② 치즈 제조실 내 양압(陽壓)을 크게(위로부터) 해서 밖으로부터 공기가 못 들어오게 하는 양압실이 되어 있다.
③ 2중 위생안전 장치(방안에 클린 BOX 설치)로 위생안전 시스템이 되어 있다. 방마다 2중장치가 되어 있다.
④ 아이스크림, 버터실이 2중 BOX식이다. -40℃ 경화실(Hardening room) 120cc cup 포장.

⑤ 금속탐지기로 이물질을 찾아낸다. 이런 시설이 없으면 판매가 어렵다.
⑥ 요구르트실 포장실도 2중 BOX가 되어 있다. 포장 후 바로 발효실로 옮겨진다. 원료 → 포장실 → 이때에 파이프라인 이동식이다.
⑦ 시유는 85℃/15초, 원래 80℃인데 편차 때문에 85℃로 작업한다.
⑧ 보유 크림분리기 능력은 1.0ton/h/고메찌찌 균질기(균질 압력) 150kg/cm^2
⑨ 요구르트 제조는 한 콘트롤 Box에서 모두 조작된다.

7) 이 공장은 왜 HACCP과 ISO9001 방식을 채용하지 않고 있는가?

① 회사로서 채용하고 싶으나 위생관리 시스템 기록을 철저히 해야 한다. 상품이 된 다음의 관리(trey cervility)가 되고 있어 명쾌하므로 필요를 느끼지 않는다.
② Trey cervility : Hygine + G.C(공정관리) = IS09001
③ Hygine = HACCP /safty. IS09001도 좋지만 HACCP는 더 중요하다.

8) 기타 지득사항(知得事項) 모음

① 이 공장의 맛이 좋은 요구르트 제품의 최종 발효점(End point)은 pH 4.5이고, 최종 제품은 pH 4.3인데, 일본인들이 좋아하는 산미이다. 한국인도 거의 같다고 보면 된다. 그래서 저자도 이를 목장 유가공 교육시마다 강조하고 있다.
② 시판 요구르트의 산미는 유산균이 내는 산미가 아니라 다른 것(유기산) 섞어서 낸 것이다. 그들은 안정제도 넣는다. 인공 향도 넣는다. 그러므로 「치명적인 유혹물(治命的인 誘惑物)」인 과자랑 비슷한 것이 시중의 요구르트라면 목장, 소규모 유가공장 생산 요구르트는 「무 첨가 천연요구르트」이다.
③ 아낌없이 주는 나무 = 시라카바 나무 = 저자는 이 나무의 이름을 「아주목, AJUMOK」이라고 지어 주었다. 뿌리부터 잎, 열매를 모두 인간에게 아낌없이 주는 나무라는 설명을 들었기 때문이다. 생김새가 꼭 러시아나 우리 강원도의 자작나무 같은 것이었다. 치즈 브랜드로 하면 어떨까 하는 생각 때문에 나름대로 「아주목」이라고 호칭해 둔다.

3.5 벳가이정(別海町) 낙농연수목장(酪農練修牧場)

1) 개 요

우리가 일본 낙농의 본산인 북해도 당국으로부터 배울 점은 1970년 이후부터 낙농업에 새로이 취업하는 낙농가를 돕는 일을 했다는 것이다. 그 사업의 일환으로 283명이 신규목장 개설을 했는데 북해도 내 전 신규 취업농자의 47%를 차지했다. 북해도 당국은 「농장 리스(Lease)사업」을 창설하고 낙농창업을 지원하고 있는데, 1982년부터 1995년까지 105호의 취업농가가 이 사업 기금의 혜택을 받았다[4]. 우리가 방문하게 된 벳가이정의 낙농연수목장도 그 사업의 일환일 것으로 본다. 오후 1시25분부터 육군 부대 사단장 같은 강고한 자세의 다니노 목장장이 안내한다.

유럽은 목장을 그만 두고 싶어 다른 이에게 물려 줄 때 교육받은 사람(Green card 소지-후계자 코스 받은 사람)에게 물려준다. → Share milker 일본은 자격 없어도 낙농이 가능하다. 그러나 이런 연수원 같은 곳에서 연수 받은 사람이 인정을 받아서 쉽게 시작할 수 있게 되어 있다(3년간). 아래는 22년간 재직 중이며, 강한 우익 일본주의 신념과 애국주의로 단단히 무장된 다니노 목장장[5]의 설명을 받아 기록한 것이다.

2) 낙농 연수과정

① 이곳에서는 장래에 낙농경영을 원하는 사람을 3년간 집중적으로 낙농 전반의 기술을 연수시키는 곳이다. 지금까지 벳가이 정 사람 위주로 뽑아서 1997년까지 24부부가(48명) 연수를 끝내고 낙농을 시작하였다. 금년에는 3부부가 낙농을 시작하였다.

② 여기 연수는 낙농연수이다. 하루의 연수는 04:30분에 착유로부터 시작한다. 연수생들은 04시까지 우사로 모인다. 교육생은 착유하거나 송아지에게 포유, 사료급여 등 작업 배분을 받아 일련의 작업을 한다. 이렇게 해서 7:30분에 작업이 끝나고 아침식사를 한다. 9시에 부문별로 나뉘어 작업한다. 우사가 2열 계류사와 개방식으로 나뉘어 있는데, 두 부분으로 나뉘어져 작업한다. 12시에 작업이 끝난다. 다니노 씨(목장장)는 22년간 이 일과를 지속했다. 그는 인공수정을 주로 했다. 15시부터 오후 작업 시작하여 18:30분에 끝난다.

③ 일과의 대강은 04:30 : 착유, 송아지 돌보기
07:30 : 아침식사
09:00～12:00 : 발정 발견 인공수정, 질병치료 등의 분야를 배당받아 작업
15:00 : 작업, 인공수정사 불러 작업 등

---

4) 배인휴. 1998. 농가형 유가공장 운영론 - 북해도 지역의 운영사례를 중심으로 - 도서출판 필방. p. 21.

5) 그는 연수원에 대한 모든 설명을 마친 뒤에 사적인 의견을 하나 묻겠다고 전제한 뒤 "왜 한국인들은 우리 정부 총리대신(고이즈미 수상)이 우리의 애국자들을 모신 야스꾸니 신사에 제사올리고 참배하는 것에 대하여 항의하느냐?"라는 질문을 해서 우리 일행을 무척 당황스럽게 했다. 그 정도로 그는 우익 인사였다. 일본인들을 만나다 보면 가끔씩 우익인사들을 만나는데, 이는 그들의 교육에 문제가 많다고 본다.

16:00～18:30 : 착유

저녁 8시에 목장 순찰, 발정 발견, 사료급여, 질병관계 예찰을 위한 순찰 실시, 30분 정도 한 사람이 순찰한다. 여성은 송아지 돌보기, 착유를 하고 남성은 힘든 일 한다. 아이가 있는 사람은 아이를 사무실에 두고 아이 돌보면서 착유한다.

④ 연수생 자격과 대우

㉠ 신분이 베가이정 임시 직원이 됨 → 본 목장 근무 시 ㉡ 주택 제공, ㉢ 생활비 지급 : 13만 엔/월/인, ㉣ 4주 4일 휴가, ㉤ 연수생은 매년 6～8명만 받음. ㉥ 35이하 기혼자, 30세 이하 독신자, ㉦ 연수생은 부부가 들어오는 걸 원칙으로 하나 부모가 결혼 예정 남녀 인정하면 받아준다. 명문대생, 간호사, 교사 출신도 연수생으로 들어온다. ⓞ 동경, 시꼬구 등에서 연수생들이 온다. 휴가는 주 1회 농번기 때는 곤란하다. 오히려 그들 부모들이 연수생 자녀를 보러온다.

3) 낙농 연수원의 운영 이모저모

① 지금은 12명이 연수 중 4명은 주변 목장에 파견 연수 중.

② 여기서 생산된 원유는 벳가이 정 공사(유가공장)의 원료유로 사용된다.

③ 연수생활의 결과 = 우유생산 관련 다양한 교육을 시키고 있다.

④ 모든 연수과정을 누구나 알아보기 쉽게 매뉴얼화 해 두었다. 한 예로 ISO2000 국제규격 기준이란 원래 기계, 가스 분야에 적용하는데, 여기서도 이를 적용하여 연수원 운영에 철저를 기한다.

⑤ 연수원 원유의 품질은 유성분 유지방분 함량 : 4.0% SNF : 8.7% 세균수 : 10^3 cfu/mL 이하, 체세포 : 10만 이하/mL인데 지금은 4～5만 이하이다. 이상의 균일품질 우유를 생산키 위해 ISO2000을 적용한다.

⑥ 젖소가 나이가 들면 유량 증가가 일어나 체세포수도 그 만큼 늘어난다. 특히 고능력 우에서 체세포수가 늘어난다. 세균수와 체세포수 감소가 가장 어려운 문제이다. 세균수 감소는 착유자 손, 작업복, 우유 급속 냉각이 키포인트이다. 체세포는 소의 사육환경이 키포인트이다.

⑦ 축사 내 공기, 환기설비 내부 오염공기를 철저히 외부로 배출 소의 깨끗한 관리(잠자고 누워있고), 영양 균형 있는 사료배합, 그리고 착유방법이 중요하다.

⑧ 착유순서를 정확히 지켜 주는 것이 중요하다. 그러면 원유 Tank 우유를 그냥 먹어도 된다. 유방에서 방금 착유한 우유는 거의 무균상태이기 때문이다.

⑨ 유두도 깨끗이 해야 한다. 유두관리가 안 되어 있으면 유방염이 발생하는 건 당

연하다. 유방염 발견 후 얼마나 빨리 치료하느냐가 중요하다. 유방 앞부분부터 엉덩이까지 털을 제거해 주면 좋다. 여기서는 가스토치를 사용하여 유방 주변 털을 태워주는데, 세균은 물론 유방에 붙은 이물질도 제거된다. 소를 깨끗이 하면 사람도 좋고 소도 좋다. 사람도 머리 짧게 깎으면 우사 내 냄새가 묻지 않아 좋다(목장장은 그래서 머리칼이 짧은 상고머리 이발을 하고 산다고 했다). 이렇게 철저히 하면 좋은 우유가 생산될 수 있다.

⑩ 목장 종사자 : 지극히 청결해야 한다고 강요함, 소 : 착유시간 엄수하고, 과착유 금지함. 유방염은 철저히 환경에서 오므로 청결환경에 극도로 주의할 것.

4) 낙농 연수원 졸업 훈련생에 대한 정부의 대우와 조치

① [문] 연수 후 목장을 할 땅이 없는 사람에게 어떤 지원을 하는가?

② [답] ㉠ 연수원 생활 3년간 13만엔(￥)/인/월, 부부 26만 엔 받으면 저축한다.
㉡ 각 보험은 연수센터 1/2, 본인 1/2 부담한다.
㉢ 목장에 들어가는 것은 당국이 이농, 폐업한 목장 물색하고 리모델링한다.
㉣ 수료생이 목장 시작 시 예상 소요 가격산정(기본적인 계산)은 아래와 같다.
ⓐ. 토지 기본면적 50ha ×60만 엔 = 3000만 엔 ⓑ 축사, 하우스(기계, 장비고) 주택가격 = 500만 엔~2000만 엔 ⓒ 젖소구입
㉤ 국가지원 사항
ⓐ 축사개조, 보수비 1/2지원 ⓑ 기계보수, 1/2지원 ⓒ 젖소 : 40두 지원/1두당 (초임기준) 17만5천 엔 계상지원 ⓓ 총 5천만 엔 지원 시
㉮ 5백만 엔 ㉯ 7백만 엔 ㉰ 7백만 엔 <계 1,900만 엔>
ⓔ 신규 자가 목장개업 시 드는 돈은 9천만 엔이라면 국가가 천구백만 엔을 지원해 주니까 개인은 7천백만 엔이 소요된다.
ⓕ 15만 엔은 국가가 융자해서 5년간 lease한다.
ⓖ 감가상각비 500~6000만 엔은 20~25년간 장기할부 대부로 빌려준다. 거의 무이자 조건이다.

5) 낙농 연수원 목장장과의 환담

① 현대의 일본 낙농업은 3가지 문제가 있다. ㉠ 환경파괴 부분이 있고, 분뇨처리가 문제, 금년부터 분뇨처리실 위에 비닐을 치지 않으면 안 되게 하고 있다. ㉡ 소는 풀이 없어도 섬유소만 있으면 젖 생산이 된다. ㉢ 북해도는 일년의 1/2이 겨울이다. 그래서 조사료 생산이 원만치 않다. ㉣ 원유가격 : 65엔/가공용 80

엔/시유용 ㉤ 한국 우유 값이 싼데 일본은 비싸서 FTA 이후 걱정이다(사실은 우리 원유 값이나 일본이나 비슷함). ㉥ 1일 두당 : 35～38kg/수분 70% 풀 섭취한다. 농후사료 급여/농후사료는 옥수수, 비트펄프, 보리 급여 : 1일 8kg 급여/두

② 국가가 보장할 일은 군사력 보다 식량 확보이다.

㉠ 낙농은 식량생산 기지이다. 식량 없는 군대, 식량 없는 미사일이 무슨 소용이 있는가? 세계 식량 보유국들이 한 국가를 없애기로 마음먹으면 간단하다. 식량을 안 팔아 버리면 그 나라는 끝난다. 중국을 무서워 하지만 중국도 식량이 안전하지 않다. 중국도 곡물 수입 해다가 고기생산을 한다. 식량을 수입 해다가 고기생산을 한다는 것도 식량 안보상 잘못 가고 있다. 일본의 식량 자급도가 40% 이하이다. 고이즈미 수상 정부가 농업정책을 매우 불리하게 시행해 나가고 있다.

㉡ 꼬리 절단은 송아지 분만 후 타이어로 싸 두었다가 커터로 절단한다.

㉢ 유방 털은 가스 토치로 태워준다. 털에 세균이 많이 붙어 있다가 원유에 유입되는 것을 막기 위함이다. 매번 프리스톨 반(Free Stall Barn)을 하는 목장만 꼬리를 잘라준다. 꼬리는 벌레를 쫒아주고, 소의 시각이 좁은데 꼬리로 가늠한다. 생식기관을 보호해 주기 때문에 중요하다. 꼬리의 길이는 미근(尾根)으로부터 35～45cm 정도 남기고 잘라준다. 미방 털은 대부분이 잘라준다.

㉣ 원유 탱크로 들어가기 전 우유는 2회에 걸쳐 필터로 걸러준다.

③ 이 훈련 목장의 훈련생 일과표는 아래와 같다.

[제1 훈련, 목장의 일상 훈련 코스 체계] 훈련 개시 05:00

05 : 00 작업 개시(착유작업) <제1 교관 훈련 개시>
06 : 30 ① 여성 훈련생 휴식(시차를 두고 훈련생 그룹 훈련을 운영함)
07 : 00 ② 여성
07 : 30 착유작업 종료 / 남성 훈련자 휴식
08 : 00 아침식사
08 : 45 <제2 교관 출근>
09 : 30 남·여 훈련생 오전 일과 시작 —> 사료급여, 우상 관리와 청소, 젖소 닦기, 우사 청소, 목장 관리 등
11 : 30 오전 일과 종료와 휴식 <제2 교관 휴식 >
12 : 30 중식 및 휴식
13 : 30 <제1 교관 퇴근>

14 : 30 남성 오후 훈련 시작/ 사료급여, 착유실 청소와 착유 준비
15 : 00 여성 오후 훈련 시작/ 사료급여, 착유실 청소와 착유 준비
16 : 30 저녁 착유 개시
18 : 30 오후 훈련 종료와 간단한 정리 및 회의
18: 45 전원 퇴근/ 석식과 휴식

※ 제1 코스 훈련시간 : 남성 훈련생 9시간 00분/여성 훈련생 7시간 30분 소요.

[제2 훈련, 목장의 일상 훈련 코스 체계] 훈련 개시 04:30

04 : 30 작업 개시(착유작업) <제1 교관 훈련 개시>
06 : 30 ① 여성 훈련생 휴식(시차를 두고 연수자 그룹 훈련을 운영함)
07 : 30 ② 여성
08 : 00 착유작업 종료/ 남성 훈련생 휴식
08 : 00 아침식사
08 : 45 <제2 교관 출근>
10 : 00 ① 남·여 훈련생 오전 일과 시작 —> 송아지, 육서우, 건유우 사료 급여, 우상 관리와 청소, 젖소 닦기, 우사 청소, 목장 관리 등
10 : 30 ② 남·여 훈련생 오전 일과 시작 : 위와 같음
11 : 30 ① 팀 오전 일과 종료와 휴식
12 : 00 ② 팀 오전 일과 종료와 휴식 <제2 교관 휴식 >
12 : 30 중식 및 휴식
13 : 30 <제1 교관 퇴근>
14 : 30 남성/① 여성 오후 훈련 시작/사료급여, 착유실 청소와 착유준비
15 : 00 ② 여성 오후 훈련 시작/ 사료급여, 착유실 청소와 착유준비
15 : 30 저녁 착유 개시
18 : 30 오후 훈련 종료와 간단한 정리 및 회의
18: 45 전원 퇴근/ 석식과 휴식

※ 제2 코스 훈련시간 : 남성 9시간 00분/여성 7시간 30분 소요.

3.6 마찌무라(松村農場) 농장

오늘은 목장 창립자의 사위인 마찌무라(松村) 씨가 안내함 일본은 사위가 처가의 대를 잇기 위해 들어가면 자기 본래의 성을 버리고 처가 성을 따른다. 이 사람도 그런 경우였다. 80대 노객인데도 유창한 영어로 우리에게 차근차근 설명하고, 단어가 막히면 우리에게 그 단어를 물어가면서 끝까지 영어로 안내를 하는 저력을 과시하였

다. 그는 지금부터 50년 전인 1952년에 미국에 낙농연수 유학을 가서 3년 이상 지낸 경력이 있다. 그 때 익힌 영어가 80대 노신사를 이렇게 멋진 모습으로 만들어 주고 있다.

1) 목장의 역사와 개요

(1) 역 사

이 목장은 지금으로부터 80년 전 설립되었다.

- 1956 수소 수입, 미국, 캐나다 수입해서 정액 수입 판매
- 1980 미국에서 수소 수입, 정액 생산용 수입은 끝낸다.
- 1992년에 현재 장소로 옮기다 아들에게 맡겼으나 죽었다. 새 목장 설계, 운영계획은 모두 아들이 만들었다. 남긴 자식이 3명이 있다. 그는 차고에 있는 사진 인화실에서 사진 인화하다가 문이 안 열려서 죽었다. 동경대학에서 공부했다. 그는 법대를 올바로 졸업했다.
- 셋째도 북해도 대학법대를 나왔다. 딸이 하나 있다. 후계자 아들이 없다. 딸의 상대가 낙농을 원한다면 그에게 맡기고 싶다.
- 세 아들을 모아 놓고 누가 이 목장을 맡을 거냐고 했더니 둘째가 맡기로 했으나 그가 또 죽었다. 그가 10년 간 운영을 했다. 손자가 하나, 딸 둘을 남겼다.
- 올해 손자가 와세다 대학에 가기로 되어 있는데 동경대학에도 시도했다. 곧 소식이 올 것이다. 북해도대학 졸업한 아들은 덴츄라는 회사에 8년을 다녔다. 그는 비지니스를 전공했다. 12년 전에 이곳에 와서 유가공 사업을 일으켰다.
- 마찌무라 가문의 이름에는 긴 역사가 담겨 있다. 본 목장 창업자 마찌무라 노부다가의 동생 아들(조카)이 외무장관을 지냈고, 마찌무라 깅고는 한일의원 연맹 회장, 마찌무라 씨 동서는 참의원 의장이었다.
- 나는 1952년에 일본인으로는 미국에 낙농을 공부하기 위해 전후 첫 번째로 입국한 사람으로 들어갔다. 그 때 창업자(주인)인 마찌무라 씨가 자기의 친구를 통해 500불을 지원해 주었다.
- 나는 2차 대전의 전쟁 중에도 일본인으로서 영어를 공부했다. 그리고 전쟁이 끝나자 건너갔다. 가서 바로 목장에 들어가서 낙농공부를 현장에서 했다.
- 그 목장 주인이 이미 그 때 개방형 축사(Free-stall Barn)로 바꾸고 착유실(milking parlor)을 만들어 한 번에 8두씩 착유했다.
- 그때 나도 벙커사일로 아이디어를 내어 특허 받았는데, 특허 사용료는 3달러였다. 일본인이라 그랬을 것이다. 위스콘신에서 3년간(1952.7～1955.12) 있었다.

- 나는 일본에 돌아와 지프차로 다녔다. 마찌무라 목장에 오니까 14두의 말이 있었고, 트랙터는 미국에서 운전한 경력이 있어 트랙터 3대를 구입했다. 1960년에 헤이 베일러를 샀다.
- 마찌무라라는 이름 때문에 삼촌, 장인이 국회의원을 1940~1945년까지 지냈다. 그는 정치인이 아니라 농민이었다. 그러나 그는 정치인처럼 1960년에 북해도의 낙농개혁을 철저히 밀어부쳤다.
- 요시다 시게루 수상과 함께 그 일을 했는데, 그는 두 번에 걸쳐 사신(私信)을 보내오기도 했다(보여준다).

(2) 목장유가공 개요

- 지금은 90두 착유하고 있다(380두 중.) 건유우는 항상 30~40두가 있으니까 젖소는 120두 정도 유지된다.
- 이 목장은 지금 500kg/일 시유제품을 생산 중이다.
- 버터 생산은 오래 되었다. 1960~1962년부터 시작된 것인데, 탈지유가 필요했기 때문이다.
- 요구르트는 주 2회 생산하고, 시유는 매일 생산한다. 버터는 주로 동경에 팔았다. 나까무라(中村)에 팔았다.
- 수송아지 사육에 탈지유를 사용했다. 지금은 시유, 버터, 아이스크림, 요구르트를 생산한다.
- 착유실은 20두용인데 착유 즉시 38℃에서 4℃로 냉각시켜 신선도를 유지한다.
- 우쯔노미야가 위노콘신에서 돌아왔다. 구로사와 씨와 우리가 모여 3목장이 협력해서 초지 90ha, 옥수수 30ha, 밀 22~30ha를 재배하였다. 지금 목장 규모는 100ha이다. 여기서 50km 떨어진 다른 곳에 50ha 목장이 있다. 작업 노동력은 5~7명이 있다. 우사관리 1명, 유가공장은 65세 이상의 노인이 두 명이 있고, 2명의 낙농학원대 출신이 있다. 4~5명이 파트타임 일군(청년)이 유제품을 생산(요구르트) 라인을 운영한다.
- 나는 20년 전 유가공기술을 배웠다. 항상 10~12명의 젊은이들은 실습생으로 데리고 있었다. 그 당시 한국 청년 두 명(전남 고흥군의 송계종 씨와 윤아무개)이 있었다. 이 목장에는 일본 전역에서 실습생들이 온다. 주로 목장을 하는 아버지들이 자신의 아이들을 보내왔다. 이 목장은 크기 때문에 집안 돌보는 사람이 두 명 있다. 한 사람은 집안 청소, 접대 맡고 한 명은 부엌일 한다. 둘 다 미혼인데 결혼하라고 내가 밀어부친다.

(3) 마찌무라 목장유가공의 특성

① <Blue Canation milk 제품> 원유가 신선하고 고품질인 것이 우리 유제품의 기술이다. 중국의 강택민 주석이 우리 목장에 와서 우리 아이스크림 맛을 보고 놀랬다. Ice crystal이 너무 부드럽다고 칭찬했다.

② 이 기술은 65세의 오노씨가 일하고 있어서 좋다. 그가 혼자 공부해서 익혔고, 15년간 일하고 있다. 돕고 있는 사람은 유끼지루 시에서 정년퇴임한 65세 이상의 노인이다. 그의 자제들도 여기 일하는데 비즈니스를 맡는다.

③ <마찌무라 목장 시유처리 공정>

- 살균 120℃/2sec, HTST - 균질 140kg/cm^2 → - 냉각 4℃(지방율 1.5%)
- 제품 용량 규격 ⓐ 종이팩 = 1L ⓑ 유리병 = 180mL ⓒ 유리병 = 900mL

(4) 기타 사항

- 자신은 76세 때 정년을 했고, 지금은 80세가 넘었다.
- 장차 치즈를 만들고 싶다. 우리 유제품은 고가에 팔린다.
- 마찌무라 유제품은 전국에 널리 알려져 있다. 그래서 주로 개별 주문에 의해 판매한다.
- 100만 엔/월 판매한다. 매일 3만 엔어치의 주문이 들어온다. 그래서 100만~300만 엔/월 판매고를 올린다. 하루에 50,000개 정도의 각종 주문이 본토로부터 우체국에 도착한다.
- 유가공으로 5억 엔/년의 수익을 올린다. 조수익이 6억 엔/년이 낙농수익에서 얻어진다.
- 한 젊은이가 트럭을 구해서 우리 제품을 구입해서 아파트 단지, 호텔, 사무실 등에 방문 판매하고 있다.
- 주로 지방율 1.5%의 저지방 우유를 취급한다. 1L짜리 하나에 280엔에 판다(보통 다른 제품은 180~220엔/L). 그는 호텔에 300엔/L에 판매하는데 20엔은 목장을 위해 사용한다. 고가를 받아도 되는 것이 마찌무라 가문의 명성과 신용(좋은 품질) 때문에 문제가 되지 않는다.
- 내가 계속 종축사업만을 했더라면 일찍 망했을 것인데, 다행히 목장유가공으로 전환한 것이 오늘까지 번성하게 된 것으로 본다. 그때 참 잘했다고 본다.

4. 2005년 독일 목장치즈 공장의 시찰기6)

4.1 하우스 리스빅(HAUS RISWICK) 농업시험장학교

1) 개 요

① 이 시험장 학교는 Kleve시에 있으며, 농부의 아들과 딸들이 교육하는 곳이다. 농업학교가 3학년까지인데 3학년만이 2주씩 이곳에 와서 각 그룹으로 만들어 분야별로 실습교육을 받는다. 이론은 학교에서 배우고 실습은 이곳에서 하는 것으로 이론을 실습위주로 바꾸어 교육한다.

② 이 시스템으로 이론과 실습으로 공부하여 자신이 진정한 농부라고 싶게 생각하며 돌아가서 생활하도록 철저히 실습교육을 실시한다.

③ 수의과대학, 농업대학 재학생들은 가축에 관한 실습이 전혀 없는 상태에서 이곳에 와서 동물과 친해지는 것을 먼저 가르치고 농민들에겐 소 착유, 관리, 사료, 착유요령 등을 가르쳐 준다.

④ 각 분야별 workshop 등을 통해 최신 축산기술 개발 사항 등을 농민들에게 설명하여 주고, 결과에 대해 지식을 전해준다. 매년 3,000명이 이 학교의 workshop에 참여하고 있다. 사양관리와 사료성분 등도 농민들이 직접 컴퓨터로 관리할 수 있도록 지도하여 주기도 한다.

⑤ 이곳은 1년에 2만 명의 관광객들이 방문하는데, 예를 들어 여성단체나 여러 곳의 모임 등이 방문하면 이곳의 우유 시스템에 대해 보여주고 있다.

6) 이 여행은 치즈제조를 목표로 우리 대학에서 목장 유가공을 공부한 1~3기생들 중 희망자들이 자비를 갹출하여 실시되었으며, 독일 치즈 마이스터 정용삼 선생이 모든 시찰 치즈공장 교섭과 안내를 맡아 수고해 주셨다.

⑥ 학교 부지는 378ha로 138ha는 밭, 곡식 등을 재배하고, 160ha는 풀밭으로 사용되고 있다. 나머지 30ha는 밭, 30ha는 초지로 사용되는데, 이곳 30ha씩의 밭과 초지는 유기농으로 사용되고 있다.

⑦ 유기농에서 나온 것으로 유기낙농 젖소 42마리를 키우는데, 우유 생산량에 필요한 열량을 못 얻고 있는 실정이다. 유기농으로 키우는 소는 우유의 생산은 다른 목장보다는 많지만 사료의 열량 부족이 문제가 되고 있다.

⑧ 이 학교의 유기낙농 사양 젖소 두당 연간 평균 유량은 9,448L이고, 생산량에 필요한 열량 부족이 문제가 되어 30포정도 배합사료를 사서 먹이고 있다. 이런 문제들을 해결하기 위해 소를 개량하고 있다.

⑨ 초지에서는 30ha에서 밀과 호밀 교배종을 접목시킨 곡물을 생산한다. 수확량은 1ha당 9.5～10ton이 생산되고 밀, 호밀 교배종은 사료용으로 이용되고 있다. 연간 50ha에서 사일리지(옥수수)를 심는데, 그 중 40ha는 젖소, 비육우에 필요하고, 20～30ha는 biogas에 사용되고 있다. 이 biogas는 분뇨와 사일리지를 이용하여 메탄가스를 발생시켜 전기로 이용되고 있다.

⑩ Biogas의 시스템

㉠ 축산의 모든 분뇨가 자동으로 탱크에 들어간다.

㉡ 온도가 38℃로 상승됨

㉢ 옥수수 첨가(미생물 증식보조용)

㉣ 38℃로 1년 내내 유지시킨다. 우지를 넣으면 발효 잔유물 처리가 문제가 되는데 이것은 폐수 발생이 없다.

⑪ 이곳은 186마리의 젖소가 있는데, 이 젖소들의 평균 유량은 10,170L로 이곳의 1년간의 쿼터는 170만L라고 한다.

⑫ 착유시스템에 있어서 로봇 착유기로는 76마리를 착유하는데 하루(24시간)에 11,700L를 생산하고 있고, 1년에 많은 학생들이 이곳에 와서 소 착유를 하기 때문에 소의 stress는 아주 많다. 하지만 이러한 stress 상태에서도 이 정도의 유량은 아주 효과가 큰 것이다.

⑬ 이곳의 도태율은 27%이다. 일반 농가는 20%인 것에 비해 높은 이유는 실습생들이 계속 바뀌고 일반사람들도 와서 착유를 하다 보니 stress를 많이 받아 일찍 도태된다. 암소는 후보축이고, 수소는 비육해서 팔고 있다.

⑭ 이곳에서 비육우 품종은 4가지가 있는데, 종류로는 샤로레(Charolais), 리무진(Limousin), 피에몬테제(Piemonteser) 등이 있다. 비육우의 수입이 매우 좋다.

⑮ 초지이용 가축으로는 140마리의 면양과 90마리의 유산양이 있고, 면양은 고기생산과 학생들의 실습용으로 사용되고, 유산양의 젖은 전량 치즈제조에 사용되고 있다.

⑯ 돼지는 비육하여 분양중이다. 80마리 중 50%는 살을 찌워 팔고 있고, 35%는 다른 곳으로 분양한다.

⑰ 이곳의 직원은 총 31명으로 현장에서 일을 하고 있다. 모든 업무가 이들에 의해 진행되고 있고, 사람이 나간 자리를 채우지 않으면서 기계화, 자동화, 컴퓨터화 되어 가고 있다.

⑱ 독일이 인건비가 가장 비싸고, 1인당 노동단위가 소 100두에 2.5인 정도이다. 전문농업기술학교를 나온 사람 인건비는 4만~5만 유로/인 정도이다.

2) 독일의 유기농

① 독일의 유기농 정신은 소를 편하게 해주는 것이 기본으로 자가 생산할 수 없으면 유기농은 많이 힘들다. 한국의 우유에는 carotein이 부족하여 치즈제조에 많

이 힘들다. 유기농은 40% 정도의 이익이 적기 때문에 경제사정이 많이 어려워진다. 유기농으로 키운 젖소와 그렇지 않은 젖소에서 나온 유대의 차이가 나지 않는다. 이곳은 녹색당이 27년간 추진했고, 현재의 농림부 장관 역시 녹색당 출신으로 유기농을 적극 지원하고 있어 일반 농가의 반발이 아주 심하다.

② 독일 속담에 “게으른 농부가 가장 큰 감자를 캔다.”라는 말이 있는데, 이는 규모가 큰 독일 농가가 손 하나 안 대고 정부자금을 받아먹고는 어느 정도 시간이 흐른 다음 유기농 못하겠다고 포기해 버린다는 것으로 농민의 영악함을 단적으로 말하고 있다.

③ 독일 유기농의 악영향은 정부에서 많은 돈을 지원금으로 주고 있어 여기저기서 많이 벌리고 있는데, 작은 곳은 큰 곳에 흡수되어 과거의 1600년대로 돌아가고 있는 현실이다. 이는 대부분의 소규모 농가들이 소작농이 되어 큰 목장의 직원으로 전락해 버리고 있다.

④ 2010년부터 독일에서는 송아지에게 뿔 제각 금지가 되었다. 이는 관리하기가 힘들서 인데, 유기농 목장에서는 뿔을 자르지 않는다. 이곳엔 뿔이 있는 것과 없는 것이 있는데, 이는 관리 후의 결과를 workshop을 통해 농민들에게 가르쳐 주기 위해서 실험 중이었다.

⑤ 독일에는 농업 창업자(30세 미만)에게는 정부 보조가 있는데, 32만 유로를 12년까지 상환하는 조건이 있다. 이 중 16만 유로에서 2만 유로는 지원해 주고, 14만 유로는 은행이자 보다 낮은 반값 이자로 줄여서 상환하는 제도이다. 귀농자에게는 지원한다. 농업과는 상관없던 사람이 교육을 받고 창업하면 그것도 지원하여 주고, 지리적으로 오지에 가서 초지를 조성하면 1만 유로를 추가 지원하여 주고 있다.

3) 치즈 마이스터 정용삼 선생의 Gouda Cheese 제조기술 이전 특강

① 가우다 지방은 여기서 100km쯤 떨어진 곳에 있는데, 독일 사람은 “커우다”라고 발음한다. 에멘털, 가우다는 법적으로 비살균 원유로 제작하고, 그날 짜낸 우유를 살균하지 않고 장작불 때서 치즈를 만든다. 그 전통이 오늘날까지 인정받고 있다. 살균은 만일 있을 수 있는 잡균을 제거하려고 실시하는 것이다. 치즈 제조에 있어서 ‘대강’이란 단어는 없다. 치즈 제조에 있어 중요한 세 가지는 ⓐ 조건, ⓑ 경험, ⓒ 정확성이다.

② 한 곳의 방법만을 가지고 그것에 대해 전문가가 되어야 한다. 치즈 제조 시 잘못된 점이 발견되었을 때에는 뒤에서부터 차례차례 기록부를 보며 찾아낸다. 그

것에도 없을 시엔 원유에 문제가 있음을 인식해야 한다. 치즈 제조 시에 기록서는 항상 정확하게 꼼꼼하게 작성해 두어야 한다. 시간과 측정 결과에 대해 거짓 없이 정확하게 써야 한다.

③ 우유의 평균 pH는 6.72~6.78이 되어야 하고, 이 보다 높으면 소의 유방염을 의심한다.

④ pH 5.0을 기준으로 하여 보았을 때 5.0 위로는 Gouda Cheese, 에멘탈 등 렌넷에 의한 치즈이고, 5.0 밑으로는 신맛이 강한 요거트, 캐피어 등이 있다.

⑤ 액상 스타터는 pH 4.45~4.5가 되는 것이 중요하다. DVS 방식과 액상 스타터로 나눌 수 있는데, 나는 액상 스타터를 권장한다. 더 빨리 원유 발효가 이루어진다.

⑥ 가우다 치즈 제조 시 살균을 권장한다. 이는 자신의 목장이 아닌 다른 곳에서 원유를 가져왔을 때 실시한다. 비살균용은 그 원유에 자신이 있어야 한다. 살균 조건은 72~74℃/12~15초를 권장하는데, 이는 설비비가 비싸기 때문에 63℃/30분을 실시한다.

⑦ 살균 후 냉각은 물로 실시하는데, 이때 주의할 점은 외부의 온도를 고려해서 조절한다. 이것은 경험에서 나오기 때문에 각자의 경험에서 체크한다. 독일에서는 우유를 시험하는 방법으로는 먼저 치즈의 겉 표면을 확인하고 치즈를 썰었을 때 냄새를 맡아보고, 말랑한지 딱딱하지를 확인하고, 마지막으로 먹어본다.

⑧ 가우다 치즈를 만들 시에는 전날 저녁에 짜놓은 우유를 방에 두고 아침에 보았을 때 표면이 깨끗한지, 냄새를 맡았을 때 사료냄새, 크림 냄새 등을 확인한다.

⑨ 우유는 여러 곳에서 가져오지 말고 한 곳에서만 계속해서 쓰도록 한다. 꼭 믿을 만한 사람에게 가져다 쓴다.

⑩ 액상 스타터는 원유의 1.0%만 접종한다. 배양된 스타터를 사용하고 DVS (Direct Vat Set)를 사용할 시에는 1unit는 0.9～1.0g을 사용한다(500u : 5만L 배양할 수 있는 양).

⑪ 이곳에서는 3년 중 처음 4개월간은 위생교육을 실시한다. 공장 외부를 나갔다 들어 올 때엔 반드시 팔을 걷어 올리고 손을 소독수에 담근다. 공장 입구에 설치하고, 치즈 배트 부근에도 설치하여 소독하도록 한다. 100번 나갔다 오면 100번 소독을 할 수 있도록 한다.

⑫ 치즈 공장의 실내온도는 항상 23～25℃를 유지해야 하는데, 이렇기 위해서는 공간이 크면 안 되고 작을수록 좋다. 처음 시작하는 치즈 공장은 계획을 처음부터 잘못 세우면 많은 비용이 들어가므로 경제효과를 누릴 수 있도록 계획하여야 한다. 치즈 공장의 공간은 작게 하고 동선을 짧게 한다.

⑬ 집에서 스타터를 만들어 사용할 때에는 균주회사에서 나온 것을 원조 스타터로 이용한다. 통에 우유 10L를 90℃에서 10분간 살균한 다음 25℃로 냉각하고, 스타터를 주입하여 15～20분가량을 저어준 다음 통에 비닐을 씌워 방안에 18～24시간을 둔다. 이때 비닐을 공기가 안 들어가게 빈틈없이 꽉 채우는 것이 중요하다. 시간이 흐른 뒤 확인하여 보면 스타터가 되는데, 이것이 우리가 현재 사용하고 있는 mother culture가 된다. 이것을 1L 덜어내어 bulk culture로 사용한다.

⑭ DVS는 우유를 90℃로 살균한 후 1.0%를 접종해서 저녁에 배양해서 다음날 사용한다. Mother culture 스타터 동결한 것을 사용하면 1.0%가 아닌 3～4%를 사용하여야 유산균의 발효를 일으킬 수 있다. Gauda Cheese의 pH는 4.4～4.5가 되어야 하고, 아주 전형적인 맛은 신맛이 나고, 혀끝이 톡 쏘는데 왕성하면 그 톡 쏘는 맛이 더 세다. 맛을 보았을 때 오줌 맛, 요소 비료 맛 비슷하게 나면 좋다.

⑮ 스타터 제조 시 탈지분유보다 탈지유(원유의 지방을 뺀)를 쓰는 것이 좋다. 탈지분유는 잘못 쓰면 제품에 분유 맛이 난다. 요구르트 배양 중 이러한 냄새가 나는 이유가 여기 있다. 치즈에서도 마찬가지이므로 탈지유를 쓰는 것이 더 낫지만 이것이 없을 경우엔 탈지분유를 물에 타서 사용한다. 축사 옆에서 치즈공방은 배제되어야 한다. 이는 축사의 냄새와 위생상에도 큰 문제가 된다. 치즈 원유를 치즈 뱃에 넣은 후에는 많이 움직이거나 우유를 건드리면 안 된다. 불필요하게 많이 움직이고 옮기는 과정에서 많은 세균에 감염이 되기 때문이다.

⑯ 치즈를 만들기 가장 좋은 유지방 율은 3.4～3.5%이고, 산양유의 평균 유지방

율은 3.5%이다. 우유의 경우 4.2～4.3%가 가장 좋은 치즈가 나온다. 착유 후 바로 치즈를 제조를 하게 되면 유지방이 높은데, 이것은 아주 고소한 맛을 내고, 이것에 소금을 첨가하면 더 맛있는 맛이 난다. 이러한 맛은 대량으로 생산되는 공장보다 소규모 유가공을 하는 곳에서 더 유리하게 나타난다.

⑰ 요구르트의 경우 너무 비싸게 팔게 되면 고객에게 큰 부담이 있고, 고가품은 오래 가지 못하는 결점이 있다. 우유를 이용해 만든 요구르트는 적당한 가격에서 대중화시키는 것이 중요하다. 내가 제품을 고객에게 팔고 싶으면 고객을 이해시키고 고객에게 나의 제품에 대해 설명하고 진실 되게 얘기하면 그것만이 나의 제품을 대중화시키는 방법이다.

⑱ 가우다 치즈(Gauda Cheese) 제조과정(우유 기준)

㉠ 원유 100kg 기준 ⓐ 원유 살균(63℃/30분), ⓑ 냉각(32℃) - 외부의 온도 주의

㉡ 스타터 첨가(pH 4.3～4.5) 1.0% 첨가 : 1시간 정치

㉢ Rennet 20mL(100kg 기준) : 45분 정치

㉣ 커드굳기 확인(Curd Knife or Finger) : 만약 온도가 낮으면 5～10분간 기다린다.

ⓜ 커드 절단(수평 → 수직) : 갓난아이 다루듯 천천히 자른다.

ⓑ 커드 교반(양쪽으로) : 20분간 - 커드를 확인해 보면 손가락 사이로 커드가 빠져나간다. ⓐ 유청 배출(40%) - 치즈의 온도 : 27~28℃

ⓢ 가수(30%) : 물의 온도 50~55℃ 첨가

ⓞ 가온(36~37℃) : 유당 조절의 목적으로 유청 배출과 가수(加水)

ⓙ 커드 교반(가수 후 20분) : 커드를 확인해 보면 손가락 사이로 지나가는 느낌이 든다.

ⓒ 커드 확인 : 커드를 쥐었다 뒤집어 떨어뜨려 보면 손바닥에 몇 개가 붙는 것으로 확인

ⓚ 예비가압 : 유청 안에서 치즈의 2배 무게로 1시간 가압

ⓣ 성 형 : 유청제거 뒤에 몰딩은 2/3가 적당

ⓟ 본 가압 : 밤새도록 낮은 무게로 오랫동안 눌러준다.

ⓗ 가 염 : 크기에 따라 가염시간이 다르다. 가염용 소금물의 pH 5.1~5.2

㉮ 건 조 : 가염용 소금물의 pH가 정확하면 2일이면 건조가 된다.

㉯ 표면처리 : 플라스틱 코팅제로 위, 아래 번갈아 건조시켜 주며 발라 준다.

㉰ 왁스 코팅 : 5~6주 이후 제품 출시되기 직전에 왁스 코팅한다.

⑲ 위의 Gauda Cheese 제조 시 주의사항

㉠ Starter의 상태 확인 - pH의 확인

㉡ 커드 컷팅 후 상태 확인

㉢ Rennet 첨가하는 시기 확인

㉣ 성형할 때 커드와 유청을 함께 넣으면 산소가 결합되어 유청이 갇혀 치즈가 떡이 되어 버린다. - 유청 내에서 예비가압을 하든지 유청 속에서 커드를 성형한 후 기포를 제거한 다음 본 가압에 들어간다.

㉤ 가압을 할 때는 낮은 무게로 오래도록 한다. 이는 서서히 성형 후 커드 내 유청이 빠져 나가게 하는 중요한 포인트이다. - 갑작스런 가압은 치즈에 큰 데미지를 초래한다. 예비가압 시 치즈 내 기포를 빼내는 방법으로는 첫 번째, 그물로 커드를 모아서 그대로 몰드에 넣고 바켓이나 다른 용기에 유청을 채워 가압한다. 두 번째, 뱃트 내에서 커드를 한곳으로 모은 후 유청을 같은 높이만큼 제거한 후 가압한다. 처음에는 적당하게 치즈의 무게 2배, 3배, 4배로 점점 늘려 나간다.

⑳ 가염 소금물(Brine) 제조방법

㉠ 유청을 끓여서 거른 다음 응고된 단백질을 제거한다.

ⓛ 10L의 유청에 2.5kg의 소금을 넣어주면 18~20%의 가염 소금물이 된다.

ⓒ 500g 치즈는 4~5시간 가염 / 1kg 치즈는 8~10시간 가염. 가염 소금물의 pH가 높으면 치즈의 표면이 잘 안 마른다. 가염 소금물에 들어갔다 나온 치즈의 표면에는 껍질이 생긴다. 도마를 20° 경사지게 하여 치즈를 그 위에 올려 가염물이 빠져 나가게 하고 2일간 정도 건조시킨다(3일 정도는 괜찮다). 이 학교 치즈공장에서는 가염 소금물을 현재 20년간 사용하고 있는데, 1개월마다 소금물을 걸러서 살균한 후 소금농도를 재고 그 부족 부분만을 보충하여 계속하여 사용하고 있다.

㉑ 2일간 건조 후 검지로 표면을 만져 보아 물기가 없으면 표면처리 할 시기임을 알 수 있고, 너무 빨리 표면처리 하면 숙성과정 중 치즈에 수분이 많음을 알 수 있다. 표면처리는 플라스틱 코팅제와 표면처리액(물에 타서 사용)을 사용한다.

㉒ 플라스틱 코팅제는 건조 후 하루씩 위쪽을 바르고 마르면 반대쪽을 바르는 걸로 한다. 이는 치즈가 숨을 쉬게 하고(습기가 나온다) 밖에서는 잡균 등의 곰팡이가 생기는 것을 방지한다. 0.08%의 락타페신(페니실린의 일종) 성분이 있고 값이 비싸다. 5~6주 이후 왁스(파라핀)을 입히는데, 너무 일찍 바르면 치즈 내의 수분이 갇혀 있어 쓴맛이 나오기 쉽다.

㉓ 이곳의 특징은 염화칼슘($CaCl_2$)의 사용이 적은데, 이는 우유의 상태가 좋지 않을 때(자기 목장 이외의 곳에서 사온 것이나 여러 곳의 원유를 혼합했을 경우)만 사용된다. 이런 이유에서 큰 치즈공장에서나 염화칼슘(100kg에 50g)이 사용되고, 목장에서 직접 착유하여 우유 상태에 자신이 있는 치즈 공방에서는 염화칼슘의 첨가가 대부분 이루어지지 않는다. 이곳의 대부분은 염화칼슘을 사용하지 않았다. 직접 자신들이 젖소나 산양유를 키워 치즈를 제조하기 때문이었다.

4) 한국인이 좋아하는 치즈 타입 추천

① Gauda Cheese는 4∼5주(young Cheese)가 지난 것을 자르면 가운데가 페타처럼 아주 말랑하며 숙성 냄새가 덜 난다. 6주가 지나면 제 맛이 난다.

② Cheedar Cheese는 껍데기가 없어 우리나라 사람들에게 잘 맞는 것 같다. 우리나라 사람들의 특징은 냄새가 덜 나고, 떡과 같이 쫄깃하며 말랑거리는 것을 좋아한다.

4.2 네덜란드 뵈렌 치즈공방(Boeren Kaas)

1) 개 요

① 자신이 젖소를 키워 직접 젖을 짜서 치즈공방에서 치즈를 만들어 정해진 요일에 판매까지 하는 네덜란드의 소규모 목장인 Boeren Kaas에 왔다.

② 이곳은 80두의 젖소를 키우고 있고, 어제 오늘의 우유를 가지고 2,000L를 원형 vat에 넣어 치즈를 제조하였다. 일주일에 2번씩 2,000L씩 치즈를 만들고 있다. 원형 vat에는 겉이 얇고 바퀴가 달려 있어 작업하기에 편하고 이동이 쉽게 되어 있었다.

③ 치즈를 제조하는 공간은 12평으로 작은 공간에서 방의 온도도 항상 25℃를 유지하며, 라디에타를 이용해 자동 조절시켜 놓았다. 여름에는 에어컨으로 온도를 유지시킨다. 이처럼 외부온도, 즉 방의 온도도 치즈 제조에 있어 큰 영향을 미치기 때문에 작은 공간에서 효율적으로 사용되고 있다.

④ 이 목장은 10년 전에 치즈제조를 시작했는데, 제조자는 50대 여성(55세)으로 처음 시작했을 때부터 시작하여 현재는 4.0ton/주을 제조하여 이곳에서 판매하고 있다.

⑤ 이곳은 치즈, 요구르트와 크림, 버터도 제조하는데 요구르트는 600kg 정도 제조되고 있다. 독일의 원유 값은 1kg에 25cent 정도가 되는데, 이곳에서 만든 버터가 4kg에 1.15€이고, 버터밀크의 값은 1kg에 75cent가 되기 때문에 원유를 그냥 파는 것보다 가공하여 파는 것이 이익이 더 남는다. 그렇기 때문에 버터는 버터밀크를 만들기 위한 부산물인 셈이다.

⑥ 이 목장은 젖소를 80두 사육하고, 사료는 옥수수 사일리지와 오렌지 껍질과 건초 사일리지를 먹인다. 오렌지는 바로 옆에 오렌지 주스 공장이 있어 먹이고 있고, 초지는 50ha를 가지고 있는데 이 중 50%는 곡물, 그 나머지는 초지로 사용되고 있다. 젖소 두당 TMR 사료 1일 급여는 옥수수 사일리지 23kg, 라이 건초

5kg, 오렌지 껍질 3kg를 먹인다. 두당 1년 산유량은 9,000kg이다.

2) 목장 유가공장 치즈 제조 등

① 우리가 방문하였을 때는 살균은 생략하였고, 바로 스타터(액상)를 1.0% 첨가하여 1시간 정치 발효하고 Rennet을 넣고 45분간 정치하고 있을 때였다. 이곳의 치즈는 Young Gauda Cheese를 제조하였고, 치즈 몰드는 항상 살균 조에 넣어 두고 산소와의 접촉은 피하였다. 아침 일찍부터 착유한 우유를 그대로 치즈 제조장에 있어 렌넷을 첨가하는 32℃로 vat에 있게 된다.

② 커드를 절단하는 데 있어 수평나이프로 교반을 하며 15분간 계속해 준다. 나이프의 중앙에 판을 대어서 저항을 준다. 이후 전체 무게의 1/3의 유청을 제거하는데 원형 vat 입구 쪽에 구멍이 뚫린 스테인리스 판을 막아 커드가 나가지 못하게 만든 다음 나온 유청은 펌프를 이용해 파이프를 통해 양돈장으로 바로 들어가게 되어 있었다. 커드 절단 시에 벽 쪽에 붙은 치즈는 긴 나이프로 처리한다.

③ 유청 제거 후 가수는 65℃의 물을 원유의 35% 첨가한다. 뱃트에 구멍을 뚫어 호스를 연결시켜 35%의 물이 온수가 들어가게끔 설계되어 있었다.

3) 목장 버터 제조방법

① 원유는 반드시 고온살균을 한다. 95~110℃/15초로 해야 저장성이 좋은 버터가 나오기 때문이다.

② 유산균은 2.5unit/100kg를 넣고 24시간 발효시킨 후 버터를 제조하는데, 24시간을 발효시키는 이유는 원유 내 유산균이 유단백질(casein)을 모두 분해하도록 시간을 주는 것이다.

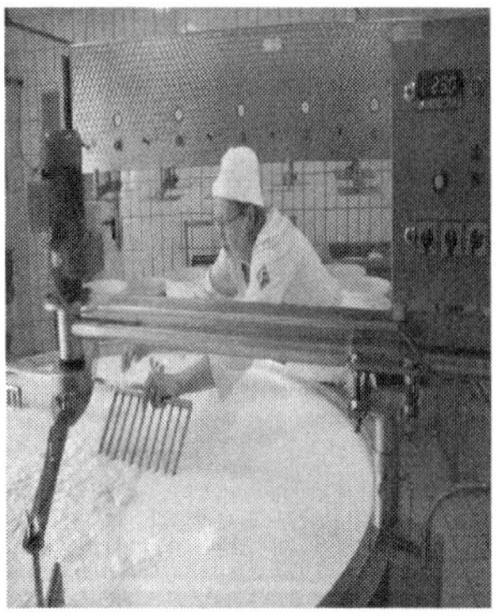

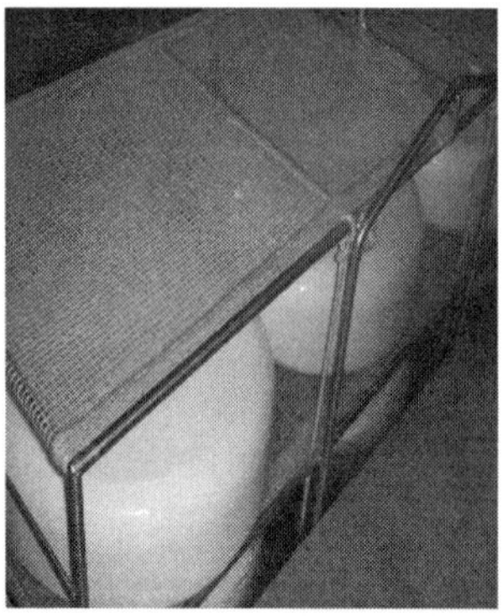

③ 원유로 버터를 제조할 경우에는 22℃까지 온도를 올리고 강하게 150rpm의 속도로 쳐닝한다. 콩알만한 크기가 생길 때 까지 쳐닝 후 15℃로 냉각한다. 버터의 양은 100kg에 4kg 정도가 버터로 나오고, 버터제조 후 남은 부산물은 버터밀크로 판매할 수 있다.

④ Boeren Kaas는 농기업형 목장이다. 이곳이 이익을 많이 남기는 이유는??

㉠ 가족들이 함께 일을 하기 때문에 사람을 쓰지 않아서 인건비가 안 나간다.

㉡ 사료는 자가 생산하여 사용한다.

㉢ 값이 싼 원유를 가공하여 치즈나 버터, 버터밀크로 만들어 자가 판매한다.

☞ 다음 이동장소는 네덜란드의 치즈 제조용 도구 재료상 GEBR. RADEMAKER B.V.에서 치즈 제조에 있어서 필요한 기구를 구입하였다.

4.3 유기농 목장(Bioland Hof)

1) 개 요

독일은 대체 에너지 개발에 있어서는 선진국이다. 가는 곳마다 풍력발전기가 돌아가고 있다. 타워 높이는 80m 정도이고, 날개 길이는 40.5m이다. 독일은 전 국토의 28%는 고정식 농토로 보유하도록 되어 있다. 이것은 대대로 보존해 나가는 것으로 농토는 투기대상이 아니다. 농지 가지고 아무도 재산 증식 수단으로 삼지 못하게 하고 있다. 이곳에서는 유기낙농가라는 뜻으로 'Bioland Hof'라는 표지를 사용한다.

① 이 목장의 경영은 유기낙농 목장이다. 유기낙농을 시작한지는 25년이 되었고, 독일에서는 제일 먼저 시작한 가장 모범적인 목장이었다.

② 땅은 20ha는 초지, 20ha는 곡물을 생산하고 있었다. 이곳의 일꾼은 여자 실습생 1명과 주인이 운영하고 있다.

③ 이 목장은 주로 밭농사 위주로 해왔지만 세월이 흐르며 점점 소비자가 원하는 쪽으로 변해왔다. 가축은 총 21두로 우유도 유기농 우유인데, 절반은 치즈 제조에 사용하고, 반은 1L를 35€에 네덜란드에 판매하고 있다.

④ 사료는 유기농으로 생산된 것으로 100% 자급한다. 겨울에는 옥수수사일리지와 풀, 사료용 콩, 곡물을 섞어 4kg까지 급여한다. 5월부터는 90% 이상이 방목을 하는데 영양이 부족한 소는 별도 관리를 한다.

⑤ 산유량은 농후사료를 먹인 소는 8,000kg/두/년, 유기농(풀 위주로 사양한 소)은 6,000kg/두/년으로 나오고, 유기농 사양으로 소가 매우 건강하다고 한다.

⑥ 이곳의 유기농은 시멘트 바닥에 스크래퍼를 사용하지 못하게 되어 있고, 자연 조건도 최대한 보장해야 한다. 유기농에서는 축사에 밀짚을 많이 두껍게 깔아 매트가 되게 해준다. 그래서 소가 깨끗하고 유방도 깨끗하였다.

2) 유기농을 할 때의 주의사항

① 옥수수, 밀을 소에게 주는 건 옳지 않다. 그것은 인간의 식량이다. 소는 풀과 사료를 먹도록 되어 있으니 그렇게 키우는 것이 맞다. 소에게서 영양부족이 나면 자연 유기농 사료만 보충하도록 유도하는 것이지 농후사료를 쓰지 않는다.

② 여기서 우리는 치즈 제조가 야콥 한벤체를 만났다. 그는 네덜란드인으로 42세의 젊은 남성이었다. 야콥은 이 농장에서 치즈 공장과 기계를 임대해서 사용하고 있었고, 일주일에 3회(1회 : 소, 2회 : 양) 치즈를 제조하였다. 산양유는 2일간 모아서 치즈를 제조하기 때문에 반드시 살균을 하고, 소의 경우에는 원유 그대로 제조하였다.

③ 이 농장에는 46마리의 산양에서 1,125L를 생산하고, 산양 두당 2.5L를 생산한다. 생산 판매방식은 1주일에 한번 씩 장날에 가서 판매하고, 방문객에서 판매하고 있었다. 이곳에서 15% 판매하고, 나머지는 시장이나 다른 가게에서 판매한다.

3) 바이오란트 호프 가우다 치즈 레시피

① 비살균 32℃의 원유에 Starter 1.0% 첨가 → ② 40~45분간 정치배양 → ③ pH 6.5에서 Rennet 첨가(23~24mL/100kg) 우유는 50분, 산양유는 1시간 정치 → ④ 커드 5분간에 걸쳐 절단(하프모양의 커팅기) → ⑤ 35분간 교반 → ⑥ 원유의 30% 유청배제 → ⑦ 55℃ 열수로 30% 첨가(우유는 36.5℃, 양유는 36.2℃) → ⑧ 공기유입을 방지하기 위해 유청과 커드를 같이 몰딩 → ⑨ 뚜껑으로 Press(뚜껑의

무게는 치즈의 1.5배) → ⑩ 18시간 동안 가압(가압은 낮은 무게로 오래) → ⑪ 2.5kg의 치즈는 18%의 소금물에 48시간 둔다. ⑫ 금년 1월 1일부터 숙성하다 팽화된 치즈는 소시지 공장에 판매한다. 산양유 치즈는 4주, 우유치즈는 6주간 숙성한 후 판매한다. 숙성실은 습도 90%, 14℃ 유지하고 크기는 약 5평 정도이다.

4.4 더 바우에른라덴(Der Bauernladen) 목장 치즈

1) 개 요

① 이 농장은 태양열 에너지를 이용해 전기를 공급하고 있는 곳이었다. 총 50ha의 농지를 가지고 있었는데 그 중 70% 이상은 소 사료인 옥수수와 목초를 생산하고, 30%는 사탕무를 생산하였다.

② 젖소는 50두가 있는데, 이곳의 규모로는 150두까지 사육이 가능하였지만 자가사료를 자급적으로 사용하기 위해 50두만을 사육한다고 한다. 이곳 독일의 인건비는 아주 비싸기 때문에 가족농으로 간다고 했다.

③ 산유량은 8,000kg/두/년을 생산하고, 1996년부터 치즈 생산을 시작하였다. 처음에 300kg로 시작해 지금은 일주일에 2～3회 제조하며 6,000kg를 치즈를 생산하고 있다.

④ 이 치즈의 판매는 냉동차량(30,000€)을 이용해 5～6개의 장터에 나가서 팔고 있었다. 그리고 또 다른 제품은 빵을 제조하여 판매하고 있었다. 빵의 재료는 이곳에서 직접 걷어 들인 곡식으로 만들고 있었다. 아주 신선하고 맛있어서 소문이 많이 났다고 한다. 그렇기 때문에 이곳 빵의 수입과 치즈의 수입이 같다고 한다.

⑤ 치즈는 90% 이상이 Gauda Cheese이고, 10%는 신선 치즈를 생산한다.

⑥ 이곳의 농장, 치즈공방, 빵공장을 다 합해서 재산이 150만 유로인데, 냉장차량을 이용해 70%의 이익을 냈다고 한다. 빵, 치즈, 우유 등을 팔아서 년 수익이 70만 유로의 이익을 낸다. 이러한 이익을 내는 것은 다른 농장보다 3배로 일을 하기 때문에 이러한 결과가 나오는 것이다.

⑦ 정 선생님의 한 말씀... 먼저 판매 전략을 잘 세우도록 하라!! 일주일을 먼저 사람의 밀집 지역을 돌아다니며 무료 시식회를 열어 우리의 제품을 알려라. 그리고 우리가 올 시간 등을 알려주고 그 시간에 맞추어 나가서 판매하라. 즉 손님을 찾아 나서라.

⑧ 이곳은 직원 2명과 12명의 시간제 아르바이트생(part time Arbeit)을 쓰고 있다.

⑨ 소의 경우 TMR을 사용 후 1,000kg 이상 산유량이 늘었다고 한다. 이곳 소의 유방염 예방은 젖을 자주 짜는 것이 좋고, 약을 사용하지 않는다. 체세포는 11만9천/mL이고, 유질검사는 년 9회 실시한다.

⑩ 이 농장의 특징인 태양열판은 300평을 설치하여 80kw/hr의 전기를 생산한다. 독일은 햇빛이 부족한 나라이기 때문인데, 지금은 아니지만 우리나라도 이제 곧 필요하지 않을까하는 생각이 든다. 태양광과 태양열이 있는데 전기 발전은 태양열로 하고, 온수 생산은 태양광을 사용한다. 설치비는 12%의 정부지원과 88%는 목장 4곳이 합작해서 태양열을 설치하였는데 비용은 260만 유로가 들어갔지만 7~8년이면 그 투자비를 뺄 수 있다고 한다. 이곳에서 나오는 전기 전체는 전기회사에 다 팔고, 자기는 전기회사의 전기를 이용한다. 그 이유는 자기 전기가 총량이 얼마나 되는지 상황마다 다르기 때문이라 한다. 50€/1kw를 받는다. 가정용은 23€/1kw 지불한다. 정부가 지원한다. 10년 후가 되면 전기회사가 지금보다 1/2가격으로 공급할 수 있을 것으로 보고하고 있다. 왜냐하면 사람들이 그런 방향으로 많아질 것이기 때문이다.

2) 치즈 제조공장(Braukäserei)

① 치즈 vat은 3중으로 방열판이 있고 2,200kg용이다.

② 원유를 72℃에서 15초간 살균한다.

③ DVS Starter를 사용하여 80분간 배양한다.

④ Rennet은 100kg에 25mL의 Calf Rennet(송아지 렌넷)을 사용하여 45분간 정치한다.

⑤ 40분간 절단 및 교반 작업이 이루어지고 50%의 유청을 제거 후 30%는 50℃의

열수를 첨가하여 32～33℃를 유지하고, 10～20분 후 다시 10%의 유청을 제거한다.

⑥ 다시 58℃의 열수 20%를 첨가하여 35℃로 올린다. 커드 절단 이후 2시간이 지나면 치즈의 가압이 이루어진다. 2번째 열수 첨가 후에는 유청 안에서 성형을 한다.

⑦ Vat 안에서 커드를 모아 25분 동안 0.5bar로 예비가압을 실시한다. 이후 몰드에 넣어 본 가압을 하는데 1.5bar로 45분간, 3.0bar로 45분간 가압을 한다. 센 압력으로는 짧게 가압한다.

⑧ 가염 소금물의 pH는 5.1～5.2이고, 치즈의 pH는 5.2(보통 5.2～5.3)이 되어야 한다. 치즈의 pH가 5.1 이하가 되면 돼지 밥이 되니 주의한다. pH가 높으면 표면 형성이 안 된다.

☞ 체다 치즈가 가우다 치즈보다 수분함량이 높다(체다 60%, 가우다 47～48% 함유). 그 이유는 가우다 치즈는 숙성하면서 수분 유통이 되는 플라스틱 코팅을 하면 수분이 밖으로 배출이 되지만, 체다 치즈는 진공포장을 하고 있기 때문에 수분 배출이 이루어지지 않기 때문이다.

⑨ 독일에서 체다 치즈를 「버터 치즈」라 한다. 치즈 포장지를 한 번 개방하면 오래 가지 못한다. 독일에선 체다 치즈를 먹는 사람을 불쌍하다고 한다. 왜? 가난한 사람들이나 먹는 치즈라고 생각한다.

⑩ 이곳의 건조실의 RH는 87%, 숙성실은 98%를 유지하고 있었다.

4.5 샤우 목장 치즈(Schaukäserei)

1) 개 요

① 소규모 치즈공장 기자재 업체 아이스만이 안내하는 첫 번째 농장은 니하이머 치즈가 유명한 곳이었다. 이곳은 원래 요양지로 유명한 곳이었는데 관광객이 많이 늘어나서 이 마을을 관광지로 만들었다.

② 이 지역은 1600～1700년대부터 치즈를 시작하여 독일, 유럽에서 연질치즈로 유명해졌다. 오래 숙성하며 만든 치즈로 Gauda, 신선 치즈는 크박, 니하이머 치즈 등이 있다.

③ 이곳은 3,000명의 인구가 살고 있고 10동을 합쳐 7,000명이 살고 있어 요구르트나 치즈를 만들어 판매하기에는 너무 좁았다. 보통 장사를 위해서 다른 곳으로 가야 했다. 20～30만 명 정도가 살고 있는 곳으로 나와야 시장성이 있다는 게 문제점이었다.

④ 이 목장은 4,000kg 치즈 vat을 가지고 있는데 1주일에 관광버스와 관광객이 많이 오기 때문에 1주일에 2～3회 치즈를 제조하지만 그것도 부족하다고 한다.

⑤ 1년에 35톤의 치즈를 판매하고 있다. 약 1/10을 우유로 생산하고 있는 셈이다.

⑥ 이곳에 만든 치즈는 관광객들에게 팔고 현지 판매장에게 판매, 나머지는 택배로 중간상인에게 넘기고 있다. 시장에 나가지 못하는 이유는 시장이 너무 멀기 때문에 개인적으로 먹어보고 연락이 오면 우편으로 보내고 있다.

⑦ 이곳은 예전엔 축사였지만 지금은 개조를 하여 유가공장으로 사용하고 있었다. 치즈 제조 전날 소독수를 만들어 공기소독(4～5시간 소요)을 하고 HTST는 시간당 2000L를 처리한다. 원심분리기가 옆에 붙어 있어 가격이 70,000€로 비쌌다. 우유를 가져온 탱크로리는 어제 만들고 나온 유청을 싣고 가서 양돈용 사료로 쓴다.

⑧ 원심분리기(크림분리기)는 자동청결(CIP)을 한다. 이는 치즈의 질을 높이기 위해 우유를 청소시키는 기능을 한다.

2) 틸지터(Tilsiter) 치즈 제조법

① 74℃에서 15초간 살균 → 33℃ 냉각 → 중온균 스타터(1000mL : 10unit) 첨가하여 20분간 발효 → Rennet 첨가(100kg : 18mL) 30～35분 정치 → 20분간 커팅 및 교반 → 30% 유청 제거 → 15～20% 열수 첨가(32～34℃가온) →

40~60분간 교반(렌넷 첨가 후부터 2시간 소요) → 가압 전 유청과 함께 허브 첨가 → 몰딩(30~40분 간격으로 뒤집기, 4~5시간 만에 5~6번 뒤집기) → 가염(pH 5.2까지 약 4~5시간 소요)

② 이곳의 치즈제조 과정 중 특이점은 렌넷을 첨가한 후부터 교반 끝낼 때까지 2시간이 소요된다는 것이다. 2시간 후면 허브나 다른 첨가물을 첨가하는 시간까지 소요된다고 한다. 그리고 가압 전 유청과 함께 허브가루를 첨가하는데, 이러한 첨가물의 손실을 방지하기 위해 틀에 맞는 체를 끼워 그 손실을 최소화하였다. 몰딩도 까망베르와 같이 처음 한 것부터 차례로 뒤집어 주며 유청을 제거하며 따로 가압을 하지 않았다.

☞ 그대로 행하라...결과는 반드시 나온다!!

이곳 사장님이 치즈를 제조한 후 치즈를 가염하고 난 후 pH를 재니 6.1이 나왔다. 원래 pH가 5.2여야 하는데 이상하게 여겨 하룻밤을 더 놔뒀다. 그 뒷날 보니 pH가 제대로 나와서 숙성을 시킨 뒤 먹어보니 다른 치즈 보다 훨씬 맛이 뛰어났다. 그 이유는 낮은 온도로 오래 가압을 하게 되면 치즈 내의 유청이 자꾸만 빠져나와 더 좋은 치즈를 생산할 수 있다고 한다. pH는 실내 온도 25℃에서 0.25unit/hr 떨어진다.

③ 이곳은 가염 소금물을 땅굴 안에 넣어 사용하고 있었는데 그 이유는 온도 보존을 위해서라고 한다. 항상 14℃를 유지하고 가염시간은 치즈 100g당 1시간 가염, 3.2kg당 18~24시간을 가염한다. 1주일에 2~3번 소금물로 닦아주고 있다. 현재 숙성실에 점질균(*Brevibacterium linense*, 그냥 라이넨스균 또는 BL균이라 함)이 잘 자라서 안에 있는 치즈가 모두 빨간 색으로 뒤덮여 있었다. 외부에서 묻어나온 균이라고 한다.

④ 숙성실의 습도는 90~95%, 온도는 15~16℃를 유지하고 있었다. 치즈는 빠르면 5주, 7~8주 정도가 되면 팔기 시작한다. 근거리에 팔 때는 소분해서 팔고, 먼 거리에 보낼 경우엔 진공포장을 하여 판매를 한다. 몰드의 세척액은 산성 소독수로 Diptil POH를 사용하고 있었다. Natur-fettred(저지방 치즈)도 생산한다.

4.6 홉구 시오프 함보른 치즈목장(Hofgu schiob Hamborn)

1) 개 요

① 이곳은 아이스만이 안내하는 두 번째 목장치즈 공장이다. 까망베르와 요구르트,

크박 등을 제조하는 곳이다.

② 건물 뒤쪽이 착유실이어서 바로 원유가 들어와 살균조를 통해 치즈 vat 안으로 들어온다. 저녁에 살균(62℃/30분)하여 34℃로 냉각, vat에 두면 실내 온도가 30℃를 유지하고 있어 내일 아침까지 원유의 온도를 유지시킬 수 있도록 하였다.

③ 이곳에 있는 크림분리기는 크림을 제조하고, 그 나머지 탈지유는 탈지 크박을 만드는 데 사용하고 있다. 크림분리기로 유지방 4.3%를 0.7% 분리하여 3.6%의 유지방으로 치즈를 제조한다.

④ 350kg 탈지유로 73kg의 크박을 제조할 수 있다.

⑤ 이곳의 천장 높이는 약 5m 정도로 높았고, 태양열을 이용하여 실내의 온도를 유지하고 있었다.

⑥ 벽면에 아이스만제 가압기(Press)를 달아서 공간의 실용성을 높였다.

⑦ 치즈 vat(2000kg)은 물과 히터를 함께 사용할 수 있게 제조되어 있었는데 물을 넣고 온도가 떨어지는 것을 방지하기 위해 히터를 보완해 놓은 것이라고 했다. 특히 요구르트는 95℃의 높은 온도에서 제조하기 때문에 히터가 필요했다. 즉 62℃의 온수와 9kw 짜리 2개(18kw)의 전기로 30분간을 유지하여 살균할 수 있는 것이다.

⑧ 이 치즈 공방은 아침에 크박을 발효시켜 저녁에 가압을 하고, 아침에는 저녁에 살균해 놓은 원유로 치즈를 제조한다.

⑨ 요구르트는 플레인(Plain) 요구르트를 생산하고 43~45℃의 온풍으로 발효시켜 pH는 4.1~4.2로 하여 만들고 있다. 요구르트균은 DVS보다 배양균을 사용하여 95℃살균 → 43℃로 냉각 → 배양 → 포장하여 생산하고 있다.

2) 치즈공장 운영의 이모저모

① 여러 가지 소재를 첨가한 치즈를 시식용으로 주었다. 그 중 호두를 넣은 Tilsiter 치즈가 맛있는데 100kg에 호두 80g, 100kg에 허브 90g를 첨가하여 제조하고 있었다.

② 까망베르 치즈는 빠른 시간 내에 제조하여야 하고, 커드를 굵게 바가지로 붓고 5회 정도 뒤집어준다. 가염은 선반을 위아래 대고 200g 기준으로 1시간 동안 침지시킨다.

③ 까망베르 치즈는 약 2~3주 정도가 되어 눌렀을 때 표면에 크림처럼 산방울이

나타난다.

④ 스타터 2/3는 중온균, 1/3은 고온균(요구르트균)을 사용하는데, 고온균은 38℃에서 유청 배출을 신속하게 시키기 때문이다.

☞ 중온균의 온도 : 18～32℃까지 가능
고온균의 온도 : 32～45℃까지 가능

⑤ 프랑스식 형태의 숙성실에서는 암모니아 냄새가 코를 찔렀다. 이는 숙성실이 지하에 위치해 있고, 환기가 잘 안 되고 있기 때문이라고 한다.

⑥ 가염통이 숙성실에 위치해 있으면서 뚜껑이 덮여 있어 그것을 탁자로도 사용하고 있었다. 즉 뚜껑을 열어 숙성실의 수분을 공급해 주면서 뚜껑 위에서 1주일에 2번씩 치즈 표면 처리액(*B. linens*, 라이넨스균)을 발라주기도 했다.

⑦ *B. linens*는 잡균의 오염을 방지하고 습기를 주는 역할을 한다.

⑧ 숙성실의 온도는 라디에터에 차가운 물을 통과시키는 방법으로 조절하였고, 가염물의 염농도는 18～20%로 사용하고 있었다.

⑨ 이 치즈 공방에서 만든 치즈는 처음에는 매직으로 날짜를 새겨놓았다가 2～3주 정도가 지나면 조각칼로 겉에 새겨 놓았다.

⑩ 이 치즈의 판매방식으로는 1/3정도는 판매차량을 이용해 장터 판매를 하고, 2/3는 근처 지역에 판매하고 있다고 한다.

4.7 토마스 호프(Thomas Hof)

1) 개 요

토마스 호프 목장은 그야말로 보기 드문 체험관광 목장운영의 보고이다. 이곳에서는 직접 치즈를 제조하여 판매와 치즈 레스토랑까지 경영하고 있었다. 들어가는 입구 쪽에는 쯔벡 유산양을 전시용으로 키우고 있었다. 독일에는 기다란 치즈의 길(Käse Weg)이 유명하다. 북독과 남독 사이에 있는 이 길에는 수많은 목장 유가공장, 체험 치즈목장들이 즐비하다. 관광객이 그 중 한곳을 들리게 되면 치즈공방을 들리게 하여 판매를 하고 있는 치즈관광 문화의 길이다. 북 독일에 34개, 남 독일에 13개가 있다. 정부는 이 길에 위치하는「치즈 공방」관광단지마다 13만 유로를 지원해 준다. 반드시 개별 목장 지원이 아닌 단지별로 지원하고 있다.

이 목장 아들인 올리버 토마스가 안내를 자청, 치즈공장에 대해 설명해 주기 시작했다. 이 목장의 이름이 토마스인 것은 자기네 가문의 이름을 따서 지어지는 독일의 전통이라 한다. 올리버 토마스도 이 치즈공장에서 아버지의 뒤를 이어 함께 일을 하고 있었는데, 이곳은 젖소가 150마리가 있는데 그 중 130두를 하루에 두 번씩 착유하여 이틀에 한 번씩 착유실에서 우유를 가져온다. 인력 구성은 봉급쟁이 2명, 월 4,000유로를 지급하는 파트타임 직원을 두고 있으며, 치즈 쪽에 총 5명이 일하고 있다.

2) 치즈공방

① 치즈는 고온순간 살균법(HTST)으로 시간당 500kg씩 열처리하여 냉각되어 vat에 옮겨진다. 이렇게 하면 시간은 절약되지만 장비의 가격이 너무나 비쌌다. HTST에는 기록장치가 붙어 있어 컴퓨터로 처리되고, 독일에서는 기록 장치를 설치하여 기록을 남겨 비치하는 것이 법적인 필수요건이다. 이는 검사대행 역할을 한다. 검사원들이 이 기록만 보고 간다. 겨울철에는 34～35℃, 여름철에는 32～33℃로 냉각한다.

② 이 공방에 있는 vat의 크기는 6,500L이고, 보통은 4,000L씩 2일에 한 번씩 가우다 치즈를 제조한다. 원유 살균 후 까망베르 치즈는 36℃로, 크박은 28℃로 냉각시켜 vat에 넣는다.

③ 까망베르의 스타터 균은 섞어서 쓰는데 1/3은 중온균, 2/3은 고온균을 사용하고, Gauda 치즈는 중온균만을 사용하고 있었다. 이곳에는 규모가 크기 때문에 오염위험이 적은 DVS을 사용하고 있었는데 100kg에 1unit가 기준량으로, 이건 국제규격이다. 여기서는 네덜란드 균주회사의 DVS(Direct Vat Set)을 사용한다. DVS을 넣고 40～45분 정도 배양하고, 염화칼슘은 100kg에 20g을 첨가한다.

④ 원유의 pH와 유방염유의 상관에 주목하라! 원유의 pH는 6.6～6.7인데 검사 결과 pH가 6.9 이상이 나오면 소의 유방염을 의심해 보라!

⑤ 이곳에서는 단일목장이면서 염화칼슘을 첨가하는데 그 이유는 만드는 양이 많다. 즉 규모가 크기 때문에 커드의 응고촉진을 안전하게 하기 위해서라고 했다.

⑥ Rennet의 첨가는 100kg에 25mL을 첨가한다. 송아지 렌넷(calf Rennet)을 사용하니 많은 양을 넣는다. 약 40분간 정치 후 커드의 상태를 확인 15분간 걸쳐 절단 및 교반을 한다.

⑦ 2～3분간 그대로 가라앉게 둔 다음(치유, healing) 유청 30%을 제거한다. 예전에는 40%을 제거했었는데 그렇게 하면 유청 pH가 높아져 치즈의 표면이 잘 마르지 않아서 현재는 30%만 제거한다고 한다. 이때의 pH는 약 6.4 정도가 된다.

⑧ 55℃의 열수를 14% 첨가하여 34℃로 올린다. 이때 열수를 첨가할 때도 큰 커드를 절단하기 위해 계속 교반한다. 10분 교반 후에 50%의 유청을 제거한다.

⑨ 56℃의 열수를 원유의 10% 첨가하여 36℃로 올린다. 이후 10~15분 교반한 뒤 손으로 커드를 검사하여 본다.

⑩ 유청 안에서 커드를 한쪽으로 모은 후 위에서 판을 올려 예비가압(30~40분)을 한 후 절단하여 몰드에 성형하는데, 이곳에는 많은 양을 하고 그리고 500g짜리를 제조하기 때문에 커드의 1/3을 먼저 가압하고, 나머지는 vat에 두어 식지 않게 한다. 500g이 잘 나가기 때문에 가압(Press)도 1.0kg짜리를 500g짜리로 개조하여 사용하고 있다. 그리고 특이한 점은 아이스만(Eismann)제 수직형 가압기가 약간 비스듬히 눕혀 있었는데, 이는 힘의 분산을 위해서 수직으로 가압을 하게 되면 가운데만 눌러지기 때문에 골고루 힘을 넣기 위해 그리 고안했다고 한다.

⑪ 예비 가압을 유청안에서 하는 이유는???

㉠ 온도 조절

㉡ 치즈에 유청안에 있는 0.03~0.05%의 단백질과 지방이 치즈 표면에 첨가된다. 저자는 이때 그 설명을 들으면서 정말 온도 조절하고 유청단백질을 치즈 표면에 덧칠해 보려고 유청안에서 예비 가압하는 것은 아니고 치즈 내부 기포를 제거해서 매끈한 조직을 얻으려고 그러는 건데??? 싶었다!

⑫ 치즈의 경도를 유지하기 위해 먼저 1~1.5bar로 1시간 30분 가압하고 돌려서는 같은 압력으로 30분간 가압한다. 치즈의 모양을 예쁘게 나오도록 하기 위해서는 뚜껑을 제거하여 그냥 엎어서 가압하면 깨끗한 표면이 나온다. 이 공방의 비법이다! 마지막 그 압력으로 overnight하면 다음날 치즈의 pH는 5.2가 된다. 바람직한 pH이고 5.1 이하는 절대 금지다! 이것도 이 공방만의 노하우일 것이다!

⑬ 숙성된 대부분의 치즈는 플라스틱 코팅을 하는 곳으로 보내지고 판매 얼마 전에 왁스 코팅한다. 이는 상품성을 높이기 위함이다. 그리고 스페셜 치즈만 판매 3주 전에 왁스 코팅한다. 일반적인 치즈는 플라스틱 코팅한 채로 판매하고 있다. 크리스마스용으로 왁스 코팅한다.

⑭ 월 4톤의 치즈를 제조하기 때문에 숙성실은 크고 치즈는 많아 1주에 1회만 뒤집어 준다. 자주하면 좋은데 인건비 때문에 그렇지 않아 치즈 모양이 피라밋 형태가 되곤 한다.

⑮ 이곳의 첨가형(10가지 herb 사용) 치즈 제조, 파프리카 추출물 50~100g /

100kg을 넣는다. 허브가 건조(동결건조)한 것이므로 생채로는 첨가량이 많은 것이다.

3) Camembert Chesse 제조에 대한 비법 공개

안내자는 이 공방만이 보유한 오랜 토마스 호프 가문의 전통이 배어있는 까망베르 치즈 제조 비법을 멀고 먼 동양의 한국, 극동의 조용한 나라에서 온 우리에게 전수해 주었다.

① 원유를 살균 후 냉각을 36℃로 하여 스타터를 첨가하였다. 스타터 첨가 시 페닐실린 칸디듐(*P. candidum*) 곰팡이도 함께 넣어 제조한다.

② 약 40분 후 원유 100kg에 렌넷 20mL를 넣고 40분간 정치시킨다. 응고가 확인되면 호두알만(2～2.5cm) 크기로 절단 후 서서히 손으로 교반한다. 적당한 유청 분리가 일어나면 성형하는데 대개 이 상태까지는 20분이 소요된다.

③ 까망베르 치즈의 크기는 85～125g 정도가 적당하다. 이곳에선 100g에 2,000～3,000원 정도에 팔리고 있고, 200g은 6,000원인데 너무 크게 하면 안 팔리게 되니 적당한 크기로 한다.

④ 독일에서는 3.25유로/200～250g로 제조, 판매하고 있다. 이곳의 까망베르는 300g이다. 가격대는 6000원/300g이고, 프랑스는 380g이다. 보통 까망베르 규격은 172～200g이다.

⑤ Camembert Cheese 제조공정(우유 기준)

㉠ 원유 100kg 기준 원유 살균(65℃/30분) : 저온 살균

㉡ 냉각(36℃) : 외부의 온도 변화에 따라 조정 주의

㉢ 스타터 첨가(유산균 + *P. candidum* 함께 첨가) : 40분간 정치

㉣ Rennet 20mL/100kg 기준 : 40분 정치

㉤ 커드 확인(Curd Knife or Finger) : 만약 온도가 낮으면 5～10분간 기다린다.

㉥ 커드 절단 : 커드의 절단은(2～2.5cm) 호두알 크기 정도로 한다.

㉦ 커드 교반(양쪽으로) : 20분간 손으로 아주 천천히 교반

㉧ 성 형 : 커드 절단 후 20～30분 안에 성형틀(Mould)에 순차적으로 채워 넣는다.

㉨ 예비 가압 : 퓨블랙(까망베르 성형틀)에 가득 차게 넣으면 300g 정도의 크기가 나옴(대개 120g～200g가 적당).

㉩ 본 가압 : 20분, 30분, 60분, 90분, 120분째, 그리고 하룻밤 두기 전에 한

번 더 뒤집어 주어 총 6회 뒤집어 준다. 밤새도록 낮은 무게로 오랫동안 눌러준다. pH 5.0가 되는 시점에 잘 맞춰서 커드를 뒤집어서 유청을 제거한다. 보통 20～25℃에서 1시간에 0.2point 정도가 낮아지므로 시간과 적정온도에 맞춰 pH를 5.0까지 낮춘다.

㉪ 가 염 : 소금물은 pH 5.0(커드의 pH에 맞게)로 고정시킨 뒤 1시간 45분/300g 가염, 90분/200～250g 가염한다. 소금물에 *P. candidum* 균을 뿌려서 접종한다.

㉫ 숙 성 : 5일 후 손이 미끈거리는지 확인 후 1주일 후 균의 성장을 확인(매일 돌려준다)

㉬ 포 장 : 한 면은 종이, 한 면은 비닐로 된 포장지로 포장한 다음 한곳을 뚫어주고 산소와 접촉을 최소화하여 곰팡이 증식을 정지시킨다.

4.8 빗츠헬덴더 바우에른 치즈목장(Witzheldender Bauernkäse) Vorn Hielscher-Hof

1) 개 요

목장 주인인 베어 힐셔 씨가 나와서 목장 소개를 해주신다. 그는 1981년 부친에게서 목장 물려받았고, 186두 비 착우유 + 130두 착유우 = 316두를 가지고 있고, 우유 생산량의 절반은 납유, 절반은 치즈 공장을 두 개 운영하며 목장치즈를 제조하고 있다. 원유 살균은 하지 않고 1500～3500L/일, 1주일에 6～7회 가우다 치즈를 제조한다. 이 목장은 총 155ha 중 30ha는 옥수수사일리지, 125ha는 방목용 초지이다. 아직 유기낙농은 아니고, 현재 초지가 부족하다고 했다. 목장 규모가 비교적 큰 것은 1991년에 힐셔 씨 부친의 친구가 합쳐줘서 커졌고, 그가 낙농업을 포기해서 인수하다 보니 커진 것이다.

2) 치즈 공장

① 그는 1984년에 쾰른에서 통역(영・불・스페인어)하는 사람을 부인으로 만났고, 처음에 부인이 200kg/일 치즈제조를 시작했다.

② 이곳의 치즈 공장에서는 가우다에 파프리카, 호두, 허브 넣어서 25종 이상의 허브 치즈를 만든다. 또 다른 치즈 공장에서 버터, 신선치즈, 틸시터 치즈를 제조한다.

③ 지방 4.2～4.3%, 단백질 3.2～3.4% 우유를 8,600kg/두/년 생산하며, 금년(2005년) 내에 9,000kg/두로 늘리려 하고, 5년 내에 10,000kg/두 4.2～4.3% 지방율

의 우유를 목표로 생산하고자 노력한다.

④ 이 목장을 합치기 전 우유관리가 엉망이었는데 현재 계속 연구해서 젖소의 개량과 사양관리, 착유관리를 충실히 하려고 노력한다. 그 결과 지난주 수요일 홀스타인 프레지안 종 경매가 있었는데 좋은 소가 많이 나온걸 보았다. 이곳의 젖소 번식은 인공수정을 통해 수행하고 있었다.

⑤ 다음 주부터 아이스크림 만들려고 중고기계를 구입해서 설치 중이다. 같은 장소에 요구르트 탱크(300kg, 아이스만)가 설치되어 있었고, 포장기는 아이스만 수동 포장기가 있었다. 4.5×4.5m2의 공간에서 아침과 저녁에 착유한 우유를 사용하여 1일 900kg 원유를 처리하는 vat를 넣고 1일 2회씩 치즈 제조를 하고 있으며, 공간이 좁아 동선(動線)이 짧아서 오히려 좋다고 한다.

⑥ 천장은 2.8m 정도로 낮았고, 새 공간(아버지 서재자리)에 4,000kg용 vat를 넣었다. 치즈제조 공장의 공간은 좁은데 기계가 많이 있었다. 숙성 중 치즈를 자주 뒤집어 주지 않으면 퍼져서 모양이 넓적해진다.

⑦ 숙성실에 플라스틱 망 깔판을 덮었는데 이는 송판보다 이 깔판이 청소가 더 용이하기 때문이다.

⑧ 이곳의 숙성실에는 수분 공급 시스템이 없었다. 왜냐하면 넓이 2.5×3.0m, 깊이 2m의 가염 통이 있어서 수분공급이 바로 되기 때문이었다. 숙성실에 환풍기가 있고 군데군데 선풍기가 있어 공기가 맑다. 소금물 통에 순환 펌프 설치하고 2개월에 1회 살균, 여과해서 도로 넣어준다. 소금물의 pH도 살균 후 다시 맞춰준다.

⑨ 생산되는 치즈의 80% 이상을 400개 가게에 보내서 현재 판매하고 있다. 이곳의 또 다른 아이템은 가게에서 치즈만 팔지 않고 복합가게를 꾸민 것이다. 야채, 계란, 양념 등 쇼핑이 가능하게 진열시켜 놓고 일반 손님이 필요한 것을 두어 그들이 치즈도 구입하도록 손님을 유도한 방식이다.

⑩ 가우다 치즈에 첨가하는 씨앗(허브)들은 120～150g/(원유)100kg, 잎, 가루(건조)는 60～70g/(원유) 100kg, 생강, 바나나, 아스파라거스 등은 200g/(원유) 100kg 정도로 첨가한다.

⑪ 훈연치즈는 충분히 건조가 된 후에 작업하려고 건조시킨 다음 냉훈법으로 1주일간 훈연한다. 훈연은 일종의 표면처리법의 하나이다.

4.9 닐겐 슈미츠 산양유 치즈목장(Nilgen-Schmitz Ziegenkäse)

Frau : Christiane Nilgen-Schmitz

Man : Klemens Nilgen-Schmitz

1) 개 요

이 목장은 산양유를 이용해 치즈를 만드는 곳으로 총 40두 중 21두를 320일 착유한다. 이곳의 치즈 제조실의 천정은 다른 곳에 비해 낮았는데, 그 이유는 예전의 농장을 개조하여 치즈 제조실로 만들었기 때문이었다. 바닥은 에폭시 재질로 되어 있고, 배수시설은 배수구에 유지방 여과 막을 붙여서 그걸 분리해 주어야 막히지 않는다고 한다. 원래 천정이 너무 낮아서 공장 만들 때 바닥을 10cm 파냈다. 그리고 리모델 하는데 50,000유로 소요되었다. 치즈 제조실의 높이는 2.4m, 가로 3.5m×세로 3.5m 크기로 평균 3.5평의 규모이지만, 이 정도 크기의 방에서 500kg/일 원유처리도 가능하다고 한다.

2) 치즈 공장

① 치즈 vat은 300kg로 아이스만사의 2중솥이었다. 치즈 vat은 원래 다리가 없었는데 키에 비해 vat이 낮아 원래 높이 1.0m이었으나 지금은 1.0m20cm로 높여 개조하여 사용하고 있었다.

② 이곳의 치즈 제조는 더운 90℃열수로 63℃/30분간 살균 유지를 위해 또는 사고를 대비하여 12kw 전기히터가 vat의 밑에 깔려 있었다.

③ 살균은 65℃/35분간 실시한 뒤 원유는 32℃로 냉각한다. 냉각할 때 물이 1,000바켓이 소요되었는데, 이는 폐수 발생량이 엄청나기 때문에 착유장의 원유 냉각용으로 사용하는 2℃짜리 좋은 냉각기가 있다. 그 냉각기에서 나온 찬물을 가져와 펌핑해서 살균한 치즈 원유 냉각용으로 재활용한 다음 버리기 때문에 자원 활용 효과가 있다. 다시 살균 원유 냉각시킬 때에 나오는 열을 다시 모아서 온수를 만들어 사용한다. 이때는 축열(蓄熱) 시스템을 사용한다.

④ 치즈 공장과 숙성실에 천정 응축수가 문제가 될 수 있다. *Mucor*속으로 인해 치즈에 검정 곰팡이의 오염이 될 수 있는데, 이는 천정 물방울을 통해 오염된다. 까망베르 치즈에 검정색 반점을 만들어 오염시킨다. 이를 방지하기 위해 천정에 냉수가 흐르는 자동차용 얇은 라지에타를 붙였다. 바로 그 아래에 응축수 받침을 붙였더니 그 문제가 쉽게 해결되었다.

⑤ 이곳에서는 가장 값싼 성형 몰드 500g, 2kg용을 사용하고 있었다.

⑥ 틸시터 치즈 제조하여 가압하여 2kg짜리로 누른다.

⑦ 숙성실 안에 소금물통이 들어 있다. 숙성실 문은 반드시 스테인리스로 한다. 스테인리스는 소금물의 소금기를 견디기 때문이다. 문틈에 실리콘 처리는 연 1회 반드시 교체해 준다. 이 사람은 숙성실의 스테인리스 문을 신문에서 창고에 사용하던 중고 문 처분 광고를 보고 사왔다고 했다. 한 짝에 1500~2000 유로짜리를 아주 싼값에 사서 가져와 숙성실에 그대로 붙였다며 좋아한다.

⑧ 착유실은 산양유 8두를 착유할 수 있고, 2.5~3.5분/두 착유기를 사용하는데, 이는 바케스 착유기이다.

⑨ 산양유에서 나는 특유의 냄새 주범 두 가지 :

- 첫째, 공기이다. 바닥, 축사 내 공기가 더러우면 그 냄새가 양젖에 스며든다. 이 목장 산양유의 냄새가 안 나는 것은 공기가 깨끗하기 때문이다.
- 둘째, 착유자의 몸에서 나는 냄새도 영향을 준다.

결국 양젖에서 나는 냄새는 양에서 온 것이 아니라 이런 두 가지 이유 때문이다.

⑩ 이 목장은 90ha에 주 수입원은 감자이다.

⑪ 이곳의 공장장은 하루 15시간씩 노동하면서 치즈를 제조했다. 따라서 품질이 좋지 않았는데 마이스터 정 선생의 도움으로 치즈 기술을 극복할 수 있었다.

⑫ 이곳에서 제조하는 치즈의 종류

㉠ 신선치즈(양념 1종류, 그냥 1종류)

㉡ 가우다(양념 3종류, 그냥 1종류)

㉢ 틸시터 2kg짜리(양념, 그냥)

㉣ 가공치즈

㉤ 치즈 뱃은 아이스만제 직사각형이다.

⑬ 이 목장에서의 '판매하다 남은 치즈' 처리법

㉠ 판매하다 남은 치즈는 가공하여 다시 가공 치즈로 상품화하여 판매한다.

㉡ [판매하다 남은 치즈 + 탈지분유 + 물] 배합, 84℃ 가온(slice, spread로 포장)

⑭ 유산양 목장을 시작할 때의 어려웠던 점

㉠ 아이 두 명

㉡ 시부모 모시기

㉢ 감자 깎아 식품점에 납품하기

⑮ 치즈 판매방식

㉠ 자체 가게에서 주로 판매
㉡ 주변 사람 판매
㉢ 신선치즈 위주로 판매

4.10 하우스 리스빅 산양유 치즈공장[7](Zigen Cheese Käserei)

1) 치즈 공장

① 800kg 치즈 vat을 사용하고, 항상 4℃를 유지하며 원유를 보관하였다.

② 원유는 73℃/30초에 살균하여 냉각시켰고, 1시간에 500L를 처리할 수 있다.

③ 5kw 2개를 설치하여 온도를 냉각할 때 빼앗기는 열까지 막는다.

④ 크림분리기는 1분에 8,400번을 회전하여 산양유의 지방을 맞추어 주고, 살균 후 냉각시킬 원유는 타워 쿨러(원유를 담은 상태에서 냉각시키는 기계)를 이용하여 냉각하였다.

⑤ 이곳은 송아지 축사를 개조한 후 유가공장을 설비하여 동선이 길다. 직사각형 건물이 제조실, 사무실, 숙성실로 칸을 나누어 길게 이어져 있었다.

⑥ 학교나 교육기관의 치즈 vat은 직사각형이 합리적이고, 교반 시 모서리에 가라앉는 커드가 많기 때문에 모서리 부분에 쌓인 커드를 손으로 교반해 주어야 하는 단점은 있다.

⑦ 치즈 몰드가 그물이 없는 것이고, 통 면에 미세한 구멍이 있다. 1개에 100유로이다(한화 약 13만원). 치즈 몰드를 만든 네덜란드 회사가 문을 닫아 현재는 구입할 수가 없다. 치즈 모양이 이 몰드(카도바 몰드)에서 성형을 하면 외양이 좋게 나온다고 한다. 독일 속담에 치즈는 눈으로도 먹는다는 말이 있는 것처럼 모양을 중시하는 것 같다.

⑧ 몰드는 소독 통에 항상 잠기게 하여 공기의 접촉을 작게 한다. 소독조의 뚜껑을 덮어서 치즈성형 작업대로 사용하기도 한다. 신선치즈는 국자로 뜨는 치즈라 하여 한 번씩 떠서 겹겹이 앉힌다. 퍼 담으면 푸석푸석해진다. 공방 구조는 살균실, 치즈 제조실, 숙성실 세 곳은 기본으로 하고 직판점도 두었다.

⑨ 건조실과 숙성실, 즉 숙성실은 2개가 필요하다. 우리가 집에서 사용할 수 있는 적정 습도와 온도의 숙성실은 고물 냉장고를 이용한다. 냉장고의 겉과 안을 깨끗하게 하여 물을 한 통 넣어 수건을 넣어주면 그 안의 습도는 알맞게 된다. 치

7) 이 공장은 독일 치즈 마이스터 정용삼 선생이 근무하며, 실습생들을 가르치는 훈련용 치즈 공장이다.

즈에는 직풍이 좋지 않다. 치즈는 숨을 쉬기 때문에 숙성실에 환풍기, 선풍기를 설치한다. 하지만 치즈 자체에서 나온 수분만으로 치즈실의 습도 공급은 가능하다. 이곳에는 매일 새로운 치즈가 나오는데, 이 치즈는 먼저 가염을 하고 건조대에 2일간 건조시킨 후 플라스틱 코팅처리를 2회 정도 한 다음 숙성실로 옮겨져 스탬프를 찍고 4~5주 후 판매된다. 매일 나오는 치즈 때문에 치즈 제조실은 작아도 치즈 숙성실은 커야 한다.

⑩ 치즈 제조 후 숙성까지의 과정

Ⓐ 치즈 가염, Ⓑ 건조 : 2일간, Ⓒ 플라스틱 코팅처리 : 1일 간격 2회,

Ⓓ 숙성실로 이동, Ⓔ 숙성 5주~4개월, Ⓕ 제품 포장 - 저장

⑪ 색 소 : 우리 실정에 맞는 천연색소 사용(저자 생각)

Ⓐ 양파 껍질 삶기, Ⓑ 적포도 껍질 삶기, Ⓒ 산머루, Ⓓ 치자,

Ⓔ 떫은 감 물(치즈의 색을 내는 색은 안나토인데 이것은 비싸기 때문에 우리의 천연의 색을 이용하여 치즈의 색을 이용하자)

⑫ 소독조 : 치즈실 입구에 위치되어 있다.

Ⓐ 완전 소독수 : 화학물질이니 손만 담근다. 먼저 수돗물로 씻고 담근다.

Ⓑ 기구 소독수(산성제) : CIP(CIP : 산성 1.0%, 알칼리 : 0.9%)를 끝내고 나온 산성세제를 받아쓴다(35분간). 유지방이 잘 씻겨 나간다.

⑬ 가압기 : 공기로 고무판에 불어 넣어서 풍선처럼 부풀어 가압이 되는 원리의 Press, 유럽에 이곳 하나뿐이며, 주문 생산된 것이다. 치즈의 형태가 고르지 못할 경우가 많으니 가압을 시작할 때 세 번씩 돌려준다.

5. 2005년 이탈리아 치즈 연수기[8)]

(2005년 6월 22일~6월 30일)

5.1 이탈리아 연수 들머리 - 출발하여 도착하기까지 -

우리 연수단은 우리로서는 유럽의 관문인 독일 프랑크푸르트 공항에 오후 6시 10분 도착하여 입국수속을 밟는데 이번에는 꼼꼼히 따진다. 입국심사관이 다른 분들을 보고 "이 사람들은 뭐하는 사람이냐"고 한다. 유럽 치즈 연수단인데 내가 인솔하는 성인 학생들이라고 하니 "무슨 학생이냐"고 묻는다. 그래서 "치즈를 공부하는 낙농인 학생들"이라고 하니 "그러느냐, 통과" 한다.

이제는 이탈리아 Verona 공항으로 가는 곳을 찾아 갔는데 한참을 기다려도 아무도 없다. 일행 중 손 회장(순천대 목장유가공 과정 동문회)이 확인하고 왔는데 이상하다는 것이다 그래서 루푸트한자(Lufthansa) 항공사 데스크에 가서 확인하니 이탈리아로 가는 탑승구가 변경되었다고 한다. 국제노선 환승은 현장에서 변경될 수 있으니 반드시 현지 공항에 가서 재확인을 해야 한다. 이탈리아 베로나 공항 밤 10시 35분에 도착하여 입국수속을 마친 뒤 나와 보니 마중 나온 분이 없다가 잠시 후 11시 30분에 전원미 선생과 Mrs. 프란시아가 왔다. 새벽 1시 30분에 Asiago에 도착했다. 새벽 3시 30분에 취침한다. 참으로 먼 유럽 치즈연수 여정의 첫날이다.

5.2 아시아고(ASIAGO) 시의 개요

① 06시에 기상하였다. 숙소 밖을 나오니 자욱한 안개 속에 아련한 초원이 드넓게 펼쳐져 있다. 천상 위의 지상에 놓인 느낌이 들었다. 우리의 숙소는 여름 별장 지대란다. 07시 50분 우리 팀 식사. 아침 온도 23℃로 서늘하다. 산악마을 협회 대표인 스턴(Stern) 박사가 우리를 안내한다고 와서 수인사 나누었다. 오늘부터 그가 안내하고 전원미 선생이 통역한다.

② 아시아고 지역은 이탈리아의 알프스가 시작되는 곳이다. 그래서 프레-알피(Pre-alpi)라고 부른다. 이탈리아 북부 베네토(Veneto) 지방 중의 고원지대이다. 여

8) 이 여행 역시 치즈제조를 목표로 우리 대학에서 목장 유가공을 공부한 1~3기 수료생들 중 희망자들이 자비를 갹출하여 실시되었으며, 모든 프로그램 기획과 연수단 운영관리는 고혜란 여사가 맡아 수고해 주었으며, 이탈리아 여행은 전원미 선생이 모든 시찰 치즈공장 사전 교섭과 안내를 맡아 수고해 주셨다. 스위스 연수는 당시 숲공유가공연구소의 김상철 사장이 사전교섭과 안내를 맡아 주었으며, 독일은 저자가 순천대학교 단기파견 지원을 받아 현장연수를 한 다음 정용삼 선생님의 교섭과 안내를 받아 실시되었다. 이 자리를 빌어 그 분들께 깊은 감사를 표한다.

기는 정말 드넓은 고원지대로 원경이 416km^{2}나 된다. 브렌따강(오른쪽)과 아느리강(왼쪽)으로 갇혀 있다.

③ 아시아고 지역의 50%는 산림, 30% 초지, 20% 낙농을 위한 고원지대 초지(말가, Malga)이다. 아시아고 지역 사람들의 생활방편은 낙농업과 산림자원 이용이다. 1000～1800년까지 양을 주로 사육하여 양모, 모직원료를 생산한 지역이었다.

④ 1800년 이후부터 양모생산에서 낙농업 쪽으로 전환되었다. 지금은 600두 젖소를 사육하고, 그 우유로 치즈를 생산하는 회사가 많아졌다. 그래서 아시아고가 치즈로 유명해졌다. 1900년대 초에는 소규모 치즈공장 수준이었으나, 현재는 약 3개의 큰 규모 치즈공장이 있다.

⑤ 여기는 겨울이 길고(평균 -5℃), 여름에는 24℃가 넘지 않는 지역이다. 이 지역에서 재배한 풀이 특이하다. 그 풀을 사육해서 만든 치즈와 숙성, 저장조건이 특이하다. 숙성온도, 조건이 기후 때문이다. 여기서 50km만 떨어진 곳에 가서 만든 치즈와 여기 우유로 만든 치즈는 다르게 나온다. 그래서 방부제를 쓰지 않는다. 그 점이 특징이다. DOP 마크를 찍은 아시아고 치즈가 수출되는데 큰 고객은 일본이다. 이곳 치즈는 이곳의 특이한 환경조건 때문에 등급이 높고 가격도 비싸다. 생산은 33%이나 경제효과는 가격 특징으로 60% 효과가 있다.

⑥ 아시아고에서는 언제부터 치즈가 생산되었나? 여기는 1, 2차 세계대전의 격전지였다. 그때 거의 초토화되었다. 그러다가 낙농가가 모여들어 오늘 방문할 Penna 치즈 조합을 1927년 결성하였고, 1차 대전 이후 커졌다. 협동조합 제도 - 주식 형태로 참여한다.

⑦ 치즈는 계절에 관계없이 1년 내내 생산한다. 건초 먹이면 좋은 치즈가 된다는 건 속임수다. 청초 먹여 생산된 치즈가 정말 좋다. 서로 100m 떨어진 건초 목장과 청초 먹인 목장 우유로 만든 치즈의 맛이 확실히 다르다. 초종에 따라서도 치즈 맛이 다를 정도이다. 이곳의 재배 초종은 35～70종이다.

⑧ 여기는 고원지대라 숲을 개간하여 목초지를 조성하는데, 풀씨를 뿌리지 않고 자생 초종으로만 초지가 조성되어 있다. 이런 초지의 우유로 만든 것이 DOP 치즈가 되는 것이다. 이 지역 고유의 자연초지에서 생산된 우유라는 점 때문에 High class 치즈가 되고, DOP의 의미가 있다.

⑨ 1년에 2회 초지목초를 수확한다. 소가 한번 먹고 지난 뒤 배설물로 거름이 된다. 산위로 올라가면서 배설한 것이 유일한 거름이 되고 있다. 그야말로 자연

순환 농법으로 인공비료를 하지 않은 유기농 초지이다.

⑩ 여기 치즈공장들의 1일 원유 처리량은 2000kg~5000kg이다(2.0~5.0톤).

⑪ 여기는 고원지대라 비가 오면 모으지 못한다. 층이 석회암이라 빠져나가 양쪽 강으로 빠져나가 버린다. 그래서 소를 높은 곳으로 가서 방목을 못한다. 고원지 방목지인 말가(Malga) 지대는 해발 1200~1700m에 형성되는데 거기에 인공 저수지를 만들어 물을 모아 소가 마시게 해준다. 조성방법은 바닥에 진흙을 다져서 만든다.

⑫ 이 고원지대의 방목지는 개인 소유가 아니다. 옛날 원주민 때부터 개인 소유가 없게 되어 있다. 주택지만 사유하나 방목지는 지역 공동체 명의로 되어 있다. 소유는 지자체에서 갖고 있고, 씨족 공동체 명의로 되어 있는데 거기에서 관리하고 있다.

⑬ 사람들이 사는 곳은 해발 1,000m 지역이고, 가축 방목지는 높은 곳에 있다. 해발 1700m 이상의 곳에서는 양을 키운다. 고원지대 풀은 1,000여 종이 있다. 1700m 이상 고원에서 에델바이스, 란뽕, 마리아의 신발이라는 난이 있다. 이런 곳에는 에델바이스가 발에 밟힐 정도로 많다.

⑭ Grana라는 말은 알갱이(granule)란 뜻인데, 치즈를 숙성시키면 단백질이 결정화되어 알갱이가 만들어진다. 숙성중 수분 감소와 단백질 분해로 만들어진 것이다.

⑮ 치즈 제조가 오래 걸리는데 낭만적 사고방식의 산물이다. 만들어서 2~4년 두고 보는 것이 정신적 여유가 있었기에 가능한 일이다. 이탈리아 사람들의 정신에 순응하며 사는 것에 의해 기다리는 것이 좌우명 “Cimbro” 라는 말이 있는데, 사투리로 “모든 것은 그 나름대로 시간을 갖고 있다. 천천히 가는 사람이 끝까지 간다.”는 뜻이다. 그들은 치즈를 판매 목적이 아니라 식품으로 만든 것이다. 그것이 상품화 된 것이다. 처음 출발은 상품이 아니었다.

⑯ 아시아고 시의 인구는 35,000명인데 시티이다. 이탈리아에서 어떤 지역이 시티 승격을 하려면 사회제반 시설이 있어야 한다. 병원, 도서관, 학교 등 공공시설이 있어야 되는데 여기는 모두 갖추어져서 시티이다.

※ DOP(Dinonation Origin Protecte)란? : 세계적인 공인을 얻은 일종의 원산지 보호 상품으로서, 프랑스의 AOC와 유사한 제도를 뜻한다.

오늘 오전에는 아시아고 시에 소재하는 3개 공장 중 한 곳의 치즈공장 방문이 가능하다. 이 공장은 모두 아시아고 고원지대에 위치하는 낙농가 50개 목장, 비 낙농가 10가구가 조합을 결성해서 치즈를 생산하는 펜나 치즈 협동조합(Coseificio of

PENNAR)이다. Asiago DOP 인증 치즈를 생산하는데, 모두 20종의 치즈를 제조하고 있다. 오늘부터 우리 일행의 아시아고 지역 연수일정 안내를 맡아 줄 Rigoni Stern 박사는 Asiago 공동체 의장(Gianbattista)으로서 Padova 대학에서 임학을 전공한 농학박사이다. 아시아고 지역 산간지대의 산림자원을 연구하여 박사학위를 취득하였다.

5.3 아시아고(Asiago) 치즈의 개요

① 30일 정도 숙성치즈 신선치즈가 있고, 이것은 우유 살균해서 만든다.

② 장기 숙성치즈, 원유 크림층 제거 후 비살균 원유로 치즈 제조한다. 이것이 아시아고의 특유 치즈인데, 사료(史料)에 의하면 AD 900년부터 언급된다. 3개월~3, 4년 숙성시키는 치즈이다. 이 치즈를 Mezzano라 부른다. 이 치즈는 숙성도에 따라 세 종류로 나뉜다. **그라나 파다노(Grana Padano) /아시아고 올드 Asiago Fresh old / 얼추라 올드(Ultra old)**이다.

③ Grana Padano 치즈는 세계에서 많이 팔리는 치즈이다. 점유율로 보면 그렇다는 이야기이다. DOP(dinonation Origin Protecte)인증 마크가 찍혀서 판매된다. **그라나 파다노**의 특징은 방부제 사용이 없다. 그러면서 장기 숙성한다. 숙성 후에도 쓰지 않는다. 이때는 수분 증발로 인한 감량을 막고, 맛의 변질을 막기 위하여 치즈는 진공 포장하여 숙성한다.

5.4 펜나 치즈 협동조합(Coseificio of PENNAR)

① 치즈 공장이 두 부분으로 나뉘어 있다.

Ⓐ 비살균 원유 치즈 파트,

Ⓑ 살균우유 치즈 파트

신선치즈는 살균하지 않으면 세균 문제가 있을 수 있으니 반드시 살균한다.

② 펜나 치즈 협동조합(Coseificio of PENNAR)의 아시아고 치즈 원유처리 : 저녁 우유를 8~12시간 정치 후(하룻밤 정치) 아침에 저장통(목재로 되어 있고, 바닥에 2° 정도의 경사를 주어 탈지유가 아래로 흐르도록 만든 것) 아래 코크를 열면 우유 층은 빠져나가고, 크림 층은 바닥에 그대로 남는다. 그 크림으로 버터 만든다. 정치온도는(목장에서 10℃로 가져온 것을) 10~12℃로 정치한다. 크림에서 분리되어온 부분 탈지우유는 탱크로 가서 아침 착유분과 혼합된다. 모든 성분이 균일하게 섞여 자연스럽게 표준화(Standardization)된다. 혼합원유는 파이프를 따라 각각의 치즈 벳으로 보내져서 치즈 제조에 들어간다.

③ 벳트는 구리 표면처리 - 온도 전달이 빠르고 유지방이 붙지 않는다. 구리 벳 안에 구리판이 있고, 그 판 내부에 스팀이 순환되어 원유가 가열된다.

④ 하나의 Vat마다 1톤의 원유가 처리된다. 1톤에서 Garana Padano 치즈가 37kg*13개 생산된다.

⑤ 스타터는 eye 여부에 따라 종류가 달라진다. 렌넷 넣기 전에 원유 만져서 렌넷 넣는 양을 결정한다. 그래서 그날그날의 원유상태에 따라 첨가량이 달라진다. 커트 절단, 커드 건지기(천으로), 성형하기, 다른 건 몰드에 직접 넣는다.

⑥ 09:15분 내일 사용할 원유가 들어온다. 크림 분리 위해 정치하고(8~12시간) 크림 분리 후 그 우유채로 치즈 제조에 쓴다. "구리 벳이 중금속이 안 나오는가?"고 물어 보니 "오랜 세월 사용해 왔지만 아무런 문제가 없었다."고 한다.

⑦ 오늘 아침 만든 Grana Padano를 일정한 형을 갖추려고 살짝 눌러둔다. 오후에 파랑 헝겊을 제거하고 플라스틱판을 내부에서 둘러준다. 이때 비로소 치즈의 고유번호가 찍힌다.

⑧ 펜나 치즈 협동조합(Coseificio of PENNAR) 치즈공장의 온도 1차 18~19℃, 2차 14~15℃이다. 치즈 제조한 뒤 며칠간 뒤집어 주기가 중요하다. 자체 무게로 가압된다. 공장 내의 공기를 정화하는 콘트롤러가 있다.

⑨ 가염실 소금물은 6개월마다 걸러서 교체해 준다. 소금물도 Ultra old 치즈용은 염도가 낮고(18), 다른 건 높다(포화 염액). 가염은 보통 7일간 시킨다(37kg짜리 기준). 치즈의 염 농도는 2~3%가 됨. 포화 염액에서는 가염을 22일간 실시한다.

⑩ 숙 성 : Ultra old 5개월~10개월간은 9℃ 유지/비 살균유 치즈 피케아비에서 나무로 만든 선반 사용/사람이 뒤집는다.

⑪ 2실은 원유 살균치즈 Grana Padano, Asiago fresto인데 여기서는 기계로 뒤집는다. 곰팡이 제거는 솔로 털어가며 둔다. 2~3일에 한 번씩 곰팡이를 털고, 기계로 뒤집어 준다. 한 달간 숙성/13℃ 프로그램화 된 기계가 치즈 들어낸 뒤 뒤집고, 내부에서 솔로 털어주고, 린넨에 아마유를 발라서 치즈 표면에 곰팡이 제거와 방지해 주는 작업을 하고 원위치에 놓아준다. 이 기계의 이름은 털고 샌딩(sanding)하여 뒤엎어 주는 기계라 한다.

⑫ 당국은 대장균수 제로를 요구하나, 오래 숙성하는 치즈는 대장균이 숙성 중에 죽지만 신선치즈에서 문제가 된다.

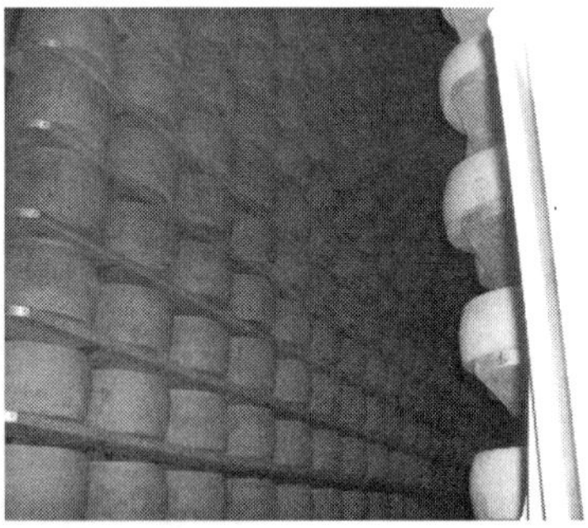

⑬ 치즈 표면에 fresh 치즈를 몇 주 더 숙성한다는 표시로 빨강색 처리한다. 신선치즈 원유는 반드시 살균하여 제조한다. 장기 숙성할 치즈는 구리 뱃을 쓰지만 신선치즈는 스테인리스 뱃을 쓴다. 빨강 표지한 것은 Asiago fresto이다.

⑭ 치즈가염은 여기서 성형 전에 하고 있다. 이 치즈는 기계로 가압한다.

⑮ 소형 치즈는 캬쵸타(우유) 리코라는 유청으로 만든 신선치즈이다(10일~1개월 내 소비). 표준화를 위해 저녁 착유 원유 정치 통 바닥을 걷어낸 크림으로 버터를 만든다. 크림을 살균하여 제조하는데, 여기서는 무염버터를 생산한다.

⑯ 아시아고 치즈의 장점 : 1, 2년 숙성된 치즈(비살균 원유 치즈)는 우유가 모든 조건이 맞아야 2년 숙성이 가능하다. 2년 이상 숙성된 아시아고 치즈 스트라베끼오(Asiago Straveccihio)에는 비타민 B_6, B_{12}, 엽산(folic acid) 등이 많아서 심장병 예방 효과가 있다. 특히 Omega 3, Vit. E, 베타 카로친, Vit. D, Acid lindeico(W6)와 100% 흡수가능 칼슘 등을 함유한다. 이 치즈에는 특유의 향미가 나는데, 향미생성 미생물 probiotics(유산균)에 의해 생성되는 것으로 이는 전나무로 만든 선반 위 숙성에 의해 효과적으로 얻어진다. 이 전나무의 이름은 ABETE ROOSO / ABETE BIANE인데, 아시아고 산악지역에 300~420백만 그루 나무가 있다. 전나무 둘레가 1m 이상은 족히 된다.

※ **Tip : 아시아고가 있는 이탈리아 Veneto 지방 치즈류(DOP)** : 8종이 유명함.
① Asiago, ② Montasio, ③ Grana Padano, ④ Taleggio, ⑤ Provolne,
⑥ Castatella, ⑦ Trevigiana, ⑧ Monte Veronese

5.5 아시아고 DOP 치즈 인증, 품질관리 센터(CSQA)

① 이 센터의 책임자는 아시아고의 치즈 보존회 회장 및 아시아고 치즈 DOP 인증 소장이기도 하다. 우리를 맞이해 주는 분들은 콘소르찌오(Consorzio)[9] 주요 임원들이다.

② 관능검사(Cheese Sensory Analysis) 시설만 12개 칸이다. 치즈 관능검사실의 제일 중요한건 공기압이고 양압실이다. 램프도 스탠다드 조도를 가진 걸 쓴다. 빛도 관능 검사자에게 영향을 미치기 때문이다. 왜냐하면 빛의 강도가 색도를 변경할 수 있다. 2조 8칸씩 국제규격을 맞추어 설치했다.

③ 처음에는 검사기록을 종이에 썼으나 지금은 컴퓨터로 처리하도록 이 결과를 처

9) 콘소르찌오(Consorzio)란? : DOP 치즈를 생산을 하는 사람들의 모임, 협회, 협동조합을 공인해주는 기관을 일컬은 말이다.

리하는 소프트웨어가 있다. 그것은 프랑스 Biosoft사의 프로그램을 쓴다. 이 회사는 단순한 소프트웨어만 파는 게 아니라 프로젝트까지 해준다. 어떤 목표의 치즈를 겨냥하여 그것에 맞는 관능검사 프로그램을 주문하면 개발해준다.

④ 관능검사실 구조 : ㉠ 냉장실, ㉡ 취사실 준비실, ㉢ 패널실로 구성됨

⑤ 원산지명칭 보호제도(DOP)에 대한 설명: 어떤 농산물의 원산지가 보호받는 공인 규약이다. 지금은 브뤼셀 EU본부에서 내주는 공인증이다.

⑥ 1992년에 과거 DOC(control)가 DOP로 EU에 의해 제정된 것이다. DOP의 첫 규정은 지역과 생산지이다. 두 번째는 제조기술이 과거부터의 전통적인 것, 전승적인 것에 근거한 제조법이어야 한다. 제조에 사용하는 원료가 어떤 식으로 생산되는가(우유는 어떤 종류의 소에서 사양방식으로 생산되며, 원유처리법이 독특해야 함). 위의 3요소가 DOP 결정의 기본이 된다.

⑦ DOP 생산자 단체와 신청인을 감독하는 제3자 공인집단 기관이 필요하다. 그런 control 분야를 담당하여 분석해주는 제3자 기관이 오늘 방문한 CSQA이다.

⑧ CSQA에서 확인을 받으면 그 제품은 DOP 제품임이 공인된다. CSQA에서 공인증을 DOP 신청인에 보내준다. 그 공인증을 가지고 확인 협회에 가면 제품에 활용하도록 공인 마크를 준다. 그곳이 바로 Consorzio이다. Consorzio에서 공인받은 것만 DOP제품에 공인 마크를 사용할 수 있다. 아무나 그 공인 마크를 사용하지 못하게 공인기관이 보호해 주고 있다.

⑨ CSQA에서 인증 받은 제품은 정기적으로 검사를 해오고 있다. 규격에 벗어나는 것이 연속되면 취소가 된다. 취소된 표는 쓸 수 없다. 한국의 Q마크, KS 마크이다. Asiago에 생산되는 여러 종류 치즈에 대해 관리해 준다.

⑩ CSQA는 시장 상점에 가서도 불시에 무작위로 시료를 채취하여 검사한다. 왜 그럴까?

㉠ 이런 활동은 식품의약품 안전청에만 맡길 수 없다.

㉡ 이들 제품은 지역경제에 중요한 품목이므로 자체적으로 사전에 이렇게 관리하고 있다.

㉢ 이런 상표 보호도 중요하고 유사 상표를 적발하는 것이 중요하다. 특히 홍보전략에 중요하다. 또한 상표개발 디자인 개선에도 영향을 미치므로 중요한 일이 된다.

㉣ 제일 큰 걱정은 아시아고 치즈가 아닌 지역 치즈로부터 아시아고를 보호하는 것이다. 이는 국가가 하는 것이 아니라 생산자 단체가 해야 하는 일이기에

한다. 그 업무가 방대해지니까 결국 Veneto 주 정부가 도와주게 되었다.

ⓜ 그동안 이 사업에 주정부나 중앙정부에서 전혀 재정지원을 해주지 않고 있었다. 그래서 모든 비용을 제조업자가 부담했다. 오직 기관을 만들게 하고 인원배치를 해주지만 모든 소요예산은 업자들이 부담하고 있다.

ⓑ 아시아고의 DOP 관리는 경제적인 면과 관련이 있다. 그것은 수출, 판매관련 부서가 있다. 협동조합, 영업담당 부서가 있다.

ⓢ 협동조합과 회사의 차이 => 협동조합은 생산에 필요한 원유는 조합원이 생산하고 모두 주인이 된다. 회사는 회사주인이 남의 원유를 사다가 운영한다는 것이 차이이다.

⑪ Veneto 지방에서만 연간 100만 톤의 원유를 생산한다. 그 중 60만 톤(60%)은 치즈생산에 사용된다. 여기에 두 종류 치즈가 주로 Grana Padano/Asiago : Fresh, old가 생산된다. 그 외 DOP는 Montasio, Monte VER Provolne가 있다. 50% 이상이(30만 톤) Grana Padano와 Asiago fresh와 old 치즈 만드는 데 사용된다.

⑫ 이 모든 치즈를 이탈리아나 세계 판매를 위해 AGRIFORM이라는 판매회사를 만들었다. 여기에 가입된 회사들은 DOP계열 회사들이다. 이 치즈회사들은 지역 낙농업자들에게서 원유를 구입한다. AGRIFORM은 8천만 유로의 매출액(연간)을 내고 1만 6천명의 낙농가가 가입되어 있다.

⑬ 10개 회사에 대략 1,600명씩 가입되어 1만 6천명이 된다. 매출액의 40%는 수출액이다. 수출은 미국, 호주, 일본, 유럽이 대상이 된다. 한국에도 조금 수출되고 있다. 한국이 우리보다 좋은 치즈 생산하기까지 우리도 수출하겠다.

⑭ 이탈리아는 1년에 1천만 톤의 원유를 생산한다. 수요는 2천만 톤이다. 인구는 5,500만, 한국은 220만 톤의 원유를 생산하는데 인구는 4,700만이다(그들은 이미 이런 정보를 갖고 설명한다). 뉴질랜드 지역은 12백만 톤의 원유를 생산한다. 인구는 2,000만 명인데 85%를 수출하고 있다. 이것이 문제다.

⑮ 이탈리아 수요는 원유로 2,000만 톤인데 생산은 1,000만 톤이어서 부족분은 수입으로 충당한다. 이탈리아는 한국보다 10배 이상 수요가 있다. 그런 면에서 한국시장은 잠재성이 큰 시장이다. 뉴질랜드, 호주가 세계 유제품시장의 짐이요 고통이다.

⑯ 전 세계 총량 단위 원유를 가장 많이 생산하는 나라는 인도이다. 연간 원유 1억 톤을 생산하는데 인구는 10억 명이니까 전 세계 유제품 시장에 영향을 주지 못한다. 그러니까 그들은 자급자족하고 있는 셈이다. 지금은 세계 원유 쿼터제 실

시가 되지 않고 있으나 장차 그리될 것이다. 그 다음은 남미 지역이다. 엄청난 잠재력을 가지고 있다.

⑰ 슬픈 이야기 한 토막 — 낙농가의 원유 생산은 최고의 이익 창출을 위해서다. 나는(설명자) 아시아고 출신이다. 우유 생산이 쉬운 일이 아니다. 생산비가 너무 많이 든다. 독일, 뉴질랜드 같은 평지에서 생산된 원유보다 아시아고 같이 높은 산악지대(해발 1600m 이상)에서 생산되는 원가 차가 큰 것이다. 이탈리아는 1톤 원유 생산 단가는 350유로 인데, 한화로 50만 원 정도이다. 독일은 280유로, 뉴질랜드는 140유로, 그리스, 포르투갈이 이탈리아보다 약간 높다. 뉴질랜드는 이탈리아보다 절반 이하로 생산하고 있다. 아르헨티나는 매우 낮게 생산한다[Italy 350, Korea 290, Canada 500, Germany 280(단위 : 유로/톤)]. 캐나다가 왜 그리 높은가 하면 그들이 수입 장벽을 쳐두었기 때문이다. 이렇게 슬픈 이야기도 해피엔딩이 될 수도 있다. 이탈리아 원유 값이 비싸도 살아남는 길이 있다. 그것은 DOP 치즈이다. 누구도 그것을 제조할 수 없게 보호 받을 수 있기 때문이다. DOP 치즈는 어떤 지역도 이를 못하기 때문에 이탈리아가 살아남을 수 있는 길이 되는 것이다.

⑱ DOP에 정해 둔 규정이 있다. 해발 1600m 이상의 초지우유로 만든 치즈만이 아시아고 치즈[Asiago da Montania(산악치즈)]라는 규정을 만든 것이다. Montania는 산이라는 뜻이다. 검사에서 불합격된 건 표면에 XX를 표시하여 Asiago 도장 찍지 못하게 하고 염가에 판매한다.

⑲ ORO PEL TEMPO ☞ 황금, 시간 「시간이 만들어낸 금」이라는 뜻의 치즈 상표이다. 이들이 보는 치즈의 존재 가치는 제조하여 시간이 흐를수록 가치가 높아간다는 뜻이기도 하고 그토록 오래 기다려야 나오는 것이 값진 치즈라는 뜻이다.

⑳ 여기서 Parmiziano Resiano는

㉠ 같은 산악지라도 젖소 섭취 목초 층이 다르다

㉡ 조사료로 옥수수사일리지 급여를 금지한다.

㉢ 하루에 두 번 착유하되 한 번 짠 우유는 한 번의 치즈 제조에 쓴다. 즉 아침 젖, 저녁 젖을 섞지 않고 각각의 치즈를 제조한다.

㉣ Grana Padano 보다 고가정책을 쓴다. 그리고 Lysozyme을 쓰지 못한다. 일본인이 값이 비싸도 Parmiziano Resiano를 선호한다. 이런 것이 DOP를 얻기 위한 규정으로 만든 것이다. 라이소자임(Lysozyme)을 쓰면 치즈 숙성중 후기에 일어나는 팽화(Blowing)가 방지된다. 일본인들은 그것을 쓰지 말고 치

즈를 제조하도록 요구한다. 거기에는 청초먹인 소(Grass fed cow)의 젖만을 사용해서 생산된 청정 자연 치즈를 요구하는 것이 강하게 내포되어 있다.

5.6 아시아고 지역의 첫 번째 말가(Malga) 치즈공방

오늘의 방문지는 말가(Malga)이다. 스턴 박사가 앞장서서 우리를 인도한다. 오늘은 통역을 맡은 전 선생 친구인 파트지아 씨도 왔다. 그녀는 오늘을 기대하며 어제 잠을 설쳤단다. 07시 30분부터 출발하여 말가가 있는 해발 1650m 고지까지 깊은 골짜기로 된 전나무 숲을 기어가듯 꼬불꼬불 올라간다. 오늘 가는 곳은 Malga cima larici (1650m)에 간다. 전나무 숲이 모든 산을 온통 뒤덮은 느낌이다.

① 말가에서의 전통적인 치즈 제조과정 요약
   ㉠ 저녁 착유 젖 정치, 아침에 크림층 걷어내기
   ㉡ 크림층 아래 부분 우유만 빼내는 원리, 37℃ 가온
   ㉢ 렌넷 넣기, 전나무 교반기로 손 교반
   ㉣ 렌넷 첨가한 뒤 25분 정치 / 응고

② 표준화 : 저녁 젖 크림 걷어낸다. 아침 젖을 혼합한다. 그 이유는 두 가지.
   ㉠ 오래 숙성시킨 치즈지방에 흡착된 낙산균을 끌어올려 제거시킨다. 지방제거도 되고 낙산균(이들이 말하는 낙산균은 아마 야생풀에서 묻어온 *Clostridium butyricum* 균으로 이 균이 치즈에 오염되면 치즈 후기 팽화를 일으킨다)이 제거되므로 치즈의 후기 숙성 시 팽화방지가 된다.
   ㉡ 아시아고 치즈제조에 적합한 단백질/지방 비(Protein/ Fat ratio, P/F)인 0.93을 얻을 수 있다. 이는 오랜 전통에 의한 방식인데, 과학적으로 너무 알맞았다. 결국 이 조치는 표준화를 위한 지방제거와 팽화방지를 위한 낙산균 제거를 동시에 얻어내는 지혜가 담겨 있었다. 또한 이는 치즈를 장기 숙성시키기 위해 필요한 조치이다(2년 이상).
   ☞ Ultra old / 온도를 37℃까지 올리므로 이 치즈를 '익힌 치즈'라고 함.

③ 원유로부터의 크림분리를 위한 방의 구조 :
   ㉠ 창문을 반만 열어둔다. 북쪽 문이며, 곤충침입 방지를 위한 방충망이 있다. 왜냐하면 온도가 낮아야 크림분리가 잘 되기 때문이다.
   ㉡ 말가의 치즈공장의 천정은 나무판이며, 대략 2.5m 높이이다.
   ㉢ 크림분리용 벳이 2층으로 구성되어 있고, 층간은 50cm 간격으로 되어 있다.

④ Stravecchio는 아시아고 치즈를 2년간 숙성시킨 것인데, 이 치즈는 요즘 웰빙운동으로 떠오르는 자연식 운동인 슬로우 푸드(slow food) 모임에서 상을 받을

정도로 호평을 받고 있다. 대신 비싼 편이다. 15유로/1kg(보통치즈 10유로/1kg)

⑤ 원유 숙성 : 구리 벳에 넣은 원유는 장작을 때서 직화로 46℃까지 가온하여 교반한다. 엉긴 것을 부수려고 세게 교반해주고 1시간 동안 방치한다. 참으로 놀라운 것은 상업용 스타터를 사용하지 않고 원유에 자연적으로 존재하는 유산균으로 발효시켜서 치즈를 제조한다는 것이다(비살균 원유이므로 가능하다).

⑥ 렌넷을 첨가해 준 다음 30분간 정치한다. 하프 절단기로 힘차게 커드 절단, 교반작업을 거쳐 1시간 정치한다.

⑦ 정치 1시간 후에 유청을 제거한다. 바킷을 평면으로 넣어 퍼낸다. 절반 정도 퍼낸 다음 가라앉은 커드를 벳트 내에서 상하로 돌려주며 반죽하듯이 눌러주어 따뜻한 유청 속에서 1차 성형을 한다. 저자도 반죽해 보았는데 촉감이 너무 부드럽다.

⑧ 이렇게 해서 찰지게 잘 덩어리진 커드를 뱃트 안에서 뒤집어준다. 위아래가 뒤집어지게 한 번만 해준다. 그러고 나서 유청 속에 넣어둔 상태로 20분간 방치한다. 20분간 방치하는 동안 46℃가 42~43℃로 내려간다.

⑨ 성형(몰딩) 전에 철사 칼로 적당한 크기로 잘라주어 나무로 된 몰드 안에 그대로 넣고 성형한다. 이때 갓난아이 다루듯이 부드럽게 넣는다. 전나무 작업대 위에서 성형 시와 가염 시 추가 유청이 제거된다. 원유 500kg에서 7～8kg짜리 커드 6개가 나온다.

⑩ 몰딩한 커드는 아베떼(경사진 전나무 판으로 된 작업대) 위에 올려서 1시간에 한 번씩 뒤집어 준다. 하루 동안 일정한 간격을 두고 반복하여 계속 뒤집는다.

⑪ 가염실로 옮긴 후 하루 동안 만든 치즈를 겹쳐 쌓아둔다(6개). 그러면서 소금을 뿌려준다. 매일 1회 뿌리고 치즈 위치를 바꾸어가며 뒤집어 준다(8일간). 이때 추가적인 유청 분리가 된다.

⑫ 치즈 위에 연필로 제조한 날짜를 쓴다. 그리고 쌓아 올린다.

⑬ 치즈를 뒤집을 때 맨 밑의 것이 위로 올라오게 하며, 자체 무게에 의해 가압되게 한다. 치즈 한 개의 무게가 7～8kg인데, 6개가 쌓여 42～48kg의 무게가 누르는 셈이니 이것으로 가압은 충분하다.

㉠ 하루 지난 것은 가염실로 이동시킨 뒤 매일 표면에 소금치고 뒤집어 준 작업 단계를 거쳐 8일 후 숙성실로 이동한다(온도는 알프스 산의 온도 12~14℃ 그대로 이용한다).

㉡ 소금을 털어내고 숙성실로 옮겨 하루 한 번씩의 뒤집기를 한 달간 한 다음 물로 씻어 닦고 숙성을 시작한다.

[가염실 처리방식 요약]

㉠ 날자 별로 쌓아 올려 매일 역순으로 뒤집고 소금을 표면에 비벼준다.

㉡ 소금치기 끝나면 한 칸씩 매일 순서를 바꾸며 옮겨준다(8일간).

㉢ 소금치기 끝나면 물에 넣고 씻어서 선반에 올려 하루 방치한다. 다음 날 숙성실로 옮긴다.

⑭ 숙성 1개월간 관리 : 숙성 1개월 관리가 전체 숙성을 좌우할 정도로 중요하다.

㉠ 1주 동안은 매일 뒤집기

㉡ 2주 동안은 2일마다 뒤집기

㉢ 3주 동안은 3일마다 뒤집기

㉣ 4주 동안은 5일마다 뒤집기 하고, 5주 이후부터 1주 1회 뒤집어 준다.

㉤ 1개월 때는 표면에 아마인유를 발라준다. 정기적으로 뒤집어 가며 숙성한다.

– 산에 사는 작은 곤충이나 날 파리들이 달라 들지 않게 천에 oil(린넨 오일, 아마인유)을 묻혀서 치즈 위에 덮어준다. 나아가 일정한 간격을 두고 기름 바르고 뒤집어 준다. 만일 아마인유를 발라 주지 않으면 작은 벌레나 거미가 구멍을 파고들어가 치즈 속에 집을 지어 치즈의 상품성을 망친다.

※ Tips : 말가에서의 Asiago Stravecchio(ultra old) 제조방식 요약정리

이는 우리가 방문했던 재래식 전통 아시아고 치즈공방의 방식을 정리한 것이다.

㉮ 저녁 착유우유 250kg을 유지방분리 전용 탱크(바닥경사 2°정도)에 정치한다.

㉯ 아침에 우유를 경사진 저장통에서 뽑아서 아침 착유 우유 250kg과 혼합한다.

㉰ 37℃로 가온하여 Vat에 넣는다. Vat에서 37℃로 가온(따로 스타터 배양액을 넣지 않는 것에 주목할 것)

㉱ 렌넷을 1.0g 정도를 물에 10배 희석하며 첨가

㉲ 25분간 정치

㉳ 특수 curd knife로 그래늎 커피 크기가 되기까지 절단해 준다.

㉴ 천천히 교반해 주면서 직화로 가온한다. 46℃까지 서서히 올린다.

㉵ 덩어리진 것이 부서지게 교반해주고 그대로 방치한다. 1시간 동안 방치한다.

㉶ 1시간 후 유청을 절반만 제거하고 굳어진 커드를 그대로 뒤집어 놓고 20분간 둔다. 46℃에서 42～43℃가 된다. 이때 미리 치즈몰드를 준비해 둔다.

㉷ 성 형 → 성형된 치즈를 1일간 1시간에 1회씩 뒤집으며 관리한다.

㉸ 이튿날 가염실로 옮긴다. 여기서 위 표면에 소금을 뿌려가며 발라주고 위로 겹쳐쌓기를 한다(소금 뿌리고 약간 쳐주면서 기울이면 측면에도 소금이 흘러 내려 가염이 된다).

㉹ 다음날 맨 아래 것을 맨 위로 쌓아주는 식으로 순서대로 전체를 뒤집어 둔다.

㉺ 가염실에서 8일간 뒤집고 표면에 가염하여 8일 지나면 숙성실로 이동한다.

⑮ 하나의 말가에서는 6～11월까지 800개 치즈가 생산되는데, 40～50%는 현장 방문 고객에게 판매하고, 나머지는 명품치즈 특별 매장에 넘긴다. 아시아고 치즈로 생기는 부산물 유청을 가공한 리코타 치즈를 치즈 공장 내 연기를 뽑아내는 후드의 앞면 선반 위에 올려 놓여 있다. 리코타 치즈가 자연스럽게 장작불 연기에 훈연되는데, 이것은 피자 요리 시 뿌려먹으면 참 맛있다고 한다.

※ Tips : **치즈 가염방법**

Ⓐ 몰드 뒤집기 Ⓑ 틀 빼기 -> 틀 뒤집기, Ⓒ 몰드 1/2만 박기, Ⓓ 치즈 표면에 소금 뿌리기, Ⓔ 몰드를 완전박기, Ⓕ 숙성실 관리 1개월 후 아마유 발라 2년 동안 숙성함.

5.7 아시아고 지역의 두 번째 말가(Malga) 치즈공방(해발 1700m)

(Malga Formagio Pecorino - 양젖치즈, Ricotta, 15시 40분 도착)

① 여기는 사르데니아 섬의 양을 그 섬에서 가져와 기른다. 기르는 사람도 사르데니아 사람이다. 이제부터는 양젖으로 만든 치즈를 공부하게 되었다.

㉠ 이 말가에서는 우리를 위해 10시에 양젖을 짜서 기다리고 있었다.

㉡ 스턴 박사 부친은 양젖치즈 만들 때 어린양 4위를 잘라서 가루 내어 사용했다고 한다.

② 이탈리아 양은 모용종, 유용종, 육용종(품종) 3종이 있다. 사르데니아 양은 소형종으로 암컷 : 50kg, 수컷 : 60~65kg이다. 이 양은 1일 2L의 젖을 생산한다(최고 비유기). Mazzese, 꼬미자나(Comisana)가 있다.

③ 사르데니아 양은 1~2L/일 인데 최고 비유기에 2L/일 생산한다.

④ 빼꼬라(면양), 마뿌리(산양) 면양은 높은 초지에 올라 먹은 것일수록 새 초지풀을 먹은 젖일수록 치즈가 잘 나온다.

⑤ 두 번째 말가의 면양유 치즈제조 요약

㉠ 생유를 짜면 교반해 준다. 뱃트에 온도계를 꽂는다.

㉡ 가스버너를 켜서 온도를 38℃로 가온한다.

㉢ 젖이 37~38℃에 도달하면 송아지 렌넷(분말)을 2~4g/100L을 10배 희석하여 첨가한다.

㉣ 15분 후 커드 절단, 구멍 뚫린 국자로 한다. 양젖은 우유보다 지방 농도가 높아 빨리 응고하는 성질이 있다.

㉤ 1~2분 방치 후 교반기로(나무 체) 교반해서 커드가 작게 잘라지게 한다.

㉥ 렌넷 응고 정치기간 동안(15분) 온도가 하강되어 다시 38℃로 가온한다.

㉦ 커드를 잘게 부셔 잘라준 뒤 5~10분간 정치한다.

㉧ 벳트 바닥에서 커드 덩어리를 눌러 뭉쳐준다. 밑바닥에 달라붙게 눌러 커드가 한판이 되게 만들어 준다. 가루가 남지 않게 모든 커드를 붙여 준다.

㉨ 칼로 적절히 잘라서 커드덩이를 몰드에 채워가며 손으로 눌러 준다. 완전히 채워서 뒤집어 주어 다시 손으로 눌러 주고, 세 개씩 포개서 눌러 둔다. 가운데가 움푹 패이기 전에 뒤집어 준다.

㉩ 10분 간격으로 뒤집어서 맨 밑에 것이 맨 위로 올라가게 쌓아 둔다.

㉪ 하루 동안 뒤집기를 해 준 다음 가염한다.

㉫ 가염은 20% 소금물에 1일간 담가둔다.

㉬ 꺼내서 12시간 간격으로 한 번씩 뒤집어서(3개 쌓기) 8일간 두었다가 숙성실로 옮긴다. 1개월간 뒤집기 해주며 관리한다.

㉭ 2개월간 숙성 관리한 다음 아마유를 발라준 뒤 4~5개월간 숙성한다.

㉮ 보통 말가에 머무는 기간에 따라 숙성기간이 달라진다.

※ Tips : 아시아고(Asiago) 지방 역사 이야기

여기는 이탈리아 북부알프스 산맥의 융기가 시작되는 고원지대이다. 1차 대전 시 격전지로 유명하고 수많은 알프스 병사들이 죽었다. 당시 이 지역이 초토화 되었고, 산업도 많이 피폐해졌다. 1차 대전이 끝나고(1918) 3년 후인 1921년부터 아시아고 치즈제조가 복구되었다. 1차 대전 당시 여기는 오스트리아의 합스부르크제국 치하에 있었다. 오스트리아 남부 Tirol이 독립운동을 하면서 골치가 아프니까 Tirol을 이탈리아에 넘겨주기로 하고 이탈리아를 3국 동맹에 연합시켰다.

그러나 이탈리아는 전쟁 이후 1년 반 만에 먼저 항복을 하였고, 프랑스와 영국 쪽에 가담하고 말았다. 그리고 나서 아시아고 지역은 프랑스, 영국 연합군의 점령지가 되어 버렸고, 오스트리아 영토에서 이탈리아 땅이 되어 버렸다. 그 이후부터 소를 사육하기 시작했다. 사실 1780년까지는 양을 키웠고, 그때까지 양이 20만 두였다. 양이 없어지고 소가 사육되면서 양젖치즈 대신 우유치즈가 제조되었는데 그때가 1790년경이다. 우리가 방문한 말가는 1000년 전에 세워졌다. 1000~1780년까지 양젖치즈를 만들었다. 그동안 복속되어 있었던 베니스 왕국이 나폴레옹에 의해 패망했기 때문이다. 왜 이곳에 양젖치즈가 발달했는가 하면 이곳의 주산업이 양모생산이었는데 나폴레옹이 이곳 양모산업이 프랑스 양모산업 발전에 방해가 된다고 이곳의 양모산업을 폐지시켰다. 그러고 나서 프랑스가 세계 양모산업을 제패하기에 이른 것이다. 힘이 없는 민족에게는 이렇게 슬픈 역사가 서려 있다.

※ Tips : 말가 이야기

Asiago 지역에는 80여개의 Malga가 있고, 말가 하나는 1만 2천ha의 초지를 갖고 있다(12000*3000평 = 360,000평). 저지대 목장의 소가 말가에 올라오는 때는 6월인데 올라와서 11월까지 머무른 다음 12월 초에 하산 한다. Malga는 공동체 소유이고 관리는 시 당국이 한다. 양을 키우거나 소를 키우는 사람이 사용신청을 하면 6년 단위로 사용하는 경매에 붙이고 임대한다. 임대기간이 끝나면 말가 대상으로 경매한다. 봉투에 내가 우유 1L에 얼마 이상 받아 낼 수 있다고 써내면 최고가를 써낸 사람에게 낙찰되어 임대해 준다. 기간은 6년 단위이다. 6년 계약할 때 시에서 해야 할 의무가 있다. 시에서 목초지에 없애야 할 독초제거, 인공 연못은 5년마다 청소해 주어야 한다고 의무를 부과한다. 그래서 시의 감찰결과 안했을 시 500유로 벌금을 부과한다.

※ Tips : 스턴(Stern) 박사 이야기

교회에서 나오니까 Stern 박사 부부가 우리 일행을 자기 집에 초청한다. 녹차 잔 세트를 선물하니 참 좋아한다. 와인 창고에 가서 red, white 와인 두 병을 가지고 와서 이야기 나누다. 서재에 가니 여러 가지 골동품을 모아 두었다. 그는 딸이 둘이다. 나이가 나보다 한 살 위였다. 치즈에 관한 책 3권을 보여 주더니 Altopiano(이 지역 호칭)의 400여 종 치즈제조법을 몇 사람이 정리한 책자를 나에게 주고 싶다고 했다. 그걸 전원미 선생이 번역하면 내가 다듬어(초역) 책으로 내자고 하였다.

책을 주면서 "나의 귀한 친구 배인휴 교수가 Altopiano를 방문해준 것을 기억하며 나의 치즈제조 비밀을 알려줌을 희망하며" 라고 서명한다. 이탈리아 사람들은 어떤 일로 만나면 아무리 오래 지내도 친구가 되지 않으나, 지내다 보니 친구하고 싶다. 친구 같다고 생각되는 경우에만 집에 초청하고 「친구」라고 부른다고 한다. Stern 박사가 나에 대해 며칠간 지내다보니 그런 감정이 생긴 것이라는 것이다.

전 선생 이야기로는 같이 치즈에 관심이 많기 때문에 친밀감이 더 들었을 거라고 한다. 집에 돌아오니 12시 30분이다. 내일은 양젖과 우유를 혼합한 치즈제조 목장 방문을 위해 일찍(새벽 5시) 일어나야 한다 싶으니 마음이 바쁘다. 치즈 책은 복사본을 만들어 전원미 선생에게 보내주면 복사본을 가지고 번역하기로 하였다. 그런데 국내 복제가 법적으로 가능할지가 의문이다.

◎ 책 명 : ALTANTE DEIPRODOTTI TIPICI : I FORMAGGI
저 자 : Acconci, D. Cinelli, D. Carpegna, C. Martirano, L. Miglieta, A. Picchi, G. Politi, A. Saraceno, E. Signanini, S. Sineri, G. Taddei, O. Tirelli, T. and Tola, L.
발행연도 : 1990년
출판사 : FRABNCO ANGELI Libri s.r.l Milano, Italy(가격 40,000 Lire)

5.8 아시아고 지역의 평지 치즈공방

6월 26일(일)

1) 목장 개요

아침 5시40분 출발, 모두들 적응이 잘 되었는지 기분이 좋아 있다. 이 목장은 원래 아버지가 낙농을 시작했고, 자기 집 식구 먹으려고 치즈제조를 시작했다. 그런데 낙농사정이 나빠지기 시작해서 누군가가 치즈제조 기술을 배워보라 해서 배웠다. 치즈가 맛있었는지 찾는 이가 늘어나 제법 돈을 벌었다. 그러나 낙농이 어려워지다 보니 치즈제조하고 나오는 유청을 자가 곡물사료와 혼합해서 돼지사육도 했다. 60두 키워서 햄 제조까지 하고 있다. 하루는 치즈, 하루는 햄을 제조한다. 원래 양젖과 우유혼합 치즈를 제조했으나 양젖을 공급하던 할아버지가 작고하시고, 이제 공급이 안 되어 우유로만 제조하고 있다.

2) 치즈 공방

① 이탈리아는 Artizano(장인)가 교육에 나서지 않는다. 교육을 정리하고 스탠다드화해야 하는데 그걸 하지 않는다. 또 그들은 교육받은 바가 없기에 가르치지도 표현할 줄도 모른다. 그래서 정말 기술을 배우고 싶다면 그 집에 들어가서 청소부터 시작해서 그 사람 하는 대로 따라 하여 곁눈질로 배우는 수밖에 없다. 일본의 전통요리사가 요리기술 배우는 방식 그대로인 셈이다.

② 비 숙성형 Asiago Pressato /Asiago Fresco 신선치즈는 해발 650m 이하 지대에서 제조한다.

③ 원유 그대로(지방을 안 뺐다) 가온 35~37℃에 맞춘다. 원유 1000kg에 자가제조(자기만의 유산균) 벌크 스타터(자가 원유 사용 제조)를 5kg 넣었다(고온균이다)

④ 렌넷 4~5g/1000kg을 물에 희석해서 넣는다. 본인은 4g/1000kg을 사용한다. 렌넷 첨가하고 20분간 정치한다. 벳트 구조(그림)

연필로 표면에 날짜(6월 22일)를 기록한다.
연필은 Wasserlack이라고 물기가 있는데도 잘 써진다.

⑤ Rennet 응고 정도, 커트 절단시기 결정을 손가락으로 한다. 인지를 90° 구부려서 벽면을 향해 당겨보면 양면으로 갈라지고(한 방향으로) 유청이 배나와야 한다. 치즈 수율이 8%, 10%가 나온다 할 때 10%가 수율도 높고 치즈도 맛있다. 하프 하나로 양방향으로 절단 한다 →↓. 원형 커드나이프로 추가 절단해 쌀알 크기가 되게 한다.

⑥ 정치시간은 매일 원유상태가 다르기 때문에 그렇다. 원유상태에 따라 단계별 제조시간을 달리한다. 직접 커드를 만져 보고 다음 단계로 넘어 간다.

⑦ 치즈 맛은 커드 절단기술에서 얻어진다고 강조한다. 아버지 치즈기술과 자기 것이 다른데 그것은 커드절단 방식의 차이었다. 지금도 커드 절단은 아무에게도 맡기지 않고 자신이 한다. 그는 15세 때부터 치즈를 만들어 왔는데 얼마 동안은 치즈를 적당히 만들어 왔다. 그런데 어느 날 치즈는 적당히 만들면 안 된다는 것을 알게 되었다. 치즈에 혼이 들어가야 한다는 깨우침을 얻은 것이다.

⑧ 특히「커드 절단이 중요하다.」는 것을 깨닫고 치즈에 자기의 혼을 넣어주는 것이 절단작업이라고 깨달았다. 커드 나이프가 농구공 보다 큰 원형으로 되어 있어 커드절단 작업 시 느린 교반과 함께 한다. 자기 공방에 일하는 젊은이가 있지만 절단은 기어이 자기가 끝까지 하고 있다고 강조한다. 커드절단 크기, 치즈 종류, 치즈 숙성기간, 맛의 조정 선택은 커드절단을 통해 정해지기 때문이다. 이를테면 원유의 지방률이 높으면 커드 크기를 작게 해주고, 낮으면 크게 절단한다. 치즈를 오래 숙성하려면 작게 잘라 준다. 지방함량이 많은 치즈 맛있게 만들려면 위와 같이 조정한다. 이것이 그가 비밀같이 보유한 그 만의 노하우였다.

⑨ 모든 법령의 냉엄함이 소규모 가내 치즈제조업을 죽이고, 대규모 회사 위주로 가고 있어서 목이 조이는 듯한 느낌이다. 그러나 그것을 넉넉하게 피해갈 수 있는 것이 치즈제조이다. 절단, 교반을 원형커드 나이프로 15분쯤 해주고 유청을 취해서 산도 적정을 한다. 이 산도 상태를 보고 다음 단계로 넘어갈지 여부를 정한다. 0.28~0.29% 정도의 산도가 얻어지면 넘어간다. 그가 유청의 pH검사보다 산도를 적정하는 이유는 산도가 모든 치즈제조 진행상황의 진상을 정확히 알려주는 지표가 되기 때문이다.

⑩ 스팀을 빨리 가한다. 46℃까지 교반을 계속한다. 아주 많이 올릴 때가 47℃이다. 온도를 올리면 경질치즈가 나오고, 낮추면 다소 연질 치즈가 된다. 가온 뒤에 교반 10분 정도한다. 46℃에서 10분 정도 방치한다. 그러면 Mat가 형성된

다. 빠른 속도로 가온하는 이유는 시스템이 그렇다. 물로 가온하면 느리나 스팀으로 하니까 빠르다. 온도조절 시스템이 없어서 스팀 가는대로 따라간다.

⑪ 10분 경과 후 원판이 달린 기다란 목재 작업기로 메트의 밖에서 밀어 넣어주며 안쪽이 단단해지게 눌러 한다. 안쪽의 커드가루가 단단히 굳지 않아서 그런다. 말가 지역은 스타터도 넣지 않고 가온도 천천히 장작을 때서 하는데, 여기 공장에서는 시간 여유가 없어서 가온을 빨리하고 요구르트 스타터(고온균)도 첨가한다. 말가 지역은 시간 여유가 많기 때문이다. 커드 맷트를 멍석 말아 올리듯 하나로 만든다.

⑫ 철사로 적당한 크기가 되게 잘라서 몰드에 넣는다. 15분에 뒤집어 준다(1차). 다시 30분 경과해서 뒤집는다(2차). 다섯 번 정도 더 뒤집어서 성형한다.

⑬ 리코타는 열을 서서히 82℃까지 가해주어야(장작불) 좋은 것이 얻어진다. 만약 고열을 갑자기 가하면 단백질이 분해되어 위로 뜨지 않고 가라앉아 버린다. 이런 때는 90℃로 올려준다. 리코타는 바로 스파게티나 야채샐러드 드레싱으로 사용한다. 된장찌개에 넣어도 된다. 팔리지 않고 남은 것은 냉장실에 넣어서 3일간 놔두면 단단해진다(소금을 뿌려가며 뒤집는다). 그것을 벽난로(또는 장작 때는 부뚜막) 위에 올려놓고 훈연시킨다. 훈연시킬 수 없으면 전자레인지에 구워서 갈아 사용한다.

⑭ 유청은 열 두어 살 쯤 되어 보이는 아들이 트랙터를 운전하여 양돈장까지 유청 탱크를 운반해 다가 자기 집에서 경작한 곡류와 혼합하여 급여한다. 자돈을 7개월 사육해서 팔거나 겨울에는 도축장에서 처리해 와서 소시지, 햄을 자가 가공한다. 그 육제품들을 치즈 숙성고에서 함께 숙성하고 있었다. 숙성고 바닥에는 청 자갈을 깔고 가끔씩 물을 한 버킷씩 부어 주어 습도를 조절한다. 참 좋은 아이디어이다.

5.9 아시아고 지역의 평지 프로볼로네 전문 치즈회사 프레지오 (Fresio)

6월 27일(월)

1) 개 요

이날의 치즈 공장기록은 체계적이지 못한 것이 생산 현장에서 두서없이 적다보니 그런 것이다. 방문 회사명(Fresio)도 미처 적어두지 못할 정도로 시찰이 빨리 진행되었다. 아침 05시 10분 기상. 그럭저럭 빵으로 아침식사 06시 20분 프로볼로네 치즈회사 방문 시작. 07시 35분 프로볼로네 발빠다나(Provolone Valpadana, 표주박 형) 치즈는 Asiago 지방 치즈의 DOP 치즈계열에 들어 있다. 이 공장은 아시아고 시티 동쪽을 가로질러 흐르는 브렌따 강 유역에 있다. 3형제가 각각 3파트로 나누어서 매일 새벽 4시에 치즈작업 시작한다.

파트 ① : 그라나 파다노(Grana Padano)

파트 ② : Asiago stravecchio

파트 ③ : Provolone Valpadana를 맨 나중에 제조한다.

2) 치즈공장

① 아침 7시면 착유가 끝나는데, 자연 발효에 의한 산 생성을 위해 9시까지 상온에서 대기시켜 준다.

② UBRIACO(OFFERTA) 취하다. 포도주에 담갔다 꺼낸 치즈인데, 겉이 불그스름하고(보라색) 내부는 하얗다.

③ 한국 표주박 모양의 프로볼로네 발빠다나(Provolone Valpadana) 치즈는 DOP 인증 치즈다.

④ Asiago Straveccio, Veccio, Fresco, Grana Padano에 대하여
Fresio의 네 종류 치즈 :

㉠ 아시아고 프레스코(Asiago Fresco) : 그냥 20일간 숙성시킨 것

㉡ Veccio : 오래 숙성시킨 것. 최소한 3개월 숙성을 요구한다. 이름은 같으나 제조방법이 다르다. 3개월 지나면 (a) Asiago Mezzano라 붙인다. 6개월이 지나면 (b) Asiago Veccio라 붙인다. (c) Smoked Padano는 초경질 치즈이다.

⑤ 이탈리아는 두 개의 Grana 치즈제조법이 있다.

㉠ Grana Padano

㉡ Parmizano Reggiano가 있다. → 외부에서는 Parmessan(영)으로 칭한다. 여기서는 Veneto의 Padano(Veneto Padano)라 부르고, Emillia 지방은 경질치즈의 후기 팽화를 예방하는 Lysozyme이라는 효소를 사용하지 않는다는 것이 특징이 있다. 그래서 Grana Padano를 만드는 젖소에게는 옥수수사일리지(Corn silage)는 급여하지 못하게 금지한다. Parmziano Rerggiano 만드는 치즈에서도 Corn silage를 사용할 수 없다. Lysozyme이 후기 팽화방지는 하지만 사람에게서 가끔은 앨러지를 일으키기 때문에 Parmizano Reggiano에는 사용하지 않는 것이다. Grana Padano는 10개월 숙성기간이 지나야 불도장 찍어서 판매가 가능하다.

⑥ 제조과정 진행에서 Asiago를 제일 먼저 만든다. 어제 착유한 우유의 살균(71~71℃, 120초) : 이렇게 평지에서 치즈를 제조하는 경우 반드시 살균을 한다. 왜냐하면 해발 650m 이하의 평지는 공기오염이 심하기 때문이라고 한다.

⑦ 8,800kg 원유 → 크림분리(표준화) 36℃ → 예열 46℃ 계절별 원유에 대한 살균온도, 처리온도를 달리 해준다. 여기 공장은 자동화된 Asiago의 치즈제조 라인을 갖추었다.

⑧ 살균 후 냉각은 찬물을 원유 위로 분무해 가며 낮춘다. 냉각 46℃ → 42℃

⑨ 응고된 커드는 펌프 앞으로 이동시킴 → 감자 깎기 같은 바닥에 많은 구멍이 뚫린 데를 통과시켜 유청 제거하면서 커드에 소금을 뿌려준다 숙성을 짧게 하는 Fresco이니까 그런다. 커드가 70kg이 모아지면 자동적으로 몰드에 채워지면서 충전이 이루어진다.

⑩ Provolone / Asiago veccio / Asiago 베타노(3개월 숙성용) : 40kg*100 = 4톤

㉠ 아시아고 메짜노 커드절단은 쌀알크기로 해준다. 단단하다.

㉡ 신선형으로 소비하는 아시아고 프레스코는 도토리 크기로 절단, 부드럽고 연한 조직이다.

㉢ 메짜노 제조 시 반드시 62℃/20초간 열처리한다.

⑪ 프로볼로네(Prpvolone) 치즈 Vat은 측면과 바닥을 덥혀 준다. 그렇지만 그중에서 바닥온도가 매우 중요하다. Provolone는 커드 절단을 옥수수 알 크기로 절단한다. 이 치즈 역시 62℃/20초간 열처리 후 45℃로 냉각한다. 같은 프로볼로네라도 첨가물이 다르다. Ⓐ 돌체 오 피칸테(Provolone Dolce o Piccante)(단맛, sweet) Ⓑ 스파이스(Provolone spice, 톡 쏘는) 두 가지 타입이 있다.

㉠ Dolce o Piccante는 송아지 Renne 을 쓰고,

㉡ 톡 쏘는 spice 치즈에는 산양 Rennet을 사용한다.

⑫ 커드 절단은 옥수수 알갱이 크기로 절단하고, 큰 통에 받아서 발효시킴(pH 5.0까지). 3~4시간 소요 / 적당한 크기로 잘라 형을 만든다.

⑬ Asiago 프레쉬는 성형 후 1시간 대기함. pH가 5.2 이하로 낮아지면 안 된다. 가압이 길어진 상태에서 내부가 42℃ 유지하면서 대기한다. 3bar로 가압한다. 그때 치즈의 내부 열이 42℃가 된다. 프레쉬는 12℃에서 2일간 가염(액염), 염지 물은 항상 12℃ 유지한다. 20Bé 염도 유지, 몰드를 제거할 치즈는 24시간 동안 건조시킨다. 뒤집어 놓는다. Provolone 원통형(30kg)은 8일간 가염한다.

⑭ Asiago 특수형 : 3개월 숙성용 → 5일 가염, 특징 없이 3개월이 지나면 판매한다.

㉠ 프레스코 Fresco → 3개월 이전

㉡ 베짜노 Vechano → 3개월 이하 숙성

㉢ 베키오 Veccio → 3개월 이상 숙성

⑮ Regiano는 에멘탈처럼 내부에 치즈 눈(eye)이 있고 작아야 한다. eye가 있는 Ⓐ Asiago와 Ⓑ Ementhaler 치즈 간의 차이

Ⓐ 생유의 Lattico라는 효소가 eye를 물리적으로 만든다.

Ⓑ *Propionbactrium shermanii* 라는 프로피온산균에 의한 발효 eye이다.

⑯ Asiago는 플라스틱 코팅처리를 한다. 유럽 각지의 치즈가게에서 검정색 혹은 진보라색 코팅처리 된 치즈를 보면 10 중 8~9는 아시아고 치즈이다.

㉠ Provolone spice 최소 3개월 이상 숙성

㉡ Provolone Dolce 1개월 이상 숙성

⑰ Grana Padano 치즈는 아침 착유 분 우유를 큰 벳트로 pumping한 뒤에 12시간 정치한 다음 윗부분에 형성된 cream층을 퍼낸다. 그것은 천연의 생크림이다. 크림이 펌핑된 아래의 부분 탈지된 우유가 자연 표준화 되어 다른 벳트들로 조금씩 이동된다. 100kg짜리 구리통 벳트들로 분배가 되는 것이다. 붉은색 구리 뱃트(아래 사진)에 하얀 원유가 펌핑되어 쏟아져 들어가는 광경이 장관을 이룬다. 즉, 11×100kg/vat 주입된다. 구리통 제 vat이다. 왜 구리통 제 vat인지 아는가?

㉠ 후기 팽화 원인균인 낙산균이 원유의 위층에 있는 지방구에 잘 붙어 whey쪽으로 이동을 잘 하여 모두 제거시키기 위해

㉡ 열전달이 스텐이나 철제 주물벳트 보다 훨씬 효율적이기 때문이다.

㉢ 많은 사람, 기관들이 구리(Cu)가 중금속이라고 제동 걸어오는데 옥수수 죽을 구리솥이나 냄비에 끓여 먹었다. 그렇게 1000년이 넘게 사용했다. 100℃ 이상 처리해 왔어도 아무 해가 없었다. 그래서 아무리 구리 Vat을 못쓰게 해도 끄떡도 안 하고 "잔소리 마라"이다.

⑱ Grana 치즈의 평균 수율은 원유의 7.0%가 나온다. 그러니까 1000kg에서 70kg이 나온다.

⑲ 커드덩어리를 건져 올려 1/2로 잘라 준다. 35kg짜리 치즈 2개가 벳트 하나에서 얻어진다.

⑳ Grana 가염은 35kg → 24일간 소금물 통에 넣고 담가 둔다. 염액을 계속 진탕시켜 주어야 한다. 그러지 않으면 소금이 가라앉아 고른 가염이 안 되기 때문이고, 그렇게 순환시키지 않으면 "소금이 아래로 가라앉아 물만 남아 치즈에 물층이 생기고 만다!"

※ **Tips : 우유 검사실(회사 내부검사)**

pH, 온도, 항생제, 가수검사 / 매일 유당 함량검사, 분석

※ **Tips : 우유분석(회사 외부검사)**

pH, 온도, 지방, 대장균, 총균수, 화학물질, 소독물질, 인산, Cr, Pb, Cd 등

※ **Tips : Provolone Valpadana**

Asiago Pressato → 신선

Asiago Mezzano → 숙성

※ **Tips : 치즈 뒤에 Bio가 붙으면 '유기농 치즈'라는 뜻**

Ⓐ Presato Bio, Mezzano Bio가 그렇다.

Ⓑ 이 회사 제품 중에서 유기농 원유로 만든 치즈에 Bio를 명칭으로 붙여 구분하고 있다.

3) 프레지오(Fresio) 치즈공장 방문 낙수(落穗)

① 이탈리아 어에서 Piano = Plan '평평한 곳'이라는 뜻이다.

② 치즈 원유, 치즈검사는 회사를 위해서 한다.

③ Grana 치즈는 10개월 이상 숙성 기술자가 망치 들고 다니며 가려낸다. 완숙된

치즈에는 회사 고유의 불도장을 찍는다. 도장 찍도록 치즈를 기계가 돌려준다. 3개월 이하, 3개월 이상으로 구분한다.

④ Provolone 치즈의 수분함량 : 치즈 건조 시 7~8% 수분 증발되고 만다. 판매 전10%가 수분 증발해 버린다. 그래서 치즈 감량 분을 고려해서 판매가격을 정하여 사고팔아야 한다.

⑤ 가열치즈의 숙성에서 작용하는 요인은 유산균이 아니다. 그러나 유산균이 내는 균체 내 효소가 일으키고 lipase 첨가로 일어난다.

⑥ Provolone 치즈 스트레칭 직전의 커드는 pH 4.92~4.95 / 45℃($CaCl_2$, 구연산 사용하지 않음) 참고!! pH 5.0 이상에서는 스트레칭이 안 된다. 스트레칭 온도 65.3~66℃

⑦ 날짜 표지용 청색연필 Crystal 9610

⑧ 미국에는 Ⓐ Fresco, Ⓑ Mezzano를 판매한다.

⑨ Prvolone spice는 새끼 양(仔羊) rennet을 쓰는데, 여기에 자연 lipase가 함유되어 있다. 이 회사의 브랜드 Tipo Pecora / 우유에 자양 rennet을 첨가하여 만든 치즈 맛이 너무 좋다. 3개월 숙성한 것이라고 한다.

⑩ 브랜드 Panticacio 프로볼로네는 장작불로 훈연한다. 60℃정도 연기를 치즈에 품어준다. 전기오븐으로 나무 팰릿을 태워서 연기를 분무해 준다. 냉훈법이다.

⑪ 프로볼로네도 플라스틱 액에 담갔다가 꺼내서 표면처리 해준다.

⑫ Bio 치즈는 그냥 치즈보다 맛이 좋거나 다르지 않은데, 50유로 / kg로 가격 차이가 난다. 유기농 치즈가 유명하나 Asiago DOP를 능가하지 못한다. DOP 치즈가 아닌 것에 Bio를 붙인다. 그래도 사람들은 Bio치즈보다 DOP 치즈를 찾고 더 알아준다.

※ Tips : 말가의 치즈장인 할아버지 아들이야기

볼로냐 대학에서 화학전공, 현재 호텔경영, 어려서 치즈 배움, 치즈의 화학변화를 앎 그의 특기로 타원형 치즈 제조(아버지의 비밀을 다 전수) 아버지를 따라가지 못하는 것은 아버지는 아침 원유가 오면 1초 이내에 원유를 알아보고, 오늘 치즈는 어떤 방식으로 만들어야겠다고 정확히 읽어내신다.

그러나 그는 모른다. 아버지에게 치즈기술의 비법을 모두 배웠어도 이것만은 익히지 못 했다. 아버지가 그에게 말씀하시기를 “나는 가슴으로 치즈를 만드는데, 너는 머리로, 기술로 만들어 내려고 한다. 치즈를 가슴과 혼으로 만들도록 하라”고 하셨다며 자랑스러워한다. 자기가 보는 아버지는 치즈 기술자가 아니라 치즈 예술가(Artisan)라고 본다고 하였다.

※ Tips : Stern 박사와의 환송파티 시간 2005년 06월 27일 21:50~

스턴 박사가 우리와의 긴 여정을 무사히 마친 뒤라서 편안한 마음으로 환송파티를 열어 준다. 그는 이런 말을 해 주었다.

「이탈리아의 유명한 대서사시의 시인 단테는 말하기를 “사람은 곁에 있는 사람을 알기 위하여 태어났다고 했다. 나는 이번 기회에 단체로 여러분을 많이 알 수 있는 계기가 되기 바란다. 어느 날 배 교수의 치즈 맛을 볼 수 있기 바란다. 역사적으로 정치적으로 나뉘어 있는 여러분의 조국이 속히 하나가 되기를 기원 드린다.” 우리가 담소하고 있는데 시장, 부시장, 참모가 지나가고 있었다. Stern 박사가 그들을 불러서 또 한 번의 조우가 이루어졌다. 지난번 음악회 초대에 감사드리다. 부시장은 내년에 한국에서 만나자고 했다. 시장은 Stern 박사가 치즈에 있어서 국제적 인사라고 치켜세운다. 그리고 우리를 일일이 껴안아 주고 갔다. 부시장이 E-mail로 관광자료를 보내겠다고 하였다. 스턴 박사는 임학박사이다. 그가 한국임업에 관한 충고를 해주었다.

“원래 그 땅에 무엇이 심겨져 있었든 그 자리에 그것이 있게 하라. 그 걸 갈아 치우고 바꾸게 되면 땅이 병이 든다. 자연은 자연 그대로 두어야 살아있게 된다. 결코 손대지 말 것이다.”」

※ Tips : 해발 1650m의 Malga와 같은 고산지대에서의 물 이용법

저자는 우리나라에서 교수들 중 좋아하는 사람이 더러 있는데 그 중에 서울대학교 한무영 교수가 있다. 그는 빗물이용 전도사를 자처한다. 그를 한 번도 만난 적은 없지만 그의 생각과 행동하는 삶 전체가 아름답다. 그는 빗물이용에 관한 글도 쓰고 행정기관에 제안을 끊임없이 해서 어느 시점 이후부터 서울대학교 주요 건물 건축 시 지하에 거대한 빗물 저장고를 만들도록 유도해서 성과를 거두었다.

저자는 언젠가 독일여행을 하던 중에 독일 요소마다에 우뚝 서 있는 산꼭대기에 있는 고성에서의 물 이용법을 전해 들었던 적이 있다. 바로 성채 지하에 거대한 빗물 저장고를 만들어서 그 빗물을 생활용수 전체로 활용한다는 것이다. 이제 아시아고의 말가에서 그 현장을 확인했다. 치즈 공장과 사무실, 집 등 모든 건축물의 지붕에 물받이를 만들어 연중 모든 눈, 빗물을 모아 지하 저장고로 보낸다는 것이다.

빗물 저장고는 미리 철저한 준비를 해두었는데 맨 밑바닥은 모래층, 그 위에 숯, 그 위에 자갈, 그리고 맨 나중에 물의 출구에는 UV선을 쪼여서 살균하는 장치를 해두어 그 물을 얼마든지 음용수, 치즈공장 용수로 사용한다는 것이다. 고원지대에서의 전기 이용방법은 가솔린 엔진을 돌려 발전한다. Malga 하나에 7～8kw가 필요로 한다. 보통 유지비가 300～400유로/월가 든다. 지금은 태양열을 이용하여 발전한 것을 충전해 두었다가 이용한다.

5.10 플라비오 산들레 씨 산양 목장

6월 28일(토)

1) 개 요

우리는 주말이 없다. 로마로 향하는 길목에 산양유 치즈 공장에 들렀다. 산들레 씨는 7년 전부터 산양사육을 했단다. 처음 15두로 시작했다. 지금은 150두로 증식, 1일 350kg의 산양유를 생산하고 있다. 자기와 사촌이 일하고, 부인과 사촌, 제수가 함께 일한다. 이 치즈공장은 생산-가공-판매까지 다 한다. 그동안 자기들이 하는 일이 너무 많아져서 힘들어 치즈는 그의 고모님이 와서 전통기법으로 만들고 있다. 저녁 젖을 착유하여 유산균 접종해 두었다가 오후에 치즈 제조에 사용한다. 산양은 자아넨 종과 알프스 카모쇼 종이다.

치즈 종류 : 카프리노 프레스코와 카쵸타이다(참고 ; 뻬꼬리노- : 면양유 치즈의 접두어, 카프리노- : 산양유 치즈의 접두어).

2) 치즈제조 공정

카프리노 프레스코(신선) 치즈 제조공정 :

① 72℃/2분 정도 열처리하고 바로 32℃로 냉각한다.

② 유산균을 접종시키고(DVS 4g/100kg) 발효시킨다.

③ 유산균 발효 후 3mL/100kg의 렌넷을 첨가한다.

④ 그런데 실제는 아침 젖 50%+저녁 젖 50% → 유산균 접종(16시간 배양), 렌넷

도 함께 저녁때 접종하는 이유는 최소한 16시간을 발효가 되도록 놔두어야 하기 때문이라 한다.

⑤ 벳트가 2중이다. 30℃ 유지 위해 30℃ 온수가 순환되게 하여 유지한다.

⑥ 커드를 작은 몰드(200g 중량)에 채워 넣기. 한꺼번에 모두 채우지 않고 유청과 커드를 국자로 퍼 담아 몰드에 차근차근 가득 채운다. 제품 1개가 200g이 되게 한다.

⑦ 이 치즈의 특징은 요구르트처럼 시다. 그러나 굳어서 치즈상태가 된다.

⑧ 작업을 속히 하려고 박스에 천을 깔고 커드를 붓는다.

⑨ 밭에 허브를 재배하여 치즈에 넣는다. 허브는 중탄산소다(중조) 액에 담가서 소독 겸 이물질 제거를 한다. 우선 물로 한 번 헹구어 내고 나서 중조수에 담근다. 건져서 말린 뒤에 다진 다음 유청이 빠진 커드에 혼합시키어 가압하면 허브치즈가 되는 것이다.

⑩ 원유 살균 전에 약간의 소금을 첨가해 주고 커드성형 건조 이후에 표면에 소금을 뿌려준다. 그 상태에서 오븐 같은 것에 뒤집어 주고, 4℃에 보관한다.

⑪ 그 상태로 1일 숙성시키고 꺼내서 몰드에서 빼낸 뒤 그 위에 소금을 뿌려준다.

⑫ 다시 4℃에 1일~1/2일 보관 후 진공 포장한 다음 바로 판매한다.

⑬ 주 2회 장이 서는데(수, 토요일 아침) 거기 가서(08시~12시 30분) 지정 매대에 내놓고 판매한다. 다른 지역 장날에도 가서 판다. 1주일에 4일은 판매, 2일은 제조한다. 더러 이 목장에 와서 치즈를 받아다 팔기도 하는 사람이 있다. 이 치즈는 쉽게 만들 수 있는 신선치즈이다.

3) 카쵸타(숙성) 치즈 제조공정

① 숙성치즈는 66℃에서 2분간 살균해 준다.

② 66℃/2분 조건에 맞아 떨어진다. 그런 방식으로 원유처리 한다. 열처리 전 200g/100kg 소금을 넣는다.

③ 37℃ 정도 되면 렌넷을 첨가한다. 렌넷은 30~40mL/100kg 첨가하고 20분간 정치한다.

④ 커드 절단은 원형커드 나이프로 위에서 아래로 서서히 눌러주는 식으로 크게 잘라 준다. 세게 절단을 하면 커드가 너무 작게 부서지므로 서서히 해야 하고, 크게 자른다. 절단 후 5분간 정치하여 커드 치유함.

⑤ 서서히 교반(커드 깨지지 않고 서로 엉기지 않을 속도)하면서(밑에서) 42℃까지 가온해 주고 5분 정도 교반해 주어 호스를 통해 상자로 뽑아내 부어 준다.

⑥ 이때 상자 안 커드에 각종 첨가제를 넣어서 혼합한다(허브류). 그 다음 몰드에 커드를 퍼 넣고 위·아래로 몰드가 두 개 겹치게 해서 가압한다.

⑦ 14~15℃ 방에 넣는다. 3~4일간 둔 다음 몰드를 해제한다.

⑧ 소금물에 가염한다. 10% 소금물에 13~14시간 담근다. 나무판 위에 올려서 숙성한다. 뒤집어 주어가며 숙성하고, 표피의 곰팡이를 잘 제거한다.

⑨ 어느 정도 지난 후 아마유를 표피에 발라서 본 숙성에 들어간다.

⑩ 14℃/ 70% 습도 방에 숙성한다. 산양유 치즈는 6개월만 지나도 Stravecchio가 된다. 산양유 맛이 심히 나지 않는다. 우유는 2년 숙성해야 하는데, 산양유는 매우 분해가 빨리되므로 짧게 숙성한다. 신선치즈는 4℃에 숙성하고, 10% 소금물에 가끔씩 담가준다.

⑪ 몰드 세 개를 겹쳐 쌓아서 그 자체 무게로만 가압한다. 뒤집어 준다.

⑫ 우유 70 : 산양유 30을 섞어서 치즈 제조하면 산양유의 특이한 냄새가 감소된다. 우유치즈 먹으면 알레르기 있는 사람에게 산양유 치즈는 괜찮다.

⑬ 숙성 4개월짜리 - 맛있다. 2개월짜리도 맛있다. 45일짜리 - 우유와 산양유를 섞어 만든 것은 맛이 없다. 전 선생 남편인 파비오 씨에게 주려고 맛있는 치즈 2덩이 구입했다.

※ **Tips : 살균조 브랜드 FEINOX사 제품** www.feinox.it나 info@feinix.it
(실제로 인터넷으로 홈페이지를 찾아보면 제품들이 잘 소개되어 있다).

※ **Tips : 이탈리아 북부에서 남부로 가는 길**

35번 고속도로를 통해 볼로냐를 거쳐 간다. 아시아고에서 600km를 남쪽으로 내려가야 한다. 제한속도 130km이다. 산악지를 제외하고 거의 직선도로이다. 밖은 밀 수확이 한창이다. 다른 차가 따라오지 못하고 있다. 이런 때는 양쪽에 무전기가 필요하다. 정지웅 사장이 무전기를 가져올 걸 했다. Emillia 지방(도)를 거쳐 Toscana(도)가 끝나고 Umbria가 나온다. [이탈리아어 한 토막 : 다티오티움 = 용병 다녀 온 군인에게 국가가 내린 전토, 파브로 = 종이 만드는 사람 / 책 만드는 사람, 파프리카 = 공장]

저녁 7:50에 이탈리아 남부 나폴리 부근 로마 중세 유적지(12세기 이전부터의 유적)인 Abbazia Fossanova(휘싸노바 수도원)에 도착하여 숙소를 정하다. 휘싸노바 숙소는 옛적의 숙소를 리모델링한 것이다. 지역에 산물이 없어지자 수도원 주변 주민들이 없어지고 버려진 상태였는데, 최근 시 당국에서 이를 개조해서 관광자원으로 활용하고 있다. 고풍스런 건물 외양은 그대로 유지한 채 연대적 숙박시설을 넣었다. 주말이면 방이 없을 정도로 붐빈다고 한다.

5.11 라 피사나 물소 목장(Agricola la Pisana)

6월 29일(수)

1) 개 요

05시 45분 기상, 06시 30분 아침식사, 07시 20분 La Pisana 도착.

우리가 시찰하게 된 물소 목장(La Pisana)은 면적이 300ha(90만평)인 자연 방목초지가 펼쳐져 있다. 한가로이 물소(Buffalo)떼가 풀을 뜯는 목가적인 풍경이 너무 좋다. 이 목장은 관광목장으로 자체 운영 숙소도 있다. La Pisana는 주인아주머니 혼자 운영한다.

이 목장이 Fossanova 수도원(cistercian Abbey)과 가까워서 관광목장으로 활용된다. 이 목장은 물소사육이 70년이 넘었다. 두 채의 관광객용 아파트가 있다. Rosamarino는 1층인데 더블베드 방 하나, 트윈베드 방 하나, 목욕탕, 거실, 부엌, 화덕, 큰 정원 등이 있다. 다른 것 Querce는 큰방 하나가 위와 같은 시설과 함께 갖추어져 있다. 목장의 위치는 로마에서 남쪽인 Priverno 지역의 Fossanova 수도원 근처이다.

2) 이탈리아의 물소 사육 이력

① 물소는 고대 로마시대부터 사육했다. 이탈리아의 물소는 로마시대 이전(기원전 2000년경)에 살던 원주민들이 신에게 바친 제물로 발견된다. Bafola Mofalla가 발견된다. 이 소는 인도나 동남아지역의 물소와 다른 품종이다. 임신기간 10개월(아프리카 지역 12개월)로 일반 소와 같다.

② 착유기간 7개월이며, 처음에 일소, 고기소, 그리고 우유 이용우로 변해왔다.

③ 물소가 영리해서 주인이나 관리인이 자기 이름을 부르면 다가온다.

④ 200년 전 목장 아래쪽이 바다 해변 개펄이었는데 물소가 거기서 놀아주어 좋은 식물상이 형성되는데 많은 도움이 되었다. 1920년대 늪지대가 있었는데 그대로 두면 병균 벌레가 생겨 위험하였다. 늪을 뒤집어 주면 문제가 없는데 물소가 몸에 진흙 바르기를 좋아해서 물소를 늪지대에 넣어 늪을 이용했다.

⑤ 물소고기는 불포화지방산이 많다. LDL을 낮추어 주는 기능이 있다. 철분도 많다. 임산부나 빈혈환자에게 좋은 고기이다. 오메가 3 지방산도 많다. 스포츠 하는 사람들의 근육을 강화하는 데 좋다.

⑥ 물소는 12~13개월령의 젊은 소를 도축하여 고기로 판매한다. 노폐우 고기를 가공해도 가공과정 거치면 쫄깃쫄깃 해진다. 여기는 돼지고기 + 물소고기(15 : 85) 혼합 소시지도 있다.

⑦ 부근의 Napoli 대학교의 Zigarelli(찌가라리) 교수가 물소 젖 가공 전문가이다.

5.12 마니아 델라 토레(Mania della Torre)

물소 젖 모짜렐라 치즈공장 6월 29일(수) 08시 27분 도착.

물소 젖 이용 모짜렐라 치즈 공장장의 딸 Maria가 우리를 안내한다. 공장 내부를 잠깐 둘러보게 한 다음 위생복을 입게 하고 바로 공장 내부로 안내해 준다. 공장 내부로 외부 사람들을 들여보내는 것은 신선 치즈인 모짜렐라 치즈 공장으로서는 매우 대담한 조치이다!

1) 치즈제조 공정

① 발효시킨 치즈 커드(pH 5.1) 분쇄

② 나무통으로 이동

③ 100℃ 물을 가하고 막대기 이용 스트레칭 하는데 나무통 안의 식은 물은 퍼내면서 퍼낸 만큼 열수를 가해 막대기를 든 손으로 반복적으로 스트레칭을 한다.

④ 이렇게 얻어진 Pasta를 이용해서 카시오 카발로(Cacio Cavalo)를 만든다. Pasta는 계속 반죽하듯 막대와 나무그릇을 이용해서 반죽한다.

⑤ 커드를 꽈주는 이유
Ⓐ 커드 내부보호, Ⓑ 조직성 유지, Ⓒ 쫀득쫀득한 치즈 결을 얻기 위함.

⑥ 살균을 하지 않음. 꽈서 만든 모짜렐라를 보여주고 나서 "잘 꽜니?"라고 묻는다.

⑦ 리코타에도 올리브 과육, 허브류를 넣어서 가압한 다음 그것을 숙성시킨다. 물소 젖 아이스크림도 있다. Rosemari 잎을 넣어서 만든 치즈도 있다.

※ Tips : 공장 → O.V.I(큰길에서 좌회전) →ROMA ss 7 → Apia 가도

로마시대 가장 큰 도로에 놓여 있는 이 호텔은 말죽거리에 있던 과객들의 여관이었다. 바울(Paul) 사도가 재판받으러 왔을 때 바로 여기서 로마 기독교인들과 만난 곳이다. 여관 옆의 운하를 통해 모든 물품이 이동되었던 곳이다. 그러니까 이 호텔은

2000년이 넘은 건물인 셈이다. 오! 우리가 머문 이 호텔이 사도 바울이 머물렀던 여관이었다! 바닥은 로마 양식 벽돌 벽, 기둥, 천정은 로마시대 그대로 남아 있다. 호텔로 개조된 지 겨우 10개월 되었다. 숙박료 80～110유로/일이다.

5.13 물소 젖 모짜렐라 치즈 공장

1) 개 요

공장으로 가는 길가에는 1000년을 훌쩍 뛰어넘는 유적들이 즐비하다. 이탈리아 여행의 묘미가 그득한데 치즈 위주로 진행하는 여행이라 그냥 지나치기만 하고 있다. 이 공장에서의 물소 젖은 라티나(로마 쪽)와 깜파냐(나폴리 쪽) 지방에서 나온 것을 사용한다. 모짜렐라 성형하는 모습이 인상적이다. 아주머니 한 분이 잘 스트레칭 한 커드를 작게 잘라내어 손으로 뭉쳐 찬물에 던져 넣고 있는데 신기하게도 거의 일정한 크기이다. 이 원유는 결핵, 브루셀라균에 안전하므로 살균치 않고 사용한다.

2) 치즈제조 공정

기술자 치즈 마에스트로(Maestro) 아니엘로(Anielo)가 우리에게 실습시켜 주며 치즈 제조공정을 설명해 주고 있다. 그는 어느덧 15년간 모짜렐라 치즈를 제조해 왔다고 한다.

① 아침 우유를 62～62℃에서 12초간 열처리한다. vat에 주입(32℃)
② 렌넷 첨가(?) 유산균 5～6g/100kg 응고(20～25℃)
③ 커드 절단은 호두알 크기
④ 유청 제거하고 맷트 잘라 실온에 둔다. 3～5시간 발효
⑤ 커드를 잘게 절단하여 나무통에 옮긴다. 나무통에 104℃ 물을 넣는다.
⑥ 처음에는 바켓으로 물을 퍼내며 나무막대기로 저어주다가 바가지로 물을 퍼내며 나무바가지와 봉으로 스트레칭 해준다.
⑦ 찬물에 담갔다가 가염한다(10℃ 이내). 가염시간은 맛을 봐가며 결정한다(10℃ 소금물). 소금물에서 건져낼 때 작은 덩어리부터 건져낸다(찬물 통).
⑧ 이 공장은 손으로 마무리 짓는데, 모짜렐라에 손모양이 찍힌 것이 특성화이다.

※ Tips : 프로볼로네 치즈 이용법

① 얇게 져며서 빵에 얹어 먹는다.
② 후라이팬에 살짝 데워서 빵에 먹는다.
③ 갈아서 요리에 혼합하여 이용한다.

④ 길게 잘라서 파스타 요리에 넣는다.

모짜렐라 치즈의 유통기간은 3~30일 간인데 정도에 따라 다르다.

※ Tips : 모짜렐라 치즈 성형법

모짜렐라 치즈의 본 고장에서 그것도 물소 젖으로 제조하는 모짜렐라 치즈의 손으로 만드는 성형기법을 실습했다. 그들은 친절하게 우리 몇 사람에게 그 기회를 허용했다. 15년 이상 일 해온 사람들과 비교가 되지 않지만 원리는 정리해 두어야겠다.

① 한 사람이 뜨거운 물이 담긴 나무통 속에서 양손으로 커드 봉(棒)을 만들어서 내민다.

② 다른 사람이 양손으로 이것을 적당한 크기로 떼어낸 뒤 모아서 야구공 크기가 되게 손 안쪽에 넣고 인지와 검지로 잘라내어 재빨리 다른 찬물이 들어 있는 통에 던져 넣어 담근다.

③ 이 기술은 많은 연습 끝에 가능한데, 그 크기가 기계로 뽑아냈듯이 일정하다.

※ Tips : 프리모살레 치즈 -허브를 넣어 가압한 치즈 제조법

① 원유를 37℃로 가온한다.

② 유산균 접종 없이 렌넷만 넣어 프레쉬 치즈를 제조한다.

③ 유청을 제거한 후 커드에 소금, 올리브열매를 잘게 쪼개 넣고 혼합하여 몰딩

④ 매운 마른고추, 각종 허브류를 넣어서 가압한다.
(살레 = 소금이란 뜻)

※ Tips : 6월 30일(목) 이탈리아 여행의 끄트머리- 긴 휴식

11시 05분에 우리는 Fossanova 출발, 아피아 가도를 따라 2000년 고도(古都) 로마로 향한다. 우리 일행은 잠시 짬을 내어 로마의 명승 유적을 시찰하는 여유를 가져보았다. 그분들이 관광하는 동안 내내 나는 그냥 그늘에 묻혀 마냥 푹 쉬고 또 쉬었다.

〈우리가 이탈리아에 와서 직접 보고 익히고 감동한 치즈류〉

① Asiago Vecchio, ② Asiago stravecchio, ③ Asiago Fresco, ④ Grana Padano, ⑤ Tosela Pennar, ⑥ Provolone, ⑦ Cacio Cavalo, ⑧ Ricota, ⑨ Mozzarella 등

6. 스위스 유기낙농 치즈연수
(2005. 7. 01～7. 03)

6.1 스위스 치즈 연수 들머리

6월30일(금). 우리는 그동안 통역과 치즈공장 안내 섭외로 혼신의 노력과 열정을 쏟아 부어 준 전원미 선생(재 이탈리아 교포)과 이별을 하고, 로마 역을 저녁 8시 20분에 출발하여 7월 1일(토) 아침 08시 20분에 스위스의 수도 베른(Bern) 중앙역에 도착하였다. 앞으로 3박 4일간의 우리 스위스 치즈 연수프로그램을 마련하시고 안내해 주실 Frau Peter 부부가 40분에 마중 나왔다. 그분들은 전북 임실군의 숲골유가공연구소 김상철 사장과는 절친한 사이(10년 전에 그분들 목장에서 1년여를 낙농현장실습함)로서 스위스 연수는 전적으로 김 사장의 10년 전에 열심히 땀 흘려 쌓은 공덕을 우리가 그 혜택을 누리게 된 셈이다. 우리는 짐이 많았어도 피터 여사가 가지고 나온 차량이 12인승이어서 꾸역꾸역 모두 넣고 탈수 있었다.

스위스 수도인 베른 중앙역은 내가 어느덧 15년 전(1990년)에 「파지 내성균으로 제조한 틸시터 치즈 품질연구」 논문실험 때문에 스위스 연방낙농연구소를 오가던 때 자주 들르던 곳이다. 청량한 바람, 낮은 기온이 주는 상큼함이 15년 전의 스위스 기억을 확실히 되살려 주고 있다. 우리는 피터 여사의 지인 소유 베른 시내의 한 아파트에 우리의 무거운 짐들을 옮겨 차를 가볍게 한 뒤 알프스 산악지 고산지대에 있는 쯔바이시멘(Zweisimmen) 지역의 한 치즈목장에 갔다. 이곳에서는 총 8종의 유제품을 생산한다.

6.2 지겐탈러 마틴(Siegenthaler Matin) 씨 목장 치즈공장

1) 개 요

① 우리가 탄 차가 도착한 곳이 어느새 해발 1000m에 있는 Siegenthaler Matin 씨 목장이니 여기가 분명히 알프스 산악지 치즈목장(Alpkäserei) 중의 하나이다. 베른에서 한 시간 여를 달려 10:35분에 꼬불꼬불 산골길을 거슬러 올라 와서 도착하다.

② 이 공장은 작년에 그동안 장작을 때서 제조하던 치즈 공방(지금도 관광용으로 보존하고 있음) 옆에 새로 지었고, 1일 1000kg 원유를 사용하여 다음과 같은 유제품을 생산한다. Alpkäse, Mösile, Raclete, TommLey, Greuyer, Yoghurt, Butter 등

③ 우리가 방문한 10시 40분경에는 라클레테 치즈 제조 중이다. 여기서는 Mould를 라클레테 사용 시 버려지는 부분을 작게 하려고 사각형을 쓴다고 한다.

④ 스위스 알프스 지역을 자주 지나가는 폭풍우에 쓰러진 나무들을 치즈공장에서는 연료로 잘 활용한다.

⑤ 목장은 두 군데가 있는데 각각 40두씩 사육하고, 저지대 목장우유도 이곳에 가져와서 치즈 제조에 사용한다. 거기서도 80두가 1600kg/일 생산한다. 9월 이후 산에서 내려가면 그때부터의 겨울 우유는 치즈제조 대신 우유회사에 판매하는데 대부분을 시유로 가공하는 회사에 판매한다. 1일 9kg은 송아지용으로 사용하고, 나머지는 판매한다.

⑥ 겨울에도 가끔씩 치즈를 생산한다. 산 아래 목장에도 치즈시설이 있으나 한 사람은 다른 큰 공장에 가서 일하다가 여름철에 다시 온다.

⑦ 알프스 치즈공장(Alpkäserei)은 우사와 함께 붙어 있다. 지금도 장작을 때서 제조하는 시설을 보유하고 있고 Alpkäserei 옆에 장작을 잔뜩 쌓아두고 사용한다.

⑧ 치즈공장 한쪽에는 방목식으로 우리를 만든 양돈장을 설치해 두었다. 이 돼지들은 철저히 치즈공장의 유청을 먹여서 키운다.

⑨ 생산된 치즈의 판매는 50%는 방문객에게, 나머지는 Migro(스위스 최대 백화점, 대형 할인매장 체인그룹) 같은 백화점에 납품한다. 그런데 사실은 개인 방문객에게 판매하는 것이 훨씬 이익이 많다.

⑩ 매년 9월 첫 주 토요일이면 거대한 치즈축제가 음악회와 함께 열리는데, 그때 약 1000kg의 치즈를 판매한다. 그날 저녁이면 친척 인근 목장들이 모여서 자축연을 갖는다.

⑪ 노동자는 폴란드에서 온 두 사람을 고용하고 있다. 이 공장의 스팀 보일러는 장작을 때는 보일러로서 치즈공장은 물론 가정 난방까지 가능하다.

⑫ 우리에게 사장의 따님이 자기 공장에서 생산한 여러 치즈를 대접한다.
[하얀 것 토메 tomm = 까망베르. 노란 것 Alpkäse : 1년, 붉은 표면 뫼실러(Mösile) : 4~5주, 호벨 Käse : 2년~3년]

2) 치즈제조 공정 특징

① 다른 공장과 달리 이 공장에서는 스타터를 사용하는데, 알프스 전통 균주로써 동결 건조된 DVS를 쓰기도 한다.
② 라클레테 치즈는 3~4개월간 숙성(12~15℃, 90~95% 습도조건)한다.
③ 이곳의 치즈는 비살균, 비 열처리 한다.
④ 42℃에서 발효 시작하여 치즈 제조한다.
⑤ 성형 요령 : 가압 120kg, 당일 3회 뒤집기 후 24시간 가압
⑥ 숙성실 수분은 바닥에 물을 깔아서 맞춘다. 습도 95% / 14℃
⑦ 숙성단계는 95% 방에서 3주간 두었다가 70% 방으로 옮긴다.

6.3 Alpkäse 숙성 대행저장 관리소(Actien Geselschaft Käse Ripung)

1) 개 요

① 베른을 중심으로 알프스 지역에 100여 개 치즈 공장이 있는데, 그 중 80%의 치즈 숙성은 여기서 대행해서 관리해 준다. 이곳에는 160톤의 치즈를 저장 관리할 수 있다(1년 된 치즈를 'Alp 치즈', 2년 된 치즈를 'Hobel 치즈'라고 구분한다).

② 제조된 지 14일 된 생 치즈(Green Cheese)를 이곳으로 옮겨와 매일 뒤집고 소금물로 닦는데 여름에만 숙성하고, 겨울에는 도시로 보내어 판매하는 사이클이 계속되었다.

③ 10칸까지는 테이블 위에 내려놓고 작업(닦기)하고, 그 이상 높이의 것은 고도조정기계 위에 올라가서 관리 작업한다(일종의 크레인).

④ 지금 우리가 서 있는 공간에 2100개가 들어온다. 그러니까 2100×4 = 8400개가 저장 관리된다. 여기에 가져오지 않는 치즈는 자신의 공장에서 스스로 관리하고 직접 판매하고 있다.

⑤ 들어 온 치즈마다 치즈공장의 고유번호가 찍힌다.

⑥ 온도 12℃, 상대습도 85~90%하에 숙성시킨다. 그러나 오래된 치즈는 65~70%에서 숙성시킨다.

2) 오래된 치즈 숙성/보관실

① 소금물로 닦는 건 가끔씩 하고 돌려주기를 자주한다. 옆으로 회전한다.

② 어떤 치즈목장이 치즈 1.0톤을 맡겨서 관리 입고할 때에 1일 7프랑(한화 6,200원 상당)의 관리요금을 지불한다(그린 치즈 → 숙성치즈). 그러나 숙성이 끝난 치즈 1kg당 보관 관리비는 1년에 1프랑이다(오래된 치즈 보관).

③ 여기에 100년 된 치즈도 있어 그걸 보여주는데, 저자가 치즈의 가격을 질문하니 안내자는 기다렸다는 듯이 거침없이 대답한다. "10년간 보관된 치즈는 1kg당 100프랑인데(한화 85,000원), 100년간 보관된 치즈는 그 가격이 없다. 이 치즈들은 아예 값을 매길 수 없을 만큼 희귀한 치즈라는 이야기이다."

④ 여기 Actien Geselschaft Käse Ripung에서 관리한 치즈는 옛날에는 Migros (htps://www.migros.ch)[10] 같은 대형 매장들이 여러 치즈목장들로 가서 구입해 갔으나 지금은 모두 이곳에 와서 구입해 가고 있다.

⑤ 이제 각 지역의 Käserifungslager(치즈숙성 대행관리소)는 대형 매장에 연중 공

10) 미그로스(Migros)는 스위스를 대표하는 대형 유통매장 운영회사이다. 35,000~40,000개의 품목을 325,000 품목 포지션으로 취급한다. 이 회사의 특징은 알콜(음료도)류는 일체 판매하지 않는다는 것, 해발 3000m 높이에 있는 마을에도 매주 1회 이동판매 차량이 들어간다는 것이다. 이 이동판매 차량은 크기가 커서 웬만한 슈퍼마켓 규모를 능가한다. 저자가 살던 마을(해발 700m)에도 그 차량이 들어와서 이용했다.

급이 가능해진다. 개별 소규모 목장이 제조하면 생산량이 소량이어서 대량 공급이 불가능하지만, 여러 목장들이 회원으로 모여서 그들이 생산한 치즈를 한데 모으면 대량이 되기에 목장들이 살아남기 위한 수단이 되었다.

⑥ 이곳에서는 5개월간 숙성관리를 해준다. 가져간 목장치즈 50%는 방문객에게, 50%는 치즈숙성관리소에 맡겨서 대행 판매한다.

6.4 렝크 유가공 심멘탈 (Lenk Milch AG Simmental)

1) 개 요

① 공장운영 책임자인 Daniel Truchmich 씨가 안내한다. 이 공장은 주변 목장들로부터 원유를 소형탱크로 운반해 와서 치즈나 유제품 생산에 사용한다.

② 이 공장은 6종의 치즈를 만들고 있다. 작은 것은 3~4개월 숙성, 큰 것은 4~6개월 숙성한다.

③ 원심력에 의해 낙산균 포자를 제거할 수 있는 박토휴지(Bactofuge)가 있어서 사일리지 급여한 우유로도 치즈제조가 가능해져서 후기팽화 문제가 없다.

④ 치즈 원유는 69℃/10초간 열처리하거나, 73℃/10초간 살균한다. 안전을 우선으로 생각한다.

⑤ 판매 방식은 Lenk 지역 주민에게 판매하고, 치즈매장(마을단위)에 판매하며, 나머지는 시내에 있는 자체 직매점에서 판매하고 있다.

⑥ 이 공장은 과거 군대 벙커로 사용하던 인공동굴을 구입하여 숙성실로 개조, 사용하고 있다. 특히 이 숙성실은 치즈판매를 특성화시켜 동굴치즈(Cave cheese)라는 이미지로 판매상들에게 위생이나 품질에서 잘 관리되고 있음을 보여주는 장점이 있다. 알게 모르게 동굴치즈 이미지는 소비자들에게도 안전하게 접근할 수 있으므로 중간상들도 이 치즈들을 구입해 판매하는 것을 선호한다.

⑦ 숙성조건은 15℃, 상대습도 79%를 유지한다. 숙성실의 습도, 온도가 동굴이므로 연중 일정하게 유지될 수 있다는 특징이 있다.

⑧ 여기서는 여름철에 숙성실의 온도를 낮추기 위해서 아무런 조치도 하지 않고(기계적인 냉장 시스템 없음) 벽에 얇은 자동차 라디에터 판넬을 붙여서 그 내부에 찬물을 흐르게 하여 조정하므로 돈이 전혀 들지 않는다. 그러므로 숙성실 운영을 위해 전기료가 들지 않는다.

⑨ 시내 폐차장에 가서 버리는 자동차용 라디에터를 가져다 벽 길이에 맞추어 여

러 개를 연결하고 라디에터 사이에는 작은 호스를 연결시켜 부착시킨 다음 지하수를 라디에터에 흐르게 하는 방식이다.

2) 치즈제조 공정

① 원유의 청정화와 시료채취 ☞ 원유의 3원 분리 - 표준화

② 원심분리기(Bactofugi)를 활용 포자균을 제거하여 치즈의 팽화가 예방된다.

③ 치즈 제조실은 항상 30℃를 유지해 주고 있다. 여기는 아직도 구리 뱃을 쓰는데, 치즈 제조에 유리해서 계속 사용하고 있다. 점차 스테인리스 강철 벳으로 바뀌어 가고 있다.

※ Tips : 알프스 지역 치즈 스타터 이용법, 숙성고 관리

① Bern의 스위스 연방 낙농연구소에서 알프스 지역에 알맞은 유산균을 한번 공급해 주면 알프스에 올라가서 치즈제조 시 나오는 유청을 일정량을 실온에 보관해 가며 스타터 대신 원유에 유청(유산균 많다)을 부어가며 계속 만든다. 오늘의 유청은 어제 만든 치즈의 유청인 셈이다. 그러니까 별도의 치즈 스타터를 만들지 않는다. 먼저는 청초 먹은 젖소가 내놓은 원유에 천연 유산균이 듬뿍 함유되어 있는데다가 어제의 유청 속에도 많은 스타터 유산균이 있기 때문에 가능한 이야기이다. 이탈리아 아시아고의 말가는 아예 원유에 함유된 자연 유산균만을 이용하는 것과는 대조적인 것이다.

② 알프스 지역의 치즈공장은 규모가 작고, 기구도 중고이며, 소규모의 것이지만 숙성실에는 많은 투자를 한다. 면적도 넓고 관리도 잘 하고 있었다.

③ 숙성실 온도는 지하수를 얇은 판의 자동차 라디에터를 순환시켜 1년 내내 15℃ 이하로 유지가 가능하다. 습도는 라디에터에서 발생된 응축수가 공급되어 역시 자연스럽게 조정이 된다.

6.5 피터 씨의 목장 이야기

7월 2일 08:10

1) 개 요

① 피터 여사 가족이 제공하는 후한 아침을 많이 먹다. 빵, 우유, 커피, 4종의 치즈, 요구르트가 조식 뷔페로 목장 앞마당에 제공되었다.

② Peter씨 아들 Matin(30세)은 중학교를 졸업하고 2년간의 농민교육을 받았다. 낙농도제(마이스터 / Meister) 실습을 상당기간 받았다. 이는 1주일간은 학교에 다니고, 나머지는 농업마스터 밑에서 배운다. 스위스에서는 25세가 지난 후 마이스터 시험을 볼 자격이 주어진다.

③ 그는 복합 농업을 한다. 스위스나 독일에서는 아무나 농사를 짓는 것이 아니라 이런 식의 농민교육을 받고 시험을 치러서 합격 후 허가 받아서 농사를 짓는다.

2) 이 목장의 규모와 스위스 농업

① 토지는 25ha(7만 5천 평) 그 중 4ha(12,000평)는 사탕무[11] 농사를 짓고, 5ha는 밀농사, 2ha는 사료용 보리, 3ha는 옥수수 농사(알갱이는 돼지 사료, 줄기는 젖소 사료), 나머지 11ha는 방목용 목초지로 사용하고 있다(스위스 농민들은 평균 30ha를 경작하고 있다).

② 이 목장의 가축 사육규모 : 돼지 모돈 40두, 젖소 20두 착유, 30두 육성우 / 부친은 낙농을 돕고, 모친은 양돈을 돕는다. 새 돈사를 지으려고 한다. 젖소의 원

11) 영어 : beetroot, sugar beet, 독일어 : Zuckerrübe, 네덜란드어 : suikerbiet

유 쿼터량이 극히 제한적인데다 유대 하락이 예상되니까 그 수익 대체 방안으로 양돈업을 늘리려고 해서 새 돈사를 짓는다. 앞으로 더욱 원유 쿼터 삭감이 예상된다.

③ 우유는 1L당 70라펜(600원)인데, 1995년에는 1프랑 이상/1L이었다가 계속 떨어졌다. 정부 직불제가 문제가 있지만 정확히 계산해서 실시하고 있다.

④ 스위스는 자연 환경유지 보호차원에서 농업 직불제를 운영한다. 농사를 잘 짓게 한다거나 농업보호 차원이 아니다. 농업은 철저한 자연의 친환경 보호차원이다. 스위스 농업형태는 자급자족 하는 형태로 이루어지고 있다.

⑤ 트랙터(Traktor) 100마력짜리(116,000 프랑짜리, 한화 약 9천만 원)가 있는데, 이들은 비싼 농기계를 사서 수리하고, 유지 보존하는 기술을 다 배웠다. 그래서 이 목장에는 구입한 지 42년 된 트랙터가 있는데, 지금도 끄떡없이 잘 사용하고 있다. 마틴의 부친이 샀다.

⑥ 목장에는 액비 저장탱크가 마련되어 있어야 축산허가가 난다. 규모에 따라 규정이 다르기는 해도 필수요건이다. 스위스는 분뇨를 철저히 토양으로 되돌려 준다.

⑦ 여기는 토지면적에 대해서 소의 사육두수가 제한받는다. 배출되는 분뇨량이 많아지면 안 되고, 그러면 물이 죽기 때문에 제한한다. 원유 쿼터는 사육 두수가 아닌 경작 면적에 근거해서 주어진다. 관계 기관들이 수시로 목장을 검사해서 면적대비 두수가 많으면 직물 혜택을 취소해 버리니까 조심할 수밖에 없다. 적정 토지 면적 확보는 분뇨 뿌릴 대상이기에 스위스 목장경영의 중요 필수사항이다.

⑧ 돼지 사육두수도 늘리는 것에 목적이 아니다. 젖소 두수와 균형을 맞추려고 한다. 농업관리도 환경문제와 초점이 주어져 있다.

⑨ 스위스 농업환경관리에서 물이 중점적으로 관리 대상이다. 스위스는 어느 시냇물에서나 수영이 가능하다. 그들은 물이 맑지 않으면 선진국이 될 수 없다고 생각한다. 기독교적 차원에서 들짐승도 생명이다. 그들을 엄연한 생명체로서 대우해야 한다. 그들도 인간처럼 맑은 물을 먹을 자격이 있다.

⑩ 돈사구조는 육성 돈부터 배치해서 출하 돈까지 순서를 정해 두었다. 자돈은 창문 쪽으로 배치한다. 자돈은 25kg까지 키워서 자돈 판매도 한다.

⑪ 송아지 방에 25두 사육(겨울)한다. 예전에는 육성우 전문목장에 보내 키워왔으나 지금은 직접 사육한다. 육성우는 1주일에 2일 이상 밖에 내보내 운동을 시

키도록 되어 있다. 이것이 지켜지지 않으면 직불제가 취소된다. 이런 모든 행위를 종이에 기록해 두어야 하고, 그것을 검사관에게 제시해야 한다. 밖에 우분(소똥)이 없으면 검사에 걸린다.

⑫ 스위스에서 농업은 산업이 아니다. 환경보호 수단일 뿐이다. 환경보호 차원(Ecological)에서 매년 7%의 경지는 휴경시킨다.

⑬ 너무 많은 가축 사육은 금지한다. 가축의 복지조건을 두고 직불제를 실시한다.

⑭ 파종, 사탕무 수확 등 사탕무우 잎은 사일리지 만든다. 사탕무는 설탕공장에 납품한다. 예초기는 2시간에 3hr 풀을 벨 수 있다. 원형 베일된 것 1개당 수공이 27프랑 정도 소요된다. 사탕무 농사는 빌린 땅에서 한다. 완성된 무는 1～7kg 정도 된다.

⑮ 젖소 1일 산유량은 두당 20kg 정도이다. 이 목장은 400kg/일 정도 생산한다.

⑯ 초지 조성 시 클로버는 화이트가 좋다. 자주 잘라 주면 클로버가 잘 자라난다. 안 자라면 잡초에 먹힌다. 화본과만 심지 않고 두과도 같이 심는다. 화본과만 심으면 2년도 못가 초지가 망쳐진다.

⑰ 사료용 밀이나 보리는 수확해서 공장에 가면 펠릿으로 제조해 준다. 그것은 돼지 사료로 쓴다. 풀은 젖소 깔짚으로 쓴다.

※ Tips : 스위스의 유기농 유제품

(유기농 유제품 회사 CEO발언)

스위스가 유기농 유제품 시판이 60년이나 지나 유럽에서는 오래 된 나라이지만, 유기농 제품은 전체 유제품 중 10%정도 소비되고 있다. 미래에도 크게 소비가 증가될 것으로 전망되지 않는다. 아무리 봐도 미래에 최대 15% 이상은 기대되지 않는다. 유기농 제품이 일반 유제품 보다 20% 비싸다. 유기농 유제품이라 해서 중요한 것이 아니다. 유기농 생산으로부터 가공까지 잘 관리되어야 유기농 우유로서 인정받는다. 스위스 낙농을 자세히 들여다보면 초지에 액비를 뿌려서 재배하고, 곡물도 그리 하므로 스위스의 낙농관련 목초나 농산물은 거의 유기농 제품이라 볼 수 있다. 그래서 스위스 인들이 유기농 유제품에 큰 관심을 보이지 않는 것인지도 모른다.

※ 스위스의 유기농(낙농) 조건 : 연 2회 심사 / 초지, 농지, 액비, 퇴비 투입량 기록유지(그냥 자료로 받는다).

6.6 아펜젤 주(Kanton Apenzell)의 아펜젤러 치즈 전시용 공장

(7월 3일)

1) 개 요

08시 숙소로부터 Appenzeller 치즈 show cheese factory(Schäw Käserei)로 이동한다. 거대한 전시용 치즈공장은 1층의 치즈공장을 2층에서 내려다 볼 수 있도록 아예 통유리로 바닥을 만들어(아래층에서 2층은 안 보이는 통유리판임) 설비한 2층에서 네 개의 단계별 작업이 진행 중인 치즈 벳과 작업 중인 장비, 장치들을 내려다보게 하면서 설명한다. 이 전시용 치즈공장 내에 5개 국어 큐레이터가 설명한다. 우선 불어 큐레이터와 영어 큐레이터가 있는데, 어느 쪽을 원하느냐고 해서 영어 큐레이터를 선택하고 통역은 저자가 맡았다. 이를 다시 통역했던 기억에서 꺼내어 저녁에 숙소에서 저장한다. 아래는 그 기록이다.

2) Appenzeller 치즈 이야기(Story telling)

① 이 치즈의 제조에는 4가지 비밀이 숨어 있다. 그것은 곧 Ⓐ 유산균, Ⓑ 렌넷, Ⓒ 가염, Ⓓ 숙성과정이다. 옛날에는 지역목장들이 원유를 치즈공장으로 가져와서 치즈공장이 목장들의 친교와 정보 교류장소가 되었으나, 지금은 원거리에 목장들이 있어서 공장 탱크로리가 수집해 온다.

② 목장들로부터 운반된 원유는 10℃ 이하로 컴퓨터에 의해 탈지유와 원유가 적절한 지방, 단백질을 맞추는 표준화를 거쳐 6톤짜리 치즈 벳(구리 표면처리)에 주입된다. 여기서는 살균하지 않고 치즈제조를 하고 스타터를 넣지 않는다. 원유 속의 천연적으로 존재하는 유산균이 스타터 역할을 한다.

③ 치즈 벳에 원유가 주입되기 전에 원유는 스타터 활성용 탱크 속으로 들어간다. 이것을 31℃로 가온하여 원유 중의 천연 유산균이 활성화 되게 한다. 거기에 20～40분간 정치한다.

④ 렌넷을 첨가하고 40분간 정치한다.

⑤ 커드 절단 : 우유가 응고되고 나면 그때부터 우유라 하지 않고 '커드'라고 부른다. 응고된 커드 내에는 단백질, 지방, 일부 유당 그리고 무기질이 함유되어 있다. 고형분인 커드와 액상으로 나뉘는데, 액상에는 단백질, 일부 지방, 유당과 무기질이 함유되어 있어 색깔이 노랗다. 그래서 그것을 물이라 하지 않고 유청(whey)이라 부른다.

⑥ 유청을 다시 크림분리기를 통과시켜 크림을 얻어 버터제조에 사용하고, 나머지 유청은 낙농가들이 가져가 이용(양돈사료)하고 있다. 때로는 드링크, 미용제, 젤리 제조에 쓰인다.

⑦ 커드 절단 후 가온한다. 45℃로 서서히 올려주어 45℃에 도달하면 20분간 교반하며 유지한다. 이때 커드 내 수분이 빠져나오고 커드가 단단해진다.

⑧ 미리 몰드를 준비해 주는데, 여기서도 한 벳트에 80개의 커드와 유청을 함께 펌프로 퍼 넣는다. 몰드 하나에 7.0kg 정도 치즈가 얻어진다. 몰드에 퍼 넣기 시점은 치즈 제조자가 커드를 손으로 만져보고 촉감으로 결정한다. 돌려보고, 만져보고, 외양을 보아 판단한다. 여기서는 1일 4회 치즈 제조를 하고 있다.

⑨ 치즈 가압은 3단계로 하게 된다.

㉠ 예비가압 : 45분간 약하게 해서 여분의 유청을 빼낸다.
㉡ 본 가압 : 45분간 강하게 가압해서 모양을 만든다.
㉢ 최종 가압 : 좀 더 강하게 해서 단단한 치즈덩이가 되게 한다.

⑩ 본 가압과 최종 가압 사이에 아펜젤러 치즈 고유상표가 인쇄된 패스포드(공인증)을 넣어 준다. 이것은 아펜젤 지역 치즈공장에서만 사용할 수 있다. 이 패스포드형 공인 상품에도 치즈제조 라인별 개별적인 개체번호(serial No.)가 붙고, 치즈공장 이름 그리고 라인번호, 제조일자가 기입되어 있다.

⑪ 이 치즈는 옆방의 가염실로 옮겨지는데, 가염조건은 20% 소금물이다. 가염의 과정에서 다음 변화가 얻어진다.

㉠ 삼투압에 의해 치즈로부터 수분이 빠져 나오고 대신 소금이 침투한다.
㉡ 껍질이 형성된다.
㉢ 치즈에 맛이 부여된다.

⑫ 가염통에는 3톤 정도 소금물이 들어가 있고, 치즈는 틀에 넣어져서 밑바닥부터 위치시켜진다. 가염시간은 48시간이다.

⑬ 치즈 가염에 의해 소금농도가 낮아진다(치즈 속으로 소금이 침투됨에 따라). 그래서 매일 15kg의 소금을 가해주고 있다.

⑭ 48시간 가염이 끝난 치즈는 Celler로 옮겨진다. 나는 Celler라는 말을 참 좋아한다. 이는 치즈의 숙성과 저장이 함께 이루어지는 곳이기 때문이다.

⑮ Celler로 옮긴지 10일간은 가염하던 소금물로 표면을 매일 닦아준다. 곰팡이 발생현상 때문에 처음 10일 동안은 매일 닦아주고, 그 뒤로 1주에 2～3번 행한다. 치즈의 표면을 닦는 물은 깨끗하고 순한 소금물이어야 하며, 여기에 치즈색소가

포함된다. 소금물은 치즈 표면을 변화시키지 않아야 한다. 치즈 표면의 미생물은 호기적 발효를 방지하고 치즈의 산을 제거한다. 유산균은 치즈 표면에서도 생육할 수 있다. 그것은 치즈 내부에서 pH를 상승시키기도 한다. 그로 인해 빠르게 단백질 분해효소가 활력을 나타내게 되고, 치즈 고유의 형태와 맛의 특성을 차별지게 한다.

⑯ 10일 이후부터는 2～3일 간격으로 닦아 주어 5주간 관리한다.

⑰ 5주가 지난 치즈는 치즈 감정 전문가가 외양, 냄새, 맛, 색깔 등을 보고 평가하여 계속 숙성할 것과 도태할 것을 결정해 준다.

⑱ 이때부터 치즈가 본격적인 숙성에 들어가는데, 이때는 이 지방에서만 사용하는 표면 처리제를 사용하여 치즈를 관리한다. 아펜젤러 치즈는 약 4주 뒤에 백포도주 효모(Weiss Wein-hefe)와 약초 향(알프스 산자락의 특유한 herb 팩)을 섞어 만든 표면 처리제로 관리한다. 이를 통해 치즈는 아펜젤러 특유의 향미를 띠게 된다.

⑲ 이 표면 처리제는 백포도주 효모와 이 지역의 허브 그리고 다른 물질들을 혼합한 것으로 그 구성분에 대해서는 철저히 비밀에 붙여져 이 액을 한 군데서만 제조하여 각 치즈 공장에 배급하고 있다. 이 액의 조성 성분은 특급 비밀이어서 오직 두 사람만 알게 한다. 이 두 사람만 그 유명한 아펜젤러 치즈의 표면 처리제를 제조할 뿐이다. 두 사람은 나이든 이와 젊은이로 구성하는데, 나이든 이가 죽거나 유고가 생기면 온 마을사람들의 투표에 의해 그 후임자를 결정한다. 그 기준은 그 지역 사람들에 의해 순수함과 우직함 그리고 책임감이 가장 강한 사람이라는 평가를 받은 사람이 선출된다.

⑳ 본 숙성에 들어가는 치즈는 최소한 3개월 이상 숙성하게 된다. 외국으로 수출되는 치즈 3종과 내국용 치즈 3종으로 나뉜다.

㉠ 3개월 숙성 치즈(classic)

㉡ 4개월 숙성 치즈(surchoix)

㉢ 6개월 숙성 치즈(Extra)

이상의 과정에서 전문가가 불량치즈로 판정한 것은 샌드위치용이나 퐁뒤용 재료로 사용되게 포장 판매한다. 여기서는 원유 살균도 하지 않고 치즈를 제조하므로 별도의 스타터를 넣지 않는다. 원유 속의 천연 유산균이 스타터 역할을 하기 때문이다.

※ Tips : 유기농 아펜젤러 치즈

내국용은 고지방을 꺼려하는 사람을 위한 저지방 치즈와 유기낙농가로부터 가져온 유기농 우유로 제조한 유기농 치즈가 있다.

① 유기농 치즈(1996년 가을부터 제조를 시작함) 표면에 Bio 마크가 있다. 이 치즈는 3개월을 숙성시킨다.

② 1/4 지방 숙성치즈는 700년 전부터 만들어온 저지방, 마일드 치즈인데, 1/4 지방 치즈는 부분 탈지한 탈지유를 사용하여 제조된다. 정상 치즈보다 칼로리가 30% 적고, 가볍게 먹을 수 있다.

③ 1/4 지방 숙성치즈 다이어트용 장기 숙성 치즈이다. 최소한 6~8개월 숙성한다. 향, 질감이 좋아 혀에서 살살 녹는다. 이런 치즈마다 다른 라벨이 붙여져 소비자가 쉽게 구분하게 한다.

3) Appenzell 지방 견학용 전시 치즈공장 시찰 후기

-The Appenzell Vemonstration Dairy-

① 스위스 Appenzell 지방은 알프스 지역의 일부분에 속한다. Appenzell 지방은 특유의 브라운 젖소를 키우고 있다. 이 소들은 우거진 초지에 자유롭고 건강하게 그리고 자연 그대로의 방목을 통해 사육된다.

② 아펜젤러 치즈 제조에 사용하기에 적합한 젖소로부터 착유된 최고 품질의 젖은 이러한 대자연의 자유방목에 의해 얻어진 것이다.

③ 스위스 알프스 지역 방목의 특징은 낮에 물도 안 주고 소금만 주면서 우리 안에 쉬게 했다가 저녁나절에 방목지로 내보내 밤새 이슬이 내린 풀을 먹게 한다는 것이다. 소는 낮에 소금만 조금 먹었을 뿐 배가 허기지고 목이 마른 터에 이슬이 맺힌 청초를 원 없이 뜯어먹게 되는 것이다. 그리하여 다음날 착유된 원유는 얼마나 신선하며 청정한 원유이겠는지 상상해 보라. 그런 우유로 살균하지 않고 만든 치즈는 세계적 명품이 안 될 수가 없는 것이다.

④ 우리는 세계적으로 유명한 Appenzeller 치즈공장을 찾았는데 그 기술을 배우는 것과 견학용 치즈공장을 시찰함으로써 우리나라의 체험관광 분야 중 치즈공장의 체험 치즈제조나 단순한 견학공장의 벤치마킹으로 위한 목적이 있었다.

⑤ 지금 전라북도 임실군이 추진하는 치즈테마파크<치즈피아> 사업도 이런 곳을 벤치마킹할 필요가 있다고 보며, 개별 목장유가공장들도 장차는 주 5일제 휴양문화시대를 대비하여 미리 시찰하여 자기 나름대로 구상을 갖기 바란다.

⑥ 아펜젤러 치즈 견학공장은 아펜젤 지역의 Stein 마을에 위치하고 해발 827m인 곳이다. 이 마을은 중세도시이다 스위스 농업박람회로도 유명한 생 갈렌(St. Gallen)시와 자동차로 10분 이내 거리에 있다.

⑦ Stein 마을은 유명한 Alpstin 봉으로의 등산 출발점이자 cross-country sking과 Constance 호수에서의 수상스포츠도 즐길 수 있는 관광지이기도 하다. 우리가 묵은 Ochsen 호텔에서 사방을 둘러보면 수많은 낙농가들이 초원 속에 듬성듬성 놓여있는 목가적인 풍경을 볼 수 있다.

⑧ Appenzell 지방은 수많은 전통 유산이 그대로 보존되어 있고, 수많은 주민들이 여전히 오랜 전통이 배어있는 복장을 그대로 하고 지낸다. 그리고 Stein 마을은 마음만 먹으면 걸어서 3분 이내에 치즈공장에 갈수 있다는 매력 만점인 곳이다.

⑨ 여기에 치즈견학용 공장이 있는 것이다. 먼저 공장에 가기 전에 Appenzeller cheese 박물관이 위치한다. 박물관을 지나면 커다란 치즈견학용 공장이 있는데 그 앞쪽에 아펜젤러 치즈를 한 조각 잘라 세워둔 것 같은 모양의 어린이 놀이터(나선형 미끄럼틀)를 만들어서 상징탑처럼 활용하고 있다.

⑩ 전시용 공장 안에 들어가면 아펜젤러 치즈와 치즈관련 용품과 기념품을 판매하는 직매점이 있고, 그 안쪽으로 퐁뒤요리 등을 해주는 식당이 있다.

⑪ 식당에서 오른편 문을 열면 바로 치즈공장이다. 이 치즈공장은 철저히 유리로 막아져 있어서 공장 내부가 투명하게 공개되어 있고, 외부로부터의 오염에 안전하게 처리되어 있다.

⑫ 이 공장은 하루에 4회 6,000kg씩 원유를 처리하여 80*7～8kg의 치즈를 4회 생산하고 있다. 560*4 = 2240kg이다. 이 공장에는 17명의 낙농가가 원유를 매일 직접 가져오고, 27개 집유소에 가서 탱크로리로 직접 공장에 가져온다.

⑬ 이들 목장에는 젖소 두당 약 20kg/1일 생산하게 하고 있다. 반드시 원유검사는 매일 한다. 치즈는 살균이나 열처리를 하지 않고 제조된다.

⑭ 관람객이 머무는 견학 공간에는 각종 치즈제조 공정 사진, 팜플렛 등이 잘 비치되어 있다.

⑮ 각종 외국어 언어별 큐레이터가 있어서 무선 마이크를 들고 치즈제조 과정을 안내한다. 우리는 멋진 흑인여성 큐레이터가 안내를 매우 친절하게 해 주었다.

⑯ 안내가 끝나면 DVD실로 가게 한다. 우리는 시간 관계상 못보고 영어판 DVD를 구입해 왔다. 이렇게 해서 관람객에게 치즈의 모든 것을 흠뻑 적시도록 제공하고 입장료는 무료이다.

⑰ 박물관도 오전에는 유료, 오후 3시 이후에는 무료이다. 지역관광과 치즈가 어우러진 테마여행을 하게 하는 아이디어가 좋다.

⑱ 이 견학 치즈공장은 인터넷 www.showcheese.ch에서 자료나 예비견학이 가능하도록 소개되어 있다.

7. 독일의 유기낙농 탐색 연구

- 순천대학교 단기 해외파견 연수 지원(2005.7.5) -

7.1 하우스 리스빅 시험장학교

1) 개 요

저자는 2005년도 순천대학교 단기 파견연수를 이곳 클레베 시 소재 독일 노르드베스트팔렌 주립 하우스 리스빅 농업시험장학교 학교장 Wehren 박사의 초청을 받아 정식 독일의 유기낙농, 유가공 관련 연수를 하게 되었다. 하우스 리스빅 시험장학교까지는 동서(처형 남편, 처형이 뒤셀도르프 하이네 대학교 부속병원 근무) 차로 12시 50분에 도착하였다. 뒤셀도르프로부터 1시간 15분 소요, 학교 사무실에 가서 방 배정받고 점심티켓 2매 구입해서 식당에 가서 점심을 먹다. 거기서 콘스탄틴 교감을 미리 만나 인사 나누다. 그는 루마니아에서 귀화하신 분으로 영어를 사용하지 않아서 곁에 있던 사무실 여자직원이 통역해서 나의 일정을 설명했다.

① 나는 여기서 2주간 머무르며, 유기농 산양유 치즈류 제조방식을 탐색 연구한다.

② 1주일은 여기 유기농학교 방문연구로, 나머지 1주일은 마이스터 정용삼 선생과 외부에 소재하는 여러 유기농 목장 치즈공장들을 시찰 다닌다.

③ 내일은 본에 환경 연구관련 교수 면담 차 간다.

2) 일정별 연수 내용(13:30 학교 유산양 사에 들렀다)

① 원유 탱크 800kg/4℃

② 05:30 치즈 제조

③ 84℃ 열수 71～74℃/30초

④ 32℃로 cooling

⑤ 500kg 치즈 벳에 세팅

⑥ 모두 산양유로 치즈제조. 겨울 크리스마스 때 주문 대응하기 위해 우유로도 치즈 제조하는데, 두 번 정도 하고 있다.

⑦ 치즈 가염(GOUDA) 0.5kg → 4.5시간 / 3.0kg → 18시간(6시간 / kg) 2시간 정도에 뒤집어준다. 당일의 원유 살균온도 기록지와 프린트물 보관한다. Feta 48분 가염(20%), 소금물 pH 4.9～5.2(담당자는 5.0이 가장 좋다고 했다)

3) 이 공장의 Camemhert 치즈의 곰팡이 접종하기

① 까망베르는 Feta와 똑같이 만들지만 곰팡이 접종하는 것이 다르다.

② 별도의 온도조절 장치가 된 컨테이너 박스 내에 적당한 밧드에 선반을 질러서(스테인리스강) 그 위에 치즈(사각)를 올려놓고 곰팡이를 접종한다.

③ 총 5회 접종하는데, 가염 후 첫날 오전/오후 2회, 둘째 날 오전/오후 2회, 그리고 셋째 날은 1회 더 뿌려준다.

④ 뒤집어 가며 뿌리되 표면에 무늬 형성을 위해서는 세로, 가로로 번갈아 가면서 해주면 격자무늬와 같이 끝난다.

⑤ 곰팡이균 접종이 끝나면 컨테이너 바닥에 물을 부어준다(적당히 바켓에 있는 물을 부어주고 나온다).

⑥ 5～6일이 경과하면 곰팡이가 표면을 덮기 시작하는데, 그 이후에 본격적인 숙성에 들어간다.

4) Gouda 치즈 숙성실의 곰팡이 제어방식

가우다 치즈 숙성실에 들어가니까 역한 냄새가 나고 곰팡이가 피어있는 것이 보인다. 이것은 가우다에 치명적인 결점이 될 수 있으므로 숙성실에 곰팡이 멸살용(germcidal)연기를 피운다. 그 방법은 다음과 같다.

① 숙성실의 가습공급 장치를 정지시키고 팬도 정지 시킨다.

② 발연제 통을 열기 전에 흔들어 준다.

③ 적절한 쇠판위에 놓고 뚜껑을 열어 심지에 성냥이나 라이터로 불을 붙인다.

④ 숙성실 한 가운데에 두고 문을 닫고 나온다.

⑤ 사람이 들어가지 못하게 발연 표지판을 문에 덜어둔다.

⑥ 4시간 동안 연기가 가득 차도록 둔다.

⑦ 팬을 돌려서 연기가 고루 치즈사이로 번져가게 한다.

⑧ 끝으로 들어가서 제품을 놓을 탁자나 가구는 물로 헹구어 낸다.

⑨ 다 타고 남은 발연기구는 쓰레기통에 버린다.

[발연제 제조회사명 : Rolf Rokmann, 제품명 : Wikstoffverteilung, Tel : 0-421-638181, Fax : 0-431-62891, Pdstfach 750826 d-28727 Bermen Germany]

5) Feta 치즈 포장 요령

24시간 동안 올리브 oil에 담가둔다. oil에 Quarkräuter(일종의 허브류)와 섞어서 쓴다. 항상 올리브유를 쓰는 것이 좋다. 그래야 치즈가 깨끗하게 보인다.

▣ Feda 치즈 포장법

① 치즈를 바켓에 담는다(1.5cm³ 크기의 조각으로 자를 것).

② 오일을 치즈가 덮일 만큼 붓는다.

③ 부추 말린 것 같은 허브가루를 20g 정도 넣는다.

④ 양파가루 또는 생강, 마늘가루 같은 허브가루를 1티스푼 정도 넣는다(하룻밤 재워둔다).

⑤ 500mL들이 병에 채워 넣되 기름이 너무 많이 들어가지 않게 채운다. 이렇게 해서 냉장하면 1개월 지나도 이상 없다.

6) 치즈공장 내 사용할 산양 시유

① 20L용 국솥에(순천대학 보유) 73℃로 15초가 되게 끓인다(중탕한다). 온도가 73℃ 되기까지 시간이 오래 걸린 셈이니까 73℃ 도달하면 10초 뒤에 바로 스위치를 내린다.

② 미리 소독해둔 유리병(1L)에 입구까지 가득 채워둔다. 거품이 가라앉으면 공간을 더 채워 병 입구가 산양유 표면이 되게 빈 공간(head space)을 없앤다.

③ 마개로 꽉 닫고 잠시 방치

④ 냉 각

⑤ 냉장(1주 보존 가능)

⑥ 자체적으로 마시거나 판매함

7) 학교 산양유 치즈공장의 직매장 운영

① 매장은 매일 3시간 동안 개장한다. 14:30~17:30(주민들과의 약속이다)

② 오전 중에 청소하고 진열하면서 준비한다. 철저하게 청소한다.

③ 고객용 초인종도 깨끗이 닦고 광을 낸다.

④ 리코타 치즈 : 양념(부추 같은 것) 가루와 소량의 요구르트를 섞어 250g 단위로 담아서 판매한다. 소금을 약간 친다.

⑤ Feta 참치용 오일 : 해바라기 씨 오일과 레몬오일을 섞는다. Risso Buffe oil (식물유)로 쓰인다. 산양유 병은 다시 가져다주고 또 사간다. 산양유 값은 1.40 유로/L, 시중에서는 2.0유로/L이다. 가격은 이곳 치즈는 밖에서 보다 비싼 편

이다. 밖은 1.20유로/kg이라면 여기는 1.40유로/kg 수준이다. 대체로 20% 이상 비싼데도 이곳에 와서 사는 사람들이 있다.

⑥ 매주 목요일은 농민 직거래 장터(Farmers market)가 열린다. 그날은 치즈도 더 잘 팔린다. 크리스토퍼(담당자)는 제발 사람이 많이 와서 치즈와 산양유가 많이 팔렸으면 좋겠다고 한다.

⑦ 농민들이 자기 농장 생산품을 갖고 와서 차일을 치고 매장을 만들어(오전 11시부터 준비) 판매한다(오후2시부터).

8) 리스빅커 농민시장(Riswicker Bauernmarkt)

(매주 목요일 14:00~18:00 운영함)

① 13:40부터 시험장 학교 정원 일대에서 열리는 농민시장을 구경하고 물건을 구입하러 사람들이 온다. 주로 할머니 할아버지들이다. 더러 아들, 조카, 손자들이 운전을 해서 오기도 하나 상당수가 자전거로 오거나 걸어서 온다.

② 학교의 식당을 빌려서 농민카페(Bauern cafe)가 열려 차와 케이크를 판매한다. 치즈공장 옆 마로니에 나무 밑에는 야외 카페가 차려진다. 운영은 마을 할머니 회원들이 한다.

③ 매장들이 냉장 시스템이 되어 있는 컨테이너 카를 갖고 와서 소시지를 파는데 전기를 학교에 연결해서 사용한다.

④ 사람들이 많이 대기하고 있는데 가보니 빵과 치즈를 파는 곳이다. 그 치즈는 우유 치즈란다. 학교 치즈는 산양유 치즈니까 경쟁이 안 된다고 한다.

⑤ 시장 운영위원회가 있어서 시장에 와서 물건을 파는 농민들로부터 일정한 요금을 받는다고 한다. 농민시장이 열린지는 7년이 되었다. 처음에는 6개월만 운영하려고 했는데 호응이 좋아서 1년 내내 운영한다. 크리스마스와 신년 휴가를 제외하고 계속 열린다.

⑥ 오늘은 젊은 사람, 아이들이 많은데 지금은 여름방학이기 때문이고, 평소에는 노인들이 대부분이라고 한다. 노인들의 만남의 장이 되서 카페가 항상 만원이다. 한국의 시골 오일장과 유사하다.

⑦ 산양유 치즈나 산양유를 사가는 사람들은 거의 고정적이다. 그들이 시장에 들러 반드시 사간다. 산양유 병을 돌려주고 새것을 구입해 간다.

⑧ 지난번에 저자가 방문했던 Bauernkäserei Straetmanshof의 젊은 사장이 아는 체 한다. 그는 주 3회 농민시장에 참가하는데 뒤셀도르프에도 간다. 고용한 일

꾼이 판매하고, 자기는 차만 대주고 저녁에 차를 가져간다. 자기는 돈 낚시꾼이란다. 차에 치즈 싣고 와서 고용인(3명)에게 치즈 팔게 해서 저녁에 돈을 수금하니까 그렇단다.

⑨ 그는 판매용 차량(Wagen)이 두 대이다. 오늘은 작은 것이고, 내일 뒤셀도르프용은 이것보다 배나 큰 것을 사용한다고 한다. 이 시장에는 당연히 유기농 채소도 등장한다. Bioland라는 상표이다.

9) 치즈공장 가우다 치즈 제조 실습(7월 8일 06:07)

① 원유 살균(열수 84℃) 77℃/15초, pH 6.8(6.7이 좋다. 높은 것은 유방염 위험)

② 냉각 32℃, 스타터 pH 4.4

③ 스타터 주입 1.0%, 500kg 원유에 5kg 주입, 서서히 넣는다. 국자로 퍼 넣는다. 넣고 한 번 저어주고, 또 넣고 한다. 60분간 정치 배양한다.

④ 렌넷 15mL/100kg, 520kg에 78mL를 온화한 물에 혼합 주입한다. 렌넷 주입 시 주의해야 한다. 렌넷 액을 넣고 빨리 골고루 저어주지 않으면 부분 부분이 응고되지 않을 수가 있다. 45분 정치한 뒤 커드 검사 후 $1cm^3$ 크기로 절단

⑤ 33℃, 교반 시작, 20분 교반 pH 6.4

⑥ 유청 제거-20분 후 40% 제거, 210L / 46~49℃ 물은 30%만 가해준다(156L). 이때 물을 서서히 가해야 한다. 100L를 2~5분에 걸쳐 넣는 속도가 좋다. 여기서는 2~5min/100L 속도이다.

⑦ 36℃ 유지하고 20분간 더 교반한다. 이때는 속도를 높여서 curd내 유청이 충분히 빠져 나오게 한다. 이 과정은 커드의 충분한 유청제거 단계라 해도 틀린 말이 아니다. 20분 교반은 온도가 낮으면 길게 하고, 36~37℃이면 20분간 한다.

⑧ 성형 들어가기 전의 커드의 성형시점 결정은 다음 3가지가 맞으면 성형한다. Ⓐ 커드 교반 중 쌀알이 지나가는 느낌, 옥수수자루에 손 푹 찔렀을 때 거칠게 느껴지는 기분, Ⓑ 커드를 한 웅큼 쥐었다 놨을 때 잘 풀려서 각각 해리되는 때, Ⓒ 커드를 눌렀을 때 도로 원상 복구되는 것, 깨지지 않아야 한다.

⑨ Vat 벽 상단 면에 눈금이 표시되어 있어서 치즈 크기에 따라 수직 판넬 고정(단단히)하는 곳이 정해져 있다. 판을 꽂고 2~3분간 정치 유청을 완전히 뽑아낸다.

⑩ 커드 표면을 평평하게 펴준다. 예비 가압용 카바를 커드 위에 덮어준다. 가압바를 설치하고 2.5har로 20~30분간 가압한다. 이때 커드 위로 유청이 올라오

는데 그대로 둔다. 밸브를 잠가서 그대로 유청이 고여 있게 둔다.

⑪ 유청 제거 시 쓰는 수직 판넬은 구조가 다르다. 벳트에 수직 판넬 꽂는 위치는 치즈공장 자체에서 표시한 것이다. 그래야 균일한 품질의 치즈가 얻어지기 때문이다. 수직 판넬의 Holder가 단단하게 제작되어 있다. 조임 나사를 벽에 단단히 조여주어야 한다.

⑫ 20～30분 지난 후 가압을 풀고 나서 적당한 크기로 자를 수 있도록 자로 금을 그어 준다. 이 자는 이곳 치즈몰드 크기에 알맞게 조정된 것이다.

⑬ 미리 준비된 몰드는 벳트 안에 넣어두되 curd와 온도가 같게 해야 한다. 몰드가 너무 차거나 뜨거우면 커드 단백질에 영향을 미쳐 수분 빠짐과 표면 형성에 안 좋다.

⑭ Press는 Air bag 방식이다. 1986년산 A.S.T.A Eismann제이다. 매우 서서히 가압하여 0.25bar로 가압한다. 20분 후 풀어서 뒤집어 준다. 다시 4시간 동안 둔다.

⑮ 가압풀기 16시 04분에 가압을 풀고 가염한다. 20% 소금물에 담갔다.

▷ 여기서 사용하는 Rennet은 Chr. Hansen사의 HannilaseTM XL205(미생물 렌넷 microbial coagulant)이었다. 그러니까 이 학교 치즈공장은 미생물 렌넷으로 산양유 가우다를 생산하고 있는 것이다.

10) 치즈에 왁스 입히기

① 날짜가 찍힌 모서리 쪽을 왁스 액에 잠기는 쪽으로 하여 양손으로 잡는다.

② 한쪽 모서리를 먼저 담그고 수평으로 하여 담근 뒤 처음 모서리 쪽에서 끝나게 꺼낸다.

③ 3/4까지 잠기게 한다. 왁스가 된 곳을 위로 향하게 하여 세워둔다.

④ 화장지나 천으로 손댈 부분을 감싸 잡고 먼저처럼 모서리부터 넣어 즉시 꺼내야 한다. 오래 잠기게 하면 왁스가 너무 두껍게 입혀져 안 좋다.

⑤ 왁스 입히기를 1천 개 정도 해봐야 제대로 작업이 될 거라고 한다.

⑥ 왁스 작업은 숙성 2개월 정도 지난 것을 한다.

※ Tips : 유청치즈(리코타) 제조 시 참고

① 유청 치즈를 건져 올려서 물 빼는 도구로 양봉장에서 꿀 내리는 데 사용하는 원뿔 망을 쓴다.

② 큰 통에 3개를 설치한다. 3개를 담아서 건조실(7℃)에 넣어둔다(24시간).

③ 1주일 이내 판매 페타 치즈에 넣는 스파이스를 섞어서 다른 치즈와 비슷한 가격으로 판매한다.

예) 경질치즈 1.55유로/100g, 라코타(스파이스) 2.30유로/250g

④ 리코타는 수분함량이 높아 200g 단위를 기준으로 한다.

※ Tips : 산양유 가우다 치즈 제조 시 각종 재료 첨가량

치 즈			유 청		예비가압 시스템	소형 몰드 (500g)
산양유 (Liter)	스타터 (Liter)	렌넷(mL)	배출(Liter)	가수 량 (Liter)		
100	1.0	15	60	90	이곳에서만 사용하는 덥개 크기를 정해둔 것임	
190	1.9	28.5	114	171		5×6
200	2.0	30.3	120	180		5×6
210	2.1	31.5	126	189		
220	2.2	33.0	132	198		
230	2.3	34.5	138	207		
240	2.4	36.0	144	216		6×6
250	2.5	37.5	150	225		
260	2.6	39.0	156	234		
270	2.7	40.5	162	243		
280	2.8	42.0	168	252		
290	2.9	43.5	174	261		
300	3.0	45.0	180	270		
310	3.1	43.5	186	279		
320	3.2	48.0	192	288		
330	3.3	49.5	198	297		
340	3.4	51.0	204	306		
350	3.5	52.5	210	315		
360	3.6	54.0	216	324		
370	3.7	55.5	228	342		
380	3.8	57.0	234	351		
390	3.9	58.5	240	360		
400	4.0	60.0				

이 표는 저자가 하우스 리스빅 산양유 치즈공장의 벽에 부착되어 노랗게 빛바랜 오랜 전통의 산양유 치즈제조 노하우 정보를 확보하여 공개하는 것이므로 산양유 가우다 치즈 제조가들은 많이 참고하시기 바란다.

※ Tips : 산양유 가우다 치즈의 유청 배제를 위한 3가지 핵심 요건

① 커드 흐름의 느낌- 옥수수자루 안에 손을 찔러서 옥수수 알이 스치는 느낌
② 커드 쥐었다 놨을 때 일시에 풀어짐
③ 낱개의 커드를 눌렀을 때 으깨지지 않고 탄성을 지닐 때 유청 배제한다.

11) 신선(Freisch) 치즈 제조

① 스타터는 1.0% 첨가
② Rennet은 5 drops /10L
③ 12℃ 24시간 배양시킴.
④ 리코타 치즈처럼 양봉장 꿀 내리는 원추형 도구에 부어 유청 제거
⑤ 하룻밤 자고 나서 큰 통에 담아 저장하면서 작은 통에 담아 판매, 가격은 리코타 치즈와 동일하다. 2.30유로/250g. 250g용 플라스틱 용기에 저울로 달아 포장하여 판매함
⑥ 포장 시 너무 굳어 있으면 요구르트를 넣어 가며 부드럽게 하여 적당히 소금을 치고 뒤적여 잘 혼합한 뒤 포장한다.

12) 산양유 치즈 저자 단독 제조(7월 15일)

① 07:00 치즈공장 체류 마지막 날 크리스토퍼 씨에게 기념품을 주다. 오늘은 치즈를 혼자 만들어 보겠냐고 저자에게 제안했다. 가우다 치즈이다. 오늘 원유는 산양유 330kg를 사용한다.

② 07:25 스타터 주입, 3.3kg(1.0%) / 330kg, 매 100L 원유 넣을 때마다 스타터를 넣어주고 교반한다. 살균된 원유가 공급되고 있다. 그렇게 하면 스타터 배양시간을 단축할 수 있다. 보통 1시간 배양해야 하는 것을 45분이면 된다. DVS를 사용하면 최소한 90분은 기다려야 한다. 여기서는 DVS를 사용치 않는다.

③ 08:10분 렌넷 넣기, 330kg → 49.5mL 첨가. 렌넷(액상) 49.5mL를 취한다. 미지근한 물에 녹인다. 즉 350mL 물에 49.5mL의 렌넷을 주사기로 뽑아 넣어둔다. 희석 즉시(08시 10분) 렌넷을 첨가하고 저어준 다음 교반기를 제거한다. 13분부터 45분간 정치, 48분에 cutting한다.

④ 09:15 유청 40% 배제, 198L 제거

⑤ 09:20 가온/가수, 297L(48℃) 줄 가수/가온온도가 너무 낮으면 커드 내부가 너무 습기 차고, 너무 온도가 높아 버리면 내부가 건조 되어서 치즈가 찢어지고 깨진다. Vat의 온도는 36~37℃가 적당하나 36℃가 가장 좋다. 36℃ 맞추고

물을 넣는데 시간이 걸림 36℃에서 20분간 교반 이때 커드 굳기, 느낌을 가지고 교반시간을 늘리기도 하고, 정상인 20분만 하기도 한다. 그 판단 기준은 위 Tips에 적어 둔 3가지 핵심 요건에 맞아야 한다.

⑥ 10:30 성형을 위한 예비 가압, 몰드 챙겨서 치즈 뱃 유청안에 넣어서 따뜻하게 해 주기
⑦ 10:55 몰드 꺼내기 - 커드 집어넣기
⑧ 11:00 가압(2.5bar) 30분간 가압 후 커드 뒤집어서 재 가압
⑨ 11:30 뒤집어서 재 가압
⑩ 14:00 뒤집어 주기
⑪ 15:00 가염 시작
⑫ 17:00 소금물에서 뒤집기

13) 숙성실의 나무선반 처리

① 한 묶음으로 10매 이상 모은다.
② 열수(85℃) 세척
③ 1.0% P3 Oxonia aktiv액으로 철솔 이용 세척(Eco-lab 제품)
④ 열수로 세정 헹굼
⑤ 그늘에 세워 말린다.

7.2 하우스 리스빅 시험장학교 인근 유기농 치즈목장 시찰 (7월 18일)

10시경 하우스 리스빅 시험장 학교가 있는 클레베에 가야 하고 해서 뒤셀도르프역에서 12시 39분 발 클레베행 열차에 몸을 실었다. 이젠 오늘부터 치즈 마이스터 정용삼 선생이 미리 교섭해 둔 유기농 치즈목장 시찰에 나선다. 정 선생 차로 다닌다.

1) 유기농 목장 방문

① 1984년 시작, 이곳 주에서 맨 처음 시작한 유기농 목장 / 가장 오랜 곳 / 면양을 갖고 시작했다. 체르노빌 사태 이후 원유 판매가 어려워서 소로 전환하였다. 치즈공장은 세를 내놓고 네덜란드인이 운영한다. 가게는 부인이 운영한다(5명 / 시간제). 운영 목장은 실습생을 받아 소는 최고 32두(현재 25두) 사육, 목장 규모는 이 메일로 보내준다고 함(독어판). 가게에서 판매중인 농산물은 모두 유기농산물이다.

② Dr. Hans Müller와의 관계(이 목장과). 독일에서 유기농 시작할 때 두 명의 교수가 이끌었다. 한 명은 정치적, 한명은 실천적으로 활동. 그들의 가르침에 따라 이곳도 했다. 두 교수의 지침에 따랐다는 표지판이다. Müller는 1920년에 시작한 이론이었고, 그는 작고했다. 그의 이론에 근거한 목장이다. 지금은 그와 관계는 없지만 그의 이론이 좋았다는 생각이다.

③ 유기낙농을 시작할 때의 기본적인 유의사항

㉠ 계산을 치밀하게 해야 한다. 농사짓는 것은 취미생활이 아니다. 돈에 목적을 가지고 하면 자신이 앞장선다.

㉡ 정신이 무장되어야 한다. 자손의 장래를 휘해 해야 한다는 정신, 더욱 열심히 해야 한다.

㉢ 유기낙농으로 바꾸기 위해서는 사람, 목장환경, 상황에 따라 잘 계획해야 한다. 특히 장래 자손을 위한 투자, 희생, 정신적 기반으로 결심이 서야 한다.

㉣ 어떤 동물, 생산물의 처리, 판매를 할 것인지 생각하고 겨냥해야 한다.

㉤ 땅도 중요한다. 땅의 개조가 필요하다. 감자 농사짓기 위해서 감자 잘 되는 토양, 밀은 밀 잘 되는 토양을 잘 선정해서 시작한다.

④ 유기농 단체가 독일에는 많다. 전국적인 것, 지역적인 것 등 품목별로 있다. 연방정부, 지방 정부, 군 단위 조직이 있다. 다른 단체는 서로 잘잘못을 따진다. 그러나 이들은 서로 보완, 정보교환을 하는데 매우 중요한 일을 하고 있다.

⑤ 1000평 / 8두에서 나온 분뇨는 자체 순환시킬 수 있어야 한다. 그것이 기본이다. 내 목장 분뇨를 내 땅에서 순환시켜 생산, 가공하는 것이 근본 유기낙농의 정신이다.

⑥ 독일이 그래도 나은 나라니까 우리가 먼저해 보자 해서 시작한 것이 유기농이다. www.bioland.de을 참고하라. 스위스 판이 자료가 더 잘 되어 있다.

⑦ 유기낙농은 정신운동이다. 한국이 유기낙농용 농후사료 수입해서 하는 것은 그 정신에 위배된다. 단순히 '웰빙' 바람, 즉 소비자의 얇은 요구에 따르고 있을 뿐 근본 방향에서 벗어난 것이다. 이론은 적용해 볼 수 있겠으나 유기건초 수입하고, 유기농 사료수입 한다면 그것은 문제다.

⑧ 자부심, 후대를 생각하는 정신으로 자기 땅에서 난 것으로 순환하면서 해야 맞다. 유기낙농에서의 문제는 가축수가 아니라 토지 면적이다.

2) 안네 페르횔른, 비이오란트 고엔호프 (Anne. vehoeln, Bioland Gouenhof) (7월 19일)

① 150여 두 산양 사육/사일리지 급여한다. 어린 것은 방목하나 착유중인 것은 양사 내에 둔다. 양사 내에 밀짚을 깔아둔다.

② 임신기간 150일, 300일 착유, 60일 건유/계절 번식한다. 숫놈은 부활절에 판다. 7~8월 중에 번식에 들어간다(보통 9월인데). 성탄절 전까지 착유하고 1~2월에 분만함. 초산, 1~2두/2~3산, 2~3두 출산하는데 암수비가 42%/31.0% 이하면 좋지 않다.

③ 수컷 = 12~13kg때 선호, 고기 6~7kg 나온다. 소비자는 그걸 선호한다. 자양(仔羊)은 분만 시 체중이 3.2~4.2kg 정도이다.

④ 비유 최성기 3~4년째, 5~6년부터 하향함.

⑤ 새끼 구입 시 1월산을 사야 한다. 2~3월산은 피해야 한다. 그래야 9월 임신이 가능한데, 벌써 7~8개월이 되면 성성숙 된다. 3월 분만한 것은 구입하지 마라. 미성숙 상태 임신시키므로 좋지 않다.

⑥ 산유량 900kg~1000kg/년, 일일 3~4kg/두로 본다. 혈통 보존, 기록을 농가마다 하지 않는다.

⑦ 이곳은 자연 교배한다. 2회 교배(저녁, 아침) 시킨다. 발정기간 20일, 인공수정이 좋기는 하나 꼭 좋은 것은 아니다. 뿔을 자른다. 상처가 난다. 유전적으로 뿔이 없는 것을 남긴다. 뿔이 있는 것은 도태해 버리면 뿔을 자를 일이 없어진다.

⑧ 산유량은 산양 10두의 착유량이 암소 1두의 착유량과 같다. 소 1두 DMP = 17kg/일, 산양 10두 DMP = 17~29kg/일

⑨ 유기농은 1991년 시작(부인이 설명), 부부가 농대 졸업했다. 목장 규모 60ha 전부 소와 산양 사육에 사용한다. 조사료 부족 시 10톤 정도는 사오지만 대부분 자체 순환한다. 제일 먼저 모돈 100두로 시작했다. 농대 졸업 후 Haus Riswick에 근무하다 목장에 들어왔다. 60ha 중에서 30ha 초지재배, 30ha 사료곡물 재배한다. 분뇨 부숙한 것은 적게 사용한다.

⑩ 클로버(화이트 클로버) 재배로 비옥도 유지한다. 클로버를 30% 넣어서 비옥도 유지된다. 여름에는 50~60%까지 올려서 수확량이 좋다. 질소 함량을 줄이기 위해 봄에 초지를 갈아엎어서 순환시켜 버린다.

⑪ 초지에 풀을 완전히 베어내고 산양 방목을 시켜버린다. 그렇지 않으면 산양 호흡기에 병이 온다. 사료작물 재배지에는 레드클로버를 재배한다. 제일 먼저 뿌려준다. 풀 가운데 먼저 그것이 자라게 하여 비옥도를 높인다. 연중 5~6회 풀을 수확함으로써 그곳의 잡초를 제거한다. 그러고 나서 곡물을 재배하면 잡초문

제도 해결되고, 토양 비옥도 증진되어 수확량이 높아진다.

⑫ 2년간 레드크로버가 많게 하고, 2년간은 사료용 풀이 많아지게 하면 결국 잡초가 거의 제거되어 곡물 농사가 좋아진다.

⑬ 콜레스테롤을 낮추는 지방질 관련 실험 사료에 옥수수 급여와 비급여시 차이가 났다. 옥수수가 콜레스테롤 수치를 높이는 것으로 알려져 소나 산양에 옥수수를 급여하지 않는다. 그 젖으로 치즈나 유제품 만듦으로 저 콜레스테롤 유제품이 되는 것이다. 이는 과학적으로 보고되었다.

⑭ 소의 경우 8000～9000kg/년이나 여기서는 6000kg/년인데, 산양은 일일 3kg/두으로 값을 높여 받으므로 차이는 없다. 산유량도 600kg으로 제한해야 산양을 오래 이용할 수 있다. 여기서는 착유우 30두 정도, 산양 160두 사육한다. 햄을 가공하고 판매도 한다.

⑮ 산양유는 치즈로 제조한다. 휴가철이라 공장은 1～2회/주 운영한다. 치즈공장, 유가공 공장에 사람을 시간제로 고용하고 있어 부담이 적다. 치즈공장 1명, 유가공장 1명이 일하고 있다.

⑯ 판매는 5개 마을시장에 판매하는데, 한 곳은 주 2회 가니까 6번 마을시장에 가서 판매하는 식이다. 지금은 판매차량 1대지만 앞으로 2대가 되게 해서 한 시장에 차 두 대가 가서 판매할 예정이다.

⑰ 여기 유제품 치즈가게는 하루 1～2명이 온다. 상징적이다. 군에서 특이한 농장 지정을 받았다. 성당의 노인네들이 들르면 엄청나게 사간다. 그 외는 파머스 마켓이 열리는 장날 판매 위주이다. 1명만 판매직원으로 고용하고, 나머지는 시간제이다. 400유로/월 구입자에게 세금 감면이니까 그런 사람들을 고용한다. 그러면 세금 감면되고 좋다.

⑱ Bio 목장 → 소비자 : 중간단계를 없애고 소비자에게 직접 찾아간다. 중간상을 거치지 않으니 마진이 좋다. 대규모 할인매장이 요청해도 응하지 않고 있다. 사람들에게 직접 찾아가서 판매하니까 신뢰도가 좋다.

⑲ 소시지도 화학조미료 쓰지 않고 옛날 할머니들의 전통방식으로 제조한다. 그래서 맛이 좋고, 유기적인 제품으로 완성된다. 유기농 제품이 비유기적으로 가공되면 그 의미가 없어진다. 그래서 유기 가공장을 갖추게 된 것이다.

⑳ 연중 농장 운영의 사이클 인력 운영방식/자금 운영/가격 차이가 있다.

[연중 목장 운영 사이클]

〈봄〉

1~3월 산양 분만 계절임. 굉장히 바쁜 때이다. 소보다 산양에 신경 쓴다. 새끼 암컷은 1~2주 어미 붙임, 수컷새끼는 1주간 어미 붙임, 그리고 착유 실시한다. 젖 착유 때 실습생이 많이 온다. 실습생을 많이 받아 운영한다. 농고, 농대에서 현장실습을 시키고 있어서 그것을 활용하고 있다. 부활절에 팔기 위해 준비 잘 한다. 그리스인들은 부활절이 빠르다 그걸 대비한다. 너무 어린 산양은 싫어한다. 봄에는 부활절용 숫양 준비로 바쁘기도 한다. 여기 원유가격은 유기농(Bio) = 30유로/L, 일반 = 25~27유로/L, 산양유 55~60유로/L인데, 한국은 50유로/L이라고 하니까 한국으로 이민가고 싶다고 한다.

〈여름〉

유기농 법령에는 방목을 강조한다. 4~6월 중 날씨가 나쁘면 2시간, 좋으면 4시간 내놓는다. 사람들이 보고 사진 찍기를 좋아한다. 산양은 운동량이 많아 에너지 소비가 많아서 산유량 감소가 있다. 그러나 유기농장이니까 방목을 시키고 있다. 산양은 기생충, 모기가 문제인데 방목 시 위험하다. 연중 급수하는 물에 약하게 예방약을 타서 먹여 기생충에 대비한다. 이것은 유기농에 허용하고 있다. GMO는 사용을 금지하고 있다. 자영요법으로 치료하고 있다. 1년 내내 치료한다.

분뇨에 기생충 알이 나온다. 그래서 매년 갈아엎어 방제한다. 기생충도 내・외부에 기생하므로 그것도 유기적으로 방제한다. 내부 충은 물에 타서 먹이고, 외부는 땅을 갈아엎어 방제하고 있다. 착유장 CIP도 산성세제는 계속 쓰지만, 알칼리 세제는 주 1회 정도 사용한다. 유기농업에서는 산양이 병이 들면 죽거나 낫거나 둘 중 하나이다. 수의사나 약으로 살리지 않는다. 자연 그대로이다. 그 녀석이 강해서 일어나면 살고, 죽으면 가는 것이다. 산양이 농후사료를 많이 먹으면 고창증에 걸린다.

Bio 목적 : 증산이 아니라 보통으로 하고, 동물이 건강하고 오래 살도록 조건을 갖추어 주고, 인간도 같이 사는 것이다. 남들은 1년에 9000kg/년 생산하지만 여기는 6000kg/년으로 만족한다. 그리고 자손만대가 이용하도록 적정한 생산성을 갖고 소를 자손이 이용하도록 여유를 두는 것이다. 이것이 나도 살고, 가축도 살고, 자손도 함께 사는 길이 유기낙농이다.

〈가을〉

산양 번식에 충실을 기한다. 성탄 준비한다. 토지경작은 남편이 알아서 한다. 봄이 되면 겨우내 두더지가 파놓은 것을 모두 평탄작업 해준다. 밀, 사료용 콩(아까보네 Acker Bonne) 굳은 땅에 사료용 콩을 재배한다(나무처럼 크고 뿌리가 깊어 잡초제거). 그건 가꿀 필요가 없어 좋다. 잡초제거 / 흙의 물리적 구조 개선이 된다. 수확량도 좋다. 5톤 / ha 수확이 된다. 보통 8~9톤 / ha인데 유기농은 다 이 정도이다.

산양이 콩 줄기를 잘 먹는다. 여기서는 땅을 경작해서 전량 자체 이용한다. 이것이 유기농의 정신이다. 90% 이상을 자가 생산 자급한다. 그래서 타인이나 외부 환경에 의해 영향을 받지 않는 독립경영이 되고, 자급자족 경영이 되므로 안정한 농업이 된다. 여기가 수자원 보호구역으로 질소가 많이 나오지 않게 제한받는다. 봄에 감자도 심고 사탕무도 심는다. 이것은 질소 이용성이 좋은 작물이다. 사탕무 3ha, 감자 3ha, 강낭콩 3ha, 빨간 무도 심는다. 윤작을 한다. 계약재배로 한다. 사탕무로 조청을 만든다. 한국에도 조청을 소개해야 한다. 빵에 발라먹기 좋다. 고구마 쌀을 이용한다. 설탕대신 그것으로 수입 대체한다. 사탕무로 여기서 조청을 제조하여 목장 상표로 판매하고 있다. 한국도 유기농 고구마로 조청을 만들어 팔면 좋을 것이다. 단백질이 많은 작물은 질소 이용성이 좋다. 6.25*protein = 다 질소 작물의 protein 양은 곧 토양 질소 흡수량이라 봐도 된다. 질소량은 Bio 재배함으로써 거의 균일화가 되어 버린다. 덤으로 주지 않아도 자체 순환으로 과다 질소가 방지될 수 있다. <겨울>은 생략함.

▷ 유기농 목장 방문층 구성 : 초・중등생, 연금 노인층

① 학생은 제품을 구매하는 양이 극소하나, 연금 받는 노인층 방문 시 매우 많이 판매된다. 학생들이나 노인 방문 시 유기농을 강의하는데 그에 대한 강사료를 받는다.

② 월 1회 정도 교육시키는 유가공 학교(초・중고생 대상) 운영 - 유가공 실습장 티켓 판매 - 숫자가 어느 정도 차면 강의함(한국에서 고려사항). 시간제 고용인을 써서 제품 판매 시 소비자가 문의하는 것에 대응을 잘 못한다. 그래서 Bio 제품을 일반 제품으로 오해하거나 유기농 제품의 가치가 잘 소개되지 못한다.

③ 산양사육 세미나, 면양 가공기술 워크숍(전국 산양농가 대상)

▷ 지난번 봄에 우리가 네덜란드에서 사온 치즈 제조일자 표지용 잉크는 화학성분으로 된 스탬프잉크가 아니라 천연식물로부터 추출한 아나토 색소이다. 가게 주인이 정 선생에게 확인해 준 것이다.

8.「친환경 한우생산 혁신 리더육성」해외시찰[12)]

2008년 4월 13일(일)~4월 20일(월)

8.1 베트리프 페어호븐〈로엔호프〉 목장 (BETRIEB VERHOEVEN〈ROUENHOF〉)

1) 개 요

① '로엔호프' 목장은 1991년부터 유기농을 시작하였으며, 총 면적은 60ha, 그 전에는 모돈 120두를 사육하였으나, 현재는 모돈 30두만 사육하고 있음

② 현재는 반추동물을 주로 하고 있어 착유우 21두, 산양 300두를 사육하고 있음

③ 농민시장 6곳에 이동하면서 판매 : 치즈, 요구르트, 소시지, 꿀, 사탕무즙(조청) 등 모두 유기농 제품을 판매함

④ 현재 공사 중인 건물이 있는데, 이 건물은 1880년대 중반에 지어진 것으로 건초 창고였다. 이를 리모델링하여 1층에는 레스토랑, 2층에는 체험학습장으로 만들어 어른들은 1층에서 차를 마시고, 아이들은 2층에서 체험학습도 하고 놀기도 하는 공간으로 꾸미고 있음

⑤ 이 목장에서는 유기농 교육장을 만들어 1주일에 2회 정도 유치원, 초등학생 등을 교육하고, 생일과 기념식 장소로 빌려주며, 목장에서 생산되는 제품들을 판매하고 있음

⑥ 방문자의 70~80%가 학생들이며, 농업고등학생 사전교육 하는데 이들이 농과대학에 입학하기 전 농업 진출에 관한 것을 훈련함

2) 체험목장 운영 특징

① 소시지 제조 시 염지제를 사용하지 않고 암염을 사용하고 있는데, 이 목장 부근에 소금광산이 있어 이를 사용한다고 함

② 산양유와 우유를 1/2씩 혼합하여 제조한 치즈가 제일 많이 판매됨 독일의 원유 값이 안 좋아 절약이 필요하고, 착유장도 20년 된 것을 사용하고 있고, 신규 투자는 바람직하지 않다고 함

---

12) 저자 주 : 본 연수는 지식경제부 지원을 받는 지역연고 사업인 순천대학교 친환경 축산생산, 유통시스템 강화 사업단의 지역 한우농가 독일 유기농 축산업 현장을 저자가 인솔하여 시찰한 내용 중 유기농 목장치즈에 관련된 내용만 정리하여 독자의 목장유가공 운영에 도움이 되게 편집하였음. 정용삼 선생이 방문목장 주선하고 안내하였음.

③ 7년 전부터 산양유를 생산하였고, 유기농으로 양돈업을 하여 고가로 판매할 때는 2000년 광우병이 발생하였을 때라고 함 광우병으로 쇠고기가 판매되지 않고 반면에 돼지고기가 많이 판매되었다고 함 특히 유기농 돼지 가격이 가장 높아서 돼지 판매한 돈으로 산양을 샀다고 함

④ 현재 목장 방문자는 70그룹/연 정도이며, 1그룹은 20명 정도라고 함 방문 입장료는 초등생 1인은 5유로, 어른 1인은 7유로로 입장료를 받고 있음 20명(1그룹)이 방문하면 140유로가 현금 수입이 되며, 매일 200유로씩 수입이 된다면 연간 소득이 높을 것으로 판단됨(200유로 × 300일 = 60,000유로, 한화 9천6백만 원)

⑤ 2007년 쿼터가격이 kg당 70센트(한화 1,120원)인데 반하여, 현재는 kg당 30센트(한화 480원)로 하락되었음

⑥ 우유 생산량이 늘어나면 토지가 많이 필요한데, 지금부터 충분한 토지 활용계획을 세워 100% 활용할 방안을 강구중에 있음 즉 체험학습 시설을 늘리고, 토지 이용률을 높이는 방안을 모색 중임

⑦ 소비자들의 목장브랜드 유제품 구입 이유 : Ⓐ 목장제품 구매자들은 우선 유기농 제품 자체가 좋아서 구입함 Ⓑ 일반제품에 알레르기 반응이 있는 사람이 유기농 제품 구입 Ⓒ 독일의 부유층(연금을 받는 노인층)들이 향수에 젖어 즐겨 구입함

⑧ 독일의 젊은 층은 대형 할인매장에서 주로 구입하고, 연금을 받는 층은 유기농 목장에서 직접 제품을 구입함 유기농 유제품을 구입하는 70~80%가 50세 이상의 노년층임 특히 의사, 변호사, 건축사와 같이 지적 수준이 높은 전문직 종사자들이 유기농 제품을 선호함 이를테면 산양유 치즈는 우유치즈보다 3배나 비싼데 부유층(인텔리 층)이 많이 구입 이와 같은 이유에서 산양유 치즈를 "아카데미 치즈"라고 불리기도 함

⑨ 체험 프로그램 : 직접 목장주가 함 입장료는 5~7유로(한화 8,000~11,200원)를 받음 Ⓐ 먼저 과일이 함유된 우유 1통을 줌 Ⓑ 교육과정(초지관련, 자연교육, 유기농 중요성, 축산교육) Ⓒ 돼지고기, 소시지를 먹고 싶어 하면 추가로 판매함

⑩ 소비자에게 이익환원과 복지 서비스 차원에서 1년 1회 목장을 개방하는 「목장 방문의 날」 이벤트를 실시하는데 반응이 참 좋음(1일 2,000명 정도 방문) 노인층은 화초를 좋아하여 이때 노인들이 방문하면 농장 흙을 파서 설명하고 무슨

화초가 어느 토양에 잘 자란다고 소개하면 좋아한다고 함(목장주가 지질학 전공자)

8.2 네덜란드 오로라(MOLKEREI AURORA) 유기농 치즈공장

1) 개 요

① 'AURORA' 유기농 치즈회사는 1980년에 설립되어 유기농 치즈 위주로 생산하는 회사이며, 직원은 12명, 안내자였던 검사실 책임자 마농 부모가 이 회사의 대표이다. 딸인 마농벤담이 영어로 소개하므로 저자의 통역으로 설명을 함

② 회사의 연간 원유처리 능력은 우유 6,000,000kg, 산양유 1,000,000kg, 면양유 100,000kg이며 중소기업 그룹에 속한다. 결국 이 회사는 유기농으로 생산된 원유를 연간 7,100,000kg을 처리한다(대부분 유기농 치즈생산).

③ 치즈는 주로 유기농 가우다를 생산하는데 마늘, 당근, 허브 등을 첨가하여 16종 이상을 생산한다.

2) 유기농 원유 사용 가우다 치즈 제조공정

① 16개 농가로부터 원유를 주 4회 수집

② 자동화 밀폐형 치즈 벳트 내 살균 : 72～73℃에서 15초간 처리

③ 냉 각 : 35℃

④ 식물성 렌넷(Vegitable rennet) 0.002% + DVS 스타터 + $CaCl_2$ 0.02%를 한꺼번에 밀폐형 치즈 Vat에 넣어서 교반 후 30～35분간 정치함.

⑤ 커드 절단, 정치 후 교반하여 발효, pH 저하 유도

⑥ 이때 유청 일부 제거하고 허브나 마늘 첨가 후 가벼운 교반

⑦ 벳트로부터 커드를 Pumping 하여 예비압착 Vat로 이동

⑧ 15분에 걸쳐 자동화 유청 배제용 기계로 예비가압

⑨ 커드를 Mould 크기로 절단해서 올려주면 사람이 Moulding 작업

⑩ 뒤집어 주고 1～2시간 두어 추가 가압, 2일간 가염

⑪ 건 조 : 건조실로 이동 1일간 건조

☞ 식물성 렌넷(Vegitable rennet) : 송아지 렌넷이 아닌 미생물 생성 렌넷을 의미한다. 채식주의자는 송아지를 도축하여 제4위로부터 얻어낸 렌넷 사용 치즈를 먹지 않는데, 여기 유기농 치즈는 식물성 렌넷을 사용한다.

⑫ 1일 동안 건조된 것은 계속 건조시키면서 치즈 표면에 Bio-plastic을 바르고, 3회/side 실시, 표면을 코팅한다. 자동적인 코팅시스템 사용(컨베이어 벨트에 치즈를 놓으면 플라스틱 액이 담긴 통을 통과하면서 자동으로 코팅처리 됨)

⑬ 1차~3차 Bio-plastic이 다른 것을 사용하는데, 색소가 없는 것을 사용한다.

⑭ Coating이 끝난 것은 숙성실로 옮긴다. 숙성실은 12~15℃, 습도 85% 이상임

⑮ 숙성은 짧게는 3개월, 길게는 2년간 한다.

☞ 이 공장에서 생산되는 치즈에 첨가하는 허브, 당근즙, 양념류(마늘)는 모두 유기농 농가로부터 인증된 것을 구입하여 사용함을 원칙으로 삼고 있다. 이것은 낙농가, 유가공장, 유기농가의 공생하는 방안이다. 유기농 당근즙을 원유에 혼합하여 치즈를 제조하는데 이것이 유기농 당근 치즈이다.

■ MOLKEREI AURORA 우유 · 치즈공장 현장교육

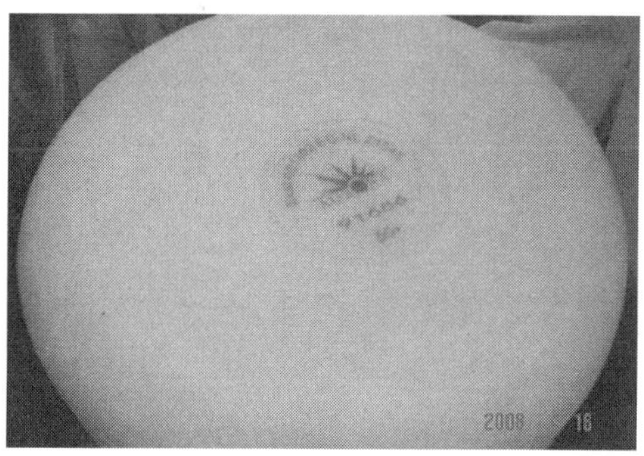

8.3 친환경 낙농목장 토마스 목장(THOMAS HOF) 및 치즈공장

1) 개 요

① 'THOMAS HOF' 목장은 180두 규모의 착유, 매일 3400kg 우유를 생산한다. 치즈 제조는 주당 15,000~17,000kg 원유로 치즈를 제조한다. 90%가 가우다 치즈로서 15종의 허브, 양념류 치즈를 생산한다.

② 주당 1,000kg 정도 음용유도 제조한다. 월, 수, 금요일은 치즈 제조하는 날이다. 치즈 vat : 6,000kg, 12,000kg이 있으며, 커드가 굳으면 가라앉으므로 신속하게 교반한다.

2) 치즈공방 특성

① 살균방법은 HTST방법으로 하며, 주 1회 신선치즈 제조한다(아이스만 사 치즈 뱃 사용).

② 크박 제조 시 망을 쓰지 않고 위에서 눌러줌(아이스만 사 제품)

③ 주 500g짜리 1,000개 제조, 시작한 지 21년 되었음.

④ 가염 소금물통 깊이 2.5m, 가염 틀 높이 2.0m(크레인으로 담그고 꺼냄)

⑤ 숙성실 설계 시 치즈 출하 속도를 계산하여 면적을 내야 함 치즈 숙성실은 넓은 면적이며, 치즈 냄새가 전혀 나지 않음(희망하는 관광객을 치즈공장과 숙성실에 견학시킴)

⑥ 치즈 숙성실에서 냄새가 나는 것은 숙성중인 치즈 양보다 숙성실 규모가 좁기 때문임

■ THOMAS HOF 친환경 치즈공장 및 낙농목장

8.4 체험 목장 숙박시설 벤치마킹 HOFVERKAUF 농가 민박시설 현장방문

1) 개 요

① 'HOFVERKAUF'는 독일 정부가 추진하는 농가 민박시설 운영 사업임

② 1976년에 부모님의 상속을 받아 양돈장을 운영하였으나, 1987년 남편의 사망으로 1994년부터 생계 해결을 위해 농가 민박을 시작하였음

2) 농가 민박 운영 특성

① 개업 당시 처음에는 4베드 방 2칸으로 시작하여 그 뒤 증축하여 10베드임

② 1년에 1,500명 정도 시설을 다녀감

③ 숙박자는 직접 요리를 할 수 있으며, 원하는 사람에게 아침식사를 제공함

④ 생일, 환갑 등의 기념일이 있는 사람에게 옛날 방식으로 기념행사를 제공함

⑤ 원래는 양돈장 종사 일꾼 숙소를 개조하여 만든 민박 시설임

⑥ 홈페이지를 통해서 예약을 받고 빌려줌(팬션형 농가 민박시설). 독일에는 농가 민박 지원 사업단이 있고, 지역마다 홈페이지를 운영하여 지원해 주고 있음

⑦ 양돈장과는 개인 숙소와 완전 구분되어 있으며, 개인의 프라이버시를 보장해줌

▣ HOFVERKAUF 농가 민박시설 현장학습

9. 미국치즈협회(ACS) 제30주년 기념 연차대회 참가기

일시 : 2013년 7월 30일~8월 6일(7박 8일)

장소 : 미국 위스콘신 주 메디슨 시 모노나 테라스(Monona Terrace) 컨벤션센터

◈ 출장자 : 학교기업장 배인휴 교수, 정유태 팀장

9.1 개 요

저자는 2012년에 국제낙농연맹(IDF)이 주최했던 「치즈숙성 학술대회(Cheese ripening conference)」에 참가한데 이어 두 번째 방문하는 「Cheese Mind, Wisconsin」이다. 같은 도시를 연이어 왔다. ACS 연차대회 장소인 모노나 테라스(Monona Terrace)는 모노나 호숫가에 있다.

〈일정별 행사〉

9.2 2013년 7월 31일

1) 특별 워크숍 - 자연 치즈를 위한 향미료의 선택

첫날 행사는 일종의 사전 보너스 프로그램으로 위스콘신주립대학교 낙농연구소(CDR)에서 9시 30분부터 워크숍이 열린다. 주제는 "자연치즈를 위한 향미료의 선택 / Flavoring Options for Natural Cheeses"이다. 자연 치즈에 천연 향신료를 넣어서 소비자들이 맛있게 먹는 요령을 개발하여 그 사례들을 시범 보인다. 위스콘신대학 낙농연구소가 오랫동안 개발해 두었던 것을 우리 회원들에게 공개하는 특별한 자리였다. 묵은지 김치도 나오고 고춧가루, 쌈장도 나오는데 기가 찬다. 우리는 이런 생각조차 하지 못했는데 그들은 이미 오래 전부터 우리의 전통 식재료들을 치즈에 접목해 두고 있었다. 그들은 이렇게 치즈 활용 아이디어 면에서는 분명 우리보다 앞섰다.

① 치즈와 꿀을 혼합할 때는 꿀 분말(Honey powder)을 넣는다.

② Wine, Beer에 각각 커드를 잠길 만큼 넣고 15~20분간 담가(soak) 둔다.

③ 체다 치즈에 고춧가루 넣기는 체다 절편에 적당량을 뿌린다. 거기에 큰 고추가루를 넣는다. 수분을 제거한 몬터리 잭 커드에 허브가루 2종, 마늘가루, 생강가루를 혼합하여 각각 섞어서 성형한다.

④ 산양유로 만든 신선치즈를 봉상으로 성형한 뒤 이를 김 가루를 뿌려두고 이용자가 잘라 먹게 하거나 각종 향미제(계피, 생강, 고추, 울금, 들깨, 참깨 가루 등

- 저자 응용)를 뿌려서 먹게 한다.

⑤ 가우다 치즈 표면에 초콜릿 가루 바르기, 가우다 치즈 표면에 각종 향료(초코페이스트 + 향) 발라준다(여기에 사용된 가우다는 1주일 된 가우다를 사용했는데 이는 그냥 시범용임), 초코 Paste 타입은 초콜릿가루를 올리브 오일에 섞었다. 보통 상업용은 3개월짜리 가우다를 사용한다.

⑥ 맥주나 와인 액에 체다 커드를 10~25분간 Soak(담구어 둔다) 시킨 후 몰딩한다. 15psi로 가압한 다음 진공포장하고 남은 액은 버린다.

⑦ 연구소 내부 시설을 샅샅이 둘러보는 시간을 끝으로 워크숍을 끝내고 바로 저녁행사가 이어진다. 펍 크라울(Pub crawl)이다.

2) 펍 크라울(Pub crawl) 행사

펍 크라울(Pub crawl)이란 개최지 도시의 유명 맥주집(Pub) 몇 군데를 미리 빌려서 회원들로 하여금 순회시키는 행사이다. 그냥 회원 개인별로 Pub 운영 목장주의 서명이나 날인을 받는 용지를 나눠 준 뒤 맥주 집에 마련된 유명한 치즈 코너에 가서 그 집 치즈도 맛보고 서로 인사 나누며, 치즈제조에 관한 이야기들을 나누게 한 다음 주최 측에서 나누어 준 첵 리스트 빈칸에 치즈제공회사의 서명이나 인증 스탬프를 받아 채우게 되어 있다.

그렇게 7개 펍 코스를 마치면 완성된 용지를 본부에 제출하고, 그 중에서 추첨하여 1명을 뽑아서 익년도 연차대회의 등록금을 면제해 준다고 했다. 그러나 사람들은 코스를 도는 동안 서로 인사하고 정보도 나누며, 골고루 만날 수가 있어 너무 좋아하며 맥주도 할인 가격으로 즐기다 보니 모두가 행복해 하는 것이었다. 이 행사 자체를 즐기고 있었다.

① 몇 사람이 동양인 참가자들인 우리에게 다가와서 인사한다. 어느 나라에서 왔는가? 뭐하는 사람이며 왜 여기 왔나를 묻고 자기 이야기도 들려준다. 그런데 모두들 접근하기를 서먹해 하는 듯하였다. 더러는 다가와서 인사하고 맥주도 대접하긴 했어도 극히 일부였다.

② 기억에 남는 것은 가공치즈 스프레드를 제조하는 회사 사장 부부가 친절하게 대해 주었는데 치즈 페스티벌에서 등 그 뒤로도 자주 만날 때 마다 “재미 있나요? 모처럼 오셨는데 이번 모든 행사를 골고루 잘 즐기고 있지요?”라며 인사해 준다. 참 행복하였다.

9.3 2013년 08월 01일

1) ACS 30주년 기념식

아침 식사는 버몬트 치즈위원회(Vermont Cheese Council)가 제공했다. 좌석도 넉넉하고 음식도 풍성하였다. 호텔 조식을 빈약했지만 여기는 그야말로 어느 왕조의 궁정 조식급이었다. 식사가 어느 정도 정리되니까 기념식 준비를 한다.

① 08:15부터 ACS 회장이 opening Key-note 연설과 특이사항을 이야기한다. 무슨 사회자가 있는 것도 아니고 애국가나 국기에 대한 경례도 없이 회장 스스로 올라가서 자연스럽게 연설하고 다음 연사가 나오도록 소개한다.

② 1983년에 시작된 이 협회의 연륜이 묻어나는 이번 행사가 다음 30년을 향한 도약의 기반이 될 것을 다짐한다.

③ 연설자들이 마치 대화하듯이 이야기 하고 있다. 행사 이전 2일경부터 시작된 프로그램 진행이 정교하다. 이틀 전에 1만점이 넘는 치즈 콘테스트 행사가 2일간에 걸쳐 끝나고 행사는 올곧게 진행되게 배치했다.

④ 행사의 주요 내용은 치즈제조에 관한 온갖 토픽을 내걸었다. 최근 경향에 맞추어 미래 대응이 주요점이다. 여기서 이루어지는 온갖 발표 주제나 활동 내용은 한국 치즈발전에 살이 되고 피가 될 것들로 가득 찼다.

⑤ ACS 창립 30주년 기념식인데 창립자인 코넬대학교 교수였던 코시코브스키 교수에 관한 언급이 없는 것이 이상하다. 이토록 협회가 성장하는데 기여한 교육종사자들에 대한 언급이 별로 없는 것도 이상하다.

⑥ 다만 치즈과학에 종사하는 토양학, 미생물학, 화학자, 품질관련 과학자들에 대한 감사를 표시한다. 이들이 언론, 유통, 수출, 그리고 각종 단체들과의 Network를 중시하고 있음에 주목했다.

⑦ 특히 언론사(Press)를 대상으로 하는 접수 코너가 따로 있을 정도로 세심하게 배려하고 있음이 중요하게 다가온다.

⑧ 연설자들 몇 명이 1969년을 여러 차례 강조한다. 치즈 발전에 기념비적 해였다고 한다. 그때부터 치즈제조와 교육, 과학이 손잡고 농업분야도 합류해서 미국 치즈 발전의 기반이 조성되었다고 한다. 이윽고 그들은 치즈 기술 발전에 기여한 대학, 연구소들의 교육을 높이 산다고 했다. 그렇게 중요한 그동안의 이런 저런 교육 프로그램이 없었다면 오늘이 있었겠느냐고 강조한다.

⑨ 젊은 사람들이 매년 늘어나는 것도 고무적이라고 했다. 1972년에도 놀라운 일

이 많았는데 그 중에는 치즈가 유기농업과의 접합되었다는 점이 그렇다고 한다.

⑩ 특히 켈리포니아의 각성은 1968년부터 시작되어 수많은 목장 치즈 제조자들이 생겨났고, 오늘날에는 위스콘신 주와 더불어 미국 치즈 발전의 한 축을 이루게 되었다는 것이다.

⑪ 치즈 마케팅 분야에 농민시장(Farmers Market, 우리의 로칼 푸드점)의 출현은 치즈 제조자들에게 새로운 유통 활동공간을 만들어 준 계기가 되었다. 1976년부터 농민시장 운동은 조직적으로 일어났고, 농업분야 모두에게 그들이 가야할 길을 깨닫게 해준 계기가 되었고, 치즈시장이 성공적으로 성장하게 했다.

⑫ 농업 특히 낙농업 분야의 혁명적 각성은 낙농가들이 목장에서 치즈를 제조하여 스스로 마케팅에 나온 일이다. 요리에 있어서 사용되는 재료로 기술을 뛰어 넘는 일이다. 좋은 재료를 만나야 좋은 요리가 나온다는 것은 상식이다. 다양한 치즈거래가 가능한 농민시장의 출현은 요리분야에서 혁명을 일으킨 사건이라고 한다.

2) 원유유래 향미의 고찰[confounding flavors found in milk.]

① 치즈에서 왜 원유가 그리 중요한가?
Ⓐ 모든 유제품의 원료, 기본이다. Ⓑ 좋은 경험, Ⓒ 교향악단 대 독주연주, Ⓓ 원유는 분명한 기억으로 멋진 스토리 창출

② 치즈 제조자는 원유의 중요성을 누구보다도 절실히 알고 있다. 원유에 온갖 품질 정보자원이 함유되어 있어서 강하고 명확한 기억을 전달해 준다.

③ 원유 생산 - 기본은 사료. 청초방목(Grassy), 그리고 염도(Salty)이다. 1년 중에 2월의 원유가 좋다. 그때는 별 냄새가 없는 시절이기 때문이다. 그러나 청초 먹여 얻은 원유와 평상시 원유 사이에 엄청난 차이가 있다. 특히 향미 관련 성분에서 청초먹인 젖소(Grass-fed Cow)의 원유가 월등히 다양하고 많이 함유되어 있기 때문이다.

④ 염도(Salty)란? : 젖소의 혈액 중 염분농도와 사료 영양소 중의 염분을 유선세포가 원유 쪽으로 그대로 내보낸다. 그래서 원유의 염도가 변하는 이유이다. 유즙합성 세포는 그것을 걸러낼 능력이 없어서 짠맛 원유(salty milk)가 된다.

⑤ 요구르트 제조 시에 가열온도를 높이는 것(순천대학교의 경우, 90℃/10분이나 95℃/5분간)은 가열취(cooked flavor)를 얻고자 함이다. 치즈에는 이런 맛깔스러운 향미가 없다. 그렇다고 치즈 원유를 고온 가열할 수도 없다. 고온 가열 시

요구르트에서는 좋은 조직과 향미를 기대할 수 있다.

⑥ 밋밋한 냄새와 맛(Flat)이란, 어떤 특이 치즈 원유에 10~14% 물을 첨가할 수 있다. Flat는 물을 참가 시에 나타나는 현상이다. 가끔 요드나 아이오다인 같은 세척제가 들어가면 이런 현상이 나온다. 치즈공방에서 위생 소독제(sanitizer) 사용에 주의해야 한다. 특히 원유 탱크 세척 시 주의해야 한다. 충분한 행굼(rinse)이 필요한데 적당한 rinse라도 문제가 된다. 특히 바닥부분에 많이 고이게 되는데 그것을(세척제) 헹구기 해주지 않으면 다음날 냄새가 난다. 헹굼 물도 저온 살균수를 이용하는 것이 좋다. 최소 5분간은 해야 한다. 락스 같은 차아염소산 소다나 요드 제제 사용은 유의해야 한다. 이취(foreign)는 세척제가 문제가 되어 나타난다고 봐야 한다.

3) 낙농가를 상대로 한 교육 프로그램 진행 요령

① 먼저 관련 이론을 강의하고 질문은 수시로, 궁금할 때마다 바로바로 하라고 숙지시킨다.

② 실습을 시킨다. 실습 중에도 강의내용을 재확인해 준다.

③ 실습결과를 놓고 다시 주요 강조점을 주의시켜 각인시킨다.

4) 치즈 공장에서 분말재료의 평가

① 이상한 색깔 유무

② 가격도 중요하지만 품질이 더 중요

③ 열수에 분말을 현탁시켜 볼 것

④ 냄새, 향미성, 용해성을 확인한다.

이상의 점을 검토해서 이상한 점이 조금만 있어도 조심, 조심하라! 분말을 열수에 두 세 스푼 풀어서 냄새를 맡아 보라. 아주 좋은 것이 아니면 사용하지 마라.

5) 원유 Sampling

① 일시적-표준작업 절차규범(Tempered - SOF(Standard Operating Procedure)

② 냄새에 유의

③ 한 입 머금어 보고 그때와 그 후의 냄새로 유의하라.

④ 향미 있는 좋은 원유인가?

이런 점을 유의해서 선별하라.

6) 유의사항

① 소비자의 감성주의

② 부패 취(rancid)는 원유의 지방분해효소(lipase)에 의해 분해된 지방산 때문에 나는 것이다. 금속 취는 구리나 철 성분 혼입 때문에 나는 것이고, 산성세제 사용 시 그 안에 구리나 황성분이 함유될 수 있다는 점을 유의할 것이다.

7) 가공치즈 스프레드 제조회사 파인 리버(Pine River)

우리에게 유난히 친절을 다해 인사하고 배려해 준 부부의 회사이다. 숙성 단계별 체다 치즈를 체다 치즈 공장들로부터 구입하여 분쇄해서 이를 물, 버터, 유청과 혼합 후 스프레드 형으로 재형성한 치즈생산 회사이다. 부인이 말하기를 회사 경력이 50년인데 남편이 그의 부친으로부터 물려받았다고 한다. 이탈리아 어느 회사에서 외형이 깨져서 판매할 수는 없고, 버리기도 어려운 숙성치즈를 새로 나온 치즈 중 실패한 것들과 혼합하여 가공 이용한다는 아이디어와 유사하다.

8) 치즈제조 업체들과 회원 간의 만남

오늘 치즈제조 업체들과의 만남 시간에는 73개 업체가 참가했다. 열심히 자기 치즈를 소개하고 있다. **웨런 라울러**가 소개한 미국 치즈 소개 책자에 나오는 상당수의 유명한 업체들이 전시하고 있었다. 치즈 제조자와의 만남시간에 수많은 치즈를 마음껏 맛보게 했다. 저녁 7시부터 환영만찬을 행사장 옥상에서 연다는데 오늘 저녁식사는 그냥 걸러야겠다. 저녁식사는 위스콘신 주 낙농위원회가 각종 치즈와 와인이 곁들여진 뷔페로 제공한다.

9) 위스콘신 주 낙농위원회 사무장의 환영만찬 연설

"치즈는 위스콘신 주의 중요한 비즈니스 분야이다. 우리는 600여 종류의 치즈를 생산한다. 우리 주 거주민들은 낙농업을 자존심으로 생각한다. 그래서 우리 위스콘신 주의 모토가 'Cheese Mind, Wisconsin'이다. 우리 주는 1년에 26억 달러어치의 치즈를 생산한다. 위스컨신 대학이 우리 주 낙농업 발전에 큰 기여를 했다. 우리는 중국, 한국에 치즈를 수출하고 싶다. 중국인들은 늘어나는 치즈류(스트링)을 원하고, 한국인은 한 종류 치즈, 한 회사 치즈만 원하고 있다. 중국과 한국인의 취향에 맞추는 것이 숙제이다. 미국은 매년 2.0%씩 수출량이 증가한다. 2011년 18%에서 2012년 23%로 늘어났다. 치즈는 낙농가의 딸이다."

피곤하기도 하고 잠이 와서 밤 9시 무렵 호텔 셔틀을 불러서 돌아왔다.

치즈 만들기 킷트

창립 30주년 오프닝 행사

9.4 2013. 8. 2 (금)

1) 멕시칸 치즈의 개안(오전 세션 1)

아침식사는 07:45에 개시한다. 이들은 이렇게 빠듯하게 연차대회 프로그램을 운영한다. 오늘의 첫 session은 볼룸 B에서 열린다. 이 강좌에 미리 예약한 사람만 받아들이려고 일일이 티켓 점검하고 입장 시킨다. 왜냐하면 공간은 한정되어 있고, 너무 사람이 많으면 올바른 강좌 진행이 어렵기 때문이다.

한국에서 등록할 때 나는 미리 예약을 했다. 오늘의 첫 강좌는 멕시칸 치즈 관능성 검사이다. 멕시코 치즈 역사는 스페인 식민지 시절(1625~1850)에 유입되었다. 스페인 치즈가 멕시코의 기후풍토 속에서 멕시칸 치즈로 변신한 것이리라. 결국 유럽의 몇 가지 치즈들이 멕시코 환경에 적응하다 보니 특이한 치즈로 발전한 것이다.

① 신선치즈

㉠ 성 분 : 수분함량 46~58%, pH 5.4~6.4, 소금농도 1.0~3.0%, Fat 18~25%

㉡ 보통 열에도 녹지 않는 성질이 있으나 녹는 것도 있다. 껍질은 없다.

㉢ 응고 방식 : 렌넷이나 산으로 하는데 스타터를 넣거나 있거나 없거나 살균유나 비살균유 소금치거나 염지(Salting or Brining) Panela or Canasto Fresco, ranchero, Sierra가 있다. Blanco도 있다.

㉣ 외양은 하얗고 약간 노랑 어떤 것은 표면에 수분이 있다. Queso panela의 표면 형태는 매우 중요하다. 바구니에 담았다가 수분이 빠지면 엎어 놓은 형태이다. 대나무, 섬유질, 플라스틱 바구니를 사용해도 된다.

㉤ 여기서 blanco는 가압한 것이고, penela는 자체 중량으로 성형한 것이다. 그래서 조직성이 다르다 Fresco가 있는데, 이것은 푸석거림이 있을 정도로 연

약한 조직이다.

㉥ 멕시칸 치즈 이용법

- 퀘소 블랑코는 구워먹고, 소스에 재워먹고
- 채소에 섞어 먹고
- 다른 요리에 섞어 요리한다.

② 멕시칸 치즈의 향미성분

㉠ 유지방 : lactones

㉡ 우유향(buttery : diacetyl)

㉢ 유청향

㉣ 소금향

㉤ 받아들일 만한 상큼 싱큼한 향(acid set)

㉥ Panela는 퀘소보다 연약하고 약간 역한 냄새가 있으나 뒷맛은 좋다.

㉦ 퀘소 프레스코(qucso fresco) : 짠맛이 심하다. 맛은 panela 보다 안 좋다.

③ 녹여서 이용하는 멕시칸 치즈

㉠ pH 5.0～5.5

㉡ Low salt 1.0～2.4%

㉢ Rennet 응고 혹은 산 응고

㉣ 스타터 접종 혹은 무 접종. 멕시코 요리의 마카로니 요리 시 전통 요리에 넣어 먹는다(가열하여). 외양은 연한 노랑에서 노란색까지 모양은 전통적이거나 authenticity로 둘둘 말아 포갠 뒤 원형으로 마무리해서 먹는 이가 적당한 크기로 썰어서 먹게 한다.

㉤ 향미(flavor)

- 묵직하고 향미로운 유제품 향미(body & diacetyl)
- 짠맛(salty)
- 산미 혹은 싱큼함(acid or sour) ※ 유지방 milk fat / 락톤 lactones 이상은 quso qaxaca(용융성 치즈)에 관한 것이다.
- Queso chihuahua(quesadila) : 맛이 짠 것이 특징, 약간 싱큼한 맛

④ 숙성한 멕시칸 치즈 구성분

수분 : 35～45%, pH : 4.7～5.7, Fat : 23～30%

주로 가루로 사용함. 약간의 궁텡이 맛 같은 큼큼한 맛[rancid(butyric)]

㉠ Rennet 응고 : 스타터 넣거나 안 넣거나, 살균 또는 비 살균유

㉡ 미끈한 조직, 초경질, 짠맛, 끈적거림, 사료취, 과일취, 견과류취, 궁텡이 맛

같은 큼큼한 맛[rancid(butyric)], 비누취, 산성취, 선 머슴이나 카우보이 몸에서 나는 체취 → 이것들이 모인 것이 멕시칸 숙성 치즈의 향미이다.

㉢ 숙성기간 3개월~5년간

㉣ 숙성 치즈의 사용법

- 신선 상태로는 과일과 함께 식탁 치즈로 이용
- 숙성이 끝난 것은 분쇄하여 가루로 만들어 요리 소재로 이용한다.

※ Tips : 멕시코에는 잡종 젖소가 있다.

Holstein × Zebu와 Brown Swiss × Zebu

이 소 젖으로 로마노 치즈와 파르메산 치즈를 만든다.

⑤ Queso cotija

㉠ 냄새가 고약하다.

㉡ 신맛이 강하다.

㉢ 쓴맛도 있다.

㉣ 조직이 끈적인다.

㉤ 뒷맛이 안 좋다. 이 치즈는 대표적인 멕시칸 숙성 치즈이다.

㉥ Cotija 치즈 가루를 이렇게 쓴다.

- 빵 위에 뿌리기
- 샐러드 뿌리기
- 파스타에 뿌리기

⑥ Queso ciucho

㉠ 단단하다.

㉡ 짠맛이 강함.

㉢ 소 오줌 맛

㉣ 냄새가 퇴비 썩은 냄새다.

㉤ 뒷맛도 아주 나쁘다.

그런데도 멕시칸들은 너무 좋아한다. 그래서 미국의 일부 회사가 멕시칸 치즈를 브랜드화 해서 미국 내 멕시코인들을 위해 판매중이다. 멕시칸 치즈 중 신선형은 크림 드레싱을 하는데, 보통 커드의 2배~3배까지 하는 경우도 있다. 오늘은 6종류의 멕시칸 치즈의 감성공학적(Ergonostic engineering) 관능성 공부를 하였다. 이 강좌가 정말 매우 유익했던 것이 저자의 한국 치즈개발에 참고가 되었기 때문이다.

2) 멕시칸 치즈 대종

대부분의 멕시칸 치즈는 렌넷응고 커트로 전연성이 좋아서 스트레칭 가능하나, 산응고 치즈는 전연성(展延性)이 없어서 스프레칭이 불가능 하다. 멕시코 치즈는 여기서 두 개의 부류로 나뉜다.

① 신선형
② 멜팅형

3) 체험학습이나 시민교육을 위한 치즈제조 시범학습(오전 세션 02)
[cheese making Demonstration]

1) 개 요

오늘의 이 강좌는 치즈를 전혀 모르는 사람들에게 치즈제조 학습법을 실제로 보여주는 유익한 시간이었다. 강사는 위스콘신 대학 메디슨 캠퍼스 심머 학장(Dean Simmer)으로 그는 오랫동안 치즈와 식품 기술자(cheese and food technologist)로 활동했다. 즉 이 강좌는 치즈 제조과정을 보여주는 session이다.

① 먼저 탁자 위에 magnetic mixer를 놓고 열을 가하면서 원유 3L를 비커에 담아두고 온도를 올리고 있다. 설명할 때 사용할 white board 대신 1회용 종이 묶음을 위에 접착한 용지를 두었다.

② 그는 10년간 이런 과정을 운영해 왔다. 먼저 치즈제조 기본을 PDF로 보여주고 그 다음에 실제기술을 보이고 있다. 학부생이 보조로 그의 강좌를 돕고 있다. 과정 진행 중에 청중이 질문한다. 그러면 쉽게 설명한다.

③ 어제 착유한 우유를 오늘 여기 살균하여 가져왔다. PDF에 실린 내용들을 설명하다가 갑자기 "여기 실기로 보이겠다. 이 원유를 보라. 마치 액상 그대로지 않느냐? 이 원유에는 단백질, 지방, 유당, 무기질이 함유되어 있다. 이 액체가 고체로 농축된 것이 치즈이다"라며, 액상의 원유가 치즈가 되는 것을 설명한다.

④ 준비된 실물들을 들어 설명을 이어 간다. 유산균 스타터를 보여준다. "이것으로는 치즈 만들기는 하나, 더러 카티지 치즈 정도를 만들 수 있다."라고 설명한다. 그는 갑자기 질문을 한다. "스타터 기능이 무엇인지 대답할 사람?" → 발효용 미생물이다. 지금 원유 온도는 89F°(32℃)로 스타터 중 중온균이 자라기 좋은 온도이다. "치즈제조는 불행한 일이지만 생각 밖으로 쉽지 않다. 치즈는 예술일까? 과학일까? 둘 다 포함된다."
그는 계속 쉬운 어조로 설명을 이어 간다.

"치즈는 식품 보존수단이다. 음유용의 유통기한은 4~5일, 멸균유도 21일이지만, 치즈는 기본이 5년, 100년도 보존이 가능한 식품으로 변신한다. 치즈를 무엇이 그리 오래 저장할 수 있게 하는지 아는가? 그것은 산(acid)인데, 그 산은 유산균이 생성한 유산(Lactic acid)인 것이다. 그런데 열과 산으로 만든 그리폰후라잉 치즈는 저장성이 낮다. 그것은 그 치즈가 가진 산이 유산균의 산이 아니라 구연산이기 때문이다." 참 명쾌하고 유려한 강의가 이어진다.

⑤ 원유 성분에 영향을 미치는 요소들 :
동물의 종류, 품종 내 개체, 비유기와 나이, 영양분(사료) 방목우, 사료 급여우 건초 급여우마다 유성분 차이가 천차만별이다. 계절마다 달라지고, 산차마다 다르며, 사양관리 즉 정서적・정감적 환경에도 영향을 받는다.

⑥ pH란?
pH란 산 농도를 기계로 측정한 단위이다(acidity).
중성 - 7.0 (기준)
- 6.7 ↓
- 6.0 ↓10×
- 5.7 ↓100×
원유(pH 6.7)가 치즈가 되면 pH 5.1이 되어 보존성이 좋아진다. 아시겠는가?

⑦ 치즈 색깔을 설명할 때는 준비된 안나토 나무의 열매를 보여준다. 미국 치즈 연구소 치즈 색 표준표가 있다. 하나에 250달러다. 원유에 안나토 색소를 넣어서 치즈색이 우유 빛에서 노란색으로 변화된 것을 보여준다. 여름 원유는 칼라를 안 넣어 주는 이유 설명한다. 청초의 캐로틴이 원유로 이행하기 때문이다.

⑧ 이어서 렌넷을 첨가하고 열 두어 번 저어주고 주변을 정리한다. 30분을 정치한다. 렌넷이란 송아지 제 4위에서 얻은 것이다. 스위스 산악지에서는 송아지 4위를 직접 얻어서 제조하여 사용했다. 지금도 숫송아지는 낙농에서 도움이 안 되므로 숫송아지 4위를 더러 활용한다(4위 적출 → 세척 → 저온 건조 → 분말).

⑨ 금방 굳은 원유를 굳기 검사법으로 가르치고, 굳은 커드는 플라스틱 접시에 담아서 보여 돌린다. 이어서 커드를 절단해 보인다. 커트 굳기에 따라 치즈 굳기가 달라진다. 모짜렐라는 1.0cm, 파마산은 rice grain(쌀알 크기. 0.5cm) 크기이다. 단단한 정도가 전혀 다르다. 이때 온도 31~32℃이다.

⑩ 여기까지 보여주고 다시 PDF를 가지고 설명한다. 그러니까 이론과 실기가 같이 진행되고, 그때그때 질문하게 한다. 지금부터는 원유의 미생물 유래를 설명한다.

<종이 차트로 넘겨가며 기재하고 설명한다.>

Ⓐ 치즈 중의 유산균은 처음엔 10^8(1억)cfu/mL에서 1년 후면 거의 zero가 된다. 유산이 하는 역할 중 하나는 커드를 수축시킨다. 수축될 때 커드 안에 갇힌 수분이 배어난다(Syneresis라고 함).

Ⓑ 털실 뭉치 두 개를 사용해서 응고된 카제인 간의 격리상태 상호간 접착제로 응고된 상태가 되어 네트워크를 만든 모양을 설명한다.

Ⓒ Cottage → 원어민 발음은 카티지가 아니다. 카리지이다. 국제적으로 활동하려면 치즈 발음법도 공부이다.

Ⓓ 카제인의 입자모형은 같은 극끼리 마주 보도록 털실뭉치에 자석을 측면에 붙여서 서로 미는 모습이 되게 하고, 반대편에 접착형 밴드를 붙여서 서로 붙게 장치했다. 이런 프로그램을 초보자 1일 치즈학교 운영에 활용하면 좋을 듯하였다.

9.5 치즈의 일생, the life of cheese 특강(오후 세션 01)

1) 개 요

오후 세션에서는「인류학적 관점에서 조망한 미국의 장인 치즈(Artisan cheese) 제조」라는 주제로 매사추세츠 공과대학(Massachusetts Institute Technology(MIT)[13] 인류학부의 Dr. Heather Paxson 교수가 강의한다. 이날 강의를 맡은 교수는 MIT의 2013년 우수강의 교수상(Best Teaching Fellow) 수상자이다. 아래는 그녀의 강의 내용의 요점만 기록하여 남긴다.

미국은 지금 장인들이 만드는 식품의 르네상스 시대이다. Green market. Cato corner farm cindy 그리고 Linac Callanham California의 치즈제조가 그렇다. 나는 인류 문화학자로써 치즈 만드는 사람들을 찾아서 버몬트, 워싱턴, 캘리포니아의 치즈 제조하는 치즈목장들과 소형 치즈공방들을 두루 찾아 다녔다.

미국에서 Artisan Cheese는 이제 새로운 것이 아니다. 새롭게 가치가 조명되고 있는 것이다. 미국의 장인 치즈는 전통 창조와 개혁(tradition of invention and innovation)의 역할을 해주었다. 하나의 전통 창조는 엄밀히 말하자면 새로운 개혁이다. 미국에서 1854년까지만 해도 여자들이 부엌에서 버터 천을 돌렸다. 심지어 1882

13) 미국 매사추세츠주(州) 동부 케임브리지에 있는 과학기술계의 사립 종합대학교로 1861년에 저명한 자연 철학자인 윌리엄 로저스에 의해 설립되었다. 매사추세츠주(州) 동부 케임브리지에 소재하며 홈페이지(http://www.mit.edu)를 검색하면 주요 자료를 검색할 수 있다. [네이버 지식백과] 매사추세츠공과대학교 [Massachusetts Institute of Technology, 一工科大學] (두산백과) 요약

년에는 남자들이 치즈공장에 취직해서 그 일을 직업으로 삼았다. 이러한 전통의 밑바탕 위에 1980년부터 미국의 장인 치즈가 역사적인 재현된 기점으로 잡는다. 미국의 장인치즈 공장 수가 2001년을 기점으로 증가하였다. 모기지 론 사태로 경기침체 영향을 받은 2000년에 약간 감소했다가 다시 늘어난다.

나는 치즈 장인들에게 왜 치즈장인이 되었는가? 라고 물어봤다. 146명을 조사했는데 그 결과 그들은 장인 치즈를 만드는 목적을 다음과 같이 대답했다.

Ⓐ 로칼 마켓에 고품질 치즈 공급하고자(37명)
Ⓑ 고부가 가치 낙농보호(33명)
Ⓒ 재미, 돈벌이(22명)
Ⓓ 농촌생활방식(20명)
Ⓔ 사육중인 유산양의 사료비 확보를 위하여(12명)
Ⓕ 독립, 자기만의 세계 구축(7명)
Ⓖ 미래 세대를 위한 세금(6명)
Ⓗ 기타(은퇴 후 직업, 돈벌이 삼으려고)(5명)

여기서 나는 이 분들의 정신 속에 소박함과 다소 익살스러움이 깃들어 있음을 발견한다. 그러면 이 일은 지속성을 갖는다. 단순히 돈벌이만을 위하는 일이라면 오래 가지 못할 것이다. 돈이 안 되면 그들은 하던 일을 바로 그만 둘 것이기 때문이다. 최근 미국의 낙농가 수는 지속적으로 감소하지만, 호당 사육두수는 증가하는데 여기에는 국가 기본 식량을 꾸준히 공급해야겠다는 낙농인들의 의지가 버티고 있기에 가능한 일이다. 미국 장인치즈 중에서 비 살균유 체다 치즈(raw milk Cheddar Cheese)가 있는데, 주로 유기농 치즈 목장(Organic farmstead creamery)에서 그리 한다.

유기농은 복지상 가축에게도 좋고 자라나는 아이들에게도 좋다. 프랑스에서 AOC 인증 받은 꽁떼(Comte) 치즈는 정해진 지역에서만 제조하고 있다. 왜냐하면 꽁테 치즈와 유기낙농과는 밀접한 관계가 있기 때문이다. 그러나 미국에서는 그렇지 않다. 우리가 전통에 대한 부담을 갖지 않는다면 개혁과는 상관이 없다. 전통이 사실은 개혁을 낳은 태반이다. 결국 개혁(innovation)은 새로운 전통의 창조(creating tradition)란 말이다!

미국은 그렇지 않지만 영국 체다 지역에서는 치즈를 천으로 표면을 감싸서(cloth-bound cheddar)로 숙성하는 것을 고유한 전통으로 삼고 있다. 그런데 콜비 치즈는 체다 치즈 제조공법을 개선한 것이다. 이는 곧 미국에서 새로운 전통을 만든 것이다. 버몬트에 있는 Jasper Hill은 그러한 창조와 관련이 있다(여기에 프랑스 치즈학교 분교가 열림). http://www.vermontshepherd.com 버몬트 쉐퍼드 부로셔를 참조하라.

그러면 사람들은 장인들이 만든 치즈를 왜 사는지를 물어 봤다.

Ⓐ 일단 맛이 좋아서,

Ⓑ 사람의 손으로 만든 것이므로,

Ⓒ 친 자연적이다. 라는 순서의 대답이 나왔다.

여러분은 장인(artisan) / 농가(farmstead) / 지역(local) / 지속성(sustainable) / 인간(humane) / 환경(terroir) / 녹색(green) / 이상의 단어에서 무엇을 느끼는가? 장인치즈는 인류의 지속성을 위한 훌륭한 장을 열어가는 존재인 것이다. 포도주가 만들어지는 자연환경 : 자연환경으로 인해 얻어지는 포도주의 독특한 향미가 있는데 여기에는 떼루아(got de terroir, terroir de coffee, comte, le terroir)와 밀접한 관련이 있다.

프랑스어 중에는 독특한 국제적인 단어가 몇 개가 있다.

Ⓐ 데카당스

Ⓑ 똘레랑스

Ⓒ 느와르

Ⓓ 떼루아(terroir)

여기서 떼루아는 포도주 맛을 이야기할 때 그런 산물이 나오게 만드는 환경과 기후 풍토를 포함하는 말이고, 좀 더 깊이 이야기 하자면 특정 지역의 분위기, 전통, 문화, 사회성까지 함축적으로 표현된 말이다. “그 포도주의 맛은 오직 어느 지역의 **떼루아**에 의한 것이다.” 라고 말할 수 있다. 포도주 생산과정의 숙성 중 관리 요령도 포함된다. ☆ 우리가 보통 2014년을 영어로 발음할 때 더러 “투 싸우던트 포틴” 하지만 이땐 “투어니 포틴”(2014)으로 발음한다. 바로 내년이다. 내년 2014 ACS 연차대회에 꼭 오고야 말겠다.

치즈 만들기 체험학습(데모)

미국 아티산 치즈 특강

9.6 2013. 8. 3 (토)

08:00～08:45

오늘의 아침식사는 이번 치즈품질 경진대회에서 수상한 각 부문별 치즈 챔피언들이 제공하는 풍성하고 다양한 성찬이다.

1) 미국치즈협회 전통적인 방식의 치즈 콘테스트 진행(오전 세션 01)

① 미국치즈협회의 30년간 지속되어 왔던 전통적인 방식의 치즈 콘테스트 평가에 관한 지식, 요령, 유의사항을 자세히 소개한다.

② 먼저 이번 경진 대회 진행 과정을 PPT로 보여준다. 심사위원들이 기록한 평가서를 공개한다. 심사위원들에 대한 사전교육도 있었다.

③ 콘테스트 참가자들의 시료들은 택배로 도착한다. 이를 종류별로 구분한다. 구분된 것을 일일이 일련번호를 붙인다. 스티로폼 박스가 깨진 것도 있었으나 내용 치즈들은 온전했다.

④ 각 참가자 치즈에는 구분된 지정번호를 붙인다. 이를 저온창고로 옮겨 지정된 기호(치즈 품종 형태별 지정 라벨이 있음)를 붙인 선반에 올려둔다.

⑤ 이번 주 월요일에 심사자들에게 공개하였다. 16～18명의 심사자들이 참여하였고 심사위원장이 이번 경진대회의 특징 요령을 공지하였다. 심사자들에게 옮겨주고 평가서 양식을 배부했다.

⑥ 심사 전 준비 : 18명의 치즈 관능검사(sensory analysis) 전문가와 18명의 일반인들 중에서 선발한 미학적(aesthetic[14)]) 심사자들로 구성된 심사체제는 2원체제로 구성했다. 심사는 2일간 실시되었다.

⑦ 출품된 치즈와 제출자를 확인 표지했다.

치즈 구분을 먼저 교과서(general cheese type)적으로 하고, 그 밑에 다시 그 안에서 하부적으로 세 분류(sub-classification)를 했다.

[A : Fresh ⇒ AM : Mascarpone on the day of evaluation] 이런 방식이다.

㉠ 사전 선별제를 도입함.

㉡ 기술적 심사가 이번 경진대회의 핵심 심사부분이다.

---

14) 이 단어에는 「심미적, 미학적, 미적인, 미적인 특징」이란 뜻이 담겨 있고, 일반인 즉 소비자인 일종의 제품 구매자들에게 식품 감성공학적(Ergonomics design) 심사를 맡기자는 것이다.

2) 치즈제조 관련 특강(위스콘신대학교 CDR 연구원)

① 표면 숙성치즈[surface ripened cheese(soft)] : 이 치즈는 중온균 위주이나 고온간균을 사용하면 조직의 연도를 촉진시킨다. 벳트 내 산도 진행을 조정함으로써 치즈의 조직과 body 형성이 조정될 수 있다. 높은 pH하에서 유청 배출은 완충성이 좋아지고, 낮은 pH에서 배출하면 그 반대가 될 것이다. 버퍼링이 좋다는 것은 치즈 숙성 중에 완충성이 좋다는 것이다. Hard-type 표면 숙성치즈의 스타터는 여기서는 고온균 사용이 기본이다. 여기에 구균을 혼합해 주면 원유의 산성화가 확장(upfront) 된다. 간균류는 최종 pH를 낮추어 주고, 초기 단백질 분해를 용이하게 돕는다.

② 응유효소(렌넷) 사용 : 너무 많은 양 사용은 과도한 단백질 분해작용으로 조직이 나빠질 것이다. 여러 가지 응유효소 중 무엇을 택할 것인가?

㉠ 특수화 시킨 카이모신(specialized chymosin) - 제한적인 단백질 분해

㉡ 순수 렌넷(chymosin)

㉢ 송아지 렌넷(Calf rennet)

㉣ 털곰팡이 *Mucor miehei* 유래 미생물 응유효소, 미국 치즈공장에서 70% 사용

㉤ 엉겅퀴(Thistle; 민들레과)즙

어떤 치즈는 제한적 단백질 분해로 온화하고 좋은 조직을 얻어야 할 때에는 ㉠번을 택하는 것이고, 신선치즈의 경우는 ㉤번을 선택한다. 그렇지만 가공치즈용 커드를 얻을 때는 ㉣번을 택한다.

③ 커드 절단을 우습게 알지 마라, 결단코!

연질치즈 : 단단한 gel 상태에서 잘라준다. - 고수분 커드 1/2~1 정도에서 절단. → 교반작업 전(forework, agitation) 반드시 커드 치유시간(healing time)을 제공해 주어야 한다.

④ 경질 치즈의 부드러운 커드 젤 상(hard type softer gel set)

㉠ 낮은 수분 함유 curd

㉡ 쌀알 크기(3/8) cut 할 것

㉢ 교반 전에 치유시간 필수/펌프로 이동하지 말 것(avoid curd pumping)

⑤ 온수 가수에 의한 유청 희석(whey dilution) 효과에 대하여

㉠ 무기질의 배제(demineralization)

㉡ 유당 함량 조절로 유산발효 조절[lactose control(pH)]

㉢ 가온을 위한 적절한 수분 보충(water scalding for cooking)

㉣ 유청 제거한 후 가수함. 유청 제거 후 가온, 찬물 첨가 시 물리적 구멍이 많이 생기는 open body가 나온다. 그렇지만 고수분 치즈나 바람직한 조직상 open을 원한다면 찬물을 사용하라.

⑥ 가온(cooking)

㉠ 연질 : little / no cooking

- 일반 범위 32～38℃
- pH 구배를 조정하기 위한 목적으로 함.
- pH를 낮추고 삼투압에 의해 커드의 수분 배출(syneresis)을 일으킴.

㉡ 경 질

- 높은 온도 가온
- 38～52℃
- 목적 : pH 낮추고 수분함량을 대폭 낮춤
- 시간 : 30～45분 curd 이동(transfer)

㉢ 치즈 커드 몰딩하기

- 중력(gravity) 이용법
- 경질 치즈 커드 건져내기(hard dipping out)
- 펌프로 이송(positive pumping 양압 이용 펌핑)

<실제 방식>

- gravity법은 연질치즈, 고수분 치즈에 적합
- hard dipping out법은 커드에 아무런 영향을 주지 않는 법
- positive pumping → 낮은 수분 치즈에 사용, 압력을 적절히 조정해야 함.

⑦ 경질치즈 몰드로 이동(hard dipping out)하는 법

㉠ 전통적으로 커다란 치즈 천으로 건져 올림

㉡ 용이한 방법 －positive pump로 이송 / 속도조절 가능해야 커드 손상 방지

㉢ 대체법 : 커드 모아 놓고 체다에서 처럼 block 만든 뒤 몰드에 적당한 크기에 맞게 잘라 몰드에 넣고 누름 → 가우다 치즈는 Ⓑ번과 Ⓒ번이 좋다.

⑧ 몰드에 커드 채우기(hooping)

<연질치즈>

- 중력을 이용하고 가압하기 않음(자체 무게 가압)
- 모양, 크기로 숙성에 용이하게 조정

- 반드시 적정 pH에서 유청 빼기
- 실온 하에서 수분조정
- 표면이 원하는 모양(반질반질)이 나오기까지 일정 간격으로 뒤집어 주기
- 그래야 내부 조직도 open이 된다. 연질치즈는 내부에 적당한 openness가 요구된다.

<경질(hard-type) 치즈>

- 치즈마다 가압조건 다르다.
- 치즈 커드를 몰드에 맞게 잘라 넣는다.
- 가압시간에 잠깐에서 overnight까지 다양
- 일정기간 마다 뒤집어 주고, 커트를 감싼 천도 처음에 굵은 것에서 시작해서 점점 얇은 천으로 바꾸어 준다. 그러면 깔끔한 표면이 얻어진다.

⑨ 건염(salting)

<연질 치즈>

⇒ 연질 치즈는 건염을 하는데 건염하는 목적
향미발달 / 수분 조절 / pH 조절

⑩ 침지(Brined)

㉠ 소금물에 너무 오래 두면 수분 배출이 심해진다.

㉡ <경질치즈> ⇒ 표면 바르기는 과도한 염도가 난다. 염지법 그리고 염지 시 소요시간은 다양 Ⓐ 치즈 크기, Ⓑ 염수의 온도, Ⓒ 염수의 염도

※ 소금물의 염도가 높으면 경질치즈의 수분이 많이 빠져 나가서 조직이 나빠짐을 유념하라!!

㉢ 점질균 표면 숙성 치즈(Smear cheese) 숙성실의 습도 43% 이상

㉣ 치즈 눈을 원한다면 Ⓐ 질 좋은 원유, Ⓑ 원유 내 공기가 함유되면 안 됨.

㉤ 점질균 치즈 숙성고(smear cheese ripening room)의 바람직한 조건(준비) 여기서 점질 균액이란(what is smear)?

Ⓐ 물 + 희석염수(3～6%)

Ⓑ 미생물 혼합물 : ㉮ 효모, ㉯ 포도상 구균(*Staphylococcus*), ㉰ 구균류(*Micrcococcus*), ㉱ 곰팡이류(molds), ㉲ 코리네 세균류(Coryne form) 등이 혼합되어 있음. - 신기하게도 이런 균류가 공기로부터 들어온다.

Ⓒ 점질균 표면 숙성고 기본은 : 공기 흐름, 습도, 온도, 미생물, 발자국 빈번성, 숙성고 크기, 청결성인데 선반은 목재로 갖추어져야 하고, 벽과 바닥재가 적절하게 잘 갖추어져야 한다.

Ⓓ 이런 숙성고에 대한 요망사항 : 고 농도의 효모 수준이다. 대표적인 것은 Devariomycess hanseni : Yarrowia lipolytica → 이들 효모는 숙성 중 표면의 높아진 pH(7.0~7.4)에 잘 견딘다. 바람직한 것은 이들이 강한 단백질, 지방분해 능력이 작동한다는 사실이다.

Ⓔ 점질균성 세균류(Smear bacteria) : ㉮ 코리네 박테리움균 속(*Corynebacterium*), ㉯ 브레비박테리움균 속(*Brevibacterium*). ㉰ 점질균 표면 숙성고에서의 이들 균주들 증식상이 일자 별로 차이가 난다.

⑪ 치즈 숙성 시 표면에서 단백질이 분해되면서 암모니아가 발생한다. 그래서 치즈 숙성고에는 공기 정화기가 필요함(헤파필터 장치된 환기 시스템도 필요함)
위스콘신대학 식품과학과의 CDR(Center for Dairy Research) Dr. Bill Wendolf 교수가 치즈 숙성고에 사용하는 목재판(wood boards)에 대한 논문을 CDR 뉴스레터인 Pipeline에 실었다. FDA가 치즈 숙성고에 목재판 사용을 금지했다가 ACS의 강력한 항의를 받고 철회하였다.

※ Tips : 이 세션을 듣고 나서 저자가 느낀 점

이런 기본적이고 교과서적인 강의가 ACS 연차대회 때마다 제공됨에 따라 목장치즈 업자들의 치즈의 기본 지식을 강화하고, 기술이 개선될 수 있도록 돕고 있다. 이런 강의는 최신 정보들을 강화한 것으로 치즈업자들에게 유익하며, 최신 정보를 공유할 수 있게 할 것이다. 이번에 CDR의 역할이 크다고 본다.

점심시간이 되자 주최 측에서 미리 준비해 둔 샌드위치 챙겨 들고 메디슨 시내 farmers market 구경 가라며 채려 놓았다. 위스콘신 주 청사 주위를 둘러서 설치된 농민시장을 돌아보고 14:00부터 <초콜릿과 치즈의 만남> 강의 세션에 참여하였다.

3) 맥주와 치즈, 포도주와 치즈, 그리고 초콜릿과 치즈(오후 세션 02)

오늘의 강사는 초콜릿 요리 전문가이다. 지금은 위스콘신 낙농위원회 전문인사로 활동한다. 강사의 강의 내용을 정리해서 싣는다. 실습을 같이 하므로 강의도 좋고 입도 즐겁구나. 이런 강의 동영상은 ACS 홈페이지에 들어가면 연도별로 잘 정리되어 올려져 있다. 다만 회원들에게만 열람권이 주어진다.

참고로 회원 가입은 너무 간단하다. 그 홈페이지(http://www.cheesesociety.org)에 들어가서 회원 가입(Membership)을 클릭하면 순서대로 진행 따라가서 맨 나중에 신용카드로 연회비를 결재하면 된다. 다만 매년 회비를 납입해야 회원자격이 유지된다. 저자는 몇 년 동안 가입해서 이러한 자료들을 유익하게 참고했다.

① 초콜릿과 치즈의 만남은 새로운 도전이다. 치즈와 초콜릿을 접합한 디저트로 환

상적인 감동을 심어줄 것이다. 또한 레드 와인과도 환상적인 짝이 될 것이다. 이런 환상적인 것을 여러분의 고객에게로 권해주기 바란다.

② 남미에서는 한 농장에 한 종류 와인이 있다. 아울러 소규모 초콜릿 가공장도 그 농가에 있다. 지역 특산물이다. 오늘은 남미 산 초콜릿을 많이 사용하겠다.

③ 초콜릿에는 55~70%의 카카오 열매 추출물이 들어간다. 카카오 버터나 추출물 함량 농도에 따라 향, 맛이 달라진다. 이것을 발효시키면 다른 맛이 난다.

④ <에쿠아도르>의 경우 그냥 자연 발효시킨다. 더러 커피 콩을 사용하여 강한 맛을 낸다. 커피 콩을 볶아서 사용한다. 초콜릿 제조업자마다 비법이 있어서 정확한 혼합비율은 알기 어렵다.

⑤ 사탕수수, 슈거 케인이 들어가는 양은 12% 내외이다.

⑥ 흰 초콜릿은 코코넛 버터를 40% 정도 넣는다.

⑦ 초콜릿이 혈압을 낮추고 아이들의 뇌 발달에 기여한다고 알려져 있다. 그렇다고 너무 많이 먹이면 안 된다.

⑧ 유아의 이유식에 며칠 간격으로 초콜릿 한 덩이씩을 넣어주는 엄마들도 있다.

⑨ 발효시켜 건조하는 것이 보편적인 카카오 열매 처리법이다.

⑩ 초콜릿에도 카페인이 함유되어 있는데, 초콜릿 한 덩이에는 한 잔의 커피에 든 정도이다.

⑪ 하와이 초콜릿에는 몇 가지 식물 성분이 섞여 있다. 생강도 그 중 하나이다. 파인애플도 초콜릿 제조에 사용한다.

⑫ <베네수엘라> 산 초콜릿은 신선치즈 뭉친 볼에 동전 같은 초콜릿을 산양유 신선치즈에 뿔처럼 박았다.

⑬ <콜롬비아> 산 초콜릿은 11개월 된 가우다와 맞춘다.

⑭ 에담과 계피, 생강 넣은 초콜릿을 맞춘다.

⑮ 에쿠아도르 초콜릿과 양호두(피칸)를 얹은 것과 블루치즈의 조합이나 진한 초콜릿과 진한 향미의 블루가 어울린다. 이것과 스카치 한 잔, 그것도 비오는 날에! 환상적이다. 한번 시도해 보시라.

⑯ 더블크림 블루와 바닐라 truffe를 맞춘다.

※ **Tips** : 이렇게 치즈와 초콜릿을 함께 먹는 것을 소비자들에게 소개하면 치즈 소비 외연은 더욱 확대될 것이다. 남녀노소 할 것 없이 누구나 초콜릿을 좋아하는데,

숙성치즈 향미에 약한 한국인들에게는 이를 극복시키는 좋은 소재가 바로 초콜릿과 치즈의 조화가 아니겠는가?

4) 국제 치즈 길드

치즈산업에 기여한 인사들에게 길드에서 시상식을 갖게 되었다. 30주년과 관계있다. 시상자의 공로를 읽어주고 메달을 목에 걸어준다.

5) 치즈 페스티벌

① 오후 6시부터 열린 치즈 페스티벌은 그야말로 "놀라움" 그 자체였다. 저자는 이 페스티벌을 보고 나서 실용적이면서 소박함 그 자체를 보았다. 2012년에 다녀온 독일의 뉴렌베르크 유기농 치즈박람회나 프랑스의 SIMA, SIA에서 만났던 치즈박람회와는 완전히 그 결을 달리한다! 놀라운 것은 이번 치즈 콘테스트에서 수상한 치즈들을 테이블에 배치하고 마음껏 즐기게 한다.

② 우선 입구에서 연차대회 등록 회원은 6시부터 무료입장 시키면서 치즈를 담아서 먹을 수 있는 cheese plate와 와인 잔 1개를 배부한다. 7시부터는 일반인이 $55짜리 티켓을 미리 구입하도록 안내한 뒤 대기시켜 두었다가 입장한다. 그러니까 우리 회원들은 일반인보다 1시간 전에 입장하여 챔피언, 각종 수상자의 치즈들을 먼저 맛볼 수 있게 배려한 것이다.

③ 회원들끼리 치즈와 와인, 맥주, 주스, 각종 음료를 곁들여 즐기면서 친교와 치즈 관련 정보 교환도 하고 치즈 공부도 자연스럽게 하도록 배려한 것이다.

④ 즐길 수 있도록 제공한 치즈류의 배치는 폭 2m×길이 20m의 16개 테이블 라인에 펴놓았는데, 각종 치즈 가문(family)별로 맛보게 해 두었다. 이는 방대함 그 자체이다!

국제 치즈길드 시상식

9.7 2013년 8월 4일 (일)

이번 연차대회의 마지막 날이다. 대부분의 회원들은 어제 밤이나 오늘 아침에 자기 고향으로 돌아갔으리라. 우리는 10:30분 호텔 출발 Monona Terrace에서 열리는 행사, 지역 주민들을 위한 치즈 판매행사에 참가했다. 한국에서의 치즈협회 운영 시 이런 행사 진행에 참고가 되도록 그 진행 내용을 아래에 정리해 둔다.

① 치즈를 가문별, 종류별로 쌓아놓고 자원봉사자들이 관리한다.

② 먼저 접수대에서 지퍼 백 1개를 75달러(우리 돈 8만 원 정도) 지불하고 구입하게 한다. 그 백을 들고 있어야 판매장에 입장할 수 있다.

③ 들어 온 사람은 자기가 원하는 치즈덩이를 지급받은 백에 마음껏 채우되 그 백의 지퍼가 닫힌 정도만 넣도록 한다.

④ 대부분의 치즈가 이번 경진대회 출전 목장의 수제 치즈들인데 좋은 것들은 먼저 온 사람들이 대부분 골라 간다. 그러니 일찍 와야 한다. 비싸고 맛있는 치즈는 일찍 동이 나게 되어 있다.

⑤ 재미있는 것은 이탈리아계 치즈공장인 Sartori 치즈에서 한정판(limited edition)을 한 덩어리(wheel)채로 내놨는데 무조건 200$/wheel에 판매한다. 10개 정도 판매 중인데(질문했더니) 지금은 $200이지만 정상적인 가격은 $500/덩이 정도라고 직원이 답한다. 이렇게 좋은 한정판 치즈를 살 수 있는 기회는 별로 없지만 와서 사 가는 이가 별로 없다. 미국경제에서 200달러가 큰돈이기도 하여 비싸기도 하지만 그리 많은 치즈가 가정 단위에서 필요한 것도 아니기 때문이다.

⑥ 우리는 $75/Bag 하나만 구입해서 치즈를 담기 시작한다. 선별 기준은 경질치즈 위주였다. 얼마 담지 않아서 어느새 백이 차버린다. $25짜리 하나를 더 시도할

치즈 판매 백 (75달러)

치즈판매 테이블

까 하다가 짐이 늘어나면 감당하기 곤란 할까봐 포기했다.

⑦ 지금도 우리가 가득 채운 백의 무게가 10kg이 넘을 것 같다. 12시 반이 돼서 사람들이 많이 가고 새로이 오는 사람도 없다. 아마 메디슨 시내 사람들에게 홍보가 제대로 안 된 탓이지 않나 싶다.

9.8 2013년 8월 5일

우리는 비행기 시간을 맞추려고 아침 일찍 호텔을 체크아웃 한다. 공항 검색대를 나와 우리 항공기 탑승 대기 게이트로 갔다. 거기서 뜻밖에 유명한 미국 목장 치즈 교육 전파자이자 치즈용품 판매장 운영하는 리키 캐롤(RICKI CARROLL) 여사를 만났다. 우리는 이야기를 많이 나누고 반가워서 기념촬영도 했다. 자기는 명함이 없다며 자필로 내 수첩에 적어준 준 성명과 그녀의 홈페이지 주소 그리고 동행한 여인이다.

☞ RICKI CARROLL http://www.cheesemaking.com, 동료 여성 JERI CASE

리키가 들려 준 치즈제조 전문가가 되기까지의 이야기

(Full Story of Ricki Carroll)

[다음 이야기는 리키에게 저자가 질문한 것에 대한 답으로 길게 해 주었던 자기의 치즈제조 전문가가 되기까지의 전체 이야기를 옮겨 본 것이다. 아래의 화자(話者)는 리키 여사이다.]

"나는 1976년에 처음 유산양을 만났다. 그 유산양을 집 후원(Backyard)에서 사육했다. 젖이 나오게 된 시점에 그 젖을 이용해서 치즈를 만들고 싶었다. 그러나 미국의 어느 대학교에서나 연구기관에서도 개인에게 치즈를 가르쳐 주는 곳이 없었다. 당연히 치즈제조 기술을 배울 만한 책, 치즈를 모르는 이가 쉽게 배울 수 있도록 안내하는 마땅한 책이 없었다. 그래서 국제적으로 책을 찾아 나섰다.

마침내 1978년에 어느 친절한 치즈회사로부터 치즈 제조법을 배울 수 있었다. 그리고 바로 산양유 치즈를 만들기 시작하였다. 이윽고 나는 1979년부터 사람들에게 치즈 제조법을 가르치기 시작했다. 시작은 우리 집에서 시작했고, 35년이 넘도록 그 집에서 하고 있다. 가장 초보적인 코스로서 1일 코스인데 주로 신선치즈 위주로 했다. 시민들의 호응이 대단했다. 나는 메사추세츠 주에 사는데 뉴욕에서도 사람들이 찾아와주었다. 그들에게 식사를 제공했다. 뒷마당이 널찍해서 닭도 기르고 돼지, 젖소를 함께 키웠다. 거기서 생산된 것을 이용해서 식사를 제공하니 사람들이 너무 좋아했다.

처음에 소수이던 것이 지금은 한 코스에 40명 정도 참여한다. 내가 진행하는 코스는 매우 간단하여 누구나 치즈가 어떻게 만들어지는 것인지에 대해서 이해시키는 수준으로 만족하고 있다. 왜냐하면 치즈가 무엇이며, 어떻게 만들어지는 것인지를 쉽게 가르침으로써 사람들에게 다음 단계로 나갈 수 있는 교량과 같이 쉬운 안내가 필요하기 때문이다. 치즈에 대해 이해도 없고 좋아할 수 있는 제조방식을 가르치지 않고 바로 어려운 고급 치즈기술로 들어가면 많은 사람들이 바로 포기하고 돌아서 버리기 때문에 이런 과정이 필요하다고 생각한 것이고, 이것이 치즈교육 수요자들에게 맞아 떨어져 지난 35년간 지속될 수 있게 해준 것이라 생각한다."

여기까지 그들 일행의 비행기 체킹 전 이야기였고, 시카고에서 이어가자고 하였으나 그들은 시카고 → 코네티컷 → 매사추세츠로 간다고 해서 우리와 방향이 나누어지기 때문에 시간이 얼마나 날지 모르겠다. 내가 리키 캐롤 여사에 대해 반가워하고 좋아했던 것은 일찍이 그녀의 책들을 구해 참고했고, 치즈제조 킷을 구입한 바 있으며, 그녀가 운영하는 NEW England Area Cheesemaker 그룹에서 운영하는 인터넷 쇼핑몰인 http://www.cheesemaking.com을 많이 이용했기 때문이다.

그녀는 ACS 초창기인 1983년부터 코시코브스키 교수와 연결되어 창설 멤버로 활동했다고 한다. 처음 ACS 창설에 참여한 회원은 125명이었고, 모임시작은 1982년이었으나 창립총회는 1년 뒤인 1983년에 했다. 그것은 협회 운영준비가 필요했기 때문이란다. 코시코브스키는 치즈 분야의 전 세계를 여행한 사람으로 오로지 치즈기술을 발굴하고자 그랬던 것이고, 그의 제자가 훌륭한데 폴 미스트리(Paul Mistry)이다. 뒤에 개정판을 같이 썼고(1997), 그는 ACS 역사와 활동전개 방향을 강의해 주고 있다.

내가 이번 대회가 협회 창립 30주년 기념대회인데, 회장이나 다른 사람의 연설에서 창설자인 코시코브스키 교수에 대한 기념, 추모, 공적 기립행사가 없고 언급도 없느냐고 질문하니 "당신이 매우 중요한 질문을 했다"라고 전제하고, 자기도 왜 그런 일이 벌어졌는지 의문이었다며 차츰 밝혀질 것이라고 했다. 자기는 개막 다음날 어떤 세션에서 강사가 코시코브스키 교수를 언급하는 것을 들었다고 했다. 자기는 코시코브스키 교수와 친하게 지낸바 있고 그분에 대해서 잘 안다고 했다. 코시코브스키 교수는 코넬대 교수생활을 하다가 중간에 자기 제자 Paul Mistry가 있는 대학으로 옮겨 갔다고 했다.

그녀에게 내 이야기를 해주었다.

"처음에 그러니까 1998년에 몇몇 낙농가들이 찾아와 자기들이 자신의 목장에서 유가공 할 수 있는 방법을 가르쳐 달라고 했다. 그래서 그들과 2주 간격으로 내 연구실에서 유가공 워크숍을 했다. 그러다 그 모임이 해산되고 1~2년 공백을 거친 뒤 2001년부터 5명 정도가 다시 찾아와 깊이 있는 워크숍을 요청해 와서 그들과 2년을 하다가 2003년부터 인원이 다시 늘어나 「목장유가공교육」 과정을 만들어 치즈제조 기술을 가르쳐 오고 있다.

내가 이 교육을 왜 하는지 아는가? 나는 스위스 치즈 숙성 대행소에서 100년이 넘은 치즈를 만난 적이 있다. 거기서 얻은 힌트는 우리 남북한이 통일이 되면 그 이후의 식량문제 해결을 위한 해결책으로 치즈가 그 자원이 된다고 믿기 때문이다. 북쪽은 오랫동안 식량 부족에 시달려 왔는데 통일이 되면 우리가 그들을 부양해야 한다. 그때 무엇을 가지고 그 많은 식량을 공급할 것인가? 치즈 밖에 없다.

첫째, 적은 중량인데도 영양가가 높다.

둘째, 100년 동안 저장해도 되는 식량 자원이다.

셋째, 맘먹고 만들면 쉽게 만들 수가 있다.

식량용 초경질 치즈만 만들어서 계속 보관해 나간다. 통일이 오기까지 식량을 미리 비축하는 것이다. 식량을 미리 비축하는 것보다 중요한 통일 대비책은 없다고 본다."

여기까지 내가 이야기를 열정적으로 하는데 리키가 "Wonderful! excellent, wonderful!!" 하며 감탄사를 연발한다. 열정적으로 해대는 내 이야기를 듣던 중 어느새 그녀의 마음이 열린 것이다. 그러고 나서 그녀는 거침없이 내가 물었던 질문 "당신은 왜 치즈를 만들기 시작했나? 언제부터 치즈를 만들기 시작했던가?"에 답을 이어간 것이 앞서의 길게 말한 이야기였다. [2013년 8월 6일 정리]

10. 미국치즈협회 2014년도 제 31차 연차대회 참가기

Celebrating the American Cheese Plate(미국 산 치즈 플레이트 축전<祝典>)

◈ 일 시 : 2014년 7월 28일~8월 5일(8박 9일)

◈ 장 소 : 미국 캘리포니아 주 새크라멘토 시 새크라멘토 컨벤션 센터

◈ 출장자 : 학교기업장 배인휴 교수, 이재성 팀장

[일정별 주요 행사]

10.1 2014년 7월 29일(화)

1) 목장 치즈공방과 와이너리 방문 여행(사전 행사)

① 07:03 행사장 앞에서 정확히 출발, 자리가 네댓 개 비어 있지만 가 버린다. 헨리라는 사람이 오늘 방문 일정을 소개한다. 자신은 코네티컷 주에서 캘리포니아로 이민 온 첫 세대라고 한다. 캘리포니아(CA)에 대해 잘 아니까 얼마든지 질문하라고 한다. 1909~1928년에 우리가 지나갈 고속도로 5번이 건설되었다. 오렌지 주스에 스파클링 와인을 섞은 잔을 돌린다.

② 캘리포니아의 낙농은 대단한 규모란다. 40만 두가 넘는 젖소의 생산량은 막강하다. 1,532농가가 연간 203억 파운드의 치즈를 생산한다. CA가 미국의 제2의 낙농생산 주가 되어 가고 있다. 우리가 한국에서 왔다고 하니까 한국은 미국의 최대 치즈시장이고, 특히 CA의 모짜렐라 수입을 가장 많이 하는 나라라고 소개한다. 첫 방문지 FISCALINI CHEESE CO.에 08:20에 도착했다. 바로 도착한 목장 입구에 치즈+와인을 접대한다. 와인이 무슨 상을 받았다고 했으나 입에 맞지 않았다. 치즈는 두 종류를 내어 놓았는데 맛이 형편없었다. 뒤에 보니 스카르모짜(Scamorza) 체다 치즈였다.

③ 주인이 목장 규모, 치즈공장을 소개하기 시작한다. 목장은 자기 자매랑 운영한다. 자기 조부가 스위스에서 왔다. 지금까지 4대를 이어 목장을 운영하고 있다.

④ 이 목장은 15년 전부터 치즈를 만들고 있다. 체다 스카모자(훈연제품)가 좋다고 했다. 직원 4명이 와인 농사를 관리한다. 돈을 많이 들여 와인농장과 치즈공장을 건설했다. 이 목장 치즈공장은 치즈를 1일 3회 제조한다. Vat가 2개인데 하나는 사각형이고, 다른 하나는 반원형으로 1,000kg 우유/회 치즈 제조한다. 한쪽은 사각 몰드 수평 프레스, 다른 쪽은 원형몰드, 수직 프레스를 사용한다.

⑤ 영국 정통 방식의 체다 치즈 숙성실을 운영하는데, 이 목장 제조 치즈는 모두 체다 치즈이다. 숙성실은 방은 3개로 나누어 운영하고 있다. 첫 번째 방에서 60~90일 숙성하고, 다음 방으로 넘어가서 18~24개월간 숙성한 뒤 마지막 방에서 최종 숙성한다. 체다 치즈용 치즈 천(cheese cloth)으로 싸서 숙성하는데 매일 치즈를 회전시킨다. 손잡이 달린 선반을 일일이 사람이 회전시킨다.

⑥ 치즈 숙성고 치즈 배치는 3단계를 거친다.
(전통 방식의 천으로 랩핑한 체다 치즈전용)

- 1단계 : 30~60일 숙성
- 2단계 : 18~24개월
- 3단계 : 최종 숙성한 뒤 포장 출하

㉠ 매일 회전시킨다[치즈 5개(10kg)가 올려진 선반을 통째로 회전시킬 수 있도록 제조하였다].

㉡ 2단계에 들어가면 그때부터 치즈 표면을 치즈 천으로 뒤집어씌운다.

㉢ 그대로 또는 절단해서 판매 / 출하한다.

2) 오크데일 치즈(Oakdale cheese & Specialties) 오후 1:10

① 치즈 제조자는 낙농학 전공자인데 체다, 가우다, 까망베르 등을 잘 만든다. 이

치즈 공장 가족은 31년 전에 네덜란드로부터 이민을 왔다. 원래가 4대에 걸친 치즈가문이다. 이민 오기 전에 할머니가 치즈로 유명했고, 아버지가 이어 받아 1983년부터 이곳으로 이사 왔다. 원유는 인근 목장에서 받아 사용한다. 1983년부터 치즈제조가 시작된 목장인데, 작은 연못도 있고 소 동물원도 있다.

② 이 목장은 빵도 굽는다. 독일식 크박(Quark)도 만들고, 그것으로 독일식 치즈 케이크도 만든다. 제빵소에서 신선 빵, 쿠키, 치즈 케이크를 만든다. 치즈는 월요일에 주로 만들고 가끔은 목요일에도 만든다.

③ 이 공장의 유청은 따로 모아서 다른 유가공장에 판매한다. 그 유가공장에서는 이 유청을 우유와 혼합하여 다른 치즈 생산에 사용한다.

④ 신기한 것은 주인아주머니가 가우다 치즈 몰딩 시 일일이 커드 무게를 칭량해서 몰딩하고 가압한다. 예비 가압을 하지 않고 유청에 잠겨 둔 커드를 건져서 잘라서 무게 달아 가압한다. 가압도 일정시간 그냥 자체 무게로 3단을 쌓고 나서 다음 예비단계 낮은 압력으로 가압하고, 단계 높여가며 가압 판에 붙은 조절판을 돌려가며 서서히 가압한다.

⑤ Non GMO사료, r-BST(한국에서 부스터로 알려진 성장홀몬제, 비유증강용)를 사용하지 않는 목장 원유를 고집하는 그런 방식으로 착유하는 한 낙농가로부터 원유를 받아서 치즈를 제조한다. 아들부부가 지금은 치즈를 제조하는데 2005년부터 합류했고, 장차 이들에게 치즈 공장을 넘길 예정이다. 작은 가우다 마을식 박물관을 설치해서 방문객이 일별(一瞥)할 수 있게 했다. 38분짜리 비디오 상영도 한다.

⑥ 이 공장의 직판점은 참 다양하게 꾸며져 있었다. 판매하는 제품이 너무 다양하다. Ⓐ 각종 치즈, Ⓑ허브류, Ⓒ 다양한 꿀, Ⓓ 빵류, Ⓔ 비스킷, 쿠키, Ⓕ 치즈 관련 용품, Ⓖ 잼류 Ⓗ 다양한 치즈와 치즈 선물 세트, Ⓘ 소시지, 햄, Ⓙ 치즈 모형 등을 진열하고 판매 중이다.

⑦ 판매하는 각종 치즈류 : Ⓐ 가우다 치즈 커드, Ⓑ 크박(Quark), Ⓒ 스트링 치즈, Ⓓ매운 체다(Sharp Cheddar / 2012, 7월산), Ⓔ 프로볼로네, Ⓕ 온화한 체다, Ⓖ 페퍼 잭, Ⓗ 저수분 잭, Ⓘ 코코나매운 체다, Ⓙ 7개월 숙성 Montery Jack, Ⓚ Blue cheese, Ⓛ 온화한 가우다, Ⓜ Cumin Gouda, Ⓝ 오래 숙성한 가우다, Ⓞ 마늘 가우다, Ⓟ Garden Herbs Gouda, Ⓠ 훈연한 가우다, Ⓡ White cheddar, Ⓢ Smoked white cheddar, Ⓣ 에담 치즈 등이다.

⑧ 치즈 염지통이 숙성고 입구 쪽에 있었다. 염지통에 넣기 전에 치즈를 채워 넣는

틀이 있는데 길이 2.2m, 폭 1.2m, 높이 1.4m 정도 되고, 그 속에 치즈 얹는 선반은 높이가 20cm 정도이다. 위 모양이 걸게 장치가 있어 유압모터로 넣거나 들어 올린다. 치즈 양이 많아 인력으로는 어림도 없는 일이다.

⑨ 치즈 표면 처리하는 왁스는 노란색, 검정색을 사용하고 있다. 왁스 처리하고 난 뒤에 진공포장하거나 열처리 하였다. 그러나 오래 숙성할 Gouda cheese는 진공 처리하지 않는다.

⑩ 숙성실 선반은 모두 나무판자를 사용하고 있었다. 앞서 방문했던 체다 치즈 숙성실도 나무선반이었다. 극력 반대하던 미국 FDA가 이제는 숙성실 치즈용 나무선반 사용을 마침내 허용하고 있다.

⑪ 최종 숙성하여 판매하는 치즈를 나무상자에 넣어 포장하는데 치즈 사이 공간에 목재소에서 가져온 거친 톱밥을 채운다.

⑫ 이번 치즈 여행에 참가한 귀부인 한분이 나에게 질문한다. "언제부터 치즈 흥미 느꼈나? 언제부터 치즈 가르쳤나? 지금은 무슨 치즈를 만드나 등등" 내가 답변을 해준 뒤 이번에는 내가 묻는다. "당신 직업은 무엇이었는가?" "나는 초등학교 교사를 하고 은퇴한 사람인데 내가 30년 이상 재직 시에 3학년 이하 어린이들만 가르쳤다. 그러다 보니 내가 생각하는 것도 어리고 말하는 것도 어리며 지식도 너무 어리다는 것을 은퇴하고 나서야 알게 되었다. 그래서 무엇이든 배우고 어른스럽게 말하고 행동하고 싶어졌다. 그래서 첫 시도가 컴퓨터 공부였다. 거기서 만난 친구가 내 옆 남자고 그리고 치즈에도 연결되었다. 결국 치즈에 매달리어 2001년부터 미국치즈협회에 참가하게 되었다. 거의 매년 참가한다. 너무 좋다." 참 재미난 이야기다. 어른이 되기 위해서는 많이 배우고 많은 사람을 만나며 색다른 경험을 많이 해야 한다는 것은 참 옳은 행동인 것이다.

소금물에 넣는 치즈 선반틀

가우다 치즈 단계별 숙성실

3) 펍 크롤(Pub Crawl) 행사

① 이윽고 목장 치즈 공방 탐방여정을 끝내고 행사장에 도착하니 5시 20분경이다. 새크라멘토 컨벤션 센터(SCC)에 와서 등록하고 챙기고 보니 Pub Crawl 행사가 19:00~22:00이다.

② 금년에는 1번부터 10번 Pub을 설치해 두어서 모두 돌아보았다. 우선 센터에 가까운 2번부터 시작하여 10번 모두 끝내는데 꼬박 3시간이 소요되었다. 다리도 아프고 피곤하였으나 보람이 있었다. 첫째, 연차대회에 오는 사람들을 거의 다 만나서 미리 수인사를 하므로 내일부터의 본 행사에는 구면들이 되게 한다. 둘째, 장인 치즈와 특별 치즈를 미리 맛볼 수가 있고, 에일맥주나 와인과 함께 세 시간 이상을 웃고 즐기며 치즈 맛을 만끽할 수 있다. 셋째, 언젠가는 한국에서 어느 도시에선가 이런 행사를 우리도 해보리라는 확고한 그림을 얻었다. 작년에 이어 벌써 두 번째 참가가 아닌가?

③ 금년과 작년을 비교하면 많이 소홀하고 분위기가 뜨지 않았다. 참여자도 그리 많지 않아 보인다. 서너 군데를 빼면 모두가 그냥 데면데면하고 형식적인 분위기로 대한다. 그래도 느낌은 좋았다. 작년에 만났던 가공 치즈업자 부부(치즈공장으로부터 상품가치가 없는 불용성, 비 상품성 치즈 구입해다가 재활용 가공하여 치즈 스프레드를 만들어 판매하는)를 우연히 다시 만나자 매우 반가워한다. 낮에 만난 초등학교 저학년 교사로 은퇴한 분이 워싱턴 주립대학교 인사를 소개해 준다. 그는 교수가 아니라 그냥 치즈공장 직원으로 일하다가 은퇴하고 지금은 그냥 Cheese Consultant라고 했다. 내일 다시 만나기로 했다.

④ 이번 팝 크롤에서 제일 흥분시킨 것은 면양유 가우다와 체다 4개월짜리의 맛이었다. 이런 치즈류의 맛이란 환상과 놀라움 그 자체였다. 치즈 숙성 결과 형성

팝 크롤 참가용 카드

치즈 스프레드 가공회사 사장 부부

되는 타이로신 결정체(tyrosin crystal)도 제대로 느껴진다. 산양유 치즈도 매우 좋았다. 우유와 산양유를 50:50 섞어 만든 체다, 가우다도 우수한 맛을 보여주었다. 면양유 치즈는 치즈 중 최고이다. 맛이 너무 좋았다.

⑤ 작년에 비해 금년의 치즈들에 나타난 특징은 Ⓐ 허브류를 많이 넣고 마늘, 고추를 많이 넣었다. 하바네라 고추(아쭈구리 고추/우리 청양고추보다 300배 맵다)를 넣은 것도 있었다. Ⓑ 와인과 매칭 시키는 것을 확산시키는 분명한 경향이 보였다.

10.2 2014년 7월 30일 (수)

1) 향미 - 제 3의 경험(향미 테이스팅)

① 첫날 오전 세션 중 관능검사 관련 체험 학습형 강습장에 들어왔다. 치즈와 다른 식품을 페어링(Pairing) 하고자 한다면 먼저 서로가 어울리는 맛과 향을 찾아낼 줄 알아야 한다.

② 1단계 : Detection과 Recognition 즉 감지 능력과 인지능력을 개발 정착시킨다. 물에 소금, 식초 그리고 아무것도 넣지 않은 채로 감지, 인지 등이 맛과 향에 반응 정도가 얼마나 예민한지를 파악해서 사람을 선발한다. 즉 관능검사 요원 선발 시 관능검사 능력이 있는지 여부를 파악하여 그들로 하여금 관능검사에 참여케 한다. 일종의 감각 역(感覺 域, Threshold of sensation) 소유 여부를 판단하는 것이다.

③ 2단계 : 치즈 관능에 연관된 타 식품을 가지고 관능검사 예비시험을 한다.

㉠ Bonne Bouche / Goat milk : 완두콩과 양파 퓨레

㉡ Porkchopper / Goal milk : Bacon Jam → 된장 + 치즈, 된장 = + 돼지고기 가루(粉) + 치즈

㉢ San Joaguin Gold / Cow : Apple chutney

㉣ Echo Mountain Blue(일종의 블루치즈) / Raw milk & Goat : Mushroom Duxelle 블루치즈와 버섯 혼합장아찌와 어울린다. 베이컨 잼과 어울리나 너무 짜게 느낌.

㉤ Curette(점질균 치즈) / Raw Cow : Pickled heinkel → 냄새가 역겹지만 피클과 어울림.

④ 작년에 위스콘신대학 CDR에서 묵은 김치를 신선 치즈류와 버물려서 내놓은 적이 있었다. 우리의 된장, 김치, 청국장, 고추장과 치즈 페어링을 개발 보급해야겠다. 우리의 전통 발효식품과 치즈와 결합시킨 제품 보급이 시급하다.

[이 세션에 참가하면서 갑자기 착안되어 떠 오른 연구과제 한 다발]

- NO. 1「국산 전통 발효식품과 치즈의 결합을 통한 미래 영양식 개발」
- NO. 2「한국전통 장류와 치즈 결합을 통한 미래형(또는 신세대용) 부식개발」
- NO. 3「전통 치즈와 한국식품 결합에 따른 신제품 개발」
- NO. 4「국산 양념류와 치즈 결합에 따른 부식자재 개발」

⑤ 이렇게 페어링한 치즈를 맛보게 한 다음 느낌을 말하게 한다. 이를 통해 두 식품 간 조화로움(감성적 느낌), 아니면 차라리 다른 것과의 페어링이 더 낫겠다는 등의 의견을 개진케 하여 새로운 페어링을 개발하기로 하는 기회가 제공된다. 결국 치즈 제조자들은 이런 페어링을 통해 새로운 치즈개발, 치즈+식품 페어링 세트를 개발할 수 있을 것이다.

⑥ 어제 만났던 부부가 초등학교 교사를 은퇴하고 2001년부터 매년 ACS에 참가하고 있다. 나에게 FDA의 고달픈 치즈정책을 언젠가는 꼭 알려 주겠다고 한다. <KAREN RICHARN SILVERSTON RSILVER@SWBELL.NET>

2) 치즈 표피의 미생물 세계(Microbes on Rind)

오전의 두 번째 세션이다. 이 시간에는 치즈 표피의 미생물 세계를 공부한다.

① 치즈 제조 시 보다 숙성 시에 미생물의 작용이 더 크다. 그리고 품질에 미치는 영향 또한 지대하다. 그러므로 치즈숙성 전문가가 필요하다. 우리는 그런 사람을 "Affinager"라고 부른다. Affinager(아퓌나저, 치즈 숙성가)는 작은 숙성고에서 일어나는 변화에 능숙히 적응하는 환경론자가 되어야 한다.

② 생 치즈가 숙성실에 들어 왔으면 사실은 갓난아이와 같다. 이 아이는 이제부터 새로운 환경에 적응해야 한다. 복잡한 환경에서 그들이 어떤 반응, 적응을 하느냐가 곧 치즈 숙성의 성공 열쇠이다. 치즈 숙성은 바로 이런 환경에서 적절히 적응하도록 도와주고 조정해 주는 일이다. 숙성 관리자는 유아원 보육교사이어야 한다. 보육핵심은 Ⓐ 세균(Bacteria), Ⓑ 곰팡이류(fungi), Ⓒ 효모류(yeast)인데, 이것들 또한 나름대로의 환경에 적응하여 버젓이 자기들만의 세계를 숙성실 안에서 조성, 접착하고 있다.

③ 곰팡이류(fungi)는 주로 치즈에 이롭기보다 해를 끼치는 존재이다. 그들은 어떻게 그들만의 공동체 마을(communities)을 형성하는지 아는가?

㉠ 그들도 사실 알고 보면 어디로부터 인가 이민을 왔다.

㉡ 그들도 숙성실의 험악한 온도와 습도 조건에 적응한다. 습도, pH, salt, 온도에 적응해서 살아남아 마을 공동체를 조성했다.

ⓒ 증식하고 행동하기 시작, 아직 단백질 분해도 못할 수준이라 거기에는 아미노산이 부족(No free Amino acid)하다.

ⓓ 그들도 공동체 간에 상호작용을 하는 걸까? 당연히 그들도 다른 종들과 소통한다. 상대가 위험스러우면 항생물질 생성, 세균 억제물질들을 만들어 스스로 보호한다. 그리하여 마침내 자기들만의 세계를 굳건히 형성하는 것이다.

④ 이제 한걸음 더 들어가서 그들의 활동 정체를 자세히 들여다보자

ⓐ 이들의 이민 오는 출처는 치즈와 사람, 외부 공기이다. 결단코 블루치즈를 다른 숙성고에 옮기지 마라.

ⓑ 습도는 표피(rind) 환경의 조정, 운전자이다. 곰팡이는 숙성실 습도가 높으면 세균보다 증식이 더 빠르다.

ⓒ 치즈의 pH는 세균 증식에 억제 작용한다. 그래서 숙성 치즈의 pH를 5.1~5.2를 맞추어야 한다고 강조하는 것이다. 이 pH 범위에서는 유산균은 유리하고 잡균들은 불리해지기 때문이다.

ⓓ 소금농도 역시 세균, 곰팡이 증식을 억제 작용한다. 그래서 가염이 필요하다.

ⓔ 세균-곰팡이 간의 상호작용 : 치즈 표면의 미생물계에 이 둘 간에 상호작용을 한다. 왜냐하면 서로가 다른 단백질, 지방을 분해해 줌으로써 나누어 먹으면서 상생한다. 그러니 표면에 곰팡이가 피면 세균 증식이 저절로 늘어나 치즈품질, 향미에 나쁜 영향을 미친다. 결국 세균 증식이 늘면 곰팡이도 증식 또한 늘어나는데, 치즈에는 심각한 변화를 유발시키게 되는 것이다.

ⓕ 그러니 무엇보다도 할 수만 있으면 표면으로부터 세균, 곰팡이는 제거해야 좋다. 아예 숙성 초기부터 곰팡이 증식을 없애야 한다. 이를테면 어떤 세균 하나가 증식하면 다른 동무들(다른 세균류, 곰팡이류)을 불러와 같이 살게 되기 때문이다.

ⓖ 세균, 곰팡이 상호작용 결과는 (a) 냄새, (b) 색조(pigment) 형성, 치즈에 생기는 반점형 pigment는 그들의 상호작용 부산물(by-products)이다.

ⓗ 세균은 곰팡이 균사에 올라타는(hiching-ride hyphae) 일이 벌어진다. 그리하여 세균이 균사를 타고 이동하면서 함께 온 치즈 표면을 오염시키는 일이 벌어지는 것이다.

ⓘ 결국 곰팡이란 존재는 치즈 표면에 무서운 해악의 근원인 셈이다. 왜냐하면 그런 곰팡이 균사, 균총 속에 세균을 품고 함께 치즈 표면 여기저기로 뻗어가기 때문이다.

ⓙ 그러면 세균은 어떤가? 세균도 곰팡이 포자 발육을 담당하는 보육사 노릇을

톡톡히 한다.

⑤ 건강한 표피(healthy rinds) 유지를 위하여 :

㉠ 치즈 숙성실을 관리하는 숙성 전문가(Affinager)의 일상생활이 매우 중요하다. 그는 많은 세균, 곰팡이가 있는 곳을 피해야만 한다. 그가 어떤 환경에서 지냈느냐에 따라 바로 자신이 치즈 숙성고에 유해 미생물의 이식자(移植者)가 되기 때문이다. http://www.microbiolfoods.org에 들어가면 좋은 치즈 표면 관리 이야기가 있다. 꼭 참고 하시라. 치즈 장인 희망자들이여!

㉡ 치즈 표면에 유리하고 좋은 표면형성에 기여하는 미생물은 정해져 있다. 대부분의 곰팡이는 해롭고 세균오염 또한 가까이 해서는 안 될 일이다. 오직 정해진 건 살리고, 허락되지 않은 건 제거하여 오로지 유산균의 증식만이 중요한 것이다.

⑥ 치즈 표면 관리 우수업체 사토리(SATORI) 치즈 사례 :

㉠ 이 회사는 위스콘신에서 이탈리아 계열의 치즈를 제조하는 회사이다.

㉡ 그들은 그냥 차 분말을 치즈 표면에 발랐다(CHAI, OLIVE OIL). 새로운 것이 아니었다. 인도 산 발효녹차 가루였다.

⑦ 비하이브 치즈(BEEHIVE Cheese Co. / 유타주 / 사진 공유 기본) 사례 :

㉠ Tea Hove 블루 티 가루를 발라서 5～12, 24, 30개월 숙성했다.

㉡ Barkly buzzed 커피 + 라벤더 향을 섞어서 발라 6개월간 숙성한다.

㉢ 그들은 유타대학 부속 치즈공장에서 제조한 치즈를 갖고 와서 숙성했다.

⑧ 씨 하이브(Sea Hive) 사례 :

꿀 + 천일염(Honey + Sea salt 10% 이하)를 발라가며 여름우유 치즈는 6개월, 겨울우유 치즈는 5개월 숙성했다.

⑨ 빅 존스 카준(Big John's Cajun) 사례 :

이 회사는 치즈 표면에 고춧가루를 발랐다(Spicy Cajun Salary). 실물사진 있음. 유타에 오면 연락 주고 방문하란다. 참으로 호인이다.

※ **Tips** : 오전 향미세션이 끝나고 커피브레이크 때 잠시 미국의 유명 치즈전문 저술가인 웰런 라우라(W. Laura) 여사를 만났다. 그녀는 미국의 치즈목장 소개서와 와이너리 + 치즈목장 소개서를 펴내서 유명하다[15]. 그런데 자신이 자랑스

15) 그녀의 책들은 1. Werlin, L. 2000. The New American Cheese. Stewart Taborl & Chang 2. Wellin, L. 2003. The All American Cheese and Wine Book. Stewart Tabori and Chang 3. Wellin, L. 2007. Laura Wellin's Cheese Essentials. Stewart, Tabori & Chang. 가 있다.

럽게 생각하는 책은 2007년에 쓴 치즈제조기술 책(Laura Wellin's Cheese Essentials)이라 강조했다. 언젠가 내게 기회가 주어지면 그 책을 번역하겠다고 했다. 서로 연락하기로 하고 명함을 주고받았다.

3) 치즈 제조가(Cheesemaker)와의 만남 그리고 환영 만찬

작년에 저자를 감동 속에 빠뜨렸던 치즈 제조가와의 자유로운 만남의 시간이 돌아왔다. 오후 4시부터 저녁 8시 30분까지 진행되었다. 수백 명의 치즈 제조가들이 자기 치즈들을 테이블에 진열해 놓고 마음껏 맛보이며 치즈 정보를 주고받는 시간이다(작년에 75개 목장). 이 광경을 본 이 팀장이 그랬다. "교수님, 이런 별천지가 없습니다." 나는 "그래 이게 나의 꿈이라네, 큰 실내 체육관에 이런 판을 벌이는 거지, 치즈 제조가와 소비자 그리고 제조가들이 만나 친교하고 정보 교환하는 살아있는 치즈 교육장이지"라고 했다.

① 행사가 끝나갈 무렵, 전에 캐나다 듀퐁 Danisco 대리점 Danlac에 근무했던 Ersom을 만났다. 그는 저자와는 서로 E-mail을 나눈 사이였다. 내가 자원봉사자들이 바구니를 들고 돌아다니는 것이 궁금하다고 하니까 "오늘 행사에 사용하자고 빌려준 각종 치즈 Knife 걷으러 다니는 것이다." 했다.

② 지금은 회사를 은퇴하고 자신의 컨설턴트 회사를 운영하고 있다고 했다. 특히 그는 덴마크의 원조로 레바논에 가서 낙농, 유가공교육, 치즈코스 운영을 돕고 있다고 했다. 자주 연락하자며 헤어졌다. 목장 컨설팅 해주면서 Danisco 제품 판매를 알선하고 있다고 했다.

③ 저녁 만찬은 캘리포니아 치즈위원회(CA Cheese Board)에서 제공하는 연차대회 환영파티였다. 커다란 시청 홀의 중앙에 양쪽 벽 쪽에는 와인 바를 각각 2개씩 제공했다. 풍성한 만찬은 너무 융숭한데 처음부터 끝까지 컨츄리 음악을 연

주하는 5인조 보컬 그룹이 흥을 돋운다.

④ 작년의 위스콘신 메디슨 30회 ACS 연차대회와 다른 점은 일체의 치즈협회 환영식 같은 세레모니가 없었다. 그냥 모두들 치즈와 함께, 치즈 마니아들과 함께 편하게 공부하고 먹고 마시며 마냥 즐기라는 식이였다. 아, 참 좋다.

⑤ 중간 중간 남녀 도우미가 각종 요리를 들고 다니며 권한다. 무료제공! 술이 어느 정도 들어가니까 여성들이 몸을 흔들며 보컬그룹 쪽으로 모이기 시작한다. 3명,7명, 12명 그리고 원무가 시작된다! 치즈와 춤이라니!!! 거기에 남성들이 하나둘 끼어들기 시작하여 5~6명이 어울린다. 마침내 어깨걸이 줄을 만들며 같이 즐기자고 권하고 다닌다.

10.3 2014년 7월 31일(목)

1) 치즈 수송/ 수확으로부터 식탁까지의 모든 세세함까지

오전에는 모두가 참가하는 공통 세션이다. 치즈 유통 시 수송의 중요함을 강조하는 세션이다. FEDEX® 사람이 나와서 강의한다. 그는 상품포장, 디자인 전문가, 운송 전문회사인 Fedex에서 18년간 종사한 분이다.

① 배에 태울 것인가 가라앉힐 것인가 "Ship or Sink"
먼저 치즈의 상품화 관련 주제를 다룬다.

Ⓐ 포장을 올바로 하고 있나?

Ⓑ 치즈 수송 목적지까지 운송이 잘 되었나?

Ⓒ 수송 전의 포장재, 아이스 팩 box 형태가 절약과 유통기한 연장에 효과적인가?

Ⓓ 내가 원하는 목적지까지 보낸 치즈가 성공적으로 운송되었는가를 확인하는 퍼즐, 비즈니스 모델 등을 무역 전문가와 논의한다.

② 치즈는 쉽게 부서지고 쉽게 상할 수 있는 물품이라 조심스럽게 다뤄야 한다. 특히 크리스마스, 추수감사절, 각종 기념일이면 치즈가 한꺼번에 밀리는 때면 깊은 주의가 필요하다.

③ FEDEX®의 상품 취급 서비스의 포트폴리오가 있다.

Ⓐ 식품의 부패성 판단 → Cheese, seafood, Wine 이런 것들은 원거리 운송 시 최대한 주의가 요구되는 물품이다. 쉽게 변질되고 부패하기 때문이다.

Ⓑ Fedex는 이에 오랜 경험과 역사를 갖고 있다.

ⓐ 첫 번째 근본적인 선박 수송 시 고려사항 : 상자에 콜드 팩을 넣거나 그냥

캐리어에 보호(스티로폼, 에어 팩)장치 붙인 것

(b) 치즈를 왜 배로 운송해야 하나? : 훼리 운송, 전자상거래가 매년 증가하고 있다. 당신의 치즈상품을 배에 싣기 전 당신 스스로 의문을 제기해 보라.

- 누구에게 보내나?
- 발송 뒤에 어떻게 잘 갔는지 확신?
- 발송 뒤에 어떻게 온전한 상품 상태인지 확인하나?
- 내가 누구에게 치즈를 팔 것인가?
- 내 치즈를 다루는 운송회사 사람들이 기대할 만하고 합리적인가?
- 그들이 내 치즈에 어떤 처리를 하게 할 것인가?
- 그들이 소비자에게 적절히 공급할 수 있는가?
- 그들의 경험이 중요하다. 연조가 깊은 사람이 좋다.

(c) 비용대비 보호 패러다임 / 사업성공을 위해 운송 전 당신의 결정사항, 가장 안전하고 최선인 정책을 알려야 한다. 제품 보호 장치하는 데 돈이 좀 들어도 당신 치즈의 안전한 운송을 위해서는 반드시 그 일에 투자를 할 수밖에 없다.

(d) 냉장 운송

- 냉동조건 제시
- 예비냉각(Precooling)

  액상제품 혼재가 예견되는 경우 2mm 정도의 방부제 플라스틱 백으로 당신의 포장재를 싸도록 요구한다.

④ 치즈보호용 각종 포장재의 효과에 대해 논한다.

Ⓐ Mylar, Ⓑ Poly styrene(외벽은 폴리스틸렌 수분 차단제)

Ⓒ Corrugated / card board 젤을 채운 랩, Ⓓ Volcanic Ash(화산재)

Ⓔ Dry ice(드라이아이스 채운 랩), Ⓕ Gel packs → 젤을 채운 주머니

Ⓖ Air Liners → 플라스틱 봉지에 공기주입 형식의 보호제인데, 보온용으로 효과적이다.

⑤ 이런 것들에 대한 시험을 해보자

2014. 5. 14.일자로 Fedex가 육상운송, 항공 패키지에 대한 시험을 공개적으로 했다. 5-ton gantry crane을 사용하여 시험했는데 습도, 온도 조절 능력이었다. 각종 온도별 chamber 사용 / 비상사태 시 처리대응 등

Ⓐ 나는 무엇을 실을 건가?

Ⓑ 어디에서 실을까?

Ⓒ 무엇 속에다 치즈를 담을까?

Ⓓ 검사, 시험해 볼 방법은?

Ⓔ 시험사항

(a) 시간, (b) 온도, (c) 정체시간, (d) 모니터링 여부, (e) 도착 예상시간 등, (f) 보험여부

Ⓕ 시험방법

(a) 현 방법과 개선방법, (b) 비포장 상태에서의 치즈 칭량, (c) 배에 싣기 전 치즈온도 검사, (d) 같은 날 치즈 같은 속도로 치즈 운송, (e) 도착지에서의 치즈온도와 상태(포장 / 해택), (f) spider 그래프를 통한 치즈 검사

⑥ 선박운송에 대해 이해하자.

Ⓐ 박스의 손상 (a) 박스가 수분에 젖었다. (b) 박스가 실온에 있고 수분이 많은 상태다. (c) 손상, 손실, 미숙처리 그리고 운송시간을 제시간에 못 맞춤.

Ⓑ 건물기준(乾物基準 / DMI(Dry Matter index)에 따른 칭량

L × H × W * 166(미국)

L × H × W + 13P(국제)

⑦ 치즈 해외 운송은 Fedex 이용 시 야간 운송요금이 저렴하고 좋다.

2) 우리 터놓고 말합시다! Hot topics

이 세션은 일종의 문제 해결 토론(trouble shooting) 시간이다.

① 강사들이 참가자들에게 치즈현장에서 만난 문제점들을 써내라고 주문한다.

② 자신의 치즈제조 현장에서 겪거나 아직도 진행 중인 문제들을 적어내면 진행자가 읽어준다. 그러고 나서 이들을 벽에 붙여 나간다.

③ 그 문제에 관심 있거나 그 문제에 답을 줄 수 있는 사람들끼리 모은다.

④ 각 그룹이 문제를 해결하는 토론을 한다.

⑤ 많은 토의 끝에 그 답을 얻어낸다.

⑥ 마지막으로 현장 문제, 장애사항에 대한 해답을 진행자가 발표한다.

⑦ 이를 정리하여 ACS 본부에 보낸다. 그것을 홈페이지를 통해 공유한다.

3) 치즈 콘테스트 시상식

① Regency Hyatt Hotel Ballroom에서 16:30～열린다.

② 18:30분까지 한 시간여 동안 시상식이 진행된다.

③ 시상식 축하 연회는 6시부터 열린다.

④ Richard와 Karen 부부가 시상에 참여했다. 이들은 초등학교 교사 출신 은퇴자로 2001년부터 ACS 참여자이다. 그분들은 어느새 유명인사다. 치즈기술 교육교재 저술도 했을 듯하다. 홈페이지 주소를 알았으니 조회해 보자.

10.4 2014년 8월 1일(금)

06:20 기상 / 묵상

[모든 것은 하나님 손에서 나와서 그로 인해 진행되다가 마침내 그에게로 돌아가느니라. 영광이 그에게 세세토록 있으리로다. 아멘(로마서 11장 36절)] 결국 그런 것이니 아옹다옹 하지 말고 신경 쓰지 말고 되어지는 대로 편안하게 사는 게 좋다.]

1) 동굴 치즈 숙성실을 짓고 싶다면!

So, you want to build a cheese CAVE?

① 작년 메디슨에도 왔던 프랑스계 숙성실 자동조절 시스템 전문회사 클로거(CLAUGER) 사에서 진행하는 숙성실 전문기술 강연회. 네 명의 토론자가 진행한다. 언젠가는 이들을 초청해서 치즈목장 운영자들에게 제품 설명회를 한번 갖고 싶다.

② 주로 숙성실의 항상 균일한 온도 / 습도 유지방식, 청정공기 순환 / 악취, 가스제거 시스템 관련 자동 조절설비를 설명한다. 오늘은 두 개의 프랑스계 회사가 참여해서 각 회사별로 30분씩 회사의 기술적인 장점을 발표하고 전문가 토론을 한다. 이토록 준비를 해주니 얼마나 자상한 치즈협회인가! 토론 참여자는 Clauger에서 2명 그리고 Air Quality Process에서 2명이다.

③ Air Quality에서 설명 - 저자가 2013년에 처음 만난 프랑스 회사다.

Ⓐ 우리는 실제 숙성고를 갖추고 1,200여 종에 이르는 치즈별 숙성 조건시험을 거치고 있다. 거의 90% 이상을 시험했다.

Ⓑ 전 세계에서 40개국에서 1,200개의 우리 회사 잘 된 숙성실 제품이 운영되고 있다.

Ⓒ 숙성실의 위생이란? 마치 갓난 어린 아이를 양육하는 환경을 상상하라. 그만큼 치즈에 위생은 중요하다. 그리고 결국은 이 일은 우리의 돈과 직결된 문제이다.

Ⓓ 치즈 숙성고를 오염시켜서 어린애 같은 우리의 치즈를 망치는 오염원은 어디로부터 온 것들일까? 이것을 모르면 치즈를 온전히 숙성할 수 없다. 이것들을 알고 제어할 줄 아는 것이야말로 치즈숙성의 성공 지름길이다!!

(a) 공기(Air)

- 지금까지 관행적인 숙성실은 위생적으로 전혀 처리되지 않고 온도와 습도 그리고 미생물학적 오염제거를 하지 않은 공기 유입(inlet)만 있었다. 그러나 그 공기에 잡균이 오염되어 들어간다고 보자. 숙성고 위생은 끝난 이야기이다.
- 지나치게 많은 공기 유입도 문제다. 건조되기 쉽고, 습도 균형은 깨지고 만다. 그러므로 미생물학적 청결 공기의 출/입량 조절이 중요하다.
- 숙성고내 선반, 바닥재 손상도 고려한다. Swab test[16]를 USDA가 권장한다.
- 공기를 내품는 냉각기/조정장치(Coolers/conditioners)가 완벽하게 청결유지하고 있는가도 확실히 점검하고 test 해야 한다.

(b) 숙성실 종사자[Affinager (아퓌나저, 치즈 숙성가)]

- 그들의 옷에 반드시 뭔가 묻는다. 숙성실 들어가기 전에 갱의실을 운영하라.
- 그들의 손, 신발, 머리 그리고 얼굴에 오염물이 붙어 있게 된다.
- 숙성고를 출입하는 종사자의 위생검사, 관리가 매우 중요하다.

(c) 액상 물질류 Fluids(source)

- 컴프레셔 유래,
- 파이프 유래
- 전기와이어
- 하수 폐수(sewage) 확산

  이것들도 오염원이 될 수 있다. 숙성실에 있는 이런 것들에 대한 조치가 꼭 필요하다.

(d) 숙성고 건물 자체

- 표면들
- 코팅 상태
- 부식성(녹)

(e) 기구류

- 고정나사, 조임부
- 녹과 화학물질에 무관한 재료 사용

(f) 작업 진행시

16) swab test/ 면봉시험 : 장치나 기구의 일정 면적을 면봉으로 긁어 위생 상태를 측정하는 방법. [네이버 지식백과] 면봉시험 [swab test, 試驗, めんぼうしけん] (농업용어사전 : 농촌진흥청)

(g) 치즈와 그것을 다루는 기구류

- 유류(有流)하는 공기흐름(flew)
- 첨가제류
- 포장지, 박스에서 나오는 가루나 먼지

이상의 것이 치즈 숙성고 오염원들이다. 숙성고에 유류(有流)하는 공기흐름이 중요하다. 그래서 청정구역, 오염구역을 막아 두고 공기유류(flew)가 서로 만나지 않게 해야 한다.

- 청정구역과 일반 구역, 오염구역의 구획 나누기
- 유입공기 정리
- 종합계획

Ⓔ 아, 아, 치즈도 숨을 쉰다. 숨을 쉬는 살아 있는 존재라는 사실! 그래서 치즈도 자신이 있는 환경에서 반응한다. 부족하고 오염되고 넘치는 공기, 수분, 산소, 이산화탄소, 암모니아 가스 등에 힘들어 하고 있을 수 있다. 숙성실의 온도가 높으면 치즈는 숨을 거세게 쉬고 땀도 많이 흘린다. 반대로 치즈 주변이 건조하면 치즈는 수분증발을 당한다. 치즈는 환기가 필요하다.

Ⓕ 치즈 숙성고의 수분손실 영향 요인

(a) 숙성고 안의 전등들(LED 전구가 좋겠다)

(b) 작업자의 빈번한 출입

Ⓖ 숙성실에 오래된 치즈와 새로운 치즈가 들어와서 수분 평형에 문제가 있다.

(a) 공기유입 속도 조절

(b) 온도 조절

(c) 습도 높아짐 고려

④ Clauger사의 발표

Ⓐ 숙성고 설계 고려요인

(a) 온도, (b) 습도, (c) 공기 유류 속, (d) 포장형, (e) 청결성, (f), 가스농도(O_2, CO_2, NH_3)

Ⓑ 습도는 공기 함유, 치즈 함유된 것도 영향을 미친다.

Cooling + Heating에 습도 영향을 고려해라.

Ⓒ 숙성고 설계 시 권고사항

(a) 전등 위치(밀집 금지), (b) 각종 컨트롤 기기 위치(외부로)

(c) 규모, 규모에 따른 온도영향 범위(온도 평형 조건고려)

(d) 숙성고 내 치즈 선반류(stacks) 간격 유지

(e) Insulation 중요함, (f) 미래 규모 확장을 고려한 기기도입
(g) 가장 나쁜 조건에도 견딜 수 있는 기기 도입

Ⓓ 경제적 측면 고려
(a) 생산품질의 정규화, (b) 감가상각비 고려, (c) 공기 유래 질병 위험 감소, (d) 수분 감량에 따른 치즈 중량 손실 감소, (e) 치즈의 유통기한 증대, (f) 보존제 감소, (g) 노동력 감축성

Ⓔ 이러한 기자재들의 지속적 운용, 치즈 룸의 위생을 위해 CIP 설비는 필수적이다. 그래서 모든 기기회사가 이 정도로 처리해 두었다.

Ⓕ 숙성실이 지하든 지상에 있든 대기 중의 온도 / 습도를 감안한 control 장치가 필요해서 업체들이 각 지역의 기상조건을 고려해서 설치하고 있다.

Ⓖ 프랑스의 치즈 숙성기술이 미국에 낯을 내밀고 점차 공세를 높여 나갈 기세이다. 순천 송치재 부근에 버려진 구 전라선 철로의 터널을 이용한 숙성 체험장 건설에 이들의 기술을 적용해 보고 싶다.

2) 치즈, 살라미 소시지 그리고 미생물!

(12:15～15:00)

오후 세션에는 치즈와 살라미 소시지의 조화 그리고 미생물의 역할에 대하여 3명의 강사가 발표하고, 실습으로 치즈와 소시지의 Pairing을 진행한다. 치즈와 살라미는 발효식품으로서 미생물의 작용을 받아 만들어진 것이다. 서로 합쳐 보면 둘 다 상생조화를 이루고 시너지 효과를 내는 식품이다.

① 이 두 식품은 가공목적이 같다. 생채의 제품이 오랫동안 저장할 수 있게 하는 것이라서 발효와 숙성을 거친다, 둘 다 장인 살라미(Artisan Salame) 도 있듯이 장인 치즈(Artisan Cheese)가 있다. 이것들이 기가 막히게 맛있다. 이것들에는 미생물에 의한 현재가 있고 미래가 있다. 둘 다 미생물저장고 Preserver이다.

② 둘 다 제조공정이 유사하다. 생채로 가공한 뒤 발효해서 제품화하고 숙성하여 완성시킨다. 진정한 특성들은 숙성시킬 때 다양하게 부여되어 제품화 된다.
Salami → 비 발효제품, Salame → 발효제품 ☞ 70～75%의 수분함유

③ 치즈와 살라미 저장방식
Ⓐ 발효, Ⓑ 가열, Ⓒ 건조

※ 식품 가공학에서 수분활성(aw)이란 미생물이 가용할 수 있는 수분함량, 활성수이다. 수분이 많을수록 미생물 증식에 유리하다. 그래서 활성수분 함량(aw)을 줄이려고 애쓴 것이 건조식품이다.

④ Salame 제조 시 주의사항

Ⓐ 가축의 건강성, 청결성

Ⓑ 냉각온도

Ⓒ Meat matrix 만들기(지방분 제거, 피하지방 제거)

Ⓓ 지방 붙은 것과 지방 없는 살코기를 각각 다진다(chopping). 그러고 나서 둘을 혼합한다.

Ⓔ 그 위에 각종 첨가제(양념류, 방부염, 질산염) 첨가해서 단백질 Matrix속, 섬유질 속에 스며들게 한다.

Ⓕ 이때 혼합균주를 접종하여 잘 혼합해 준 다음 이들을 케이싱 한다.

Ⓖ 케이싱은 끈으로 묶되 전통적 방식대로 묶는다. 걸어서 작업해도 풀리지 않게 하는 방식이다.

Ⓗ 24시간 보존 발효시킨다. 요즘은 유산균(LAB) 증식을 위해 매트릭스 혼합할 때 사탕수수 시럽(cane sugar)을 첨가해 준다. 요즘은 기능성 생물체, 즉 생균제를 사용한다.

Ⓘ 최적 pH에 도달하면 발효를 정지한다. 유산발효로 pH저하가 되면 살라미에 발색이 되면서 단백질 분해, 유산증가 등이 제품에 살라미 고유의 특성을 제공한다. 이때 유산생성을 LAB가 주로 이끈다. pH는 7.0부근에서 발효를 거치면 5.0～5.5가 된다.

Ⓙ 이윽고 표면에 미생물이 뒤덮으면 숙성과정에 들어가는데, 이때 건조도 일어난다. 건조는 표면에 스며난 것이 증발해서 일어난다.

※ **Tips** : 저자는 이탈리아 아시아고 지역을 방문했을 때 치즈 숙성고에 와인과 살라미를 함께 숙성시키는 것을 모았다. 그 숙성고에는 지역 명산품 와인과 자가 와인도 함께 숙성하고 있었다.

▷ 포도상 구균 속 *Staphylococcus*의 발음법 → "스타필로코쿠스"

▷ Aesthetics「esθetiks」란 미학・미적 정서의 연구라는 뜻

Ⓚ 치즈와 살라미 표면에 우점 하는 곰팡이는 *Penicillium* 속과 효모는 *Debaryomyces* 속인데, 이들이 살라미의 표면 세균류를 끌어안고 있다고 봐야 한다. 서로 공생관계이다. 도대체 이들은 어디서 왔는가? 첫째 스타터, 둘째 야생, Wild 균주들이다. 이들은 상호간에 협력과 길항을 한다. 그러면서 치즈와 살라미 표면에 미생물 공동체(Microbial Community), 즉 곰팡이 + 세균 + 효모가 어우러져 사는 미생물체 마을을 형성한다.

3) 치즈란 무엇일까? CHEESE FACTS, Feeling

오후 두 번째 세션에서는 치즈회사 직원, 치즈시장 관련인 그리고 야채가게(grocery), 협동조합의 사람들이 나와서 토론자로 발언하고 발표하고 있다. 강사가 미국 사회에서 치즈가 뭐라고 생각하느냐고 묻자 많은 답이 나온다. 그들도 치즈가 소비자, 상인들에게 제대로 인정받지 못하고 있음에 열이 나있는 모습을 여실히 보여 준다.

① 미국산 치즈가 소비자, 치즈 장수, 행상(monger), 그리고 많은 국민들에게 왜 정당한 평가를 받지 못하고 있는 것일까? 그게 치즈 제조자 문제인가? 아니면 국민의 문제인가?

② 이것은 교육의 문제이다. 그 누구의 탓도 아니다. 대신 누구도 치즈에 관한 Fact를 교육하고 홍보하여 올바른 정보를 제공하지 않은 것에 대해 심각하게 검토해야 한다.

③ 전통, 목장치즈, 명인치즈, 맛있는 것, 취미 등이 제대로 알려지지 못하고 있다.

④ 새로운 낙농의 미래를 열어가는 열쇠 하나는 곧 치즈이다. 많은 전통이 사라졌지만 상당수는 지금도 계속 정착해 있으면서 변해가는 것이 치즈이다.

4) 치즈공부를 원하는 사람의 해외 연수지 추천

코넬대학이 Creamery 시작한다고 하니 가능성이 있을 법하다. UC Davis에도 파악해 볼 것. 캐나다 McGill 대학에 치즈 공부하는 이가 있다. 네덜란드도 영어 능통한 곳이므로 괜찮고, 프랑스에 치즈학교도 알아보면 좋겠다. 프랑스 리용 근방에 있다는 *Academie Opus Caceuse at Mons Fromagerie* 에 관심이 있다. 미국 Jasper Hill 목장에 연 1회 분교가 열린다. 숙성고 환경조절장치 회사인 Clauger도 리용에 있다. 나도 언젠가 이런 일을 하고 싶다. 여전히 가르치고 싶다.

5) 미국 식약안전청(U.S. Foods and Drugs Administration, FDA)이 미국인 치즈 숙성실에 나무 선반 못 쓰게 했다가 항복한 이야기 한 토막

① FDA가 치즈 숙성고에서 나무선반을 사용하지 못하게 하는 규정 공포했다가 ACS에게 3일 만에 손을 들고 번복했다. 그들이 제시한 금지 근거 논문 3개를 들이 댔으나 ACS가 나무선반 사용이 가능하다는 증거로 2,000개의 논문을 제시했더니 손을 들었다.

② FDA는 1차적으로 ACS에게 당하고, 2차적으로 유럽치즈 수출업자들에게 당했다. 미국 수입치즈의 70% 이상이 유럽치즈인데, 유럽은 거의 전부가 나무선반

위에 얹어서 숙성한 치즈이기 때문이다. 지금은 ACS와 FDA는 상호 협력 관계이다.

③ 숙성실에 나무선반 사용을 금지하게 되면 유럽치즈도 수입을 금지해야 하는 꼴이 되기 때문에 번복하지 않을 수 없었을 것이다.

④ 한국은 아직 숙성치즈 생산이 안 되고, 그건 항의하지 않으니까 나무 사용 금지가 통한다. 그러나 일본에서도 조차 나무 사용을 허용하고 있으니 한국도 별수 없을 것이다(이상은 안단테 데어리 대표 소영 스칼란(본명 김소영) 명인과의 대담에서).

10.5 2014년 8월 2일 (토)

1) ACS의 치즈 전문가 인증 시험(ACS Professional Exam.™)

엊그제 오늘 09시에 만나기로 예약했던 ACS Professional Exam. 담당 Mrs. Janne Brau를 만났다. Janne이 우리가 미리 예약했던 약속시간을 지키지 못해 그런지 세 번이나 사과한다. 무슨 핑계를 댔지만 미국인으로써, 교양인으로써 약속시간을 지켜내지 못한 것은 인간적인 실패라고 그들이 먼저 생각하니 그리 사과하지 않을 수 없게 되었다. 그냥 괜찮다 하고 컨설팅에 들어간다. 내가 세 가지 질문이 있다고 하고, 첫 질문을 하자 첫 질문에 먼저 대답하겠다며 답하기 시작한다.

① ACS Professional Exam.™ 시험의 수험서 존재 여부? 우리가 자동차 운전면허 받으려면 관련 수험서가 있듯이 Exam. Professionals에도 그런 류의 수험서가 있나?

⇒ 수험서는 없다. 다만 직업으로 치즈분야에 종사한 경력이 시험 치를 자격이다. 우선 시험 응시자격이 매우 까다롭다. 그 조건을 채우다 보면 우리 시험에 응시할 수 있는 기술, 지식, 경험, 노하우가 자연스럽게 얻어지게 되어 있다.
첫 번째 자격은 고졸 출신이 기본이고, **최근 6년 안에** 4,000시간을 치즈산업 분야에 종사한 경력이 필요하다. 경력증명이 반드시 요구하니까 적당히 넘길 수 없다.
둘째 자격은 대학 졸업자로서 **최근 6년 안에** 2,000시간을 치즈산업 분야 종사 경력이 요구된다. 만일 어떤 사람이 20, 10년 전, 아니 8년 전 그런 조건 갖춘 것은 무의미하고, **최근 6년 이내** 4,000~2,000시간을 종사했어야 한다. <이건 일도 아니고 시간이니까 큰일은 아니지만 우리가 60시간 교육 받은 사람에게 응시자격 주는 건 초급단계인 셈이다.>

내가 이 설명을 듣고 있다가 "잠깐, 이거 꼭 유럽에서의 Meister 자격 얻는 것과 비슷하네." 라고 하자 "정확합니다. 유사하지요!(Exactly, Similar!)" 한다. 그러니 우리는 별도로 문제집을 만들지 않는다. 한국인 응시가능 여부를 물으니 시험업무를 관리할 기관이나 단체(가령 한국치즈협회)와 ACS와 자매결연 맺으면 가능할 것이라고 한다.

② 이 시험은 미국에서의 회계사(CPA), 변호사, 변리사, 손해감정인 시험 비슷하게 관리하며 매우 엄격하다. 바로 현장 투입이 가능하도록 국가가 법으로 엄격히 관리하는 자격시험 수준이라고 봐야 한다. 왜냐하면 식품을 다루는 자격이지 않는가!

③ 초창기 2~3회까지는 80% pass 했으나 지금은 시험관리가 엄격해져서 합격률이 70%까지 내려갔다. 시험의 구획은 기능성(Task)과 전문지식(Knowledge)으로 나뉜다. Task가 다시 여러 가지 갈래로, Knowledge가 여러 가지로 나뉘고, 총 4지선다형 문제 150개가 출제되고, 서로 교차되어 질문하게 된다.

④ 한국인이 이런 시험을 보고 싶다면 어떻게 하겠는가? 한국에 낙농가 40여명이 치즈 만들고 있는데, 그것은 고려해 봐야 할 사항이 많다고 본다. 아니 미국에 온 한국인이 미국 운전면허 따려면 한국말로 시험 보게 해 주지 않느냐?

⇒ 그렇다. 북미지역에도 불어, 스페인어 쓰는 캐나다인, 멕시코인이 있으므로 종종 이런 요구가 들어오고 있어서 우리도 고민 중에 있어서 조만간 그런 문제해소가 될 것인데, 한국인 응시자가 몇 명이나 될지 그게 문제다.

⑤ 토익, 토플을 한국에서도 치르듯이 한국에서 이런 시험을 치게 했으면 좋겠다.

⇒ 그것은 당신이 좀 개발해 주기 바란다. 우리와 협조해서 우리가 요구하는 자격과 규격에 맞춘 제도로 이식한 다음 당신이 이 시험에 응시하고자 하는 사람들을 컨설팅 해준 다음 그리해 나가자. 즉 KNAPP라는 상담단체에서 시험 상담을 해주고 있는데 당신이 그 단체에 가입하고 활동해 보면 어떤가?
(마치 한국에 지점을 설치한 TOEIC, TOFEL위원회가 대행하듯이 한다는 식)
그러자, 앞으로 전자우편으로 서로 연락(Keep in touch)하자, 고맙다.

※ Janne이 E-mail로 상세한 문서들과 최초 변경된 regular 물건은 챙겨 보내 주겠다고 했고, 내년에도 오느냐고 해서 "I HOPE SO" 했다. 왜냐하면 내가 내년에 무슨 일이 있을지 모르기 때문이다. 이렇게 09시 12분경 시작한 면담이 9시 46분에 끝났다. 그리고 면담 결과는 정리하고 나니 10시 26분이 되어 오늘 오전 일과는 성공적이다.

2) 한국에서의 치즈 전문가 시험
-치즈 마이스터-

① 미국과 유럽제도를 잘 조화시켜 성립시키고자 한다. 그러려면 먼저 스위스, 독일, 프랑스의 마이스터 제도 파악과 문제 출제 형식, 문항 수 등이 우선 조사되어야 하고, 다음은 미국의 제도 파악이 중요하다.

② 이 일을 연구소가 위탁 MOU 맺어서 해야겠다. 사단법인 연구소 설립이 필요하다. 연구소 역할은 1. 교육, 2. 컨설팅, 3. 연구개발, 4. 시험 실시기관 인증 등이다. 이를 위한 준비는 5종이 되겠다.
Ⓐ 연구소 정관승인, Ⓑ 인적구성(이사), Ⓒ 종사자 구성, Ⓓ 자본금 투입,
Ⓔ 회원제 등이다.

3) 치즈 세일행사

① ACS 연차대회 맨 마지막 날 실시하는 유서 깊은 전통으로 남은 행사가 치즈 바겐세일이다. 저자는 이런 행사를 한국에서 하는 것을 살아 있을 때 꼭 보고 죽었으면 좋겠다는 버킷 리스트 항목 중 하나이다.

② 금년에는 11시부터 오후 2시까지 캘리포니아 주도(州都)인 새크라멘토 시민을 위한 치즈 판매행사가 열리는 것이다.

③ 연차대회 참가 회원들 중에 치즈 콘테스트에 출품한 치즈들을 ACS 치즈 페스티벌에 사용하고, 나머지는 랩으로 재포장한 뒤(이런 자질구레한 작업에는 자원봉사자들이 적극 나선다) ACS가 열린 도시의 시민들에게 거저 주다시피 하는 세일을 하는 것이다.

④ 여기에는 세 가지 지혜가 담겨 있는 행사이다. 첫째, 남은 치즈의 효과적인 처

분이다. 둘째, ACS가 열린 행사 도시 주민들에 대한 선물이며 치즈홍보 그리고 ACS 홍보효과를 거양한다. 실제로 어떤 노인에게 물으니 이런 행사는 자기 일생에 처음 본 일이라 한다. 왜냐하면 미국 전역의 주요 도시만 다니며 ACS 행사가 열리기 때문이다. 셋째, ACS 산하 단체인 (재단법인)치즈교육재단(Foundation of Cheese Education)의 기금 마련 방책이다. 이렇게 해서 매년 모금한 돈의 규모도 제법 될 법하여 치즈교육재단 유지에 한 몫을 하고 있을 것이다.

⑤ 작년에는 25달러 / 75달러 봉투를 주었지만 금년에는 50달러 봉투에 치즈를 담아가게 한다. 대신 나갈 때 입구가 지퍼로 닫혀 있어야 한다. 50달러에 치즈 20kg를 가져갈 수 있고, 더 필요하면 작은 봉투를 25달러에 공급했다. 그러나 사람들이 너무 많이 와서 행사 시작 후 40여분 만에 모든 치즈가 동났다.

11. 북해도 연수기[17]

2014. 12. 15.~2. 19.

11.1 12월 15일

13시 50분 나가시벳츠 도착, 가와구찌 선생과 올리비아가 마중 나와 있다. 그는 나와 처음 1996년 북해도 연수시절에 인연을 맺은 뒤 2003년, 2004년 한국에서, 2005년에 북해도에서, 2008년에 다시 한국에서 만나는 것의 연속이고, 그 인연의 긴 끈은 무려 18년에 이른다. 2008년에 순천대학 방문 이후 만나는 것이니까 6년만의 해후이다. 일벌레가 그동안 어찌 살았을까? 그는 "4년 전(2010년)에 은퇴하고 여태 근무했던 연수센터 계약직으로 있었는데 이제 내년 3월이면 진짜 물러나게 되었다" 며 일자리를 잃는 것에 대하여 아무렇지도 않게 말한다.

"그래 요즘은 무슨 일을 하는가?"

"주민들에 대한 유가공과 육가공 연수를 하고 지내"

"한 번에 몇 명씩이나 오는가?"

"4~5명 정도"

참 좋다 싶어서 나도 은퇴하면 그런 교육프로그램을 운영하고 싶다고 말하고는

"그래, 이 천생에 무량태수야, 이제 진짜 은퇴하면 무슨 계획이라도 있나?"

"No Idea!" 대번에 튀어 나오는 답이 가관이로다. 낙천적이고 낭만적이랄까 그냥

17) 이 연수는 임실치즈과학연구소가 지역 치즈목장업체 대표들을 초청하여 실시한 것인데, 특별히 가와구찌 오사무(河口 里) 선생과 미찌꼬 유미꼬(三友有美子) 선생과 친분이 깊은 저자를 초청해 주었다

무랑태수라 할까? 옆에 따라 나온 부인 Olivia가 우리의 대화를 조용히 웃으며 듣고만 있다[18].

1) 나가시벳츠정 축산식품가공연수센터

(中標津町 畜產食品加工練修센터) 81-153-78-2216

① 일행이 점심을 먹고 난 후 세시인데 가와구찌 선생이 근무하는 나가시벳츠 정 「축산식품가공연수센터」에 도착하니 어느덧 3시 20분이되었다. 어느덧 바깥은 석양이 길게 드리워져 있다. 북해도의 겨울 낮은 짧고 밤은 길다. 내가 "요즘 해가 몇 시에 지는지?" 물으니 "네시 반!!" 저자는 어느 새 이 연수센터 방문이 세 번째다.

② 가와구찌 선생 후임을 소개하는데 참 젊은 사람이다. 오늘도 유가공기술 코스(5명)가 있었는데 스트링 치즈제조 실습이었다. 실습생들은 오늘 했던 생산물을 나누어 가느라 주섬주섬 싸고 있다.

③ 가와구찌 선생이 강연할 수 있도록 자리 정돈을 급히 했다. 그리고 곧 바로 시작한다. "아, 여러분 우리 연수센터 오신 것을 환영합니다. 이제 정식으로 인사드리겠습니다. 가와구찌 오사무(河口 里)라고 합니다. 이곳 직원 두 분도 소개합니다. 이 센터는 1987년 12월에 개소했고, 당시 공사비는 국비 50% 정비(町費) 50% 부담으로 1억7천3백6십8만 8천엔(우리 돈으로 20억원 가량)이 소요되었습니다. 설립 목적은 지역 축산물을 즉시 가공하여 '안심식품'을 제조하는 것입니다. 광대한 목초지에서 방목하여 사육한 젖소로부터 얻은 우유를 지역에서 가공하여 신선 유제품으로 공급하는 데 있습니다. 이 연수센터는 식품가공연수를 실시할 뿐만 아니라 본 연수를 통해 지역특산품의 개발연구를 행하여 낙농축산에 대한 진흥을 도모하는 데 목적을 두고 있습니다."

④ 이윽고 준비 해둔 치즈 접시들을 내놓고 돌려 가며 시식을 하게 한다. 가우다 치즈, 마리보 치즈, 점질균(BL균) 처리한 틸시터 치즈, 카시오카발로 치즈, 스트링 치즈 등이다. 먼저 8개월 숙성한 가우다 치즈부터 점점 진한 맛이 나는 치즈들을 시식시킨다. 맨 나중에 스트링 치즈(오늘 제조)를 맛보이며, 이런 신선 치즈는 맛이 진한 치즈를 먹고 나서 입이 개운하고 시원해지라고 입가심으로 먹는 종류라고 했다.

⑤ 한국인들이 모차렐라치즈만 아는데 카시오 카발로 치즈는 그 다음 단계로 만든

18) 그는 센터를 나온 뒤에 벳가이 정의 제3섹터 유가공장의 기술 자문위원으로 취업하여 2017년 11월 현재 근무하고 있다.

치즈이다. 형태는 세 가지로 나누어 만들 수 있는데 표주박형, 소시지형, 사각 벽돌 모양이다. 표주박 형은 자르기가 곤란하지만 소시지형이나 사각형은 자르기가 편하다. 건조시켜 숙성할 때는 끈을 매다는 경우 사각형이나 소시지형은 끈으로 십자형이 되게 묶고 메주처럼 매달면 된다.

⑥ 북해도에서 만드는 치즈는 크게 여섯 가지 대종[Ⓐ 반경질, 경질치즈, Ⓑ 세척형 치즈(Brev. lynense), Ⓒ 블루치즈 계열, Ⓓ 까망베르 치즈, Ⓔ 쉐브르 형(산양유) 치즈, Ⓕ 신선형 치즈]으로 나뉘고, 북해도에서만 90종 이상의 종류로 나뉜다. 본토라고 할 수 있는 혼슈(本州)까지 포함하면 200여 종 이상의 치즈가 제조되고 있다.

⑦ 일본에서 낙농가들이 치즈를 만든 연유가 있다. 사실은 원유가 남아서 만들었다. 한국도 그랬을 거다. 만들기는 했는데 이를 어떻게 팔 것인가가 문제였다. 일본 목장치즈 판매량은 전체의 9% 정도이고 미미하며 주로 기업형 치즈공장의 제품들이 주로 팔린다. 아무리 남은 원유라 할지라도 판매가 안 되는데, 그 이유는 기업보다 원가가 비싸기 때문이다.

⑧ 자연치즈 판매량 중 대부분이 모짜렐라라고 하는 신선 치즈인데, 100% 원유로 만든 치즈이다. 목장 치즈는 주로 친지에게 판매하고 통신판매가 주를 이룬다. 목장에서는 대량 생산이 안 되므로 어떻게 판매할 것인지를 심각히 고민해야 한다. 한국의 목장유가공장들이 요구르트를 제조하여 슈퍼마켓이나 농협매장에 판매하는데, 앞으로 치즈도 그런 방식으로 판매해야 한다. 그동안은 치즈판매 예행연습을 한 것이다.

⑨ 일본산 여섯 가지 대종 치즈 중에서 워시 타입(wash type)이 있는데, 틸지터나 브릭 치즈 같이 점질균을 발라가며 숙성하는 치즈가 특이하고, 쉐브르 치즈는 산양유 치즈인데 맛이 특이하다. 까만 것은 목탄가루를 발라가며 숙성한 것이다. 이 중에서 대부분의 치즈 명칭은 주로 지역명칭으로 되어 있다.

⑩ 청중 질문 : 목장치즈와 기업치즈 간의 가격 차이는?

답 : 3배 정도 차이가 난다. 기업은 대량 생산에 의한 원가 절감이 있어서 그렇다. 그러므로 목장치즈는 맛으로 승부를 내야 한다. 맛을 추구하지 않는 사람들은 슈퍼마켓에 가서 싼 기업치즈를 사먹지만, 맛을 아는 사람들은 손으로 만든 치즈인 목장치즈를 구입한다.

⑪ 질 문 : 원유 가격의 유제품별 적용치를 알려 달라?

답 : 치즈 원유는 보조금 제도에 따라 지원을 받는다. 음용유용은 80엔/kg이고, 분유나 버터 원유는 70엔/kg이라면 숙성치즈 원유는 40엔/kg으로, 까망베르

같은 경우는 50엔/kg으로 품목별 차등 가격제를 적용한다. 그리고 치즈 만드는 사람들을 위한 각종 지원제도가 부수적으로 지원하여 목장치즈 제조를 장려하고 있다. 그렇지만 치즈 생산・판매에 많은 문제가 있다. 그것을 해결해 나가는 데는 더 많은 노력이 필요하다.

⑫ 질의응답과 토의가 끝난 뒤 기념촬영을 하고 밖으로 나오니 이미 짙은 어둠이 가득한 밤이 되었다. 내일을 기약하고 헤어져 호텔에 오니 여전히 5시 전이다. 방을 배정받고 여장을 풀고 나니 5시 반. 피곤하기도 하고 날이 금방 어두워지니 6시경에 모여 저녁식사하고 쉰다.

11.2 12월 16일

1) 라 레토리(La Laiterie)

81-153-72-0777 www.laiterie.co.jp/ konno@laiterie.co.jp

① 09: 00 : 가와구찌 선생은 미리 나와 있다. 오늘 미또모 치즈목장에 가서 우리가 신을 장화를 두 박스에 담아 왔다. 사람을 섬기는 자세, 부지런함 그리고 친절과 웃음 게다가 상황에 맞지 않는 썰렁한 조크를 던지는 어리숙한 모습이 좋다. 첫 번째 방문 공장인 라 레토리를 방문한다. 나는 이 회사 방문이 어느새 세 번째인데 아키라 사장이 나를 반긴다. 화요일이 휴일인데 일부러 나와서 우리에게 공장을 속속들이 보여주니 참 감사한 일이다. 모두가 가와구찌 선생 덕분일세, 좋은 친구야 고맙다. 가와구찌는 결코 잘 난체, 내 덕이라는 느낌이 안 들게 성실히 안내하고 있다.

② 이윽고 우리를 반갑게 맞이한 곤노(近野 了, 아키라 곤노, Akira KONNO) 사장이 라 레토리(La Laiterie, 유제품 만드는 집) 회사를 직접 소개한다.

Ⓐ 이 공장은 22년전[19]에 이 공장이 시작되었다. 처음 마시는 요구르트(노무요구르트)를 생산하다가 아이스크림을 생산하고 이어서 까망베르 치즈를 생산하다가 브릭 치즈를 생산했다.

Ⓑ 처음에는 요구르트 판매하는데 너무 어려워서 공장 지은 지 3년 만에 여기 이런 커다란 판매 공간을 만들었다. 그래도 매상고가 안 오르게 되니까 이탈리아 아이스크림인 젤라또를 만들었다.

Ⓒ 이 판매장에서 정식 식당은 아니지만 방문객들에게 간단한 식사류, 샌드위치,

---

19) 곤노 사장의 부친이 시내에서 커다란 차(茶)상회를 운영해서 큰돈을 벌게 되었는데 그의 차를 사던 고객들이 요구르트 제조를 권유해서 공장을 시작하였다. 차를 팔아 번 돈을 여기에 투자한 것이다.

커피를 판매했다.

Ⓓ 초기에는 가와구찌 선생이 일하는 「축산식품가공연수센터」의 가우다 치즈를 가져와서 판매하다가 십년 전에 브릭 치즈 제조를 시작하여 우리 회사 브랜드로 팔기 시작했다.

Ⓔ 애초 치즈는 까망베르 치즈를 만들었는데 유통기한이 너무 짧아서 판매량보다 남아서 버리는 양이 많았다. 그래서 브릭(Brick) 치즈 제조로 방향을 바꾸었다.

Ⓕ 까망베르 치즈는 만들고 있는데 판매하기도 전에 유통기한이 지나 폐기해 버리는 치즈가 더 많았다.

Ⓖ 브릭 치즈는 생산해서 숙성, 판매하기 까지 5개월 정도면 끝이 나서 여유를 갖게 되어 치즈제조 판매가 가능했다.

Ⓗ 요구르트, 치즈 제조기술은 모두 가와구찌 선생에게서 전수 받았다.

Ⓘ 원유는 인근 목장에서 구입해 와서 사용한다.

Ⓙ 치즈를 제조하니까 목장치즈와 똑 같이 원유차등가격제를 적용받아 원유가가 저렴해서 좋다.

Ⓚ 브릭 치즈는 14℃에서 점질균을 사용해서 숙성하는데, 20일 정도 관리해 주다가 점질균이 증식된 것을 확인하면 11℃ 숙성실로 옮겨서 상품화하는 마무리를 해 준다.

Ⓛ 폐수처리는 일차 처리한 것을 그냥 하수로 내보낸다. 유청도 그렇게 처리하고 있다.]

③ 브릭 치즈의 몰딩 시 반전해가며 유청 제거를 위한 테이블이 약한 경사가 져 있는 것이 인상적이었다.

④ 요구르트 제조 시 균질하는 이유는 최종제품 저장 시 지방층이 맨 위에 형성되기 때문에 소비자들이 이것은 상한 것 아니냐고 클레임을 제기한다. 그래서 균질을 한다. 균질을 하면 크림층 형성도 방지되고, 조직이 까끌까끌한 맛도 없이 매우 부드러워진다.

⑤ 판매장의 천정이 높은 이유는 그냥 높게 하는 것이 보기에 좋을 것 같아서 그랬다고 한다.

⑥ 방문자는 일일 400명 정도이다. 그때는 여름철인데 겨울에는 열 명 정도이기도 한다. 눈이 많이 오니까 이곳으로 접근을 못한다. 그런다고 장사가 안 되는 것이 아니라 통신판매도 많아서 일은 여전히 많다. 까망베르는 안 만들고 있지만 고객 중에 옛날 맛을 좋아해서 주문하면 지금도 만들어서 보내 준다.

⑦ 이어서 가와구찌 선생이 최근 일본의 요구르트의 신경향을 설명하기 시작한다.

Ⓐ 요구르트 원유 양은 90% 이상이고, 설탕을 7.5% 넣었다.

Ⓑ 그러나 지금은 다이어트 때문에 소비자의 그런 경향을 무시할 수 없다.

Ⓒ 게다가 최근에는 프로바이오틱스(생균제, Probiotics)를 넣기도 한다.

Ⓓ 최근 동경을 중심으로 다이어트 설탕이 나와 있는데 저칼로리 설탕이다.

Ⓔ 대기업들이 저지방, 저칼로리 설탕, 그리고 프로바이오틱스를 첨가하는 요구르트 생산에 열중하고 있다.

⑧ 질 문 : 하루 생산량은 어느 정도인가?

답 : 평균 400kg인데 여름에는 좀 많다.

⑨ 질 문 : 왜 이렇게 공장 직매장을 이렇게 유럽식 건물로 지었나?

답 : 일본인들이 유럽 문화를 동경하여 너무 좋아한다. 그래서 목장 유가공장이나 소규모 유가공장들이 이런 서양식 건물로 짓는 것이 유행이다.

⑩ 질 문 : 이 회사의 판매 비결은 무엇인가?

답 : 우선 자기 주변에 친한 사람들의 인정을 받아야 한다. 그들이 자기의 친한 사람들에게 내 제품을 권하게 된다. 그들의 지인, 친척이 전국에 걸쳐 있다. 그들이 그 제품의 맛을 기억했다가 이 근처를 지나면 꼭 한번 들르리라고 생각했던 일을 그들은 실천한다. 최근 들어 자동차가 늘어나면서 일본 사람들은 국내 여행이 활발해졌다. 그래서 여기를 다녀가면서 자기들이 맛보았던 것을 현장 방문으로 확인하고 가서 주문하게 된다. 이러한 사람들이 늘어서 오늘날 우리 고객은 전국에 걸쳐 퍼져 있다. 이것이 우리 회사의 마케팅 비법이다.

⑪ 질 문 : 이 공장은 원유를 다른 목장에서 구입해서 제품을 제조하는데 정부의 원유가 차등지원을 동일하게 받고 있는 것인가?

답 : 그렇다. 요구르트, 아이스크림, 치즈를 제조하는 모든 공장에는 원유가격 차등지원[20]이 이루어지고 있다. 모두 국산 원유 활용대책이면서 국산 치즈 진흥을 위한 정부대책이다. 유가공회사가 목장을 운영하지 않아도 누구든 치즈를 제조하면 그 양이 10kg이든 1,000kg이든 동일하게 지원하여 치즈산업을 육성하고 있다. 그와 관련된 자료가 있으니 배 교수에게 전하겠다. 원유 값만 지원하는 것이 아니라 시설/기자재, 공장 건축도 자금을 지원하여 육성중이며, 6차 산업

20) 일본은 자국의 치즈 자급도를 향상시키고(2016년 현재 15.4%) 원유 활용도를 높이기 위하여 1980년대부터 유가공품(치즈와 요구르트, 아이스크림)을 생산하는 업체에게 사용하는 원유가격을 국제 시세로 지원하는 [가공원료유 차등가격제도]를 운영하고 있다. 심지어 이들 유업체들의 경영안정 자금까지도 지원 중에 있다.

과 연계하고 있다. 인근에 그런 목장 유가공장이 하나 있어서 성공했다.

⑫ 질 문 : 우리가 그런 목장 유가공장을 한번 방문하고 싶다.

답 : 우리가 애초에 그런 방문계획을 세웠으나 최근 한국에 구제역이 발생하여 그 목장들이 한국인 방문을 두려워하고 거부함에 따라 유끼지루시(雪印)유업회사의 북해도 치즈공장으로 바꾸었다. 성공한 6차 산업 지향의 목장 치즈공장 방문은 다음 기회를 기약하기로 하자.

2) 나가시벳츠 정(町) 농협운영 JA 나가시벳츠 유제품 공장

① 여기는 케피어 전문 제조공장이다. 나가시벳츠 정(町) 농업협동조합에서 운영한다. 이 회사의 북부관리소 유통담당이 회사를 소개한다.

Ⓐ 이 공장은 1994년부터 시작했는데 가와구찌 선생이 지도했다. 처음에는 그 선생이 연수센터에서 제조한 제품을 받아 판매하다가 기술과 균주를 전수 받아 제품을 생산하였다.

Ⓑ 처음에는 커피우유, 홍차우유를 생산하였고, 나가시벳츠 시유를 생산하였다. 커피우유가 성공해서 점차 확장되어 갔다. 나가시벳츠 우유라는 말이 너무 식상해서 일본어식으로 이름을 바꾸었다. 그리고 크림치즈를 만들었고, 지난 4년 전에 지금의 새 공장을 증축했다.

Ⓒ 3년 전부터 학교급식 납품이 이루어져 매출이 2배 이상 증가하였다.

Ⓓ 케피어 제조기술을 가와구찌 선생에게서 가져 왔지만, 다른 모든 제품을 개발할 때마다 가와구찌 선생의 도움을 받았다.

Ⓔ 학교급식에 의해 매출이 증대하면서 새로운 제품을 개발하게 된 것이 크림치즈이다.

Ⓕ 다른 도시의 목장 우유를 OEM으로 생산해 주는데, 우리 정(町)의 원유와 섞이지 않게 조심하고 그 도시의 목장 원유만 사용해서 제조한 뒤 납품하고 있다.

Ⓖ 2000년경에 어느 목장의 원유를 OEM했는데, 그 당시 상표명(Brand)이 「天のしず」라는 것으로 목장우유의 패키지 이름이다. 그 말의 뜻은 「천상의 우유방울(Drops from Heaven)」이었다.

② 케피어는 20년 전에 일본 전체적으로 대유행이었다가 그 붐이 시들고 사람들이 찾지 않게 되자 운영에 어려움이 많았다. 그러나 이 공장은 견뎌서 외로운 싸움에 이기고 남았다.

③ 케피어는 효모가 들어 있어서 알코올과 탄산가스가 생성된다. 그렇지만 여기서

는 그 점을 피하고자 케피어에 설탕을 사용하지 않는다. 왜냐하면 설탕을 넣으면 효모가 심하게 증식되어 탄산가스 양도 많아지고, 알코올 생성량도 많아진다는 점을 감안한 것이다.

④ 설탕대신 인공감미료를 사용한다. 맥아당과 인공감미료 아스파탐(Aspartame)[21)] 을 사용한다. 유럽에서는 케피어 용기에 가스 배출용 구멍 내는 것을 허용하지만, 일본의 위생법이 엄격하여 허락하지 않고 있어서 이런 방식을 쓰고 있는 것이다.

⑤ 대용량은 종이팩을 사용해서 가스공간을 제공한다. 종이 팩을 사용하면 다소 높은 온도에서도 터지지 않는다. 냉장 보관하면 터지지 않는다.

⑥ 인공감미료 사용량은 아미노산계 감미료인 아스파탐 미량을 사용하는데, 조금만 많이 넣어도 맛이 달라지니까 조심한다. 그래서 사용량을 세밀히 시험해 보고 자체적으로 얻어내야 한다.

⑦ 이를테면 아스파탐은 설탕보다 당도가 200배 높으니까 설탕을 2kg/100kg 첨가한다 할 때→20g/100kg 첨가로 조정하여 사용해야 한다.

⑧ 아미노산을 넣는 이유는 아스파탐의 감미를 좋게 하여 상승효과가 있기에 사용하는 것이다.

⑨ 요즘 일본에 「카스피 해」 라는 요구르트가 있는데 유행이 되고 있다. 케피어와 함께 유행을 타고 있다. 사실은 둘 다 케피어 인데 「카스피 해」는 좀 부드러운 드링크 타입이다. 그리고 이것은 케피어 그레인을 형성하지 않는다. 원래 이 케피어 원산지에서는 「맛둥, 맛도」라고 부르지만 일본인들이 「카스피 해」라고 명칭을 붙인 것이다.

⑩ 설탕을 쓰는 케피어도 있는데, 그들은 다이어트 설탕을 사용한다. 다이어트 설탕의 붐이 전 일본에 광풍을 일으키고 있기 때문이다. [이후의 기록은 제3장에 전재된 <북해도 통신 1. 2>에 이어져 있음]

---

21) 페닐알라닌과 아스파르트산을 합성해 만든 아미노산계 인공 감미료

제 3 장

목장유가공을 향한 광야의 외침

특별기고

치즈 한번, 인생 한번 (4)

배 인 휴
순천대학교교수

1. 치즈 만드는 사람들 이야기(3)

이번에 소개하는 사람도 일본인입니다. 그는 북해도 하꼬다떼(函館) 부근의 구보다목장 치즈연구소의 주인장 구보다(久保田)씨입니다. 구보다 씨 역시 제가 하꼬다떼 지역 목장유업체를 시찰하던 과정에서 만난 분입니다.

하꼬다떼(函館)는 북해도에서는 남부지역 항구로서 일찍 개항되어 서구 문물의 개방이 이루어진 탓에 치즈문화도 일본의 어느 지역 못지않게 일찍 소개된 곳입니다. 그곳의 수도원에서 "벨피아제(Bell Piase)라는 치즈가 1900년대 초에 소개되어 지금까지 여전히 제조되고 있으니까요.

저를 안내하는 사람들이 모두 낙농학원대학 안도교수님의 제자들이어서 참 편하게 해 주었습니다. 그런데 그들이 안내하는 유업체들이 대부분 북해도 낙농공사, 하꼬다떼 유업 그리고 이런 저런 대기업형 회사급에 해당하는 큰 공장들을 안내하는 것입니다. 그래서 느닷없이 안내를 맡은 마쯔다 씨에게 나는 이런 큰 공장보다 목장에서 목장주가 친히 자가 원유를 사용하여 유가공장을 운영하고 있는 곳을 꼭 보고 싶다고 제안을 했습니다. 정말 지극히 한국형이지요.

일본인들은 철저히 사전계획에 짜인 대로 움직이는 강한 집착을 갖는 민족이거든요. 그들에게 예정과 계획에 없는 일을 부탁하면 그는 예의범절이 없는 사람 취급이나 야만인 취급을 하는 편입니다. 저는 그럴 각오하고 부탁한 거지요. 그런데 그는 "다이조부데스(문제없다)" 라며 쾌히 안내한 곳이 구보다씨의 구보다목장치즈연구소(久保田チーズ研究所) 입니다.

그는 평범한 낙농인으로 보이지만 만나고 보니 평범 속에 비범을 숨기고 사는 분이었습니다. 그가 치즈제조를 생각한 것은 일본이 쿼터제를 시작하기 전에 일어난 원유 잉여사태(1978년 무렵) 때 미래에 자신의 목장이 가야하는 길을 미리 본 데서 비롯되었습니다. 목장에 정들여 키워 온 젖소를 도태하라는 강제 규제가 있게 될 때 저 젖소들을 살려서 같이 지내는 방법은 쿼터 량 외에 남는 원유를 자기 목장에서 직접 가공하여 소진하면 되겠다는 생각을 한 것입니다.

노폐우나 저능력우를 중심으로 고기 값이 좋은 시점을 골라 처분하여 그 돈으로 목장 부지에 작은 공장을 짓고 기구들을 구해다가 갖추고 농고 축산가공학 교재며 유가공학 서적들을 구입하여 독학으로 치즈제조공부를 하면서 스스로 치즈제조에 나섰습니다. 그런데 치즈를 만들다 보니 렌넷에 의해 응고 된 커드를 어느 시점에 절단해야 하는지를 모르겠더랍니다. 그래서 수 없는 실패를 겪고 좌절감을 맛봐야 했답니다. 그런데 어느 날 그 지역 농협에서 치즈제조 강습회를 열었는데 그는 다른 것은 안 보고 강사가 응유 커드를 언제 절단하는지를 눈 여겨 보았는데 전혀 책들에는 설명이 안 되어 있는 시점에 절단하는 것을 보고 비로소 "아하!" 하고 치즈제조의 초보적인 도(?)를 터득하게 되었더랍니다.

그래서 본격적으로 만들기 시작한 치즈가 초보자로서는 복잡하고 어려운 카망베르 치즈였습니다. 이제 카망베르치즈를 만들어 상품으로 등록하고 판매를 하는데 도무지 그 치즈를 사 주는 사람이 없었습니다. 그래서 그가 꾀를 하나 낸 것이 하꼬다떼에서 가장 좋은 호텔에 납품을 하면 그것을 신뢰의 바탕 삼아 판매망을 넓힐 수 있겠다는 거였습니다. 오후 네 시쯤이면 시장기가 감도는 시점인데 (그는 그 때 그런 것 개의치 않고 가다보니 그리 된 것임) 지배인을 찾아가 치즈를 내보이며 "이 치즈는 내가 내 목장에서 생산한 신선 원유를 써서 손수 내가 만든 치즈인데 이 호텔 식당에서 구매해 주십사 하고 왔다"고 설명을 하였답니다. 못미더운 표정의 그 지배인은 "우리

식당 주방장에게 시식시켜 보자, 그가 좋다고 하면 구매하겠다."라고 하였습니다. 그러면서 주방장을 불러내서 여기 이 치즈 맛 좀 보고 판단해보라고 하는데 의외로 그 주방장이 구보다씨의 치즈를 맛보고는 "오이 시이. 오이 시이(맛있다, 맛있다)" 라고 하였습니다.

그렇게 하여 그 큰 호텔에 치즈를 납품하게 되면서 판매 길이 열리기 시작하였더라는 것입니다. 뒤에 그 주방장은 동경의 큰 호텔로 영전이 되었는데 한번은 그를 만나게 되어 "그 때 진실로 그 치즈가 맛있었더냐?"라고 물으니까 "그 때가 오후 네 시경이라 배도 고팠던 탓에 더욱 맛있게 느껴졌을 것이다" 라며 한바탕 웃었다는 것입니다. 엇그제 우리 실험실 학생이 지난 번 치즈전문 기술 워크샵 때 만든 카망베르치즈가 잘 익었다며 가져와서 저도 먹었는데 거의 절반이나 먹었습니다. 참 맛있었고 그 맛의 추억이 지금도 남

아 있습니다. 구보다씨가 치즈 판촉을 하던 시간이 우연히 오후 네 시였지만 하나님은 그에게 좋은 기회를 주셔서 그의 치즈세계가 열리도록 도와주신 것이라고 봅니다.

그는 지금도 오로지 카망베르 치즈만 만들며 짬짬이 아이스크림을 만들어 OEM(주문자상표판매방식)으로 "북해도낙농공사" 상표로 납품하여 재미를 보고 지냅니다. 목장유가공에서 그는 치즈가 주업이고 아이스크림은 부업인데 그곳을 떠나 기차로 돌아오는데 그가 사는 동네의 기차역 대합실에 그가 만드는 아이스크림 광고 포스터가 붙여져 있었습니다. 치즈에서 얻은 명성이 아이스크림에도 얹혀진 것이라고 보았습니다. 그 때 들은 그의 일 철학이 제 마음에 화답이 되었습니다. "저는 일을 사랑합니다. 일을 즐기며 삽니다."

남들이 그를 보면 일 중독자(workaholic)라고 할지 모르나 그는 사실 일을 즐기며 사는 행복한 사람이었습니다. 그에게 치즈 만드는 일도 그 중에 하나였습니다.

2. 한국치즈 전성기를 위한 전제(1)

어느 시대이건 역사에는 전성기가 있고 지속기와 쇠퇴기가 있습니다.

역사학자 토인비는 말했습니다. 역사의 수레바퀴는 불과 한 두 사람에 의해서 굴러간다고……. 역사 발전에는 뛰어난 한 두 사람이 필요하다는 것입니다. 모택동이 그랬습니다. 주관이 객관을 지배한다고…….

역시 한 두 사람의 확고하고 명쾌한 주관이 그 시대의 정신이며 주류를 이끌어 가는 것이라고 말입니다. 한국 치즈의 시대가 과연 오기는 오는 것입니까? 참으로 깜깜한 암흑 속에 처해 있는 듯 한 절망과 좌절이 저에게 엄습해 옴을 느낍니다. 도무지 희망이라고는 보이지 않습니다. 혼자라는 생각, 도무지 동반자가 없는 허허 벌판에 헤매고 있는 듯 한 적막강산을 너무도 강하게 떨리는 몸짓으로 감내합니다. 아, 아, 저에게는 아직 따스한 동반자가 많지 않습니다. 어느 덧 10년 가까이 목장형유가공교육을 해왔지만 그들의 대부분이 치즈시대를 열어 가는 데는 그리 큰 관심이 없는듯합니다. 모두들 나름대로의 자기 갈 길을 찾아 가기에 분주합니다.

역사의 수레바퀴를 굴러가게 하는 이들과 객관을 지배하는 주관의 몇 사람이 이제 우리 한국치즈시대를 위하여 꼭 필요합니다. 우리의 줄기 찬 치즈역사 전개를 위해서는 치즈에 미쳐버린 사람한 두 사람이면 됩니다. 하늘은 우리 치즈세계를 위해 타오를 심지를 찾고 있습니다. 돈을 전제로 치즈세계에 다가오지 않은 사람, 무슨 일시적인 흥미나 호기심으로 치즈세계를 다가오지 않은 진지한 사람, 치즈를 자기 생의 한 부분으로 받아들여 다가오는 사람을 구하는 것입니다.

우리의 미래 치즈세계는 그야말로 치즈의 세계에 몰입되어 종교처럼 숭고하고 목숨처럼 몰입해 버린 그런 사람을 찾고 있는 것입니다. 이것이 한국치즈시대의 전성기, 한국치즈의 전성기 역사를 위해 바쳐져야하는 대 전제요, 헌물이며, 제사인 것입니다. 사람이 많이 필요하지 않습니다. 치즈 배우려고 와서 이해득실이나 따지고 어떤 명예나 영광을 추구한다든지 치즈 배우려고 와서 치즈세계에 빠져 들어가는데 드는 비용의 효용을 저울질하며 머뭇거리는 부류에 대하여 한국치즈 역사는 질긴 노끈과 채찍을 가지고 거세게 노여워하고 분노하며 그들을 숭고한 우리의 치즈의 세계로부터 내어 쫓을 것입니다.

아직 그렇게 진정한 치즈매니아들을 만나지 못한 차디 찬 외로움에 떨고 있습니다. 여전히 목장형유가공과정을 열어 구애를 하고 이산가족 찾듯이 찾아 헤매고 있는 것입니다. 저는 그들 중에 반드시 저와 함께 한국치즈시대를 열어 갈 동반자가 있을 것이라고 믿고 믿으며 이 길을 갑니다. 한국의 항구적인 낙농발전을 위하여 반드시 치즈시대는 와야만 합니다. 그 시대를 위한 선구자, 따스한 동행을 찾습니다.

특별기고

치즈 한번, 인생 한번 (5) - 최종회 -

배 인 휴
순천대학교 교수

1. 한국치즈시대 전제 (2)

한국 치즈가 뿌리를 내리려면 우선 기본에 충실한 사람들이 필요합니다.

치즈 비슷한 것을 내밀며 "이게 치즈다"라고 할 수 없는 세상이 되었습니다. 이미 세계 여행이 일상화 되어 서구의 오랜 전통의 치즈 맛을 본 바닥에 가서 길들인 사람들이 부지기수이고 수입치즈가 백화점 마다 넘쳐 나며 마음만 먹으면 이제 인터넷 쇼핑 몰에서 원하는 치즈를 얼마든지 구입 할 수 있기 때문입니다. 이제 서구 치즈의 기본을 익힌 사람들이 한국인의 토속적인 기호에 접근된 한국인의 치즈를 개발해야 할 차례입니다.

적어도 서양 치즈는 서양 우유로 만든 것에서 근본적인 차이가 있고 그들만의 요리나 식습관에 맞춘 치즈들이기 때문에 우리는 우리 식습관이나 요리환경에 맞춘 치즈를 개발해야한다는 것입니다.

그런 감각과 개념이 정립된 사람들이란 이미 서양치즈들을 많이 만들어 보고 기본적인 기술이 체득(體得)된 사람들입니다. 우리 실습장에는 더러 몇 분의 치즈 마니아들이 우리 실습장에 오셔서 치즈제조실습을 하고 가곤 합니다(카망베르, 블루, 브리, 베르크, 아시아고 치즈 등). 그 치즈들은 자기 집으로 가져가 간이 숙성고에서 숙성시키거나 우리 학생들이 숙성 관리를 해 주면 자신들이 만든 치즈를 찾아 가기도 합니다. 어떤 행사에 자신들이 손수 만든 치즈를 내 놓으면 그 행사는 더욱 윤기가 나고 풍성해 질 것입니다.

제가 얼마 전부터 가진 구상은 국가 기관이 그런 치즈 마니아들을 원하는 대로 실습할 수 있도록 도와주는 프로그램을 하나 가졌으면 하는 작은 바램이었습니다. 일본의 농협이 그러하고 지방자치단체가 그런 일을 하고 있습니다. 가령 가와구찌 선생이 근무하는 북해도의 나가시벳츠 축산가공연수센터에서는 연중 실습희망자를 미리 예약받고 소정의 실습료를 받아 가와구찌 선생이 직접 지도를 하고 있습니다. 인원을 4~5명으로 지극히 제한합니다.

그들이 만들어 둔 치즈는 연수센터 직원들이 관리해서 잘 익으면 집으로 부쳐 줍니다. 물론 그런 비용이 실습비에 모두 포함이 되지요. 그렇게 실습한 분들이 이미 개업들을 해서 시판 중이고 매년 대여섯 목장들이 개업을 한다는 것입니다.

일본의 어느 지자체는 자기들의 농업기술센터에 유가공시설을 갖추어 놓고 영업허가까지 취득해 두었기 때문에 낙농가가 자기 원유를 갖고 와서 검사를 받고 그 공장에서 가공한 것은 판매가 가능하게 법적인 조치를 받아 두었습니다. 그래서 낙농가가 어느 학교 봄 소풍 때 아이스크림을 만들어 가지고 가서 판매하기도 하고 마을 청년회가 가을 축제를 하면서 손수 기른 돼지를 잡고 착유한 우유로 맛있는 소시지, 치즈를 만들어서 판매를 해도 하등의 법적인 문제가 없게 조치 해 두었습니다. 왜냐하면 영업허가가 난 시설에서 자격 있는 직원의 기술지도, 감독 하에 위생적으로 제조하여 나가는 것이기 때문에(상표도 자기 상표를 붙입니다) 법이 인정을 하는 것입니다.

우리 실습장에서 초보적이기는 하지만 그러고 싶어 하는 낙농가나 치즈마니아들이 4~5인씩 실습조를 짜가지고 예약을 한 후 들어와서 실습을 하면 소정의 실습비(지도강사의 강사료, 원유대, 스타터 제조비, 렌넷, 소독제 등 실습재료비, 보일러 유류대, 점심 · 간식대, 실습복 세탁료, 기타비용 등)를 산정하여 공시하고 실습하게 하는 프로그램을 구상 중입니다. 이런 실습을 할 수 있는 사람은 적어도 어디서든지 치즈기본교육을 받은 경력이 있는 자격증 소지자들로 자격제한을 두어야 할 것입니다. 한편으로는 학교에서 주문을 받아 낙농가들이 목장에서 치즈나 요구르트 제조를 위한 스타터, 렌

넷을 주문하면 소정의 비용을 받고 제조하여 택배로 부쳐주는 것입니다. 그러면 목장에서는 기본적인 설비를 갖추어 두고 원하는 시기에 맞추어 미리 주문을 하여 목장에서 스타터 제조하지 않고 바로 그것으로 실습이나 제품생산을 할 수 있을 것입니다. 스위스 연방 낙농연구소가 바로 그 일을 하고 있습니다. 일단 이런 일은 일종의 상행위에 속하기 때문에 학생들이 곧 창업을 하면 그 회사가 그런 일을 맡아 가도록 해볼 생각입니다. 여러분의 중지(衆智)가 필요합니다.

이리하여 많은 실습으로 기본이 갖추어진 사람들이 드디어 자기 지역의 약초나 약초주, 특산물을 첨가한 치즈들을 자가 브랜드로 등록하여 시판하기 시작한다면 마침내 한국의 방방곡곡에서 전통약주와 치즈가 익어갈 것이며 한국 치즈가 활보 할 날이 오는 것입니다. 이상이 현대판 허균의 생각입니다. 그렇지만 고장난명(孤掌難鳴)입니다. 한 손바닥 가지고는 소리가 나지 않지요. 이런 소리에 아무도 화답치 않고 못들은 체 하면 이런 제안이나 생각은 곧 여전히 시대를 너무 앞서 살다가 돌 맞아 죽었던 허균의 생각으로 끝 날 것입니다.

2. 유명한 자들은 우리에게 보태준 것이 없다

저는 어느 날 한 무리의 사람들과 마음으로부터의 가르마를 탔습니다. 바로 그 사람들은 전문가들이며 유명함을 꿈꾸는 사람들입니다. 이른바 전문가들을 생각하면 바로 "저 유명한 자들은 우리에게 보태준 것이 없고"라고 말한 사도 바울을 생각합니다. 유명한 자들은 어느 분야에서 프로라고 생각하는 이들입니다. 유명한 자들은 자신이 이젠 다 되었다고 믿고 고개 쳐든 이들입니다. 어느 분야에나 배움에는 끝이 없다는데도 그들은 이제 "다 되었다"고 손 사레 치며 제 갈 길로 일찍 떠나버리는 이들입니다. 게다가 유명한 자들은 가질 대로 가진 부자들입니다. 부자들의 객관적인 특성은 남에게서 취할 줄만 알지 도무지 남에게 베풀 줄을 모른다는 것입니다. 오, 저들은 그래서 아무에게도 줄 줄을 모르고 남의 것을 취하기에 바쁜 불가사리들입니다.

그동안 저는 순수한 아마추어들을 만나고자 기대하고 찾아왔습니다. 저는 그들이 현장에서 고통당하는 이들 중에 있는 줄로 착각했습니다. 그런데 알고 보니 현장은 치열한 곳, 여유라고는 눈 씻고 찾아도 없는 곳이란 사실을 간과한 게 저의 실수 입니다. 거기에서는 아마추어리즘을 기대할 수 없다는 놀라운 진리를 깨우칩니다. 그 현장에는 생계가 달려 있고 당장 남아도는 우유 처분(금전으로 손에 쥐어지기)이 더 절박할 뿐 아마추어리즘이 끼어들 여유가 전혀 없는 곳입니다!!!!! 그러한 현장을 충분히 이해는 하지만 제가 추구하고 가려는 길과는 완전히 다릅니다. 아마추어리즘이란 무엇입니까? "일 자체를 사랑하기"입니다.

"아마추어(amateur)의 어원이 라틴어의 amare (to love,사랑)에서 온 말입니다. 자기가 하는 일을 사랑하고 같은 일을 하는 사람들을 또한 죽도록 사랑합니다. 그들에게는 하는 일이 생업과는 별개입니다. 마냥 하는 것이 좋아서 달려들어 하는 이들입니다. 유명하지도 않고 빼기지도 않고 바보같이 어수룩하게 "그냥 치즈가 좋은 걸 어떡해요"라며 수줍음 띤 모습 그대로입니다. 저는 한국적인 맛의 진정한 치즈는 이런 사람들에게서 나온다고 믿습니다.

수도원에서 신앙보다 치즈 만드는 것이 좋아서 만들던 수도승들이 명품치즈를 만들어 냈듯이 말입니다. 그들이 만든 치즈에는 사랑이 담겨 있습니다. 그들이 만든 치즈에 오! 마침내 혼이 담겨져 있습니다. 저는 바로 이런 아마추어들을 찾습니다. 저는 이런 사람들과 치즈인의 삶을 살 것입니다. 그들은 전문가요 프로페셔날리즘("직업적, 사무적, 이익에 집착하는"이란 뜻이 굳게 엮여 있음)에 매달려 사는 분들일 터입니다.

그러나 저는 영원한 아마추어리즘을 추구할 것입니다. 전문가들이나 꾼들은 유명할지 모르나 저와는 가는 길이 다릅니다. 그러니 어느새 치즈로 유명한 그들만의 이른바 "전문가"들과 제가 가는 길은 자연스럽게 가르마가 타지는 거겠지요.

3. 우리에게는 왜 "치즈 전문코스"가 필요한가?

우리 순천대학교에서는 지난 2004년 가을부터 2007년 봄까지 어느새 일곱 차례였고 이번 가을의 캐나다 궬프대학 아트 힐 박사의 치즈 집중코스 까지 친다면 여덟 번의 치즈 집중과정이 치러지는 셈입니다. 이런 단기 과정은 주로 캐나다, 독일, 일본, 미국에서의 치즈관련 전문가들을 초청한 치즈전문

집중코스였습니다. 우리는 왜 이렇게 오로지 치즈제조만을 위한 단기과정들을 운영하는 것입니까? 사실 우리나라의 치즈기술은 일부 대기업에서 잠시 가공치즈 원료제조를 위해 극히 일부치즈(체다, 가우다)를 제조하다가 유제품 수입개방 이후 그 기술마저 사라진지 오래입니다. 더욱이 낙농가들을 위한 치즈제조기술의 교육기회는 거의 전무한 셈이고 맙니다.

치즈기술을 배우는 것이 그리 만만한 것이 아님은 치즈를 직접 만들어서 숙성을 거쳐 본 사람들만 압니다. 치즈제조시 문제가 발생하면 그 원인파악과 대응을 해야 하는데 그 방법은 치즈제조의 원초적이고 기본적인 지식 기술 배경을 알지 않고는 도무지 안개 속을 헤집는 것과 같을 터입니다. 우리는 치즈기술에서야 말로 반복교육의 필요성을 절감합니다. 치즈기술의 저변을 단단히 다지고 체득시키려면 고도의 기술력과 깊은 통찰에서 나온 지혜, 오랜 경험에서 우러나는 미묘하고 정교한 비법들을 전수 받는 일이 필요하다는 것입니다.

특히 전통적인 치즈를 만들어 온 치즈선진국들의 기술, 비법들의 신속한 전수는 아무리 강조해도 지나치지 아니합니다. 그리고 무엇보다 중요한 것은 좋은 치즈는 좋은 기술에서만 나오는 것이 아니라는 것을 우리 마음에 각인해야 할 것입니다. 좋은 치즈, 이를테면 사람들을 감동시키고 탄성을 자아내게 하는 명품치즈는 치즈를 만드는 그 사람의 기술이 아니라 깊이 우러나는 정성과 혼으로 제조되는 것이라는 놀라운 사실입니다. 치즈를 만드는 이의 마음과 정성 그리고 깊은 삶의 통찰에서 녹아나는 혼이 담겨진 치즈의 가격은 가히 어떤 금액으로도 표현할 수 없을 것입니다.

이제 우리는 바로 이 길을 향해 흔들림 없이 가고자 하는 것입니다. 먼저 치즈제조의 기본적이고 든든한 토대가 되는 제반 기술과 지식배경을 익히는 것입니다. 그리고 그 기술과 자기의 정성을 담는 자기만의 치즈세계를 확보하는 것입니다. 이윽고 자기만의 치즈에 이제는 자기의 정성과 혼을 불어 넣는 것이 최종적인 목표가 될 것입니다. 그러자면 짧은 기간 동안이나마 치즈제조기술과 그 정신적인 배경을 집중적으로 익힐 수 있는 과정을 필요로 합니다. 누구의 지시나 많은 재정지원을 받아서 진행될 일이 아닙니다. 순수한 우리의 호주머니를 털어 가며 비교적 긴 시간과 거액을 기꺼이 투자하는 자발적이고 열정어린 노력이어야 할 것입니다. 아무도 알아주지 않아도 우리가 좋아서 하는 일이며, 마땅히 가야하는 길이기 때문입니다.

먼 훗날 한국의 고유한 명품치즈가 방방곡곡에서 깃발을 나부낄 때 우리는 이 열정과 새벽부터 저녁 늦게까지 몰입했던 아스라한 기억들을 떠올리며 향기로운 추억과 역사로 소회 될 수 있을 것입니다. 누군가가 왜 당신들은 한국의 남단 순천에까지 가서 며칠씩이나 숙식을 해가며 치즈 만들기에 몰두하느냐고 묻거든 "내 혼을 담을 그릇을 빚으러 갔노라"고 답하십시오. 그러므로 우리는 우리나라에 사람의 정신과 혼이 담긴 진정한 명품 치즈가 나오기까지 이런 여정들을 여전히 이어나가야 할 것입니다.

1. 나의 또 하나의 꿈

지금부터의 글은 제가 어느 지역을 가상하여 쓴「치즈마을」이야기입니다. 저는 이런 마을이 생기기를 학수고대하며 기회가 닿는다면 이런 일에 저의 최선을 다해 돕고 싶은 심정입니다.

-필자 **배인휴** 註-

한국 어느 지역에서 정부가 지원하는 지역 활력사업의 주요 개발 테마로「치즈」를 택하였습니다. 이른 바「치즈마을」건설입니다. 그동안은 치즈가 우리 국민에게는 생소했어도 어느새 지구촌이라는 말과 함께 해외여행 자유화 덕분에 한국인의 상당수가 외국 나들이를 많이 해서 치즈에 입맛이 제법 익숙해 있는 형편인데 막상 한국에 오면 그럴듯한 치즈가 없는 것을 안타까워하던 참입니다. 이 지역에는 낙농가가 120여 가구에서 지금은 많이 줄어서 80여 농가가 근근이 관행적인 방식으로 낙농을 하고 있는 상태여서 치즈를 만들 만한 고품질의 원유 생산은 아직 요원합니다.

그 지역의 공무원들은 여기 저기 전문가들의 자문을 받아서「치즈마을」건설을 위한 벤치마킹을 하였습니다. 그러고 보니 제일 먼저 필요한 것은 치즈원유로서 사용할 만한 고품질 원유의 독자적인 생산이 급선무였습니다. 두 번째는 생산된 치즈의 품질 균일성 유지를 위한 숙성관리 전문 파트와 세 번째는 생산된 치즈의 판매를 책임지는 유통전문 파트가 우선적으로 필요함을 알게 됩니다. 낙농가들은 그동안 해오던 관행낙농이 속 편하고 소득도 보장된다며 새로운 방식에 의한 치즈원유에 합당한 품질로 끌어올리는 데는 아예 코대답도 안합니다. 변화는 그들의 적(敵)이니까요.

치즈 원유는 1등급 A가 아니면 좋은「치즈마을」고유의 치즈가 나오기 어렵다고 순천대학의 어느 교수에게 귀에 못이 박히게 들은 바가 있었기에 공무원들은 이를 관철하기 위한 묘수 찾기에 골몰합니다. 관련 공무원들은 정부에서 지원하는 치즈마을 조성 총 지원비가 120억 원인데 적어도 그 중 80%인 96억 원을 질 좋은 원유 생산 기반 만들기에 쏟아 붓기로 작정을 합니다. 그리고 과감히 도입한 것이 CODEX 규정이 요구하는 유기낙농을 도입하고 목장의 ISO 22000을 도입하는 제도를 선별적으로 채용하여 지역 낙농가들에게 제시합니다. 이 조건을 수용하고 따라 주는 낙농가 즉, 농관원으로부터 유기농 인증을 받아내는 유기낙농가(Organic Dairy Farming)에 대한 파격적인 지원과 원유 대를 파격적으로 지원하기 시작합니다.

처음에는 그래도 의식이 깨인 세 낙농가가 움직여 주었습니다. 1년 뒤 다섯 낙농가가 달려들더니 3년차에는 어느새 20여 낙농가가 유기낙농에 팔을 걷어 붙였습니다. 이 지역으로서는 기적이 일어난 것입니다. 치즈 제조를 위한 순천대학교의 목장유가공 교육과정을 지난 3년 동안 11농가가 수료하고 「유제품 가공사」 자격증까지 취득하여 수료생 목장마다 50평 규모의 치즈공방까지 갖추어진 상태여서 유기인증을 받은 원유들이 고스란히 이들 치즈공방에 비싼 원유대에 팔려 갑니다.

이 지역의 군수님은 순천대학교 자문 교수의 제안을 받아들여 중앙정부에 낙농특구 지정 신청을 하였고, 그 군 일대가 대한민국 제1호 「낙농특구」 지정을 얻어냈습니다. 군수님은 「치즈마을」 전문 테스크 포스(Task Force) 팀을 구성하고 동시에 각종 사업을 진행해 왔기 때문에 이미 치즈과학 연구소를 꾸려서 치즈가 농가에서 제조되면 숙성 1개월령에 품질 검사를 거쳐 수매한 뒤 전문 숙성가에 의해 전문 숙성고에서 일정기간 숙성관리를 대행하게 하였습니다. 낙농가가 자기 목장에서 개별적으로 숙성 관리하는 것보다 지역에서 최신형 첨단 설비를 갖춘 숙성실에서 외국 치즈회사에서 정년퇴임한 한국인 숙성 전문가를 초빙하여 전문적으로 관리하기 때문에 균일한 치즈가 계속 공급될 수 있습니다.

그런 치즈들은 이미 설립한 지자체의 공기업인 "ㅇㅇ치즈마을 치즈유통공사"에 넘기면 그들은 전국 대형 할인매장과 백화점 그리고 이미 자체적으로 설립한 자체 대리점들과 농협 하나로 마트에 일정한 품질 검사를 거쳐 납품하여 판매해 줍니다. 이곳 「치즈마을」의 치즈가 날개 돋힌듯 팔리면서 이 치즈마을은 어느새 농촌체험 관광명소가 됩니다. 그러니까 지나가던 관광에서 요즘 유행하는 체험관광마을로 더욱 각광을 받습니다. 제일 인기 있는 코스는 이 마을에서 별도로 운영하는 치즈제조 체험공장의 치즈 만들기 코스입니다. 게다가 자기가 만든 치즈를 전문 숙성실에 맡기면 기간에 따른 일정한 관리대금을 받고 숙성 전문가가 이것을 숙성하여 택배로 부쳐주는 서비스까지 해줍니다. 주 5일제 실시 이후 아이들을 데리고 갈 곳이 바닥난 학부모들에게는 놀랍게도 이 마을에서는 치즈제조와 낙농현장체험 그리고 지역 문화유산 소개를 묶은 작은 체험 수련회 프로그램까지 운영해 주니 이 체험코스에 아이들을 안심하고 맡기고 부부는 짧은 해외 골프여행까지 다녀올 수 있게 해줍니다.

한국의 치즈 마을은 이곳 하나뿐이어서 매일 몰려드는 관광객들과 체험학습 신청자들로 북새통을 이룹니다. 치즈 전문매장의 지역 고유 브랜드의 치즈 판매고는 항상 수직 상승합니다. 소비자들에게는 일반 원유로 만든 외국 수입산 치즈 보다 우리 유기 낙농우유로 만든 치즈가 훨씬 맛이 있다는 것입니다. 이제 이곳 「치즈마을」에서는 규모를 넓혀서 마을 전체를 아예 치즈밸리(Cheese Valley)로 구상하고, 세계 각국의 유명치즈를 한국화 하여 80여 낙농가가 모두 참여한 100여 종의 치즈를 생산하기로 하고 순천대학의 유가공학 연구실에 매달리기로 합니다(전 세계 생산 치즈의 종류는 1,700여 종임).

이 세상 어디를 가도 이렇게 다양한 치즈를 제조하는 마을이 없으므로 이곳 치즈마을에는 어느새 외국 관광객들이 몰려오기 시작합니다. 치즈마을이 생기기 전의 이곳은 매년 이탈하는 인구 때문에 지방세수가 매년 감소하여 세수 자급률이 그 지역의 지방정부 기초단체 중 맨 꼴찌에서 매년 허덕이고 있었습니다. 그런데 지역혁신 사업으로 치즈마을 조성을 선정 받은 이후 공무원들의 헌신적인 노력과 지역 낙농가들의 협력이 일심동체가 되어 성공적 치즈마을 조성이 성공하여 지방정부의 기초단체 중 가장 높은 재정 자급도를 보이게 되었습니다. 치즈를 지역혁신 테마로 잡은 것이 얼마나 다행인지 모른다고 지역혁신위원장인 그 지역 언론사 사장이 필자에게 귀띔을 합니다.

2. 독일 여행이 가져다 준 것

독일 여정을 마치고 독일이 우리에게 무엇을 보여주었던가를 입장 바꾸어 생각해 봤습니다. 우리가 봤다고 하면 그것은 주관적이고 피상적인 수준일 수밖에 없기 때문입니다. 독일은 25년 전에 이웃 네덜란드를 이어서 유기농과 유기낙농을 시작하였습니다. 유기낙농의 역사가 우리가 아는 것보다는 그리 길지 않다는 것을 확인합니다. 잘만하면 우리도 따라 잡을 수가 있다는 가능성을 본 것입니다. 그리고 우리가 둘러본 독일의 모든 낙농가가 유기낙농을 하고 있지 않았습니다.

목장유가공 역시 반드시 유기낙농을 하는 곳에서만 하는 것이 아니었습니다. 한 가지 잡히는 것은 유기낙농이 독일에서는 귀족대우를 받는다거나 대세로 자리 잡지 못하고 있다는 것이었습니다. 우선 원유 값의 차이가 그리 크지 않고, 일반 낙농가와의 사양방식의 차이가 그리 크지 않기 때문입니다. 모두들 보유 토지의 절반은 초지로, 나머지는 곡물사료 생산지로 하여 거의가 조사료 위주의 사양을 하기 때문입니다. 사료를 자급하고 있다는 것입니다. 우리와는 전혀 딴판입니다. 우리 낙농가가 유기낙농을 한다면 기존 낙농가와는 정반대가 될 터이니 유대의 차이가 나게 될 것이고, 우유의 품질에서도 차이가 날것입니다. 독일을 우리에게 비교하면 맞지 않습니다.

그런데 목장유가공은 우리가 본받을 점이 많았습니다.

첫째, 그들은 유생산과 유가공을 하면서 판매까지 스스로 하고 있었습니다. 어떤 곳은 판매차량을 가지고 스스로 판매하기도 하고, 대부분이 자체 목장 내에 식당이나 직판점을 운영하고 있었습니다. 둘째, 가우다 치즈와 카망베르 일색입니다. 가우다 치즈를 어떤 곳은 무려 28종 이상의 허브를 넣어서 제조하고 있었습니다. 일단 치즈 본체는 한 종류인데 넣는 허브나 첨가제에 따라 28종의 치즈가 생산 가능해지는 것이지요. 셋째, 가족 노동력 위주의 인력 운영입니다. 부부간, 형제간이 모든 것을 해치우는 식입니다. 그런데 목장 규모가 장난이 아닙니다. 그들은 대단히 부지런하다는 것을 알 수 있지요. 넷째, 교육을 받은 사람들이 치즈를 만듭니다. 하다못해 유가공학교 교육 1주일 과정을 최소한 받은 사람에게 목장치즈 제조를 가능하게 하고 있습니다. 다섯째, 목장원유를 살균하지 않고 생유로 치즈를 만들고 있는 목장들이 있었습니다. 마지막으로, 목장 우사에 깔 짚을 자주 갈아주어 소가 무척 깨끗하였습니다.

독일은 이미 오래 전부터 수많은 태양열 발전, 바이오 가스 발전, 그리고 풍력발전 시설을 설치하여 대체에너지 확보에 나서고 있었습니다. 목장에도 태양열 발전시설을 갖추어 둔 곳을 보았습니다. 독일은 우리에게 많은 것을 보여주고 싶어 했지만 우리의 짧은 일정과 객지에서의 피곤함이 우리로 하여금 견뎌내지 못하게 하였습니다.

3. 한국 목장유가공이 가야하는 길

언젠가 어떤 교육생이 그랬습니다. “난 스스로 자신감이 붙을 때까지 계속 교육을 받겠습니다, 수료증도 자격증도 필요 없어요” 얼마나 진지하며 얼마나 차분하며 얼마나 분명한 자세의 말인지요. 이번 제2기 후반기 교육에 등록한 사람들을 보면 지난 학기 교육생의 2/3가 중도 하차하고, 그 2/3는 첫 교육생으로 메꾸어 졌습니다.

목장 유가공은 아무나 가는 갈이 아님을 피부로 느끼게 합니다. 사람들은 어쩌면 저의 교육 이념에 철저히 동의하는 경향이 역력합니다. 목장 유가공 정신에 투철하지 못한 사람들은 미리 이렇게 낙오해 주는 것입니다. 저는 목장유가공 개강 매 학기 시작 초두에 강조합니다. 목장 유가공 정신(The Spirit of Farmstead milk processing) 입니다.

(1) **장인정신**(匠人精神)으로 시작한다.

(2) **돈을 벌려고** 시작하지 않는다.

(3) **자력, 자립, 자강**의 **정신**으로 시작한다.

더러 정부의 지원을 받기 위해 교육과정에 참여한 사람들이 이 정신을 강조하면 그 희망이 보이지 않자 실망하는 것을 봅니다. 사실은 정부는 그런 사람들을 위한 예산확보나 지원할 생각조차 갖지 않고 있습니다. 저는 철저히 초기에 정부 지원 받는 것을 금기사항으로 강조하고 있습니다. 스스로 일어서서 자기 길을 당당히 가라고 합니다. 정부의 도움 받고 누군가의 작은 시혜에 눈머는 어리석음을 범하지 말기를 애써 강조합니다. 거기에는 태생적으로 필요 없는 간섭과 조급함을 강요하기 때문입니다. 관료사회는 전시효과나 성과 위주의 속성을 지니고 있습니다. 슬로우 비디오는 절대 금물이지요, 그들에게는..........

정부 지원을 받으면 짧은 시간 내에 뭔가를 보여 주어야 하는데 그게 쉬운 일이 아니지요? 내가 하고 싶고, 내가 좋아서 하는 일에 남의 간섭과 성과 재촉을 끼어들게 할 이유가 없지요. 세월아 네월아, 내가 하고 싶은 대로 하는 거지요. 목장 유가공은 제멋대로입니다. 목장 유가공은 가고 싶으면 가고, 가기 싫으면 안 가는 것입니다. 무랑태수, 자유분방 그 자체입니다. 그들 영역은 인생의 여유요, 인생의 유람선입니다. 그러니 정부가 끼어 들 틈이 없는 거지요. 친애하는 이 나라 농림축산분야 관료 여러분! 목장 유가공은 자유당입니다. 자유로운 영혼들이 가는 길입니다!

그들을 어찌 한번 당신들의 의도대로 해보려고 작심하지 마십시오. 그러다 괜히 당신들만 다칠 겁니다. 그들은 가고 싶으면 가고, 하고 싶으면 하되, 안 가고 싶고 가기 싫으면 천하없어도 안 갈 것이니까요. 이것이 무랑태수의 길, 만고강산 유람의 길, 태평하게 물처럼 흘러가는 목장 유가공입니다.

4. 치즈와 함께 가는 인생 (2006. 05. 09 22:08)

저는 요즘 치즈를 치즈로 보지 않는 생각의 깊이를 느낍니다. 치즈는 단순한 음식이 아니라는 것입니다. 치즈는 단순히 취미생활의 차원을 뛰어넘는 그 무엇이라는 생각입니다. 치즈는 돈벌이도 아니며, 치즈는 반짝하다 스러져 가는 물안개는 더욱 아니라는 것입니다.

제가 학교 다닐 때 동급생들끼리 의형제를 맺고 몇 녀석들이 보리밭에 가서 무슨 혈서동맹이니 무슨 도원결의를 맺어 자기들끼리 친구의리를 이야기 할 때 저는 그들을 거들 떠 보지도 아니하였습니다. 그런 요란 떠는 군상들의 최종점을 저는 너무나 잘 알기 때문입니다. 며칠 길게 가서 두어 달 후면 산산이 흩어지더라는 것입니다. 저는 그래서 무슨 동맹이니 맹약을 맺지 않고 살아 왔습니다. 사람은 모두 변하는 것입니다. 오, 죽고 못 산다 하던 사랑도 변하는 것이었습니다.

저에게 치즈를 배우겠다고 오신 분들이 참 많았습니다. 저에게 치즈를 평생 친구삼고, 평생 취미 삼겠노라고 하던 이들도 참 많기도 하였습니다. 그런데 그런 이들의 상당수가 가고는 다시 오지 않는 이들이 많았습니다. 치즈를 무엇으로 알았기에 그런 일이 벌어지는 것일까요? 혹시 그분들 중에는 치즈를 돈벌이로 알았거나 단순한 취미생활로 알았을 수도 있을 것입니다. 치즈를 알고 보니 돈벌이가 될 것 같지 않았거나, 치즈를 알고 보니 너무도 무가치하다는 가벼운 생각이 지배해 버렸을 수도 있습니다. 그 정도는 양호 합니다. 그분들은 치즈로 다시 돌아갈 여지가 있습니다.

그런데 대책이 없는 분들이 있지요. 치즈를 자신의 뛰어남과 자기의 영달을 위한 수단으로 삼았던 사람들입니다. 치즈를 통해 전혀 다른 방향에서 접근한 사람들입니다. 그들은 다시는 돌아오지 못하는 다리를 건넌 것일 터입니다. 치즈를 배우고 난 뒤 저 마음 깊은 속에서 도예공이 명품 도자기를 알아보듯이 치즈가 가진 깊이를 알아보는 마음이 있다면 그는 평생을 두고 치즈를 떠나지 않을 것입니다.

저는 요즘 치즈를 그런 관점에서 바라봅니다. 치즈는 대화의 대상이 될 수 있습니다. 정원사가 꽃을 키워 내듯이 도예공이 천년에 하나 나올까 말까하는 작품을 구워내듯이 치즈도 그러한 마음으로 만들어 갈 때 치즈는 평생의 친구가 되어 줄 것이라는 생각입니다. 저는 요즘 제 방에다 블루치즈를 두고 숙성을 시켜 나가고 있습니다. 방에 들어서면 블루치즈 특유의 냄새가 진동을 합니다. 40일 정도 숙성을 할 것입니다. 매일 뒤집어주고 젓가락으로 구멍을 내주면서 숙성상자의 물도 갈아 주는 동안 저는 블루치즈와 대화를 합니다. 무언의 깊은 대화를 합니다. 우리들끼리의 깊은 대화는 가슴 깊숙이 밀려듭니다. 저는 앞으로 계속 치즈와 함께 가는 인생이고자 합니다.

5.「10만 양병」설과 소규모 유가공

1536년에 태어나 1584년에 향년 48세로 작고한 율곡 이이(李珥) 선생은 아홉 번의 과거에서 모두 장원으로 합격해 "구도장원공(九度壯元公)"이라 불리운 당시의 재사요 대학자였습니다. 그는 평소 나라에 만연하여 국기를 흔드는 붕당의 폐해를 고쳐 실익을 거두는 정치를 해야 한다는 혁신을 주장하였습니다. 그는 16세기 후반의 조선 사회를 쇠퇴기로 내다보고 죽기 전 해에 <시무 6조>를 올리고 10만 명의 양병(養兵)을 건의했지만 평소 그를 잘 따르던 유성룡조차 반대했을 만큼 조정의 배척을 당하고 맙니다. 그는 결국 뜻을 이루지 못한 채 선조 17년 49세의 나이로 세상을 떠났습니다.

- 김혜경 엮음, 일목요연 우리 역사사전. 서해문집 2002년에서 인용 -

율곡선생이 세상을 뜬 지 꼭 8년만인 1592년에 호시탐탐 시기를 노리던 일본이 7년에 걸친 재난을 가져오는 임진왜란을 일으키고 맙니다. 토인비는 역사를 과거와의 대화라고 하였습니다. 오늘을 사는 우리는 쓰라린 우리의 과거와의 대화를 하지 않을 수 없습니다. 1885년에 낙농의 선각자 최경석을 통해 저지종 젖소 3두가 미국으로부터 도입된 시점을 우리 낙농의 효시(曉示)로 잡는다면 우리의 낙농역사는 금년(2006년)으로 정확히는 121년이 됩니다. 그러나 우리 정부에 의해 낙농진흥을 주창하고 나아가 초지법을 만들며 낙농업을 장려하던 1960년대 초를 기점으로 잡아 본격적인 낙농시대를 진행해온 역사를 어림잡는다면 불과 45년 어간이 될 것입니다.

45년간의 우리 낙농역사의 발전 속도는 가히 기적에 가까운 성과를 이루어 냈습니다. 원유의 생산량이 소비량을 한참 앞지르는 바람에 몇 년 씩이나 원유 체화와 원유대 차등지급을 하고 있는 실정입니다. 그런 와중에 우리는 낙농대국인 미국과 국가간 자유무역협정(FTA) 체결을 앞두고 있으며, FTA협정 체결에 따른 피해부문에서 가장 큰 분야가 낙농업분야인 것으로 예상되고 있습니다. 어떤 학자는 이미 미국과의 FTA협정 발효 시 우리의 원유 가격은 40% 이상의 가격하락을 감수해야 할 것이라는 가상 시나리오를 제시해 두고 있습니다. 그것도 무슨 대비책도 없고 원유 체화문제 해소조차 못하고 헤매는 와중에 들이닥칠 일이라는 점에서 사실 낙농업의 앞날에는 무시무시한 장벽이 가로놓여 있다는 정황입니다.

지난 날 우리는 낙농업의 경쟁력 강화를 서두르고 수입개방에서의 생존전략을 강구해봤지만 문제가 얼킨 실타래와 같아서 쉽게 풀리지 않았고, 진척을 보지 못한 채 아까운 시간만을 보내 버렸습니다. 저는 여기서 역사는 반복과 재현의 생리를 갖고 있다고 전제하면서 과거와의 대화를 시도해 두고자 하는 것입니다. 그것은 율곡선생이 세상을 떠나기 1년 전에 건의한 "**10만 양병설**"의 숙고입니다. 당시 조선에는 10만의 정예군대조차 없었더라는 것이고, 당파싸움에 얼이 빠져 10년 내에 잦아드는 조선의 쇠락과 함께 일본의 침략을 꿰뚫어 본 선각자의 피맺힌 진언을 받아들일 여유조차 없는 한심한 조정이 있었을 뿐입니다.

저는 기회가 있을 때마다 220여 개에 달하는 우리나라 지방 기초단체 단위로 소규모 유가공장을 운영하여 우리의 원유를 근원적으로 소비 가공해 줄 수 있는 개미군단의 육성을 주창해 왔습니다. 스위스에는 1,500여 개, 일본에는 200여 개의 지역단위 소규모 유가공장들이 자국의 원유 잉여 시 완충지대 역할을 하고 있다는 사례도 들어 제시해 주기도 하였습니다. 소규모 유가공장들이 소비하는 원유량은 비록 많은 양이 아닐지라도 국가의 식량안보 차원이나 유제품의 다양성 그리고 소비자가 요청하는 안전성을 감안할 때 그 기능성은 매우 큰 것이 될 것입니다. 나아가 이들 소규모 유가공장들은 낙농의 존폐기로에서 희망을 열어주며, 잉여 원유 생산이라며 무수히 당해오기만 하던 낙농인들에게 그동안의 좌절과 불안으로부터의 해방감을 심어줄 것이기 때문입니다.

참살이 시대에 유기낙농이 21세기 이후의 새로운 낙농 패러다임으로 자리 잡아 간다고 할 때 유기농 우유의 차별화된 가공을 위해서는 소규모 처리가 가능한 목장 유가공장이 더욱 절실한 대안으로 당장 요청되고 있기도 한 것입니다. 이제 낙농인이나 정부 관료들은 머리를 맞대고 이를 심각하게 고민하여 한·미 FTA를 계기로 방안마련에 나서야 할 것입니다. 이는 율곡선생의 「10만 양병」설에 버금가는 제안이라고 무게 있게 받아들이는 현명한 낙농지도자와 정부 당국자들이 나타나기를 기대합니다.

6. 행복을 가져다 준 이틀간의 치즈향미검사 세미나

치즈는 저마다 특유의 향미(Flavour, Aroma)가 있는 식품입니다. 치즈는 전 세계에서 1,700여 종류가 만들어 지고 있는데, 지금도 이름 모를 새로운 종류의 치즈가 계속 만들어 지면서 그 종류를 계속 늘려가고 있을 것입니다.

어제와 오늘 저는 우연한 기회로 미국에서 치즈향미 관능평가를 연구한 소박한 학자를 우리 대학에서 만나고 함께 보낼 수 있었습니다. 식품영양학과의 전순실 교수님이 미국 캔사스주립대학 식품관능검사센터로부터 초청해 온 센터 소장(Prof. Dr. Deloes Chambers)이 마침 치즈관능검사를 주제로 특별 초청 세미나를 하게 되었는데 우리 연구실에서도 초청을 해서 오붓한 세미나 한번 가져 보라고 권해 왔습니다. 저는 당연히 대환영이지요. 학교에 간단한 지원 요청을 해서 강사료 지원을 받아 그야말로 우리끼리의 오붓한 치즈관능평가 기법에 대한 유익한 세미나를 가졌습니다.

제가 치즈공부를 십수년 간 해왔어도 치즈향미 분석에 대한 이렇게 상세한 공부를 해보기는 이번이 처음입니다. 챔버스 박사의 발표를 듣는데 우리 학생들이 듣기에 그분의 말이 너무 빠르고 발음도 알아듣기에 어려워 저도 놓치는 말이 많아서 아예 끊어서 말을 하도록 하려고 제가 통역을 자청하였습니다. 대신 그에게는 천천히 말하도록 부탁을 하였지요. 실상은 제가 통역을 하면서 정말 진한 공부가 되었습니다. 52분간의 세미나가 끝나고 저는 참 마음이 뿌듯하였습니다.

그의 프로젝트 결과는 각각의 치즈가 가진 독특한 향미를 가려낸 뒤 치즈의 개별적 특징을 가진 향미를 기준하여 여러 그룹을 만들었습니다. 그것을 다이아 그램으로 만듦으로써 치즈향미 그룹에 따른 계통수(系統樹)가 그려진 것입니다. 그 나무를 바라보는데 참으로 장관이었습니다. 생산자, 소비자나 연구자 그리고 식당의 웨이터들에 이르기까지 치즈 선택이나 소개, 추천에 좋은 정보자료가 되는 것입니다. 나아가 우리 연구실 같이 새로운 치즈개발을 연구하는 곳에서는 정확한 소비자 묘사분석을 얻어내 상품화를 촉진할 수 있을 것입니다.

제가 통역을 하는 것을 지켜본 전순실 교수님은 전교생을 대상으로 하는 본격적인 세미나 통역을 부탁하는 것입니다. 저는 한 번 더 복습을 할 수 있으므로 흔쾌히 나서 주었습니다. 더구나 제가 모처럼 많은 학생, 교수들에게 치즈를 소개할 수 있는 좋은 기회를 마다할 리 만무합니다. 챔버스 박사와 무사히, 재미나게 "치즈 향미분석 검사" 공부를 두 번에 걸쳐 할 수 있게 된 어제와 오늘, 저는 너무도 행복하였습니다. 그분과는 기회가 된다면 내년에 치즈 향미 관능검사법(Cheese Flavour Sensory Analysis Test) 단기과정을 우리 학교에서 개최하기로 협의를 하였습니다. 한국에 오게만 해준다면 기꺼이 2박 3일 정도의 단기코스를 운영해 주겠다는 약속을 얻어냈습니다.

내년(2007년)에는 Art 힐 박사의 세 번째 치즈 코스와 함께 벌써 저는 마음이 설렙니다. 부디 이 모든 일이 저만 좋아서 하는 일이 아니기 바랍니다. 고장난명(孤掌難鳴, 외손바닥은 소리를 내지 못한다)입니다. 저는 치즈관련 코스를 생각하면 늘 마음이 설레입니다. 우리는 치즈제조 기술에서 최종 상품화 단계를 결정하는 향미분석에 접근합니다. 얼마나 멋진 장정인지요! 이 모든 기회를 주신 하나님께 감사드립니다. 그리고 식품영양학과의 전순실 교수님께도 고마움을 표합니다. 어제와 오늘 저는 좀 바쁘기는 했어도 참 행복하였습니다.

7. 목장유가공은 왜 유기낙농인가?

며칠 전에 저는 우리 대학 목장유가공 교육비의 일부를 지원해 주는 농협중앙회로부터 전화 한통을 받았습니다. 그는 "금년에도 목장유가공 교육을 시행할 것인지? 그 교육을 꼭 해야 하는 것인지"를 묻는 것입니다. 낙농가들이 그 교육을 받아야 하는 것인지의 당위성도 묻습니다. 이미 교육생을 32명이나 뽑아서 개강을 앞둔 저는 이 나라의 모든 낙농가가 이런 교육을 반드시 받아야만 한다고 애써 낮춘 목소리로 강조하였지요. 사실은 우리나라 모든 낙농가가 자기 목장의 원유로 유제품을 가공하여 판매하는 날이 오는 그날이 와야만 우리는 비로소 낙농의 선진국 대열에 들어선 것이라고 저는 강고하게 믿기 때문입니다.

저의 이런 이야기를 들으면 농림부에서는 아마 기절초풍 할 이야기일 수 있습니다. 농림부는 "목장유가공" 하면 내심 조마조마 합니다. 지금 열 두개소의 소규모 유가공장들이 전국에서 당당히 영업허가를 받아 영업 중인데 내심 우려가 없을 수는 없지요. 이를테면 낙농가들이 목장에서 치즈, 요구르트 만들어 판매하였다가 무슨 식품안전 사고라도 나면 어쩌나 싶을 것입니다. 오히려 주무부서의 걱정거리가 하나 더 늘었다고 볼 것입니다. 그런데 그것은 기우에 지나지 않습니다.

저는 김치 먹고 식중독 걸렸다는 말을 들어 보지 못하였습니다. 치즈, 요구르트는 마치 김치처럼 발효식품이기에 제조과정을 철저히 관리하면 그리 문제는 없을 터입니다. 저는 여기서 한 술 더 뜹니다. 우리나라 모든 낙농가가 유기낙농을 해야 하고, 유기낙농으로 생산된 원유가 치즈와 요구르트로 제조되어 소비자들을 파고 들어가야 한다고 말입니다. 그날이 오면 아마 대기업형 유가공회사들도 지금의 자세를 바꾸지 않으면 안 되는 상황에 직면할 것입니다.

제가 1983년부터 목장에서의 치즈제조에 관심을 갖고 자료들을 모아 오며 나름대로 공부를 하고, 어느 날부터 소문 듣고 찾아온 낙농가들과 치즈를 만들어 온 지 10년이 지나갑니다. 그 당시만 해도 치즈를 들고 낙농가 교육을 나가면 치즈를 처음 보고 처음 맛보게 되었다는 말을 하던 사람들이 많았는데, 지금은 웬만한 사람은 외국 호텔 조식 뷔페를 먹으며 경험들이 많아서 치즈 정도는 알고들 있지요.

아직은 자연 치즈를 구체적으로 공급하는 낙농가들이 없지만 저마다 가슴 깊이 꿈을 꾸고 있을 것입니다. 10년 전만 해도 제 이야기를 듣던 농림부 관료 분은 저를 최초의 한글 소설 홍길동의 저자 허 균이나 쳐다보는 눈으로 바라보며 "농민이 어찌 치즈를 만들어요?" 하였습니다. 허 균이 자기 시대보다 100년을 앞서 살아버린 바람에 이단아로 몰려 죽었듯이[22] 저도 몇 년간 낙농가에 의한 「목장치즈 제조」 강조하다 연구비도 못 받는 찬밥시절을 보냈었지요.

요즘은 이제 제가 유기낙농을 이야기 합니다. 거들떠보지 않을 것이 분명하지만 먼저 본 자가 입을 열어야 하고, 먼저 알아낸 자가 알려 주어야 한다는 돌쇠정신으로 기회만 주어지면 유기낙농이 아니면 우리 낙농은 희망이 없다고 하고 다닙니다. 아, FTA 체결이 늘어나면서 저 넓은 평야지의 식량용 벼가 사라지는 날 그 평야를 무엇으로 활용할 것인지가 제게는 뻔히 보입니다.

작년 가을에 저는 어떤 친근한 농정담당자에게 만약을 전제로 물은 적이 있습니다.

"논에 벼를 심지 않게 되는 날이 오면 저 논을 어떻게 할 것인가?"

그는 단언적으로 "아직 답이 없습니다. 총체용 벼 시험도 경제성이 없는 것으로 보고되었기 때문입니다"라고 대답합니다. 제게는 해결책이 있었습니다. 그것은 논을 유기낙농용 조사료 공급기지로 삼자는 것입니다. 유기낙농의 방목지가 되게 하자는 것입니다. 우리의 낙농에서의 FTA 대비는 이제 서둘러서 유기낙농을 제대로 시행하자는 것입니다. 아직은 선진국들이 머뭇거리며 전체 낙농품 중 유기낙농품이 10% 미만에 머물고 있을 때 우리는 신속히 논이라는 놀라운 옥토를 유기낙농의 전진기지로 전환하여 기회로 삼자는 것입니다.

돌 맞아 죽을 허 균 선생 같은 소리를 또 하는 것입니까?

정부는 새만금을 막아서 무엇에 쓰겠느냐고 고민하지 말고 그 갯벌의 기름진 토양

22) 「이이화 1980. 허 균의 생각 - 그 개혁과 저항의 이론. 뿌리깊은 나무. 서울」을 참고하라.

에 유기형 목초지를 만들라고 제의합니다. 작년에 만났던 일본의 저의 지인들은 우리의 우유를 겁내고 있었습니다. 우유등급제 실시 불과 10수년을 넘겼는데 원유 1등급률이 90%를 상회하는 나라가 이 세상 어디에 있습니까? 더구나 장차 유기낙농으로 쏟아지는 우리의 신선한 원유가 FTA 체결로 안방 드나들듯 일본에 들어갈 수 있음을 잘 아는 일본인들이 겁을 먹고 바라보는 것은 당연하지요.

우리 국민의 저력은 마음만 먹으면 "할 수 있다" 이었습니다. 유기낙농이 그리 멀리 있지 않습니다. 유기낙농을 하면 그 원유는 목장 유가공을 거치는 것이야말로 가장 합리적이기에 유기낙농과 목장 유가공은 동전의 양면과 같습니다. 저는 돌 맞아 죽을 허 균 같은 생각이라 해도 목장유가공과 유기낙농의 필연성을 강조하지 않을 수 없습니다. 아직은 시대에 맞지 않고 현실과는 동떨어진 이야기일지라도 다가오는 미래를 내다보면 분명해지는 것들을 저는 소리 높여 말하지 않을 수 없습니다.

8. 인생에서 변함없는 목표

≪밑바닥에서 우뚝 서기≫

나는 네가
인생의 가장 밑바닥에서
시작하여 우뚝 서기를 바란다.
한 분야에서 최고가 되는 것은 아름다운 일이다.
그 길은 아름다운 길이고, 치열하고 힘든 길이다.
그 힘든 일을 즐겁게 할 수만 있다면
그게 바로 성공일 것이다.
싫은 일에서 새로운 창조의 힘이 솟을 리 없다.
늘 말하지만 네가 즐겁게 할 수 있는 일을 찾아라.

- 김용택의 ≪아들 마음 아버지 마음≫ 중에서 -

인생에서 변함없는 목표가 있는 사람은 행복할 것입니다. 그것은 돈을 벌기 위함도 아니고 명예와 안락과 가문의 영광을 위한 것도 아닙니다. 그저 하고 싶은 일이면서 여러 사람들에게 행복을 주고 도움을 줄 수 있는 그런 일이 그 목표입니다. 그런데 돈을 추구하지도 않고 명예와 안락을 추구하지도 않았는데 그것들이 어느새 그 사람 곁에 와서 대기하고 있습니다. 이런 현상은 인생의 진정한 변함없는 목표를 가진 사람에게 주어지는 행복일 것입니다.

9.한국의 대형 유업체들에게 고함.

우리나라에는 유업체 하면 금방 떠오르는 유명업체들이 제법 많습니다. 2004년 농림부 낙농편람 통계조사에 따르면 유업회사 16개소, 유가공 조합 5개소 등 도합 21개의 중 대형 유업체들이 포진하고 있습니다. 낙농 선진국 덴마크나 뉴질랜드는 그리 많았던 유업체들이 합병되어 기껏해야 2~3개 밖에 없는 상태가 되었다는 것은 다 아는 이야기입니다. 그들이 왜 그렇게 합병을 거쳐 통합을 하고 전국 단위 유업체 한 두 개로 나라의 유업을 진행해 나가야만 했습니까? 유업은 「마시는 우유」가 전부가 아니라는 이야기, 마시는 우유, 기껏해야 도토리 키 재기 정도 차이가 나지 않는 「백색 시유」끼리의 경쟁이 무의미하고 낭비라는 생각이 모아진 결과입니다.

제가 수업시간에 학생들에게 강조하는 단골메뉴 하나 소개하렵니다. 이 소리는 한국의 중·대형 유업체들, 특히 시유에 뭔가 첨가했으니 많이 사 마시라고 하는 회사 영업팀에게는 치명적인 이야기가 될는지도 모릅니다.

"시유에 무슨 기능성이나 강화물질을 첨가했으니 건강에 좋고, 머리도 발달되고, 어쩌고저쩌고 하지만 그 기능성, 건강성이 그 우유 마시는 이들에게 나타나게 하려면 아마 매일 1리터 이상(좀 부풀리면 한 버킷 통)을 마셔야 가능할런지 모른다. 그런데 유당 불내증을 갖고 있는 대부분의 한국인에게 이는 전혀 불가능한 일이다. 그러니 우유는 어떤 약이나 기능성 식품으로 제공하기보다 그냥 일반 음식으로 제공해야 옳다. 우유는 우유 그대로만으로도 그 가치가 충분하기 때문이다."

우리나라 유업체들이 시유 가공위주로 공장들이 운영되다 보니 선진국에서는 난센스요, 있을 수 없는 일들을 연출해야만 했습니다. 이제 저는 구매력의 한계 속에서 안 팔리는 시유 때문에 그와 같은 일을 하지 않아도 될 제안을 하나 고하고자 하는 것입니다.

유업체마다 집유선이 있고, 집유선에는 고정 목장들이 연결되어 있습니다. 그 목장들은 사실 여러분의 생명선이나 다름이 없는 존재들입니다. 지금이야 원유가 남아돌아서 그런 생각이 희박하시겠지만 꼭 그렇지만은 않습니다. 이를테면 그분들이 원유를 한 방울도 여러분 회사에 납유하지 않게 되는 사태가 벌어졌을 때는 아마 그분들이 매우매우 소중한 분들로 보이게 될 것이기 때문입니다. 저는 한 때 제게 와서 목장 유가공을 배우는 목장주들에게 "언젠가는 여러분이 원유판매 교섭권의 우위에 서기 위하여 한 방울의 원유도 유업체에 납유하지 않는 날이 오게 스스로 가공능력과 판매처를 확보해 나가야 한다"라고 강조한 바 있습니다. 좀 으스스한 이야기가 아닙니까? 그런 사태가 벌어져서는 안 되겠지요.

그래서 저는 이런 제안을 내는 것입니다. 여러분의 납유 목장들을 살펴보시고 목장 환경이 유기낙농에 가깝게 탁월한 환경과 조건으로 갖추어진 곳들을 선별하시고, 그들에게 유가공기술을 교육받게 육성하는 것입니다. 특히 치즈나 요구르트가 좋을 것입니다. 목장들의 신선원유를 그냥 시유로만 판매하기에는 부가가치가 너무 낮지 않습니까? 그 원유로 고품질의 치즈와 요구르트를 생산하게 하고, 그것들을 회사가 주문자 상표방식(OEM) 상품으로 수매하여 회사의 상표로 판매하시라는 것입니다. 물론 그런 목장은 일정규모의 유가공시설과 영업허가를 획득한 곳이어야 합니다.

그렇게 되면 여러분의 회사는 별도로 치즈생산 라인을 갖출 필요도 없이 다양한 치즈공급을 받아 상품의 다양성을 확보하여 회사의 영업력이 강화될 수 있을 것입니다. 어디 그뿐입니까? 골치를 앓게 했던 원유 체화, 쿼터량 이외의 원유는 자연스럽게 그리 활용되어 고급 유제품들이 나올 터이니 일석 3조가 아니겠습니까?

제가 수년 전에 방문했던 일본 북해도의 하꼬다떼(函館)에 있는 "북해도유업"은 아이스크림을 자기네 집유목장에 생산 의뢰하고 OEM(주문자 상표부착 생산, Original Equipment Manufacturing)으로 공급받아 판매하고 있었습니다. 그 회사는 별도의 아이스크림 라인이 없이도 매우 신선하고 맛 좋은 아이스크림을 활발히 판매하고 있었습니다. 치즈의 경우 스위스가 잘 하고 있습니다. 여러 조합원 목장들이 만들어 내는 다양한 치즈를(제조관리 후 14일이 경과한 것들) 세밀한 관능검사를 거쳐 낙농조합이 사들인 후 조합의 전문 숙성장에서 전문 숙성 관리자로 하여금 관리하게 하여 6개월 후 조합의 치즈로 시중에 판매하거나 수출을 하고 있습니다. 우리네 조합들은 아직 그럴 여력이 없으므로 우리의 중·대규모 유업체들이 이렇게 해 주시면 우리의 낙농은 매우 기조를 달리 하고 차원을 높여서 항구적으로 발전해 나갈 것이라고 믿습니다.

이런 제안은 저의 오랜 낙농, 유업교육현장에서 얻어진 것을 정리하여 드리는 것입니다. 현장을 모르는 교수의 지나가는 말이 아닙니다. 어쩌면 이를 가장 먼저 시행한 유업체가 앞으로 전개되는 원유수급 직결 체제하에서 선두를 달리며 가장 많은 원유 집유 목장들을 확보하는 기반으로 작용할 것이라 봅니다. 이 제안은 목장도 살고 유업체도 잘 살아 갈 방안이라고 생각하여 새해에 올리는 것입니다. 유업체 여러분! 이 제안은 제가 여러분에게 드리는 새해 벽두 덕담으로 받아 주시기 바랍니다.

10. 한국 목장유가공의 회고와 전망

1998년 무더운 7월 말일, 순천대학교 유가공학 연구실의 좁은 공간에서 출발한 농가형 유가공연구회. 그것은 불과 2년여 만에 문을 닫았다. 정확한 원인은 알지 못하지만 배우러 다니던 낙농가들이 당시 그리 절박하지도 않고 실컷 배우지만 정작 집에 가서는 목장일이 바빠 묵히기만 하는 것도 멋쩍었던지 1999년 10월 어느 날 모처럼 스위스의 아펜젤러치즈 강습회를 기약하고 유가공 실습장에서 준비를 마치고 기다렸다. 결국 그날은 강사와 보조원은 나왔는데 막상 교육 대상자들이 하나같이 결석을 했다. 그래서 2001년까지는 1년 6개월여를 아무 기척 없이 쉬었다. 물론 그 때 내가 순천대학교 기획실장을 맡아 정신적으로나 시간적으로 여유도 없었다.

무엇보다도 나 자신이 학교 와서 배우기만 하고 실행을 하지 않는 교육생들의 자세와 그럴 수밖에 그들의 없는 환경구조에 그만 좌절하고 만것일 터이다. 그런데 2001년에 고흥에서 송계종 씨, 임실에서 김상철 씨와 송정식 씨가 찾아와서 이제부터 실제로 목장에서 정성껏 우리 손으로 유제품을 만드는 작은 모임을 만들자고 모여들었다. 이제 비로소 나와 그들이 의기투합한 것이다. 그 때 만든 모임의 이름이 곧 "목장형 수가공유제품연구회(牧場型手加工乳製品硏究會)"이다. 뒤에 대관령의 한경 씨, 함안의 안상섭 씨, 조정미 부부, 산청의 손민영 씨, 손민우 남매 등이 합류되어 격주 간격의 세미나와 워크숍으로 꿈을 키워나갔다. 그들이야말로 한국목장 유가공분야에 먼저 눈이 열린 선구자들이다. 그러다가 내 마음 속에 그냥 무작정 교육만 하기보다 그들에게 어느 수준이 되면 격에 맞는 자격증이라도 주고 싶었다.

그래서 다행히 2002년 가을부터 내가 원장으로 일하던 순천대학교 평생교육원에 2003년 가을학기부터 정규 교육과정인 "목장유가공(I. II) 과정"을 설치하게 되었다. 그리고 60시간씩 2개 학기를 수료한 자들에게 소정의 시험(이론・실기)을 거쳐 시험에 합격하면 "사단법인 한국국공립대학교평생교육원협의회"로부터 한국 초유의 "유제품가공사(乳製品加工士)" 자격을 취득할 수 있게 하였다. 벌써 그 자격증 취득자가 40여 명에 이른다. 그동안 70여 명이 교육을 수료하였고, 더러는 개업을 하여 이 땅의 목장에서 농민이 직접 가공한 유제품을 선보이게 되었다.

어찌 감히 상상이나 할 수 있었던 일인가?

나는 그들에게 나의 그동안 얻은 지식과 경험을 모두 쏟아 붓듯이 교육하였다. 그것도 모자라 외국에서 사귄 유가공 전문가들을 초빙하여 특별과정을 열고 마음껏 배울 수 있는 기회도 제공하였다. 앞으로도 어느 단계에 이르기까지 외국의 전문가들을 초빙해서 좋은 기회들을 제공해 나가고자 한다. 나는 목장 유가공을 교육하고 지도하면서 시작부터 지금까지 우리 교육생들에게 계속 강조해 온 말이 있다.

"목장유가공은 소박한 농심정신에서 출발한 취미생활이다. 목장유가공을 돈 벌려고 시작하지 마라. 또한 정부로부터의 지원금은 무서워하고, 가급적 받지 말고 자력으로 일으키라. 자기 제품이 입소문으로 퍼져나가 주문이 들어오면 그때서야 비로소 주문량만큼만 생산하여 공급하라."

최근에 여기에 하나 더 붙여서 하는 말이 있다.

"목장유가공의 유제품에 꽃을 깃발은 유기낙농이다. 유기낙농 없는 목장유가공은 아무 의미가 없는 시대가 온다. 미리 준비하여 그 길로 나가야 한다. 유기낙농이 아니면 목장유가공은 더 이상 차별성이나 특화품을 얻지 못한다."

우리 교육생 중의 한 사람인 한 경 씨로부터 금년 10월에 한국농산물검사원(농검원)으로부터 유기낙농 인증을 받았다는 낭보(朗報)가 날아들었다. 그는 우리 목장유가공의 파이오니어가 되었다. 이제 우리 목장유가공은 이 길로 매진하고, 이 길을 더욱 공고히 해 나갈 각오와 다짐을 해야 할 것이다. 이 길이 곧 목장유가공의 전망을 밝게 열어 줄 확고한 이정표가 될 것이다.

요즘은 신년도 목장유가공 교육을 구상 중이다. 2월에는 치즈제조 숙련도를 강화할 치즈전문기술 집중코스를 마련하고 싶다. 3월에 개강하는 신학기는 목장유가공을 하는 사람에게 꼭 필요한 위생, 법규, 디자인, 특허와 상표등록 요령, 그리고 유기낙농 과목을 간간히 배치하고, 나머지는 실기위주의 유가공교육으로 배치해 나갈 예정이다. 4월에는 산양학교와 연결한 독일 치즈마이스터 정용삼 선생 초청 치즈코스를 계획하고, 9월에 2학기를 개강하여 목장유가공 이론과 실기를 교육한다. 11월에는 일본의 치즈전문가를 초빙하는 코스를 구상하고자 한다.

이러한 구상과 계획이 현실화 되려면 우리 목장유가공 동호인들의 적극적인 참여와 호응이 필요하다. 고장난명(孤掌難鳴)이라 하지 않았던가? 이제 우리 교육생이나 수료생들은 배우고 익힌 것을 자기 목장에서 최소한의 설비로 실습하고 체득하면서 부족함을 발견하고, 그것을 보완하고 바로잡기 위하여 간간히 열리는 치즈제조 보수교육에 참여하여 충실을 기해나가는 것이 반드시 필요하다. 배운 것을 묵혀버리고 방치하는 것은 늘그막에 생활의 윤기를 더해 줄 고상한 취미, 자신을 다른 노인네들과 차별화 시킬 특수 영역을 내버리는 것이 되고 말 것이다.

11. 장인(匠人)의 세 가지 특성

이 제목은 제가 최근에 읽은 어느 책 소개 광고문에서 따온 것입니다. 한 국가의 국력의 부실이나 부족은 곧 자기 일에 대한 전문적 식견과 기량, 애착과 사명감 그리고 투철한 전문 윤리를 가지고 있는 여러 영역에 걸친 장인들의 부족 탓이라고 합니다. 장인(匠人)은 그냥 태어나는 것이 아닙니다. 우리가 장인이라고 부르는 그 사람들은 영어로는 마스터(Master), 이탈리아어로는 **마에스트로**(Maestro), 독일어로는 마이스터(Meister)입니다. 그래서 마스터(Master)가 만든 것은 걸작품(Masterpiece)이라고 합니다.

장인이 되기까지의 숱한 고생과 훈련을 매우 혹독한 과정을 겪게 되어 있습니다. 아예 서구 여러 나라와 일본의 경우 그 교육체계가 엄격하게 세워져 운영되고 있습니다. 그렇게 탄생되는 장인의 세 가지 특성은

(1) 남의 추종을 불허하는 전문적 식견과 기량
(2) 자기 일에 대한 애착과 헌신
(3) 사명감과 전문 윤리라고 합니다.

우리의 옛 도공들의 모습에서우리는 위의 세 가지 장인정신의 특성을 엿볼 수 있습니다. 적어도 자기의 안목에서 작품다운 작품이 나올 때까지 수많은 도자기들을 깨부숩니다. 하나의 걸작품, 명품 도자기가 얻어지기 까지 그러한 숱한 우여곡절이 있었습니다. 치즈의 장인이 또한 그러할 것이라고 봅니다. 이 나라에서 치즈 장인이 되실 분들도 위에서 말한 장인의 세 가지 특성에 충실하시기 바랍니다. 아니 장인이 되면 이런 특성들 몸가짐에서 저절로 배어나올 것입니다.

12. 백성이 올바라야 나라가 선다.

저에게 성인으로서의 다른 이름, 즉 매안(梅岸, 매화언덕)이라는 호를 지어준 우리학교 사학과의 조원래 교수님이 쓴 책 가운데 『백성의 눈으로 본 역사(도서출판 큰기획, 2000년 펴냄)』라는 것이 있습니다. 바른 역사는 백성이 이끌었지 전제군주나 무슨 영웅이 이끈 것이 아니라는 시각입니다. 반면에 백성이 방탕해지고 욕심에 빠져 어지러워지면 그 역사가 한참을 헤매게 된다는 역설이 주어지기도 하는 책입니다.

제가 학교 다닐 때 제일 좋아했던 과목은 「국어와 역사」였고, 지금도 저의 관심은 역사학에 많이 연줄을 대고 있습니다. 역사용어 가운데 "백성(百性)" 이라는 말을 좋아합니다. 국어사전적 풀이로는 일반 국민을 일컫는 예스런 말입니다. 백성은 역사의 주류가 아닙니다. 그런데 전제군주 시절에도 군주가 겁을 낸 존재는 신하들이 아니었습니다. 바로 무지랭이 같은 백성들의 마음이었습니다. 겉으로 보기에 주류인 신하나 왕족이 역사를 이끄는 것 같아도 그 이면이나 밑바탕에는 백성이 이끌고 있다는 것입니다. 백성은 물과 같아서 임금을 태워 줄 수도 있지만 때로는 물에 빠트릴 수도 있습니다.

제가 거창하게 역사를 들고 나옴을 양해하십시오. 지금 역사를 이끄는 백성들이 어

지러워서 그렇게 거대한 화두를 한번 내지른 것입니다. 백성이 깨어야 역사가 서는데, 지금 그 백성이 어지럽습니다. 지금의 낙농가들이 이 나라의 낙농에서는 백성이요 힘입니다. 그런데 그들이 지금 한참 어지럽습니다. 먼 미래를 보는 눈이 도무지 열리지 않는 것입니다.

정부는 역사를 1999년 이전으로 되돌리려 하고, 낙농가들은 그것을 막고 그냥 가자거니 안전판을 내놓으라니 하는 실랑이가 목하 심각하게 진행 중입니다. 어디가 끝인지도 모릅니다. 저는 기회가 있을 때마다 "**마시는 우유(시유)**"를 앞에 놓고 문제해결의 실마리를 찾지 말라고 합니다. 마시는 우유는 우리 국민 중에 마실만한 사람들이 다 마실 만큼 마시고 있으니 더 이상 어깨띠 두르고 「시유 더 많이 마시기」 캠페인을 할 필요가 없다는 것입니다. 요즘 코미디 유행하는 용어 가운데 "됐거든?!!!"이라는 용어 그대로입니다. 시유 부분은 이제 문제의 핵심을 보고 방향을 전환하는 의식의 깨어남, 발상전환이 절실히 요구되고 있는 시점입니다. 제가 지난해에 농림부 낙농발전대책위원회에 나가서 이런 말을 아무리 해도 그들 모두에게는 어려운 외국어였습니다.

낙농가들도 똑 같습니다. 왜 원유를 유업체에 바로 넘기는 어리석음을 되풀이 하려고 합니까? 어떤 농산물이든 농가에서 나갈 때 약간만 손질하면 상품이 되고 부가가치가 붙는다는 사실은 상식 중의 상식입니다. 과거 김대중 선생이 정권을 잡고 농민들에게 했던 첫 마디가 "이제부터는 장사되는 농사, 상품농업 하자"고 한 것을 기억합니다.

낙농가는 이 나라의 백성님들입니다. 역사의 주체가 역사를 살려내야 하는데 지금까지의 모든 논의를 중단하고 원점으로 돌아가서 한번 발상을 전환해 보자는 것입니다. 다시는 원유가 한 방울도 목장 밖으로 「원유 상태」로는 나가지 못하게 하는 방도를 찾으십시오. 우리나라에는 우유가 이미 식량의 반열에 들어와 있습니다. 이제 더욱 맛있고 안전한 식량으로서의 우유를 소비자들은 갈구하고 있는 그 상황을 정확히 읽으십시오. 시유는 이 정도이면 됐다고 하는데 왜 모두들(정부, 유업체, 낙농가) 우유 소비를 시유에만 목을 매는지 소비자들은 무슨 코미디를 보는 것 같이 생각합니다. 백성이 올바라야 역사가 바로 섭니다. 그리고 백성이 역사를 이끌어야 나라가 섭니다. 올바른 백성이 이끄는 올바른 낙농역사를 기대합니다.

13. 아마추어로부터 프로페셔날까지

오늘 저녁나절 외출 길에 차에 틀어 놓은 라디오에 탤런트 김 아무개 씨가 진행하는 음악프로그램이 흘러나옵니다. 그녀의 멘트 제목은 "**천국으로 가는 길**"입니다. 아마추어와 프로에 대한 가르마를 타는 것이었습니다. 아마추어라는 말은 그리스어 "아마레"에서 온 말인데 그 뜻이 "**사랑하는**"이란 뜻이랍니다. 자기가 사랑하는 일을 하는 것이 아마추어라는 것이지요. 아마추어로 어떤 일을 즐기노라면 어느새 전문가의 반열에 이르는 경우가 허다하답니다.

세상에서 가장 불행한 사람은 자기가 좋아하는 일을 직업으로 종사하는 사람이라고 덧붙입니다, 그녀는 진정한 아마추어는 돈에 구애받지 않으며, 그것으로 생계를 연결하지 않기에 마냥 여유롭기만 합니다. 전문가가 아니기에 조금 서툴러도 누구도 나무라지 못하고, 누구의 평가에 연연하지 않아도 됩니다. 그저 하는 것 자체가 좋고 그 일을 사랑하여 하고 있는데 어느새 프로급에 상당하는 실력이 얻어져 있다는 것입니다.

이 이야기를 가만히 듣고 있다 보니 꼭 제가 목장 유가공을 하려는 낙농가들에게 하는 소리와 거의 똑같은 정신이 배어 있다는 것을 발견을 하였습니다. "돈 벌려고 목장 유가공을 하지 말라. 그저 농심정신으로 가족과 이웃에 나누어 먹으려고 하라. 전국구가 되지 말고 그 지역, 고향 땅에서 만족하라. 언론에 공개하지 말고 한사코 피하라. 등등"

아마추어로 어떤 일을 즐기는데 능숙해져서 프로급에 이르는 길이 천국으로 가는 길이라고, 행복의 극대화로 가는 길이라고 탤런트 김 아무개 씨는 잔잔히 설파했었습니다. 아, 그렇습니다. 아마추어로 치즈를 만드는 일은 "**천국에 이르는 길**"인지도 모릅니다.

14. 캐나다 통신 – 연수기

우리가 공장에 들어서니 먼저 널찍한 제품 판매장이 두 팔을 벌리고 맞이합니다. 자사 제품의 각종 이탈리아식 치즈들과 타사에서 가져다 파는 치즈들이 다양한 포장과 소매 절단용 치즈들로 즐비하고 가득가득 진열되어 있습니다. 한 쪽에는 이탈리아식 식자재들(스파게티, 멸치젓갈, 올리브기름, 향신료, 과자 등등)이 진열되어 있고, 가끔씩 손님들이 들러 사가고 있습니다. 끝에서 두 번째 아들로 보이는 죠(Joe)가 나와서 안내를 맞고, 형제들이 차례로 나와 인사합니다. 이탈리아인 특유의 발음으로 빠르게 구사하는 영어는 자칫 놓치기가 쉬우나 너무 친절하고 예술적으로 안내를 해서 너무나 재미가 있습니다.

먼저 우리 일행은 모두 공장에서 주는 방문자용 가운, 모자, 신발 비닐덮개로 무장을 해야 합니다. 공장에 들어서면 철저히 방명록 기록을 해야 하고, 바로 비누로 손을 세척하게 합니다. 우리가 제일 먼저 만난 사람은 손으로 프로볼로네 치즈와 모짜렐라를 모양내서(표주박 모양, 큰 원주형, 작은 조개알 모양 등을 손으로 직접 연출하여 만듦) 만들고 있는 중늙은이였습니다. 그는 익살스럽게 설명도 하고, 만들기도 하면서 자꾸 사진을 찍도록 유도하여 우리가 필요한 기술부분의 여러 장면들을 편하게 담을 수 있었습니다.

죠(Joe)가 먼저 우리를 데리고 간 곳은 원유 수유부입니다. 하루 50톤의 원유가 들어오면 정교한 청정필터가 장착된 펌프를 통해 저장탱크(37톤 사일로 탱크 2대)로 이동하고, 크림 분리기에 의해 치즈 원유를 표준화합니다. 크림 저장탱크는 외부에 위치합니다. 치즈 원유는 HTST살균기로 73℃/15초간 살균되어 저장탱크로 이동합니다. 살균이 끝나면 원유탱크, HTST장치, 원심분리기 등을 CIP로 세척, 살균, 건조까지 모두 끝냅니다. 거기서 나오자마자 우리는 유청치즈 제조장으로 갔습니다.

옛날 방식 그대로 유청치즈(Ricotta)를 제조하고 있는데 500kg 벳트가 5개이고 연속적으로 생산합니다. 85℃에서 구연산 액을 pH 2.0 액으로 만들어 사용한다고 합니다. 이 공장은 유청에 일정량의 원유를 혼합하고 있다고 했습니다. 땀을 뻘뻘 흘리며 리코타를 계속 퍼내서 몰드에 담고 있는 그 집 막내아들을 자꾸 촬영하자 “제발 자신의 이런 모습을 신문에만은 내지 말아 달라”는 농담을 하면서 열심히 일하는 그 모습이 너무 좋았습니다. 지금 그 나이면 학생이라고 멋지게 챙겨 입고 나돌아 다닐 텐데 자기 가문의 공장에서 열심히 일을 하는 것이 신기합니다.

이윽고 우리는 브리 치즈 가염실로 갔습니다. 22~23° Be(보메) 염도의 맑은 가염액은 열처리를 해서 쓰고 1개월에 1회 교체합니다. 가염시간은 1시간/kg 정도입니다. 가염이 끝나면 숙성합니다. 숙성실은 아무나 들어가게 해서는 안 되는데 마침 비어 있으므로 괜찮다고 들여보내 줍니다. 습도 90% 이상, 온도 13~14℃, 8일 숙성하면 표면에 흰 곰팡이로 치밀하게 덮이고, 하루 정도 건조한 것을 바로 포장합니다. 포장실에는 우크라이나, 에스토니아, 러시아에서 온 여자들을 쓰고 있었는데 그들은 우리가 한국에서 왔다고 하자 매우 반가워합니다. 꼭 기계가 하듯이 포장기술이 정교하면서 예쁘고 신속하게 하고 있었습니다. 우리도 그쪽 나라 치즈공장 근무 경력이 있는 사람들을 불러다 활용하면 어떨까 싶었습니다.

그렇게 다니는데 큰형과 독일에서(Kiel) 근무하다 스카웃 되어 왔다는 기술자가 급히 부릅니다. 브리 치즈를 절단하는 것을 보여 준다고 합니다. 브리는 연질이므로 굵고 길게 자릅니다. 2cm 간격의 커드나이프로 사람이 잘라 줍니다. 먼저 세로 나이프로 한 번 길게 잘라주고, 잠시 간격을 둔 다음 다시 같은 나이프로 짧게 자릅니다. 마지막으로 수평 나이프로 길게 한 번 잘라주고 3~5분간 정치합니다. "왜 정치하는지 아느냐"고 죠에게 물으니 "난 그런 거 잘 모른다"고 웃어넘깁니다.

교반을 시작합니다. 자동교반기가 움직입니다. 3~5회 움직이고 30초간 쉬고, 다시 또 그런 식으로 서너 차례 하다가 연속 교반하면서 제조공정에 들어갑니다. 우유의 응고는 칼슘과 렌넷 액을 넣고 20분이면 응고가 된다고 합니다. 3.5톤 크기의 직사각형 치즈 벳트가 3기 있습니다. 한쪽 벳트의 커드 절단 전에 옆의 벳트에 렌넷을 주입합니다. 그런 식으로 벳트 3기에서 20분 간격으로 연속적인 치즈 제조가 됩니다. 이 공장의 브리치즈 제조 장치는 전 공정이 거의 자동화되어 있으며, 독일회사(ALPMA : www.alpma.de)에서 수입한 것입니다.

그러나 성형 라인은 자신들이 고안해서 캐나다에서 제작한 것을 쓴다고 합니다. 독일 기계들은 너무 비싸다고 하면서 가급적 국산으로 대치하는 것이 좋겠다고 합니다. 그런데 그 성형라인이 매우 합리적이고 편리하게 구성되어 있습니다. 치즈 벳트의 위치를 1.3m 높이에 두었기 때문에 낙차를 이용하여 직경 15cm 정도의 호스를 통해 성형라인에 커드가 유청과 함께 이동합니다. 이 커드는 35° 정도의 경사를 가진 폭 60cm, 길이 5m 정도의 컨베어벨트를 타고 이동하는데, 벨트 자체가 가는 나일론 망사이기 때문에 이동하는 동안에 유청이 자동으로 분리가 되어 한데 모아지면 바로 리코타 치즈용 유청저장 탱크로 펌핑됩니다. 벨트에서 유청과 분리된 커드는 성형틀 여섯 개씩을 한 셋트로 한 플라스틱판에 당그레 같은 기구로 퍼 담아서 터닝기 쪽으로 이동합니다.

그 집 장남인가 싶은 이가(그의 아버지를 너무 닮았음) 계속 컨베어벨트를 타고 쏟아지는 커드를 성형틀에 당그레질 하느라 열심입니다(기회가 되면 사진들을 곁들인 보고서를 내겠습니다). 성형틀이 열두 개씩 모아지면 터닝기(Turnning)에 넣고 위아래가 뒤바뀌게 한 번 돌려줍니다. 이때 2cm 높이의 위아래가 잘 골라진 브리치즈로 성형 완료되고, 이들을 2시간 정도의 자연적인 유청제거 시간을 거친 후 먼저의 가염실로 가서 가염합니다. 정말 정신없이 치즈가 제조되고 있어 그야말로 치즈가 쏟아지는 연속적인 공장임을 실감하였습니다.

먼저의 브리치즈는 직경이 18cm 정도였지만 가끔씩 직경 10cm 성형틀에도 성형해서 까망베르 치즈로 숙성하고 있었습니다. 나오는 길에 그 중늙은이가 무슨 아가씨의 딴 머리형의 치즈를 길게 꼬아 만들더니 사진을 또 찍어 달라고 합니다. 그가 서 있는 뒤쪽에 모짜렐라나 프로볼로네 치즈의 스트레칭 기계가 돌아가고, 치즈 커드를 스트레칭하고 있었습니다. 자동으로 83℃ 열탕수가 탱크에서 공급되면서 스크류 모양의 두 개의 축이 돌면서 스트레칭을 합니다. 그 기계가 소형으로 나온 것이 있다면 참 좋겠다 싶었습니다. 열탕수에서 스트레칭 하는 것이 여간 고역이 아니거든요.

다 보고 나오니 사무실에 카프치노와 갓 구운 빵, 방금 만든 모짜렐라가 기다립니다. 이런 저런 이야기 나누고, 사진도 찍고 커피 마시고 나오니 보르곤졸라와 브리치즈 하나씩을 선물로 줍니다. 참 좋은 시찰을 하게 해준 Art 부부에게 고마움을 표하자 1월에 자기「치즈학」과목이 있으니 더 자세히 공부하고 실습하자고 합니다. 오늘은 이만 접습니다.

15. 유럽 치즈와 문화여행 낙수(落穗) (2005년)

지난 6월 22일부터 유럽의 남부 이탈리아를 시작으로 북부 노르웨이까지에 이르는 긴 여정을 지난 8월 10까지 마치고 11일 귀국하였습니다. 유럽의 낙농이나 유가공은 거대한 나무와 같다는 느낌입니다. 유럽의 명승지를 둘러봐도 과거와 현재 그리고 미래가 서로 부둥켜안고 혼재하고 있는 느낌이 드는데 낙농이나 유가공 역시 그러합니다. 관광개발이 필요 없는 지역, 요란하게 떠드는 체험관광 어쩌고 할 필요가 없는 지역이 유럽입니다. 조상들 잘 둔 덕과 이를 잘 유지 보존해 둔 덕을 톡톡히 보는 것이지요. 반면, 어디를 가나 그게 그것 같은 천편일률성이 확연히 자리 잡고 있는 허점이 있음도 간과해서는 안 될 것입니다. 극단적인 표현을 빌리자면 유럽의 명승고적들은 로마와 파리의 복사판 같다는 느낌이 그러합니다. 어느 배낭여행하는 젊은 여성이 하는 말 그대로입니다.

"어디를 가나 교회하고 왕궁 밖에 볼게 없더군요."

하여간 저는 이번에 짧은 기간이지만 유럽의 낙농과 유가공에서 얻고 배운 바가 참 많았습니다. 생각나는 대로 몇 가지를 이삭 줍듯이 챙겨보면 다음과 같습니다.

- 구입한 지 38년이 넘은 트랙터를 버젓이 사용하고 있는 스위스의 낙농가를 보았습니다.
- 값 비싼 프레스 없이 치즈 자체 무게만으로 가압을 해가며 초경질에 가까운 아시아고 치즈를 생산해 내는 이탈리아 북부 프로알프 지역의 할아버지를 기억합니다.
- 산양 젖 요구르트 치즈인데도 반경질 치즈가 만들어져 나오는 이탈리아 목장치즈를 보았습니다.
- 독일의 노르드베스트팔렌주(州) 농업시험장학교에서 유가공장을 운영하는데 한 사람이 각종 치즈와 요구르트, 케피어 제조, 치즈 숙성관리, 제품의 판매, 각종 재료 구입, 공장의 경리까지 도맡아 하고 있었는데, 한국 같으면 네 사람 정도가 해야 할 일을 혼자 거뜬히 해내고 있었습니다.

- 독일의 한 유기농 목장은 거대한 규모의 목장 운영을 부부 두 사람이 하는데 필요할 경우에만 시간제로 사람을 고용하면서 주로 실습생을 활용하는 방식으로 경영에서의 고용인력 최소화와 법적책임을 전혀 지지 않도록 하는 인력활용을 구사하고 있었습니다.
- 독일의 유기농은 1920년대부터 연구되었고, 실제 현장에 적용하면서 연구가 진행되었기 때문에 매우 무게가 나가는 형태임을 알 수 있었고, 우리가 벤치마킹할 부분과 요소가 많은 나라임을 확인하였습니다.
- 스위스 아펜젤 지역은 치즈로도 유명하지만 전 주민이 전통의상을 즐겨 입고 관광요원화 된 느낌을 받았습니다.
- 아펜젤 치즈의 표면 처리제는 그 제조비법을 오직 두 사람만 알고 있도록 전통적으로 그 비밀을 지켜왔으며, 앞으로도 그리 할 것이라고 합니다.
- 스위스 산악치즈(알파인 치즈) 제조에 관해 각 지역별로 잘 정리된 목장과 제조 중인 치즈 소개 책자가 여러 권이 발간되어 있었습니다.
- 이탈리아의 아시아고 시는 7부족이 연합하여 형성된 해발 1,600m 고지의 산악도시입니다. 여기서 또 몇 백 미터를 올라가면 말가(산악지 고원에 형성된 자연방목지)들을 방문할 수 있는데, 여기서 전통적인 수제 아시아고 치즈들이 제조됩니다.
- 그곳에서 만난 할아버지는 그 날 치즈 원유를 가져와 뱃트에 붓는 순간 단 몇 초 만에 그 원유의 품질을 읽어 내고, 그 날 제조하는 치즈의 제조공정을 정한다고 합니다. 그러니까 제조기법이 날마다 다를 수밖에 없습니다.
- 스웨덴의 산악지 목장에서도 기원전부터 치즈를 만들어 먹었다고 합니다. 민속박물관(스칸센)에 그 당시로부터 전해 내려온 목장을 재현해 두었는데, 한 쪽 방 선반 위에 수많은 나무 함지박이 놓여 있어 "저것은 무엇에 쓰는 것인가"라고 물으니 "저녁에 짠 우유를 거기에 담아 두었다가 아침에 윗부분의 크림을 걷어내어 버터를 만들고 아랫부분 우유는 모아서 아침 젖과 섞어서 치즈를 만들었다"고 지금도 재현하고 있었습니다. 실제로 모닥불을 피워 그 재로 덮인 냄비에 치즈와 유청치즈를 제조하여 먹게 해 주는데 정말 맛이 보통이 아니었습니다.
- 우리의 유기농산물이 보통 농산물보다 몇 배 비싸게 팔린다고 하니까 독일의 한 유기농 목장주는 한국으로 이민을 오고 싶다하였습니다. 거기는 20% 정도도 차이가 나지 않습니다. 그러면서 유기농의 목적이 크게 두 가지라는 것입니다. **첫째**, 자연을 자연으로 되돌려 주어 자연과 인간이 공생할 수 있는 농업을 해야 한다는 것이고 **둘째**, 후손 만대가 누릴 수 있는 농업환경을 물려주기 위함이라

는 것입니다. 그들의 입에서 농업소득을 많이 올리기 위한 수단이라는 말은 들어보지 못합니다. 기본 정신에서 출발이 매우 야무집니다.

16. 독일연수 낙수(落穗) (2005년 3월)

우선, 이번 독일 여정을 준비하시고 저와 우리 연구실생 3명까지 초청하여 소중한 연수기회를 갖게 해주신 한국목장유가공협회(회장 송계종)에 깊이 감사를 드립니다. 그리고 독일여정 처음부터 떠나올 때 공항배웅 시까지(검색대에서 제 가방에서 카망베르용 치즈 칼이 나와 쩔쩔맬 때 멀리서 그때까지 지켜보시고 계실 정도) 종합적으로 애써주시고, 목장 방문지마다에서 우리에게 한 가지라도 더 설명해 주시려고 온갖 열성을 다해 주신 정용삼 선생님(독일 치즈 마이스터)과 사모님께도 깊은 감사를 드립니다.

한편, 이번 연수에 참가하신 회원 여러분의 열정 또한 감동적이었으며, 그 열정 때문인지 한 사람도 시차적응 못한 사람 없고, 감기몸살 앓지 않은 점을 보고 더욱 진한 감동을 느꼈습니다. 이런 분들이 계시기에 한국 치즈문화가 꽃 피고 열매 풍성함이 매우 빠르게 앞당겨질 것이라는 확신을 갖게 되었습니다. 제가 믿는 하나님은 우리의 독일 여정에서 매일 쾌청한 날씨를 주셨을 뿐만 아니라 잠시 우리가 한눈을 파는 쾰른 대성당 방문 시에만 소나기를 쏟아서 경고를 주셨을 뿐 여정 내내 참으로 상쾌하고 참 좋은 날씨를 보내 주셨습니다. 저는 독일 여정 내내(마지막 날은 못함) 1시간에서 1시간 반씩 시험장 주변을 산책하는 아침운동을 하며 하나님께 기도하고 감사를 드렸는데 온통 감사뿐이었습니다.

이제 저는 독일 여정을 마치고 독일이 우리에게 무엇을 보여주었던가를 한번 입장 바꾸어 생각해 봤습니다. 우리가 봤다고 하면 그것은 주관적이고 피상적인 수준일 수밖에 없기 때문입니다. 독일은 25년 전에 이웃 네덜란드를 이어서 유기농과 유기낙농을 시작하였습니다. 유기낙농의 역사가 우리가 아는 것보다는 그리 길지 않다는 것을 확인합니다. 잘만하면 우리도 따라 잡을 수가 있다는 가능성을 본 것입니다. 그리고 우리가 둘러 본 독일의 모든 낙농가가 유기낙농을 하고 있지 않았습니다.

목장 유가공 역시 반드시 유기낙농을 하는 곳에서만 하는 것이 아니었습니다. 한 가지 잡히는 것은 유기낙농이 독일에서는 귀족대우를 받는다거나 대세로 자리 잡지 못하고 있다는 것이었습니다. 우선 원유 값의 차이가 그리 크지 않고, 일반 낙농가와의 사양방식의 차이가 그리 크지 않기 때문입니다. 모두들 보유 토지의 절반은 초지로, 나머지는 곡물사료 생산지로 하여 거의가 조사료 위주의 사양을 하기 때문입니다.

사료를 자급하고 있다는 것입니다. 우리와는 딴판입니다. 우리 낙농가가 유기낙농을 한다면 기존낙농가와는 정반대가 될 터이니 유대의 차이가 나게 될 것이고, 우유의 품질에서도 차이가 날 것입니다. 독일을 우리에게 비교하면 맞지 않습니다.

목장 유가공은 우리가 본받을 점이 많았습니다.

첫째, 그들은 유생산과 유가공을 하면서 판매까지 스스로 하고 있었습니다. 어떤 곳은 판매차량을 가지고 파머스 마켓을 순회하면서 스스로 판매하기도 하고, 대부분이 자체 목장 내에 식당이나 직매점을 운영하고 있었습니다.

둘째, 가는 곳마다 가우다 치즈와 카망베르 일색입니다. 가우다 치즈를 어떤 곳은 무려 28종 이상의 허브를 넣어서 제조하고 있었습니다. 일단 치즈 본체는 한 종류인데 넣는 허브나 첨가제에 따라 28종의 치즈가 생산이 가능해지는 것이지요.

셋째, 가족 위주의 인력 운영입니다. 부부간, 형제간이 모든 것을 해치우는 식입니다. 그런데 목장 규모가 장난이 아닙니다. 그들은 대단히 부지런하다는 것을 알 수 있지요.

넷째, 교육을 받은 사람들이 치즈를 만듭니다. 하다못해 유가공학교 교육 1주일 과정을 최소한 받은 사람에게 목장치즈 제조를 가능하게 하고 있습니다.

다섯째, 목장 원유를 살균하지 않고 생유(Raw milk)로 치즈를 만들고 있는 목장들이 있었습니다.

마지막으로, 목장 우사에 깔 짚을 자주 갈아주어 소가 무척 깨끗하였습니다. 독일은 이미 오래 전부터 수많은 태양열 발전, 바이오가스 발전 그리고 풍력발전 시설을 설치하여 대체에너지 확보에 나서고 있었습니다. 목장에도 태양열 발전시설을 여러 개의 축사 지붕마다에 갖추어둔 곳을 보았습니다. 독일은 우리에게 많은 것을 보여주고 싶어 했지만 우리의 짧은 일정과 객지에서의 피곤함이 우리로 하여금 견뎌내지 못하게 하였습니다. 다시 한 번 정용삼 선생님께 깊은 감사를 드리며, 5월의 해후를 고대하겠습니다.

17. 북해도여행 낙수(落穗) (2005년)

4박 5일의 북해도 여정, 하루걸러 눈이 왔지만 하나님께서 눈이 안 오는 날만 비행기가 계획되어 일정에 아무 이상 없이 마치게 하셨습니다. 나가시벳쯔의 라. 레토리 요구르트공장은 어느새 치즈 숙성실을 마련하여 치즈제조 습작에 들어갔고, 보꾸샤

(牧舍)는 젖소 수가 늘어 유가공을 휴업하였으며, 미또모 여사는 일취월장 발전하여 어느새 전일항공사(ANA)의 국제선 1등석의 기내식을 납품하고 있었습니다. 야마(山)노 치즈와 그랜마 치즈는 독자 브랜드로 등록하여 어엿이 판매중입니다. 그 치즈들의 조상뻘 되는 치즈를 가르쳐 주며 재미있어 하는 미또모 여사가 여전히 변함없는 열정을 갖고 있음을 엿보게 합니다.

가와구찌 선생의 축산식품가공연수센터는 여전합니다. 9년 전 방문해서 고메찌찌(현미발아 우유)를 보게 해서 흥미를 일으켰던 벳가이(別海)낙농공사는 어느새 주식회사로 바뀌고, 공장을 완전히 새로 지어서 다양한 유제품들을 생산합니다. 치즈, 요구르트, 우유, 발아현미우유, 아이스크림 등인데 사정은 그리 좋지 못하다고 합니다. 예전에 있던 복지우유는 어찌됐느냐고 묻자 그건 살아 있긴 하나 복지우유 공급숫자가 감소되었다고 합니다(시의 예산 감축). 나가시벳쯔 정 농협의 케피어 공장은 예전과 달라진 게 없습니다. 다만 케피어만 생산하던 것이 커피 우유와 일반 우유를 생산하게 된 것이 달라진 것입니다.

나를 감동시킨 곳은 마찌무라(町村) 농장입니다. 주인이신 마찌무라 수에요시(町村末吉) 씨가 직접 우리를 맞아주면서 가문의 풀 스토리를 무려 두 시간에 걸쳐 천천히 영어로(한국어 통역을 구하지 못했다며) 들려주었는데 이는 마치 두툼한 한 권의 책을 읽어주는 것 같았지요. 그 분은 80세가 넘으셨지만 친히 농장과 유가공장을 일일이 데리고 다니며 소개하고 설명해 주었습니다. 북해도에서는 **구로사와, 마찌무라** 그리고 **우쯔노미야씨**를 3대 낙농 선구자로 생각한다고 들었습니다. 뒤에 구로사와 가문은 낙농학원대학을 일으켰고, 마찌무라 가문은 마찌무라 농장의 연수 시스템과 유가공장을 일으켰습니다. 3대에 걸쳐 가업을 발전시키고, 아들이 없자 좋은 사람을 데릴사위로 맞아 미국 유학을 시켜서 목장의 대를 잇게 한 집념에 찬 이야기는 우리 낙농가들에게도 시사하는 바가 크다는 생각입니다.

벳가이정(町)의 낙농후계자 육성을 위한 연수목장도 참 많은 배울 점을 보여 주었습니다. 35세 이하의 낙농업 지망 부부를 뽑아서 3년 동안 목장에서 맹훈련을 시키는 교육방식으로 연수 수료생에게 폐업한 목장을 리모델링한 다음 연결시켜 북해도의 낙농을 이어가게 하는 후계자 양성 프로그램입니다. 수는 많지 않지만 확실한 사람들을 뽑아서 하니까 효과적이라고 합니다. 명문대학 출신은 물론이요, 유명회사 직원, 장래가 창창한 위치의 젊은이들이 낙농이 좋다며 지망한다고 합니다.

9년 만에 다시 찾은 북해도 여정은 저의 머리를 맑게 해주었습니다. 자세한 여행기는 정리되는 대로 조만간 이 홈페이지의 자료실에 올려 두도록 하겠습니다. 목장 유가공을 지향하시는 낙농가 여러분에게 다소나마 도움이 되시기 바랍니다.

18. 캐나다 통신 (1) (2003. 12.～2004. 01.)

저는 지난 12월 13일부터 캐나다의 최대 낙농 주(州)인 온타리오에 와 있습니다. 온타리오 주(州)는 영국 식민지 시절 영국이 미국과의 전쟁을 거치면서 지켜낸 기름진 땅입니다. 그래서 뒤늦게 연방에 참여한 캐나다 서부 브리티시 컬럼비아보다 훨씬 영국적입니다. 이곳에는 낙농이 발달하여 다른 여러 학문이 같이 발달한 곳입니다. 제가 살고 있는 도시인 궬프(Guelph)는 토론토에서 90km 정도 떨어진 곳으로 인구 14만명에 Guelph대학교 학생 수가 7만 명이라고 합니다. 내년부터는 8만 명에 육박할 거라고 하니 가히 대학도시라 하겠습니다. 저의 작은 딸은 사정상 한국에 있고, 아내와 큰 딸을 동행삼아 왔는데 거주하는 곳은 대학이 외국인 방문 연구교수들을 위해 운영하는 Off-Campus Housing(일종의 아파트 임대 업무) 센터가 마련한 대학 아파트에 삽니다.

그제는 학과 크리스마스 파티가 있어 초대를 받았고, 끝난 뒤 아이스크림을 한 통씩 나누어 주어 가져와 먹어 보니 기가 막혀요. 이번 12월 10일까지 진행되었던 아이스크림 제조과정에서 실습한 것이었습니다. 그들이 제공하는 단기과정 내용을 훑어보고 놀란 것은 5일간 교육비가 치즈의 경우 1385.65 캐나다 달러(한화 약 137만원)에 주차료 20달러 추가이고, 아이스크림 교육비는 1278.65달러(약 126만원) 정도로 만만치 않은 비용을 받고 제공하는 것입니다. 그리고 교육기간 동안 숙식은 자기가 해결해야 하니 엄청난 비용을 지불해야 배울 수 있는 기술임을 알 수 있습니다.

교육 내용도 대충 훑어보니 치즈의 거의 모든 것을 다 담아 두었습니다. 한국의 목장 유가공 희망자들도 웬만한 언어 구사력을 갖추고 유가공의 기초가 있는 분이면 한번 다녀갔으면 싶고, 우선 저부터 이곳의 단기과정을 다른 교육생들과 배워봐야겠다는 생각입니다. 아마 대충 한번 다녀가는 비용은 왕복 항공료 180만원(성수기 요금) + 치즈과정 교육비 137만원 + 숙식비(7만원 ×5박 + 1만원 ×6일) 41만원 + 기타 비용 10만원 잡으면 총 368만 원 정도가 소요될 것으로 보입니다. 물론 교육비에는 세금 포함인데(90.65달러 /한화 8만 8천 원 정도) 그 시기의 항공료와 외국인 세금 감면을 고려하면 비용이 약간 적어질 수도 있겠습니다. 자세한 것은 초청교수가 담당이니 상세히 알아본 뒤 다음 번 통신호에 알려드리겠습니다. 그럼 오늘은 이만 접으며 다음을 기약하렵니다.

19. 캐나다 통신(2)

이곳 사람들의 말에 의하면 예년에 비해 요즈음은 -15℃~-20℃를 오르내리고 눈이 많이 와서 살기가 참 불편한 시절이라고 합니다. 그런데 지금 이곳에는 영상의 날씨가 예사 일이 되고, 비가 자주 내리고 있어서 참 희한한 현상을 본다고들 합니다. 어제는 이곳의 제법 잘 갖추어진 소규모 치즈 공장을 방문하게 되었습니다. 그 곳 방문을 끝내고 우리는 거기서 그리 멀지 않은 곳에(토론토에서 110km 정도) 위치하는 나이아가라 폭포를 방문하게 되었습니다. Art는 학교 밴을 빌려서 아침 일찍(08시 15분) 왔습니다. 이곳의 학교 밴(8인승)은 교수들에게 빌려주기도 하는데 주행거리(km) 당 얼마의 요금을 지불해야 합니다. 외부에서 손님이 왔다든지 가족이 짐을 많이 갖고 장거리 이동하는 경우 참 좋은 제도라고 봅니다.

우리는 토론토 근처에 있는 QUALITY CHEESE INC.를 찾아 갔습니다. 물론 Art가 사전에 교섭 예약해 둔 곳이고, 그가 더러 와 본 곳이기도 합니다. 그곳은 이탈리아인 Borgo 가문의 유한회사인데, 아버지와 그의 아들 여섯 명이 함께 운영하는 공장입니다(아들들 명함을 받아 보니 모든 아들들에게 부사장 직함을 주어 놨더군요). 아버지 Almerigo Borgo는 1931년생으로 이탈리아 베네토의 콜골로 생지오(Veneto, Cogollo del Cengio)에서 원래 치즈제조 가문(그의 조부 Lorenzo, 부친 Gugliemo)을 배경으로 양육되었습니다. 조상의 전통을 따라 고향에서 Asiago 치즈와 연질 치즈를 제조해 왔으며, 1950~1951년에 치즈제조 전문가로 확고한 인증을 받았습니다(Latteria Di Dadica Pietro Marconi Thiene).

그는 1954년에 캐나다로 이민을 온 2년 후인 1956년부터 캐나다 온타리오 주에서 치즈제조를 시작합니다. 1957년에 Orgongeville에서 독립적인 치즈 공장을 세우고 하루 원유 80kg을 사용하여 이탈리아식 치즈들인 모짜렐라, 리코타, 프로볼로네, 그리고 스카모르자(Scamorza) 치즈 등을 제조합니다. 1966년에는 토론토로 이사를 하고 1971년~1972년에는 Camera di Commercio Industria Artigianato Agricoltura di Vicenza에 의해 Attestato di Benemerenza로부터 황금메달을 수상합니다.

1987년에는 그동안 오랜 기간 사용해 왔던 공장을 버리고 토론토 부근의 Vaughan 시에 건평 1,840평 규모의 새로운 공장을 지어 최신 설비와 자동화 장비를 갖춘 새로운 회사인 「Quality Cheese Inc.」로 개칭하여 오늘에 이른다 합니다. 지금은 하루 원유 사용량이 50,000kg에 이르는 중규모 공장으로 발전하여 Bocconcini, Borgonzola(원래 이탈리아의 전통적인 곰팡이 숙성 연질치즈인 Gorgonzola를 자기 가문의 이름인 Borgo를 붙여 Borgonzola라는 자기 회사 고유 브랜드로 만들었음), Brie, 훈제 Cheddar(다른 회사가 제조한 체다 치즈를 사 와서 훈제처리만 함), Friulano, Mozzarella, Provolone, Ricotta 그리고 Scamorza 치즈 등 주로 이탈리아 경질, 반경질, 연질치즈들을 전문적으로 제조하는 공장으로 유명합니다. 이 회사가 얻은 수상경력은 화려합니다.

- 2000년 : 세계 치즈경진 챔피언십에서 최고의 치즈 상(브리, 까망베르 급에서 브리)(World Championship Cheese Contest, Best of Cheese, -Brie, Camembert Class <Brie>)
- 1998년 : 캐나다 치즈 브랜드 전에서 최우수 챔피온 수상, 연질치즈 부문 <리코타>(Canadian Cheese Brand Prix, Champion 1st, Fresh Cheese Class)
- 1995년 : 영연방제국 치즈 전에서 최우수 풍미상 수상, 연질부문 <리코타> (British Empire Cheese Show 1st Flavoured Class <Ricotta>)

20. 2014년 제 31차 미국치즈협회(American Cheese Soceity, ACS) 연차대회 참관 후기

ACS는 1983년 코넬대학 코스코브스키(Kosikovski, 1918~1990)가 자기와 치즈공부를 하던 목장주들과 관심 있는 시민들이 결의하여 만든 단체이다. 처음 창립 시에는 125명이 결성했고, 점차 역사를 더해 가면서 회원들이 증가하여 작년 30주년 기념대회 때는 1,001명이 참가했다. 필자는 작년부터 참가하여 올해 두 번째로 참가하게 되었다. 다행히 학교기업 국비지원 사업에서 예산 승인을 받아 참가가 가능하였고, 정부 당국에 감사드린다.

필자가 ACS에 관심을 갖게 된 것은 우연히 인터넷 서핑을 하다가 발견하였고, 회원가입을 하여 홈페이지에 올려놓은 자료들을 요긴하게 활용하다가 그들이 연례적으로 갖는 연차대회가 있다는 것을 알았다. 그러나 참가비용이 만만치 않아서 개인 비용으로 참가할 수가 없다가 예산이 확보되어 그동안의 열망이 꽃을 피운 것이다. 이제 필자는 작년과 금년, 두 차례 참관 결과 이를 통해 필자가 느끼고 배우며 우리에게 시사하는 것들을 한국 목장치즈 제조자 그리고 희망자 분들과 널리 공유하고자 한다. 이들의 연차대회는 크게 다섯 가지 주요 행사로 구성되어 있다.

첫째, 회원 간의 친목과 정보 교류행사(Pub Crawl, 대회지역의 주요 목장치즈 공방 방문, 치즈 제조자와의 만남, 치즈 페스티벌, Town Hall Meeting, 치즈제조 관련 업체 전시 및 설명회), **둘째**, 다양한 강습회(같은 시간대에 3~4개 주제의 발표와 토론), **셋째**, 치즈전문가 시험(Examination of Professional), **넷째**, 치즈 컨테스트와 그 시상식, **다섯째**, ACS의 대 소비자 치즈홍보와 지역공헌 행사이다.

이러한 행사 구분이 정착한 것은 그들의 오랜 역사를 통해 잘 다듬어지고 압축된 5박 6일간의 알찬 행사인 셈이다. 생각해 보라. 목장주가 자기 목장을 비우고 5박 6일 행사를 위해 미국, 캐나다, 멕시코 등 북미 전역에서 왔으면 그만큼 소중하고 알찬 소득을 얻고 가야하지 않겠는가? 플라톤은 "인간은 이익을 위해 태어난 존재"라고 하지 않았는가? 개인적인 정보이긴 하지만 미국 전역에 5천 개가 넘는 중·소규모 치즈공장들이 있는데, 이들 중 800～900명이 참가하고 있다는 것은 이 단체가 그 만큼 회원들에게 충실할 뿐만 아니라 회원의 권익을 위해 힘을 행사해 주고 있음을 암시하는 것이다.

필자는 이들의 활동을 보면서 아직 출발도 못한 우리네 치즈협회(Korean Cheese Society, KCS)의 탄생을 학수고대 한다. 필자의 소원이 그렇다는 것이지 미리 좌절하고 포기하고 싶지는 않다. 우리도 언젠가는 이런 활동이 가능하고 오히려 더 잘할 잠재력을 가졌다고 믿는다. 그 날을 도모하기 위하여 이제 그들의 행사를 보고 얻은 것들을 간단히 요약 정리해 두고자 한다. 정리 순서는 위에서 압축한 이들 행사구성 몇 가지를 중심으로 전개해 두고자 한다.

첫째, 회원 친목, 정보교류 행사로서 개최지 주요 목장 치즈공장 시찰 : 이런 시찰은 협회의 힘이 아니면 도저히 불가능한 행사이다. 왜냐하면 방문 회원들에게 공장의 모든 부분을 개방하여 보여주고 묻는 대로 친절히 답해 주며, 오히려 거기에 보태어 원하는 것보다 더 많이 설명해 준다. 이를테면 치즈 숙성고의 건축과 유지 조건이나 관리법, 치즈 숙성 시 치즈에 처리한 체다 치즈의 표면처리, 치즈 천의 종류, 유산균 활용, 자기 치즈제조 공정의 나름대로의 특징 등, 그들의 오랜 고통의 땀과 각고의 노력으로 얻은 소중한 경험들을 아낌없이 준다. 이것은 자기도 모르게 배어나는 각별한 동지애(同志愛)이다. 모두가 치즈제조라는 어려운 상황을 겪고 있는 중에 형성된 공감대로부터 자연스럽게 뻗어 나오는 친밀감과 가족적 분위기이다. 필자는 이러한 분위기에 젖어 한없는 행복감에 빠져든다. 그러면서 그들은 알게 모르게 공감하고 배우고 시사점을 얻어 자기 치즈에 적용할 것이다.

둘째, Pub Crawl 행사 : 개최지 도시 요소에 회원 목장 치즈를 소개하는 코너를 개설하고 회원들이 이곳들을 방문하면서 와인과 치즈, 맥주와 치즈, 간식거리와 치즈를 나누면서 서로 소개하고, 오랜만에 만나 회포도 풀며 만나는 사람 간에 인사하며 친해진다. 10개소를 준비해 두고 매 장소마다 스탬프를 받게 한 뒤 제출하면 추첨하여 현금 100달러를 시상한다. 그렇다고 회원들이 100달러 받으려고 참가하는 것이 아니라 소통과 친목 그리고 미리 대회전에 안부 묻고 친해지는 데 목적이 있다.

셋째, 치즈 제조자와의 만남 : 본부에서 목장 치즈제조자를 섭외하거나 목장의 신청을 받아 테이블 위에 자기가 내놓을 만한 치즈를 시식할 수 있게 전시해 두고, 다른 회원들로부터 치즈 맛을 강평 받고 자기 치즈를 소개하며, 상호 치즈제조 정보 교류와 친목도모를 한다. 특히 이 대회에는 소매상들과 뉴스 미디어 관련자들이 오기 때문에 자기 치즈의 홍보효과도 있다. 그러나 무엇보다도 이 행사의 목적은 회원 간의 정보교류와 친목, 소통을 통한 회원 간 단합 유도에 있다. 대개는 전년도 치즈 콘테스트에서 시상 받은 목장과 전통적인 협회 기여도가 높은 목장들이 참가한다.

넷째, 치즈 페스티벌(Cheese Festival) : 작년에 필자는 이 행사를 접하고 쓰러지는 줄 알았다. 우리의 실내 체육관 크기의 볼륨 강당에 10m 가까운 테이블 위에 각 그룹별(블루계열, 모짜렐라 계열, 까망베르 계열, 알파인 계열, 이탈리안 계열, 요구르트 농축물 계열, 카시오 카발로, 프로볼로네 계열, 경질, 초경질 계열, 체다, 체이셔, 콜비, 잭치즈 계열 등등) 치즈를 산더미처럼 쌓아 놓고 작은 쟁반 하나와 와인 잔 하나를 배부해 준 다음 원하는 치즈를 마음껏 시식하게 하였다. 테이블이 긴 것도 있고, 짧은 것도 있지만 열 댓 개가 넘는데 그 시식, 전시용 치즈들은 대부분이 대회 치즈 콘테스트에 출품된 것들이며, 출품자들이 기증한 것이다. 그 중에는 콘테스트에서 최우수상, 우수상, 장려상 받은 치즈들이 군데군데 끼어 있는 것이다.

그런데 시식에 순서가 있다. 5시 30분부터 언론 관계자들이 먼저 들어가 사진도 찍고 시식도 한다. 이윽고 6시부터는 회원들이 입장하고, 한 시간 후인 7시부터 일반 시민들이 입장료를 지불하고 들어온다. 페스티벌은 두 시간 반 동안 그윽한 음악이 흐르는 속에서 참가자 모두가 그냥 자유스럽게 각종 치즈들을 먹으면서 와인과 맥주, 빵, 비스켓류, 견과류, 생과일 등을 즐기게 한다. 그러면서 회원들 간에 즐거운 대화와 친목 도모가 자연스럽게 이루어지고 농도를 더해 가는 것이다. 제공되는 와인, 맥주, 빵, 비스켓과 과자류는 유명 제조사들이 찬조하여 제공해 준다. 디스플레이도 장엄하고 분위기도 너무 좋다. 필자가 평소 꿈꾸던 어느 대도시 실내 종합체육관에서의 치즈 페스티벌이 바로 눈앞에 현실로 있는 것이다!! 이제 여기서 사용하고 남은 치즈 덩이들의 행방이 궁금할 것이다. 잠시 후에 그 행방을 밝혀 드리겠다!!

ACS 31년 역사에는 협회 초기 활동가들의 헌신과 자원 봉사자들의 희생봉사가 많았기에 오늘이 있게 된 것이다. 지금은 미국 FDA가 치즈에 관한 한 협의상대로 임하고 있다. 최근 문제가 된 치즈 숙성실에서의 치즈용 목재선반 사용 허용문제, 숙성 1개월 이상 치즈의 무살균 원유 치즈제조 허용문제, 비병원성 대장균의 치즈 내 잔류 허용문제들은 ACS가 가진 현장 경험을 미국 정부가 받아들여 준 것의 좋은 사례들이다. ACS 연차대회의 큰 특징은 회원들에게 공부를 할 수 있는 많은 주제발표 기회를 마련하여 제공한다는 점이다. 수많은 주제발표가 동 시간에 여러 장소에서 이루어지면 이를 자신이 원하는 주제를 골라 참가하여 공부하는 것이다.

우리가 매년 열고 있는 발표장의 서너 배 많은 발표장에서 다양한 주제들이 발표된다고 보면 될 것이다. 발표되는 주제들은 대회 1년 전에 치즈관련 전문가들을 대상으로 한 주제 발표(Presentation)를 모집하고, 대회 본부에서는 회원들이 관심을 가질 수 있고 꼭 필요하다고 생각되는 대 주제를 설정하고, 그 주제에 연관된 합당한 주제들을 선별한 뒤 발표자들을 초청한다는 것이다. 작년에는 치즈제조에 여러 가지 식품 소재를 첨가하는 치즈제조 신기술에 중점을 둔 주제들이 주류를 이루었다면 금년에는 소비자들에게 치즈를 활용할 수 있는 다른 식품 소재와의 융합, 페어링(Paring)에 있었다.

작년에 한국의 묵은지(old ripened Kimchi)와 고추장, 된장을 소재로 신선치즈를 제조한 것이 특이하면서 필자에게는 경각심을 주었는데, 금년에는 치즈 중에서 향미가 고약한 것으로 유명한 블루 치즈류와 각종 꿀을 융합시켜 치즈를 즐기게 한다든지 발효 햄, 소시지와 치즈를 조합시켜 치즈를 즐기는 방법을 제시한 것이 신선한 아이디어로 다가왔다. 치즈관련 장비 소개에서 작년에는 치즈 벳트류와 제조설비 소개가 주류였는데, 금년에는 최첨단 숙성실 온도와 습도 조절은 물론 숙성실 내에 발생하는 각종 이산화탄소, 암모니아가스류, 먼지가 혼합된 공기를 배출시키면서 청정공기를 공급하는 대규모 숙성실 조정장치 소개와 발표가 새로운 관심사로 부상하였다.

이런 장비 소개는 작년에도 부스를 통해 소개되었지만 금년에는 아예 프랑스의 두 전문회사를 초청하여 각자 회사별 장비의 특장점을 소개하도록 해서 서로 비교가 가능했다. 낮에는 공부하고, 매 식사시간에는 회의와 질의 응답시간을 편성해서 회원들이 단 한 시간도 허투루 보내지 않게 치밀하고 알찬 프로그램을 운영한다. 저녁마다 프로그램도 다채롭고 알차기는 마찬가지다.

첫날은 새크라멘토 시청 홀에서 시장이 내는 만찬과 여흥으로 친목을 도모하면서 오프닝 세레모니를 갖는다. 그런데 명색이 개회식인데도 어떤 형식이 없다. 회장의 개식사도 없고, 주지사나 시장님의 환영사도 아예 없다. 어떤 사회자도, 연설도 없이 참 깔끔해서 좋았다. 말이 전혀 필요 없는 때가 있는 것이다. 마치 교향악단 연주회에 아무런 의식이나 말이 없이 지휘자의 지휘봉이 개시를 알리듯이 캘리포니아 주도인 새크라멘토의 컨추리 음악과 가수의 끊임없는 연주 속에 천 평 가까운 시청 홀을 꽉 채운 회원 모두들 마냥 먹고 마시며 친목하게 했다.

둘째 날은 하얏트 리젠시 호텔의 대강당에서 치즈 콘테스트 시상식, 셋째 날은 대회장(새크라멘토 컨벤션센터)에서의 치즈 제조가와 회원 간의 만남 행사, 마지막 날 저녁에는 앞서 말한 치즈 페스티벌이 열렸다. 치즈 페스티벌에 제공된 치즈들은 시상식에 출품했던 치즈들로 모두 제공된 것들이다. 대회의 행사 어느 것 하나 소홀한 것이 없고 알차고 보람이 있어 놓칠 수 없다. 이제 마지막 날이 밝았다.

마지막 행사는 대회장 한 홀에 마련된 지역민에 대한 ACS의 배려 행사이자 산하기구인 「치즈교육재단」의 기금 모금행사이다. ACS는 치즈 콘테스트와 치즈 제조자와의 만남시간을 통해 제공된 치즈들을 가지고 치즈 페스티벌을 한다. 그러고도 남은 치즈들을 자원 봉사자들이 일정한 크기로 분할하고 랩으로 싸서 지역민들에게 제공하는 것이다. 제공 방식은 치즈 20kg 정도가 들어가는 보온 지퍼 백 하나에 50달러(한화 6만원)를 내게 하고, 추가적인 봉투가 필요한 경우에는 25달러를 받고 5kg 정도 들어가는 비닐 백을 준다. 조건은 백의 지퍼가 잠겨진 상태에서 행사장을 나갈 수 있게 한다. 지역민이 고루 구입할 수 있게 하려는 조치이자 치즈와 ACS의 홍보 전략이기도 하다.

※ 참고 자료 : 미국치즈협회(ACS) 이야기

저는 그동안 우리 카페(http://cafe.daum.net/cheskor)의 저자 방에 미국치즈협회에 관한 이야기를 여러 차례 언급했지만, 오늘은 위키백과에 실린 미국치즈협회 항목을 읽고 얼마간 감명에 젖어서 한참을 가슴 뛰는 시간을 보냈습니다. 그래서 이 자료를 번역하여 공유하고 싶어서 여기 올립니다. 한국치즈협회도 이렇게 꼭 같지는 않지만 이 단체가 좋은 모델이 될 수 있겠다 싶었기 때문이기도 합니다.

부질없는 생각이지만 꿈을 가지는 것은 제 자유입니다. 저는 최초의 5명을 항상 생각합니다. 5명이 모여 꿈을 공유하고 키워 나가면 언젠가는 꿈은 이루어질 것입니다!! 작년(2016년)에 제1회 치즈토크를 할 때 참가 희망자를 모으기 전에 5명만 참가하면 대성공이라 생각했는데 13명이나 와 주었습니다. 금년에도 제2회 치즈토크를 11월 23일에 가지려고 합니다. 금년에는 작년의 2배인 26명이 온다면 대대적인 성공일 것입니다.

미국치즈협회 창설자 프랭크 코시코브스키 교수가 1983년, 코넬대학에서 130여 명을 모아서 첫 발을 내딛었는데, 지금은 매년 연차대회에 1천명 이상이 모이는 거대 행사가 되어 있습니다. 1983년에 시작하여 34년이나 지났으니 그럴 만도 하지요. 우리도 미국 같이 치즈협회가 하나 있으면 좋겠다는 생각을 4년 전부터 기회 있을 때마다 외치고 있지요. 모든 행사가 자원 봉사자들에 의해 운영되는, 행사 자체를 즐기는 사람들이 꾸려가는 미국치즈협회의 밑그림을 그대로 도입하는 한국치즈협회를 꿈

꿉니다.

다음 위키백과사전의 미국치즈협회 소개 자료를 참고해 보시고, 보신 분들 중에서 저와 꿈을 나누는 사람들이 생겨나기를, 5명만 제게 손을 내밀어 오시기를 기다리겠습니다.

****

▶ 아래 자료는 무료 백과사전, 위키피디아에서 옮겨와 번역했습니다.

미국치즈협회 American Cheese Society® (ACS)는 미국 치즈를 홍보하고 지원하는 선두 주자 단체입니다. ACS는 치즈 공동체에 교육 자원 및 네트워킹 기회를 제공하고 치즈산업의 안전 및 지속 가능성에 초점을 맞춘 최고 수준의 치즈 제조기술을 심도 있게 장려합니다. ACS는 1983년에 설립된 비영리단체입니다.

ACS는 매년 전문가들에 의한 엄격한 치즈심사를 통한 콘테스트를 거친 치즈들에게 고급 치즈 및 고도의 기술로 제조된 제품을 인정하는 금상, 은상, 동상 등의 상을 수여합니다. 1983년 이래로 치즈 제조가, 소매업자, 유통업자, 수입업자/수출업자, 낙농가, 학계, 치즈 마니아(mania), 유제품 관련 식품 생산업자 등이 협회의 연차대회에 참가합니다. 「2」 「3」

ACS는 코넬 대학교의 프랭크 코시코브스키(Frank Kosikowski) 박사에 의해 설립되었습니다. 코시코프스키(Kosikowski) 박사는 치즈과학과 기술을 주제로 하는 여러 권의 저서와 논문들을 저술했으며, 『치즈와 발효유제품/Cheese and Fermented Milk Foods』라는 2권 1세트 책으로 유명합니다. 이 협회의 종사자들은 대부분이 자원 봉사자로 활동하면서 우보(牛步) 걸음이지만 꾸준한 역사를 이어 왔으며, 1990년대까지는 미국 치즈업계뿐만 아니라 ACS도 크게 성장했습니다. 2016년에는 미국, 캐나다 및 전 세계 여러 국가에 약 1,700명의 회원이 가입하여 활동하고 있습니다. 「5」

1. 목 표

ACS는 치즈 동호 그룹에 교육 자원과 네트워킹 기회를 제공하는 동시에 안전과 지속 가능성에 초점을 맞춘 최고 수준의 치즈 제조를 권장합니다. ACS에는 "미국치즈교육재단(ACEF)"이라고 불리는 자매 비영리 단체가 있습니다. 「7」 ACEF는 501 (c) (3) 공제대상 자선단체로, 기금 기증자가 목장, 그리고 전문 치즈공부를 하고자 하는 이들을 대상으로 미국의 치즈장인을 육성하고, 마케팅, 판매를 돕고 영리와 관계없이 치즈에 관심이 있고 즐기는 모든 사람들에게 더 많은 치즈교육 기회를 제공하기 위해 활동합니다. 나아가 기존 및 새로운 경험과 교육기회를 운영할 수 있는 재정적 지원을 제공합니다.

2. 회원자격

ACS의 회원그룹은 3단계로 나누어 가입이 가능합니다. 「8」 먼저 레벨 1은 치즈를 직접 제조하는 이들을 위한 단계이며, 레벨 2는 치즈를 유통하는 사람들을 위한 단계이며, 치즈를 개별 혹은 사업적으로 거래하는 이들이 가입할 수 있도록 했습니다. 레벨 2는 개인 또는 소규모 기업(소매상 포함)들이 가입이 가능하며, 회원 자격은 전문 치즈 제조회사 및 치즈 또는 치즈관련 제품을 취급하는 데 직접 관련이 있는 전문직 종사자로 제한됩니다. 레벨 3은 치즈 애호가와 치즈 마니아급 소비자 혹은 장인치즈나 스페셜 치즈 세계에 대한 더 많은 지식을 얻고자 하는 소비자 또는 학생들을 위한 단계입니다.

3. 행사 및 교육활동

American Cheese Society(ACS)는 해마다 미국과 캐나다에 걸쳐 매년 다른 도시에 교육 및 네트워킹 강화를 위한 기회를 위한 연차대회를 개최합니다. 이 대회에는 매년 약 1,000명 정도의 참가자가 모이는데, 치즈장인(cheese artisan, 匠人) 및 전문 치즈 공동체 구성원들이 정기적으로 참여합니다. ACS는 또한 포괄적인 치즈지식 및 서비스의 개선된 표준을 발전시키기 위해 ACS Certified Cheese Professional® 자격시험(CCP Exam) 「9」을 설립하고 관리하여 치즈제조 업주에게는 ACS 인증 치즈 Professional® 또는 ACS CCP® 자격증을 주어 그들을 확실하게 차별화 해줍니다.

ACS CCP® 자격증은 그것을 소지한 사람이 치즈에 대한 깊은 지식을 보유했다는 것과 치즈 산업체에서 요구하는 치즈전문 지식 수준을 획득했음을 증명해 줍니다. ACS CCP® 명칭이나 자격을 얻은 개인에 대한 온라인 디렉토리 「10」에서는 ACS CCPs 업체 및 고용주에게 차별화된 특장 점으로 부각되어 치즈전문 직원을 고용하려는 치즈업체나 그 자격을 가진 사람이 취업하고자 하는 업체를 선택하는 데 참고할 수 있습니다.

ACS는 또한 치즈 지식과 전문 지식을 넓히려는 사람들을 위해 치즈관련 강사 데이터베이스를 구축했습니다(매년 특별 강사를 모집한 뒤 심사하여 그 해 연차대회에서 강의케 하여 청중의 설문조사를 통해 일정 수준의 점수를 얻은 사람들을 데이터베이스화 한 것입니다 - 옮긴이 주). ACS는 또한 전국의 소매업체 회원들과의 참여 신청을 받아 그들과 함께 회원 할인 혜택을 받을 수 있는 소매 할인 프로그램도 창안하여 설립해 두었습니다.

ACS는 매년 10월이면 「미국 치즈의 달 / American Cheese Month」 행사를 포함하여 여러 가지 이벤트들을 개최합니다. 1개월간에 이루어지는 치즈의 달 축하행사는 미국 치즈산업을 홍보하고 지원하며, 이 행사를 통해 ACS 직영 "미국치즈교육재단(America Cheese Education Foundation, ACEF)"의 재정을 강화해 나가는 것을 목표로 합니다(행사 마무리 시에는 행사에 사용하고 남은 치즈들을 간편 포장하여 행사 참가자들에게 염가 판매하고, 그 수익금은 재단기금으로 적립해 나가는 방식입니다-옮긴이 주). 미국치즈의 달(American Cheese Month) 행사는 미국 전역에 있는 ACS 회원 치즈제조 업체들이 자기 목장에서 치즈투어를 포함한 특별 행사를 주최할 것을 권장하고 행사 진행을 지원합니다. 전국 각지의 사람들은 치즈 제조사, 치즈 소매상, 치즈 경영자 및 요리사의 모임을 비롯하여 치즈의 달을 축하하고 나누기 위해 치즈를 홍보하는 데에 참여하도록 권장됩니다.

[참고문헌「 」은 2017년 8월 29일 20시59분에 저자의 카페 「치즈가 들려주는 이야기 http://cafe.daum.net/cheskor/3q6e/456」에 올려진 글을 참조바람. 미국치즈협회 관련 자료가 하나가 더 있는데, 이 글은 같은 카페의 <배인휴 교수방> 458번 글을 참고할 것]

21. 북해도 통신 (1) (2015. 12. 12)

「이 글은 2014년 12월에 북해도 목장유가공장 시찰을 다녀 온 뒤에 다른 카페에 올렸던 글인데, 이제 여기에도 올려 둡니다. 참고 되시기 바랍니다.」

저는 1995년에 북해도와 인연을 맺었습니다. 지금부터 19년 전이지요. 그 때는 일본의 최남단에 속하는 미야자끼 시에 공무 출장을 갔는데, 한국으로 가서 북해도에 가는 여비가 더 싸고, 일본 내 여비가 더 비쌌지만 저는 비싸더라도 아예 북해도 방문까지 연장해서 멀리 남쪽에서 일본의 최북단 북해도까지 갔습니다. 북해도대학교 시마자끼 선생의 초청을 받아 북해도대학 외국인 숙사에 지내며 특강도 하고, 치즈 전문가를 소개받았는데 그 때 소개받은 이가 작고하신 낙농학원대학교의 안도 고우이찌(安藤功一) 선생입니다.

안도 선생과의 만남이 오늘에 까지 북해도의 긴 인연의 끈으로 남아 이번에도 그 인연의 끈을 붙잡고 4박 5일의 시찰연수에 나서게 되었습니다. 그러니까 우리의 인연이라는 것은 반드시 가꾸어야 지속됩니다. 안도 선생과는 길게 이어지지 않았지만 그 이의 제자인 가와구찌 그리고 그의 제자인 미토모 유미꼬 여사와는 긴 인연이 연결되어 있습니다. 우리의 인연이 어떤 인연인가 하면 서로가 "내가 당신 집에 며칠 묵고 싶다.” 그러면 기꺼이 “네, 그리하세요.” 하는 정도입니다.

우리는 이번에 6년만의 해후를 했지만 마치 어제 헤어졌다가 다시 만나는 것처럼 “잘 있었어요?” 하고 스스럼없이 대하여 그저께부터 함께 지내옵니다. 우리들이 가는 곳마다 가와구찌 선생의 손길이 닿은 곳이라 우리를 반기며 거침없이 보여줍니다. 유업계에서는 공장 내부를 속속들이 시찰하고 사진촬영을 허락하는 것은 정말 특별한 대접이지요. 그저께는 라 레토리라는 북해도에서 마시는 요구르트를 최초로 상업화한 공장을 방문했는데, 그이의 말끝마다 성공의 모든 것이 가와구찌 선생의 덕분이라고 해서 참 기분이 좋았습니다.

어제는 나가시벳츠 농협이 운영하는 케피어 공장을 갔는데, 18년전(1996) 내가 방문했을 때보다 한껏 커버렸는데 가와구찌 선생이 역시 코치역할을 해온 곳이라 그를 자기들의 조부님 모시듯 하여 기분이 좋았습니다. 이윽고 우리는 미토모 유미꼬 여사가 운영하는 미토모 치즈공방을 세 번째 방문했는데 역시 가와구찌 선생의 발자국(Foot Print)과 흔적이 여기저기 배어 있습니다. 그런데 가와구찌 선생은 사람들 앞에 결코 자기의 공을 내세우지 않았습니다. 모든 주인들이 이것도 가와구찌 선생 덕분이고, 저것도 가와구찌 선생 지도 결과물이라고 칭찬을 합니다. 그러면 가와구찌 선생은 거의 무표정하게 남의 이야기 듣는 것처럼 묵묵히 듣고만 있습니다. 가와구찌 선생은 제가 아는 참 성실하고 아름다운 일본인 중의 한 사람입니다.

22. 북해도 통신 (2) (2015. 12. 12)

우리의 미토모 목장(三友牧場) 시찰은 사실 기적입니다. 한국에서 구제역이 발생한 것을 알고 난 이곳의 목장 치즈공장들이 우리의 출입을 사절하였기 때문입니다. 일본 땅에서는 여전히 한국에서 구제역이 전 방위적으로 확산 중에 있다는 보도가 시시각각 전해지고 있었기 때문입니다. 미토모 유미꼬(三友有美子)와 저는 1996년에 처음 만났고, 최근에는 2006년과 2008년에 만났으니 6년만의 해후입니다. 어느덧 70이 넘은 연세지만 참 밝고 명랑하게 구제역 상관없이 우리를 맞이합니다.

먼저 당신의 남편인 미토모 모리유끼(三友盛行) 씨를 저에게 소개하는데, 우리 둘이는 첫 만남입니다. 그가 1993년부터 1998년까지 나가시벳츠정 농협조합장을 지냈기에 제가 처음 방문했던 1996년에 그가 업무상 너무 바빠서 저를 만날 수 없었고, 2005년에 제가 다시 방문했을 때에도 그가 부재중이어서 만나지 못했습니다. 그 다음부터는 미토모 여사를 지난 번 임실에서 만났던 것까지 세 차례 한국에서 만났으므로 그를 만나 볼 기회가 없었던 거지요.

이윽고 미토모 선생은 우리 일행에게 치즈공방 소개를 하는데, 특히 위생문제에 관해 열심히 집중설명을 했습니다. 한번은 이웃 목장 치즈공장에서 원유 나르는 버킷의 밑바닥을 소독하지 않은 채로 치즈공방에 들여와 원유를 운반하다 위생사고가 났는데 그 뒤로 자신은 큰 대야에 소독수를 놓은 다음 우유 운반 버킷의 밑바닥을 반드시 그 소독수에 담근 뒤 철저히 소독하고 운반한다고 했습니다. 그 때 사용하는 소독수가 의료기관이 사용하는 의료용 소독수인데, 이를 약간 약화시켜 철저한 소독을 하고 **버킷**들을 포개지 않고 거치대를 만들어 세척 소독 후에 각각을 걸쳐놓아 건조시켜 사용한다는 것이었습니다. 흥미로운 점은 지금도 공방 초기에 구입했던 소형 치즈 벳을 보존하면서 그 뱃트로 새로 개발하는 시험 치즈 제조연습을 한다는 점이었습니다.

치즈공방을 속속들이 보게 한 다음 우리를 치즈공방 2층 손님맞이 방으로 안내하여 자기 치즈들을 이것저것 주섬주섬 챙겨 와서는 우리 일행에게 시식시켜 줍니다. 야마노 치즈, 그랜-마 치즈, 카쇼카발로 치즈를 직접 썰어서 대접합니다. 제가 18년 전 처음에 왔을 때 숙성시키지 않은 생 치즈를 썰어서 대접해 주던 일이 연상됩니다. 그때 보았던 장작 스토브(스웨덴 직수입), 정경화 씨 음반을 들려주던 턴테이블식 전축은 여전히 그대로 그 자리에 놓여 있습니다. 이윽고 저는 미토모 모리유끼 씨의 자기소개와 목장의 삶을 듣고 싶다고 청하자 자신의 낙농철학을 정연하게 말씀하십니다.

"여러분 저는 낙농을 1968년에 시작한 이래 한 번도 고통스럽게 생각해 본적이 없었습니다. 제 페이스대로 해왔기 때문입니다. 저는 젖소로부터 많은 것을 얻으려 하지 않았습니다. 고능력우라는 개념을 저는 좋아하지 않습니다. 두당 연간 산유량을 3천~5천kg 정도만 생산합니다. 그리고 철저히 방목위주로 젖소를 사육합니다. 저는 송아지를 실패해 본적이 없습니다. 소가 편하니까 7~8산이 보통이지요. 제 아내는 우리 원유가 좋으니까 좋은 치즈를 생산할 수 있습니다. 결코 남과 경쟁하지 않으며, 서두르거나 쫓기지 않는 낙농을 하고 있습니다. 소위 「마이 페이스(My Pace Dairy) 낙농」을 하는 것입니다. 저는 낙농을 한다는 것이 행복합니다."

앞서 미토모 유미꼬 씨도 그런 비슷한 말을 했습니다.

"나는 지금까지 치즈 만들면서 망할까 흥할까, 한 번도 걱정을 해 본적이 없습니다. 목장이 모든 생계며, 삶의 터전으로 든든히 있으니 치즈가 안 팔린다고 걱정한다거나 치즈가 안 된다고 걱정해 본적이 없습니다. 되어지는 대로 했습니다. 그리고 가장 친한 사람들에게 권했습니다. 그들이 전국 각지에 내 치즈를 알려 주었습니다."

자세한 이야기는 어느 날 다시 기록으로 남겨 두겠지만, 부부가 영낙없이 천진난만

하신 평화로운 모습입니다. 이 부부를 한국 낙농가, 특히 목장치즈 하시는 분들에게 만나게 해드리고 싶은 열망이 솟았습니다.

"우리 한국에서 다시 만나기를 소망합니다"라고 하니까 반기는 얼굴로 "그리하자"고 하십니다. 어떤 목장 유가공하시는 분은 "내가 여기 와서 치즈를 배우고 싶다"고 하자 "언제든 그러시라"고 하시는 스스럼없는 모습도 보이십니다. 참 좋은 분들을 알고 지낸다는 것이 참 행복한 날이었습니다.

....

폭설과 폭풍이 북해도 동부를 강타했다고 신문들이 대서특필 하는데 그 중심에 우리가 머무르고 있는 나가시벳츠정(町)이 있습니다. 천재지변이 일어난 것입니다. 78cm의 눈이 하루 만에 들이닥친 것입니다. 보도에 따르면 나가시벳츠 부근 이재민이 100가구가 넘었다는 것입니다. 우리 보다 오히려 가와구찌 선생이 전전긍긍합니다.

"미안하다. 이를 어쩌나!" 우리가 있는 곳에는 아예 오지도 못하고 자기 집에서 발만 동동 구릅니다. 학교들은 휴교령이 내려졌고, 시민들에게는 통행 금지령이 떨어졌기 때문입니다. 다행히 가까이에 있는 중표진정(中標津町) 소재 유끼지루(雪印) 시(市) 유업 치즈공장은 무난히 시찰할 수 있었습니다. 제가 18년 전에 왔을 때의 공장은 2007년에 사라지고 어느새 첨단기술이 요동치는 공장으로 리모델링되었습니다.

공장 내부를 샅샅이 다니며 시찰하였는데 가와구찌 선생의 사전 안배(按排)에 따른 각별한 대우였습니다. 이곳에서는 자동 치즈 벳을 8개 배치해 놓고 연속으로 치즈를 생산합니다. 연속 자동치즈 생산 장치인데 스웨덴의 Tetra Pak사의 것이랍니다. 가우다와 체다 그리고 스트링, 모짜렐라를 주로 생산하는데 숙성은 20kg 블록을 그대로 숙성한다는 것입니다. 그런데 의외로 맛이 참 좋았습니다. 눈이 너무 많이 쏟아지니까 우리는 부지런히 보고 바로 나왔습니다. 우리가 안 보일 때까지 손을 흔드는 공장장과 직원들이 못내 고마웠습니다.

23. 제9회 대한민국 자연치즈 페스티벌 후기(1) (2015. 12. 12)

대한민국 자연치즈 페스티벌은 2000년 무렵에 내게로 다가 왔다. 그것은 불현듯이 내 마음을 두드리고 나타난 것이다! 그 무렵에는 한국의 목장에서 치즈를 만드는 이는 아예 없었는데, 어느 날 치즈 만드는 목장주들이 나타나게 되면 그들의 치즈들을 전시하면서 그 치즈들을 준비해 놓고 누구나 마음껏 먹게 하는 치즈잔치, 페스티벌을 벌여 보고 싶었다. 하나의 희망, 야무진 꿈을 품었다.

누구도 그런 일이 한국에서는 일어나리라고 상상도 못했을 시절에 내게는 그 희망이 구체적으로 꿈틀거린 것이다. 그러고 나서 2003년경부터 개인 홈페이지에 페스티벌 구상에 관한 글들을 썼다(그 홈페이지는 해킹을 당하고 사라졌지만). 치즈페스티벌에 대한 그림이 조금씩 그려지기 시작했다. 그리고 마침내 2007년에 이름도 거창한 「제1회 대한민국 자연치즈 페스티벌」이라는 판을 벌여 놨다. 마땅한 장소를 빌리지 못해 순천대학 70주년기념관 현관 로비에 그동안 순천대학교 치즈교육 실습시간에 만들어 놓은 치즈들을 탁자 위에 쌓아 올려놓으니 그야말로 장관을 이루었다.

페스티벌을 통해 치즈가 무엇인지, 맛은 어떤지를 교육하고 싶었다. 처음에는 학교 실습치즈를 모아 놓았던 일을 2011년부터는 와인을 곁들이기 시작했다(그 해가 필자의 회갑이어서 와인과 치즈를 페어링(pairing)한 뒤 열 개 그룹으로 쌓아 회갑잔치를 제법 크게 열었다). 그런데 큰 잔치를 벌였어도 사람들이 많이 오지 않았다. 와인은 거의 고스란히 남아서, 그 와인에 해마다 조금씩 더 보태면서 지금껏 와인이 치즈페스티벌에 등장한다. 언제나 사람들의 무관심은 여전했다. 그래서 나는 어느 날 나와 가까운 사람들에게 물었다.

"왜 치즈와 와인 잔치 벌이고 그냥 오라는데 안 오는 것인가?"

첫째는 치즈를 먹는 다는 것 자체에 겁이 난다는 거였다. 둘째는 거기다 와인까지 먹으라 하니 기겁하겠다고 했다. 치즈도 모르고 와인은 전혀 문외한인데 어찌 가서 아는 척하면서 천연덕스럽게 먹을 수 있겠느냐는 거였다. 일반인을 상대로 하는 치즈잔치는 아직 시기상조도 한참 시기상조였다!

그래서 작년부터 치즈페스티벌의 진행방향을 바꾸었다. 치즈페스티벌의 중심을 치즈홍보와 교육차원을 줄이고, 목장 유가공 운영자와 희망자들의 각자가 만든 치즈를 전람과 치즈를 소재로 한 우리끼리의 진솔한 소통과 즐거움의 공간으로 전환하자는 것이었다. 그랬더니 의외로 페스티벌이 활기가 넘쳐 났다. 목장에서 자신이 직접 만든 치즈들을 미리 보내 주면 이를 썰어서 두루 맛을 보고 즐기며 경험나누기를 하는 것이다.

그래서 우리 치즈 황무지에서, 원시림에서 살아남은 이들이 모여 치즈공동체를 형성하자는 뜻이 서려 있었다. 한국에서 아무도 가지 않았던 길, 맨 처음 내가 치즈 만들고, 치즈를 교육하면서 겪었던 고초와 외로움의 유전자가 이분들에게도 있을 것이다. 이들의 유전자에서 배어난 생생한 이야기들을 나누게 하자는 것이고 그런 소통 속에 형성된 동질감, 공감대 속에 우리 치즈인들 만의 공동체가 형성되기를 간절히 기대했다.

24. 제9회 대한민국 자연치즈 페스티벌 후기 (2) (2015. 12. 12)

금년에는 아예 이틀간의 행사 중 하루를 목장 유가공인들의 소통과 즐기는 공간으로 바꾸었다. 그날은 일반인들은 행사장에 전혀 들어 올 수 없도록 등록부에서 잘 안내하고, 우리만의 아늑하고 좋은 자리로 만들어 버렸다. 전국의 15개 목장들이 치즈와 요구르트를 보내오거나 직접 차로 싣고 와서 진열하고 시식하도록 자원봉사 하였다. 하필 이번 행사기간이 학기말 고사기간이라 연구실 학부생들은 행사 장소 진열대 준비, 좌석 배치, 각종 치즈 운반과 행사 후 마무리, 그리고 시험 없는 사이사이에 와서 성심껏 도왔지만, 우리 행사의 원만한 진행에는 역부족이었다.

전적으로 행사 진행을 맡아 진행하는 데는 자신의 생업과 바쁜 일정을 제쳐 두고 행사 하루 전부터 도착하여 도와주신 목장 유가공교육 출신 치즈 동행(同行)들이 있었기에 가능한 일이었다. **곽수정, 김지환, 김은주, 이승종, 한해상, 김단오, 조진주, 정옥란, 조연호** 등등의 동행들 이름은 반드시 기록되어「한국치즈협회」역사에 길이 남아야 한다. 그들의 헌신적인 자원봉사를 보면서 앞으로 뻗어 나갈「한국치즈협회」가 진행할「대한민국 자연치즈 페스티벌」의 미래 역사가 확연하게 보였다. 그리고 멀리 강원도와 경기도 북단, 충청남도와 경남, 전남의 많은 치즈 동행들이 뜻과 마음을 합쳐 참여하여 주었다. 방명록에 남겨진 그들의 이름들도 고이 간직되어 역사에 길이 전해질 것이다. 이번 행사를 통해 자원봉사자들의 헌신, 즐거운 동행으로 우리 치즈 공동체가 가는 길이 보였고, 그 무한한 가능성과 잠재력을 보았다.

이번처럼 자기 치즈를 제공하고 행사에 참가하면서 이들을 정리하여 시식케 하는 등의 힘들이 합쳐서 목장치즈 동행들과 치즈 애호가들을 위한 치즈 잔치는 영글어 갈 수 있겠다는 명백하고도 확실한 가능성을 보여 주었다. 자원 봉사자에 의한, 봉사자들을 위한 봉사자들의 행사로 가는 것이다. 이런 방식이 앞으로 전개될 한국치즈 공동체 활동의 전범(典範)이며, 추진동력을 공급하는 원형질(原形質)이 되어야 할 것임을 더욱 강하게 각인시키는 계기가 되었다.

그래서 나는 우리의 힘으로 갈 수 있는 아름답고 당당하며 벅찬 가슴으로 가는 이 길을 내년부터는 순전히 우리 치즈인들의 힘, 백성의 힘만으로 가자고 마침내 선언하고야 말았다. 가능하면 빠른 시일 내에 한국치즈 공동체를 결성하고, 그 모임과 우리 대학의 노하우를 합쳐서 내년 제10회 대한민국 자연치즈 페스티벌을 순천대학에서 마지막 피날레로 장식하고, 그 다음 해부터는 각 지역 모임들(가령 경남 목장유가공 연구회, 전남 목장유가공연구회, 경기북부 목장유가공연구회 등등) 중에서 개최장소를 섭외하고 초청을 하면 우리는 그 곳으로 가서 대한민국의 진정한 치즈페스티벌

(Korean Real Cheese Festival)을 추진해 나가자는 제안을 서슴없이 했다.

향후 3년간의 치즈페스티벌 개최 장소를 미리 지정하고 조직위원회와 자원 봉사팀을 꾸린 다음 그 해의 행사준비를 철저히 해 나가는 것이다. 이때부터는 치즈 공동체와 지역 모임이 중심이 되어 진행하되 진행은 전적으로 조직위원회와 자원봉사자들이 역할을 분담하여 스스로 진행해 나가자는 제안을 한 것이다.

「노병은 죽지 않는다. 다만 사라져 갈 뿐이다」 맥아더 장군의 말이다. 나는 죽는 것이 아니고 이 모임의 뒤에서 후견하고 자문하고 지원하다가 어느 날 사라져 갈 것이다. 아, 아, 이런 일이 우리 눈앞에서 벌어지는 시원(始原)이 금년에 열렸다!!!!

25. 혁명(革命)에 대하여! (2016. 03. 01)

저는 허균을 좋아하고, 김시습과 김옥균을 좋아합니다. 당연히 예수가 제일 먼저지요. 그 분들의 공통점은 대 각성, 개벽, 대전환을 시도했고 완성한 분들이기 때문입니다. 한 마디로 그 시대의 모든 사상, 사조, 주의와 주장을 뿌리째 뒤집어버리고 인류와 민족에게 새 세상을 열어 주신 거지요. 이른바 사회. 정치학자들의 입을 빌려 말하자면 「혁명(革命)」을 한 분들입니다.

저는 우연히 어느 재야인사의 칼럼을 읽다가 그 분이 「혁명의 길목에 서서/김민해/사랑어린이 학교장 2015. 12. 30 광장신문[23)]」라는 글을 썼기에 갈무리해 두었다가 이제야 인용을 하게 됩니다. 우선 그 분이 여류(如流) 이병철 선생으로부터 받았다는 시를 여기에 옮겨 소개합니다.

「.... 그대 혁명을 원한다면/새 하늘 새 세상을 꿈꾼다면/먼저 자신을 혁명하게// 우리의 가치관과 존재와 관계를/세상을 살아가는 방식을/송두리째 바꾸는 그것이 혁명// 세상이 나밖에 따로 있다고 여기고/따로인 그 세상을 바꾸려는 온갖 시도/그 모든 혁명은 실패했네//.... 그대 꿈꾸는 자여/얼굴에 먼저 환하게 미소 짓고/허리부터 곧추세우게/찌뿌린 얼굴로는 밝은 세상을 일굴 수 없다네//.... 나는 비록 혁명의 꿈을 놓았지만/그대를 통해 그 꿈 이어짐을 믿네/그것이 남아 있는 마지막 희망이네// 그대 마지막 그날까지 그 신명 잃지 마시게 /언제나 시를 짓고 노래 부르고 춤을 추게/어디서건 그 신명 마음껏 펼치시게//... 그대의 가슴에서/그대의 눈길과 그 손길에서 피어나는/찬란한 새 봄소식을 기다리네// 환한 꽃으로 먼저 피어난 그대 따라/모두가 저 마다의 꽃으로 가득한 그 눈부신 봄을」

-≪비록 혁명의 꿈을 놓았지만≫ 중에서-

23) 전남 순천에서 발행되는 언론협동조합의 독립 언론 매체

이 시에서 보면 진정한 「혁명」은 총칼을 휘두르고 완력과 강제의 힘으로 하는 것이 아니라는 것입니다. 저는 「혁명」이란 모름지기 자신의 내부로부터 변화와 전환을 이룬 사람들이 옆 사람과 옆 마을, 동리로 번져가게 하는 일종의 의식 변혁이며, 행동 실천운동이라고 봅니다. 그것도 즐기며 즐거움과 신명난 가슴으로 누리면서 하는 조용한 혁명을 진정한 「혁명」으로 자리매김해야 합니다. 다시 그 분이 인용한 시 한 편을 더 빌려 옵니다.

「혁명을 하려면 웃고 즐기며 하라 / 소름 끼치도록 심각하게는 하지 마라 /
너무 진지하게도 하지 마라 / 그저 재미로 하라 //
사람들을 미워하기 때문에는 혁명에 가담하지 마라 /
그저 원수들의 눈에 침이라도 한번 뱉기 위해서 하라 //
돈을 좇는 혁명은 하지 말고 / 돈을 깡그리 비웃는 혁명을 하라 /

획일을 추구하는 혁명은 하지 마라 /
혁명은 우리의 산술적 평균을 깨는 결단이어야 한다 /

사과 실린 수레를 뒤집고 사과가 어느 방향으로 /
굴러가는가를 보는 짓이란 얼마나 가소로운가 //
노동자 계급을 위한 혁명도 하지 마라 /

우리 모두가 자력으로 괜찮은 귀족이 되는 그런 혁명을 하라 /
즐겁게 도망치는 당나귀들처럼 뒷발질이나 한번 하라 /
어쨌든 세계 노동자를 위한 혁명은 하지 마라 /

노동은 이제껏 우리가 너무 많이 해온 것이 아닌가?/
우리 노동을 폐지하자. 우리 일하는 것에 종지부를 찍자!/
일은 재미일 수 있다. 그리하여 사람들은 일을 즐길 수 있다./
그러면 일은 노동이 아니다 / 우리 노동을 그렇게 하자!/
우리 재미를 위한 혁명을 하자!

-≪제대로 된 혁명≫ A sane Revolution, D.H. 로렌스 -

이 시가 평소 제 지론과 마주치면서 가슴을 먹먹하게 합니다! 저는 그동안 30여년에 걸친 치즈공부를 하면서 고통스러움을 느낀 적이 거의 없습니다. 한국 치즈교육을 하면서도 마찬가지입니다. 공부와 교육을 즐기는 것입니다. 우리 치즈를 노동으로 하지 말고 그냥 즐기는 선에서 출발하자고 강조해 왔습니다. 목장 유가공을 부업이나 돈벌이로 하지 말고, 취미로 시작하고 즐기는 일의 소재 하나를 만드는 것으로 하자고 강조해 왔습니다. 이제 이 분들의 시를 살펴보니 저와 치즈 마니아들은 이미 혁명을 시작했고, 모두가 함께 혁명을 진행하는 중에 있음을 알게 됩니다. 저는 이제 금년부터 보다 격정적인 혁명을 꿈꾸고 있습니다.

「치즈제조 실천학교」를 꾸려 보려고 구상하는 것이 그것입니다. 한국 낙농업의 지형을 바꾸고 미래 진행 방향을 돌려놓을 혁명은 치즈입니다. 치즈교육은 철저히 실천이 수반된 교육이어야 하기에 학교 이름을 「치즈제조 실천학교」라고 지어본 것입니다. 네덜란드에 가면 농업 PTC+(Practical Training Center+)라는 기관이 있답니다. 이론과 실천을 병행하는 교육시스템이지요. 우리나라에서 이 시스템을 제대로 도입 운영하는 곳이 경남농업기술원의 농민교육 시스템이라고 들었습니다. 정말 이러한 교육의 전통이야말로 치즈교육에 도입되어야 합니다.

금년에 우리 치즈교육이 그 길을 따라 한번 가보기로 하겠습니다. 한국 낙농의 혁명을 구체화하기 위해 우리 치즈 동행(同行)들이 힘을 합치기 바랍니다. 위의 모두(冒頭)에 소개한 칼럼 기고자 김민해는 원주의 노자(老子)로 일컬어지는 무위당(无爲堂) 장일순 선생의 잠언을 소개하는데, 이 글에 함께 엮어둘 필요가 있습니다.

"혁명(革命)이란 따뜻하게 보듬어 안는 것 이예요.
혁명(革命)은 새로운 삶의 변화가 전제가 되어야 하지 않겠어요?
새로운 삶이란 폭력으로 상대를 없애는 것이 아니고
닭이 병아리를 꺼내듯이 자신의 마음을 다 바쳐 하는 노력 속에서
비롯되는 것이잖아요? 새로운 삶은 보듬어 안는 '정성'이 없이는 안 되지요.
혁명(革命)이라는 것은 때리는 것이 아니라 어루만지는 것 이예요.
상대는 소중히 여겼을 때 변하는 거거든요.
서로를 닦되 버리는 일은 없어야 해요"

혁명은 보듬어 안는 것, 정성을 가지고 보듬어 안는 것......이제 우리 모두 한국낙농의 혁명을 위하여 치즈 동행들이 서로를 보듬어 안고 갑시다!

26. 부나비가 주는 교훈 (2016. 03. 24)

여름밤에 시골집 마당 한 구석에서 자그마한 횃불이 타 오른다. 우리 가족은 마당에 멍석을 깔고 오손도손 이야기를 한다. 당연히 쑥이며 모기가 싫어하는 온갖 잡초가 들어 있는 모깃불을 피워 놓고 그 연기를 즐기는 것도 한 즐거움이다. 마당 한 편에서 타오르는 횃불은 우리에게 빛을 비치는 역할보다는 우리에게 달려들 부나비를 유인하려고 피운 불이다. 그 밝은 횃불을 보고 달려드는 부나비들, 불을 보고 뛰어

들어 마침내 타 죽는 부나비들....

나는 목장유가공 교육을 지피면서 강조하는 것이 서너 가지 있는데,

첫째, 돈을 벌기 위해 목장 경영수익을 위한 목장 유가공을 하지 마시라.

내 가족, 이웃과 목장의 정을 나누고자 하는 농심정신(農心精神)으로 시작하되 이 초심을 잃지 말고 끝까지 견지하시라. 낙농가가 장사꾼으로의 변신은 금물이다. 제발 영업행위, 장사꾼 모드를 회피하라. 돈은 쫓아가면 도망가고, 돈이 오는 조건이 갖추어지면 돈이 자연히 몰려든다. 주체하지 못하게 올 것이다. 본업은 낙농이다. 낙농을 걷어치우고 목장 유가공하겠다는 어리석음은 금물이다. 목장 유가공이 사실 알고 보면 생계를 책임져줄 만큼 돈벌이가 되는 분야가 결코 아니기 때문이다.

둘째, 유가공장을 작게, 알차게 갖추고 외부 인력을 끌어 들이지 말라.

외화내빈(外華內貧)으로 가면 안 된다. 그러려면 정부나 기관단체의 도움을 받지 말고 자기 힘으로 자기만의 능력으로 공방을 꾸리어 나만의 취미 공간, 나만의 세계를 꾸려나가라. 화려하고 번지르한 큰 공장은 목장 유가공 모드가 아니다. 외부 지원은 정체성을 앗아가고 스트레스를 얻는 지름길이다. 크게, 화려하게, 남에게 보여 주려고 공방을 갖추려는 생각부터 없애야 한다. 그 생각을 갖는 순간 외부 지원을 찾기 시작한다. 그리고 노년에 스트레스의 늪에 빠지고 만다. 우리 지역에 조그마한 식당이 하나 있는데 그 집은 오직 점심식사만 한다. 그 주인의 정책이다. 음식은 맛있고 친절히 잘해 주니 손님이 마냥 들끓는다. 목장 유가공을 하려는 이들도 자기 나름의 주관과 정책이 필요하다는 이야기이다.

셋째, 정성과 자기 영혼을 담는 제품을 만들라.

어머니나 아내의 정성이 담긴 도시락은 쉬이 배가 고프지 않다. 영혼 없는 인간이 죽은 것처럼 정성과 혼이 깃들지 않은 목장 유제품은 감히 상상이나 하겠는가? 제품이 자신의 분신이라고 생각하는 것이 합당하다. 소비자가 자동화 기계장치로 대량 생산 제품 보다 값은 비싸더라도 목장 유제품을 찾는 그 진솔한 마음, 자세를 존중할진대 정성과 혼이 깃든 제품을 생산해야 하는 당위이다.

이제 한 여름 밤의 부나비 이야기로 돌아가자.

"목장 유가공을 하면 하루 매출액 얼마나 되는가?"고 물어 오는 낙농가들이 가끔 있다. 그러면 나는 그이를 향해 단호히 그리고 엄한 어조를 가지고 "이 일은 돈을 벌려고 하는 일이 아니니 귀하가 우리 교육에 오시는 건 사절합니다."라고 강하게 거절하는 것은 내 나름의 정책이요 주관이며 신념이다.

누군가에게서 목장 유가공을 하면 돈을 벌고 있다는 소문(횃불)을 들은 뒤에 목장

유가공 교육 받아서 자기도 해보겠다고 달려드는 이가 있다면 그는 분명코 여름밤에 피워 둔 횃불로 날아드는 부나비에 지나지 않은 부류이리라! 내 말이 좀 심했다면 해량(海諒)하시라. 요즘 정부가 목장 유가공사업 규제들을 개선하고 돕겠다고 팔을 걷어 부치고 서두르니 반드시 이런 부나비들이 횡행하는 일이 분명코 있을 것이 염려되어 이 글을 올리는 바이다.

27. 치즈는 새로운 영토이다.

사람들이 계획하고 생각하며 꿈꾸는 것들의 대부분은 사람의 마음에서 나온다. 마음은 보이지 않는 것이다. 보이지 않는다고 없는 게 아니라 오히려 확실히 있다. 세상에 나타난 것들의 대부분은 보이지 않는데서 나온 것들이다. 당신이 어찌 나왔는지 아는가? 부모님의 보이지 않은 사랑에서 출발하여 나온 것이다. 위대하고 찬란하게 보이는 것들도 사실은 대부분이 보이지 않는 것으로부터 나왔다. 「태초에 말씀이 계셨고, 그 말씀이 하나님과 함께 계셨으니, 그 말씀은 하나님이셨느니라. 요한복음 1장 1절」. 말씀은 보이지 않는 「소리」이다. 뜻이 있는 말씀 「소리」가 세상 만물을 지었다고 했다. 「그 말씀이 태초에 하나님과 함께 계셨느니라. 만물은 그(말씀)에 의해 지은 바 되었으며, 이미 지음 받은 것 가운데 그가 없이 지어진 것은 아무것도 없더라. 요한복음 1장 2-3절)」. 보이지 않는 말씀 소리가 세상만물을 지었다고 하니 얼마나 놀라운 일인가? 그런데 그 이치가 그르지 않다. 오늘도 수많은 사람들이 「어떤 뜻있는 소리」에 의해 좌우되고 움직이고 활동하며 산다.

한때 「생각이 유전입니다」라는 광고 카피가 있었다. 어찌 생각이 유전(油田)이냐고 묻는가? 어떤 기업가가 외국 출장을 갔다가 우연히 유전이 있는 지역을 지나쳤다. 저자도 미국 남부지역을 방문하여 석유냄새 진동하는 유전지대를 지나가 본 적이 있다. 그 곳에는 끊임없이 원유(原油)를 퍼 올리는 커다란 펌프가 지상과 지하를 끄덕이며 움직이고 있었다. 그는 「저 원유가 한 방울도 안 나는 우리지만 저 원유를 수입해다가 되팔면 되겠네!」라는 생각을 했다. 그는 그 「생각」을 좀 더 구체화했고, 투자자를 모집하여 정유회사를 만들어 원유 운반선으로 원유를 수입 해다가 외국에 수출을 했다. 사실은 그의 기발한 「생각」 속에서 원유가 나온 것이다.

그래서 「생각」이 원유(原油)이다! 보이지 않는 「말씀」이 세상만물을 지었고, 「생각」이 원유(原油)를 갖다 주어 휘발유가 나왔다. 그런 맥락에서 치즈는 새로운 우리의 「영토」이다. 치즈는 원유(原乳)를 1/10로 농축한 고영양 덩어리 발효유제품이다. 그러니까 원유 1,000kg에서 100kg의 치즈를 얻는다. 부피는 1/10로 줄어들고 영양가는 10배 이상으로 농축되는 것이다. 저장성이 좋아서 이집트 피라미드 발굴에서 발견된 세 가지 식품(석청 꿀, 볶은 곡식, 그리고 초경질 치즈) 중의 하나이다.

한국인들은 치즈에 대한 지식이 그리 깊지도 넓지도 않다. 연세가 든 이들에게는 6.25사변 당시 미군 수송기가 공중에서 뿌려놓은 C-레이션 박스에 든 노란 덩어리, 그런데 냄새가 지독하게 구린 덩어리로 기억된다. 중년 이하 세대는 슬라이스 치즈가 치즈인줄로 안다. 그리고 아예 치즈를 「치즈」로 부르기보다 「슬라이스」로 부른다. 그러니까 그들에게는 「슬라이스」가 치즈가 되어 있다. 마치 복사기를 「제록스」라 하고, 커피크림을 「프리마, 프림」으로 부르듯이 말이다. 아니다. 그건 전혀는 아니지만 거의 전혀 아닌 것에 가까운 지식이다.

치즈는 숙성한 자연 치즈가 올곧은 치즈, 정통 치즈, 이른바 원조, 오리지널 치즈이다. 가공치즈, 이른바 슬라이스(slice) 치즈란 그냥 자연 치즈를 용융솥에 넣고 이것저것 첨가하여 잘 익은 자연치즈 맛과 향을 흉내 내려고 지극히 상업적인 수작을 부려놓은 것이다. 그래서 전문가들은 이제 용어에서 소비자들의 혼동이 많으니까 가공치즈(Process cheese)를 아예 「산업형 치즈, Industrial cheese」라고 고쳐 부르자고 제안해 둔 상태이다. 아무튼 자연 치즈가 우리의 「새로운 영토」이다.

앞으로 인류는 인구 증가가 지속적으로 이루어지면 향후 50년 내에 100억 명에 이를 것으로 미래학자들은 예고한다. 그러면 지구촌은 반드시 식량부족이 초래될 것이고, 국가 간 식량 무기화가 일어날 것이다. 그 때 영토가 넓어 농사짓기 유리하고, 작물재배 기술이 발달된 지역은 식량 무기화에서 강자가 될 것이고, 그러지 못한 나라들은 약자가 되어 그들의 노예로 전락할 것이다.

곡물 생산성이 좋은 나라들이 대부분 지구의 북반구에 있고, 그러지 못한 나라들이 남반구에 있다. 한국은 북반구에 있지만 식량 자급도가 27%에 지나지 않은 식량자급도 약소국, 식량 무기화에 취약하기 짝이 없는 나라이다. 치즈의 경우 2011년에 9만 8천 685톤을 소비했는데, 소비 치즈의 72.6%인 74,366톤은 수입산으로 메꾸어져 외국 낙농가, 치즈 수출업자(주로 미국)들의 호주머니를 두둑하게 하는 데 기여했다. 치즈 자급도 27.4%가 우리 식량 자급도 비율과 유사하다.

사람들은 쌀 자급도가 98%이므로 식량 걱정은 없다고 하나 쌀은 이미 식량 반열에서 밀려난 지 오래다. 작년에 국민 1인당 육류 37kg, 우유 70kg을 소비하여 두 가지 식량자원 소비량만 100kg를 넘어섰는데, 쌀은 71kg소비에서 계속 줄어만 간다. 일본과 대만이 그러하였듯이 아마 10년 후에는 쌀 소비량이 지금의 1/10이 될 것이다. 또한 우리의 지난 20년간의 쌀 소비 추이가 그걸 증명해 준다. 그래서 치즈가 우리의 새로운 식량의 영토이다.

국민 1인당 자연 치즈 소비량은 20년 전에 45g이던 것이 작년에 2.1kg이 되었다. 무려 44배가 증가하였고, 지금도 매년 증가한다. 2009년 대비 2010년 소비량은 무려 19%나 증가하였다. 치즈가 어느새 우리의 식량이 되었다. 이러한 치즈를 우리는 연간 2만 2천 톤만 생산한다. 원유 값이 국제 시세보다 2.2배 비싸고, 수입치즈가 더 싸므로 수입산으로 충당하고 있기 때문이다. 그런데 치즈수입을 마냥 우리가 원하는 대로(가격, 수량, 시기) 할 수 있다고 믿으면 오산이다. 지금 상당수의 당사자들은 그리 착각하고 있는 듯하다. 그런데 현실은 전혀 그렇지 않다. 신흥 경제개발 강국으로 부상하는 인도, 중국, 러시아가 치즈를 먹기 시작하고 하마처럼 흡입하듯 먹어대기 시작하면 우리에게 돌아 올 치즈가 많지 않다는 데 주목해야 한다.

일본은 70년대에 오일쇼크를 기점으로 자국민의 식량안보를 위한 해외 농업개발에 뛰어들어 국내 경지면적의 3배인 1,200만 ha의 해외 농지에서 식량을 들여온다고 한다. 1980년대에는 브라질 세하도 지역의 2억ha의 초원지대를 21년간 개발해 브라질을 최대 대두 수출국으로 탈바꿈시켰고, 일본은 그 덕분에 남・북 반구를 오가며 안정된 식량 공급선을 확보했다는 것이다(오상도 2008 「한국의 미래 - 위기를 희망으로」(19) 해외 식량기지'두 번의 실패는 없다. 서울신문 2008/09/08).

우리도 한 때 장덕진 전 농림부 장관(그는 고려대학교 법대를 졸업하고 사법, 행정, 외무고시 삼과를 합격하고, 당대 박 정권 하에서 경제개발의 주역들로 풍미하던 전문관료 집단을 이끈 지도자였다. 박대통령의 처조카 사위이기도 한 그는 1990년대 초에 대륙 종합개발을 꿈꾸다 자금사정으로 좌절하였다.)의 주창과 전략으로 중국 헤이룽장성(黑龍江省) 산장평원(三江平原) 개발을 꿈꾸었다. 당시 거기는 거의 개발이 안 된 곳인데, 우리가 장기 임차하여 곡물생산 도입기지로 개발하자는 것이었다. 한때 일부에서는 러시아령 연해주 개발과 곡물, 조사료 재배가 논의되기도 했다.

자, 이런 이야기는 보이는 영토(빌린 땅도 우리 땅이다) 확장에 대한 이야기이고, 좀 더 나아가 저가 없는 땅, 생각과 상상의 땅, 보이지 않는 우리의 영토를 생각해 보자. 거기는 비싼 값을 들이지 않아도 되고, 외교적 교섭도 필요 없으며, 영구히 우리 자손만대에 물려 줄 수 있는 그런 영토이다. 그것은 치즈이다. 치즈는 보이는 것이 아닌가라고 묻는가? 그렇다! 조금 보이는 치즈 자체로부터 우리의 영토는 시작되니 전혀 보이지 않는 영토라 할 수 없다. 치즈가 왜 영토인가 하면 치즈가 제공하는 식량의 기능과 역할이 보이는 영토에서 내놓는 것보다 월등히 드넓고 깊고 높기 때문이다. 우선 국내 생산 원유량을 생각해 보자.

2010년도를 기준하면 210만 톤을 생산하고, 이의 78%인 164만 톤을 음용유로 가공 활용했다. 나머지 22%를 가지고 발효유, 치즈, 분유, 아이스크림 등을 생산하였다.

그러면서 치즈 소비량의 88,685톤의 72.5%인 64,366톤은 수입해서 충당했다. 우리는 여기서 국민의 치즈 소비총량에 주목해야 한다. 치즈 88,685톤은 원유 환산 시 88만 6천 톤에 해당한다. 가령 여기서 우리가 외국 치즈 수입을 하지 않아도 되는 정책 하나를 마련해서(치즈는 쌀처럼 수입쿼터가 없으니 수입을 안 할 수 있는 상황이라면 안하는 거다) 우리의 연간 치즈 소비량이 10만 톤에 달한다면 우리의 원유 생산량은 지금보다 100만 톤을 늘일 수 있게 된다. 백색시유와 분유, 요구르트, 아이스크림 제조에 쓰이는 원유를 210만 톤으로 묶어 두고 순전히 치즈 자급용으로 원유 100만 톤을 더 증산하자는 것이다.

그러니까 지금 연간 원유 생산량을 210만 톤으로 제한하고 있는 것을 아예 310만 톤으로 늘려 잡아도 되는 여유가 생기는 것이다. 이로써 국산치즈가 가져다주는 식량자급도 증대 효과를 넉넉하게 얻어낼 수 있는 수확인 것이다. 그러면서 앞으로 지속적으로 치즈 소비가 늘어나면 낙농가 원유 생산량 할당량(쿼터제, Quota)을 계속 늘려서 원유 생산량이 증대할 수 있고, 이를 통해 낙농가는 원유 수입이 증대하며, 유업체는 치즈 소비증가에 따른 다양한 한국형 치즈 제품판매 증대로 낙농가와 유업체가 상생하고 동반 발전할 수 있을 것이다. 치즈는 식량인데 선진국의 경우 치즈 그대로 사용되는 양보다 여러 가지 식자재(식품, 요리재료)로 사용되는 부분이 더 많다. 그들의 일상에서 소비되는 거의 모든 요리에 치즈가 사용되니 그럴 수밖에 없다.

간단히 우리의 자연 치즈 소비량 중에서 90%는 피자요리에 사용되는 양이 차지하는 것과 같은 이치이다. 우리가 지금 그 뒤를 충실히 이어가고 있다는 사실을 아는가? 이번 우리 순천대학교 목장형 유가공교육에서도 다양한 자연치즈 제조기술 교육이 준비되어 있다.

28. 치즈와 치유효과

요즘 유행하고 있는 화두의 하나가 「치유, Healing」이다. 이젠 힐빙식품(Healbeing foods)이라는 용어도 나와 있다. 치유식, 좀 더 전문적으로 말하면 약선음식(藥膳飮食)이다. 치료(Cure)가 아니라 치유가 이 시대의 화두인 것은 무슨 연유일까?

미국의 유명 의과대학인 하바드 의대나 존스 홉킨스의과대학에서 「대체요법」에 관심을 둔 것은 그리 오랜 일이 아니다. 그들이 동양의 침(針)요법, 생체 내 기(氣)의 흐름을 강조하는 것, 그리고 각종 식물에서 추출한 식물화학물질(Phytochemical)의 효능에 대해 관심 이상의 연구대상으로 방향을 바꾼 것은 서양의학이 대증요법 위주의 한계를 깨우쳤기 때문이라 한다. 아예 명칭도 「대체의학, Alternative medicine」으로 정한 뒤 그와 관련된 학부, 대학원, 연구소들이 우후죽순처럼 생겨나고 있다. 대체의학의 기본 명제는 서양의학을 정통의학으로 보는 이들이 처음에는 서양의학이 대응할 수 없는 한계를 보완하고 대체해 주며 나아가 강화해 주는 분야라는 의미였다. 그러나 최근에는 대체의학이라는 서양의학의 종속적 개념을 뛰어 넘는 「자연의학」이라고도 칭한다.

이제 본론으로 들어가자.

치유라는 말이 「대체의학」, 「자연의학」과 관련된 용어라고 보면 그의 연장선상에서 여러 가지 치유가 등장하고 있는 것이다. 이를테면 음악치유, 미술치유, 허브치유, 음식치유, 스포츠치유, 숲 치유 등이 그것이다.

여기서 필자는 「치즈 치유」를 제창한다. 세계보건기구(WHO)에서는 인간의 건강상태를 정의할 때 신체적 건강, 정신적 건강 그리고 사회적 건강이 온전한 상태를 말한다고 하였다. 이 세상에 몸은 건강하지만 정신적으로 우울하고 삶의 의욕을 잃어서 무기력한 사람, 자기가 왜 사는지 모르고 생의 목적을 상실하고 허송세월 하는 사람이 의외로 많다. 자살을 하는 사람들의 심리상태가 대부분 극도의 우울증상태라고 하는데 한국은 경제협력개발기구(Organization for Economic Co-operation Development, OECD) 34개 회원국 중 자살률 제1위인 국가가 되었다고 듣는다. 한국인들의 상당수가 치유를 받아야할 상태에 놓여 있다고 봐야할 것이다. 여기서 필자가 「치즈 치유」를 제창하는 것은 지금 수많은 「치유」 운동이나 요법 중에서 치즈 치유법은 매우 생산적이며 가시적인 효과를 거둘 수 있기 때문이다.

필자가 제창하는 치즈 치유법은 우선 3단계로 진행된다.

제1단계 : 젖의 생산 단계이다.

젖은 포유동물의 유선에 배치된 혈관으로부터 각종 성분을 공급받아 합성되는 생명수이다. 유즙 1방울이 합성되려면 혈액 500방울이 유선세포를 순환해야 얻어진다. 젖을 생산하는 동물인 산양이나 젖소는 얼마나 온순하고 겸손하며, 생명수 생산을 위해 애를 쓰는가를 생각하게 한다. 그러므로 젖은 물보다 진하고, 피보다 5백배 진한 것이다. 이러한 기본 지식을 알게 해서 젖 생산 동물을 다루고 사랑하고 어루만지는 동안 서로 교감하는 정서, 소통하는 눈빛을 통해 누구든 생의 의지, 생명을 소중히 여겨야 하는 당위를 얻게 될 것이다.

제 2단계 : 치즈의 제조이다.

치즈를 제조하는 단계는 치즈마다 참으로 천차만별이다. 인생이 살아가는 모양도 저마다 개성이 있고 장·단점이 있으며, 존재의 가치를 갖고 있다. 치즈가 그러하다. 그러한 존재가치를 지닌 치즈를 만들 때 그 과정 또한 얼마나 정밀해야 하며 조심해서 따라가야 하는지...치즈 제조시의 과정들을 세밀하게 진행하다 보면 정신적 안정이 찾아온다.

몰입의 경지에 다다른다. 몰입의 경지는 신의 경지가 아니겠는가? 사람이 그 경지에 한번 푹 담갔다가 나오면 온갖 불안이며 정서적 상처들이 치유를 받게 될 것이다. 하나의 치즈가 온전한 모습이 되기까지의 제조과정이 온전히 끝나는 데는 하루 종일이 걸린다. 누구든 치즈를 만드는 하루 종일은 신의 경지에 들어가 있는 날이다. 필자는 치즈교육을 받는 교육생들에게 자주 이렇게 강조한다.

"치즈는 누가 만드는지 아는가? 자연이 만든다고 봐야 한다. 유산균과 시간과 온도가 그것이다. 그들이 이끄는 대로 사람이 잘 순응하여 따라가다 보면 치즈는 우리 눈앞에 있다. 사람이 치즈를 끌고 가면 안 되고, 치즈를 따라 가야한다. 치즈는 조급한 사람, 허황에 빠져 벼락부자가 되려는 사람을 싫어한다. 치즈는 마음이 겸손한 사람, 마음에 여유를 갖고 매사를 기다릴 줄 아는 사람으로 자신의 평생 길 동행으로 삼는다. 그런 면에서 치즈는 사람이 만든다. 겸손하고 온유하며, 오래 참고 오래 견디며, 기다릴 줄 아는 사람이 만드는 것이 치즈이다."

언젠가 필자는 월간 「낙농육우」라는 잡지에 「치즈 한번, 인생 한번」이라는 제목으로 치즈 단상을 연재한 적이 있다. 그렇다. 한 종류의 치즈를 하루 종일 만드는 것은 인생 한번을 살아낸 것과 같다. 흥하기도 하고 좌절하기도 하며, 안정을 찾아서 가다가 마침내 도공처럼 장인의 경지에 도달하게 되는 길이 치즈의 길이다. 이러한 과정 속에 엮인 고비가 사람을 몰입하게 만들고, 자연스러운 치유력을 발생시켜 삶에서 찢기고 부서지며 상처 받은 사람들이 치유를 받게 되는 것이다. 그래서 치즈를 만드는 사람들은 매우 건강한 사람들이다.

제 3단계 : 치즈 숙성단계이다.

치즈는 제조공정을 거치면 아늑한 숙성고로 이동하게 된다. 사람이 일단 숙성고에 들어오면 마치 고찰(古刹) 안에 들어온 듯, 고풍스런 성당 안에 들어 온 듯한 느낌이 사로잡는다. 치즈가 익어가면서 연출하는 분위기가 그러하다. 그 숙성고가 동굴 숙성실이라면 그 정도는 더욱 농후해진다.

필자는 기회 있을 때마다 「발효, fermentation」라는 과정이 진행되는 영역을 「신의 손이 역사하는 영역」이라고 강조해 왔다. 그동안 생화학자들이 밝혀낸 발효관련 회로들이 있지만 발효 결과물이 얻어지는 것은 그 이상의 차원에서 강하게 진행되는 자연원리가 작동한다고 보는 것이다.

여기서 자연의 원리란 과학이 밝혀내거나 설명할 수 없는 원리, 즉 인간의 과학으로나 지식, 경험으로 설명이 안 되는 신의 원리가 작동한다는 뜻이다. 인삼을 찌고 발효하면 발효홍삼이 되는데, 인삼에는 없던 성분들이 발효과정을 거쳐 나오면서 무수히 생성된다. 녹차도 발효하면 그러하다. 모든 발효 가능식품들이 원래의 식품보다 훨씬 많은 성분들이 추가적으로 생성되는 것이 발효 원리, 신이 작용한 원리이다. 숙성고가 바로 그 신의 힘이 작용하는 원리의 작동현장이다.

이탈리아 치즈 상표 가운데 「Oro Pel Tempo」라는 것이 있었다. 「시간이 흐르면 황금으로 되는 것」이란 뜻인데, 그것은 곧 치즈를 이르는 말이다. 1/10로 농축하여 만들어진 하얀 우유 덩이가 황금으로 변하다니....인간이 무슨 재주로 그리한단 말인가? 치즈를 숙성하는 데는 주기적으로 사람이 치즈를 관리해 주어야 한다. 정서적으로 거친 사람이 숙성고에 들어가면 일단 그 분위기에 압도되어 차분해질 것이다. 선반에 고즈넉이 놓인 치즈를 들어 올려 쓰다듬으며 치즈를 닦는 동안 나지막한 소리로 이렇게 속삭인다.

"치즈야 네 이름을 정확히 모르지만 반갑다. 그리고 사랑한다."
"치즈야 나는 오늘 너를 만나서 진짜 살아있음을 느낀단다."
"치즈야 사랑해, 고마워!"

어쨌든 사람은 말하는 동물이다. 사람이 말을 해야 할 때 말을 하지 못하면 병이 든다. 말을 해야겠는데 들어 줄 상대가 없으면 말을 못해 우울해진다. 그러니 우울병이 든 사람에게 말을 하게 하라. 그러면 그는 치유가 된다. 치즈가 익어 가는 숙성고에 와서 치즈와 속삭이며 말을 하게 유도하라. 마음이 차분해 지면서 대화의 상대를 만나 이런저런 이야기를 하게 한다. 이때 사랑의 언어만 허용한다. 사랑의 언어는 치유의 언어이다. 치즈를 만드는 일은 사람을 치유하는 일이기도 한데, 이 생각이 너무 앞서가는 것일까?!

29. 진정한 장인(Meister)는 누구인가?

우리나라는 얼마 후면 장인(匠人)들이 넘치는 나라가 될 모양이다. 장인이라는 말은 영어로는 마스터(Master), 이태리어로는 마에스트로(Maestro), 그리고 독일어로는 마이스터(Meister)로 칭한다. 우리나라나 외국에서의 장인은 매우 어렵게, 각고의 노력 끝에 그 호칭을 얻는 것으로 안다. 그런데 최근에 우리나라 전국 도처에 마이스터 고등학교들이 우후죽순 처럼 생겨나고, 이제는 농업 마이스터대학까지 전국적으로 등장한 지 4년이 다 되어 간다. 필자는 잠시 마이스터 제도(도제교육)의 본 고장인 스위스에서 살아봤고, 그 이웃 나라인 독일에도 수차례 다녀왔지만 그 쪽의 마이스터 개념과 우리가 요즘 마구 붙여 대는 마이스터 양성 제도와는 현격한 차이가 있는 것으로 안다.

그에 대한 이야기는 추후 기회가 닿으면 생각해 보기로 하고, 오늘은 그냥 장인이 갖는 특성을 살펴봄으로써 과연 마이스터란 어떤 존재들인지 정리해 두기로 하자. 참고로 이 글은 어떤 명사분이 TV에 출연하여 국격(國格)에 대한 특강을 하는데 얻은 영감(Inspiration)에 의지하여 필자의 생각을 기록해 나가는 것이다. 어떤 분야에서든지 장인은 다음과 같은 세 가지 특성을 가져야 올곧은 장인으로서 빛이 난다.

첫째, 다른 사람의 추종을 불허하는 전문적 식견과 기량을 갖추었다. 그는 한 분야에 집중적인 공부와 기술연마를 하여 도의 경지에 이른 분이다. 그 분야에서 감히 그를 범접할 사람이 없을 정도의 지식, 지혜를 갖추었을 뿐만 아니라 그가 그 분야에 일을 할 때 그는 보이지 않고 그의 기량만 보이는 듯하다.

필자는 김덕수의 사물놀이 연주 현장을 처음 만나고서 그들의 연주 중에 놀랍게도 사람은 보이지 않고 사물놀이 본체가 듣는 이의 가슴을 울렁이게 하고 드높은 곳으로 올렸다 내렸다하는 감격, 감동만 보였던 기억이 있다. 장인은 이런 존재이다. 사람은 보이지 않고 그 기술만 보인다. 장인은 기술에 대해 이러쿵저러쿵 말을 하거나, 「내 기술로 말할 것 같으면...」하는 식의 자기를 드러내는 생각조차 없는 것이다.

둘째, 애착과 헌신이 지극하다. 자기가 하는 일에 대한 애착은 그 일을 자기 자신만큼 아끼는 것이라고 봐야 한다. 집착이 아니라 애착이다. 억지가 아니라 헌신이다. 그는 그 일을 즐기고 몰입된 상태가 지속적인 사람이다. 그는 그 일을 함에 있어서 이해관계, 호불호(好不好)를 떠나 있다. 그 일을 사랑하는 정도가 이미 즐기는 단계를 넘어섰다.

셋째, 사명감과 전문 윤리가 철저하다. 우리의 옛날 도공들이 자기 작품이 자기가 원하는 수준에 도달하지 못하면 어김없이 부숴 버리고 그것에 대한 어떤 미련도 없이 다시 새로운 작품제작에 나서는 것과 같은 사명감이 있는 것이다. 자기 제품이 조금이라도 부족하다면 반드시 그것을 제거해 버리고, 정제되고 수준 높은 제품만을 내놓으려는 사명감, 전문윤리가 투철하다.

이제 치즈의 세계에서 장인의 어떠함을 생각해 보자.

요원한 이야기 같은가? 남의 추종을 불허하는 전문가적 식견과 기량, 애착과 헌심 그리고 철저한 사명감과 전문윤리가 자신과 거리가 멀다고 생각하는가? 전국 각지에서 한국의 남단에 위치한 순천대학교 목장형 유가공 교육에 참여한 교육생들은 자기가 당할 온갖 희생과 손해를 무릅쓰고 와 주고 있다. 멀리 제주도, 강원도, 경기도, 전북, 경남은 순천에서 결코 가까운 지역이 아님에도 한 학기에만 연 8일씩이나 참여를 하고 있다. 이 분들을 장인이 될 충분한 소양과 자격을 갖추었다고 생각한다.

이제 식견과 기량은 차츰 갖추어 나가면 될 것이다. 애착과 헌신은 이러한 기조를 유지하면 충분하다. 그리고 사명감과 전문 윤리 역시 치즈 세계에 깊이 들어 갈수록 더욱 강화될 터이다. 문제는 지속성(持續性)이며, 재현성(再顯性)과 항상성(恒常性) 그리고 균일성(均一性)의 보유이다. 이제 치즈 장인의 세계에 들어오셨으니 그 세계를 즐기시라. 그러면 어느 날 당신은 치즈장인, 진정한 치즈 마이스터가 되어 있을 것이다.

30. 한국농업의 영웅

한국 농업 전반을 아우르는 문제는 여전히 유통 분야의 비합리성이며, 원가 보전이 어려운 농산물가격 지지 분야이다. 한 나라 농업의 지속발전을 위한 분야에 정부 재정 투입을 허용하는 WTO 체제는 비인도적이지 않다는 제한점에 맞물려 있다. 그래서 가혹한 FTA가 요즘 기승을 부리고 있다. 강대국의 어느 강한 분야가 상대방 나라의 산업을 멸살, 폐기처분에 이르게 하는 것이 FTA의 극심한 폐해임을 아는 이들은 기를 쓰고 FTA를 반대하는 것이다. FTA는 해당 산업에 독배(毒杯)를 마시는 것이기에 죽을 힘을 다해 반대를 하는 것이다. 이는 그들의 생존권을 지켜 내기 위한 마지막 절규인 것이다.

우리 낙농산업이 FTA를 반대하는 데는 이러한 분석이 있었기에 그러는 것이다. 앞으로 낙농 선진국인 호주, 뉴질랜드, 캐나다와의 FTA는 한국 낙농산업에 부어대는 연쇄적인 독배(毒杯)요, 극약이라는 점을 안다면 모두들 과천에서부터 길 수밖에 없다. 한국 농업의 전반이 이렇게 FTA라는 괴물 앞에 하염없이 스러져만 갈 때 우리는 영웅을 기다린다.

영웅의 3대 조건이 있다.

(1) 난세이어야만 한다.
(2) 비범한 능력이 있다.
(3) 용감하다.

(1) 지금이 우리 농업에서는 난세이다. 이는 마치 대한제국 말엽의 풍전등화 같은 국가의 위상이 취약 투성이었기에 외세의 침략에 속수무책이었던 것처럼 오늘의 우리 농업 현주소가 그러하다. 약육강식의 열강들이 우리 대한제국을 침탈하고 약취해

가려는 험악한 시국에서처럼 우리 농업의 위치가 그 상황 속에 놓여 있다. 국제적으로 우리 농업에는 적만 있고 우군이 없다. 마치 정글에 갇힌 느낌, 바로 그것이다. 그들의 농업경영상의 풍부한 조건, 자원, 훌륭한 국가적 농업보호 시스템에 비해 우리는 여전히 빈약 지경이며, 수십 년 동안 비교 우위론자와 신자본주의에 찌든 관료들의 손에 놓인 농정이 이렇다 할 선진적인 시스템 하나 갖추지 못했기 때문이다. 폭락과 앙등을 반복하는 실패 농정의 대표적인 상징이 양파이다. 무・배추정책이다. 이런 간단한 채소류 유통시스템 하나도 갖추지 못해 둔 것이 우리 농정의 현주소인 셈이다. 그러면서 FTA 앞에서 아예 속수무책이다. 그래서 지금이 난세이다.

(2) 이 시대에 난세를 극복할 비범한 능력은 그 누구에게도 없다. 이 난세를 끝장내고 혼란과 취약성을 일거에 가르마 타버릴 비법은 누구에게서도 찾을 수 없다. 이제 백성이 나서야 할 때이다. 백성이 하늘이다. 백성이 영웅으로 나서 주어야 한다. 바로 독배를 앞 둔 산업 종사자인 그 백성들이 떨쳐 일어서야 한다. 이제는 개인 영웅시대는 갔다. 바로 다중 영웅시대가 도래한 것이다.

(3) 영웅은 용감해야만 한다. 어설프게 하다가는 상대방에게 오히려 한 방이면 끝장이 날 수도 있다. 일을 처리함에 있어서 강하게, 그리고 신속히 나아가 감쪽같이 실행해 나가야 한다. 어떠한 반대와 비난이 있어도 옳다고 판단이 선 사안이면 끝까지 밀어붙여서 마침내 성사시켜야 한다. 남이 할 수 없다 하고, 남이 가지 않는 길을 의연히 담대하게 가서 성취시켜 내야만 한다. 그가 곧 이 시대의 영웅이다.

한국인에게 가장 큰 설움은「배고픔」즉 굶주림의 고통이었다. 필자는 실제 그 굶주림의 고통을 단단히 앓아 본 세대, 보릿고개를 넘어 온 사람 중 하나이다. 한국인의 이러한 서러움, 고통으로부터 구출한 사람들이 있었다. 그들은 이른바 녹색혁명을 이끌어 쌀 증산, 통일벼 창출의 연구를 성사시킨 사람들이다. 이윽고 쌀로 인해 배고픔의 한을 넘어서자 고기와 우유가 국민의 입맛을 사로잡고 사람들은 배고픔의 한을 극복시킨 쌀로부터 멀어져 가기 시작하였다.

이제 식량의 개념이 복합적으로 바뀌고 있음은 알 만한 사람이면 모두가 아는 명확한 사실이다. 필자는 이번에 21일간에 걸쳐 동유럽, 중부 유럽 그리고 남유럽의 일부를 둘러보고 왔다. 그리고 독일인들과 함께 그룹 여행을 다녀 보기도 했다. 유럽 각국은 전통적으로 국민의 먹을거리만은 철저한 보수적인 생각과 정책을 유지해 오고 있다. 얼른 보기에 유럽 전체가 농업 주력국처럼 비치는 것은 그 만큼 농업 중시, 농업보호와 육성 의지가 강하기 때문이다.

그래서 유럽의 식품 물가는 필자가 7년이 지나고 둘러 봐도 인상됐다는 느낌이 전혀 들지 않을 정도였다. 유럽인들의 농업 중시 정책의 한 중심에는「축산업」이 자리

잡고 있다. 이번 여행에서 필자가 헝가리(헝가리는 노벨상 수상자를 18명이나 배출한 민족이다)의 전통시장, 그러니까 백화점이나 대형할인 매장이 아닌 재래시장을 방문했을 때 놀란 것은 수많은 종류의 육가공품 진열과 점포의 수에 압도당하였다. 그들의 주식은 빵이 아니라 육제품류이었다.

그들은 아예 각종 육가공품을 한 접시 듬뿍 담고 빵 한 개와 더불어 식사를 하는 것이었다. 체코와 폴란드, 독일, 프랑스, 이탈리아, 스위스... 유럽의 어디를 가나 마찬가지였다. 유럽 농업의 중심에 축산업이 있다 보니 다른 농업들은 기능적 역할을 하는 정도이다. 이를테면 일반 농업은 축산업을 위한 보조적 위치에 있다는 것이다. 이제 그런 역사가 수백 년을 지나오고 있는 것이다.

어느새 이러한 추세를 이어가는 한국 농업의 방향이 보이지 않는가?

과거 보릿고개를 극복하는데 한국농업의 영웅들이 있었다면 이제 오늘과 내일을 위한 영웅들이 필요하다. 지난 날 한국 농업의 영웅들은 국민을 단순한 배고픔의 서러움을 해소해 주었다면, 이제부터의 우리 영웅은 국민의 먹을거리가 쌀로부터 축산물로 이동함에 따른 획기적인 방안을 내어 실행시키는 사람이다. 이 글의 앞부분에서도 언급한 바이지만 영웅은 미래를 보는 눈이 열려 있고, 그 미래를 향한 독보적인 방안을 갖고 용감하게 실행에 옮기는 사람이다.

이제 한국의 농업 영웅은 축산업에서 획기적인 성과를 거양하는 사람이 될 것이다. 왜냐하면 한국인의 먹을거리가 축산물 위주의 소비추세로 나아가고 있기 때문이다. 그리고 획기적이라 함은 사실 축산업을 영위하기에 너무나도 맞지 않은 기후풍토를 가진 나라가 한국이기 때문에 축산업의 융성발전을 위한 획기적인 아이디어와 방안이 필요하다는 것이다. 누가 그 일을 할 수 있겠는가? 그는 바로 우리 국민들이다.

31. 머나 먼 한국 치즈의 길

이 글은 필자가 구독 중인 모 주간지에 9월 22일자로 보도된 「상영관에도 자비를 베푸소서」라는 고재열 기자의 기사를 중심으로 다시 풀어 이 글의 바탕을 삼고자 한다. 김기덕 감독은 한국 영화계에서 기인처럼 구분되어 왔다. 그는 초등학교만 졸업하고 16세에 영화계에 뛰어든 학력 면에서 최고 학력을 구가하는 영화계 엘리트들과 구분이 확연하고, 성품이나 일하는 스타일이 완벽한 자기세계 구축을 한 정통 영화인에 속한다. 관행적인 루트를 거쳐 별 어려움 없이 자기 길을 걸어온 영화계 엘리트들에게는 언제나 그는 불편한 「진실」이었을 것이다.

한국이라는 나라는 아니 한국 영화계는 이런 사람을 일부러 인정하지 않기로 약속이나 한 듯이 김기덕 감독을 표시 나게 무시하고 따돌리며 에둘러 피했다. 그래서 그는 한국 영화계에서는 어김없는 비주류였다. 그는 오히려 해외에서 더 많이 알려져 있고, 그의 영화는 한국 상영관 확보를 못해서 해외 상영으로 영화 투자비의 일부를 메워 왔다. 상식과 관행을 뒤엎어 가며 자기만의 영화세계를 꾸려온 그 감독이 해외 영화인들의 눈길을 끌어 3대 영화제에서 수차례 감독상 등 수상을 하는 이변을 낸다.

2004년 <사마리아>로 베를린영화제 감독상, 동년 베니스 영화제에서 <빈집>으로 감독상을, 2011년 다큐멘터리 <아리랑>으로 칸 영화제'주목할 만한 시선 상을 받는 등 3대 영화제 석권(시사인 2012년 9월 22일자, 고재열 기자 보도)하는 기염을 토한다. 그리고 2012년 9월 8일에는 세계에서 가장 오래된 영화제인 베니스 영화제에서 <피에타>라는 작품으로 황금사자상이라는 영화제 최고의 영예를 안았다. 그제 서야 한국 영화계는 그를 여전히 불편한 진실의 하나로 인정하는 둥 마는 둥 대충 적당히 인정하며 지나간다.

지난날의 이명박 정부는 김기덕 감독 같은 독립영화, 저예산 영화부문을 지원하던 예산까지 좌파영화인(左派映畵人) 척결이라는 독단의 칼로 잘라 없애 버렸다. 그런데 그런 악조건 속에서 황금 같은 「황금사자상」이 나온 것이다! 필자는 언젠가 우연히 그 분의 영화 「사마리아」를 본적이 있다. 인간 내면을 리얼하게 그려 낸 섬뜩한 영화였다.

필자는 이제 김기덕 감독이 걸어 온 길에 한국에서 치즈의 지나 온 길을 대입해 보고자 한다. 참으로 외롭고 답답한 길이 그가 걸어 온 길과 나란히 맞대고 있었다. 자연 치즈는 한국 유업계에서 비주류이자 「불편한 진실」인 셈이다. 한국의 소위 메이저 유업체들은 돈이 되고 쉬운 가공치즈에 주력하는 한편 오랜 시간과 돈을 투입하고, 전문 인력이 제조하여 숙성해야 하는 자연 치즈는 애써 외면해 왔다. 돈이 되지 않는 일은 기업윤리 사전에는 없다. 그래서 중소규모의 유업체들도 외면하고 멀리 하기는 메이저 유업체들과 그 경향이 대동소이하다.

그래서 한국 유가공산업 개시(1937년 경성유업동업조합을 개시시점으로 봄) 65년사에 한 번도 치즈가 주류 제품으로 진입해 본적이 없다. 그리고 죽기 아니면 살기로 음용유 가공에만 있는 힘을 다해 매달려 온 것이다. 그런데 어느 순간 소비자들이 시유 소비로부터 등을 돌리고 만다. 원유가 시유 가공 쪽으로 가지 못하고 갈 곳을 못 찾자 이들은 분유로 가공한다. 그런데 설상가상(雪上加霜)으로 이제는 유럽과 미국 같은 값싼 분유가 많은 국가들과 FTA 체결로 값비싼 국산 분유가 값싼 수입 분유에 밀려 팔리지 않는다. 아예 산업적으로 배척당하고 만다.

우리는 원유 잉여, 분유 체화의 악순환을 지난 2000년부터 울며 겨자 먹기 식으로 반복해 오고 있다. 필자는 그동안 기회가 나는 대로 남은 원유는 분유 대신 치즈를 생산하게 해라. 그리고 국가가 학교, 군대, 직장 급식에 치즈를 저가로 지원하여 식자재나 단식품(單食品), 간식으로 공급하라고 권해 왔다. 지금도 권한다! 오늘의 모든 낙농현안 문제는 「시유위주 유가공 체제」에서 비롯된 것이라고 봐도 과언이 아니다. 시유가공하고 남는 것은 남는 원유가 아니라 훌륭한 치즈원료에 속한다. 국제 시세와 비교하지 마시라. 남은 원유가 반값 원유, 국제 분유가 시세로 국가가 지원해 준 원유 아닌가?

연간 생산하는 원유 210만 톤 중 160만 톤을 마시는 우유로 가공하면 40~50만 톤의 여유가 있는데, 이는 전량 치즈로 가공해야 한다. 이렇게 생산된 치즈의 소비나 유통 방안은 그 분야에 정통한 유통 전문가들의 몫이다. 2012년부터 농산물 50% 이상을 유통하겠다고 대형 패커로 나선 농협이 맡아 주어도 좋을 일이다. 이렇게 간단한 문제를 접수하지 못하는 메이저 유업체들, 정부 담당 관료들의 가장 큰 문제는 그분들의 마음과 정신과 머릿속에 아예 「치즈」 자체가 없는 것이 아닌가 하는 의구심마저 든다. 치즈에 대한 가장 가벼운 상식조차 없는 듯하다. 그런데 더욱 놀라운 것은 사실 그들이 치즈를 애써 무시하고 있다는 것을 필자는 이제 비로소 깨닫는다. 이 나라에서 「불편한 진실」인 치즈는 비주류, 시유는 주류다. 그들은 여전히 주류에 머물기를 원하는 것일까?

김기덕 감독이 걸어 온 길을 읽으며 그 험난함, 차별받고 심지어 제작자에게 정강이를 걷어차이는 모욕까지 당하였다는 고백 속에서 우리는 국산 치즈가 그런 곤욕을 치르고 있다고 생각한다. 필자도 한번은 어떤 대학의 겸임교수를 지내시는 분에게 공식 석상에서 "숙성치즈가 팔리지도 않는데 왜 배 교수는 자꾸 숙성치즈만 외치느냐? 그러면 그동안 배 교수가 가르쳐서 배출한 사람 가운데 과연 어느 누가 지금 숙성치즈 생산해서 팔고 있느냐? 대 봐라 한번"이라는 폭언을 들으며 마음의 정강이를 걷어차이는 수모를 당한 적이 있기는 하다.

불과 5년 전에 한 그의 말이 당시에는 사실이었지만 이제부터 5년 후, 10년 후에 이 나라에도 숙성치즈가 팔리고, 숙성치즈의 세계가 열리는 날이 올 것을 믿으며 필자는 한결같이 「숙성치즈 위주」의 유가공의 길을 갈 것이다. 지난 날 필자가 뿌려 놓은 숙성치즈의 씨앗들이 지하에서 용틀임하며 힘을 채운 뒤 마침내 때가 차면 전국 방방곡곡에서 장마 후에 죽순 솟듯이 쑥쑥 솟아나올 것이기 때문이다(벌써 전국에 43개소의 목장형 유가공장들이 가동 중이고, 내년이면 60여 개로 불어날 전망이다).

오늘은 비록 외롭고 처량하고 등이 시리지만 한국 치즈가 세계 각국으로 수출되는 그날이 멀지 않기에 필자는 넉넉히 견딜 수 있다. 필자는 이제부터 행복한 비주류이다. 하지만 여전히 숙성치즈를 생각하면 가슴이 저려 온다. 아직은 너무나 머나 먼

길이 한국 치즈의 길이기 때문이다.

32. 치즈가 식량이다. 치즈가 유망 수출 농산품이다!

기후 온난화는 세계를 식량위기로 내 몰고 있다. 그러나 우리 같이 국토가 좁고 농업 인력이 노령화하는 나라는 속수무책이다. 최근 우리의 식량 자급도는 26% 정도이며, 쌀을 제외하면 겨우 4%라는 것이 두려운 실상이 우리 앞에 버티고 있다. 그래서 한국의 식량안보는 아무리 강조해도 부족할 뿐이다.

우리는 시유로 가공하고 남는 원유를 오래 저장하자고 분유로 가공했지만 식품 수명은 겨우 1~2년(전지분유 1년, 탈지분유 2년)이어서 지난 날 분유체화라는 고통을 안겨 주었고, 국민의 주식이라고 보호에 보호막을 쳐주는 쌀도 보존기한 2년이 지나면 밥쌀용으로는 수명이 끝나기에 믿었던 식량 자원이 허수아비들이다. 그것도 보존용 창고비가 매년 400여 억 원(?)이 지출된다는 것이며, 앞으로 5년이 지나면 800억 원이 넘어선다는 예측도 있다. 그런데 치즈가 100년도 보관이 가능하다는 사실을 아는 이가 얼마나 될까?

이 나라에는 오늘날 우리나라 곳곳에 버려진 폐교, 폐 터널을 치즈 보관기지로 리모델링하면 치즈가 식량이며, 이 치즈는 우리 자손만대를 먹여 살리는 식량, 언젠가는 통일이 되어 이북 2,700만 명과 남한 5천 만 명, 도합 7천 700만 명이 함께 먹고 지내도 되는 식량이 안정하게 확보, 비축될 수 있다는 소신을 필자는 강조한다.

필자가 지난날 우리 원유 생산 쿼터제 이전의 우리 낙농가들의 생산 능력을 가늠하여 추산해 보면 우리 낙농가의 원유 생산 능력은 500만 톤도 가능할 것으로 본다. 그러나 우리 낙농대책이 음용유 위주여서 우리 낙농업은 음용유 소비한계(168만 톤)에 원유 생산량을 맞추다 보니 연간 원유 생산은 210만 톤으로 제한되는 생산 쿼터제(생산 억제제)에 묶여 있는 이상한 나라가 되어 있다. 식량생산 능력 억제가 되는 셈이다. 그래서 희망을 잃어버린 낙농가들이 지난 2005년부터 매년 500~600농가가 사라졌다. 참으로 가슴 아픈 일이다. 좋다, 이제 필자가 제안을 하나 해 두고자 한다.

우리 속에 도사린 고정관념을 깨고 역발상을 하자는 것이다. 우리가 연간 500만 톤의 원유 생산을 하도록 낙농업을 키우는 데서 출발한다. 연간 원유 생산 210만 톤은 국내용으로 하면서 나머지 290만 톤은 수출용 치즈를 생산하고, 수출하고 남은 것은 비축하는 것이다. 이 양은 결코 많은 양이 아니다. 네덜란드는 연간 600만 톤의 원유로 60만 톤의 치즈를 생산하여 상당부분을 수출한다. 우리가 연간 원유 290만 톤을 치즈로 제조하면 29만 톤이 나오는데 미국, 유럽, 호주, 중국, 러시아, 인도, 북아프리카와 중동 전역에 수출을 시도하는 거다. 2011년도 전 세계 2000만 톤 규모의 치즈 생산량 중에 10% 미만인 190만 톤이 세계 치즈시장 교역량이다.

치즈 수출 틈새시장은 얼마든지 있다고 봐야 한다. 세계 선두 수준의 질 좋은 원유로 한국인 특유의 손재주를 발휘한 수제치즈를 제조하여 수출을 하기 시작하는 것이다. 우리 대통령께서도 지난 해 농업인의 날에 농산품을 우리의 산업화 초기에 수출산업 지원하여 육성하였듯이 농산품을 수출지향으로 키우면 얼마든지 일등 상품이 된다고 했지 않았는가?

우리 원유는 세계 수위 급의 유질을 자랑한다. 이는 치즈 제조에 안성맞춤 원유이다. 이 이야기가 전혀 가능성이 없는 이야기일까? 존폐의 기로에 있는 낙농산업 돌파구, 지속적 발전 방안은 치즈이다. 분명한 돌파구가 있는데 내버리고 발등에 불끄기에 매달려야 하는가? 왜 오이, 방울토마토, 파프리카, 소, 돼지, 닭 수출 사업단은 있는데 치즈 사업단은 안 되겠다고 하려는가? 정부 당국자나 유업체가 제발 치즈에 눈이 열리기 바란다. 치즈산업 활성화 여론이 형성되기 바란다.

33. 치즈 수출을 위한 준비

한국에서 치즈는 무엇일까? 한국인에게 접근된 치즈는 6.25 한국전쟁 시 참전군들에게 배포된 C-Ration에 들어 있었던 얼얼하고 냄새가 고약한 체다치즈(Sharp Cheddar cheese)를 통해서였다. 전쟁이 휴전하자 주한 미군기지 PX를 통해 흘러나온 미국산 치즈류였다. 한국인들이 처음으로 만났던 치즈가 운명처럼 고약했다. 그래서 한국인들에게 치즈는 고약한 냄새와 도저히 먹을 수 없는 맛을 지닌 서양 사람들의 음식의 하나로 치부되었던 것이다.

이러한 이미지 전달은 대를 이어 내리 진행되다가 국력 신장과 국민의 해외 활동 빈번도가 높아지면서 해외에서 먹어보고 경험해 보니 우리도 먹을 수 있는 식품이라는 인식전환이 되어진다. 치즈에 대한 전설적인 접촉 불가 식품의 금기가 단숨에 깨어진 것이다. 신세대가 제일 좋아하는 요리는 치즈를 듬뿍 넣어 구운 피자요리이며, 노란색 치즈가 두어 장씩 끼워진 햄버거라는 사실은 그들에게 있어 더 이상 치즈를 오랑캐들이나 먹는 음식이 아닌 것으로 만들어 버린 것이다.

1995년부터 WTO에 가입한 한국 경제는 수출 배가가 매년 이루어진 만큼 치즈며 아이스크림과 탈지분유를 수입해야 하는 처지가 되자 서양의 치즈들이 봇물 터진 듯이 대형 할인매장과 백화점에 들어와 버젓이 「치즈전문」 매장이라는 신기한 공간을 연출하였다. 5천년 역사 이래 그 이름을 듣도 보도 못한 수많은 종류의 치즈들이 한국인의 눈길을 끌었다. 그야말로 정통 치즈의 세계가 우리 앞에 펼쳐진 것이다. 당시 그 다양한 치즈들이 매장에 산더미처럼 쌓여서 눈길을 끌었는지는 몰라도 입맛을 적시는 것으로는 연결되지 않고 어느 날 그 자취가 사라지기 시작한 것이다. 그 때가 21세기 초엽, 그러니까 2005년까지의 일이다.

그동안 한국인들은 수입 치즈의 다양함(그것의 값이 비싼 것인지 싼 것인지 도무지 관심 밖의 영역에 있었다)은 아무런 존재 이유가 아니었고, 1980년대부터 국내 유업체들에 의해 공급되던 슬라이스 포장의 가공치즈와 모차렐라 치즈로 요리해 낸 피자만 열심히 먹어 대고 있었다. 그 무렵까지 치즈는 「슬라이스」와 「피자」에 들어 있는 쫀득하게 늘어나는 치즈가 전부라고 여기며 살고 있었다.

그러던 와중에 와인 보급이 이루어지고, 고급 빵집들이 우후죽순처럼 거리에 등장하면서 와인과 고급 빵(바게트, 베이글이 그런 류이었다)에는 치즈를 안주로 먹고 빵에 얹어 먹는 것이라는 식문화가 보급되기 시작한다. 아마 2005년부터의 붐이었고, 고급 백화점들에 와인 매장과 고급 치즈 매장이 짝을 이루며 개설되기 시작하는 것도 그 무렵이었다. 7년쯤 지난 요즘 한국인들이 즐기는 치즈의 종류가 200여 종에 가깝다면 이건 기적이라고 봐야 한다.

치즈의 연간 1인당 소비량도 2011년에 2.1kg이 되었다. 이제 치즈는 고급 식문화의 대명사가 되어 있다. 치즈와 그에 어울리는 와인을 페어링(pairing)한 선물 세트가 품격 있는 선물 아이템이 되어 있다. 한국인이 비로소 치즈를 통해 세계화에 근접하고 있다. 한국인의 치즈문화 적응 속도가 예사롭지 않다. 특히 신세대의 치즈와 그 소재의 즐김 문화는 급속하게 확산되고 있다. 이러한 경향을 우리는 알아내지 못하고 있는데, 미국과 EU가 이미 간파하고 한국 치즈시장을 넘보고 있다.

그런데 그들이 우리에게 판매하려는 치즈들의 내용을 세밀하게 살펴 볼 필요가 있다. EU27에서의 대표적인 치즈 수출국은 프랑스, 독일 그리고 네덜란드와 스위스 정도인데, 그들도 유수의 치즈 수입국가라는 사실이다. 미국도 치즈 수출량 못지않게 치즈를 다량 수입하는 나라이다. 호주, 뉴질랜드 역시 그러하다. 이게 어찌 된 일인가? 이른바 그들이 우리에게 수출하는 치즈류는 공장에서 자동화 설비가 뽑아낸 것들이다. 이는 학계가 분류한 산업적 치즈(Industrial cheese)이다. 그래서 그것들의 맛은 썩 좋지 못하다.

그런데 그들이 수입해서 소비하고 있는 치즈는 전문 치즈 마이스터들이 손으로 제조하여 정성스럽게 숙성한 특수치즈(Special cheese)이며, 장인 치즈(Artisan cheese)라는 사실이다. 2011년 기준 전 세계 연간 치즈 생산량은 약 2천만 톤이고, 치즈 교역량은 200만 톤 정도이다. 총 생산량의 10% 내외인 셈이다. 그리고 2011년도의 치즈 수출국 Top 4(EU27, 미국, 호주, 뉴질랜드)가 전 수출량의 76%를 차지한다. 여기서 우리에게 명쾌한 길이 열리는 것을 볼 수 있다.

달가스 이야기이다. 1864년 덴마크가 프로이센과의 전쟁에 패하고 두 개의 중요한 영지를 상실한 후 낙담과 좌절에 빠진 국민들에게 「밖에서 잃은 것을 안에서 찾자」고 외치며 그와 뜻을 같이 한 「히스협회」 동행들과 유틀란트의 히스 지대를 개척한다. 1866년에 시작한 그 운동은 1896에 마무리되는 30년을 거치며 덴마크 국토의 절반인 유틀란트 지역이 번영과 농업 대국의 기반이 된다.

WTO와 FTA로 한국 낙농업은 깊은 좌절과 의욕상실의 늪에 빠져 있다. 그래서 매년 500여 낙농가가 낙농업을 접는다. 한국 낙농의 미래에 희망이 전혀 없다는 판단 때문이다. 이대로 가다가는 외국 열강에게 우리 낙농시장은 모두 점령당하고 말 것이 눈에 뻔히 보인다. 이제 우리는 달가스의 구호를 뒤집어 보자. 역발상이다. 「안에서 잃은 것을 밖에서 찾자」. 우리가 음용유 위주의 유가공을 하던 것을 점차 치즈 위주로 바꾸어 나가는 것이다. 그리고 그 치즈를 수출하는 것이다.

우리 수출산업의 초창기를 떠 올려 보자. 가발과 쥐 가죽, 맵시 없는 의류 수출로 시작할 때 정부는 수출 제일주의를 표방하고 많은 지원을 퍼부었다. 수출을 위한 제품이면 디자인이 좋아야 하고, 품질이 세계적 수준이 되어야 함을 인식하고 그 분야에 집중적인 인력 양성과 품질관리에 힘쓴 결과 이제 우리는 세계 무역 8대국이 되었다. 정부는 이제 그 시절의 수출 지원정책을 치즈에 집중해야 할 차례이다.

수출용 치즈 제조는 그야말로 명품 치즈여야 한다. 치즈의 품질은 원유 품질이 결정하는데, 우리 원유 위생품질은 세계 1위가 아닌가? 한국이 이제 세계 1위 고품질 원유로 손맛 매운 한국인 고급 치즈 제조 기술자를 통해 고급 수제 치즈를 생산한다면 우리는 넉넉히 치즈의 본산인 유럽과 미국의 치즈시장을 접수할 수 있을 것이 아닌가? 우리의 자동차, 컴퓨터, TV, 선박, 휴대폰이 지금 본토에 가서 시장을 접수하고 활개 치며 다니지 않는가? 우리가 만든 치즈라고 그럴 수 없다는 단정을 할 수 없는 것이 아닌가? 그러면 누가 그 수출용 치즈를 만들 것인가가 문제이다.

우리는 그 일을 조용히 한반도 최남단 순천에서 음모처럼 준비해 왔다. 아직은 한국 소비자들이 우리 치즈의 존재를 모르고 있을 때 어느 날 해외 유명 치즈매장에 가서 보니 「Made in KOREA」라고 제조 국을 명시한 자연 치즈가 줄을 서서 기다리는 소비자들에게 유유히 팔리고 있는 광경을 목도하고 귀국한 그들은 동네방네 입 소문을 내 주면 그토록 몰라주며 안 팔리던 우리 치즈가 국내 소비자들에게도 날개 돋친 듯이 팔리는 기적 같은 일이 당대에 일어날 것이라고 우리는 믿어야 한다.

그 후에 일어날 우리네 치즈시장을 상상해 보라. "아니 그동안 우리가 먹어 댔던 밀가루 반죽에 식초 탄 것 같은 것들이 결국 수입 치즈였단 말이지?"하며 과감히 돌아서서 어느 목장에서 생산되었던 국산 치즈를 향해 돌진하는 순간 그동안 한국 시장을 점유해 버리겠다고 기세등등했던 수입치즈들이 맥없이 철수하는 꼴을 당대에 목도 할 것이라고 우리는 믿자. 우리는 금년은 예년과 달리 이렇게 일찍 찾아온 강추위와 눈발 휘날리는 거친 길을 헤치며 남녘의 순천 땅까지 작심하고 모인 것도 이 날을 보기 위해서라고 우리의 자긍심을 강화하자. 우리 자손만대에 항구적이고 지속적으로 번영 발전할 낙농업을 물려 줄 낙농산업 독립운동은 수출용 치즈제조에 있다고 다짐하며, 이번 치즈기술 교육을 즐기자!!!

이번 제2기 대한민국 치즈사관학교 교육생 여러분을 뜨겁게 환영한다.

<2012년도 제2기 대한민국 치즈사관학교 교재 머리말>

34. 梅岸 배 교수의 행복한 상상

『마침내 한국 치즈가 오랜 전통을 자랑하던 치즈의 본고장인 유럽 시장 공략에 성공적으로 정착했다는 소식이다. 식품전문 소식통에 따르면 지난 2023년 3월 현재 한국 치즈가 유럽 치즈시장의 핵심인 로마와 파리 그리고 런던과 베를린 등 주요 국가별 거점 도시의 백화점 고급 치즈 매장에서 호황리에 판매 중인 것으로 알려졌다. 사실 정통치즈인 숙성치즈는 그동안 한국인에게 생소하고 접근하기가 힘들었기 때문에 지난 20년간 치즈제조에 공을 들여왔던 한국 목장형 치즈공방들이 힘을 모아 "안에서 팔 수 없다면 해외로 갖고 나가자"며 치고 나온 결과이다. 그들은 지난 20년간 치즈의 본고장 유럽을 공략하기 위한 오늘의 결과를 위해 다음과 같은 여정과 단계들을 거쳐 온 것을 아는 이가 많지 않다.

먼저 한국 낙농은 세계에서 유례를 찾기 힘들 정도로 안 좋은 낙농여건에서 낙농업을 영위하면서 1937년 서울우유조합 전신인 경성유업동업조합 설립을 기점으로 80여 년에 걸친 음용유 위주의 원유 활용이라는 굴레를 벗어나기 힘들었다. 산악지대가 70%인 한국은 초지가 없었으므로 농후사료 위주의 사양에 의한 원유가격 상승으로 인한 국제 경쟁력 약화, 밀식에 의한 젖소 사육은 빈번한 번식장애로 인해 젖소 경제연한은 3산을 넘기는 경우가 드물었고, 질병 다발과 건강위축에 의한 치료비 부담과 조기 도태우 발생은 원유의 생산비 증가를 부추겼다.

낙농의 3대 성공전제 요건인 번식, 사양, 질병 예방에서 모두 불리한 악조건 속에서 진행해야 하는 한국 낙농은 새로운 돌파구를 찾기가 어려웠다. 2005년부터 시작된 낙농가 엑소더스라고 할 정도로 급격한 낙농가 전·폐업 결과 2012년 말 통계로는 6천 농가만 남았다. 그런 악조건 속에서도 2012년 당시 한국 낙농업은 두당 연간 산유량 세계 4위, 원유 유질등급 세계 1위를 이루어 냈다.

문제는 그동안 고질적인 초과 원유발생, 분유체화의 악순환 고리를 끊어버릴 원유 활용방안의 극대화였다. 그동안 한국유가공산업을 지탱해온 음용유 시장이 2007년을 기점으로 저출산, 대용음료 시장의 활황에 따라 해가 갈수록 위축되었고, 음용유 가공으로 사용되지 못한 원유가 분유로 가공되면서 분유체화가 유업체들의 경영난을 가중시키는 장애요소가 되었다. 급기야 유업체들이 음용유 가공과 분유 가공라인을 아예 철수시키면서 종합 식품회사들로 변신을 꾀하기 시작했다.

낙농가들은 원유 활용을 거부하며 음용유 가공을 포기한 유업체들에게 항의하고 시위를 수년간 벌였지만 기업의 생리상 이윤이 없는 경영을 더 이상 지탱할 수 없다며 묵묵부답으로 일관했다. 2013년부터 한국 식량소비 구조가 쌀 위주에서 우유, 유제품 위주로 전환되면서 낙농업은 새로운 식량공급 기지가 되었다. 그런데 소비자들이 마시는 우유에서 먹는 유제품(치즈, 요구르트, 아이스크림) 쪽으로 이동함에 따른 원유 활용 방안을 찾아내기가 여간 힘들지 않았다. 그것이 곧 낙농존립을 결정하는 주요 돌파구였던 것이다.

2015년부터 정부는 비로소 원유의 음용유 이외 유제품 가공 활용방안 마련에 나섰고, 전국에 산재하여 명맥을 이어 오던 목장형 치즈공방들을 대대적인 치즈생산 기지로 지원 육성하기 시작했다. 당시 전국 목장형 유가공장은 100여 개소였으며, 1일 치즈 활용 원유량은 20톤(연간 7,300톤)에 지나지 않았지만 정부는 대대적인 시설확충과 자금지원을 통해 200여 개소로 늘리고, 1일 활용량을 500톤(연간 36,500톤)으로 끌어 올리며, 향후 대대적으로 추진할 5개년 계획을 세워 원유 총 생산량의 절반인 100만 톤을 고급 치즈생산에 올인하겠다는 「국산치즈진흥 5개년 계획」을 내놓았다.

이 계획의 핵심은 한국인의 신비한 손재주를 활용한 고급 수제치즈 제조와 이의 전량 수출에 맞추어져 있었다. 그동안 「목장치즈」 생산과 판매 부진에 속을 태워온 낙농가들에게 필요한 절대 절명의 정책이 나오게 된 것이다.

정부는 우선 고급 수제 치즈생산 잠재력이 있는 「목장치즈」 공방들의 조사에 나섰고, 2012년부터 시행해온 「유제품 수출협의회」를 치즈수출 전담기구화 하기 위하여 「국산치즈 수출촉진지원법」을 입법 고시하고 「국산치즈수출공사」로 격상시켰다. 그 계획은 초기 한국 「수출산업 육성 모듈」을 따라 신속하고 효과적으로 진행되었으므로 세계 치즈 수출시장의 새로운 다크호스로 부상하였다. 이 계획 시행 초기의 목장 고급 치즈의 수매와 품질관리는 농협중앙회가, 치즈 수출은 공사가 맡는 2두체제로 진행되었다. 그동안 대형 패커 육성에 성공한 농협중앙회는 농산물 수출 주역으로 부상하게 되면서 축적한 노하우, 수출 다변화 대응능력이 인정을 받아 농협이 치즈수출을 전담하려는 움직임이 있었다.

최근 2020년부터는 농협이 국산 치즈 수출업무 전반을 맡아 진행하는 일관체계가 완성되어 치즈 수출시장 확대가 더욱 효율화되었다는 평가를 받고 있다. 한국은 치즈 수출에서 3개 그룹의 치즈를 생산하여 대응하고 있는데, 첫째는 고급 수제치즈로 치즈의 본고장인 유럽, 오세아니아, 북미지역의 공략용이다. 두 번째는 중급 규모의 치즈로서 주로 BRIC(브라질, 러시아, 인도, 중국)을 수출 대상으로 한다. 세 번째는 중・저가품 치즈로서 아프리카, 중남미, 북아프리카와 중동아시아, 동남아시아를 공략 대상으로 한 치즈인데, 이 중에는 수입산 카제인과 식물성유를 들여와 2차 가공한 대용치즈(cheese analogue)도 포함되고 있다.

한국은 지난 50년에 걸친 공산품(전자, 반도체, 선박, 자동차) 수출에서 얻은 경험과 비법을 농산물 수출에 거의 그대로 적용하여 놀라운 성과를 거두고 있으며, 새만금개발청의 식품가공 단지와 전국 농협 산하 목장 유가공장들이 새로운 한국 수출전진기지로 부상하였다. 2023년 4월 10일 파리 K통신 B특파원 보도』

....

위의 글은 필자가 일시에 얻은 상상의 산물이지만 읽는 이에 따라서는 현실과 상상의 구분이 모호할 것입니다. 필자는 어린 시절에 만화를 너무 좋아했고, 책 읽기를 너무 좋아했는데 누군가가 이런 말을 했습니다. 「아폴로 우주선이 달나라에 가기 전에 이미 만화가들이 먼저 다녀왔다」고 말입니다. 상상이 현실이 되고, 누군가가 꿈꾼 일이 현실이 되는 것이 세상 일일진대 저의 상상이 결코 부질없는 이야기가 아닐 것입니다. 필자는 이런 일을 상상하며, 오늘에 제가 애쓰며 하고 있는 일의 결말이 행복으로 이루어질 것을 믿습니다.

35. 우공이산(愚公移山)

아주 오랜 시절의 중국에서 장자 이전에 활동했던 사람으로 열자(列子)라는 이가 있었는데 그가 남긴 열경구 중 <열자 탕문편> 중 「우공이산」이 있다고 합니다. 「우공이산」은 중국인 모두가 알고 지내는 유명한 이야기라고 합니다. 그도 그럴 것이 신중국 이래 모든 초・중등학교 교재에 포함되어 있고, 모택동이 텍스트로 하여 글을 남겼기 때문이랍니다. 그 원문을 풀어 놓은 것을 그대로 옮겨 보면 이러합니다.

『태항산(太行山)과 왕옥산(王屋山) 두 산은 사방 7백리이고, 높이가 1만 길이다. 원래는 기주(冀州)의 남쪽, 하양(河陽) 북쪽에 있었다. 북산의 우공은 나이가 90인데 산 속에 살고 있었다. 그는 출입의 편리를 위해 가로막고 있는 산을 옮기려는 계획을 세웠다. 그는 온 집안사람들을 모아 놓고 이에 대해 상의를 하자, 모두가 그러한 계획에 동의했다. 마침내 그는 자기 자손들과 짐꾼 셋을 데리고 일을 시작했다. 이때 이웃에 과부 한 사람이 살았는데, 그녀의 유복자가 겨우 이를 갈기 시작한 나이였음에도 불구하고 뛰어가 이 일을 도왔다. 파낸 흙을 발해만(渤海灣)까지 나르고 돌아오는데 겨울과 여름이 바뀌는 동안 꼬박 1년이나 걸렸다. 이를 보고 지수(智秀)라는 이가 비웃자 우공이 이렇게 답했다.

"그대의 마음은 고루하여 거두어들일 수가 없는 것이니, 과부의 어린아이만도 못하구려. 비록 내가 죽는다 하여도 자손은 남아 있소. 자식이 손자를 낳고, 그 손자는 또 자식을 낳을 것이며, 그 자식이 자식을 낳고, 또 손자를 낳을 것이오. 이렇게 자자손손 영원히 다하는 일이 없을 것이오. 하지만 산은 더 늘어나지 않을 것이니, 어찌 평평해지지 않으리라 걱정을 하십니까?" 그러자 지수는 할 말이 없었다. 조사신(操蛇神)이 그 이야기를 듣고는 염려하며 우공이 그만 둘 것을 하늘에 고하였다. 천제(天帝)는 그 정성에 감복하여 과아씨(夸蛾氏)의 두 아들에게 명하여 두 산을 업어다가 하나는 삭동(蒴東)에, 하나는 옹남(雍南)에 놓게 하였다. 이로부터 기주의 남쪽과 한수의 남쪽이 막혀 끊어지지 않게 되었다.[24)]

누군가 저에게 "국산치즈 생산에 대하여 어떤 지도자도 인정하지 않고, 어떤 과학자도 동의하지 않는데 국산치즈를 강조하고 제조기술을 가르치는데 왜 그리 열심히 하시는지?"라고 염려하면 저는 그에게 딱 부러지게 마땅히 해 줄 답을 찾지 못했는데, 오늘 아침(2015. 7. 11)에 책을 읽다가 「우공이산」의 이야기 속에서 마땅한 답을 얻어냈습니다. 우공의 대답을 한 번 더 들어 보시지요.

> "비록 내가 죽는다 하여도 자손은 남아 있소. 자식이 손자를 낳고, 그 손자는 또 자식을 낳을 것이며, 그 자식이 자식을 낳고, 또 손자를 낳을 것이오. 이렇게 자자손손 영원히 다하는 일이 없을 것이오. 하지만 산은 더 늘어나지 않을 것이니, 어찌 평평해지지 않으리라 걱정을 하십니까?"

그렇습니다. 내가 죽어도 나에게서 치즈제조 기술을 배운 이들이 살아 있고, 그들이 그 자식들에게 가르치고, 그 손자를 낳으면 손자들에게 가르쳐서 치즈를 이어 갈 것이니 이 나라에서 치즈는 자손만대를 이어나갈 수가 있을 것입니다. 결단코 내 선에서 그칠 일이 아니기에 한국에서의 치즈 세계는 무궁하게 이어 갈 또 하나의 식문화가 될 것이라 믿습니다.

치즈를 가르치는 일이, 배우고 만드는 일이 지금 당장은 표가 나지 않고 무의미한 일처럼 보일지라도 사람이 있는 한, 치즈 만들기에 열중하고 즐기는 사람들이 있는

---

24) 김승일 2015. 오랫동안 전해지고 있는 '우공이산'의 <열자 列子>. 책과 인생 7월호. 범우사. 56 - 58.

한 한국에서의 우람한 독특한 치즈세계는 기대해도 될 만한 일입니다. 친애하는 한국 치즈 동행 여러분! 「우공이산」의 이야기를 우리의 교재로 삼고 굳세게 나아가십시다. 여러분의 건투와 대승을 기원합니다!

— 2015년 7월 11일 아침에 —

36. 치즈의 세계에 있는 기사(騎士, Knight) 제도

프랑스에 본부를 둔 전통 있는 치즈업계 단체인 「길드 앙델나쇼날 드 프로마쥐 에 콩프레리 두 상토와규종협회」는 우수한 치즈제조 기술, 미래가 기대되는 치즈 생산자에게 증여하는 칭호인 「갸도 에 슈레」를 국내 11명의 치즈 생산자들에게 수여하였다. 그 중에는 낙농가 다까하시 오스사찌(高橋雄幸) 씨의 부인 유가리 씨도 2016년 4월에 이 칭호를 받음으로써 치즈 생산자로써 국내에서는 최초로 부부가 이 칭호를 서임(叙任)하게 된 것이다. 서임을 받은 다까하시 씨는 "지역사회와 제휴함으로써 지역사회 활성화를 촉진하기에 좋은 「갸도 에 슈레」를 내려준 것으로 본다. 길드(組合)라는 명예에 부응하기 위하여 고품질 치즈를 안정적으로 제조 판매하는 데 더욱 노력을 기우리겠다"라는 말로 힘찬 의욕을 나타냈다.

한편, 이 목장은 현재 젖소 300두, 산양 50두를 사육하고 있다. 이 목장의 치즈공장 운영 경력은 금년까지 6년 정도 되었다. 동 서임식은 2016년 10월 23일, 동경도 내에서 개최되었던 「제6회 일본 명(銘)치즈 백선(百選)」(치즈프로페셔널협회 주최)의 특설 무대에서 이루어졌으며, 이 호칭은 다까하시 씨 외에 2명의 낙농가들에게도 수여되었다. - 일본 전낙신보(全酪新報) 2016년 2월 10일자 4면 기사 -

우리는 낙농역사 150년, 치즈제조 역사 100년을 아우르는 일본인들의 활발한 대외활동을 눈여겨보아야만 합니다. 일본인들의 선진기술 전수 상태를 보면 거의 폭풍흡입 상황이라고 해도 과언이 아닙니다. 미국의 도서계에서 베스트셀러가 된 책은 1주일 만에 번역해서 발행합니다. 일본인들이 개항 300년 전에 서양문물을 흡수 일본화하기 위해 특별문화 지구를 만들어 미리 개항을 준비했지요. 그 여파는 배경이야 어찌 됐든지 청일전쟁, 러일전쟁을 승리로 이끌었습니다. 그들은 원천기술을 가진 유럽과 미국 등지에 그들의 전자제품과 자동차, 선박을 우월적 지위를 가지고 판매하여 그들을 놀라게 하였습니다.

일본인들의 선진기술 흡입과 「일본화 기법」은 치즈분야에서도 결코 예외가 아니었습니다. 1970년대 초에 알프스지역에 속한 프랑스, 오스트리아 그리고 스위스에 농촌지도직 공무원들을 파견하여 전통 치즈기술을 연수받게 하고, 그들로 하여금 낙농가들을 지도하여 오늘날 500여 개소의 목장치즈 공장을 보유했고, 연간 치즈 자급률 26%를 달성했습니다. 공무원들의 지도를 받다가 답답함을 느낀 북해도의 미또모 유미꼬 여사 같은 분은 아예 통역을 데리고 프랑스 보포르 치즈로 유명한 보포르 지방 연수와 A.O.C 명품 치즈학교에 가서 직접 배웠습니다. 작년에 임실에서 만났던 그 분은 저에게 자기가 다녀온 치즈학교를 소개해 주면서 70노인이 애띤 소녀처럼 상기된 표정으로 연수 경험담을 들려주는데 그 분이 참 장엄하고 아름다웠습니다.

각설하고, 우리도 그들처럼 대외 교류를 하면서 우리의 치즈기술 수준을 비교하고 점검하면서 부단히 전통 치즈 선진국 기술을 받아들여야 한다는 것입니다. 각종 세계 치즈경진대회에도 출품하거나 참관하면서 세계적인 치즈 제조가들과 교류하는 것도 적극 시도해봐야 합니다.

위에 나오는 기사는 일본인들의 기발난 아이디어가 돋보여서 제가 그 기사를 보자마자 즉석 번역하여 실은 것입니다. 제가 구독하는 일본 「전국낙농협회」가 매월 3회 발행하는 「전낙신보」 기사입니다.

일종의 독자적 업종 연대인 「길드」 중 하나인 치즈조합들이 유럽에는 많이 있습니다. 이를테면 꽁떼 길드, 로퀴포르 길드, 그뤼에르 길드와 같이 원산지 명칭보호 인증 치즈마다 조합들이 있거나 지역단위, 마을단위 조합들이 있는데 일본 「NPO법인 치즈프로페셔널협회* http://www.cheese-professional.com」에서 그 중 제법 비중이 있고 전통과 역사를 자랑하는 프랑스 치즈길드와 협력체제를 구축한 다음 이러한 유럽의 기사서품제도(騎士敍品制度) 같은 독특한 치즈 기술자에 대한 치즈기사 서품 수여제도를 창설한 것으로 보입니다. 국내에서도 지난해 10월에 동경에서 열린 「제6회 일본 명(銘)치즈 백선(百選)」에 다녀 온 분이 있는 것으로 압니다. 치즈프로페셔널 협회가 일본에서 이런 전통 길드로부터 일종의 치즈기사 서품을 받은 치즈 기술자들이 여럿 있다는 것을 홍보하면 일본 소비자들에게 신뢰가 구축되고, 소위 일본의 치즈업종 국제화도 성취되는 것을 노렸을 법합니다. 홍보와 기술 업그레이드 일거양득 효과가 거양될 것을 노린 것입니다.

「명품 치즈길드」들과의 연대와 국제 치즈경진대회 참여를 통한 우리 치즈의 국제화는 이제 소홀히 할 수 없는 분야이기에 우리 치즈 동지들의 국제적 안목 갖추기에 각성을 촉구하는 바입니다. 이제 우리 치즈 동지들도 여러 치즈 선진국들과 함께 어깨를 걸치고 대외 협력관계를 통한 기술수준 향상과 전진기지를 확보해야 한국 치즈의 지속적인 발전이 보장된다는 것을 강조해 둡니다. 저는 미국 치즈협회 연차대회에 2013년, 2014년 두 차례 참석하고 매년 기사서품 행사를 하는 것을 지켜봐왔습니다. 어느 날 우리도 유럽 정통 길드와 손잡고 우리 치즈의 정통을 수립하고, 그에 걸 맞는 인사들에게 치즈 기사작위 서품 행사를 할 수 있기 바랍니다.

37. 네덜란드 산양 치즈목장 스트로제 댐(Stroese Dame) 이야기

이 글은 사단법인 한국유가공과학회가 펴내는 학회지 「한국유가공과학회지」 제33권 1호(2015년)에 게재된 국립축산과학원 함준상 박사의 논문(네덜란드 유산양 산업과 치즈생산 목장 Stroese Dame, 69～73쪽)에서 일부를 발췌한 것입니다. 이 목장은 산양목장으로 치즈만을 전적으로 생산하면서 삶을 즐기는 목장 이야기이며, 우리 카페 회원 중에도 산양을 벗 삼아 생을 즐기는 분들께도 좋은 벤치마킹 소재가 될 것 같아 소개합니다.

[네덜란드 Stroe에 소재하는 소규모 산양목장에서 착유두수 100두 미만으로 생산되는 산양유는 1일 300kg 정도이다. 2일마다 전량 비살균 가우다 타입 치즈를 목장주가 직접 제조한다. 산양은 9월에 모두 임신하여 1월 하순에 출산하도록 조절하고, 농장주는 12월과 1월에 휴가를 즐긴다. 생산된 치즈는 산양취가 거의 느껴지지 않으며, 고급 레스토랑이나 유기농 시장에 판매한다. 비살균 산양유로 치즈를 만들기 때문에 산양취를 최소화 할 수 있다.

치즈가격은 숙성정도에 따라 높아지지만, kg당 20～25유로이며, 100g당 2.2유로에 판매한다. 산양의 계절 번식성과 산양유의 산양취는 우리나라 산양 유제품 생산과 소비에 있어 제한 요인이 되고 있는 바, 상기와 같은 산양 목장은 우리나라 산양산업 발전에 필요한 모델이라 생각된다. 또한 이러한 산양 치즈제품은 수입산 치즈와 경쟁이 가능할 것으로 기대 된다.]

여기서 함 박사는 「산양의 계절 번식성과 산양유의 산양취는 우리나라 산양 유제품 생산과 소비에 있어 제한 요인이 되고 있는 바」라고 언급하여 우리나라 산양산업이 빛을 발하지 못하고 있는지의 핵심을 뚫어 보았습니다. 이 목장은 우리나라에서 문제가 되는 산양의 계절 번식성을 오히려 이용한다는 것입니다. 9월에 임신시켜 1월 하순에 출산시키면 이제 막 나오는 새 풀이 거의 다 자라는 3～4월에 마음껏 먹고 자라게 할 수 있어서 좋습니다. 임신기간이 막바지인 12월～1월은 방목도 할 수 없고 유량도 바닥을 치므로 휴가기간으로 즐기는 것도 삶의 지혜입니다. 이제 더 큰 핵심 문제에 접근합니다.

한국 사람들은 산양취를 그토록 견딜 수 없어 합니다. 산양유 소비의 거대한 암벽을 넘을 방법은 무엇입니까? 제가 방문했던 독일의 유기농 산양 목장주가 비법을 살짝 알려 줍니다.

(1) 암컷들 속에 숫염소를 합사하지 말 것(최소 300m는 이격시킬 것)

(2) 착유하는 산양을 최대한 깨끗이 관리할 것
(3) 착유하는 사람이 최대한 깨끗한 상태로 임할 것

그런데 저는 여기에 하나 더 보탭니다. 이것이 핵심 솔루션입니다. 산양유로 발효유제품(치즈, 요구르트)을 제조하는 것입니다. 네덜란드 목장은 비살균 원유로 제조하는데, 이제 우리나라도 2016년 6월 24일자 규정 개정이 되어 2개월 이상 숙성치즈는 「비살균 원유」로 제조가 허용되었습니다. 저는 늘 목장 유가공 교육과정 강의시간에 강조했습니다. 「발효는 신의 손길이 작동하는 영역」이라고 말입니다. 녹차가 발효되고 인삼이 발효되면 다른 더 좋은 제품으로 변하듯이 우유나 산양유 역시 같은 원리가 작동됩니다. 산양유가 치즈라는 발효식품으로 진행되는 동안 산양취는 흔적도 없이 사라지기 때문입니다. 그러므로 산양유의 극복 방법은 산양유 치즈 제조 그것도 고급치즈가 제격입니다. 이 글을 읽는 산양유 목장주 여러분, 산양유 아펜젤러, 베르크, 꽁떼, 그뤼예르, 로마노, 파르메지아노 레지아노, 폰티나 중 하나를 골라 부지런히 실력을 닦으셔서 출시하시기 바랍니다. 아마 요즘의 할루미처럼 없어서 못 파는 열풍이 일어날 것입니다. 수출도 가능할 것입니다. 산양유 치즈는 희귀 품목입니다.

참고로 시간 나시면 http://www.degrootestroe.nl에 들러 보시기 바랍니다.

38. 미또모 유미꼬(三友有美子) 여사 방담기 (2016. 11)

저와 미또모 유미꼬(三友有美子) 여사와의 인연은 1996년 7월에 시작되었으니 이제 20주년이 지났습니다. 치즈에 몰입된 사람, 치즈 = 인생인 사람 그리고 한국을 유독히 사랑하고 좋아하는 일본 사람입니다. 그의 남편 미또모 모리유끼(三友盛行) 씨는 1945년에 동경에서 태어나 고등학교를 졸업하고 경자동차를 몰고 1년 반 동안 일본 전국 무전여행을 하던 중에 북해도를 들르게 되었답니다.

전쟁 전에 군사 특별지역이던 곳을 전환하여 낙농개발 특구로 지정된 나가시벳츠정(中標津町)에서 지정한 根釧 파이롯트 팜(실습 전용목장)에서 개척 낙농가로서 2년간 교육을 이수한 뒤 초임우 11두와 세퍼드 개 한 마리를 갖고 1968년, 지금 목장터에 신규 입식자로 출발, 오늘에 이르는 분입니다. 그동안 나가시벳츠 농협조합장을 역임하고 오랜 세월을 나만의 방식으로 하는 낙농(마이 페이스 낙농, My Pace Dairy Farm)을 주창하여 끈질기게 영위하며 주변에 전파해 온 분입니다. 마이 페이스 낙농이란 풍토에서 맞는 적정 규모의 낙농을 실현하자는 것, 다두사육이나 과도한 원유생산을 지양하고 자기 지역 실정에 맞추어 적정 규모의 소와 원유 생산을 하자는 운동입니다.

각설하고 치즈로 인연이 된 미또모 유미꼬 여사와의 이야기 그리고 그의 부군 미또모 씨의 권유 중에 귀담아 둘 메시지가 있었기에 여기 기록으로 남겨 공유하고자 합니다.

(1) 어느 나라나 치즈 제조의 종착지, 목표 지점은 숙성치즈 그것도 장인정신이 담긴 아티잔 치즈(Artisan Cheese)이다. 어느 나라나 치즈 소비 유형을 보면 비숙성 치즈류, 즉 신선, 크림, 리코타, 모짜렐라, 스트링 치즈 소비로부터 시작되어 연질치즈 그리고 최종적으로 경질 숙성치즈로 간다. 결국 비숙성 신선치즈는 과정이요, 지나가는 다리에 지나지 않으니 부단하게 고급 경질치즈 기술을 연마해야 한다. 미또모가 역시 그리했더니 외국산 고급 치즈 사먹던 이들이 미또가의 치즈들(야마노 치즈, 카쇼카발로, 그랜 마치즈)을 맛보고는 그 치즈들을 우선 주문해서 소비하고 있다.

(2) 치즈에는 지름길이 없다. 그러나 선진 경험자들을 만나 잘 배우면 지름길이 나타날 수가 있다. 미또모 여사는 그런 사람들을 못 만나 빙 둘러 왔는데, 한국에는 다행히 지름길로 안내할 사람이 있다. 미또모는 치즈 만들다가 모르는 것이 있으면 주저 없이 프랑스로 갔다. 매우 자주 갔다.

(3) 기본이 중요하다. 치즈의 기본은 고품질 원유이다. 그리고 치즈관련 기본 과학이요, 기술의 집적이다. 그러므로 치즈는 부지런히 공부를 해야 한다. 치즈는 부지런함, 공부의 끈질김의 소산이다.

39.「에필로그」 노병은 죽지 않는다. 다만 사라져 갈 뿐이다.

"노병은 죽지 않는다. 다만 사라져 갈 뿐이다."

맥아더가 했다는 이 말은 결코 변명이 아닙니다. 노병은 무대 뒤로 사라질 뿐 평소 그가 남긴 열정, 강인한 승리욕 그리고 명예가 여전히 살아 움직이며 그것들이 후진 군인들의 마음을 움직이고 있기 때문입니다. 사람들은 어떤 영웅 한 사람이 죽거나 은퇴를 하면 "그의 시대는 저물었다"느니 "그의 역할은 끝났다"라고 단정 짓지만 그의 단정은 어리석은 착각일 뿐 그 영웅은 인류의 마음속에 영원히 살아있음을 우리는 숱한 역사의 맥락 속에서 익히 알고 있습니다. 그래서 한번 영웅은 영웅인 것입니다.

정신세계는 이렇게 도도히 살아 흐르는 것이기에 우리는 보이는 것보다 보이지 않는 것들의 가치에 대해 소중히 보존하는 이유이기도 합니다. 인간만이 갖는 생물계에서의 독특함이지요.

「진정한 영웅은 죽지 않고 더욱이 사라지지 않는다.」

오늘, 이 글의 명제입니다. 저는 언젠가 이런 글을 대한 적이 있습니다.

「나는 영웅이다. 사람들은 나를 사랑하고 있다.
그러나 그들의 사랑은 거짓이다.
그들이 사랑하는 것은 내가 아니라 영웅이다.
그들은 내가 영웅의 자리에서 내려오면
그들의 사랑도 거두어 갈 것이다.
그래서 그들은 나를 사랑하지 않는다.」

이 글을 대하고 참 좋아서 몇 년 동안 수첩에 적어 가지고 다니며 한 번씩 꺼내어 읽곤 했습니다. 그런데 최근 들어서 이 글에 대한 저의 태도가 달라졌습니다. 진정한 영웅은 자신이 영웅이라는 것을 모른다는 것입니다. 영웅은 삶 자체가 영웅이었지 목표가 아니었다는 것입니다. 즉 영웅을 목적 삼지 않은 삶, 영웅답게 살려 하지 않았음에도 그는 삶 자체로 사람들 가슴을 적시고 파고들어 사람들을 움직이고 사람들로 하여금 영웅이 가는 길에 동행하게 해 준 것입니다. 그리하여 자신만 영웅이 되는 것이 아니라 동행자들과 함께 영웅이 되어 마침내 한 분야를 바꾸고 혁신하는 역사를 성취하는 것입니다. 그래서 진정한 영웅은 죽지도 사라지지도 않고 사람들 가슴에 남아 있습니다.

이 나라 낙농업을 혁신할 영웅은 전국 도처에서 꿈틀거리고 있습니다. 그들이 바로 목장 유가공 운영자들입니다. 저는 이번에 사단법인 한국유가공과학회 제75차 학술대회에 나가 「고급 장인치즈(Artisan Cheese) 육성을 통한 국내 치즈산업 발전전략」을 주제로 발표를 하면서 2015년에 130여 개이던 목장 유가공장이 2030년이면 2천 개소로 늘어날 것을 당당히 예언하였습니다. 지난 2003년에 본격적으로 시작된 한국의 목장 유가공장 신설 증가 속도를 가늠해서 이런 예언을 한 것인데 오히려 더 빨라질 수도 있을 것입니다. 초창기였던 2005년쯤에 저는 2015년에 가면 50개소 정도 될 거라고 예언했었는데 이를 훨씬 추월했기 때문입니다.

저는 얼마 후이면 우리 원유 유제품 활용비에서 치즈제조 비율이 20%까지 확대될 것으로 봅니다. 왜냐하면 2천 개소의 목장 치즈업체라는 개미군단이 원유를 치즈제조에 활용할 것이기 때문입니다. 그리되는 날에 이르면, 한국에서는 「잉여 원유」라는 말, 「초과 원유」라는 말, 「분유체화」라는 말 그리고 「음용유 감아팔기」라는 말들이 사라지고 없을 것입니다. 그러므로 우리 낙농업계의 영웅은 영원히 죽지 않고 사라지지도 않을 것입니다. 그들로 인해 한국의 낙농업이 죽지 않고 사라지지도 않을 것이기 때문입니다.

제 4 장

농가형 유가공장 운영론

-북해도 지역의 운영사례를 중심으로-

<저자 주(註)>

저자는 1995~1996년에 일본 북해도를 방문하여 중소규모 유가공회사와 목장유가공장 방문을 통해 얻은 운영실태 자료와 당시의 북해도 낙농업 상황을 정리하여 1997년에 당시 축협중앙회 기관지였던 월간[축산진흥](현재의 월간 [축산]의 전신) 지에 1년 동안 연재한 바 있다. 저자는 1998년에 당시 연재했던 자료를 보강하여 -IMF극복, 낙농경영 지침서- 農家型 乳加功場 運營論 -북해도 지역 운영사례를 중심으로-]라는 제목으로 도서출판 [필 방]에서 자비(自費)로 출판 보급한 바가 있다. 따라서 본 장의 내용은 위의 책 내용 중에서 북해도의 1996년 무렵 목장유가공장 운영관련 부분만 발췌하여 [게재] 해 두는 것이다. 이는 곧 이 책이 [한국 목장유가공 운동]의 들불이 번져 나가게 한 [불씨] 역할의 소중한 자산인데 안타깝게도 책이 절판되어 더 이상 보급이 안 되는 것을 이번 기회에 복구시킨다는 의미가 있다. 또한 이 일은 저자의 [목장 유가공]기술 보급 활동의 발원지인 이 책이 1996년 활동 이후의 활동과 연결시키는 역사적 기록물의 완성가치가 있다고 보아 서슴없이 게재해 두는 바이다.

1. 서 론

우리의 낙농업이 1994년을 고비로 사상 유례없는 장기적이고 대량적인 원유 체화와 WTO체제에 따른 유제품 수입개방 후유증 그리고 최근의 IMF 한파에 시달리면서 불황과 좌절이 그 끝이 안 보이는 터널과 같은 상황에 놓여 있다. 이웃나라 일본은 우리나라보다 근 20년 정도 빠른 1970년대 후반 부터 국민 1인당 연간 시유소비량이 30Kg을 넘어서면서 시유소비가 정체되어 심각한 원유체화와 좌절을 겪은 경험을 갖고 있다. 그 당시 일본 정부는 장기적 차원에서 원유체화의 근본적인 해결 방안으로 원유수용성이 높은 치즈 산업을 육성하기로 하고 농민들과 지방자치단체(市, 町, 村)들을 지원하여 자연치즈 진흥정책을 펴게 되었다. 그로 인하여 1996년 현재 전국에 73개, 북해도에 22개의 소형 유가공장이 가동 중에 있고 오늘날 일본의 자연치즈 붐을 일으키게 되었다.

우연하게도 일본정부의 이러한 일련의 정책은 낙농업의 완전개방의 시대상황에 맞아 떨어져 오늘날 일본 낙농업의 WTO 극복방안의 하나로 자리잡게 된 것이다. 정책적으로 육성한 자연치즈 산업은 일본 낙농경영의 안정성 확보와 외국 수입치즈에 대한 경쟁력 확보라는 업적을 이루어 낸것이다.

저자는 1994년 부터 시작된 우리나라 원유체화가 장기화 되고 심각할 것임을 예견하고 그때 부터 우리나라의 장기적인 원유체화 해소방안의 하나로 농가형 소규모 유가공체제를 보급해야 함을 주장해 왔다.

저자는 일본의 낙농가들이 원유체화를 극복하기 위하여 농가형 소규모 유가공장을 운영해 오고 있음을 문헌, 자료를 통해 파악하고 이를 직접 현지 방문을 통해 조사하고자 하였다. 우선 제1차로 '95년 8월에 4박5일간에 걸쳐 북해도 대학과 낙농학원 대학을 자비로 방문하여 북해도대학의 시마자끼(島崎敬一) 교수와 낙농학원대학의 안도(安藤功一) 교수의 안내를 받아 북해도 지역의 소규모 유가공장들을 둘러 볼 기회를 가졌다. 그리고 제2차로 '96년에는 한국과학재단에서 지원하는 외국방문연구자로 선정되어 다시 약 한달여에 걸친 북해도의 농가형 유가공장들과 낙농사정을 면밀하게 살펴 볼 수 있는 낙농연수를 다녀 왔다.

일본 북해도 지역의 낙농실태, 특히 일찌기 일본의 자연치즈 제조기술을 일구어 온 소규모 농가형 유가공장들을 방문함으로써 우리 음식문화 전통과 유사한 일본치즈 제조기술을 참고하고 소규모 농가형 유가공장별 운영사례를 수집함으로써 한국형 유제품과 치즈 개발 그리고 우리나라 낙농가들을 위한 소규모 공장운영 사례를 정리 해 낼 수 있겠다는 욕심까지 갖고 달려든 연수였다.

'96년의 북해도 방문에서는 '95년의 짧은 기간보다는 다소 여유가 있었으므로 많은 중·소규모 유가공장과 낙농가, 대학 그리고 市·町단위운영 축산가공장 및 훈련 센터들을 방문함으로서 한국에서의 농가형 소규모 유가공장 운영체제 수립 연구에 필요한 정보 자료들을 나름대로 다량 입수 할 수 있었고 많은 축산식품 연구자와 치즈 전문가, 공장운영 책임자들과도 좋은 교분을 갖는 보람을 얻었다.

비록 짧은 연수기간이었지만 입수한 자료들과 여러 가지 보고 느낀점들은 혼자 갖고 있기에는 아깝다는 생각, 그리고 그냥 사장되듯 개인의 설합과 책장에 묻혀 있기보다 다소 부족 할지라도 이러한 소책자로 낙농업계에 소개되면 우리의 낙농업파국적인 난국극복에 조금이나마 도움이 될것이라는 소박한 마음에서 부끄러움을 무릅쓰고 발간하게 되었다.

우리의 낙농현실은 WTO체제 이후 계속되는 재고분유의 누적과 경기침체에 따라 생산자단체인 각 축(낙)협의 경영악화를 가져와 더 이상 버터 내기가 불가능함을 당국에 호소하고 있고 그 동안 난항을 겪던 낙농진흥법 통과로 언젠가는 원유납유량을 제한하는 원유계획생산제 도입이 예상 되고 있어 일부 낙농가들은 애써 생산한 원유를 농가 스스로 가공하든지 폐기처분해야 하는 냉엄한 현실을 맞게 될 것이다.

일본에서는 이러한 현상이 우리보다 20년 앞선 시점인 1970년대 후반에 빚어졌고 일본당국은 3차에 걸친 자연치즈 산업진흥책을 추진하는 한편 치즈용 원유가격 차등화와 국산치즈의 가공치즈 원료사용을 적극 권장제도를 시행함으로써 그 위기를 슬기롭게 대처하여 최소한 농민들이 원유를 버리게 되는 일은 막아냈던 것이다.

우리의 낙농과 당국의 현실 대응 자세는 어떠한가? 낙농인들을 만나 보면 고군분투하는 느낌과 지쳐있는 모습을 쉽게 대 할 수 있다. 원유의 장기체화와 분유재고 누적 그리고 업친데 겹친격의 IMF체제가 짓누르는 캄캄한 터널 속의 낙농가들에게 그 암흑을 하루 속히 빠져 나갈 수 있는 빛을 보여주어야 한다.

우리가 살아 본 경험에 의하면 세상에 속수무책이란 없었다. 방도를 찾다 보면 거기에는 반드시 빛이 있고 길이 있었던 것이다.

우리 민족은 쉽게 좌절하고 낙망에 빠지는 그런 열등 민족이 아니었다. 940여 차례의 외침과 수 많은 내환을 의연하게 극복하고 여전히 단일 민족으로 굳건히 존재하고 있지 않는가?

저자는 오늘의 우리 낙농업이 부딪치고 있는 이 난국은 우리 국민에게 어떤 방식으로든 국산 자연 치즈를 많이 소비하도록 유도함으로써 극복 할 수 있다고 믿는다. 시유소비의 한계가 이미 드러난 현 시점에서 "고품질우유, 1등급우유, 아이큐(IQ)우유, 이큐(EQ)우유"를 아무리 외치고 비싼 광고비를 들여서 "우리회사 우유가 최고라"고 목청 높여 봐야 결국은 헛수고를 하는 것이라고 보는 것이다. 차라리 그런 엄청난 광고비를 치즈 연구에 투입하여 한국인 기호에 맞는 순수한 한국형 자연치즈를 개발하고 그 치즈들이 어느정도 소비와 국제 경쟁력을 갖출 때 까지는 박리다매정책을 도입, 치즈 생산과 소비에 열정을 쏟는 것이 우리의 낙농장래를 위한 확실한 투자가 될 것이라고 보는 것이다. 우리 실정에 맞는 치즈개발과 생산은 곧 한치 앞도 안보이는 IMF한파와 불황의 캄캄한 터널에 놓여 있는 우리의 낙농업에 새로운 빛이 될 것이라 믿는다.

저자는 그동안 두 차례에 걸친 일본 낙농산업 분야 방문연구에서 얻어진 북해도 낙농업 및 유가공업, 특히 소규모 농가형 자연치즈 공장의 운영실태와 제반 정보 및 문제점들을 정리한 이 소책자가 WTO 체제이후 수입개방에 따른 소값 하락과 원유체화 그리고 IMF 한파로 인한 존폐의 기로에 놓여 있는 한국낙농업의 기사 회생을 위한 처방전으로, 그리고 나아가 우리나라의 낙농정책을 이끌어 가는 당국자들의 새로운 안목을 열어주는 자료의 하나로 활용 되기를 바라는 마음 간절하다.

2. 일본의 소형 유가공장 운영 동향

본 장에서는 저자가 방문했던 북해도 지역의 여러 소규모 유가공장과 축산물 가공센터별 제조기술, 공장운영 특성들을 정리하여 소개 해 두고자 한다.

(1) 낙농학원대학 유가공장

북해도의 酪農學園大學은 1933년, 북해도 酪農開拓의 선구자였던 黑澤酉藏씨가 당시 昭和초기의 農業恐慌과 더불어 冷害凶作과 苦鬪 하던 중 농민교육의 시급함을 인식하고 北海道 酪農義塾을 세워 낙농관계의 유수한 대학으로 발전시킨 역사를 갖고 있다.

1933년 이후 향학열에 불타오른 학생들에게 면학의 기회를 제공해 왔으며 1960년에는 일본 유일의 酪農專門의 대학으로 새 출발을 하게 되었다. 당시 酪農學部 180명의 신입생을 받아들임으로 개학이 되었다. 그 후 계속 부속 목장, 각종 실험 실습기구. 실험실을 확충하고 實際와 理論을 일치시키는 교육, 연구의 장을 만들어 왔다. 1963년 농업경제학과 설치를 비롯하여 1964년, 농촌의 다채로운 분야에서 활동하게 될 獸醫師를 양성할 목적의 獸醫學科 설치, 1988년 食品科學科, 1994년 食品流通學科 설치등으로 1개 학부 5개학과 규모의 웅골찬 대학이 되었다. 이 대학의 建學 理念은 "하나님을 사랑하고 사람을 사랑하며 흙을 사랑하자"는 三愛 精神으로서 "사랑이 없으면 아무 것도 아니라"는 新約聖經 고린도전서 13장 2절 말씀

<그림 4-1> 북해도 낙농학원대학 유제품 제조학 실험실습실

의 교훈에 근거를 두고 있다. 이 대학은 학생으로 하여금 지식이나 기술을 實際化 시켜주는 實學教育을 實踐해 오고 있어 일본 각지에 펴져 나가 있는 졸업생들의 활약은 대단한 것으로 알려져 있다. 안도선생이 이끄는 食品科學科의 乳加工學 파트도 실제적인 교육에 집중적으로 교육하고 있는 모습을 볼 수 있었다. 실험실에 들어와 있는 학부생, 대학원생 모두가 안도선생을 중심으로 自由奔放하면서도 보이지 않는 嚴格한 秩序 가운데 이루어진 가족적인 분위기 하에 열심히 공부하고 實技를 익히고 있어 각종 유가공 기술에는 어디에 내어놔도 손색이 없는 지식과 기술을 갖춘 인재들이었다. 실제로 안도선생이 저자로 하여금 북해도 지역에 있는 유수의 유가공업체들을 방문하도록 주선하고 (때로는 직접 안내하기도 함) 연결했을 때 그 회사의 유가공파트의 실무 책임자들이 어김없이 안도선생의 제자들로서 모두 회사에서 없어서는 안될 존재들이 되어 있었음에서 이 대학의 이론과 실제를 겸비한 實學教育의 열매를 확인 할 수 있었다.

이러한 實學教育의 산 教場인 乳加工 實習工場에서 저자는 학생들과 어울려 실습도 하고 공장 내부를 몇 번이고 꼼꼼히 둘러 볼 기회를 가질 수 있었다.

<그림 4-2> 낙농학원대학 식품제조학과 유제품 실습도중 안도교수(우)와 저자

가. 실습공장 운영

낙농학원대학의 유가공장은 안도교수의 오랜 활동과 노력의 결실로서 북해도의 여러 농과 대학들 중 가장 실속 있는 유가공장으로 正評이 나 있다. 그는 이 유가공장을 위해 많은 기계장치들을 고안 제작하였고 關係要路에 활발한 交分과 활동을 펴므로서 공장 설비 기계의 80%를 개인, 회사들의 기증품으로 채워 놓았다고 했다.

이 공장은 학생실습용 공장시설이므로 주 2~3회만 운영하되 주요 가공품은 대학 자체 목장의 신선 원유를 사용한 市乳로서 大學區內 生協이나 식당에서 자체 판매한다. 학기 중에는 낙농학원대생을 비롯한 단기대학생과 지역 平生教育프로그램 참여자들을 대상으로 한 乳加工 실습이 주기적으로 반복 이루어진다. 주요 실습내용은 치즈(가공치즈, 까망베르, 고-다, 에담, 에멘탈 및 체다)와 아이스크림, 버터 등을 제조하는 것으로 되어 있다. 학생실습 외에도 주중에도 계속 공장가동이 이루어지므로 공장운영을 위한 전담직원 배치가 되어 있었다. 전담직원 구성을 보면 학교직원 2명, 시간제 인부로서 여자 2명인데 주로 시유 가공 작업이 이루어지는 주중 2~3일만 하루 3시간 작업을 하도록 계약되어 있어서 주로 가정 주부들이 파트타임으로 종사하고 있었다. 이 공장 실무책임자는 雪印 乳業에서 停年退任한 유가공 전문기술자를 일정기간 계약제로 고용함으로써 학교에서 老若人力을 효율적으로 잘 운용하고 있었는데 우리네 대학에서도 이러한 주부의 시간제 고용이나 停年한 老齡人力을 대학의 인력활용 방안의 하나로 참고 삼아야 할 점이라 생각되었다. 이 공장의 운영요점을 보면 다음과 같다.

나. 시유가공

시유처리는 HTST 방식을 채용하고 있었으며 시유 자동 충전기는 미국 HERCULES Inc. Model OOLIL 였는데 시간당 1,000本 정도의 능력이었다.

살균작업 30분전에 소형 CIP(Cleaning In Place) 장비로 세정작업을 실시하는데 일본에는 소규모 공장용 유가공 기계제작 회사가 여러 곳 있어 쉽게 구입 설치가 가능하다고 하였다. 저자는 그런 회사들을 소개받아 와서 견적들을 조사해 봤는데 그 가격이 엄청나게 높아서 한국에 도입하는 것은 경제적으로 맞지 않을 것으로 우려되었다(그들은 플랜트수출도 할 수 있는 것으로 파악되었다).

살균유 서지(surge) 탱크는 1,000Kg용 2개로서 이를 번갈아 사용하고 있었다.

1회 가동 市乳 처리량은 계절이나 수요량에 따라 500~1,000Kg 정도였다

다. 가공치즈 제조 실습

가공치즈 제조는 오래 전에 실습용으로 제조하여 숙성 보관 해 온 에멘탈, 고-다치즈를 사용하되 북해도 명산물인 연어가루를 넣어서 제조하는 것이 특징이었다.

1) 제조후 2~3년된 에멘탈, 고-다치즈를 밀링기계로(우리의 방앗간 고춧가루 부수는 기계나 국수 뽑는 기계를 응용 할 수도 있을 것임) 분쇄한다.
2) Milling된 재료 8 Kg을 저울에 달아 熔融 vat에 넣고 교반하며 다른 원료와 섞는다.

3) 여기에 생크림 1.8ℓ와 생수 3.8ℓ를 부가원료로 넣는다.
4) vat를 가열하면서 주걱으로 충분히 저어주면서 재료를 녹인다.
5) vat(2중 자켓식)의 온도는 80-85℃가 되게 하고 5-10분에 걸쳐 저어 주며 완전히 죽같은 상태가 되기까지 녹인다.
6) 수시로 용융치즈의 pH를 검사하되 pH 5.6-5.8이 될 때까지 녹여주고 저어준다.
7) 완전히 녹은 것을 확인하고 연어가루 400g을 넣는다. 이때의 pH는 5.8이 좋고 너무 올라가면 乳酸을 첨가하여 조정해 준다.
8) 이때 Sodium glutamate(L-gluatmin 酸)와 인산나트륨 등을 적당량 넣는다.
9) 병이나 비닐 백에 넣어 굳히므로 포장한다. 이때 80℃ 이상인 상태에서 넣게 되면 포장용 비닐이 터지므로 주의한다(비닐포장지 이름 : Gas barrier film, O2 barrier).

라. 손으로 만드는 버터(手造りバター) 제조 실습

안도교수는 학생들에게 손으로 만드는 버터실습을 고안하여 실습 시킴으로서 버터제조 원리를 실제적으로 교육하고 있었다. 그 제조 과정은 다음과 같다.

1) 1ℓ 용량의 원통형 플라스틱 통에 100g의 생크림을 넣는다.
2) 뚜껑을 잘 막고 양손에 쥐고 상하 좌우로 잘 흔들어 주어 처어닝(Churning) 작업을 한다(5~10분, 너무 오래 동안 처어닝을 하면 原狀으로 되어 버림).
   이 때 지방 알갱이가 뭉쳐져서 덩어리가 되어 있는 것이 관찰된다.
3) 망사가 붙은 바가지에 지방알갱이를 부어 Butter milk를 제거한다.
   Butter milk는 모아 두었다가 가공치즈 제조 시 사용한다.
4) 지방 덩어리는 흐르는 물로 세척하여 지방 알갱이에 남아있는 Butter milk를 완전 제거한다.
5) 지방 알갱이를 나무판에 올려놓고 주걱으로 연압 한다.
   이 때 판이 기울게 하여 세척 시 남은 수분과 버터밀크가 흘러 빠져 나오게 한다.
6) 연압 중에 소금을 적당량 친다. 소금이 섞이도록 계속 연압 한다.
7) 충분한 연압이 되었으면 플라스틱 통에 포장한다.

마. 유가공실습공장의 제조 치즈의 종류

고-다치즈, 카멩바르치즈 및 가공치즈인데 고학년생들은 졸업논문 실험을 위한 치즈 제

<그림 4-3> 카멤바르 치즈용 아크릴제 원통형 몰드

<그림 4-4> 카멤바르 치즈용 회전형 커-드나이프

<그림 4-5> 카멤바르 치즈용 유청제거 및 성형시간 단축용 自動反轉機

조를 하는 경우 각종 자연치즈 제조를 시도 하고 있었다.

예를 들면 Gorgonzolla, Emmental, Blue, Bell Paese, Saint Poulin Cheese 등에 대한 제조법을 연구하고 원산지 제품과의 품질비교와 제조상의 문제점과 개선점등을 조사하여 각종 자연 치즈의 일본화에 힘쓰고 있었다.

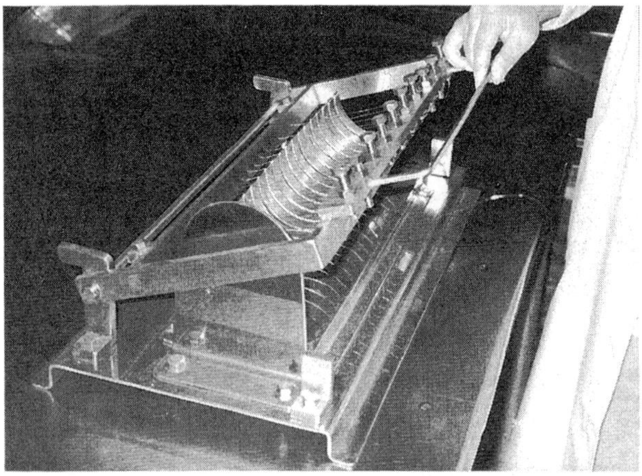

<그림 4-6> 카멩바르 치즈용 절단기 (성형 후 일정 크기로 절단, 숙성함)

바. 실습용치즈 제조특성

① 고-다(Gouda)치즈

이 치즈는 전통적으로 그 형태에 있어서 높이 : 직경 비율이 1 : 3~4의 원통형으로 무게는 2.5~3Kg 또는 10Kg 이상의 대형 평판형이나 2.5~5Kg의 롤러형이 있는데 여기서는 형태자체는 원통형을 취하되 무게는 200~250g 정도가 되게 소형화 한 것이 특징이다.

<그림 4-7> 카멩바르 치즈용 숙성 상자(앞 부분이 아크릴판 이어서 내부관찰이 가능함)

숙성도 전통적으로 습도와 온도를 조절 해 가며 하는 방식을 조정하여 생 치즈자체를 진공 포장하여 숙성실의 온도만 12℃ 부근으로 조정하여 4~5주간(전통적인 방식은 13℃, R/H 85% 조건으로 4개월간 숙성) 숙성 후 적절한 포장용기에 담아 제품화하고 있었다.

이때 숙성실의 습도 조정을 해주지 않아도 되는 이유는 생 치즈를 그대로 진공 포장하므로 진공 포장된 내부 습도가 거의 100%에 가까우므로 숙성실의 수분조절을 따로이 해주지 않아도 별 이상이 없다는 것이다. 이를 안도교수는 치즈의 혐기적 숙성(Anaerobic ripening)이라 하여 수년간 연구중에 있는데 독일에서 나온 유사한 실험결과는 숙성실의 수분을 조절한 것과 진공 포장하여 혐기적으로 숙성한 것 간에는 품질상 큰 차이가 없었다는 것이다.

② **카멩바르(Camembert) 치즈**

원래 이 치즈는 소형인데 전통적인 성형방식은 mould에 커어드를 일일이 퍼 담는 것이었으나 안도교수는 원래 카멩바르 치즈 크기의 직경을 가진 긴 원통(약 60㎝정도)에 유청이 빠져 나갈 수 있는 구멍들을 뚫어 만들어 한꺼번에 여러 개의 치즈의 유청을 배제하고 성형을 기계적으로 할 수 있도록 고안하였다.

이렇게 개발한 원통형 몰드에 커-드를 담아 안도교수 자신이 개발한 自動反轉機에 여러 개를 넣고 (15개정도) 기계를 작동 시키면 몰드내의 커-드가 180° 반전하여 낙하하고 커-드가 낙하하는 자체 충격에 의해 유청이 강제로 빠져 나오도록 고안 되어 있었다. 이런 장치는 카멩바르 치즈제조시 유청제거와 성형시간을 1/10 이상으로 단축시켜 카멩바르 치즈의 대량생산을 가능하게 할 것으로 보였다. 또한 反轉機에서 뽑아낸 성형 커어드는 안도교수가 고안한 특수 커드 캇터를 사용하여 한꺼번에 같은 규격의 치즈로 여러개를 자를 수 있게 되어 있었다. 카멩바르 치즈 숙성 상자도 안도교수가 스테인리스 강판으로 만든 상자안에 스테인리스강철 선반을 넣고 카멩바르 치즈를 일정량 넣은 다음 구멍을 뚫어 수분이 통과 되도록 한 아크릴 판을 이용하여 상자 앞을 막아 숙성정도를 관찰 하면서 한꺼번에 많은 양의 카멩바르 치즈를 숙성 할 수 있도록 고안 한 것을 쓰고 있었다.

(2) 하꼬다떼(函館) 牛乳

가. 회사의 개요

북해도에서는 남부에 위치하고 태평양과 마주하고 있는 하꼬다떼 시는 비교적 일찍이 미국, 러시아 및 서구 여러나라들과 교류가 활발했던 항구도시이다. 유가공업의 역사도 매우 일찍부터 시작된 곳으로 본토와도 매우 가까이 위치하고 있어 이곳에서 생산된 유제품의 상당 부분이 본토 소비용으로 팔려 나가고 있다고 한다.

하꼬다떼牛乳(株)는 1973년에 12월 15일에 자본금 250만엔으로 설립되었으며, 1975년부터 4ton용 탱크로리의 集乳線 투입, 1982년 HTST우유 新發賣, 회사경영에 컴퓨터도입, 1985년 치즈 제조 발매, 1990년 L.T.L.T우유 新發賣, 1991년 마시는 요구르트 新發賣, 1994년 현재 자본금 2400만엔 규모, 주주총수 25인인 가족경영규모형 중소기업이다. 총사원은 117명에 연간매출액은 32억엔이며 本社의 정식 명칭은 函館酪農

公社이다. 주요 製品 販賣線은 (株)북해도 슈퍼마켓 다이에, (有)魚長, (株)長崎屋, 自社 移動販賣車輛 45臺 및 기타 일반 소매점 등이다. 신제품 개발계획은 일본에서 한창 유행하고 있는 마시는 요구르트의 새로운 아이템 개발이라고 하였다(딸기첨가형).

<그림 4-8> 하꼬다떼 유업의 스텐리스 강철 격자에 낚시 줄을 끼워 만든 커어드 나이프

나. 치즈제조

이 회사의 치즈 제조기술은 맨 처음 독일인들이 기술이전 해 주었고 이 공장의 치즈 생산량은 공장 전체처리원유의 1%이내라고 하므로 치즈가 차지하는 비중이 매우 미미함을 알 수 있었다. 따라서 원유의 대부분은 음용유로 가공하는데 원유가 남아 돌 때만 치즈를 제조한다는 정책을 갖고 있었다.

<그림 4-9> 하꼬다떼 유업의 특수 가판용 차량

이 회사의 치즈라인 설치에 얽힌 폐 자재 활용과 근검절약정신을 실현한 경제적 방책이 공장설비를 갖출 때 신품만을 고집하는 우리

<그림 4-10> (주)하꼬다떼 낙농공사의 이동판매차량(Mobile Store) 가두판매 광경

에게는 많은 교훈을 심어주었다.

우선 치즈제조에 가장 기본이 되는 치즈밸(Vat)은 어느 회사가 기계설비를 교체하는 과정에서 폐기처분 한 중고품 LTLT 살균솥을 거저 가져오다시피 싸게 구입 해다가 사용하고 있었는데 치즈 제조에는 별 문제가 없다고 하였다. 그 밸의 용량은 300kg였는데 우리도 농가형 소규모 공장 치즈, 요구르트제조 설비를 갖추는데 참고 할 만한 사례라고 본다.

치즈 Knife도 일반 철공소에가서 스텐레스강 격자에 일정한 간격으로 구멍을 뚫도록 제작을 주문한 뒤 자기들이 직접 시중에서 일반적으로 쓰고 있는 약간 굵은 낚시줄을 구입 해다가 끼워서 훌륭하게 사용하고 있었다. 성형몰드 역시 시중 수도용 파이프 상회에 가서 인체에 해롭지 않은 식수용 플라스틱 파이프 중 원하는 직경의 파이프를 골라 적당한 길이로 절단하고 유청이 빠져 나갈 일정간격의 구멍들을 드릴로 뚫어서 사용한다는 것이다. 몰드의 뚜껑도 압착시 압력에 견딜 수 있는 強度가 있는 플라스틱 판을 몰드의 직경에 맞추어 절단하여 사용하면 된다고 했다.

치즈 제조시의 압착은 전 압착, 본 압착으로 두 차례 나누어 실시하고 있었다.

이 회사의 치즈 숙성실의 조건은 12℃, R/H 80-85%이었다.

치즈 원유 살균은 LTLT 열 교환기에서 60℃로 예열 한 후 본 치즈 벹으로 옮겨서 65℃, 30분간 유지 살균을 실시한다. 살균 후 치즈벹에 남아 있는 열은 요구르트 믹스를 혼합하는데 사용하며 그러고도 남는 열은 다시 가공유인 커피우유 혼합에 이용하여 모든 열을 충분히 활용하여 치즈 제조 온도인 30℃가 되면 치즈 제조에 들어 간다고 하여 철저한 에너지 재활용으로 원가절감에 힘쓰고 있음을 알 수 있었다.

다. 시유 가공

이 회사의 시유 맛은 지금까지 저자가 세계 각국을 다니며 마셔 본 우유 중 최고였을 정도로 인상적이고 매우 좋았다. 사실은 이 회사 주력제품이 시유이고 일본에서는 맛좋은 시유생산 업체로 유명하다고 한다.

사장인 金子 隆씨가 친절히 소개한 이 회사의 맛좋은 시유의 살균조건은 HTST 80℃, 20초, LTLT 65℃, 30분, UHT 120℃, 2초로 생산하는데 시유 처리 방식별로는 UHT 처리 90%, HTST 5%, 나머지는 LTLT 처리를 하고 있어서 저온처리유의 비중이 높지 않은 것임을 알 수 있었다.

이 회사의 시유가 맛이 독특한 것은 사실이지만 전국적으로 유명해 진 데는 그럴만한 사연이 있었다는 것이다. 한번은 어느 유명한 여배우가 하꼬다떼를 방문할 기회가 있어서 하꼬다떼 우유를 마셔보고 돌아가서는 그 맛이 인상적이었든지 이 회사의 우유가 매우 맛이 있었다는 사실을 순수하게 유명잡지에 기고해 준 이후 이 회사 시유가 전국 세를 탔다는 것이고 金子 사장의 독특한 운영기법(가족적인 운영, 고집스럽다 할 정도로 우유가공방식에 원리원칙을 고수함) 이 알려져 결국 일본내에서는 시유 한 품목만으로도 유명한 회사가 된 것이었다. 金子사장은 한국의 어떤 저온살균으로 유명한 유업회사를 방문한 바 있는데 그는 그 회사의 연속식 LTLT 설비를 시찰하여 자신의 회사에도 도입하고자 했으나 시유가공 추세가 대량소비체제에 맞추어야 하는 UHT방식이 우세함으로 포기 할 수 밖에 없었노라고 했다.

라. 제품판매의 특징

이 회사의 제품판매는 종업원이 직접 가두판매에 쓸 수 있도록 특수하게 장치된 차로 싣고 특이한 회사 로고송(Logo Song)을 방송하며 정해진 구역의 가로를 운행 하는 방식의 독특한 판매방식을 채용하고 있었다. 이동판매용 차량은 모두 45대 가량인데 차량판매 외에도 200개 정도의 도매형 대리점, 도시 대형슈퍼를 상대로 제품을 공급함으로써 (중간도매 없음) 다양한 영업 정책을 구사하고 있었다. 이 회사의 가판차량 운영 방식은 독특한데 이는 일종의 서구식 이동상점(Moving Store, Mobile Store)으로서 판매원 개인이 차를 구입하고 회사에서는 회사가 개발한 독자적인 상호와 로고, 차량의 외부치장을 해 주며 제품을 공장도 가격으로 제공하는 것 뿐이라는 것이었다. 차량 보험, 각종 세금은 물론이고 모든 자동차 운영을 車主가 알아서 부담하고 운전도 자신이 하는 자기 사업이기 때문에 회사로서는 가두판매 차량에 대해서는 부담이 거의 없어서 짐이 가벼운 데다가 판매량도 제법이어서 相互 共生이 잘 되고 있다는 것이었다. 결국 街販員은 이 회사 제품판매가 회사를 위한 것이 아니고 자기사업이므로 매우 열심히 하고 있다고 한다. 다만 어떤 경우에는 영세한 사람에게 차량 구입비를 회사가 융자해 주어 街販을 할 수 있도록 돕기도 한다고 했다.

마. 기　　타

이 회사의 아이스크림 믹스 살균은 70～78℃에서 10분간, 숙성은 5℃하에서 하룻밤을 넘겨 (overnight)시킨다고 하였다.

이 회사의 요구르트 스타터는 최근 널리 공급되어 매우 간편한 것으로 알려진 동결건조균주인 D.V.S(Direct Vat Set) 대신 고전적인 방식의 Bulk starter를 만들어 쓰는데 이는 회사의 제품향상과 개발을 위한 실험연구 차원에서 그 방식을 고집하고 있다는 것이었다.

(3) 북해도 유업(北海道 乳業)

가. 연　　혁

북해도 유업은 하꼬다떼 시에 위치하고 있었는데 이 회사의 연혁을 살펴보면 다음과 같다.

이 회사는 1931년 海産物仲介를 주업으로 하는 데서 출발하였다(日魯漁業,日本 水産特約店). 1949년에 田島産業(株)을 설립하고 처음으로 시유, 아이스크림을 제조하였다. 당시의 일일 집유량은 5.6톤 규모였다. 1953년, 자본금을 1500만엔으로 增資하고 田島

産業(株)의 전반적인 영업권을 承繼시키면서 北海道乳業(株)을 설립하였다.

1955년 분유설비 신설, 제조개시, 1960년 하꼬다떼 시에 전반적인 유제품종합공장을 신설하고 조업을 개시하였는데 이 때의 1일 集乳量은 28.1톤이었다.

1985년 우유 분무건조기 신설, 1992년 버터, 생크림, 치즈공장 신설이 이루어 졌다. 1993년도 연간 매출액 218억엔, 총 자본금 6,000만엔, 종업원 300명이며 판매는 주로 傘下 판매전문 회사인 北海道乳業販賣(株)와 札幌乳業(株)이 맡고 있었다.

나. 회사의 특징

북해도 유업은 시유, 연유, 분유, 아이스크림, 치즈, 버터 등을 생산하는 일본 굴지의 유업회사이자 우유재벌이다. 그룹 방계회사로서는 (주)호텔 오크랜드, (주)佛英通商(수출입, 광고, 손해보험, 여행업), (주)북해도 캐리웨이(제품배송, 스파 등 위탁 배송), 북부 아메리카(부동산 투자, 수출입), 北乳香港(중국으로부터의 수입업, 홍콩에서의 약초, 다류판매업), (주)삿뽀로유업(이동판매를 주체로 한 직판사업), 볼링장 등이 있다.

다. 치즈제조

북해도 유업에서 치즈를 처음으로 만들었던 시기는 10년전에 낙농학원대학에서 안도선생의 지도로 치즈공부를 하고 졸업한 야마모토(山本)씨가 입사하여 만들기 시작한 1988

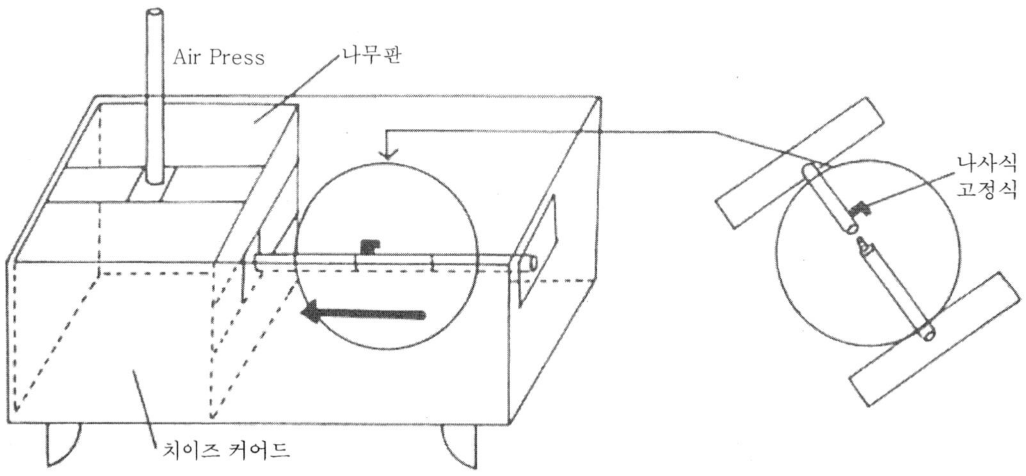

<그림 4-11> 치즈 뱉 내에서의 예비압착을 위한 장치

년부터 였다고 한다.

치즈 제조를 시작한 배경은 음용유 판매만으로는 많은 이윤이 남지 않았기 때문에 회사에서 유제품 분야를 강화한데서 비롯되었다고 한다. 즉, 그 때부터 요구르트, 아이스크림, 생크림, 치즈 생산 등의 유제품의 품목 다변화가 시도 된 것이다.

유제품의 다 품목 소량생산 체제를 도입하여 많은 이윤을 추구하게 되었고 치즈가 그 중에서 가장 중요한 제품이 되고 있다.

치즈 생산은 원유 200Kg/일 정도 처리한다(치즈 생산량은 20Kg/일 정도).

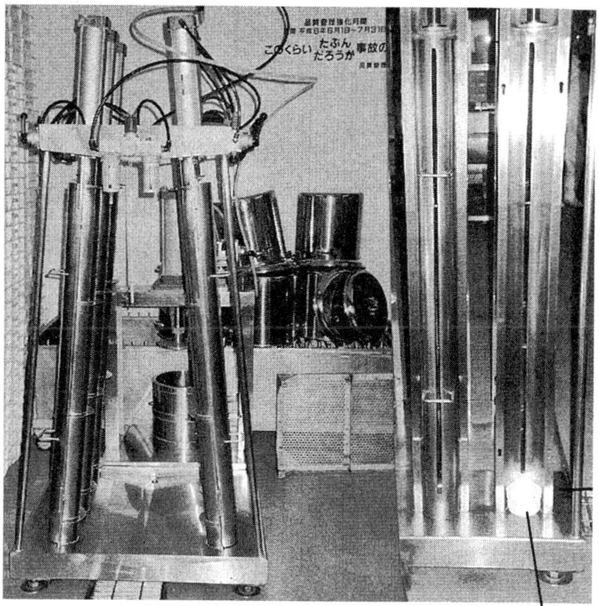

<그림 4-12> 3× 2열 × 16개형 소형 고-다 치즈 본 압착기, mould holder 치즈몰드

고-다 치즈 제조시의 특징은 원유를 63℃/30분 살균하고, 지방조정은 3.5%로 표준화 한다.

이어서 30℃로 냉각-스타터 주입, 정치-산도 0.15%시 렌넷 첨가(원유의 0.003%)-40분 후 cutting-cooking 실시(38℃)-1차 압착(vat 내에서 실시 <그림 4-11 참조>, 2차 압착(본 압착) : Mould 16개씩을 압착기 홀더에 넣고 실시한다<그림 4-12 참조>.

- 1단계 30분 0.7Kg/㎠ 압력으로 압착,
- 2단계 60분 1Kg/㎠ 압력으로 압착
- 3단계 90분 0.5Kg/㎠ 압력으로 압착하여 끝낸다.

鹽漬는 24%의 염액이 담긴 Tank에(온도 10℃) 3시간 30분간 浸漬 시킨다.

건조는 온도 10℃ R/H 85%인 숙성실에서 3일간 시킨다.

왁스 처리는 125~130℃로 가열한 파라핀 통에 처음에는 절반을 담가 굳히고 다음에 반대편을 담가 입히는 수 작업을 한다(기계적으로는 치즈 가운데를 고정쇠에 끼워서 녹인 파라핀 통에서 회전시키며 파라핀작업을 하기도 한다).

(Paraffin은 덴마크의 Christian Hansen Co. 일본 대리점이 공급).

숙성은 10℃, R/H 85% 조건인 숙성실 에서 2개월간 실시한다(Brie 치즈는 2주간만

<그림 4-13> 일본 오리온기계(주) 제품인 소형 고-다 치즈용 mould

숙성).

치즈 Mould는 일본오리온사 제품으로 200g 치즈 용량인데 특수재질로 제작되어 압착 압력에도 잘 견딘다고 했다.

1개당 가격은 12,000엔 정도 (우리나라 돈으로 169,800원)이다<그림 4-13>.

치즈 부서의 직원구성은 총 3명이며 매일 제조하는 치즈 종류가 다르다고 하였다. 1주일에 고-다, 2회 ; 가이바시다(호다데라는 생선 고기맛)치즈 (정식명칭은 Adducotor

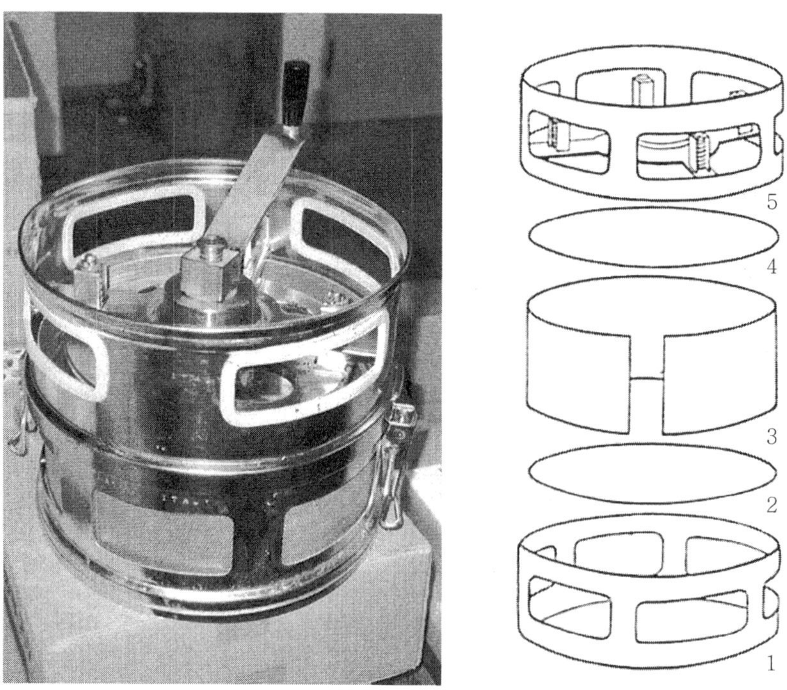

<그림 4-14> 일본 오리온기계(주) 제품인 Press-Mould(압착과 성형) 겸용품과 그 구조.

cheese, 이태리식), 2회 ; Fruit 치즈 1회(Cream cheese를 Base로 95% 사용하고 건조망고 1%, 복숭아쨈 1%, 복숭아 과즙 0.9% 등을 넣어 만든것) 등으로 제조한다(유리병에 포장함).

북해도유업의 각종 치즈 시판가격은 Gouda 200g에 1,000엔(한화 14,250원), Brie 250g에 1,000엔(한화 14,250원), 과일치즈 125g(병장)에 500엔(한화 7,125원) 정도였다(환율 100엔=1,425원 기준).

오리온사 제작 Press-Mould(압착과 성형) 겸용품은 가격이 25만엔 정도인데 소규모 농가공장이나 실험실에서 소규모로Gouda 치즈 제조 시 사용하면 매우 편리할 것 같아 소개 해둔다<그림 4-14>.

북해도유업에서는 試製品으로서 Parmesan cheese를 제조하고 있었는데 이 치즈는 Cheese powder로 만들면 Pizza 요리에 덧 양념으로 뿌리는데 쓰이며 우리나라에서는 전량 수입하고 있다.

라. 기타 사항

지금은 물류비 때문에 아이스크림 라인을 폐쇄하고 그 라인을 후식(푸딩, 샤벳)품 생산에 활용하고 있었다. 다만 아이스크림은 OEM 방식으로 생산하고 있었다(구보다(久保田) 치즈목장이 그 중 한 업체임).

북해도유업은 원유의 30%는 음용유로 처리하고 나머지는 유가공품 제조에 쓰고 있다. 처리 원유량은 330 M.T/日 정도이다.

(4) 구보다(久保田) 치즈 목장

저자가 북해도를 두 번에 걸쳐 방문하는 목적은 (물론 기회가 닿으면 몇 차례 더 방문할 예정이다) 북해도의 농가형 소규모 유가공장들을 둘러 보는데 있었다. 그래서 하꼬다떼지역 방문 첫날, 인사를 마치고 나서 나는 일정에는 없었으나 염치 불구하고 안내자에게 나의 북해도 방문의 참 뜻을 밝혀 양해를 구하고 하꼬다떼 지역에 있는 농가형 소규모 유가공장을 안내 해 달라고 부탁을 했다.

안내자는 이 제의를 쾌히 받아들여 자기네 회사에 OEM으로 아이스크림을 납품하는 농가 유가공장이 있다며 연락을 취하더니 다음날 방문이 가능하겠다는 것이었다. 그렇게 해서 방문하게 된 곳이 구보다 치즈 목장이었다.

가. 농가치즈 제조의 동기

일본에서는 이미 1980년대 초반 무렵부터 오늘날의 우리나라 처럼 원유가 남아돌아 유업체들이 잉여원유로 분유를 가공하여 낙농가들에게 乳代 대신 그 분유를 준 일이 있었다는 것이다. 그때 당시 久保田씨는 장차 원유가 남아돌게 되면 낙농업을 유지하는데 여러 가지 곤란한 문제가 일어나겠다는 것이 예상되어 자신의 목장에 소규모 유가공장을 설치함으로써 항구적인 원유 체화 대비책을 마련하고자 했다는 것이다. 그러니까 일본이 원유 계획생산제를 도입하면 자연히 자신의 목장규모를 축소시키지 않는 한 납유 하지 못하고 남는 잉여원유가 발생하게 될텐데 이렇게 남게 되는 우유로 자기 목장에서 신선한 유제품을 손수 만들어서 팔아야겠다는 생각을 갖게 되었다는 것이다.

그는 농민이 손수 원유를 생산하여 현지목장에서 바로 만든 유제품의 신선미, 순후 한 맛 그리고 그 精誠을 들어 제품의 여러 우수성을 선전하면 판로가 열리고 충분히 승산이 있을 것이라고 믿었다는 것이다.

그러한 판단아래, 그는 1983년에 치즈 공장을 시작하게 되었는데 사람들에게 우유 1 ℓ를 마시도록 권하기보다 100g의 치즈를 먹도록 하는 것이 쉽고 소비량도 거의 같다고 보았기 때문에 여러 유제품 중 치즈 제조부터 시작하였다고 한다.

치즈 제조 방법은 혼자서 책을 보며 실습 해가며 배워나갔다. 그런데 문제는 curd를 어느 시점에 절단(cutting)해야 하는지를 몰라서 애를 먹으며 실패만을 거듭하다가 마침 농협에서 낙농가를 위한 우유가공 실습 프로그램을 운영해 주어서 그때 참가하여 완벽히(?) 배워서 익혔다는 것이다. 그 뒤로는 치즈를 잘 만들게 되었다며 쓴 웃음을 짓는다.

나. 치즈 판매방법

구보다 씨는 여러 가지 난관을 극복하고 정작 치즈는 잘 만들었는데 이제는 그 치즈의 판매가 문제였다고 한다. 유명회사나 공공단체에서 제조했다고 해도 안 팔리는 당시 상황에서 농민의 치즈판매는 제조보다 더 어렵게 느껴진 것이 사실이었다는 것이다.

그는 우선 동생으로 하여금 마을 앞을 통과하는 국도 변에 그럴듯한 레스토랑을 만들어 운영케 하고 거기서 식당손님들에게 치즈를 팔게 하는 한편 자신이 직접 차에 싣고 다니며 지역의 주민들에게 팔았다고 한다.

<그림 4-15> 구보다 치즈 목장

하꼬다떼 공항 매점에 가서도 팔고 지역의 골프장에 가서도 팔고 시내 호텔마다 다니면서 팔기도 했다고 한다. 그러던 중 하꼬다떼의 대형호텔인 프린스 호텔에 가서 팔 때는 잊지 못할 에피소드가 하나 있었다고 하였다. 그것은 구보다 씨가 치즈를 만들기 시작한 아주 초창기 시절의 이야기인데 그가 치즈 상자를 들고 가서 호텔 총 지배인을 만나 자신이 직접 만든 치즈를 가져 왔는데 좀 구입해 달라고 했더니 지배인은 조금 기다리라고 하더라는 것이다. 잠시 후 그는 그 호텔 주방장을 데리고 나와서 주방장이 먹어보고 난 후 그가 좋다고 하면 사주겠다고 하는 거였다. 주방장은 건네준 치즈를 이리저리 대충 보고 나서 조금 떼어서 맛을 보더니 "야! 이것 참 맛있는데!"라며 탄성을 지르더라는 것이다. 그리고는 총 지배인더러 서슴없이 이 치즈를 모두 사달라고 하더니 이내 자기 자리로 가고 나자 총 지배인 역시 두말도 않고 그 자리에서 계약을 해 주었다는 것이다.

뒤에 구보다 씨가 그 주방장을 만나서 그 때 자신의 치즈를 선뜻 사 주어서 고마웠다고 하자 그 사람 말이 수수하게 "그때 내가 너무 배가 고팠던 모양이라 되게 맛이 좋았었다"라며 생색도 안 내더라는 것이다. 그 주방장은 지금은 출세를 해서 동경 프린스 호텔에 있다고 하면서 구보다 씨는 남이 어려운 지경에 놓였을 때 조금만 도와주면 그렇게 쉽게 편하고 자기도 복을 받는 모양이라고 했다.

하꼬다떼시의 특급호텔인 프린스에 납품한다는 것만으로 그의 치즈 품질은 인정을 받게 되었고 치즈 판매도 별 어려움이 없이 이루어진 것은 물론이다. 그러면서 구보다 씨는 사실 치즈 만드는 건 어려운 일이 아닌데 진짜는 판매가 어렵다고 몇 번이고 강조했다.

다. 구보다 치즈목장의 이모저모

구보다 씨는 1개월마다 원유 1,300Kg을 써서 165g짜리 카망베르 치즈 1,000개 정도를 생산하고 있다. 아이스크림은 1개월에 3회 만들어 지역 상점들에게 대부분 도매로 넘기고 북해도 유업에 OEM으로 제작하여 넘기고 있다고 하였다.

구보다 치즈 목장은 부부와 종업원 1명이 젖소 70두(搾乳牛)를 사육하면서 수시로 치즈와 아이스크림을 제조하며 수시로 찾아오는 방문객 맞이, 지역 농업전문위원의 활동을 하는 등 매우 바쁜 생활을 하고 있었다.

구보다 씨의 아이스크림, 치즈 공장 건축비는 평당 150만엔이 들었다고 하였다.

아이스크림기계(freezer)는 이태리제인 CAPRIGIANI인데 overrun이 30% 정도로 나와 만족스런 품질이라며 좋아하였다.

치즈 공장 설비 구입비만 당시 1,000만엔이 들었다고 하였다. 당국의 제조허가를 받아서 하찮은 냄비로부터 보일러, 치즈 밷, 숙성실 까지 온전히 갖추었는데도 당국으로 부터는 단돈 한푼도 지원을 받지 않았고 자신이 매년 필요 할 때마다 애지중지 키워 온 소를 팔아 돈을 마련해 가며 수년간에 걸쳐 조금씩 투자하여 어렵사리 오늘의 공장을 완성했노라고 매우 단호한 어조로 일본 농정당국의 무관심에 서운함을 나타냈다.

☆ 구보다 치즈 목장의 치즈 제조시설 내용

1) 치즈 밷 500Kg 용 1세트
2) Mould(스텐레스 강철 mould 160-200g용, 플라스틱 mould 250g 용)
3) 숙성실(약 3~4평 정도), 습도 조절은 자연의존(숙성실내에 응축수가 떨어지는 것을 이용함), 따라서 숙성시 온도만 조절한다.
4) Scraper, Agitator→목재제품

구보다 치즈목장은 젖소 사양에서 TMR은 2~3년 후에나 도입 할 예정이고 얼마 후면 착유로봇을 구입할 예정이라고 했다. 착유두수를 늘리고 3대를 구입하려고 하는데 로봇 한 대가 일회 80두 착유가 가능하다는 사전 지식도 갖고 있었다. 로봇을 조금만 더 개량하면 100두 착유까지도 가능 할 것으로 예상된다고 했다. 일부 일본에 들여 온 조립 로봇은 7,000만엔(한화 9억9천7백50만원/환율 100엔=1,425원 기준)인데 그것도 처음엔 1억엔 짜리가 이 정도까지 인하된 것이며, 얼마후엔 4,000만엔대로 하락될 것이 예상된다고 했다. 지금은 북해도 낙농가에 3대가 설치되어 운영되고 있는데 리스(Lease)가 있으므로 그것을 이용해 볼 생각이라고 했다. 지금은 북해도 久保田社가 네델란드 제품을 수입 조립판매하고 있는데 네델란드 회사의 정품보다 비싸다고 했다(네델란드제를 직수입 시는 2,000

만엔 정도라고 했다).

북해도 낙농가들의 낙농 분뇨 처리는 일본에서도 골칫거리가 되고 있었다. 처리시설비의 95%는 국가가 지원하고 5%는 자부담 이라고 했다. 특히 분뇨처리용 기계 구입비의 75%는 국가나 지방정부가 지원하고 있었다.

라. 구보다 씨의 일 철학

<그림 4-16> 구보다 치즈 목장을 안내하고 자신이 만든 카망베르 치즈를 들어 보이는 구보다 씨

구보다 씨는 그냥 일하는 것이 재미있고 단순히 낙농이 좋아서 한다고 했다. 돈을 벌려고 했으면 왜 하필 잔일거리 많고 신경 쓰이는 게 많은 낙농업을 택했겠느냐며 자신은 일하는 것 자체를 수도하는 마음, 때로는 오락하듯이 즐거움으로 일을 한다고 했다.

"저는 인간은 일하며 살아가도록 만들어진 존재라고 봅니다. 그러므로 인간은 계속 일을 해야 나쁜 생각이 안 나는 것이라고 생각합니다. 편하고 게으르면 자연히 안 좋은 생각이 나고 우리의 영혼은 점점 더러워지지요. 그런데 부지런히 일을 하면 잡생각은 쉽게 사라지고 일 그 자체로부터 참 인간의 길을 발견하게 됩니다. 그러니까 인간이 일을 한다는 것 자체가 곧 인격 수양방법의 하나라고 봅니다. 부지런히 일을 하면 마음이 즐겁고 평안하며 돈도 들어오고 인격도 수양되니 一石三鳥가 아니겠습니까?"

초면인 외국인 방문자에게 열정을 품고 소신을 말하는 구보다 씨의 일 철학이 구수하고 소박하여 참 좋았다. 그러한 철학을 갖고 낙농을 하는 그는 지역민 들에게 신뢰를 얻게 되었다고 동행한 하꼬다떼 유업 사장 동생인 金子씨가 귀띔해 준다. 특히 치즈 이야기만 나오면 그동안 워낙 얼키고 설킨 사연과 고생이 많아서인지 그는 시간 가는 줄도 모르고 열이 나서 자기 경험 이야기며 소신을 피력하는데 열심이라고 그도 즐거운 듯이 설명해 주었다.

저자도 그의 소박하면서도 감동을 주는 일 철학에 욕심이 생겨 우리대학과 주변 낙농가들을 위해 초청하고 싶어 한국방문을 요청했더니 당장은 바빠서 곤란하고 2~3년 후에나 응할 수 있겠노라며 반가워 했다.

<그림 4-17> 구로마쯔나이町의 toit vert의 화이트 블루 치즈

구보다씨는 지역민의 신임을 받아 금년부터 지역농업 대표라 할 수 있는 농업위원(지역 토지매매 보증, 농민보호, 농민후계자 육성 관련 일을 함)으로서 일하고 있는데 그는 특히 지역의 농민후계자 육성에 힘쓰고 있다고 한다. 평소 꾸준히 노력한 결과 지금은 자신의 주변에 20세대가 낙농을 하고 있는데 후계자가 없는 집은 9가구 뿐이라며 흡족해 하였다.

(5) 구로마쯔나이(黑松內)町 特産物 手製 加工센터 toit vert

구로마쯔나이 町에서 건립 운영하는 수제(手製) 축산물가공센터(toit vert)에서는 육가공품과 유제품을 그리고 고급 포도주와 포도쥬스를 생산하는데 유제품은 White Blue cheese와 아이스크림 3종, 육가공품으로는 햄 8종, 소시지 4종을 생산하고 있었다.

White Blue cheese는 어떤 프랑스형 치즈를 자체 개량하여 변형시킨 것으로 낙농학원대학에서 안도교수 지도로 치즈를 공부하고 졸업하여 그곳의 유제품 전문 기술자로 일하고

(좌)

(우)

<그림 4-18> 치즈 커어드의 쿠킹시 커어드 교반을 자동화 한 회전식 치즈 밸(좌)과 회전을 자동화 한 구동모터장치(우)

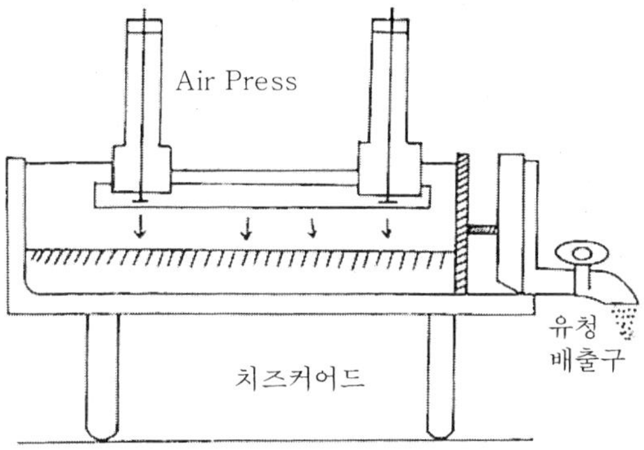

<그림 4-19> 뱉 내에서의 예비 압착 장치

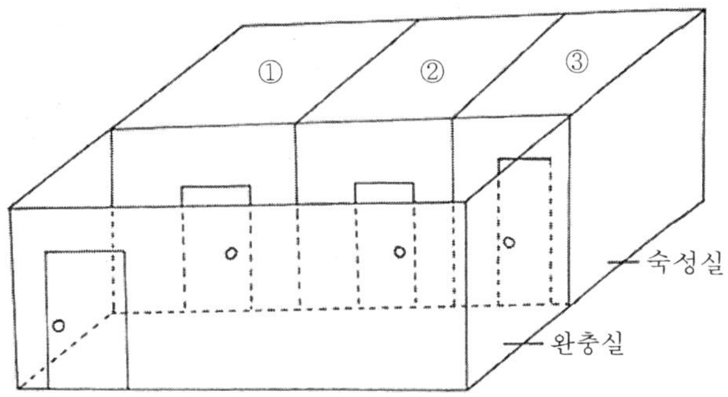

<그림 4-20> 화이트블루 치즈 숙성실 구조와 숙성 단계별 조건 :

① 실 ; 18℃ R/H 95% , ② 실 ; 8℃ R/H 92% ,
③ 실 ; 5℃ R/H 78.4-86.8%

① 실에서는 7일동안 곰팡이가 잘 자라도록 18℃를 유지한다.
② 그냥 시험용으로 가끔씩 사용 하고 있다.
③ ① 실에서 곰팡이 스타터가 치즈 표면에 하얗게 뒤덮인 것을 옮겨 21-28일간 내부 곰팡이 스타터가 자라도록 다시 숙성 시켜 제품화 한다.

있는 와다(和田)씨가 개발하였다고 한다.

이 치즈의 곰팡이 스타터 균주는 *P. candidum*과 *P.roquiforti*로서 전자는 표면을 하얗게 해주고 후자는 내부에 청색을 띄게 하는데 이 치즈가 맛과 외관이 뛰어나 제품으로서 성공하여 이제는 구로마쯔나이 지역의 특산품이 되었다고 한다.

이 공장에서의 치즈 제조는 한달에 한번 정도 이루어지며 원유 200~300Kg/회 정도를 사용한다고 했다. 이 공장에서 쓰고 있는 치즈 뱉은 안도선생의 지도를 받아 특별 제작 하였는데 쿠킹시 교반을 위해 자체 회전형 Vat로 제작되어 별도의 교반장치가 필요 없도록 되어 있었다.

Curd의 1차 예비압착은 Vat내에서 하는데 넓은 커어드 압착판 위에 pressor를 달아서 기계적으로 압착을 하고 있었다(이 압착기도 일본 (주)오리온기계 제품으로 추정 되었다).

압착이 끝난 후 성형된 치즈의 염지는 20% Salt액에 20분간만 담그는 것으로 짧게 하고 있었다. 이때 치즈를 숙성보관용 스테인리스강선 선반형 틀에 층층이 쌓아서 여러개의 틀을 묶어 한꺼번에 크레인을 이용하여 들어올려 염지통에 매달아 잠기게 했다가 20분이 경과하면 다시 크레인을 들어오려 묻은 염액이 허실없이 염지통에 고스란히 회수 되게 하고 염액이 다 빠져나간 선반형 틀은 운반용 수레에 그대로 얹어서 숙성실로 직접 이동시켜서 편리하게 작업하고 있었다(이 때의 염액 온도는 반드시 10℃ 유지).

이곳의 치즈 숙성실은 3개의 방으로 구분되어 있었고 숙성을 일정한 단계를 거쳐서 각각 숙성실로 이동시켜 가며 하고 있었다<그림 4-20참조>.

(6) 빗꾸리 덩키 계열(Wonder Dunkey)농업생산법인 有限會社 아레후(あれふ)牧場 乳加工場

이 유가공장은 저자가 그곳을 방문하기 1개월전에 준공되어 가동한지 얼마 안되었기 때문에 회사의 기밀 사항이 많다고 하면서 방문자에게 사진 촬영이나 내부시찰은 엄격하게 제재하고 있었다. 이 공장 안내는 안도선생이 직접 해 주었고 공장장은 미우라(三浦)씨 였는데 그는 낙농학원대학 출신으로서 안도 선생 밑에서 치즈를 공부하고 酪農大學園재단의 장학금을 받아 프랑스의 낭트(Nante)에 있는 치즈 연구소에서 3년간 프랑스의 농가형치즈를 공부한 재원이었다(Master degree 취득).

그는 저자가 안도선생과 함께 모처럼 찾아 주었는데도 회사 사정상 공장 시찰을 깊이 있게 시켜 주지 못해 미안하다면서 대신 그가 배우고 돌아온 프랑스 농가 치즈제조 기술에 대해 자진하여 자세히 설명 해주는 것으로 부족함을 보상하고 싶다고 하였다.

이 공장에서는 프랑스 연질치즈의 본고장에 해당하는 노르망디형(Normandi type)의 Camembert(Camembert 마을이 노르망디州에 속함)와 Formage Blane을 생산하는데 후자는 같은 Camembert계통 치즈로서 전자는 숙성형 후자는 비숙성형 fresh type이다.

이 공장에서 생산하는 요구르트를 시음해 본 결과 그 맛이 유난히도 걸쭉하고 특이한 맛이었는데 드링크 타입과 호상 요구르트의 중간형으로서 요구르트 발효의 end point는 기

---

* Appellation d'Origine Controllee(AOC)

프랑스의 原産地 名稱管理 즉, 포도주와 낙농제품, 농산식품을 대상으로 하여 그 제품이 어느 지방 곧 原産地에서 확실히 생산 된 고품질의 純正品임을 보증하는 제도.

현재 시행되고 있는 AOC에 관련 된 법제는 원래 1919년 5월 6일에 [原産地 保護에 관한 법률]의 발효와 더불어 시작되었다. 이 법률에 의하면 '原産地로는, 제품의 생산지를 지방, 지역및 마을명칭을 표시 한 것이다. 또한 原産地라 함은 自然要人, 人的要因을 포함하는 人文, 地理的 환경과도 관련이 있다. 따라서 原産地名은 그 제품의 개성을 지정해 두는 것이 된다.' 라고 되어 있다. 프랑스에서는 이 보다 앞선 AOC 前史가 있는데 1905년의 '原料의 僞造'를 감시 감독하는 법률이 있었던 것이다. 이 법은 僞造商品 생산을 방지하고 眞品을 틀림없이 보호하려는 목적 하에 제정, 시행되었다. 그로부터 생산지 土質과 밀접한 관련을 갖는 제품의 정당성은 原産地에 의해 증명 될 수밖에 없다는 해답이 얻어 져서 1919년에 드디어 법제화로 발전 한 것이다. 그 후 시대의 변천에 따라 개정, 보완되어 오늘날은 생산자와 소비자 그리고 정부 당국자 등의 3자로 구성된 全國 原産地 名稱協會(프랑스 농림부관할, 약칭 INAO)가 운영관리를 맡아나가고 있다. 치즈에 관해서는 각종 치즈의 정의, 원료유의 정의, 생산지역, 생산방법, 숙성기간 등에 이르는 사항을 세부적으로 규정하고 있다. 프랑스 정부는 이 법을 위반하는 사람에게는 3개월~1년의 징역과 300~2만프랑(94,071원~6,271,400원/환율 1프랑=313.57원기준)의 벌금을 부과하고 있다.

밀 사항이므로 밝히지 않았고 다만 보통 시판중인 요구르트의 발효 end point가 pH 4.64 정도인데 비해 이 회사의 요구르트 발효 end point는 기존회사들 보다 약간 올려준다고 귀띔만 해주고 만다. 또한 저자가 끈질기게 묻자 추가적으로 귀띔하기를 요구르트는 37℃, 10시간 배양, 사용 중인 스타터는 덴막의 Chr. Hansen사의 Yoflex를 사용한다고 하면서 제품 완성 전에 요구르트의 香味成分인 Aldehyde 함량검사를 필히 실시하여 품질을 조정하고 있노라고 하였다.

Camembert Cheese의 Curd Knife는 신통하게 여기서도 안도 선생이 개발한 원통형을 쓰고 있었다. Curd Knife의 줄은 스테인레스강선 대신 낚시줄을 사용하였는데 다만 커어드 절단시 이 회사는 위로부터 한번 누르고 나서 반회전만 시킨다고 하였다. 가염시에는 가늘은 체를 사용하여 가늘은 소금을 뿌려주는 건염법을 쓴다고 했다.

이 공장에서는 생산된 치즈가 Camembert 치즈이지만 AOC(Appellation d'Origine Controlee, 원산지 명칭관리*)를 의식하여 Camembert라는 명칭을 사용하지 않는다고 했다. Cheese의 예비압착은 2Cm두께 정도의 다소 무거운 스텐리스 강판을 치즈 vat내의 Curd위에 직접 올려 놓는 것으로 대신하고 있었는데 그래서인지 이곳에서는 안도선생이 고안한 Camembert 치즈의 유청배출용 自動反轉機가 보이지 않았다.

미우라 씨가 설명해준 프랑스 농가형 치즈공장에서의 전통적인 치즈제조 방식 두 가지를 소개하면 다음과 같다.

가. Camembert치즈

원 유	- 무살균 원유 사용이 원칙
↓	
유 산 균 접 종	- 신선한 양질원유는 산도가 낮아 유산균을 접종하여 하루밤 재움으로서 산도는 0.16~0.25%까지 증가되어 잡균오염을 막아준다(접종용 유산균은 원유의 0.1~0.5% 정도접종, 온도는 10~12℃유지).
↓	
원유혼합	- 유산균 접종으로 하룻밤 숙성시킨 우유와 아침에 착유한 신선한 원유를 50 : 50의 비율로 혼합한다.
↓	
예 열	- 30~35℃, pH 6.0
↓	
스 타 터 첨 가	- Bulk stater로 원유의 1.5-2%
↓	

공정	내용
Rennetting ↓	
Setting ↓	– 60분간 정치
성 형	– Curd를 curd knife로 절단하지 않고 vat로 부터 직접 curd를 주걱으로 퍼서 바로 mould에 담는다.
커어드 반 전 ↓	– Mould에 넣었던 curd는 30분 마다 2회(1회/15분) 간격으로 1~2시간동안 뒤집어 주므로서 유청을 자연스럽게 제거한다.
Overnight ↓	– 이때 cheese의 pH가 낮으면 쓴맛이 생기므로 주의한다.
가 염 ↓	– 건염, 습염법에 따라 맛의 차이가 생기므로 가염방식은 생산자 자신이 정한다.
곰팡이 접 종	– *P.candidium(P. camembertii), P.caseicolum, P.glocum*을 Chr. Hansen이나 Wisby로부터 구입 해 사용한다.

* 곰팡이 액(Mold liquid) 제조법

10 ℓ 용 Chr. Hansen Mold첨가

10 ℓ 의 0.85% NaCl 액이나 멸균수에 소금 20g

10~12℃ 유지

12~24시간 방치후 사용

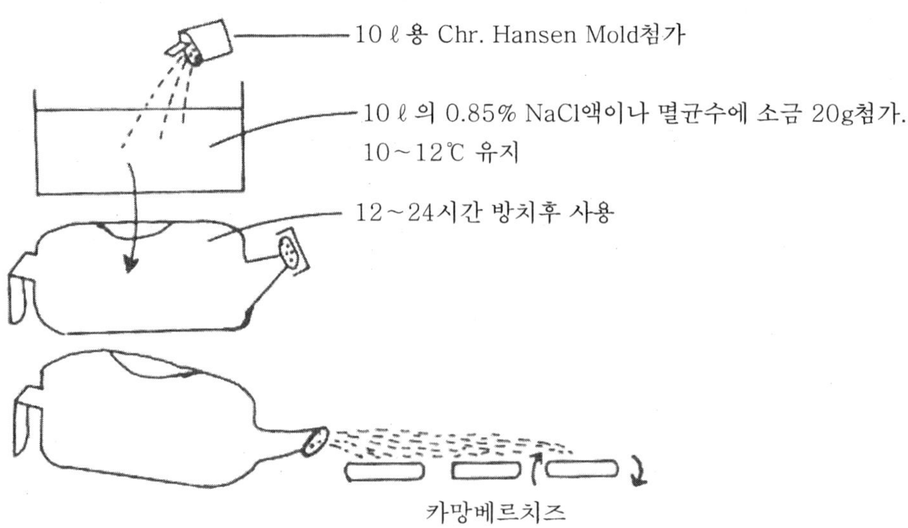

<그림 4-21> 곰팡이 스타터액(Mold liquid)제조법과 접종법

↓

숙 성 - R/H 90%이상, 12~14℃, 8~12일간 숙성한다. 치이즈 pH가 5.2 정도면 좋은데 pH가 너무 낮으면 숙성을 빨리 끝내고 높으면 다소 오래 숙성 해준다.
프랑스에서의 Camembert의 농가 치즈 생산량은 매년 감소하고 대규모 공장 생산량은 증가하고 있다고 한다.

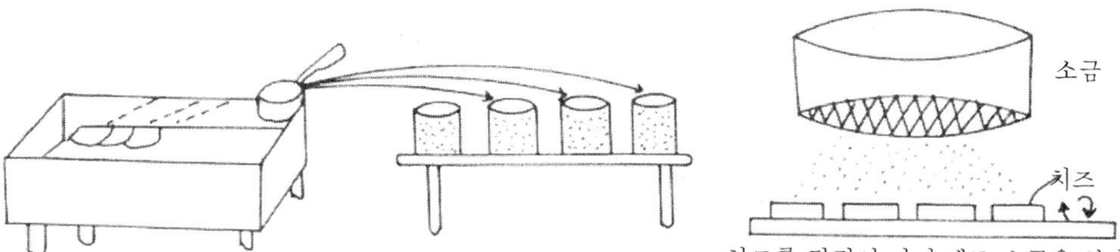

<그림 4-22> 카망베르 커어드를 직접 퍼넣는 성형방식과 체를 사용하는 건염법에 의한 카망베르치즈 소금치기

나. Gouda 치즈

원 유 - Camembert와 동일처리

↓

스타터 접종, 렌넷트 첨가 - Mesophile+약간의 Thermophile(*Lc. lactis* ssp. *cremoris*, *Lc.. lactis* ssp. *lactis+L. delbrueckii* ssp. *bulgaricus*, *Str. salivarius* ssp. *thermophilus)*

↓

Setting - 20~30분간 정치

↓

curd절단 - cube의 크기가 각 1㎝이하 크기가 되게 절단.

↓

가 온 - 45~50℃까지 서서히 올림(5분마다 1℃정도 올림). 45℃에 이르면 20분간 그대 유지 시킨다.

↓

유청배제

↓

Block으로 절단 - Mould하나에 한개의 Block이 들어갈 수 있는 크기로 절단

↓

성 형 - 프랑스식 Mould를 사용함
↓
가 압 - 1차 5Kg 중량 / 2차 6Kg 중량 30분~1시간
3차 7Kg 중량 1시간
몇차례 뒤집어 준 뒤 overnight, 가압은 너무 강하게 하지 않는다. 원래의 Gouda 치즈는 반경질치즈이기 때문이다.
↓
가 염 - 염지통에 1시간만 담근다.
↓
건 조 - R/H 75%, 18~20℃인 방에서 24시간 건조하여 피막형성
↓
숙 성 - R/H 80~85%, 12~14℃의 숙성실에서 1~3개월간 실시
Acetic vinyl이나 Formacetate 樹脂로 진공포장, coating 하여 실시

(7) 農業法人 有限會社 아레후 牧場

형 질	홀타인종	앵글러종
Ha당 4%FCM유 생산량(Kg)	10412	11241
초산월령(월)	30	28
생애 유지방 생산량 2000Kg이상인 소의 percentage	2.9	3.7
송아지 사산율(%)	3.0	2.5
두당 순이익(독일 마르크, DM)	2061.00	2182.00
ha당 순이익(DM)	4139.00	4951.00
할당 원유Kg당 순이익(DM)	0.42	0.46

빗꾸리 덩키계열은 북해도는 물론 본토 일부에 까지 체인망을 갖는 일종의 육류 패스트푸드 전문 식품업체이다. 아레후 목장은 바로 빗구리 덩키 계열에 필요한 식품 원료육 및 유가공장 원유 생산목장으로 운영되는 곳이었다. 이 목장은 일본에서는 유일하게 북부 독일에서 육종된 Red Angler종을 사육하여 빗꾸리 덩키의 육류 패스트푸트 원료로 공급하고 있었다.

Red Angler종은 유·육 겸용종으로서 유지방 4.97%, 단백질 3.63%, 유량 5,495Kg/년 및 좋은 등급의 고기를 생산함으로 Holstein-Friesians보다 유리한 품종이라고 했다.

특히 이 품종은 Edam, Gouda와 같은 반경질형 치즈 제조에 알맞은 우유를 생산한다고

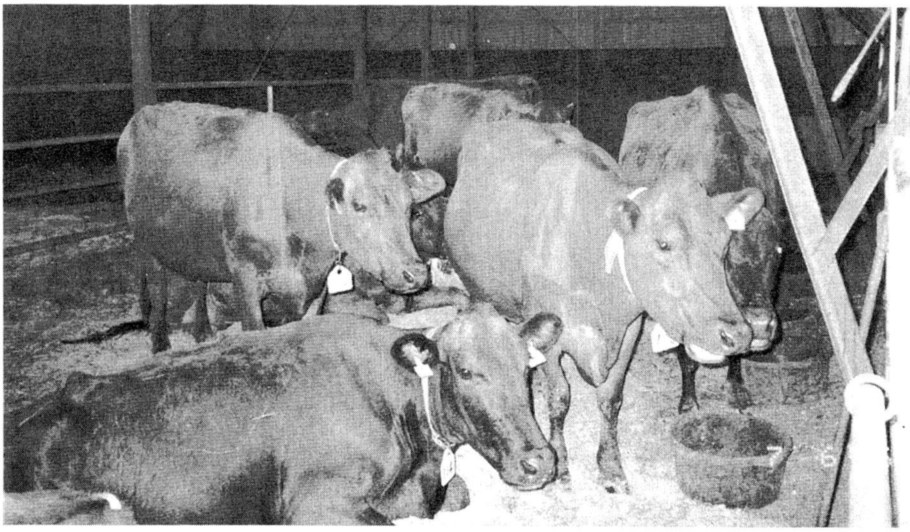

<그림 4-23> Angler종 젖소의 외모, 한우와 너무 흡사하고 매우 온순해 보였다.

했다.

안도 선생이 독일 Angler협회(VAR ; Verband Angler Rinderzucher E. V)로부터 입수한 홀스타인종과 앵글러종과의 능력비교 자료를 살펴보면 다음과 같다.

(8) 오비히로(帶廣)축산대학

북해도 축산의 명산지 오비히로 시에 소재하는 오비히로 축산대학은 1941년 고등수의 학교로 개교하여 1944년에 축산전문학교와 1946년에 농업전문학교를 거쳐 1949년에는 정규 대학인 축산대학으로 승격하여 오늘에 이르는 일본 유수의 축산계 대학이다. 학부과정에는 수의학과, 축산관리학과, 축산환경과학과, 생물자원화학과, 농업공학과 등이 설치되어 있다. 대학원은 석사과정은 자체적으로 운영되고 박사과정은 인근의 타 대학들과 연합으로 설치되어 있다. 저자는 그곳의 생물자원화학과의 아리가 히데꼬(有賀秀子)박사를 방문하고 준비해 간 자료를 가지고 학부 3~4학년생과 대학원생 50여명을 대상으로 특강을 실시하였다. 특강 후에는 이 대학에 설치되어 있는 착유로봇 시험착유장을 시찰할 수 있도록 해 달라는 요청을 하여 우리나라에는 아직 선을 보이지 못한 첨단 착유장비를 살펴 볼 수 있는 기회를 가졌다. 이곳의 착유로봇 시험장은 대학 구내에 있었는데 그곳에 상주하는 네델란드인 기사가 사진 촬영을 허가 해 주지 않는 바람에 착유로봇 연구과제를 수행하고 있는 일본인 교수에게서 관련자료만을 얻는 것으로 만족해야 했다.

가. 착유로봇(AMS, Automatic Milking System) 시험장

이 시험장에서는 북해도 구보다(久保田) 농기계회사가 네델란드로 부터 착유로봇을 들여와 오비히로 축산대학에 2대를 설치해 놓고 북해도 젖소에 대한 로봇의 착유적응시험을 2년간에 걸쳐 오비히로축산대학 연구팀과 공동연구 프로젝트를 수행하고 있었다. 로봇 한 대당 3개의 착유Box를 운영하는데 Box에 미리 훈련시킨 소들만 받아 착유하고 있었으며 1일 3회, 100두 착유가 가능하다고 했다.

소의 착유로봇 적응 훈련은 1회당 농후사료 500g으로 착유 Box안으로 유인하고, 정치하는 것으로 1주일간 실시하는데 이런 훈련은 어렵지 않고 로봇 운영에도 별 문제가 없다고 한다. 일단 Box 안으로 들어 온 젖소는 뒷다리를 벌여 지도록 구조를 만든 금속판위에 서게 되고 이때 유방 밑에 로봇 팔이 들어 갈 수 있는 공간이 확보 되어 세척, 소독, 전 착유 등이 이루어지고 3개의 초음파 센서가 유두 위치를 찾아내면 유두컵이 장착되어 착유가 이

<그림 4-24> 북해도 지역에서 가동중인 자동착유 시스템

젖소가 착유로봇 Box안에 들어오면 3개의 초음파 센서에 의해 유두위치를 찾아내고 유두컵이 장착된다. 현재 1일 3회 착유(4시, 12시, 19시)로 1회당 착유시간은 2시간30분 정도(65두) 소요된다. 유두컵 장착율은 95%이다.

루어진다. 유두컵 장착율은 95% 정도인데 가끔 소가 발로 유두컵을 차 버리거나 로봇이 유두를 찾아내지 못하는 경우가 문제로 되어 있으나 관리인을 두고 있어서 그것을 조정하고 있다는 것이다(학부생 2명을 아르바이트생으로 채용하고 있었다). 현재 북해도에는 (有)로보, 파암이 3Box용 착유로봇을 들여 놓고 사용중에 있는데 장착된 유두컵을 차는 소는 그리 많지 않다고 한다.

연구팀 교수의 설명에 따르면 로봇가격은 4,000만엔(약 5억7천만원/환율 100엔=1,425원 기준) 가량인데 초창기 보급시 보다는 많이 내린 셈이라는 것이다(처음엔 1억엔이었음). 로봇 1대에 2개 Box(착유실)이면 4,000만엔 이고 Box 하나를 추가하면 비용도 500만엔을 추가해야 한다고 했다. 네델란드인 담당기사가 지금은 시험 조정기간이라 아직 공개할 수는 없다며 사진은 찍지 못하게 하고 대신 자료만 넘겨 주었다. 현재 착유로봇은 전세계에 23~24대 정도가 현장에 가동중에 있으며 현재는 영국, 프랑스, 네델란드, 독일이 로봇을 개발하고 있는데 네델란드산이 가장 우수한 성능을 보유하고 있다고 한다.

나. 오비히로 축산대학 유가공장

착유로봇 시험장 시찰 때문에 그만 일과시간을 넘겨서 대학 유가공장을 속속들이 볼 수 없었고 대강 살펴보는 것으로 만족해야 했다. 유가공장 건평규모는 50평 정도였고 매주 2회 가동시켜 각종 유제품을 생산하는데 생산물은 교내 매점에서 판매하며 학생실습은 2학기에만 실시하고 있다고 했다. 생산제품은 우유,아이스크림 및 치즈인데 전담 기술직원 1명을 배치하여 운영하고 있었다

(9) 鹿追町 農業開發硏究所

이 연구소는 鹿追町농협과 町 당국이 합자로 투자하여 지역농산물의 고부가 가치화를 위한 연구, 교육, 실습과정을 수행 할 수 있도록 농산물 가공연구소를 설립되었는데 연구소 운영경비는 두 기관이 50 : 50의 비율로 각각 분담하고 있었다.

이 연구소는 프로젝트 실시의 3대 주제를 다음과 같이 정하고 운영하고 있었다.

1) 町內생산 농산물의 高附加價値 부여

2) 新規作目 연구개발 보급

3) 肉資源의 이용성 연구(특히 사슴의 증식, 고기의 이용판매), 육가공의 기본은 소, 돼

지, 닭, 사슴의 가축화, 사슴뿔은 수출하고 고기는 육자원으로 가공 이용하고 있었다.

태양열 이용 Green House을 자체적으로 건립하여 시험가동하고 있었는데 이 시설은 연중이용 가능하여 유리온실에서 연속적으로 계절과는 상관없이 화훼류와 딸기, 채소류를 재배 할 수 있게 作付體系를 개발하여 이런 시설을 농민들이 운영 할 수 있는 기술 체계를 확립한다는 것이었다.

이곳 농민들은 작목별로 6가구정도가 한 작목반을 구성하고 그들이 협력하여 경영하고 있었다.

이 연구소의 유가공 분야의 경우 1990년대 초에 개시되었다. 아이스크림제조는 마을 농민들이 와서 시험적으로 제조하였는데 축산물의 부가가치 제고와 지역특산품 개발 차원에서 이루어 졌다고 한다.

농민이 자기 집에서 아이스크림을 만들려면 고가의 시설을 갖추기 어려우므로 町당국이 시설을 빌려주면 자기들이 연구소에 와서 만들어 가지고 가서 판매하는 방식으로 유도하였다고 한다.

이러한 시책은 町 당국이 지역농민들에게 제공하는 서비스차원에서 매우 중요한 일로 부각 되고 있었다. 이를테면 아이스크림을 농가에서 만든다고 했을때 그 시설을 갖추는 것도 어렵지만 식품위생 당국이 요구하는 식품위생법이나 품질규격에 맞추기가 어려운 일이되고 만다. 그러나 이미 許可가 난 농산가공연구소 시설을 빌려서 허가 받은 규격에 따라 만들게 되면 그런 문제는 자연히 해소 된다는 것이다. 농민들로서는 그렇게 만들어 가지고 적절한 판매장소에 가서 판매하는 것이 편리하고 법적으로도 얼마든지 가능하다는 점을 그들은 잘 활용하고 있었다.

농민들이 초기에는 그런 단계를 거쳐서 제조판매를 하다보면 어느 정도 숙달되고 운영자금이 조달이 가능해져서 농가가 독립시설을 갖추고 제조 판매하는 단계에 까지 발전한다는 것이다. 따라서 이 연구소는 농민들이 이러한 단계까지 진행 할 수 있도록 지도하는것이 주요 임무라고 했다. 이런 제도는 우리나라의 지방자치단체나 중앙정부가 시행하고 있는 농민 연수프로그램으로도 생각해 볼 만한 장점이 있다고 본다.

아이스크림 제조시 반드시 연구소 기술전문가의 지도를 받도록 하여 품질의 균일성과 안전성을 유지하도록 보장하고 있다는 것이다.

이 제도의 초창기에 어떤 마을의 낙농가 중 한사람이 자기 우유를 갖고 와서 연구소 시설을 이용하여 아이스크림을 만든 다음 그것을 자기 마을 사람들에게 試食시키면서 맛을 계속 조정해 나간 다음 어느 정도 기술정착이 되고 맛도 균일해지자 '高原의 美' 라는 상품으로 등록하여 '96년 4월부터 시판되기에 이르렀다는 것이다. 그때 부터 제조→유통→판매 시스템이 가동되어 운영된지 불과 몇 개월에 지나지 않았는데도 인기가 대단하다는 것이었다. 인기를 얻게 되자 언젠가부터는 아이스크림을 소비자에게 갖고 가서 파는것이 아니고 소문이 나서 관광차 그 지역을 방문한 사람들에게 자연스럽게 판매하게 되어 관광도 진흥시키고 농가소득도 올리게 되었다는 것이다.

육가공품은 농민들이 자기네 집에서 사육한 소나 돼지를 지역도축장에 가서 실비로 처리한 다음 연구소 육가공실로 갖고 와서 실습하고 훈련받도록 프로그램을 개발하였다. 저자가 방문한 그 날도 몇 사람의 같은 마을의 부인들이 실제로 그러한 가공작업을 즐겁게 하고 있는 모습을 관찰 할 수 있었다.

최근에는 町의 축제기간이면 정기적으로 청년들이 각종 육제품을 제조하여 판매하고 있다고 한다.

이렇게 농촌지역 식품연구소의 시설과 인력이 지역주민이 필요로 하는 기술과 시설을 제공하기 위해 대기하고 있다는 것만으로도 일본의 농민들은 결코 외롭지 않겠다는 생각이 들면서 우리나라의 농촌지도소가 가야 할 길과 농·축협이 가야 할 길이 보였다.

(10) 도까치(十勝) 圈地域 食品加工技術센터

1994년에 북해도와 도까치(十勝)지역의 市·町·村이 합자하여 세운 연구소인데 북해도 당국이 소요예산의 70%를 투자하였다. 이 연구소의 주된 임무는 物産支援, 판로개척, 식품가공개발이다.

각 지역 농축산 가공품의 품질보증을 위한 제품의 검사 분석 업무도 주요업무로 시행하는데 이것은 북해도의 委託業務라고 한다.

이 센터는 그 역할이 지역 식품가공업계의 기술교류, 인재양성(농민훈련코스), 정보제공이 주요 임무이며 당국이 一村一品운동의 추진을 위한 지원시설로 설치 한 것이라 한다.

농가 생산제품의 품질규격 검증, 성분분석 및 조정작업을 제시함으로서 효율적인 一村一品운동을 전개 할 수 있게 되었다는 것이다.

여기서의 훈련프로그램에 따라 훈련받고자 하는 사람이 교육비 전액(교통비, 숙식비, 재료비, 기타)을 부담하고 받도록 되어 있었다. 훈련의 성격이 관권에 의한 강요가 아니라 어디까지나 필요로 하는 사람들이 자발적으로 참여하는 능동적 훈련을 유도한다는 것이었다. 이런 훈련 program이 연간 5-6회(市·町·村당 1~2명)에 걸쳐 운영되고 있다고 했다.

(11) 도까치(十勝)畜産公社

이 회사는 북해도의 풍부한 자연환경에서 사육된 양질의 高鮮度 식육을 안전하고도 위생적인 절차에 따라 처리하는 식육처리 및 유통센터이다.

1977년 3월 26일 회사 창립, 1979년 10월 22일에 창업을 선언한 이 회사는 764,200천엔의 자본금으로 운영되고 있다고 했다.

◎ 총 자본구성

- 호구렌 (북해도농협연합회) 201,000천엔
- 축산진흥사업단 200,000천엔
- 오비히로시 100,000천엔
- 도카치 관내정촌 10,000천엔
- 도카치 관내농협연합회 25,000천엔
- 도카치 관내 각 농협 208,200천엔
- 도카치 가축상업협조 10,000천엔
- 오비히로 식육사업협조 10,000천엔 등으로 되어 있고 주주는 총 50명이라고 한다.
- 임원은 취체역 15명, 감사역 3명으로 구성되어 있었다.

◎ 시설능력

– 도축해체처리

- 처리능력 : 대동물 300두/일
  소동물 500두/일
- 방　　식 : On-rail 입체처리방식

– 부분육가공

- 가공능력 : 대동물 130두/일
  소동물 200두/일

– 냉동·냉장고

- 지　육 보관능력 : 대동물 695두/일
  소동물 610두/일
- 부분육 보관능력 : child육 보관 160톤
  냉동보관 100톤

- 부분육 동결능력 : 10톤/일
- 부산물 보관능력 : 44톤/일
- 혈액처리능력 : 6.7톤/일

– 처리방식 : 증기 boil 처리방식

일본에는 현재 세 가지 형태의 도축장이 있다고 한다.

1) 公社에서 건물과 시설을 갖춰주고 민간단체가 사용하는 형태
2) 公社가 건물, 시설을 갖춰 놓고 公社가 사용하는 형태
3) 民間이 건물, 시설 갖춰주고 民間이 사용하는 형태

결국 민간자본이 세워서 민간이 활용하는 도축장은 가장 비싼 가격으로 처리된다.

1), 2) 형태는 국가에서 세금을 보조하므로 처리비용이 비교적 저렴하다고 한다.

직원은 총 120명인데, 작업량에 따라 인력을 조정하되 주로 시간제 일꾼을 써서 조절함으로써 효율성을 기해 나가고 있다고 했다.

축산공사에서는 단지 **도축→등급구분→포장작업**하여 호구렌 판매망이나 지정상회에 공급하고 회사가 직접 소매하지 않는다고 한다.

(12) 八千代牧場

북해도를 자동차로 다니다 보면 끝없이 펼쳐지는 드넓은 평원지대, 초지 그리고 감자꽃에 금방 매료된다. 간간이 보이는 농가주택구조도 서구식이어서 마치 유럽의 어느 지역에 와 있는 듯한 느낌을 갖게 한다. 그날은 이슬같은 비가 내려 안개가 자욱해진 들판을 가로지르는 도로를 한참 달리니 산기슭에 아스라한 모습의 八千代牧場 研修院건물이 그림처럼 나타난다. 이 목장은 원래 오비히로市의 農業振興公社(Obihiro Agriculture Promotion Bureau) 傘下의 農業技術研修센터로 출발하였다고 한다.

1977년 6월 22일 (株)八千代畜産公社로서 발족하여 그후 업무시설 확장으로 1994년 5월 18일 (주)오비히로 市 農業振興公社로 改名되었다고 하였다.

가. 주요 사업내용

① 오비히로市의 八千代公共育成牧場管理, ② 육제품가공, ③ 오비히로市의 위탁을 받

아 오비히로市 농업기술센터운영, ④ 기타 농업진흥에 필요한 업무, 수탁공동연구 등 이다.

또한 방계기관의 하나인 오비히로市 축산물가공연수센터(Obihiro Dairy Products Processing Training Center)는 유·육가공 기술 및 제품개발에 따른 연수사업을 행하고 있었다. 이 센터는 축산물가공기술의 보급과 진흥을 목적으로 1985년에 건설하였으며 독일산 Spice와 지역생산 돈육, 우육을 사용한 본격적인 소세지와 각종 유제품제조 연구에 들어갔다. 이 센터는 오비히로市의 위탁을 받아 가공연수센터관리와 유·육제품 가공연수 지도를 행하고 있다고 했다. 한편, 공사의 영업사업으로서 유제품 판매를 행하고 있었는데 시내는 물론 전국에 확대 판매망을 구축하고 있었다.

나. 시설개요

- 건축면적 : 612.4㎡
- 구　　조 : 철골조 평옥건물
- 건 축 비 : 276,303천엔(기계설비 포함)
- 주요시설 : **육가공실** – 처리가공실, 냉장고–실험검사실
  유가공실 – 처리가공실, 숙성실, 냉장고, 시험검사실

다. Cow Bell House(帶廣市 畜産研修센터)

이 센터는 1987년 2월에 설치된 시설로서 관리 운영은 (주)帶廣物産協會가 오비히로 시로 부터 위탁을 받아 시행하고 있는 것으로 되어 있었다. 농민의 축산물가공연수나 조리연수를 하는 기능으로 출발 하였으나 사실은 처음부터 일반시민의 각종연수나 집회 장소로서 이용 할 수 있도록 확대되어 운영되어 왔다. 광활한 목장풍경 가운데서 훌륭한 맛의 식사를 즐기면서 넉넉한 여가의 시간을 보낼 수 있도록 한 도시민의 휴양을 위한 프로그램을 운영하고 있었다.

– 시설 및 운영개요
- 건축면적 : 871.73㎡
- 구　　조 : 철골조 평옥건물

• 건 축 비 : 158,101천엔(기계시설포함)
• 주요시설 : 연수실(洋室 1실, 和室 2실)
숙박실(洋室 5실, 和室 3실, 숙박정원 35명)
그 외 식당, 욕실, 양모가공 연수실등을 보유함
• 연 수 비 : 숙박비 대 인 1,800엔/박
중학생 1,600엔/박
소학생 1,200엔/박
온방료 300엔/박(추가)
연수실 : 양실 3,000엔, 화실 500엔

라. 유가공분야 운영 실태

八千代牧場에서 처음에는 치즈 생산도 했었으나 치즈 제조시 비용이 많이 들고 乳淸의 처리가 곤란하여 지금은 제조하지 않고 있다고 하였다. 다만 아이스크림은 생크림과 원유를 구입해다가 만들고 있는데 제품판매 이익이 많아 계속 생산 중에 있다는 것이었다. 센터의 안내를 맡아준 연수센터 교육부장인 條原勝良씨의 설명에 따르면 치즈는 판매망을 갖춘 대기업에서 만들어야 대량생산－판매망－유청의 공업적 처리 등이 용이한데 소규모 농가에서나 마을 단위에서는 그 일이 곤란하다고 보아 치즈 생산은 중지되었다고 하였다. 그러나 필자는 그에게 치즈제조에서 나오는 유청은 주변 양돈가에게 공급하거나 자체양돈장을 설치하면 훌륭한 양돈 사료로 쓸수 있다는 스위스농가들의 사례를 설명했으나 공무원인 그로서는 모든 사항을 윗 선에서 결정 되는대로 따라야 한다며 난색을 지어 경직된 공무원 세계의 어두운면을 보는 것 같았다.

저자가 센터의 유가공장을 시찰하면서 이제는 치즈제조가 중단된 터여서인지 여러 가지 치즈 제조설비며 숙성장비가 그대로 방치되어 있어서 어쩌면 싸게 구입 할 수 있을지도 모르겠다는 생각에서 그것을 그냥 방치하여 썩이는 것 보다는 필요로 하는 사람들에게 중고로 판매하면 어떠냐고 했더니 條原勝良씨는 그러한 사항도 역시 전적으로 시 당국자들이 결정할 문제라며 시큰둥한 반응을 보였다.

(13) 中標津의 유끼지루시(雪印)치즈工場

비가 제법 내리는 10시 30분경에 가와구찌(河口理)씨 부부와 함께 공장에 도착하자 공장장인 가야(栢)씨가 반가이 맞아 주었다. 유끼지루시(雪印, Snow Brand) 유업은 전국에 걸쳐 여러 개의 치즈 공장을 운영하고 있는데 이 공장에서는 주로 가공치즈 원료용 생치즈로써 고다치즈를 대량 생산하며 이를 요꼬하마. 이따미 등지에 있는 계열내 가공치즈 공장에 공급한다고 했다. 생산된 고-다치즈의 일부는 자체에서 숙성시켜 지역에서만 판매하는데 그 판매량은 1톤/월 정도라고 한다. 공장장인 가야씨의 말에 의하면 이 지역에서 팔리는 고-다치즈는 대부분이 식용으로 팔린다기 보다 지역방문 기념으로 친지나 이웃에게 줄 기념품이나 선물의 용도가 주류를 이룬다고 하면서 일본에서 팔리고 있는 치즈들의 포장이 왜 고급스러워야 하며 장식을 하고 멋있는 디자인을 해야 하는지의 이유가 거기에 있다며 쓴 웃음을 짓는다. 한때 한국의 P유업도 각종치즈를 만들어 팔때에 고급스런 디자인을 한 목제 케이스에 담아 선물용으로 내 놨던 것도 그러한 맥락에서 이해가 갔다. 일본이나 한국에서의 치즈는 식품이 아니라 선물용 귀물로 이해되고 있는데 이를 누군가가 하루 속히 교정하고 바로잡아 그냥 싸게 사서 평범하게 먹을 수 있는 일반식품의 반열로 내려놓기 전에는 치즈의 대중적 소비는 요원 할 것으로 사료된다.

그 방편의 하나는 우리의 낙농가들이 남아도는 원유의 활용에 의한 농가형 한국적 치즈 개발, 저렴한 가격에 보급하는 일이 체계화되어야 할 것으로 보인다.

이 공장에서의 1일 치즈 생산에 쓰이는 원유량은 300톤정도인데, 치즈는 대형 자동치즈 제조기에 의해 연속제조 되고 있었다. 이 치즈 연속 자동 제조 설비는 스웨덴에서 도입하여 일부 공정을 회사 자체적으로 개량하고 조정한 후 새로운 고-다로 바꾸어서 제조해 오고 있다고 한다. 고-다 치즈의 전통적인 제조방법은 성형작업 후에 가염처리를 하나 여기서는 성형전에 가염(1.5%)처리를 한다고 했다.

가. 공장의 역사와 개요

- 1932년 10월 : 中標津 市街地 本町 5番地에 집유소 설립
- 1934년 9월 : 中標津 東11條南1丁目에 製酪工場設立, Butter제조 개시
  카제인, 유당, 분유, 연유, 아이스크림, 시유를 생산함.
- 1965년 7월 : 현재의 위치에 새 공장을 신축하고 근대적인 설비에 의해

고-다치즈와 유청분말 생산개시

- 1973년 6월 : 하수정화처리시설완비
- 1982년 9월 : 1차공장 증축 보강, 치즈, 유청분말 제조설비를 증강, 뉴-고다 치즈생산개시
- 1983년 3월 : 2차공장 증축 보강, 최신식 치즈공장이 탄생됨
- 1988년 12월 : 사무, 후생, 복지건물 완공

- 공장부지 : 64,434㎡, 건평 11,362㎡, 지하수 420㎥/hr. Boiler 10kg/㎠, 냉장시설 288JRT, 전기 1,320KWh, 우유저장 250ton/일, curd making tank 15ton×5, Block fomer 1ton/hr.
- 생 산 량 : New Gouda-cheese 8,000ton/yr.
  Italian cream cheese 1,500ton/yr
  Whey powder 6,500ton/yr
- 직　　원 : 정규직 51명, 시간제 23명, 총 74명

나. 새로운 고-다(New Gouda-cheese) 치즈의 제조과정

원유살균(75℃/15초)을 한 다음 30℃로 냉각 시킨다.

균주는 직접벨 주입식(DVS, Direct Vat Set)를 사용하는 대신 회사가 공급하는 16시간 정도 배양한 Bulk 스타터를 사용하고 있었다. 치즈벨 하나의 용량이 15톤 짜리인 Tank형 자동 치즈 장치 5기가 설비되어 있어 치즈 커어드를 연속 생산하고 있었다. 이렇게 생산된 커어드는 20kg짜리로 진공포장되어 각 지역 소재 유끼지루시 계열의 가공치즈공장에 원료커어드로 이송되고 자체 숙성치즈는 진공포장된 그대로의 혐기상태에서 숙성실에 옮겨져 4개월간 숙성, 제품화 된다고 하였다(숙성조건은 온도만 7~8℃로 유지하고 습도는 커어드 자체가 진공포장 된 것이므로 조절하지 않고 있었다(혐기적 숙성법 사용).

※이 공장에서는 요즘 일본의 상류층에서 유행처럼 많이 기르고 있는 개나 고양이용(Pet)사료 치즈(Pet cheese)가 가공치즈로 제조되고 있었다. 그 구성은 'meat + fish + cheese'를 혼합하고 소량의 향미를 첨가하여 제조 되는 것이었다.
Pet cheese는 20kg×3~4개/1일 정도 생산되고 있다고 하였다.

4개월간 숙성시킨 고-다치즈는 250~500g용으로 소포장하여 선물용 set로 특별한 포장을 하여 판매하고 있었다. 이러한 선물용 소포장 치즈의 가격은 1000엔/500g~600엔/250g 이라고 했다.

50kg용 手製形 cheese vat를 이용하여 몇 명의 연수생들이 훈련을 받고 있었다. 직원은 자동 치즈 제조 Tank라인에 1명만 배치되어 있었고 포장라인에는 여자2명만 배치되어 있는데도 치즈는 연속제조 되고 있었다. 결국 이 공장은 완벽한 성력화로 인력감축을 했다고 한다.

(14) 有限會社 보꾸샤(牧舍)

목장주인 사에끼(佐伯雅視)씨는 수수한 농민의 모습 그대로 저자를 반가이 맞이 해주었다.

우선 보꾸샤 레스토랑에서 안내를 맡은 가와구찌씨 부부와 점심을 먹었는데 그 요리맛이 일품이었다. 목장이 국도변에 있어서인지 지나가던 사람들이 차를 돌려 들리는 모습이 흥미로웠다. 사에끼씨는 일본에서 한참 우유가 남아돌던 시절인 1989년 부터 자가 판매를 위한 우유가공을 시작했다고 한다.

당국의 계획생산제를 따르면서 原乳판매 허가량은 납유하고 그외의 남아도는 우유는 자기 목장에서 가공하여 판매하게 된 것이다. 지금은 원유생산량을 조절 하므로서 자가 가공량을 늘렸다고 한다. 사에끼씨의 말에 의하면 현재 일본의 농가나 마을에서 운영하고 있는 소규모 유가공장들은 중대한 기로에 놓여 있다고 한다. 왜냐하면, 공장 생산규모를 확장하면 생산비가 많이 들고 오히려 순수입은 줄어들기 때문이다. 즉 공장을 확장하면 소득은 줄고 오히려 비생산적인 일만 더 늘어 난다는 것이다.

그의 판단으로는 소규모 유가공장이 규모를 늘리는건 전적으로 불리한데 그렇다고 언제까지 소규모로 밀어닥치는 경쟁상황에서 살아 남겠느냐는 것이 그의 심각한 고민이라 하였다.

가. 목장의 개요

목장규모는 착유우 70두, 和牛와 홀스타인 숫소를 합한 비육우 50두인데 유가공장과 레스토랑에 4명 목장에 2명의 고용인을 쓰고 있었는데 유가공장과 레스토랑 직원 중 2명은

<그림 4-25> 보꾸샤목장에서 1995년7월에 발행한 제품카다록

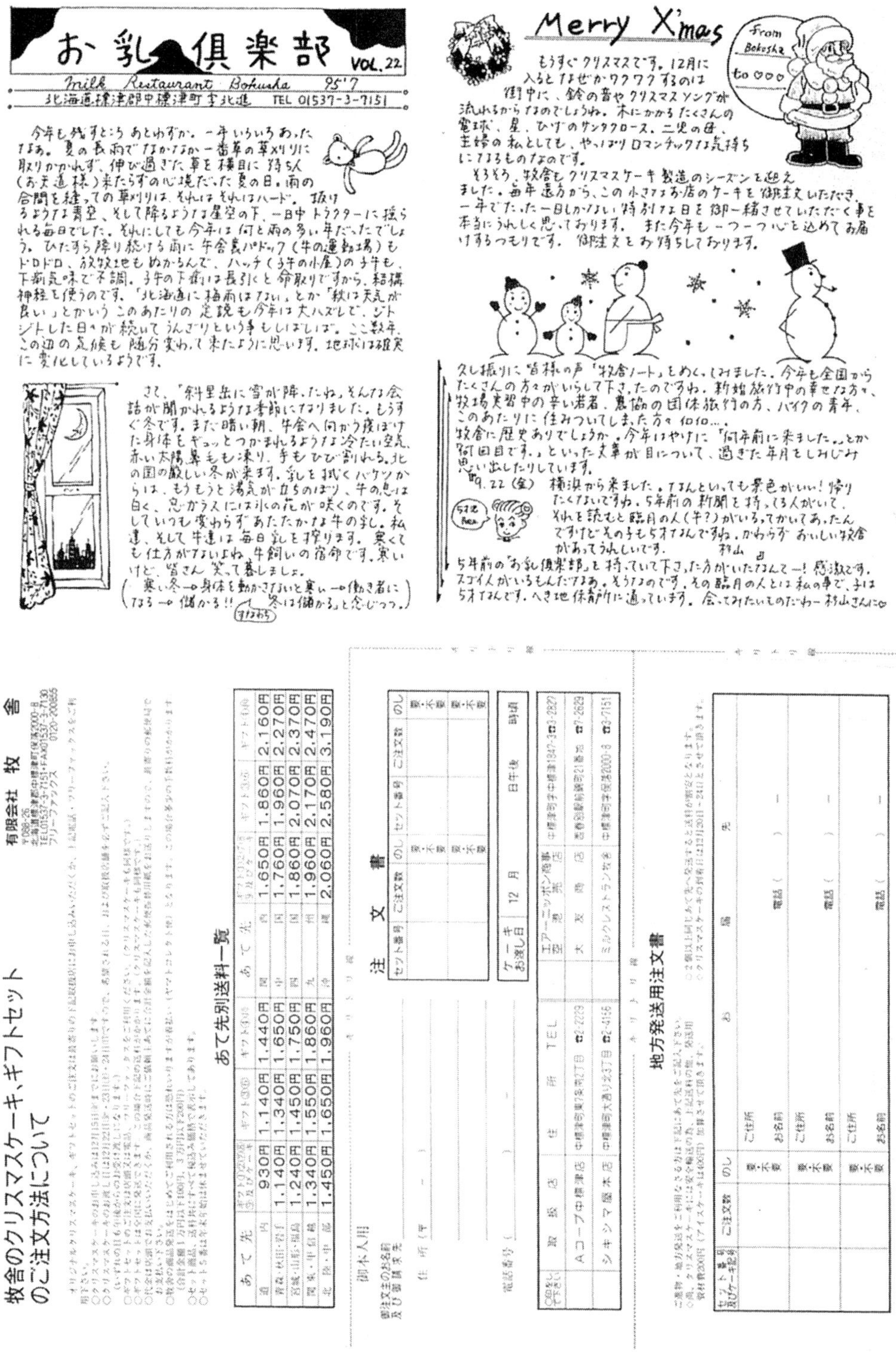

<그림 4-26> 보꾸샤목장에서 1993년11월에 발행한 주문서가 포함 된 고객용 뉴스레터와 주문서 인쇄 방식

여성 시간제 일꾼이라고 한다. 레스토랑과 판매점운영이 잘되는 바쁜시절(주로 여름)에는 낙농학을 전공한 학생들을 고용하여 아르바이트생으로 쓰는데 일반대학생과 낙농학원 대학생들을 계절당 2~3명을 쓰고 때로는 2명 정도의 고등학생을 쓰기도 하여 융통성을 갖고 운영한다는 것이었다.

<그림 4-27> 보꾸샤목장 홍보용 간판

보쿠샤에서는 레스토랑-시유, 아이스크림, 요구르트 생산 유가공장-서구식 케익공장-목장운영을 함께 하고 있었는데 목장의 착유와 잔일은

<그림 4-28> 보꾸샤목장 입구 도로변에 설치된 우유 무인판매대(좌)와 그 내부
내부에는 소형냉장고와 우유값을 지불하는 작은 병이 놓여 있다. 냉장고의 상단에는 마시는 요구르트가 하단에는 저온살균우유가 각 용량별로 진열 되어 있다(우유가격 : 150엔/250ml).

<그림 4-29> 보꾸샤목장의 앞쪽 도로변에 위치한 레스토랑, 유가공장, 제과점 건물

부인이 도맡아 하고 기계나 장비를 써서 해야 하는 큰 일은 사에끼씨 자신이 하고 있다고 했다.

나. 유가공장운영 특성

유가공장의 운영규모에 있어서 저온살균 시유는 주 3회, 400Kg/회 정도 생산하고 아이스크림은 계절에 따라 다르지만 여름엔 200L/주 정도 생산하고 있다고 한다.

시유는 저온 살균, 무균질 정책을 쓰고 있었는데 무균질하는 이유는 그냥 작업단계가 단축되어 편하기 때문이며 저온살균을 택하는 이유는 처리량이 소량인데다 우유고유의 맛을 살려 소비자의 기호에 호응할 수 있기 때문이라는 것이었다(다른 이유로는 저온 살균유는 고가정책을 써도 신선도와 맛 때문에 소비자들의 항의가 제기되지 않는것 때문일 것으로 보인다).

유가공장에서는 그 외에도 cheese cake, 손으로 만든 버터, 잼, 洋菓 등을 가공하며 레스토랑 판매대에 목장가공품과 함께 팔고 있는 치즈는 中標津町營 畜産食品加工硏修센터(소장 河口理씨)에서 제조하여 공급하는 고-다치즈를 원가에 가져다가 판매하고 있었는데 다소 비싼 가격인 250g포장 하나에 700엔씩을 받고 있었다.

사에끼씨 역시 구보다 치즈목장 처럼 보꾸샤 목장의 유가공장을 짓는데 정부로 부터 한푼의 지원도 받지 못하고 전액 자비부담하 상황에서 최소비용을 지출하려고 여러가지 아이디어를 썼다고 털어 놓는다. 아이스크림 저장용 냉동창고는 냉동기계만 사오고 자신의 친구인 목수를 고용해서 지었는데 공사시가 400만엔 짜리를 120만엔에 지을 수 있었고 냉장창고는 어느 농가에서 신품교체시 내버린 우유저장용 냉각기(Bulk cooler)를 가져와서 개조하여 설치한 결과 50만엔이 들어야 할것을 20만엔으로 갖출 수 있었다면서 '지금까지도 아무 이상 없이 잘 쓰고 있노라' 하는 그는 사실 그랬어야만 했던 고충을 억울해 하지 않고 자랑삼아 말하며 재미있어 하는 그의 모습이 참으로 대견스러워 보였다.

이 처럼 일본 낙농인들이 불황의 늪에서 벗어 나고자 혼신의 몸부림을 치고 있는 생생한 모습을 보는것 같았기 때문이다.

사에끼씨 말에 의하면 일본은 소규모 목장에서 운영하는 유가공장이라 해서 국가나 지방자치단체가 세금혜택 주는것이 거의 없다고 한다. 대기업들과 똑같은 세제하에서 각종세금을 부담해 가며 운영해야 하기 때문에 사실은 오히려 대기업에 비해 불리한 경우가 너무 많다는 것이었다.

<그림 4-30> 저자와 수수한 차림의 보꾸샤 주인 사에끼씨(좌)>

다. 제품의 판매방식

농가에서 유제품을 가공하는 것 자체가 어려운데 그 보다 더욱 심각한 것은 생산된 제품의 판매문제이다. 다행히 보꾸샤의 경우 생산 유제품의 판매 방식은 자영 레스토랑이 道路邊에 있기 때문에 자연스레 손님들이 도로변의 식당간판을 보고 식사하러 들리면 팔고(판매코너를 따로 마련해 두고 있었다) 대부분 宅配라인을 이용하여 소비자들로 부터 직접 주문을 받아 宅配에 의한 판매를 하고 있었다. 또한 공항이나 대형 슈퍼마켓에도 택배를 이용하여 판매하고 있었고 우체국 배달라인으로도 판매 하나 그것은 너무 배달이 지체되므로 가급적 피하고 있다고 한다. (소량은 우체국 배달라인을 이용함) 지금까지는 단골 택배 주문고객을 4,000여명 확보하고 있어 사시사철 판매가 되고 있고 그중 10여명은 매일 주문하고 있어 물품을 공급해 주고 있다고 하였다.

북해도에서는 제법 잘 알려진 보꾸샤목장으로서 그 동안 제품판매를 위해 어떤 홍보전략을 구사하였느냐는 필자의 질문에 사에끼씨는 보꾸샤 목장의 선전을 위해 지난 수년동안 각종 광고전단, 고객과 목장선전을 위한 뉴스레터<그림 4-26 참조>를 발간해 봤지만 투자에 비해 홍보효과가 너무 없어서 근래에는 중단했다고 한다.

오직 제품을 한 번이라도 이용해본 고객(Steady Customer)이 호감을 갖고 다른 사람에게 소개하고 호평이 나면 그것이 비록 느리고 확산도는 낮지만 가장 효과가 좋고 잠재력이 큰 선전이 됐다고 하면서 경험상 아직 그 외의 방법은 생각해 보지 못했다고 하였다.

한편, 사에끼씨는 상당히 낭만적인 낙농인이라는 생각이 들었는데 그는 목장입구의 도로변에다 소형 저온 살균유 판매용 냉장고를 운치있게 설치해 놓고 목장 레스토랑을 직접 들르지 않더라도 누구든지 가판대에 잠시 차를 멈추어서 돈통에 표지해 놓은 소정가격의 돈을 넣고 우유를 꺼내 갈 수 있는 서비스판매 겸 목장홍보를 재치있게 하고 있었다<그림 4-28 참조>.

(15) 가제(風)목장

북해도의 동북부에 펼쳐진 대평원은 그 끝이 보이지 않는다. 더구나 구획정리가 완벽하여 북해도 거주민이라 해도 자칫하면 길을 잃어버리기 마련이라 한다. 가와구찌(河口)씨 부부와 함께 가제목장을 찾아가는데 운전을 하는 가와구찌씨가 그만 길을 잃어버리고 이곳저곳 헤메다가 겨우 근처까지는 갔어도 자신이 없었는지 지나가는 하교길의 초등학생들을 붙잡고 가제목장을 물어야 했다. 한 아이가 대뜸 “아! 그 요구르트집요?”라며 반긴다. 가와구찌씨는 얼른 “그래, 바로 그 요구르트집이 어디냐?”고 되묻자 “여기서 5백미터쯤 가면요 길가에 즐비하게 **마시는 요구르트** 라고 쓰인 큰 깃발이 여러개 펄럭이고 거기서 다시 5백미터쯤 가면 바로 그 집이 나올 거예요”라고 거침없이 일러준다. 이쯤 되면 가제목장은 어느새 요구르트 전문 목장으로 이 지역에서 훌륭하게 홍보 되어 있다는 것을 알 수 있었다.

아닌게 아니라 5백미터쯤 갔을 때 우리는 길가에 십여개 이상의 세로형 선전깃발이 줄줄이 꽂혀있어 초여름의 상긋한 바람에 힘차게 펄럭이고 있음을 발견 할 수 있었다.

그리고 집 앞 100미터 전방에 이르자 5미터 간격으로 깃발을 세워 요구르트로 유명한 가제목장을 방문하는 이방인을 환영하고 있었다.

가. 목장의 개요

목장주인 사이또오(佐藤)씨는 원래 이 지방이 고향이 아니었으며 오로지 낙농이 하고 싶어서 16년전에 스스로 이곳으로 이주해 왔다고 한다. 자기는 그저 낙농업이 좋아서 한다고 하면서 부근 지역에서 목장경영과 유가공장을 운영하고 있는 보쿠샤(牧舍)의 사에끼(佐伯)씨에게 영향을 받아 1991년부터 농가요구르트 공장 운영을 시작했다고 한다.

<그림 4-31> 유한회사 가제(風) 목장의 유가공장 전경

얼마 전에 이곳을 지나간 지진으로 건물의 뒤쪽(우측)이 약간 기울어진 상태인데도 이상 없이 사용하고 있다고 했다. 1층은 공장과 판매장, 2층은 사무실, 시험실, 배양실로 사용하고 있었다.

가제목장의 원유생산 규모는 착유우 40두 송아지 40두로서 250ton/년 규모의 원유를 생산하고 있었다. 그중 60톤은 自家加工하고 계획생산제에 따라 190톤은 납유를 하고 있었다. 이 목장에서도 보꾸샤 목장 처럼 공장운영과 목장의 큰 일은 주인이 도맡아 처리하고 부인이 착유와 잔손 가는 일을 맡음으로써 가족노동력만으로 목장경영을 해나가고 있었다.

가족 전부가 목장과 유가공장에 투입되고 고용은 시간제 일군 1～2명이 1일 2～3시간 일하는 것으로 해결해 나가고 있다고 한다. 사이또오씨의 안집이 유난히도 큰 2층집이어서 그 이유를 물었더니 집이 다른 주택보다 유난히 큰 것은 식구가 대가족으로 8명(부모처자 형제)이어서 그렇다고 했다. 목장의 초지 규모는 40ha정도였는데 거의 조사료 위주 사양을 하고 있다고 하였다.

가제 목장은 주로 마시는 요구르트(Drink type Yoghurt)를 생산하고 아이스크림도 생산하는데 앞으로는 String cheese를 만들어 판매할 계획도 있어서 최근에 부인이 가와구찌씨가 소장으로 재직중인 中標津町營 畜産食品加工硏修센터에 가서 String cheese 제조 기술을 익히고 있으며 그 날도 이웃 부인들과 String cheese제조 실습 모임을 가졌노라고 자랑을 하였다.

나. 가제목장 유가공장과 요구르트 제조 특성

사이또오씨는 처음에 요구르트제조법을 혼슈(本州) 北部의 아끼다 지역의 어느 작은 유가공업체에 연락을 해서 혼자 찾아가서 배웠는데 그곳은 시유와 요구르트 및 야쿠르트(희석식 발효유)를 생산하는 곳이었다고 했다. 그의 목장에서는 아직 생산은 안되고 있지만 치즈 제조는 가와구찌씨가 소장으로 재직중인 中標津町營 畜産食品加工 硏究센터에서 배웠다고 했다.

<그림 4-32> 유한회사 가제(風) 목장의 주인 사이또오씨(좌)

유가공 작업은 주 2~3회 정도 실시하며 300kg/회 정도를 가공하고 종업원은 1명 시간제 일꾼 2명, 주인 등 총 4명이 꾸려나간다고 하였다. 가끔이긴 하지만 바쁠 때는 아르바이트 대학생을 주당 2명 정도 활용하는데 주로 낙농학원대생을 쓰고 있다고 한다.

가제목장의 유가공장 설비는 오리온기계(日本國 東京都 豊島區 上池垈 3-35-15, 영업본부 대표전화 03-3576-6117)로부터 중고 Bulk tank를 구입하여 설치하였고 균질기는 오사까의 어느 유업체로부터 역시 중고품을 사다 설치하였다고 하는데 저자가 보기에는 그 기계들이 대부분 20~30년전에 개발되었던 구식의 낡은 기계들이었다.

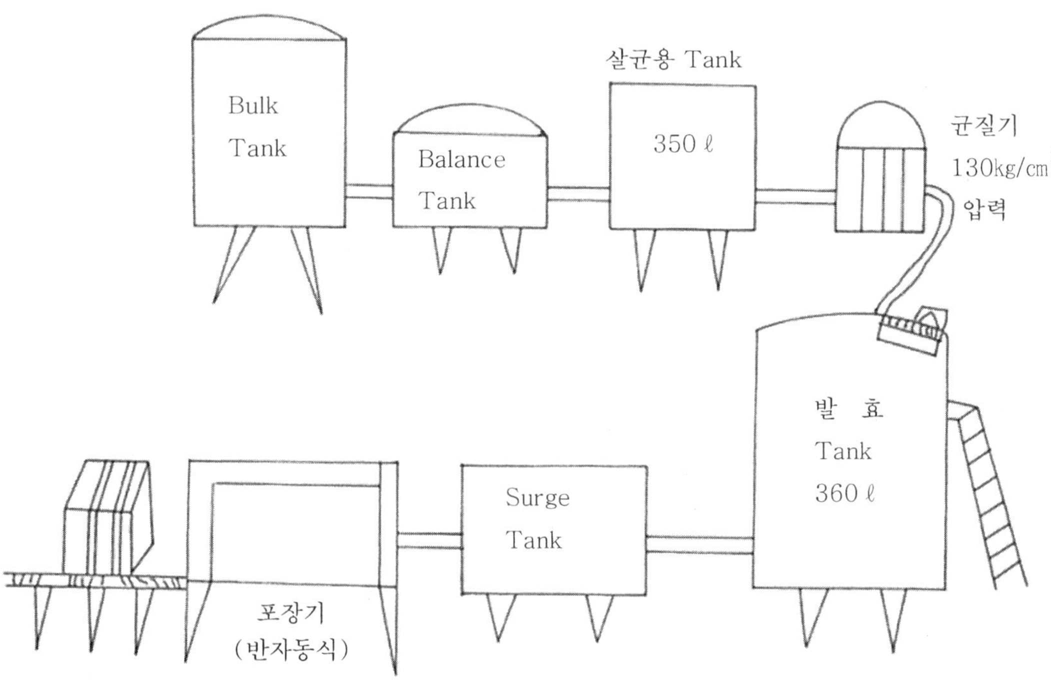

<그림 4-33> 유한회사 가제(風) 목장의 유가공장 설비 배치도

<그림 4-34> 가제목장의 마시는 요구르트(のあョウルト)'プリティア'의 안내자료

저자는 이 목장이 중고품들을 싸게 구입하여 그럴듯한 공장을 꾸며서 아무런 문제없이 공장을 꾸려나가고 있다는 그의 말이 신기하기도 하고 대견스러워서 어떤 방법으로 이러한 중고기계들을 구할 수 있었느냐고 물었다. 이에 사이또오씨는 사실 말못할 고충이 많았다면서 일본에서는 유가공 기계의 중고 시장이 없기 때문에 자신이 직접 여기저기 유가공회사로서는 역사가 오래 되어 초창기적 기계들을 어쩌지 못하고 중고기계로 보유하고 있을 만한 회사마다 전화를 해서 알아내고 직접 흥정을 하여 살 수 있었다는 것이었다.

• 공장설치비 :

건물건축비　900만엔

기계구입비 2,000만엔

요구르트 관련기계의 일부는 GOMA社라는 신규회사로부터 구입했는데 이 회사는 주로 요구르트 탱크, 요구르트 포장을 위한 分注機(dispensor), 충전기 등을 제조판매한다고 했다.

가제목장의 요구르트를 필자가 맛 본 결과 매우 걸쭉하고 맛이 향긋하며 훌륭했는데 그 비법을 질문하였더니 있는 그대로를 서슴없이 가르쳐 주었다.

• 요구르트 발 효 End point : pH 4.4～4.3(실제 제품의 pH는 4.1～4.0)
• 배 양 조 건 : 40℃ 이하에서 4시간 실시
• 사 용 균 주 : *Lc. lactis* ssp. *lactis*와 *L. delbrueckii* ssp. *bulgaricus*인데 이경우 30℃, 10～12시간 배양한다. 그러나 지금은 균주를 바꾸었다고 한다. 설탕은 5～6%만 넣어 달지 않게 하고 있는데 이것이 이 집 요구르트 인기 비법이라고 했다. 또한 제품제조시 향료나 안정제를 일절 사용 않고(AF, Additative Free) 목장의 신선생유를 사용하여 목장주가 직접 제조하고 있다는것을 크게 강조함으로써 소비자들로부터 신뢰를 얻고자 노력하고 있었다.

• 성 분 구 성 :

무지유고형분 : 8%

유 지 방 : 3%

원 재 료 : 생유, 탈지분유, 올리고당, 설탕

다. 제품판매 특성

유제품판매는 목장이 도로변에 위치하므로 2km 전방에 '風牧場'이라는 간판을 세우고 목장 쪽으로 오면서 띄엄띄엄 깃발로 선전하다가 집앞 100m지점에는 5m간격으로 깃발을 세워서 홍보하는 방법을 써서 찾아오는 사람들에게 수시로 판매하고 시내에 있는 도매상 두 곳에 납품하며 나머지는 개인 주문을 받아 택배로 탁송하여 판매하고 있는데 주요 판로 구성을 보면 다음과 같다.

- 여 름 판 매 : ① 방문객 40% ② 도매 30% ③ 주문 30%
- 겨 울 판 매 : ① 방문객 20% ② 도매 40% ③ 주문 40%

저자의 관점으로는 보꾸샤나 가제 목장과 같이 소규모 유가공장(가내 수공업수준)에서 요구르트나 아이스크림을 만들어 나름대로 여러 궁리를 해서 판로를 개척하여 어느 정도 수준에 올라온것에 비추어 이러한 제품들은 치즈에 비해서 만들기도 쉽고 팔기도 비교적 쉽기 때문에 우리나라에서도 농가나 소규모 마을 단위로 유가공장을 운영하고자 할 때는 바로 치즈제조를 하지 말고 우선 초창기에 공장운영 경험을 축적하고 소비자들에게 홍보와 신뢰를 쌓아 좋은 이미지를 심어 가기 위한 제 1차 단계로서는 알맞은 제품들이라고 사료되었다.

반면 처음 운영하는 농가 유가공장에서 치즈 하나만의 단일제품으로 출발하는 생산체계가 된다면 공장의 초창기 상황에서 이미지형성이나 신뢰구축이 미약한 상태인데다 치즈는 만드는 것 자체도 어렵고 판매하기는 더더구나 어렵기 때문에 영업이 쉽게 풀어지지 않고 공장운영이 매우 어려울 것으로 판단되기 때문이다.

(16) 中標津町 畜産食品加工 硏究 센터

북해도의 동북지역인 中標津町은 기후나 토질조건으로 보아 낙농업을 중심 산업으로 발전을 도모해 나갈 수밖에 없는 지방이라고 한다. 최근의 낙농정세는 예전처럼 안일한 판로 보장의 낙농이 아니라 町內 각 지역 낙농가에서 생산한 牛乳와 고기를 단순히 생채로 판매하지 않고 보다 유리하게 활용한 高附加價値化를 시도하는 사업이 활발하게 다각도로 전개되고 있었다.

이 축산식품가공센터 역시 앞을 내다보는 안목을 가진 町 당국이 지역축산물의 고부가가치화를 추구하는 일환으로 설립한 곳인데 필자에게 이 지역 유가공장 안내를 맡아준 가와구찌(河口)씨가 이 센터의 책임자였다. 그는 일찍이 낙농학원대학 수의학과를 졸업 했는데 아무래도 乳加工에 흥미가 더 있어서 전공을 바꾸어서 안도선생 실험실에서 치즈 관련 졸

<그림 4-35> 中標津町 畜産食品加工 研究 센터의 全景

업논문을 썼다고 한다. 그는 이어서 내친김에 스위스에 유학하여 그곳의 전통적인 農家치즈 공장에 들어가 수년간을 스위스와 독일의 전통적 치즈 제조기술을 익히고 돌아와 이곳 센터의 운영책임을 맡아 일해 오고 있다고 한다.

中標津町에서 설립운영*하고 있는 이 연구센터는 町內 각 지역에서 생산된 乳·肉을 원료로 하여 주로 낙농 및 축산농가를 대상으로 한 畜産食品 加工硏修를 실시하고 있는데 이 연수를 통해 지역 특산품의 개발연구를 행할 뿐만 아니라 주민들의 낙농, 축산에 대한 이해를 깊게 하려는 목적으로 설치되었다고 한다.

가. 센터의 개요

- 1987년 6월 16일 착공, 동년 11월 10일 준공, 동년 12월 운영개시
- 구 조 : 철골조 2층

*일본의 경우 농촌지역 지방자치단체가 주민의 교육훈련센터나 휴양, 수련센터를 건립하는 경우 중앙정부 및 도 차원에서 설립비의 50%이상을 지원하고 운영비도 계속 지원해 나가고 있다. 이는 농촌지역 주민의 定住圈사업의 하나로 인구의 도시밀집을 막고 농촌지역의 주민정착을 유도하기 위한 목적하에 이루어지고 있었다.

• 면 적 : 부지 12,294.84㎥
　　　　　건평 380.67㎥
• 공사비 : 173,688천엔(국비 50%, 町費 50%)

• 경비투입내역 : 건물 80,556천엔, 유제품가공시설 27,394천엔, 육제품 가공시설 30,559천엔, 냉장시설 6,549천엔, 시험검사,사무기기 2,695천엔, 도로정비 16,038천엔, 정화조시설 8,622천엔, 용수시설 894천엔, 기지조성 381천엔 등)

나. 주민들의 연수내용

• 신 청 : 사전에 센터 소정의 신청서를 작성하여 연수 2주전까지 센터에 제출한다.
• 연 수 일 : 연수 신청자에 대한 연수일 지정은 센터의 사정에 따라 지정하여 고지한다.
• 연수내용 : 소세지 만들기, 아이스크림, 버터, 치즈 만들기 등.
• 연수비용 : ① 시설사용료 : 5,150엔(1그룹당)
　　　　　② 작업복사용료(세탁비) : 360엔
　　　　　③ 재료비 : 실비(연수일 정산)

다. 연수센터의 이모저모

치즈 제조는 소형의 Gouda형과 Cheddar형만을 만들고 있었다. 왜냐하면 농민들로서는 아직은 다른 종류의 치즈의 경우 curd cutting시점을 판단하는 기술이 어렵기 때문이라고 하였다.

이 센터에서는 치즈의 경우 판매용 생산품과 농민연수 실습제품을 숙성실에서 따로 위치시켜 두고 있었다. 이유는 치즈 숙성이 끝나게 되면 연수생들이 자신의 제조 치즈를 스스로 찾아 갈 수 있도록 하고 있기 때문이라 한다.

이곳 숙성실에서도 습도조절을 하지 않고 있었다. 처음부터 제조 완료된 생치즈를 진공포장하기 때문에 포장필름 내부의 습도는 거의 100%가 함유되어 유지되므로 별도의 비싼 항습장치는 생략해도 된다는 것이었다. 치즈를 진공포장하여 숙성하는 것과 전통적인 방법대로 건조하여 표면 형성한 후 숙성실의 온도와 습도를 조절해 가며 숙성하는 것의 품질차이는 명확히 규명된 바 없지만 스위스는 여전히 전통적인 숙성방법을 고집하나 독일 사람들은 진공포장 숙성을 점차 늘려나가고 있다고 센터의 소장 가와구찌씨는 귀띔해 주었다.

왜냐하면 습도 조절을 하면 품질에서의 큰 차이도 없으면서 숙성실 유지비용은 그에 비해 훨씬 많이 들기 때문이라는 것이다.

센터가 보유중인 Deep Freezer는 소형이었는데 -45~-50℃ 정도가 유지되므로 각종 Frozen Yoghurt나 Ice-Cream을 저장 할 수 있었다. Frozen Yoghurt제조 시 설탕 첨가량은 교과서적으로는 14%로 되어 있으나 여기서는 12%만 쓴다고 하면서 모든 제품에서 첨가물 량을 줄여나가거나 아예 쓰지 않는 쪽으로 연구하고 있다고 하였다.

이곳의 치즈(소형 고-다형) 가염방식은 9~10℃를 유지하는 20% 식염수 통에 1Kg 짜리의 경우 8시간만 침지해도 충분하다고 하면서 염액은 1개월마다 조금씩 보충해주고 정도에 따라서는 가끔씩 식염수를 완전 교체하고 있었다.

이곳의 생산 육제품중 Meatkäse라는 것이 있었는데 그 말은 독일어의 Käse라는 말이 치즈라는 뜻이므로 육가공품에 치즈를 넣어 가공한 것으로 알았으나 그 제품에 치즈를 넣어 가공한것이 아니고 소세지 가공품을 casing하지 않고 그냥 알미늄 상자에 그대로 포장한 것이라고 했다. 독일인들은 고기에 양념 따위를 넣고 으깨어 반죽한 것도 그냥 Käse라고 부른다는 것이다. 그러니까, Head Käse라는 것도 있는데 그것은 돼지 머리속에 양념, 향신료, 부재료 등을 넣고 삶아 내어 가공한 것이라는 이야기이다.

– **연수센터 판매용 생산제품들 :**

- **유제품 :** 컵 요구르트(100g), 프로즌 요구르트(Plain(100㎖)), 딸기아이스크림(100㎖), 블루베리 아이스크림 (100㎖), 고-다 치즈(250g, 500g) 등
- **육제품 :** 아라비끼 소세지(140g), 쇠고기 소세지(140g), 쇠고기 sack(50g), 프라이슈케제(400g), 로스햄(1,000g), 베이컨(500g), 로스트 비프(500g) 등

라. AF그룹(Additative Free Group, 식품첨가제 없는 가공식품)

이 연구센터는 지역 原産의 우유에 대한 부가가치를 높이고자 제품의 품질을 관리하고 소비자 반응을 모집 분석하여 센터 운영에 반영하고자 만든 '모니터' 제도가 있는데 모니터들은 많지는 않지만 나름대로 역할들을 수행하고 있다고 한다. 이들 모니터들의 의견을 받아들여 1989년 6월부터 'AF group'을 설립하고 AF형 유·육가공품의 개발 연구에 들어갔다. AF 그룹 모니터들을 100명으로 한정하고 (3월에 모집) 매월 정기적으로 이들이 연수센터의 제품을 검사토록 함으로서 제품의 고급화와 첨단 건강식품화를 추구하고 있다고 하였다.

- **1996년 AF그룹 멤버 구성 상황**

(현지) 町內 15명

<그림 4-36> 철수한 농용지개발공단의 독신자 기숙사를 개조하여 설립한 베쯔가이町 유가공장 앞에서의 저자와 가와구찌 소장

町外 11명
(계속 18명, 신규 8명)
(택배) 町内 8명
道内 38명
道外 21명
(계속 35명, 신규 32명)
합 계 93명
(계속 53명, 신규 40명)

마. 연수센터의 새로운 운영방향

① 목장마다 발생하는 젖소 '老廢, 淘汰牛肉'을 활용한 육제품 개발(볼로냐 소세지, 靑껍질소세지 및 하니 sack의 시장조사, 프라이슈 Käse의 개량 등)

② 각 市町村 관할 연수훈련기관 및 시설들과의 정보교환, 기술연수 교류를 목적으로 한 全 道内 市·町·村 등 食品加工施設 네트워크 連絡協議會가 설립되면 加盟하여 활동하는 것 등을 기획하고 있다한다.

(17) 베쯔가이(別海)町 酪農工場

베쯔가이(別海)町은 북해도 根室지역의 남동부에 위치하며 총면적 1,320㎢, 인구 5,632세대, 17,764명 정도의 전형적인 농촌지역 이었다. 이곳의 주요 산업은 낙농업과 수산업으로서 제1차 산업지대인 셈이다. 이곳은 낙농에 있어서는 町단위로서는 독보적인 수준을 유지하고 있는데 젖소가 11만두이며 정부에 의해 대대적으로 추진한바 있는 新酪農村 建設事業이 이루어져 일본에서는 由來없는 대규모 酪農地帶를 형성하게 되었다.

일개 町 단위에서 연간 원유 40만톤을 생산함으로써 일본 굴지의 酪農地帶임을 과시하고 있는 지역이 된것이다.

또한 別海町内에는 일본의 대표적인 대규모 유업체인 유끼지루시(雪印), 메이지(明治), 모리나가(森永)의 일본 유업계 메이저 3사와 町營 酪農工場이 영업중에 있었는데 이들 유업체중에서 저자는 대규모 유업체보다는 町에서 설립 운영하고 있는 소규모의 酪農工場을 시찰 하게 되었다.

이 낙농공장의 방문은 저자에게 있어 특별한 의미를 갖는다. 우리는 3년여의 본격적인 지방자치제도를 시행하고 있는데 지방정부의 재정자립도는 30%미만 선을 밑돌고 있는 실정이다. 따라서 이들 미자립 지자체들은 지방재정의 확충과 재정자립을 위한 각종 수익사업을 계획하고 추진 중에 있는 것으로 안다. 여기서 저자는 別海町이 추진해온 乳加工業을 통한 재정자립 활동과 지역내 빈민층과 노인들을 위한 복지사업을 펼쳐 온 사정을 소개하므로써 농업이 주요 산업기반이 되어 있는 농촌지역 地自體들에게 농축산물 가공업을 통한 地自體 수익사업의 좋은 사례를 소개 해 두고자 한다.

<그림 4-37> 베쯔가이정 유가공장의 각종 유제품류

가. 공장개요

- 명　　칭 : 別海町 酪農工場(別海町 經濟部 소관)
- 설립년도 : 1984년 4월
- 종 업 원 : 공무원 6명, 촉탁 3명, 임시직 1명, 시간제 일군(Part time worker) 9명 계 19명
- 부지면적 : 8,154㎡
- 건물형식 : 철골 2층
- 특　　징 : 원래 이 공장건물은 町內에 있었던 農用地開發工團의 獨身者用 기숙사 건물이었던 것을 工團이 자리를 옮겨가자 이를 町당국이 引受하여 乳加工場과 사무실로 적절히 개조하여 사용하고 있다고 하였다. 우리의 경우도 최근들어 농촌인구 감소로 농촌지역마다 초·중등학교에서 廢校들이 늘어나는데 地自體들은 새로운 공장을 짓기 보다는 이런 廢校중 비교적 시설이 좋은 곳을 골라 학교건물 시설을 개조하여 농·축산물 가공장을 세울 수 있겠다는 생각이 들었다.

나. 연 혁

- 1971년 낙농연수센터 건설 : 酪農後繼者 경영기술향상과 유우개량, 유질개선 기술습득이 설립 주 목표였음.

- 1973년 유가공장 건설 : 지역의 우유소비 확대와 町民의 건강증진및 체위향상을 도모하고자 처음에는 지역주민 福祉事業의 일환으로 실시하였고 유가공장과 우유공급기지 10개소에 냉장 저장고를 설치하고 지역농민들이 생산하는 신선원유를 사용 낙농연수센타가 지로팩 180㎖용 우유를 가공 생산했는데 지금도 여전히 지로팩과 유리병을 사용한 포장을 하고 있었다. 이는 우유에 대한 長年層의 옛 향수를 불러 일으키고 고전적 포장을 하여 품질의 차별화를 부각 시키고자 함에 있다고 하였다. 1995년 7월 현재 町民중 특수계층*을 대상으로 한 2,926명에게 週 6일간 공급기준으로 하여 연간 82만개의 '福祉牛乳'를 무상으로 제공하고 있었다(이에 소요되는 경비 약 4,200만엔/년 을 전액 町 자체 예산으로 부담하는 복지정책을 쓰고 있었음).

- 1980년 치즈 생산 실험센터 건설 : 1970년대 후반에 베쯔가이 町 當局은 우유·유제품의 수급불안이 예상되고, 그 동안 原乳生産擴大 基調下에서 원유의 계획생산제로의 전환이 불가피한 狀況擡頭가 예상되어 결국 낙농업이 국제적인 경쟁상황에 놓이게 될 것임을 내다보고 이러한 상황에 능동적인 대처를 위하여 町에서 운영하는 치즈생산 실험센터를 건설 하게 되었다고 한다.
그 원유생산과잉, 소비감소라는 고비를 넘어서자 일본 전국에 걸쳐 유제품 국산화 붐이 일어나고 소비증가도 확대되자 어느 유제품 보다도 치즈의 國産化가 주요과제로 擡頭 되었다는 것이다. 이에 베쯔가이(別海) 치이즈센터로서는 숙성기간이 짧아 원거리 운송이 곤란하고 소비순환속도가 빨라서 비교적 국제 경쟁력이 있는 연질 자연치즈 개발을 목표로 삼고 시험 제조에 들어갔는데 그것이 적중하여 성공하게 되었던 것이다. 이 町당국은 베쯔가이가 낙농지대임을 감안하여 全 町民이 이 센터에 와서 치즈 제조기술을 배우도록 하므로써 '원유의 자가생산, 자가소비', '마시는 우유로부터 먹는 우유시대로'의 낙농 혁신방안을 제시하고 실천하도록 이끌었던 것이다. 이런 결과 町內

***복지우유 배포대상자** : 65세 이상 노인, 乳幼兒, 보육원아, 유치원아(사립포함), 임산부, 특별양호시설 입원자, 심신장애자, 생활보호세대, 병원입원환자, 모자세대, 구호희망자 등

에서도 우유, 유제품의 소비증대가 뚜렷하게 나타났고 町에서는 어느새 지역 특산품의 하나로 치즈를 생산하게 되었던 것이다.

• 1984년 낙농 가공장 건설 : 이상의 상황들이 경과한 후 우유·유제품의 양산체제를 정비하고 늘어난 수요에 부응하고자 新酪農村 建設事業 당시 사용했던 농용지 개발공단의 독신자 기숙사 시설을 구입, 개축한 뒤 유가공에 필요한 기계 기구 구입과 정비를 거쳐 그해 6월에 문을 열어 베쯔가이(別海)치즈의 본격적인 사업단계에 접어들게 된 것이다.

이와 같이 농촌지역의 地自體 수익사업으로서의 유가공사업은 오랜 세월을 두고 지자체당국→유가공장, 종사자→지역주민의 끈질긴 노력과 인내 그리고 따뜻한 애향심의 3위1체적 노력이 투입되어 결실을 맺는다는 것을 알 수 있다. 이런점에서 우리는 단시일내에 어떤 가시적 성과만을 노리는 성과위주, 행정편의적인 展示行政이 배제 되지 않는 한 지자체 농·축산물 가공 수익 사업의 성공은 期待難望이라 하겠다.

다. 유제품 개발 및 상품화 연혁

- 1973. 4. 베쯔가이(別海)우유 제조개시(180㎖ 복지우유용)
- 1982. 2. 치즈 제조법 강습회 개시
- 1982. 6. 우유, 치즈, 버터, 생크림의 지역주민을 상대로 한 시험판매 돌입
- 1984. 5. 우유, 치즈 ,버터, 생크림 본격적인 판매(시험판매 기간 2년 소요)
- 1988. 2. 900㎖병포장 우유 제조 판매
- 1989. 7. 아이스크림(바닐라) HBC(북해도T.V) 텔레비젼 방송 주최 아이스 大賞 受賞
- 1990. 5. 900㎖병포장 드링크 요구르트 발매
- 1992. 7. 아이스크림(딸기) 발매
- 1992. 7. 100㎖포장 드링크 요구르트 발매
- 1992. 9. 발효, 저염, 버터 발매(町內 판매를 위한 限定品)
- 1993. 5. 특화 아이스크림(분말 녹차 첨가) 발매
- 1993. 6. 아이스크림(쵸코렛) 발매
- 1993. 12. 유음료 '고메지지(こめぢぢ)' (싹을 틔운 현미가루와 우유를 혼합한 일종의 유음료)가 농림수산성 식품유통국장상을 수상, 현재까지 인기리에 판매중.

라. 공장의 제품 제조능력

이 공장의 原乳처리 능력은 1일 6,000Kg 정도인데 이의 제품별 구성을 보면 다음과 같다.

① 음용유(HTST 80℃ 15초) 540ℓ/hr.처리 하여
180mℓP. E팩 1,500개/hr. 900mℓ병포장 120개/hr.

② 유음료(고메지지) 190g캔 500캔/hr.
(현미 발아용 항온장치, 帝權, 레토르트 멸균기 등 별도 시설)

③ 치즈 제조 시설 860ℓ/회.

④ 아이스크림 30ℓ/회 정도의 능력이었다.

마. 판매방식

① 소비자에게 직접판매 방식이 주류를 이룬다(전화, fax 주문용 우편엽서로 주문을 받아 宅配나 우편 판매함).

② 일부 지역의 도매상에 공급

③ 백화점에 공급
이 공장의 모든 宅配形 제품판매에서 주문자가 송료를 부담하게 하고 있다고 한다.

바. 현미 유음료 고메찌찌(こめちち)에 대하여

이것은 玄米(こめ) 發芽粉과 우유(ちち)를 혼합 제조했다하여 지어진 이름으로 일종의 쌀가공 乳飮料이다. 현미를 잘 씻어서 적정온도에 넣고 24시간 배양하면 싹이 나오는데(싹의 크기는 약 0.2~0.3mm) 이 상태에서 grinder로 갈아서 우유와 적정비율로 혼합시킨다. 이 때의 비율은 이 공장고유의 기술적 비밀이라면서 공개를 거부하였다(다만 암시적인 소개에 의하면 우유 80%, 당근즙, 발아 현미가루, 올리고당믹스 20%로 구성된다고 하였다). 이때 현미를 너무 많이 넣게 되면 맛이 안 좋고 (현미발아분의 쓴맛?) 음료의 점도가 너무 높아지므로 안좋다고 하였다.

저자는 고메찌찌로부터 힌트를 얻어 최근 한창 인기리에 판매 되고 있는 한국의 식혜와 우유를 혼합한 食醯乳飮料 개발을 구상해 보기로 하였다.

사. 기 타 특 성

이 공장 안내자의 말에 의하면 일본 소비자들은 매우 까다로와서 신제품이라야 잘 팔린

다고 했다. 따라서 乳業메이커들은 신제품을 계속 소개해야 하는 또 하나의 짐을 지고 있다고 한다. 한 제품의 수명은 약 10년 정도로 끝나는 경향이 있는데 유업체들은 그 만큼 연구개발 투자의 중요성을 현실적으로 부딛치며 경영하고 있었다. 그래서인지 오늘날 일본에서는1,000여종의 각종 유제품이 팔리고 있으며 일년에 100여종의 신제품이 나타났다가 사라진다는 것이다.

이 공장에서의 치즈 제조는 Cottage 치즈에 cream을 혼합한 제품을 개발하여 판매한다고 했는데, Cottage cheese : Cream의 비율은 80:20이라고 하였다. 이 공장의 치즈 생산량은 매년 감소하고 있는데 이는 소비자들이 똑같은 치즈를 오랫동안 생산하는데 대한 반발인 것으로 판단된다며 쓴 웃음을 지었다.

치즈, 요구르트, 아이스크림 제조실 마다 각각의 살균기계를 (저온 살균 Jacket) 설비해 두고 있었는데 이는 제품마다 각각 살균온도가 다르기 때문일 것이라 판단 되었다.

이스크림은 바닐라가 가장 잘 팔리고 최근에는 시유소비가 급격히 증가하고 있다고 하였다.

(18) 三友牧場의 農家치즈, 農家치즈를 만드는 會

저자는 지난번 하꼬다떼지역 방문 때 일정과 상관없는 방문지 안내를 부탁했던 것처럼 염치 불구하고 안내자인 가와구찌(河口)씨에게 우리의 일정에는 없는 부탁을 했다. 본인이 북해도에 두 번씩이나 온 목적은 농가나 마을 단위에서 치즈를 만드는 현장을 보고자 한것이니 농가치즈제조 현장을 볼 수 있게 해 달라는 부탁을 했던 것이다. 그는 흔쾌히 이 부탁을 받아 들여 점심시간을 단축 하고는 북해도 中標津町지역에서 '農家 치즈를 만드는 會' (일본에는 여러 가지 주제의 '연구하는 회'가 많다. 예를 들면, '집에서 맥주 만들기를 연구하는 회' '안전한 우유를 추구하는 회' '집에서 빵만들기를 연구하는 회' '燻製料理연구회' '초류만을 급여하여 착유한 우유를 마시는 회' 등등 헤아릴 수 없이 많았다)의 대표를 맡고 있는 三友由美子씨 가정을 방문하도록 주선하여 주었다.

三友由美子씨는 40대 후반쯤의 중년 부인이었는데 스웨덴산 통나무로 잘 지은 그녀의 저택에서 우리 일행을 반가이 맞아 주었다. 남편과 함께 三友牧場을 경영하는 그녀는 처음에는 가와구찌(河口)씨가 소장으로 일하고 있는 中標津町畜産食品 加工硏究센터에서 운영하는 치즈 제조 훈련 프로그램에 참가하여 치즈 만드는 법을 배운 후 스스로 농가에서 치즈를 만들 수 있는 몇가지 도구를 고안하여 치즈를 만들기 시작 했다고 한다. 초기에 그녀는 자신의 집에서 스스로 고안하고 마련한 도구를 사용해서 3회에 걸쳐 고-다 치즈를 만들었는데 3회 모두 치즈가 달랐고 자기가 보기에는 실패한 것이 분명한 치즈였음에도 불구하고 그냥 숙성을 시켰다가 2~3개월 후 센터의 치즈제조 프로그램의 훈련생들끼리 모이는 치즈 강습회에 갖고 나가서 맛을 보였더니 모두들 맛이 꽤 좋다는 평을 받게 되어 그 뒤로 계속 취미 삼아 치즈를 집에서 제조하고 있다고 자신의 치즈 제조 배경을 설명해 주었다.

<그림 4-38> 三友由美子 씨의 각종 농가치즈 제조용 기구류

그녀가 가정에서 치즈를 만들 때 필요한 치즈 몰드(成型容器)나 커어드 절단기(Curd Knife)를 개인적으로 구입하면 비쌀 것으로 생각되어 이를 단체 구입 할 생각으로 센터의 치즈 강습회에서 만난 사람들에게 공동 구입하자고 했을 때 의외로 10인 이상의 신청자가 있었더라는 것이다. 그녀는 혼자서 집에서 재미 삼아 4~5Kg짜리의 고다 치즈를 만드는 일을 계속하였었고 그러다 보니 그럭저럭 치즈 만드는 일이 어느새 일상으로 자리를 잡게 되더라는 것이다. 그러면서 같이 치즈 제조도구를 구입했던 사람들끼리 서로 염지용 소금물을 공동으로 사용하기도 하고 재료나 도구를 교환하기도 하고 돌려쓰기도 하였더라는 것이다. 또한 자신이 만든 '農家 치즈'를 그 사람들과 한데 모여서 나누어 먹기도 하고 그것들을 가지고 요리해 보는 것도 즐겁겠다는 꿈을 키워 나갔다는 것이다. 그러다가 三友由美子 씨가 어느 날 독단적으로 '농가 치즈 만드는 회'를 만들자고 제안을 하여 드디어 1995년 7월에 '農家치즈會'가 탄생하게 된 것이다. 처음에는 회원이 10명정도였으나 지금은 30명 정도가 열심히 활동하고 있다고 하였다.

<그림 4-39> 치즈 제조과정을 설명하는 三友由美子씨

三友由美子 씨는 내가 한국에서 왔다고 하여 우리가 도착 전에 미리 정경화 씨의 연주 판을 전축에 얹어 놓았다가 모든 설명을 끝내고 그녀가 만든 치즈를

<그림 4-40> 김치 Box에 원유를 넣고 스타터를 첨가, 배양하는 장면.

<그림 4-41> 온도하강을 막기 위하여 보온기구(붉은 물체)와 간이 덮개용 천.

<그림 4-42> 렌넷을 넣고 나서 우유응고를 대기하는 장면.

<그림 4-43> 커어드 나이프. 하나로 가로, 세로용이 된다.

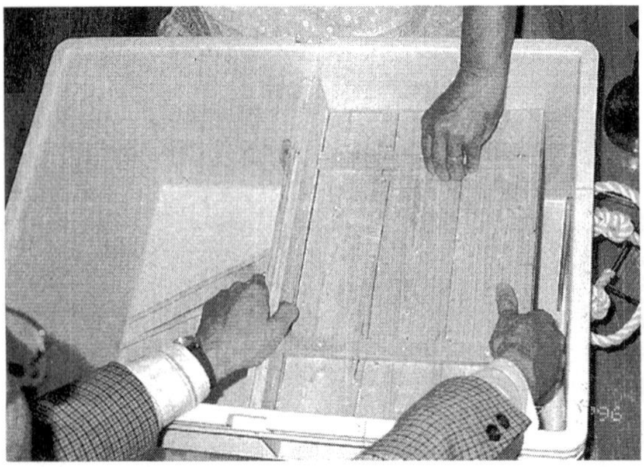

<그림 4-44> 유청배출과 밸트내 예비 압착을 위한 송판

<그림 4-45> 스웨덴 수입산 통나무 자택 앞의 三友由美子씨.

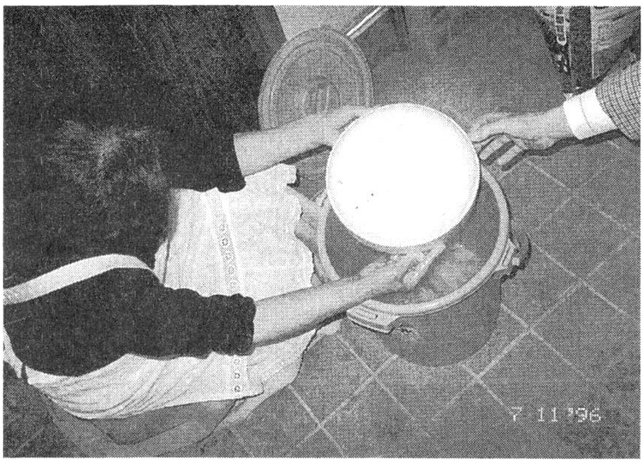

<그림 4-46> 염지용 프라스틱 바켓으로부터 치즈 꺼내는 모습.

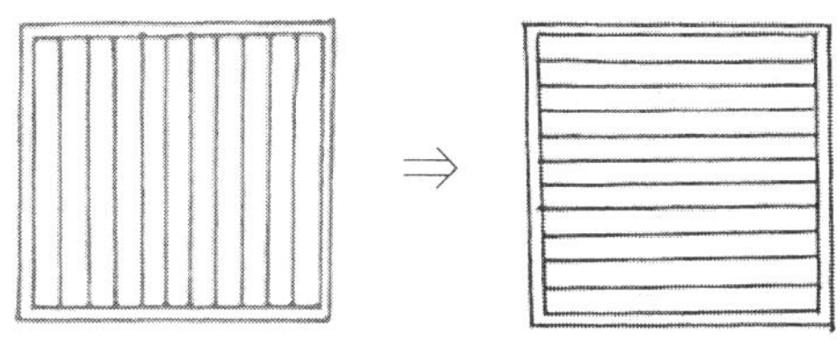

양쪽(가로, 세로) 사용이 가능하게 만든 스텐레스 강철 커어드 나이프.

<그림 4-47> 숙성이 끝난 고-다치즈 시식준비 모습.

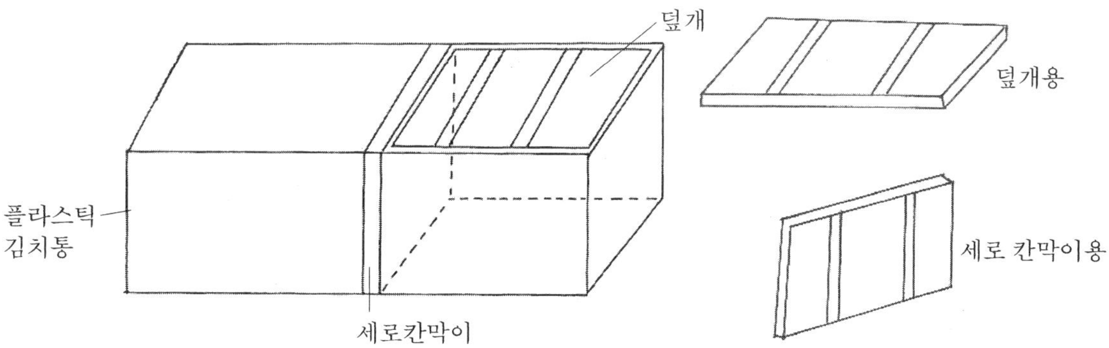

<그림 4-48> 커어드 나이프와 예비압착용 송판.

시식하고 다과를 나누는 시간에 자신은 한국인 정경화의 팬이라고 하면서 틀어 주는 친절도 베풀어주었다.

가. 활동 내용

이 모임에서는 치즈 제조의 秘法(know-how)과 도구 공개, 스타터, 렌넷 곰팡이의 공동구입과 전달(이러한 용품은 양적인 면에서 판매회사들이 소포장, 개별판매를 꺼려하므

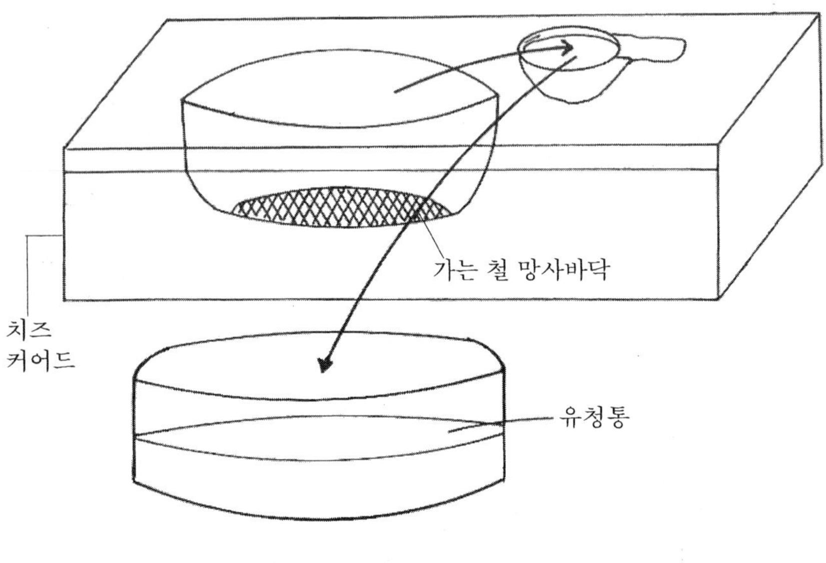

<그림 4-49> 김치통 치즈뱉으로부터 유청 빼는 방법.

로 공동구입이 불가피하고 또한 유리하다는 것이다)을 주선하고 있다. 또한 치즈 제조의 성공, 실패담 등 회원동지간의 친밀한 정보교환의 場을 제공하여 기술정보를 공유하며 이를 위한 모임 개최, 정보지 발행 등을 하고 있다. 이들의 활동상황을 요약하면 다음과 같다.

① 中標津町畜産食品 加工研究센터를 활용한 치즈 만들기 강습회 개최.

② 치즈 제조기구의 염가구입 알선 및 안내.

③ 치즈 제조용 스타터, 렌넷, 기타재료의 공동구입안내.

④ '치즈 試食會' 개최 및 친교행사.

⑤ '農家 치즈'라는 題號의 不定期刊 뉴-스 레터 발간(치즈 제조기술 소개, 치즈에 관한 서적소개, 치즈 제조기구 구입 안내, 치즈에 대한 상식, 용어설명, 치즈에 대한 질의 응답코너, 치즈 회원간의 통신, 치즈 회원동정 등을 주요 내용으로 함).

⑥ 치즈제조기술 관련 세미나 실시

⑦ 치즈 선진국 전통치즈제조 지역 방문 연수 등

나. 三友由美子씨가 개발한 농가형 Gouda치즈 제조법

1) 농가 치즈 제조기구

① Vat용 플라스틱 김치통(40 ℓ 들이)

② Curd Knife-한개로 가로, 세로 양쪽을 쓸수 있도록 제작함

③ 커어드 예비 압착용 나무판

- 김치통 크기에 맞추어 절반정도 덮을 크기와 세우면 높이가 같은 크기의 지지용 나무 판등 2개

④ 냄비, 우유 가온용

⑤ Mould 4Kg용(스테인리스강 제품으로 구입, 26,000엔(한화 약 37만원/개)

⑥ 치즈 표피 손질용 천(cheese cloth)

⑦ 교반용 나무주걱

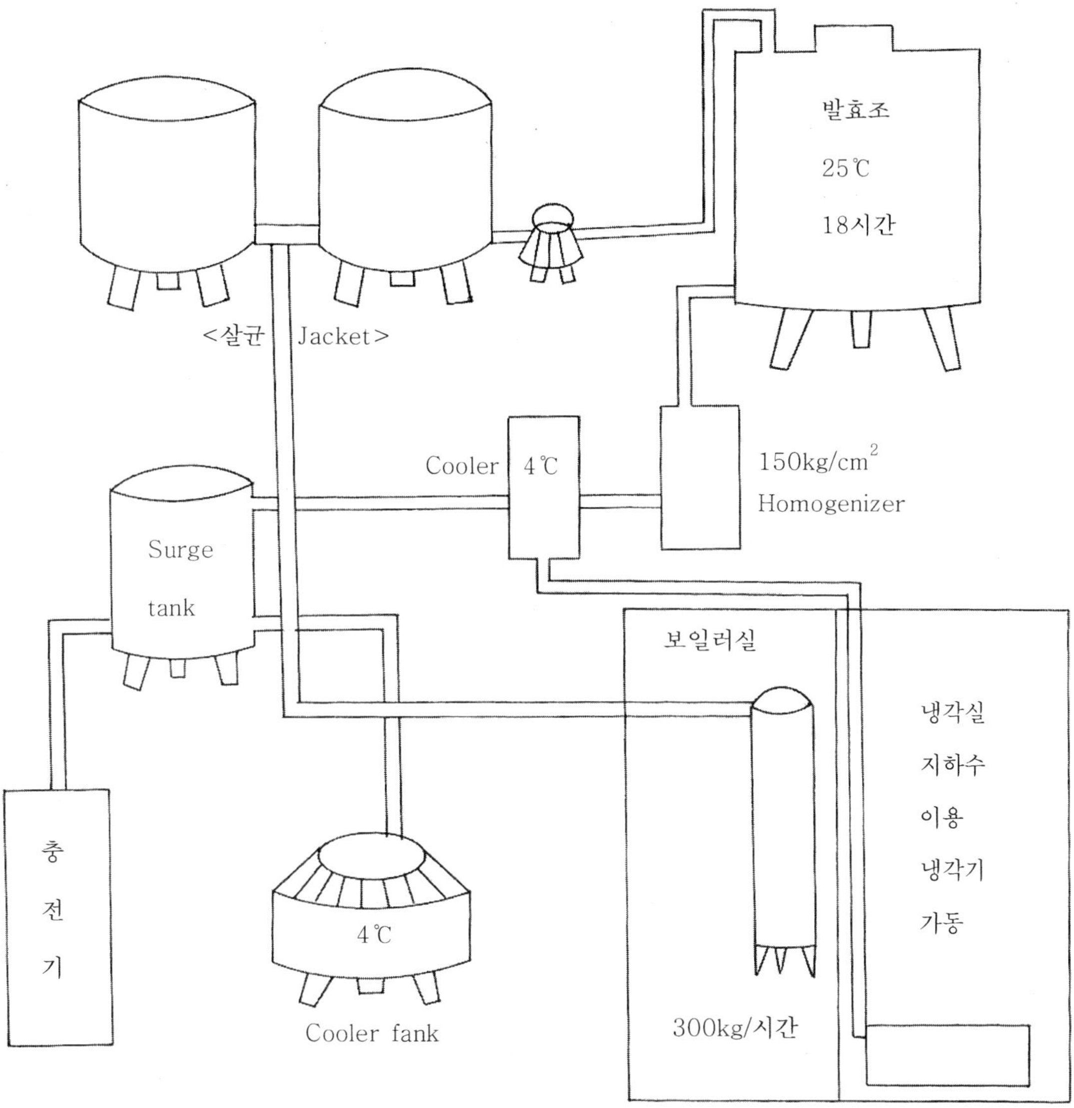

<그림 4-50> 中標津町농협의 유제품 공장시설 배치도

⑧ 염지액용 저장 플라스틱통(20ℓ용).
⑨ 초산비닐 수지(목공용 본드, 초산비닐, 초산비닐수지 41% 물 59%를 혼합한 것).
⑩ 치즈 제조시의 보온용 치즈 밸 덮개(담요로 제작)
⑪ 보온용 기구(일종의 전열기로써 치즈 제조시 일정한 온도 유지에 사용).

2) Gouda cheese 제조 과정

① 원유는 살균하지 않고 그대로 31℃가 되게 가온만 한다.
② 스타터(11%탈지유에 스타터를 접종하고 배양은 보일러실에 24시간정도 두면 응고된다), 첨가(원유의 2%, 4.5Kg짜리 치즈 제조시 원유량은 45Kg 이므로 스타터배양액은 900㎖ 정도 첨가한다).
③ 렌넷 첨가(분말 렌넷의 경우 약 1.2g정도)
④ Cutting(하나의 정사각형 스테인리스 Curd Knife를 가지고 가로. 세로용으로 사용).
⑤ Whey 제거(커어드 절단후 가온하면서 저어주고 1차로 유량의 1/3에 상당하는 유청을 제거한다. 다시 34℃가 되면 나머지 유청의 1/3제거, 38℃가 되면 커어드층 윗면이 드러나기 까지 유청을 제거한다).
⑥ 예비압착 (Prepress)
치즈 밸내에서 나무판을 먼저 세워 커어드를 한쪽으로 밀어 부치고 다른 판을 위에서 덮은 다음 그 위에 5~6Kg 무게의 돌이나 벽돌덩이를 30분정도올려 놓는다.
⑦ 성형 Curd를 적당한 Mould에 넣어서 본 압착에 들어간다. 처음엔 10Kg, 그 다음에는 20kg, 마지막 30kg까지 무게를 늘려가며 5~6시간동안 본 압착을 실시한다.
⑧ 성형된 치즈는 20%소금액이 든 통에 담가서 온도를 15℃로 유지한 채 30시간동안 담가 둔다.
⑨ 염지가 끝난 치즈를 생 치즈라고 하며 이를 초산비닐로 도포하여 Coating한 다음 숙성장소에 넣고 숙성시킨다.
⑩ 농가에서는 주로 숙성을 냉장고에서 실시하는데 보통 2~3개월간 실시한다.

<그림 4-51> 라·레토리 나가시베쯔 유가공장 전경

⑪ Whey로는 Riquotta cheese를 제조한다. 이 치즈는 생으로 먹되 간장에 찍어 먹으면 그 맛이 일품이라고 강조한다.

三友由美子 씨는 1년 전부터 치즈를 만들기 시작하여 카멩바르 치즈를 10회 이상, Gouda 치즈를 10회이상 제조했다며 스스로 대견스럽다는 표정이었다. 이렇게 만든 치즈는 주로 자기 집을 찾는 손님접대에 쓰고 (남편이 지역 농협조합장이어서 방문객이 많다고 한다.) 또 손님이 돌아갈 때 선물로 싸서 주면 매우 반가워 한다고 했다.

그녀는 프랑스나 이태리로 가서 그곳 농가에 머물면서 농가치즈 제조법을 배워올 계획이라고 했는데 최근의 뉴스레터에 의하면 지난 '97년 9월 10일부터 11일간 什勝지역의 자연치즈 진흥회가 주최하는 프랑스 알사스, 콩데, 루브롯숀, 생네그텔, 아퐁당스, 보폴지방 등지를 순방하는 연수여행을 다녀오게 되었다고 했다.

그녀는 필자에게 보내온 서신에서 한국의 농가치즈 제조를 돕고 싶으며 그러한 모임과도 교류하고 싶다는 뜻을 피력해 왔다.

(19) 中標津町 農協乳製品工場

이 공장은 中標津町 農協에서 直營하는 소규모 유가공장으로서 Kefir와 커피우유를 생산 판매하고 있었으며 주력제품은 Kefir였다.

Kefir는 알콜 발효 유제품으로서 일본에 소개 된지는 100여 년이 넘었어도 공업화되기는 1960년경에 오사카의 關西루나(ルナ)에서 처음으로 개발하여 보급하기 시작하였다고

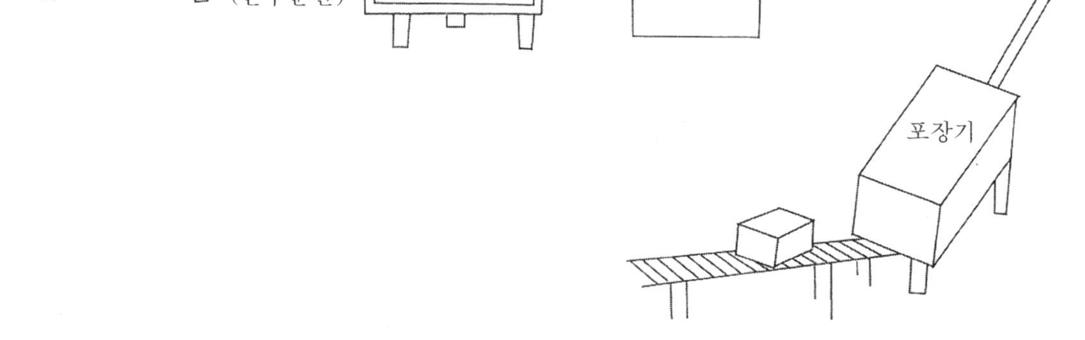

<그림4-52> 라·레토리 나가시베쯔의 공장 시설 배치도

한다. 그 후 여러 유업체들이 Kefir가공을 시도했었으나 모두 실패하였는데 이는 정작 제품개발에는 성공했어도 Marketing부문에서 실패한 잘못이 있었다는 것이다.

이 공장의 Kefir는 2일마다 300ℓ씩, 커피우유 역시 2일마다 200ℓ씩 제조 판매하고 있었다. 이들은 오직 두 가지 제품만 생산함으로서 공장을 특성화 시켰다고 한다.

Kefir grain은 中標津町畜産食品 加工硏究센터의 가와구찌(河口)소장이 분양 해 준 것을 쓰고 있는데 그는 어느 대학 교수로부터 분양 받은 것이라고 했다.

공장은 워낙 소규모이기 때문에 직원은 간부직 2명(간부직 2명 모두 낙농학원대출신), 시간제고용인 1명 그리고 임시직 1명이 전부인데도 경영에는 아무 문제가 없다고 하였다.

제품의 판매방법은 북해도, 本州, 關西, 關東지방에 걸쳐 ① 주문판매 ② 도매상 공급(보통 50~60개씩)방식을 채택하고 있었다. 특히 커피우유는 북해도 전역, Kefir는 本州, 關西, 關東지방에서 잘 팔린다고 하였다.

• 가　　격 : 커피우유 250mℓ - 110엔
　　　　　　케 피 어 500mℓ - 280엔

(20) 有限會社 라·레토리 나가시베쯔(La Laiterie Nakashibetsu)

이 공장은 1992년 10월에 문을 열었는데 원래 곤도(近野)사장은 시내에서 일본 茶 상회를 운영하던 사람으로 가와구찌(河口)씨의 축산식품연수센터에서 액상 요구르트를 제조판매 있던 차에 그 판매량이 인기리에 늘어났다는 것이다. 그러자 町당국의 직원이 차 상회 주인에게 자꾸 권유하여 유가공 사업을 시작하게 되었던 것이다. 최근 들어 일본에서는 Drink type 요구르트가 대단한 인기 하에 팔리고 있어 그 소비 붐이 한창이었다.

1992년에 가와구찌(河口)씨가 곤도 사장에게 요구르트 제조에 관한 전문서적을 건네주었고 그는 당시 明治大學 경제학부를 나와서 삿뽀로 대규모 호텔 구룹사에서 일하고 있던 아들 곤도아끼라 (近野了)씨를 불러들여 그의 공장운영을 맡겼다고 하였다.

요구르트공장은 공항근처의 국도변에 위치하고 있었는데 서구식으로 빨간 지붕을 고풍스럽게 얹은 건축물로서 그 안에 유제품 판매코너, 레스토랑, 사무실, 공장순으로 배치 되어 있었다<그림4-51 참조>.

이 공장의 직원 구성은 상점 및 레스토랑 담당 4명, 공장 담당 3명을 정식으로 고용하고 일의 량에 따라 시간제 노동력을 쓰고 있었다.

이 공장의 생산량은 : 요구르트　900mℓ용 - 3500개/월
　　　　　　　　　　　　　　500mℓ용 - 3800개/월
　　　　　　　　아이스크림 70,000컵/년 정도(120mℓ)

제품 판매가격 : 요구르트　900mℓ 600엔/本 (한화 약 4,350원)

500mℓ 350엔/本
아이스크림(120mℓ컵) 1개 250엔

(주문판매 최소단위 요구르트 6개, 10개, 15개 Box, 아이스크림 : 10개, 20개, 54개) 송료는 주문자 부담임<宅配이용>).

제품은 2일마다 아이스크림과 요구르트를 번갈아 가며 생산하고 있었다. 여름에는 제품이 없어서 못 팔 정도로 수요가 많으나 겨울에는 재고가 많이 쌓인다고 했다.

이 공장 설비를 갖추는데는 3,000만엔(약 4억3천만원 정도)이 소요되었다고 한다. 아이스크림 제조실은 요구르트 제조실과 분리되어 있었으나 아이스크림 mix 배합은 요구르트 발효 Tank를 이용함으로써 설비의 중복을 피하고 있었다.

이 공장의 요구르트 믹스의 균질압은 150~180kg/㎠ 정도이고 아이스크림 경화용 동결기는 −50℃ 정도의 것을 사용하고 있었다.

이 공장의 요구르트에는 설탕을 사용치 않고 인공감미료인 Aspatam을 사용하고 있었는데 대부분의 일본의 농가형 요구르트 공장들이 설탕사용을 기피하고 있었고 무설탕 제조를 주요 판촉광고 카피로 활용하고 있었다.

이 공장은 자체목장을 갖고 있지 않기 때문에 원유를 북해도농협연합(Hokuren)으로 부터 2일마다 소요량만큼 구입하여 사용한다고 했다.

제품의 판촉은 제품홍보 포스터를 붙일 만한 곳이면 어디나 부착하고 있었는데 그 지역 호텔의 방마다. 그리고 읍내식당이나 다중이 모이는 각 건물의 로비에도 붙여져 있어서 매우 인상적 이었다. 이는 사장 아들인 곤도씨가 호텔체인에서 근무하다 온 경험이 있어서 주요 호텔, 유명식당을 많이 파고들었던 것으로 생각되었다.

(21) 후라노(富良野)시 치즈 工房

가. 배경과 연혁

北海道 후라노(富良野)시는 북해도에서는 유명한 휴양관광지로 소문난 아름다운 전원도시로서 1975년 당시 시의 취업인구 분포는 1차 산업 34.9%(일본 전국 13.9%, 도평균 16.1%), 제3차 산업 49.9%로서 1차 산업분포가 유난히 높고 2차 산업은 15.2%로서 낮은 분포로 농업을 기간으로 한 산업도시로의 발전을 꿈꾸고 있었다. 이곳의 농업은 夏期高溫과 盆地특유의 일교차 때문에 수박, 메론이 당도가 높고 좋은 토양조건과 자연의 혜택 아래 양질의 농산물을 재배하고 있었다. 1970년부터 水田감축정책에 따라 그 田作率이 점차 증대되어 野菜중심 농업으로 탈바꿈하였다.

후라노(富良野)市의 농업생산성은 1980년부터 160억엔을 초과하였고 북해도 전체에서도 최고의 위치를 차지하였다. 특히 야채 생산이 특화품이 되어 道外로 팔려가는 비율이 70%이상이어서 주요 시장이 道外에 定着된 셈이다. 그렇게 되기까지는 시내의 3개 농협들이 영속적이고 항구적인 시장정책과 우수한 품질유지를 지원한 결과라고 생각된다. 1978년경의 富良野市 농업생산액은 약150억엔이었는데 그 내용 구성을 살펴보면 야채(과실류 포함) 75억엔(50%), 쌀 31억엔(21%), 축산 16억엔(11%), 감자類 6억엔(4%), 기타 22억엔(14%)으로 나타났다.

이상의 작목 중 가공대상은 야채와 감자類로서 81억엔에 달해 전 생산액의 54%를 점유하였다. 식료품제조업의 출하액 26억엔 중 제조비가 50%이고 원료비는 13억엔이 되어 총생산액의 8.7%였고 야채, 감자類 생산액의 16%가 되었다. 따라서 당시의 후라노시 농산물 가공수준은 극히 저조한 상태였다.

농산물은 풍흉작에 의한 가격변동에 대해 극히 취약하다는 점과 특히 야채류는 쉽게 상한다는 점을 고려해서 농협은 농산물 출하조절을 위한 저온창고, 저장시설, 작목의 선별 출하시설 등을 갖추어 계획출하와 시장판로 확대에 힘쓰고 高 價格을 유지해야 농가소득향상이 있다는 것을 염두에 두고 그 책임과 역할을 충실히 수행하게 되었다.

농산물의 부가가치 向上을 위하여 産地에서 고려할 점은 適地適作, 양질품생산, 생산으로부터 유통에 이르는 과정의 정비 등을 들 수 있다. 따라서 후라노시는 1981년 2월에 농산물가공시설을 스스로 보유하는 것을 고려하게 되었고 이일을 사전 탐구하기 위한 후라노시 농산가공기술개발 전문위원회를 위촉하여 가동시켰다. 이어서 이들의 건의에 따라 富良野市 農産加工研究所를 설립키로 하고 1981년 3월에 條例를 제정 공포하였다.

1981년 6월 동 條例의 시행규칙이 제정됨에 따라 후라노시 山富町 東 2線 12番地에 同 研究所를 설립하게 되었다. 같은 해에 이 연구소에서는 시 생산물인 양파를 가공하여 양파쥬스, 양파소스를 생산 판매하는 한편 자연 치즈 개발을 위한 試驗製造에 들어갔다.

자연치즈는 낙농학원대학 식품과학과와 기술제휴하고 1983년부터 본격적인 생산시설을 갖추고 생산에 들어갔다. 먼저 1981년 8월 낙농학원대학 유제품제조학 연구실 안도교수로부터 제조기술을 지도받아 시험제조하다가 동년 10월에는 '자연치즈 개발에 관한 연구'를 위탁하게 되었다.

지역 특산품의 하나인 '후라노 와인(wine), 레드(red)'를 연계시킨 경질치즈 개발을 하기로 결정하고 6개월간의 시험치즈 제작을 반복한 결과 1982년 3월에 와인을 넣은 체다타입의 자연치즈 개발에 성공하였다. 같은 달에 시의회의원협의회에 연구성과를 발표하였다. 이때 안도교수는 후라노시와의 연구용역 결과로서 '富良野市ナチュラルチーズ研究開發の結果報告書'라는 귀중한 논문을 정리하여 제출하였다.

당시 이들이 치즈 개발시 제시한 전제조건을 살펴보면 다음과 같다.

1) 지역성을 충분히 살린 치즈일 것(후라노시의 특색을 살릴 것).
2) 요리에도 쓸 수 있는 것(응용범위가 넓을 것).
3) 보존성이 있을 것(shelf life가 긴 것).
4) 풍미가 너무 강하지 않을 것(일본인 취향, 온화한 풍미).
5) 제조가 간편할 것(작업능률이 좋을 것).
6) 동일설비에서도 다른 치즈 제조가 가능할 것(응용성 있는 설비).
7) 주 개발 치즈는 장기숙성형 치즈이나 단기숙성치즈와의 조합제조가 가능한 것(설비자금, 자금회전을 고려).
8) 다른 국산, 수입치즈와 경합되지 않는 것 또는 경합도가 낮은 것.

이들의 보고서에 따르면 '후라노와인 체다 치즈' 개발을 위한 모델치즈로서 다음 3종을 선정한 것으로 나타났다.

1) Cheddar系 치즈
2) Saint Polanc系 치즈
3) Credoskin coating 치즈

이러한 치즈를 기본모델로 정한데는 다음과 같은 배경이 있었다.

1)의 경우, 일본에서 가장 많이 제조 소비되고 있었으며 다량 수입되는 것으로 일본인에게 친숙한점이 많았다. 이 치즈는 Table cheese로서 또한 조리용으로서 이용되는데 그 의미는 결국 용도가 광범위한 치즈라는 점이다. 이들은 체다의 亞種으로서의 새로운 치즈 개발을 구상 했는데 결국 체다치즈에 후라노시 특산물로서 명성이 높은 '후라노 Red Wine'으로 착색하고 은은한 포도향을 부여함으로써 독특한 지역치즈로서의 오리지날리티를 구현하였던 것이다.

2)는 당시 일본에 수입된 것이 많은데 숙성이 빠르고 풍미가 온화하므로 와인과도 매우 적합하게 어울릴 것으로 보았다. 이 치즈도 와인과 함께 제조하면 보존기간(Shelf life)도 연장되고 맛도 독특할 것으로 생각하였던 것이다.

3)은 연질과 경질 치즈의 중간 Type으로서 초기숙성 종료 후 Red wine의 搾汁가스를 치즈 표면에 피복하고 치즈 표면의 착색이 약간의 향기를 갖게 하려고 했다.

치즈 내부는 creamy형의 치즈 눈이 만들어지므로 독특한 모양을 연출 할 것으로 고려되었다. 이상의 3종 치즈가 기본시험 치즈로 쓰였고 1차적으로 Furano Wine Cheddar가 성공된 것이다.

나. 동 연구소의 치즈 관련연혁

• 1981. 8. 21 치즈 개발을 위한 낙농학원대의 안도교수 지도 받음.

- 1981. 10. 26　자연치즈 개발위탁(낙농학원대학 안도교수)
- 1982. 1. 28　시장, 농협조합장 간담회(치즈 공장설치를 위한 합작 협의)
- 1982. 3. 11　자연 치즈 연구개발 상황보고(시의회)
- 1982. 7. 1　치즈 공장 건설사업 협의
- 1982. 7. 31　자연치즈 상품화 연구사업 요청
- 1982. 9. 24　자연치즈 조성분 분석의뢰(북해도 위생연구소)
- 1983. 1.　자연치즈에 관한 시민 앙케이트 조사
- 1983. 4. 28　치즈제조 기술 개발 지도 위탁계약 체결(낙농학원대학)
- 1983. 11. 15　주식회사 후라노시 농산공사 설립
- 1984. 4. 10　후라노 치즈(와인체다)發賣(公社)
- 1986. 11. 18　우유공장운영 타당성조사(赤井川村山中牧場)
- 1987. 7. 20　무균질 저온살균 '후라노 우유' 發賣(公社)
- 1987. 12. 20　안도교수 유제품공장의 지도를 맡음
- 1988. 3.　후라노치즈(White)연구개발 결과 보고 및 試食會
- 1988. 4. 15　후라노시 소비자 협회와의 신제품 치즈 간담회
- 1988. 7.　유제품 가공식품 해외(유럽)조사, 안도교수, 가또교수, 대내 연구소장 등.
- 1988. 10. 17　음용유 처리시설이 승인(북해도 지사) (公社)
- 1989. 11. 26　나고야 '치즈館' 조사
- 1990. 3. 13　'치즈 농업' 公園 구상 협의
- 1990. 5.　'藏王 酪農(치즈 工場)' 조사
- 1990. 7. 16　후라노치즈(와인체다), 제 2회 優良 民俗傳統食品 콘테스트에서 농림수산부 식품 流通局長償 受賞
- 1990. 11. 20　'나고야 市立 綠農開發公社' 의 목장관리 및 치즈 사업 조사
- 1990. 11. 14　'자연치즈 정상 인(IN) 도카치 '90' 에 참가
- 1991. 6. 28　안도교수로부터 연질치즈 제조에 관한 지도 받음
- 1991. 9.　Brie type치즈 연구개발 시작
- 1991. 10. 28　신 치즈 공장건설 계획 수립
- 1992. 2. 27　안도교수 치즈공장설계 계획 지도
- 1993. 8. 24　안도교수 곰팡이 숙성 치즈 제조 지도

- 1993. 12.　　Brie type치즈 제조 기술 확정
- 1994. 3. 29　'후라노 치즈 工房' 완성
- 1994. 6. 16　유제품 傳承室 완공
- 1996. 6. 22　아이스 밀크 개발 판매

  '후라노 아이스 밀크'가 본명인데 후라노 시민을 대상으로 아이스크림이름 공모를 실시한 결과, 840명이 응모하여 이중에서 심사를 거쳐 뽑은 이름이다.

다. 후라노 치즈 공장 개요(제1공장)

농업진흥 일환으로 우유소비확대와 새로운 식생활 문화 창조를 위해 유제품의 개발 가공이 행해졌다. 또한 지역 소득산업의 창출과 농가경제의 안정적 진전, 주민의 정주 촉진의 場을 확보하기 위해 치즈 제조 시설을 갖추도록 후라노시 차원의 사업이 진행된 것이다.

- 사업실시년도 : 1983년
  - 사 업 명 : 농촌지역 定住促進 對策事業
  - 사 업 구 분 : 농림수산물 처리 가공시설 정비사업
  - 시 설 명 : 농축산물 처리 가공시설
  - 명 칭 : 후라노 치즈 공장
  - 공 사 기 간 : 1983년 6월9일 착공

    1983년 11월5일 준공

- 사업개요

  농축산물처리 가공시설 1동(鐵骨造 平屋 425.25㎡)

  외부부대공사

  - 시설내 연락도로 L=104.5㎡
  - 주 차 장 A=460.0㎡
  - 도로개량(市費) L=222.0㎡
  - 造 園(市費) A=202.3㎡

  총사업비 117,309천엔

– 공장 실별 면적

(단위 ㎡)

사 무 실	견학전시실	휴 양 실	검사배양실	실 험 실	수 입 실	포 장 실	자재보관실	제1처리실	제2처리실
38.25	28.0	12.15	18.0	22.0	27.0	31.5	30.0	53.25	53.25

저온저장실	냉동기계실	보일러실	제1숙성실	제2숙성실	제3숙성실	제4숙성실	화 장 실	현관,홀 복도	계
15.0	12.0	15.15	9.0	9.0	28.0	15.0	10.0	39.35	425.25

– 시설 평면도

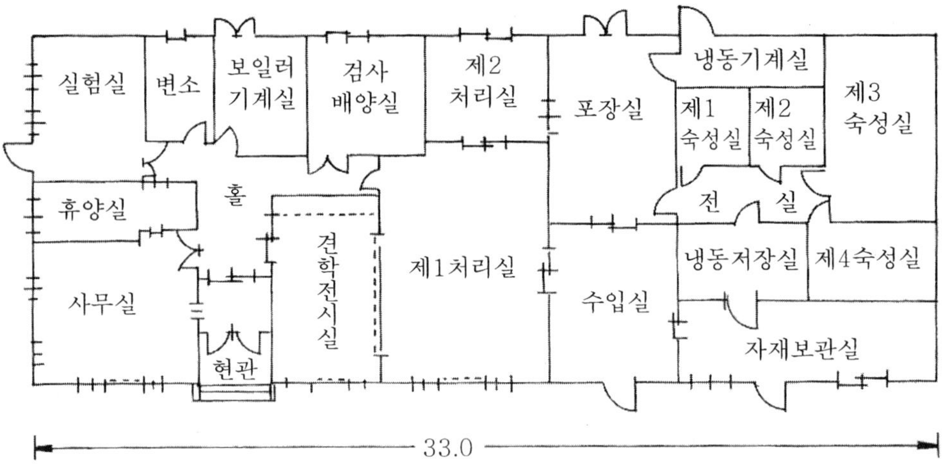

<그림 4-53> 후라노시 치즈 공장(제1공장) 시설 평면도

라. 제2 신제품 치즈 개발 원칙(1988년)

① 연질계통 치즈를 개발함.

② 시판 위주 치즈를 개발함.

③ 후라노시의 이미지를 연상케 하는 치즈 일 것.

④ 외국산 치즈와 경쟁관계가 안되어야 하나 불가피한 경우 약간의 경쟁관계인 치즈일 것.

⑤ 강한 풍미가 없는 치즈 일 것.

– 모델 치즈 : 이태리가 원산인 소프트 치즈

– 판매 예상 가격 : 120~135g당 (100g당 400엔) 500엔 (당시 와인체다 100g당

600엔)

마. 신제품 제조 설비 신축과 연질 치즈 개발경위.

후라노시의 후라노 와인 체다치즈 제조 시판 이후 시민들의 식생활 다변화와 후라노시를 찾는 관광객의 치즈 공장 견학자가 급격히 증가함에 따라 1차 공장생산 자연치즈 처리 능력이 한계를 넘어서게 되는 현상이 빚어 졌다. 이에 따라 시 당국은 신제품개발을 위한 설비 보완과 치즈공장 견학자에 대한 乳文化를 전파하고 體驗하는 전시시설을 신축하도록 결정하게 되었다.

1992년의 생산목표량을 와인체다 10.5t, White 3.0t, 우유 180cc, 16만8천병이었다. 또한 신제품의 개발에 있어서 지난 수년간 곰팡이 숙성형 연질치즈의 연구개발을 수행해 왔는데 1993년에 거의 성공하여 상품화를 위한 형상, 포장등을 마지막으로 검토하여 제품화 시켰다. 그것이 Meson Dowa Pier이다.

바. 新農村定住促進 對策事業의 槪要(富良野市 치즈 工房)

- 實施年度 : 1992년
- 事業區分 : 安定的 就業機會 確保對策事業
- 事業種目 : 地域 農林水産加工 高度化 施設 等 整備事業
- 事業主體 : 후라노(富良野)市
  (運營主體)　株式會社 후라노市 農産公社
- 名　　稱 : 富良野치즈 工房
- 工　　期 : 1992年 8月 21日 着工
  1993年 3月 29日 竣工
- 事業의 槪要 : 工場의 規模
  鐵筋 콘크리트, 木造 2층
  總面積 860.709㎡
  (1層 446.41㎡, 2層 355.396㎡, 대지 58.903㎡)
- 事 業 費 : 271,955千円(한화 약 3,875,358,700원)
- 展示施設의 槪要

乳製品 傳承室 : 치즈의 歷史…치즈의 起源.逸話
젖짜는 體驗…시뮬레이션 장치
치즈 百 科…營養과 치즈 料理. 世界의 치즈.
치즈의 퀴즈. 映像(VTR)
傳統的인 手製치즈 製造道具
直賣 코ー너

치즈 工房에 부속시켜 '후라노아이스밀크'를 생산하고 있었는데 신임시장의 아이디어에 따라 96년 6월 22일에 문을 열었다. 이 아이스 밀크는 너무 인기를 얻어 대성공을 거두었는데 관광 온 젊은이들 마다 사 먹는 광경을 흥미롭게 보았다. 안도교수는 "사실 이 아이스 밀크는 아이스크림보다 맛이 없고 성분함량도 낮은데 왜 저렇게 맛있어 하고 좋아하는지 요즘 젊은이들은 이해가 안된다"며 재미있어 하였다.

후라노시는 오래전에 시에서 사용하는 모든 안내간판, 시의 생산품 상표등의 시 상징을 동일화하는 이미지통합작업(C.I.P)을 완료하여 시 고유의 로고인 'ふらの'라는 독특한 서화체를 쓰고 있었는데 이는 삿뽀로시에 사는 일본 내에서는 유명한 서예가에게 의뢰하여받아 낸 것이라고 했다. 일단 누구든 후라노시에 들어서면 가장 먼저 맞이하는 것은 이 로고간판이며 시내 요소마다 '전원관광 휴양도시, 후라노시!'라는 문구와 함께 선전간판이 서 있는 것을 자주 볼 수 있다. 후라노시의 모든 상표, 관광자료, 홍보자료, 안내문, 관공서 간판등에서 시의 이름을 쓸 때 반드시 이 로고를 넣고 있었다. 이를테면 우리나라 대기업들이 거금을 들여 실시하고 있는 상징의 동질화작업(C. I. P)을 농촌의 조그마한 시 차원에서 해낸 것이다.

<그림 4-54> 후라노시 치즈공장 전경

후라노시의 '95년말 현재 인구는 26,000명이었는데

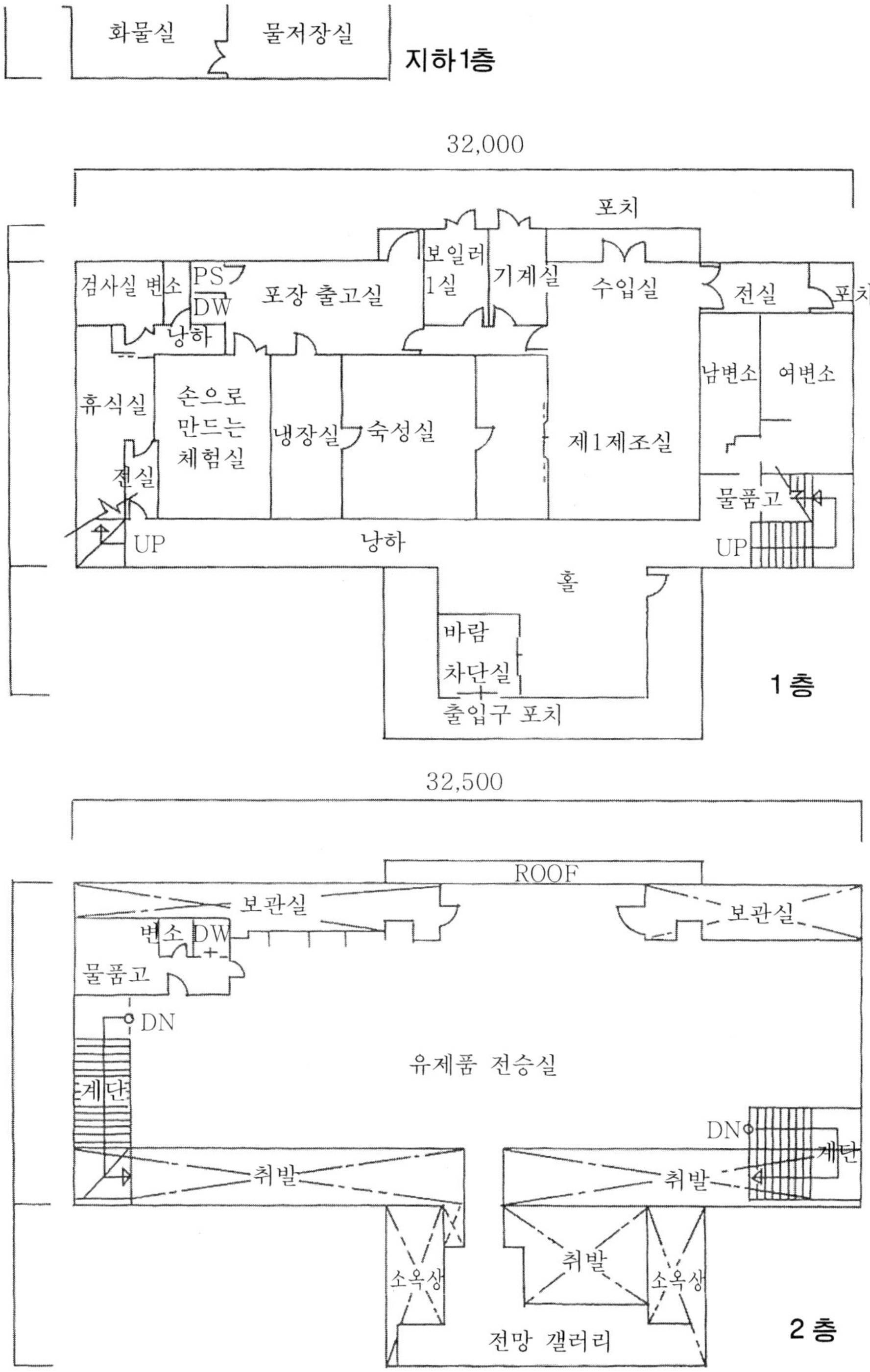

<그림 4-55> 치즈공방의 평면도 및 외관

<그림 4-56> 세피아 치즈

관광방문 인원은 2,000,000명 이상으로 일본내의 관광전원도시로 정착하는데 성공했다고 볼 수 있다. 이 작은 도시에 호텔이 60개로 1일 4,000명 이상이 숙박가능한데 연평균 숙박객은 50만명정도라 하니 그 관광수입은 대단할 것으로 짐작되었다.

사. 후라노 치즈공장 투자

이 공장의 투자방식은 후라노시 50%, 후라노 농협 50%(후라노 농협은 북해도에서 호구렌 다음으로 큰 규모라고 한다)으로 하여 경영은 시에서 파견된 공무원에 의해 이루어지고 있었다.

아. 흥미로운 '치즈 지짐이' 요리

그곳에서 전통적으로 유명한 식당을 안도교수가 안내하여 방문하였는데 '치즈 지지미(ちちみ, 우리말은 지짐이)'라는 독특한 요리를 만들어 팔고 있었는데 일본말로 '와인치즈 김치 야끼'라고 하여 후라노와인 체다치즈와 한국의 김치를 사용한 신종개발요리였다.

김치는 그 도시에 살고 있는 한국인 교포가 담가서 식당에 공급하는데 김치자체가 전통적인 우리김치의 맵고 구수한 맛 그대로였고 요리법의 개발은 식당주인이 했다고 여주인의 자랑이 대단하였다. 치즈 지지미(이름도 우리말 발음을 쓰고 있었다. 지짐이라는 말은 국물이 적고 간이 좀 짜게 끓인 음식의 총칭이라는 사전적 풀이가 있기는 해도 남부지방에서는 주로 반찬용 부침개, 전(煎)을 의미한다)는 그 맛도 일품인데다 전통김치와 치즈의 결합이라는 측면에서 필자로서는 매우 깊은 흥미를 갖고서 여주인에게 그 요리비법을 가르쳐달라고 부탁했더니 흔쾌히 알려 주었다. 그 식당 여주인이 알려준 '치즈지짐이'의 재료 및 요리방법을 정리하면 다음과 같다.

1) 재 료

- 찹쌀떡 50g 1개
- 김치(잘익은 배추 김치) 50g
- 쇠고기 분말(믹서로 분쇄한것) 10g
- 후라노 와인치 즈 100g
- 미니토마토(장식용) 2~3개

2) 방 법

번철 위에 김치를 펴놓고 그 위에 찹쌀떡을 올린다. 떡 위에 치즈와 쇠고기 가루를 넣고 가열하여 치즈가 적당히 녹게 한 다음 불에서 내린다.

요리 주위에 장식용 미니토마토를 놓는다. 먹을 때는 다른 음식과 함께 나이프와 포크를 사용하여 먹는다.

<그림 4-57> 후라노시 농림수산가공연구소(치즈공방)가 생산, 시판중인 와인체다치즈 상표

자. 후라노치즈공장 답사 낙수

최근에 Sepia 치즈를 개발하였는데 겉은 하얗고 내부는 검정색 치즈이다<그림 4-56 참조>.

Sepia잉크는 오징어에서 뽑아낸 검정색소이다. 이 잉크는 원유살균과정에 첨가하여 제조한뒤 숙성시키면 뒤에 접종한 Camembert 곰팡이가 자라 겉은 점점 백색이 되고 내부는 검정색 그대로 남아 특유의 치즈가 된다.

후라노 wine cheddar cheese 제조시 유의점 : 포도주에 함유된 효모가 문제될 수 있으므로 포도주를 미리 처리(원심분리 또는 여과)하여 치즈에 첨가하되 첨가시키는 curd 분쇄 후 Moulding하기 전에 넣는다. 포도주의 넣는 량은 curd 중량의 10%정도를 넣는다. 쌀 막걸리 치즈 제조시 참고 할만한 내용이다.

후라노 치즈공방의 技術陣도 모두 안도교수의 제자들이었다. 산학협동의 실제가 이러해야 함을 느꼈다. 대학이 산업체에 기술을 개발해 주고 기술이전을 시킬 때 졸업생을 취업시키는 것이다.

3. 북해도 酪農紀行 落穗

저자가 1995년 8월과 1996년 6월, 두차례에 걸쳐 일본 북해도 지역 낙농가와 유가공장들을 방문하고 얻은 그 결과와 소감을 요약하면 다음과 같다.

(1) 이삭들

1) 북해도 낙농개척의 선구자였던 黑澤酉藏씨가 1933년에 당시의 농업공황과 냉해흉작과 고투 하던중 농민교육의 시급함을 인식하고 北海道 酪農義塾을 세워 낙농관계의 유수한 대학으로 발전시킨 酪農學園大學을 두 번 방문함으로서 국제학술교류의 기반을 다졌다. 본인을 초청해준 안도(安藤功一)선생과의 돈독한 우의를 맺고 앞으로 상호교류와 공동연구에 협력해 나갈 수 있도록 되었다.
2) 안도선생이 사전에 連繫해 둔 북해도 지역 소형 유가공장 방문을 통하여 각 공장들이 제조하고 있는 치즈 제조공정, 치즈 숙성, 보존, 포장 및 판매법, 공장운영의 경영 특징등의 정보를 다양하게 입수함으로서 한국에서의 농가형 소규모 유가공장의 유제품 생산을 위한 제반 모형 수립을 위한 참고자료로 삼을 수 있게 되었다.
3) 일본 방문기간 동안 틈틈히 낙농학원대학 도서관 소장자료 조사와 서적상으로부터의 서적구입을 통해 일본의 자연치즈 산업 발달과정과 현행기술상황을 파악할 수 있는 다량의 자료와 서적을 입수하였다. 본인은 이들 자료와 서적을 정리하고 참조하여 한국의 치 즈 산업전개에 필요한 서적을 출간할 예정이다.
4) 일본의 낙농은 크게 세가지 특성을 지니고 발전하는 모습을 보였다.
   ① 로보트 착유시스템을 과감히 도입하려는 채비를 갖추면서 향후 무인 목장체제를 꿈꾸고 있었다. 이렇게 되면 낙농은 농업의 차원을 벗어나 바이오공학적 산업으로 진행해 나가는게 아닌가 싶다. 즉 자동사료급여기, 자동 스크래퍼에 의한 분뇨처리, 자동착유, 자동임신진단 분만처리 까지 이르게 되어 있으니 낙농업에서 사람이 끼어드는 분야는 지극히 좁아질 것이라는 것이다.
   ② 조사료 저장은 종래의 사일리지, 건초에서 롤러 베일러(Roller-Baler)방식으로 바뀌고 있다. 북해도를 자동차로 여행하면서 비쳐진 넓은 초원의 롤러 베일러가 즐비한 모습은 매우 인상적이었다.

③ 농가 원유의 판매방식이 바뀌었다. 종래엔 전량 납유방식이었으나 지금은 절반은 농협, 유업체에 납유하고 절반 이상 가까이 농가에서 치이즈, 요구르트, 아이스크림으로 가공하여 판매하고 있다. 특히 마시는 요구르트(のむヨクルト)는 대 인기여서 농가들이 전국적인 판매망을 갖고 판매하고 있었다.

5) 낙농학원대학 유제품 연구실 출신들이 웬만한 유수의 민간 유가공장, 시, 정, 촌 운영 유가공장의 유제품제조 기술 책임자로 근무하고 있어 안도선생의 제자들이 곳곳에 포진하는 양상을 나타내었다. 그들의 3학년 부터의 실험실 배치에 의한 실기위주 교육의 진가가 나타난 결과라고 판단되어 우리의 대학교육도 3~4학년의 실기 중점 도입이 필요하다고 사료되었다.

(2) 소　감

1) 일본인들은 자유분방과 개성존중 속에서도 보이지 않는 엄격한 질서의식이 자리잡고 있었다. 언듯 보기엔 곧 망할것 같은 저질문화와 풍습이 있으나 그러한 뒤에도 일정한 선을 지키는 질서의식이 있다는 것이다.

2) 낙농의 위기를 맞아 낙농가들이 스스로 자구책을 찾아 나섰고 뒤늦게 나마 국가가 이들을 협력하여 원유체화와 우유소비 감소의 위기를 잘 넘겨 왔다는 점은 우리에게 시사하는 바가 많다.

3) 일찌기 일본인들은 대학에 투자한 만큼 몇 배의 이익과 소득이 나온다는 사실을 깨우친 것 같았다. 정부, 민간 할 것 없이 막대한 돈을 대학에 투입한 결과 일본의 어느 대학을 가든 풍부한 연구시설과 실험실습장비가 넘치고 있고 그 결과 일본은 세계 2.3위의 논문발표 대국이 되었다. 우리는 대학을 비판하고 매도하기에 급급했지 투자를 낭비로만 보고 있는것이 아닌가?

4) 자유분방한 안도선생 연구실의 학생들의 모습에서 처음엔 당황하였으나 일단 그들이 자기 실험이나 실습에 임하는 모습, 책임 완수를 위해 밤 늦게 까지 일하는 진지한 모습을 보면서 진정한 창의와 질서, 인품의 형성을 자유로운 가운데서 얻어지는 열매라는 것을 깨우친다.

5) 안도선생은 외부활동이 많은 분이었다. 그의 유가공장 설비의 80%를 기증받아 설치하였다고 한다. 그가 길러낸 제자들의 대부분이 북해도지역 및 일본 전역의 유가공장에 취업되어 인정을 받고 있었다. 최근 들어 우리의 일각에서는 오로지 논문업적 하

나만으로 교수의 능력을 재려는건 큰 오류를 낳기 쉽다고 본다. 안도선생이 실습시간에 학생들과 똑같이 아니 솔선수범하여 일하는 모습을 보면서 진정한 교육이 무엇인지의 단면을 볼 수도 있었다.

6) 우리는 극일, 배일, 항일의 감정적인 앙금에 발목잡혀 일본에 대해 진정으로 알아야 할것은 전혀 모르고 있다는 생각도 있다. 그들은 한국을 연구하는 학자 3만명을 갖고 있지만 우리는 300명도 없다는 보고가 있었다. 한국과 관련 된 일본인들은 한국 노래를 두서너곡 정도는 알고 있지만 (예의상 미리 배워 둔것인지도 모르지만 그랬더라도 이는 적어도 그만큼 용의주도하고 치밀하다는 점을 간과 해서는 안될 일이다). 나는 일본 노래를 한 가지도 알지 못하고 있었다. 이제 우리 세대에 있어 일본을 안다는 것은 더 이상 죄악이 될 수는 없다. 일본을 파악하고 그들의 장단점을 고려하여 대응해 나가는 것이 진정한 항일이고 배일이라고 본다.

7) 그동안 세차례에 걸쳐 일본을 방문하는 동안 일본어에 대한 혀가 다소 열려지는 것을 느꼈다. 그러다가 귀국하면 필요가 없고 바쁘다는 핑계로 일어학습은 중단되어 묻히고 만다. 그러나 일인들이 한국어를 배우려고 기를 쓰는 모습을 보면서 두려움조차 느꼈다. 우리는 아직도 일본어를 배우는 것에 대해 斜視를 뜨고 보면서 마치 일본어 배우는 것 자체를 죄악시 하는 경향이 여전한데 그들은 다른 방향에서 우리를 조여오고 있다는 느낌이 들었다.

부 록

《梅岸 배인휴 교수 年譜》

- 1951년 음력 10월 26일, 전남 승주군 해룡면 신대리 매안(梅安)에서 父 星州 裵公東璿과 母 慶州 鄭氏 福南의 6남매의 장남으로 태어나다.
- 1959년 3월, 해룡초등학교 입학하고 1965년 2월에 동교 35회로 졸업하다.
- 1965년 3월, 순천북중학교 입학하고 1968년 2월에 동교 17회로 졸업하다.
- 1967년 10월 17일에 스스로 해룡중앙교회를 찾아가 기독교(장로교)에 귀의하다.
- 1968년 3월, 순천농림고등전문학교(5년제) 축산과에 입학하고 1973년 2월 동교 4회로 졸업하다. 1970년 5월에 동교의 제4대 직선 총학생회장에 피선되어 8월부터 다음해 7월까지 1년간 총학생회를 이끌었다. 1972년 12월 27일 예수 십자가의 도(道)를 실제로 돈오(頓悟), 새 사람됨의 신앙적 대 각성(Being Born again)을 하고 장로교회를 떠나 침례교회 계열로 옮겨간다.
- 1973년 3월, 건국대학교 축산대학 낙농학과에 3학년 편입학하여 1975년 2월에 동 학과를 졸업하여 농학사(農學士) 학위를 취득하다. 이때 평생을 이끌어 준 이재영 박사를 만나 한국 낙농발전에 기여할 꿈을 갖게 되다. 1973년 2월에 R.O.T.C 113학군단에 13기로 입단하여 1975년 2월에 13기로 소위(少尉) 임관(任官)하다.
- 1975년 6월, 광주 상무대 육군보병학교를 졸업하고 부산 수영공항 31경비중대 소대장으로 부임하다. 1976년 대전 인근 「국방과학연구소」 경비소대장, 1977년~1979년 경상대학교 119학군단 교관을 거쳐 동년 6월 말에 예비역 대위(大尉)로 전역하다.
- 1977년 3월, 건국대학교 대학원 낙농학과 석사과정 입학하여 이재영 교수의 지도를 받았고, 후임 유제현 교수의 지도로 1981년 2월에 「국산 이유식의 지방산 조성에 관한 연구」로 졸업하여 농학석사(農學碩士) 학위를 취득하다.
- 1979년 12월 9일에 坡州 廉公 相根씨와 崔德介씨의 삼녀 경숙과 혼인하고

슬하에 여식 은경(1980년생), 지영(1982년생)을 두었다. 은경은 2007년 3월에 장수표와 혼인하여 슬하에 규원(珪媛, 2009년 생)과 효원(曉媛, 2011년생)을 두었다.

- 1980년 4월, 국립 순천농업전문대학 조교(12호 1급봉)로 부임하여 부속동물 사육장 실습지도, 대학 부설 향토개발연구소 업무보조역을 맡았다.
- 1981년 6월, 국립 순천농업전문대학 축산과 전임강사(11호 1급봉)로 부임하여 실습장 지도와 축산경영학을 강의한다. 대학 부설 영농교육원 기획을 맡았다.
- 1982년 6월, 국립 순천대학 축산학과 전임강사(10호 1급봉)로 부임하여 축산미생물학, 낙농학, 유가공학, 축산경영학 과목을 배정받는다. 순천대학 부설 영농교육원 보좌에 보임되어 지역농민 교육에 힘쓰다. 축산학과에 유가공학 연구실을 개설하다. 1986년 1월에 동 대학 축산학과의 조교수(15호봉)가 되었다.
- 1983년 3월, 성균관대학교 대학원 낙농학과 박사과정에 입학하다. 유가공학 연구실 강국희 교수를 지도교수로 모시다. 1986년에 성균관대학교 낙농학과의 교류교수로 파견되어 1년간 강의와 연구업무를 수행하였다. 1989년에 「*Sacchromycopsis lipolytica* 菌體外 Protease의 Casein 分解作用에 관한 硏究」를 졸업논문으로 제출하여 소정의 시험과 위원회 심사를 거쳐 농학박사(農學博士) 학위를 취득하다. 이 무렵에 같은 학과 재직 이은봉 교수가 구독하던 일본 양현당(養賢堂) 발행, 월간 「畜産の硏究」를 통해 일본의 목장유가공기술 보급을 위한 농촌지도직 공무원의 프랑스, 스위스 알프스 지역 목장 유가공장 파견, 치즈제조기술 연수보고서를 입수하였고, 일본 정부의 지역 유가공장 지원사업에 대한 주요 정책정보를 획득하였다. 이때 비로소 한국의 목장유가공 교육을 위한 희망의 씨앗을 얻은 셈이다.
- 1989년 4월에 동 대학 축산학과의 부교수가 되었다.
- 1984년 3월, 순천대학 부설 영농교육원 보좌에 보임되어 지역농민 교육에 힘쓰다. 이때의 영농교육원장 보직을 수행하면서 다양한 농민교육체계 운영을 겸한 것이 훗날 목장유가공 교육체계 운영의 기반이 된다. 1986년 2월에 그 직을 그만 둔다.
- 1986년 3월~1987년 2월, 교육부의 지원을 받아 1년간 성균관대학교 낙농학과 교류 교수로 파견된다. 이 기간 동안 선진대학에서의 교육, 연구 활동을 체험하고 인적 교류를 넓힌다. 비유론(泌乳論, Lactation)을 강의했다.
- 1987년 9월~1989년 02월, 전국에서 세 번째로 창립된 순천대학교 교수협의회

(의장 조정구, 부의장 조원래) 초대 총무직을 맡는다. 협의회보를 등사판으로 창간(1987년 9월 30일)하고 대학민주화 운동에 적극 참여한다. 그 후로도 교수회 평의원을 다섯 차례(1987년, 1989년, 1995년, 1997년, 2004년) 맡고 순천대학신문 논설위원직을 5년간 활동한다.

• 1990년 2월, 스위스 연방공과대학(ETH) 낙농학과 낙농식품연구소에 박사 후 연구원(Post-Doc.) 과정으로 1991년 2월까지 1년간 지냈다. 이때 Zenko Puhan 교수를 지도교수로 모시고 「박테리오파지 내성균주(Bacteriophage resistant bacteria)를 이용한 틸지터 치즈 제조 특성」을 연구하고, 이 결과를 한국낙농학회지와 한국식품과학회지에 각각 발표하였다. 이때 틈틈이 스위스 목장 유가공장, 마을 치즈공장을 시찰하여 한국의 목장 치즈시대 개막을 꿈꾸고, 이를 위해 실행할 일들을 구상한다.

• 1991년 3월~1994년 8월, 1990년에 종합대학교로 승격한 국립 순천대학교(초대 총장 김진호 박사) 기획실 부실장에 보임되어 1994년 8월까지 초창기 종합대학의 면모를 갖추는 초석을 기획하고 시행하는데 진력하였다. 1991년 10월에는 일본 미야자끼(宮崎) 대학과 자매결연 차 방문하는 총장을 보좌하여 원만한 협약을 체결하였고, 1993년 2월에는 미국 미조리 주립대학과 자매결연 차 방문하는 총장을 보좌하여 원만한 협약을 체결하는데 힘쓴다. 1994년 4월에 동 대학 동물자원과학과의 정년보장 교수가 된다.

• 1995년 6월, 일본 미야자끼(宮崎) 대학을 방문하여 공동학술발표를 하였으며, 이어서 북해도대학 시마자끼 교수의 초청으로 북해도대학 축산학과를 방문 연구하였으며, 시마자끼 교수의 소개로 에베츠(江別) 시에 소재하는 낙농학원대학 낙농학과를 방문하여 안도 고우이찌(安藤功一) 교수와 상호 교류협력을 확약하였다.

• 1996년 6월~7월, 일본 북해도 낙농학원(酪農學園)대학 낙농학과 안도 고우이찌 교수 초청을 받아 한국과학기술재단(항공료)과 일본과학기술재단(체류비와 일본 내 교통비)의 공동행원으로 북해도 목장유가공장, 대기업 유업체 등의 시찰연수를 수행하였다. 이 기간 중에 북해도대학 축산학과, 오비히로(廣帶) 축산대학 축산학과, 낙농학원대학 낙농학과를 순회하며 「한국의 유가공산업 현황과 전망」 주제로 특강 하였다. 이 기간 중에 안도 교수 제자인 북해도 나가시벳츠정(中標津町) 축산식품가공연구센터 가와구찌 오사무(河口 理) 선생을 만나 지금까지 깊은 인연이 이어지고 있다.

• 1998년 7월 30일, 제1회 농가형 유가공기술 워크숍을 순천대학교 유가공실험

실에서 개최한다. 이 워크숍은 2009년 10월까지 여덟 차례(1998년 7/3, 8/27, 9/24, 12/10, 1999년 2/10, 3/31, 7/8, 10/11일)에 걸쳐 이루어진다.

- 1998년 7월, 1996년 여름에 북해도 목장유가공장들과 유업체 시찰 연수기록을 정리, 1997년 1년간 당시의 축협중앙회 기관지였던 월간「축산진흥」지에 연재를 하고, 그 연재 자료들을 묶고 누락되었던 자료들을 보강하여 - IMF극복, 낙농경영지침서 -「農家型 乳加工場 運營論」- 북해도 지역의 운영사례를 중심으로 - 책자를 당시 축산신문 부설 출판사인「도서출판 필 방」에서 자비출판(自費出版) 하였다. 이 책자가 낙농가들에게 장래 목장유가공을 위한 들불의 불씨가 되었다. 1998년 5월부터 격주 간격으로 낙농가들의 요청에 따라 농가유가공연구회(회장 선태근)를 결성하고, 순천대학 유가공실험실에서 농가유가공 기술 워크숍을 실시하였다. 이 워크숍은 자발적인 운동이었으며, 참여 인원은 평균 20여명/회 수준이었다(부록: 워크숍 참여자 명단 참조).
- 1998년 10월, 순천대학교(총장 허상만) 기획연구실장에 보임되어 1999년 8월 말에 그만 두었다. 1998년 10월에 평생교육원을 설립을 작업하고, 199년 1월에 설립인가를 받아 초대 원장을 겸직하여 개원 준비를 해 준 다음, 1999년 2월 말에 2대 원장(이기웅 교수)에게 넘겼다.
- 1999년 01월, 1997년에 확보된 예산으로 약 1년간의 준비를 거쳐 부속동물사육장 부지에 건평 60평 규모의「유가공실습장」이 준공되었다. 이 공장은 1997년 10월경에 당시 교육부 출신으로 순천대학에 부임한 김경환 사무국장의 기지로 교지 예정지 독립가옥 구입 실패에 따른 국고환수 예정 예산을 유가공실습장 건축용 예산으로 전환, 확보해 주어 이루어진 일이다.
- 2001년 02월, 그동안의 농가형 유가공 워크숍이 1999년 7월 중단 이후 다시 몇몇 낙농가들이 방문하여 예전의 워크숍을 지속해 달라는 요청에 따라「목장형 수가공 유제품연구회(牧場型 手加工 乳製品研究會, 회장 송계종)」를 결성하고 다시 격주 간격으로 유가공실습장을 이용한 워크숍이 속행되어 2003년 1학기까지 지속되었다.
- 2002년 11월, 순천대학교(총장 김재기) 제4대 평생교육원장에 보임되어 2005년 2월에 그만 두었다. 2003년 가을학기에 평생교육원에「목장형유가공 교육」과정을 설치하고 1기생을 모집하였는데 대부분이 목장형수가공유제품 연구회 회원들이었다. 이때 교육비 지원은 농협중앙회로부터 50%를 지원받고 교육생들이 50%를 부담했다. 이 과정은 2009년까지 평생교육원체제로 진행되다가 2011년부터 대학부설 소규모 유가공연구센터(소장 배인휴)로 이관되어 2016년까지

진행되었다. 2002년 11월에 또 다시 돈오(頓悟)하고, 그해 12월 23일, 지난 30여 년간 몸담았던 제도적인 교회를 떠나 자유로운 신앙 세계로 나아간다.

- 2003년 2월, 전라북도 임실군의 농림부 신활력사업 지구 지정에 따라 임실「치즈벨리 육성사업 운영위원, 자문위원」에 위촉된다. 그 후 (재)임실치즈테마파크 등기이사, (재)임실치즈과학연구소 기술자문위원 등을 2015년까지 역임한다.
- 2003년 7월 5일, 한국동물자원과학회 낙농연구회(회장 손용석) 요청을 받아 안도교수와 가와구찌 선생을 연사로 초청하여 COEX 에메랄드 홀에서「목장형유가공장 사업 국제심포지엄」에서 "국내 목장형 유가공사업의 가능성과 발전방안"이라는 주제로 강연을 했다. 이 행사 뒤에 가와구찌 선생을 순천대학에 초청하여 7월 6일~9일까지 북해도식 목장유가공 기술 워크숍을 진행하였다.
- 2003년 7월, 농림기술관리센터(ARPC)로부터 "유용천연물(녹차, 들깻잎, 인삼, 갈근, 톳, 김 등)을 첨가한 목장형 자연치즈개발" 연구과제를 3년 기한(2003. 7~2006.7) 수주하여 2007년 7월에 종료하고 "최우수 개발과제"로 평가 받는다. 이 연구 과제를 출발점으로 하여 2015년 말까지 18개 중·대형 연구 과제를 수행하고, 그 소산으로 다수의 특허등록, 연구논문 발표, 학술대회 발표를 한다.
- 2003년 12월~2004년 1월, 순천대학의 단기연수 지원을 받아 캐나다 토론토 인근의 겔프대학교 식품과학과 아더 R. 힐(Arthur R. Hill) 교수 초청으로「발효유제품 제조를 위한 Omega-3 스타터 Adjumcts 개발과 Guelph 대학의 치즈 제조기술 단기과정 운영방안에 관한 조사 연구」주제로 연수기간을 보낸다. 이 기간 중에 겔프대학교의 오래 된 치즈제조기술과정(연 1회)에 대해 소개받고 직접 참여할 것을 결심한다. 이때부터 아더 힐 교수(이하 아트, Art)와는 친구가 되어 지금까지 깊은 인연이 이어진다.
- 2004년 5월, 아트 교수 초청으로 겔프대학교 치즈집중코스(Intensive Course of Cheesemaking Technology)에 참여한다. 아트 교수가 자기 집에서 숙식을 제공하고 등록금을 면해 주었다. 이때 아트와 협의하여 겔프대학교 치즈집중코스를 순천대학에서 진행하기로 하고, 바로 그해 11월에 첫 코스를 실시하였다. 이때 방송대학의 안종건 교수가 통역을 맡아 수고해 주었다. 겔프대학교 치즈집중코스 교재를 번역하고 PPT자료도 번역하여 두 개의 빔 프로젝트를 활용한 한·영 강의가 이루어졌다. 이때 시작된 아트의 치즈집중코스가 2005년과 2007년에도 두 번 더 진행되었다.
- 2004년 12월, 한국최초「유제품 가공사 자격시험」<사단법인 한국대학평생교육원협의회 민간자격증>을 설치하여 유제품가공사 자격취득자 131명을 배출하였

고, 2013년부터는 한국직업능력개발원 민간자격증 부여체제하에서 2016년 까지 유제품가공사 3급, 2급, 1급 명 등 159명 등 총 290명을 배출한다.

- 2005년 3월, 목장유가공교육 수료생들로 이루어진 총동문회(회장 송계종, 총무 한 경)가 주관하는 독일 치즈연수에 참가한다. 이때 유가공 연구실의 최희영, 박은하, 박수린 대학원생들도 동행한다. 이때 독일 치즈 마이스터 정용삼 선생과 인연을 맺고 지금까지도 끈끈한 유대가 이어지고 있다. 정 선생이 당시 독일 치즈공장들을 안내해 주었다. 그 해 5월에 다시 정용삼 선생을 초청한 치즈제조기술 워크숍을 가졌다. 이때부터 시작된 정 선생 초청 치즈워크숍이 2006년, 2007년, 2008년 그리고 2009년까지 연 1회씩 다섯 차례 이어진다.
- 2005년 4월, 농림기술관리센터(ARPC)로부터 「전통 약용주를 이용한 한국형 브랜드 치즈 개발」 연구 과제를 3년 기한(2005. 4～2008. 4) 수주하여 2008년 4월에 종료하고 “우수개발과제”로 평가 받는다.
- 2005년 6월～7월, 목장유가공교육 수료생 일부가 뜻을 모아 이탈리아- 스위스 치즈연수를 실시하여 인솔교수로 참여했다. 연수가 끝난 뒤 독일로 가서 2주간의 리스빅 하우스 시험장학교 치즈공장 운영 연수에 참여하였다. 그 뒤에 뒤셀도르프에 아지트를 마련하고 가족과 함께 유럽 4개국(덴마크, 스웨덴, 노르웨이 그리고 영국) 치즈-문화 여행을 하였다.
- 2006년 11월, 가와구찌 선생을 미또모 유미꼬 선생과 함께 순천대학에 초청하여 11월 8일～11일까지 북해도식 목장유가공 기술 워크숍을 진행하였다. 미또모 선생은 이때 순천대학교 유가공 연구실 연구생들의 현장 실습을 위한 초청을 해주어 다수의 연구실 학생들이 이를 계기로 북해도 목장 치즈 실습기회를 가졌다.
- 2007년 2월 미국 Kansas 주립대학 관능검사센터 소장인 들로레스 챔버스(Delores Chambers) 교수를 초청한 「치즈관능검사법 워크숍」 운영한다. 그 뒤에 2008년에도 한 번 더 실시했다.
- 2007년 4월～12월, 전북 임실군의 요청으로 임실 낙농가중 목장유가공 창업 희망자 11명을 선발하여 특별교육을 실시하였다. 이때 교육을 이수한 낙농가들이 지금 임실군 목장 유가공장 13개 중 핵심 10개 목장 유가공장 운영자들이다.
- 2007년 11월에 캐나다 겔프대학교의 100년 전통을 이어 온 치즈기술 집중코스 교재인 Cheesemaking Technology를 방송대 안종건 교수와 번역하여 『치즈과학과 제조기술』이라는 이름으로 서울 「도서출판 유한문화사」에서 발행한다.

이 책을 그 해 아트 힐 교수의 제3차 한국 치즈제조기술 집중 코스 기념 출판물로 삼았다. 이를 아트가 매우 기뻐하고 책에 이런 메모를 적어 주었다.

「*12 Nov. 2007 Dear Dr. Bae, Many thanks for leading this book project. It is an honour to work with you. Art Hill*」

- 2007년 12월, 한국 최초의 치즈문화 교육, 홍보 차원에서의 제1회 대한민국 자연치즈 페스티벌을 순천대학교 70주년 기념관에서 열었다. 이 행사는 매년 가을에 열리는데 2015년까지 아홉 차례에 걸쳐 이루어졌다. 그러나 이 행사는 척박한 한국치즈 상황에서 그리 큰 반향을 일으키지 못했다.
- 2008년 11월, 가와구찌 선생을 미또모 유미꼬 선생과 함께 순천대학교에 초청하여 11월 26일~29일까지 북해도식 목장유가공 기술 워크숍을 진행하였다. 미또모 선생은 이번에는 한국 낙농가들 중 목장치즈공장 운영 희망자들의 현장실습을 위한 초청을 해주어 임실, 영광, 나주 낙농가들이 북해도 목장치즈 실습기회를 가진다.
- 2009년 09월, 순천대학교(총장 장만채) 산학협력단장에 보임된다. 대학의 지식재산권(특허, 디자인, 상표 등록) 업적 증대에 힘쓰고, 순천대는 2013년경 대학정보공시에 따르면 순천대학이 전국 대학 특허 보유 수 등급 3위를 기록한다.
- 2009년 10월, 순천대 학교기업 「순천대그린축산」을 설립하고 기업장이 된다.
- 2011년 7월~8월, 동유럽, 독일 중북부를 문화 탐방한다.
- 2011년 9월, 「대한민국 치즈사관학교」를 개설하고, 2016년까지 6개기 130명의 고급 치즈전문가들을 양성한다.
- 2011년 12월, 사단법인 한국유가공학회 회장직을 맡는다. 임기 1년 재임 중 IDF-Korea 유가공 분과위원장을 겸임한다. 2012년 11월에는 서울우유조합과 「제1회 우유와 건강생활」국제 심포지엄을 주최한다.
- 2012년 05월, 순천대 학교기업 「순천대그린축산」이 교육부로부터 「학교기업 지원사업」 대상기업으로 지정받는다. 이 지원 사업은 2015년까지 지속되었고, 2017년 6월에 기업장 직을 그만 둔다.
- 2013년 01월, 새로 승격한 식약처 「축산식품규격심의위위원회 위원」이 되어 치즈규격 심의에 임하였고, 식약처에 「목장유가공 분야」를 소개한다. 이 직임은 2015년 말에 그만 둔다.
- 2014년 6월, iPET으로부터 「첨단 소재와 기술을 이용한 건강기능성 향상 치즈의 개발」 과제를 수주한다. 기한은 3년간이다. 이 연구과제는 동원그룹의 동원

F&B연구소와 세종대학 식품과학과와 협동으로 수행한다.

- 2015년 01월, 제16대 사단법인 한국동물자원과학회장에 취임한다. 임기는 1년이다. 재임 중 사단법인 한국동물자원과학회 창립 60주년 기념사업준비위원회(위원장 백명기)를 꾸리고 각종 기념사업을 준비한다. 11월에는 학회 역사상 처음으로 축산분야학회 협의회와 축산단체협의회와 공동으로 「제1회 축산과 인류의 공존 - 축산, 우리에게 과연 필요한가?」 주제의 심포지엄을 개최하고 매년 12개 축산분야학회들이 로테이션으로 실시하는 주춧돌을 놓는다.
- 2015년 03월~2016년 4월, 농림축산식품부 직속 「국민축산포럼」 위원으로 활동한다.
- 2015년 02월, 임실군으로부터 「임실군 유제품의 중장기 발전 로드맵 작성」 용역을 수주하여 향후 50년간의 중장기 유제품 발전 로드맵과 임실군의 낙농특구 지정을 제안한다. 이 제안에 따라 임실군은 2016년에 한국 제1호 「낙농특구」 지정을 받는다.
- 2015년 11월, 제9회 대한민국 자연치즈 페스티벌을 개최하고, 다음 년도부터는 치즈토크로 전환한다.
- 2016년 11월, 제1회 대한민국 자연치즈 토크를 개최한다. 제6기 치즈사관학교를 끝으로 여러 가지 교육과정 환경변화에 의해 목장유가공 교육을 잠시 중지한다.
- 2017년 6월, 제8회 한국낙농대상 - 낙농과학기술부문을 수상한다.
- 2017년 9월, 2007년에 초판으로 발행했던 아더 R. 힐 교수의 『치즈과학과 제조기술』을 아트로부터 2016년 초에 개정 증보용 원고를 받아 1년 6개월간 번역하여 초판 발행 10년 만에 「도서출판 유한문화사」에서 개정 증보판으로 펴낸다.
- 2017년 11월, 제 2회 대한민국 자연치즈 토크를 개최한다. 이 자리에서 순천대학교 재직 37년을 마무리하는 고별강연을 한다. 초판 『지속가능 낙농으로 가는 길 - 목장유가공』을 「도서출판 유한문화사」에서 펴낸다.

지속가능 낙농 길잡이

목장유가공론

2017년 11월 20일 초판 인쇄
2017년 11월 25일 초판 발행

저 자 : 배인휴

펴낸이 : 천승배

펴낸곳 : 도서출판 유한문화사

주소 : 경기도 고양시 덕양구 지도로124번길 8-35

전화 : (02) 2668-2055

팩스 : (02) 2668-2565

http://www.yuhansa.com

E-mail : yuhansa@hanmail.net

등록 : 제 5-31호. 1979. 3. 6.

값 38,000 원

ISBN : 978-89-7722-931-0 93590